U0396863

GUANGXI ZHUYAO YONGCAILIN ZHIWU YINGYANG YU KEXUE SHIFEI

广西主要用材林植物营养与科学施肥

曹继钊　覃其云　杨章旗　杨家强　主编

广西科学技术出版社

·南宁·

图书在版编目（CIP）数据

广西主要用材林植物营养与科学施肥 / 曹继钊等主编．—南宁：广西科学技术出版社，2022.3

ISBN 978-7-5551-1669-1

Ⅰ．①广…　Ⅱ．①曹…　Ⅲ．①用材林—人工林—植物营养—研究—广西②用材林—人工林—施肥—研究—广西　Ⅳ．① S727.1

中国版本图书馆 CIP 数据核字（2021）第 172308 号

广西主要用材林植物营养与科学施肥

曹继钊　覃其云　杨章旗　杨家强　主编

责任编辑：黎志海　梁珂珂　　装帧设计：韦宇星
责任校对：冯　靖　　责任印制：陆　弟

出 版 人：卢培钊　　出版发行：广西科学技术出版社
社　　址：广西南宁市东葛路 66 号　　邮政编码：530023
网　　址：http：//www. gxkjs. com

经　　销：全国各地新华书店
印　　刷：广西桂川民族印刷有限公司
开　　本：889 mm × 1194 mm　1/16
字　　数：826 千字　　印　　张：30.5
插　　页：4
版　　次：2022 年 3 月第 1 版　　印　　次：2022 年 3 月第 1 次印刷
书　　号：ISBN 978-7-5551-1669-1
定　　价：238.00 元

主编简介

曹继钊，教授级高级工程师（专业技术二级），国务院特殊津贴专家，广西高层次E类人才，广西优秀专家，广西“十百千”人才工程第二层次人选和广西知识产权领军人才；曾任广西壮族自治区林业科学研究院经济林研究所土化室主任、所长助理、副所长、党支部书记，2010年至今任广西壮族自治区林业科学研究院副院长、森林土壤肥料研究团队首席专家，2012~2017年兼任广西漓江源森林生态系统国家定位观测研究站站长；中国土壤学会理事，中国森林土壤专业委员会常务委员，中国林业产业联合会林下经济产业分会常务理事，广西优良用材林资源培育重点实验室常务副主任，广西漓江源森林生态系统国家定位观测研究站学术委员会副主任，《广西林业科学》副主任委员等。长期从事森林土壤肥料研究和知识产权创制等工作，荣获梁希林业科学技术奖二等奖、省级科学技术进步奖二等奖和三等奖各1项；主编科技著作3部；获专利20余项；主持或主要参与制定地方标准6项、行业标准1项；发表论文100余篇。在桉树专用肥配方研制、袋控缓释肥料养分新技术及提高肥料养分利用率和实现肥料施用生态环保化等领域取得创新突破，是广西森林土壤肥料领域和人工林地力长期维护等方面的知名专家。

覃其云，高级工程师，从事植物营养、土壤质量、新型肥料等研究工作10余年；荣获梁希林业科学技术奖二等奖1项，广西科学技术进步奖一等奖、二等奖、三等奖各1项，玉林市科学技术进步奖一等奖1项；主编或参编科技著作4部；获授权发明专利8项、实用新型专利6项；主持或主要参与制定行业标准1项、地方标准5项；获计算机软件著作权2项；发表论文近60篇；主持或主要参与省级和市厅级科技项目30余项。

杨章旗，教授级高级工程师（专业技术二级），国务院政府特殊津贴专家，广西优秀专家，广西首批“八桂学者”，广西“十百千”人才工程第二层次人选；任广西壮族自治区林业科学研究院总工程师，中南速生材繁育国家林业和草原局重点实验室主任，国家林业和草原局马尾松工程技术研究中心（共建）主任，广西优良用材林资源培育重点实验室主任，广西马尾松工程技术研究中心主任；兼任中国林学会松树分会副主任，林木遗传育种分会常委，国家马尾松创新联盟理事长，广西生态学会副理事长，广西植物学会副理事长，广西松脂产业技术创新战略联盟理事长。从事松树遗传改良、良种基地建设、人工林培育等研究工作 30 余年，获授权发明专利 13 项，主持审定植物新品种 2 个、国家级林木良种 3 个、省级良种 66 个，主持或参与制定标准 10 项，在国家级或省级学术刊物上发表论文 250 余篇，主编或参编科技著作 10 余部；荣获国家科学技术进步奖二等奖 2 项，梁希林业科学技术奖二等奖 3 项，广西科学技术特别贡献奖特等奖 1 项，广西科学技术进步奖一等奖 1 项、二等奖 2 项、三等奖 1 项；2016 年获“全国优秀科技工作者”和“全国生态建设突出贡献先进个人”称号，2021 年获“全国杰出专业技术人才”称号；2021 年度中国工程院院士增选有效候选人。

杨家强，高级工程师，从事林业经营管理工作 28 年，在森林资源培育、植物营养与土壤肥料、林业科技推广等领域积累了丰富经验；主持或主要参与重点林业工程建设项目 20 余项，完成各类林业科技项目 10 余项，获成果登记 4 项、授权专利 3 项，参与林木良种选育 2 个，参与制定国家标准 1 项，发表论文 11 篇（核心期刊 6 篇）；主持建设的维都油茶产业示范区获评 2021 年度“广西现代特色农业核心示范区（五星级）”，维都林场苗圃获评“广西林业四星级苗圃”；主持的广西雅江（来宾）油茶小镇项目列入国家重大建设项目库、广西壮族自治区层面统筹推进重大项目；获广西壮族自治区“林业行业扶贫先进个人”称号 2 次，获广西壮族自治区林业局事业单位工作人员嘉奖 2 次。

编　委　会

序

植物营养学是研究植物吸收、运输、转化和利用营养物质规律，探讨植物与外界环境之间营养物质和能量交换的科学，它与植物生理学、土壤学、微生物学等有着密切联系，是农林业高产、高效、优质、生态安全及可持续经营的重要基础学科支撑，同时也是科学施肥和丰产技术的基础。

从19世纪40年代起，植物营养与肥料科学才开始被提出，这个理论最初是由德国化学家李比希等人提出的植物矿物质营养理论奠定的。经过100多年的研究与发展，植物营养与肥料科学有了广泛性、科学性、实用性的改变，并且在植物的营养规律、肥料研制、施肥技术等方面均取得了长足进展，为作物产量增加及植物营养研究都做出了重要贡献，在一定程度上也促进了农林业的快速发展。

100多年来，植物营养学家、植物生理学家和肥料学家通过大量研究工作，确定了植物需要什么营养元素，各个营养元素的生理功能和代谢过程，营养不足和营养过剩导致生理失衡的现象；营养元素在土壤中的行为和作用，各种土壤供应不同营养元素的状况。前面这些研究更多是在定性方面，涉及的精准定量相对较少。现在，在前人研究的基础上植物营养与肥料科学，主要集中于定量方面的研究，即根据植物的营养特性和土壤供应养分情况，通过定量施肥投入营养物质，以此调节植物生长和发育。国内外发展起来的平衡施肥、测土施肥、植株诊断施肥，均反映了定量施肥的研究进展。这些科研的理论创新和技术的应用，无疑是农林业精准施肥的重要科技支撑。

我国是世界森林资源短缺的国家之一，森林资源总量不足，生产力低下，质量不高。随着天然林保护工程的全面深入实施，商品天然林的限伐禁伐，人工林的木材生产供材优势将日益凸显。广西地处中、南亚热带季风气候区，优越的自然生态条件造就了广西庞大而丰富的林木资源，为广西人工用材林培育提供了丰富的天然资源。广西作为我国南方最重要的人工林培育和木材生产基地，木材需求增加、供需矛盾突出及产业转移，将给广西人工用材林和林业可持续发展带来更大机遇。

广西人工用材林资源主要是松树、杉木和桉树，三大树种的面积占人工用材林总面积的90%以上。因此，开展松树、杉木和桉树的营养特性与科学施肥研究，对于贯彻落实习近平生态文明思想和实现广西林业可持续发展战略目标要求具有重大意义。

该书基于长期开展的理论研究和实践示范工作，重点展示林业土壤肥料与环境团队在松树、杉木、桉树的植物营养与科学施肥方面的研究进展，突出反映三个方面：一是根据不同林龄的松树、杉木、桉树的营养吸收分配规律，结合需肥规律、土壤供肥能力与肥料效应，研制出具有针对性和区域性的不同用材树种专用肥配方和适宜施用量；二是基于植物营养诊断技术，充分利用现代光谱技术，发展松树、杉木、桉树的快速营养诊断与矫治技术；三是通过对人工林区水质的野外长期连续监测，掌握松树、杉木、桉树人工林的水土及养分流失规律，建立适宜的松树、杉木、桉树人工林生态环境监测技术及生态服务功能评价体系。该书凝聚了广西壮族自治区林业科学研究院林业土壤肥料与环境团队及各林场一线科研人员和技术推广人员的心血，是长期研究和大量实践的总结成果，相信该书可以促进广西松树、杉木、桉树人工林的营养与施肥研究，为广西林业的高质量发展提供可靠支撑。

2022 年 2 月

目　录

第一章　广西林业与用材林发展概述 ……1

第一节　广西林业发展概况 ……1

第二节　用材林发展概况 ……3

第三节　用材林发展方向 ……8

第二章　用材林地理气候和土壤特性 …… 10

第一节　广西地理气候和土壤特性 …… 10

第二节　松树林地理气候和土壤特性 …… 25

第三节　杉木林地理气候和土壤特性 …… 28

第四节　桉树林地理气候和土壤特性 …… 31

第三章　用材林生物学和生理学特性 …… 34

第一节　松树生物学和生理学特性 …… 34

第二节　杉木生物学和生理学特性 …… 39

第三节　桉树生物学和生理学特性 …… 44

第四章　用材林林木营养特性 …… 48

第一节　马尾松人工林营养吸收及分配规律 …… 49

第二节　杉木人工林营养吸收及分配规律 …… 55

第三节　桉树人工林营养吸收及分配规律 …… 64

第五章　用材林营养诊断和矫治技术 …… 81

第一节　林木营养概论 …… 81

第二节　林木必需营养元素生理功能 …… 84

第三节　林木营养诊断与矫治 …… 99

第四节　林木营养元素土壤环境及管理 ……120

第五节　马尾松人工林营养诊断研究 ……148

第六节　杉木人工林营养诊断研究 ……159

第七节 桉树人工林营养诊断研究 …………166
第八节 现代光谱技术在用材林的应用及展望 …………192

第六章 用材林科学施肥 …………202
第一节 林木施肥原理 …………202
第二节 林木施肥现状与发展趋势 …………205
第三节 用材林科学施肥技术 …………207
第四节 马尾松科学施肥研究 …………213
第五节 杉木科学施肥研究 …………261
第六节 桉树科学施肥研究 …………269
第七节 用材林袋控缓释肥精准施肥研究 …………295

第七章 用材林环境监测 …………336
第一节 用材林生态环境的监测技术 …………337
第二节 用材林林区地表水质监测与评价 …………355
第三节 用材林林区土壤肥力监测 …………398
第四节 用材林林区土壤侵蚀监测 …………409
第五节 用材林地力维持监测 …………419
第六节 用材林群落生物量、碳储量监测 …………427
第七节 用材林地下生物量、碳储量监测 …………442
第八节 用材林生态服务功能及健康评价 …………449

附　录 …………455
附录一 马尾松人工幼林配方施肥技术规程（DB45/T 1373—2016） …………455
附录二 杉木配方施肥技术规程（DB45/T 1375—2016） …………461
附录三 桉树速丰林配方施肥技术规程（LY/T 2749—2016） …………467

参考文献 …………474
图片专辑 …………479

第一章　广西林业与用材林发展概述

第一节　广西林业发展概况

一、广西林业发展回顾

广西位于我国南部，东经 104°28′ ～ 112°04′，北纬 20°54′ ～ 26°23′，北回归线横贯中部，南濒热带海洋，北接南岭山地，西连云贵高原，属云贵高原向东南沿海过渡地带，具有周高中低、形似盆地、山地多平原少的地形特点。广西地处中南亚热带季风气候区，在太阳辐射、大气环流和地理环境的共同作用下，形成了气候温暖、热量丰富，降水丰沛、干湿分明，日照适中、冬短夏长，自然灾害频繁、旱涝突出，沿海、山地风能资源丰富等特点。

广西具有良好的水热条件和林地条件，适合多种植物生长，自古以来就是多林之地，直到 18 世纪中叶，不少地区仍然保留着大面积茂密的原始森林。后由于人类活动频繁及气候变化、自然灾害等的影响，导致不少完好的森林植被遭受严重破坏。到 20 世纪 50 年代，广西的森林覆盖率仅有 16.04%。

自中华人民共和国成立以来，在党的领导下，贯彻了“绿化祖国”的方针，广西的森林得到逐步的恢复和发展，林业生产建设事业不断壮大，但在林业发展过程中也出现过一些严重错误。如 20 世纪 50 年代仿效苏联经验，森工与营林分家，在山坡上也采用大面积砍伐，更新赶不上，不少林地沦为荒草坡；20 世纪 70 年代后期的“三定”和 80 年代开放木材市场，由于思想、宣传和管理工作跟不上，加上出现乱砍滥伐现象，导致广西森林覆盖率进一步降低。但成绩是主要的，之前的失误导致的局面现在已经基本被扭转了。1987 年 1 月，广西壮族自治区党委、人民政府作出了《关于保护森林、发展林业，力争 15 年基本绿化广西的决定》。1989 年实行各级领导干部保护森林、造林绿化任期责任制，调动了广西广大群众和各行各业造林绿化的积极性。1997 年完成了绿化广西的战略目标，初步实现了有山皆绿，有了最基本的“绿色家底”、最基础的生态保障。

二、广西林业跨越式发展

进入 21 世纪，广西林业继续保持较快的增长势头，产业规模也不断扩大。但广西森林整体生态功能不强，水土流失、石漠化严重，森林资源保护形势严峻，生态环境尚未得到根本改善。林业产业规模小，效益不高。林业管理体制转轨缓慢，机制不灵活，社会对林业的多样化需求与落后的林业生产之间的矛盾比较突出。从对标高质量发展要求看，广西林业产值规模大，但大而不强，供给结构不够优化，产业链条短，核心竞争力不强，长期处于价值链低端，实现新旧动能转换尚需时日；新产业、新业态、新模式亟待发展，森林资源优势尚未很好地转化为产品优势、产业优势和经济优势。

为此，2004年4月广西壮族自治区党委、人民政府作出了《关于实现林业跨越式发展的决定》，指出：林业承担着改善生态环境、维护生态安全和满足社会对林产品需求、促进国民经济发展的双重任务。实现富民兴桂新跨越，需要有良好的森林生态条件作为基础，有比较发达的林业产业来支撑。在贯彻可持续发展战略中，要赋予林业以重要地位；在生态建设中，要赋予林业以首要地位；在实现富民兴桂新跨越中，要赋予林业以基础地位；在经济建设中，要赋予林业以支柱地位。为加快转变林业发展方式，加快林业改革发展，提升林业质量和效益，充分发挥林业的生态功能、经济功能、社会功能，有力促进生态文明示范区建设，加快推进富民强桂新跨越，2012年广西壮族自治区党委、人民政府又作出了《关于建设林业强区的决定》，强调要加快林业改革发展，建设林业强区，是实现科学发展、推进富民强桂新跨越的重大举措，有利于增强广西生态优美这一核心竞争力，扩大广西的生态环境容量，为工业化和城镇化提供有力支撑；是构建绿色生态屏障、推进生态文明示范区建设的必然要求，有利于广西发展生态经济、低碳经济和循环经济，推动人口资源环境与经济社会协调发展；是树立广西开放合作新形象，拓展更广阔发展空间的客观需要，有利于建设八桂秀美山川，营造良好的宜居宜业环境，加快形成对外开放新格局和参与国际国内竞争的新优势。

同时，广西林业系统各部门高度重视林业建设。广西林业局（原广西林业厅）相继出台了《广西壮族自治区林业推进生态文明建设规划（2014—2020年）》《广西林业发展“十三五”规划》《广西速生丰产用材林发展“十三五”规划》《广西壮族自治区森林经营规划（2016—2050年）》等文件。为贯彻落实原国家林业局推进国家储备林建设要求部署，2011年6月广西壮族自治区林业厅组织编制了《广西壮族自治区国家木材战略储备生产基地规划（2011—2020年）》，2018年广西壮族自治区林业厅再次组织修编《广西壮族自治区国家储备林建设规划（2013—2035年）》。2019年7月广西壮族自治区林业局又出台了《关于印发广西林业科技创新支撑林业高质量发展三年行动计划（2019—2021年）的通知》。广西林业进入新一轮的快速发展壮大时期。

（1）以重点生态工程和产业项目建设为突破口，实施林业发展“三步走”战略，扎实推进以六大工程为主体的林业生态工程建设，全面实施公益林保护工程、稳步推进退耕还林工程、努力抓好区域防护林工程、积极实施野生动植物保护和自然保护区工程、加快推进石山地区石漠化综合治理工程及农村生态能源建设工程，大力发展林业产业，提高了生态效益，增加了林产品的有效供给。

（2）遵循因地制宜、造管并举、量质并重的原则，综合采取集约人工林栽培、森林抚育、退化林修复等措施，分类施策，全面提高森林质量。编制自治区、市、县三级森林经营规划和县级森林经营方案，实施森林精准经营，分类经营，分区施策，短中长期效益相结合。坚持科学经营人工林，推广混交林、复合经营、立体经营及大径材、无节材、复层林培育技术。推广免炼山整地、测土配方施肥、精准施肥、缓释肥应用等新技术，提高森林经营的专业化、组织化、集约化、机械化水平，建设了一批国家级森林经营示范单位和森林精准经营工程项目。国有林场以提供森林生态服务为主线，重点培育珍贵树种、大径级优良材，打造优美森林景观。集体林以提高林农收益为重心，将抚育经营措施落实到山头地块，推进适度规模化、专业化经营。

（3）围绕保障国家和广西木材安全及重要林产品供给，充分发挥广西各地林地生产力比较优势，依托工业原料林、国家储备林、优质珍贵用材林“三大基地工程”建设，科学经营人工林，科学划定和建设木材生产功能区、特色林产品优势区，培育优质特色林木资源，适度发展短轮伐期用材林，提高林分质量和生长量，提高林地生产力，建成了广西特色林木资源培育核心基地。

（4）适应农村现代林业产业发展需要，科学划分乡村林业经济发展片区，统筹推进现代林业示范园、林产品精深加工示范园。根据广西林业发展的资源禀赋和自然条件，坚持资源与环境均衡配置、经济社会生态效益相统一，按《广西森林分类经营区划》，打造集约高效林业生产空间，保护广西“山清水秀生态美”金字招牌的生态空间，延续人与自然环境有机融合的乡村林业空间关系，形成人与自然和谐共生的发展格局。现在广西林业现代化水平有所提升，加快建设现代林业强区，生态环境明显改善，生态安全屏障基本形成，绿色生产生活方式基本普及。

根据第九次全国森林资源清查结果，广西陆地总面积为 2.367×10^5 km^2，林地面积为 1.6295×10^7 hm^2，居全国第五位，活立木总蓄积为 7.44×10^8 m^3（2017 年已达 7.75×10^8 m^3）。森林面积为 1.42965×10^7 hm^2，森林覆盖率为 60.17%（2017 年已达 62.31%），活立木蓄积为 6.78×10^8 m^3。按起源分，天然森林面积为 6.9612×10^6 hm^2，活立木蓄积为 3.32×10^8 m^3；人工森林面积为 7.3353×10^6 hm^2，活立木蓄积为 3.45×10^8 m^3。按林种分，防护林面积为 4.7325×10^6 hm^2，活立木蓄积为 1.66×10^8 m^3；特用林面积为 5.524×10^5 hm^2，活立木蓄积为 4.2×10^7 m^3；用材林面积为 7.3257×10^6 hm^2，活立木蓄积为 4.47×10^8 m^3；薪炭林面积为 1.92×10^4 hm^2，活立木蓄积为 3.293×10^5 m^3；经济林面积为 1.6667×10^6 hm^2，活立木蓄积为 2.2×10^7 m^3。

目前，广西年林业产业总产值已经超过 7 600 亿元，第一、第二、第三产业得到较好的融合发展。构建了比较完备的森林生态体系和比较发达的林业产业体系，基本实现林业生态效益、社会效益和经济效益的良性循环，初步实现建设山川秀美的生态文明社会的战略目标。广西良好的生态环境和丰富的森林资源成为建设壮美广西的根基所在。

第二节　用材林发展概况

一、用材林发展概况

（一）天然林与人工林

天然林（Natural forests）是天然起源的森林，包括自然形成的与人工促进天然更新或萌生所形成的森林。天然林是森林资源的主体和精华，是自然界中群落最稳定、生态功能最完备、生物多样性最丰富的陆地生态系统，是维护国土安全最重要的生态屏障。广西现有天然林面积为 9 886.63 万亩 *（6.5914×10^6 hm^2），占广西林地面积的 41.7%。其中，国有天然林面积为 767.36 万亩（5.116×10^5 hm^2），占广西现有天然林面积的 7.76%；集体和个人天然林面积为 9 119.27 万亩（6.0798×10^6 hm^2），占 92.24%。从 2017 年开始，广西已全面停止国有林场天然林商业性采伐，有效保护了广西的天然林资源。

人工林（Plantation forests）是相对天然林而言，指采用人工播种、栽植或扦插等方法和技术措施

---

* 1 亩≈ 666.7 m^2。

营造培育而形成的森林。人工林经营的目的明确，树种选择、空间配置及其他造林技术措施都是按照人们的要求来安排。其主要特点如下。

（1）所用种苗或其他繁殖材料是经过人为选择和培育的，遗传品质良好，适应性强。

（2）树木个体一般是同龄的，在林地上分布均匀。

（3）用较少数量的树木个体形成森林，群体结构均匀合理。

（4）树木个体生长整齐，能及时、划一地进入郁闭状态；郁闭成林后个体分化程度相对较小，林木生长竞争比较激烈。

（5）林地从造林之初就处于人为控制下，能满足林木生长的需要。

另外，与天然林相比，人工林普遍采取选育良种、适地适树、密度适中、抚育管理集约经营措施进行营造和培育。因此，人工林具有生长快、生产量高、开发方便和获得效益早、木材规格和质量较稳定、便于加工利用等特点。近年来，我国人工林发展迅速，已成为世界上人工林保存面积最大的国家。

人工林分类以森林主要利用目的为依据，分为用材林、经济林、混交林、防护林、薪炭林、城市园林等。人工用材林中有马尾松人工林、杉木人工林、湿地松人工林、柳杉人工林、桉树人工林等。

广西水、热、光和林地资源丰富，林木生长季节长，适宜多种人工用材林的生长，乔木林的年均生长量是全国平均水平的 1.8 倍。据广西森林资源连续清查第八次复查统计，广西人工用材林面积为 $3.9866\times10^{6}\ hm^{2}$，蓄积量为 $2.02\times10^{8}\ m^{3}$。广西人工林面积约占我国的 1/10，居全国第一位，木材产量占全国的 1/3。

广西主要的人工用材林有马尾松人工林、杉树人工林、桉树人工林等。

（二）马尾松人工林发展概况

马尾松（*Pinus massoniana* Lamb.），乔木，树干较直；外皮深红褐色、微灰，纵裂，长片形剥落；内皮枣红色、微黄。心边材稍明显，边材浅黄色，甚宽，常有青皮；心材深黄褐色、微红。年轮极明显，极宽。木射线浅细。树脂道大而多，横切面有明显的油肥圈。树质硬度中等，纹理直或斜不匀，结构中至粗。干燥时翘裂较严重。

马尾松用途广，综合利用程度高，不仅可以制作多品种、多规格的建筑材料，还可以作坑木和矿柱用材；其纤维含量高，是优良的造纸与化纤工业原料；马尾松松脂含量丰富，产量高，质量好，是我国生产松脂的主要树种。

我国马尾松分布极广，北自河南及山东南部，南至广西、广东、湖南、台湾，东自沿海地区，西至四川中部及贵州，遍布于华中、华南各地。一般在长江下游海拔 600 ～ 700 m、中游海拔 1 200 m 以上、上游海拔 1 500 m 以下的地区均有分布。马尾松是我国南部主要材用树种，经济价值高。

马尾松林在广西的大部分地区都有分布。在东经 106° ～ 112°05′、北纬 21°54′ ～ 26°20′ 的范围内，水平分布的差异对马尾松生长的影响不显著，但垂直分布的影响则较显著。高产林多分布在海拔 400 ～ 700 m 的高丘低山。其生长环境特点是空气湿润、凉爽，土壤较肥沃，松毛虫不易繁殖。在海拔 150 m 以下的低丘台地，马尾松虽普遍分布，但除个别林分外，生长量多偏低。在海拔 800 m 以上的山地，马尾松有零星分布，但除桂西北山原地区及桂北山地外，桂东南及桂中等大部分地区，干形多不直，生长量低。马尾松虽有耐旱耐瘠的特性，但在土壤瘠薄的低台地区，生长量显著下降。

马尾松在我国有悠久的栽培史。桂北、桂东北和桂东南地区的群众，早有零星种植松树和经营松林的习惯。但面积不大，20 世纪 50 年代前广西人工造的马尾松林面积还不到 1 000 hm^2。

20 世纪 50 年代以后，广西马尾松人工林发展很快，广西新建了 100 多个国有林场和数千个集体林场，相当一部分林场以马尾松作为主要造林树种。马尾松成为广西主要的人工林类型之一。飞机播种造林的发展也很快，1961 ～ 1979 年的 18 年中，广西的飞机播种造林面积超过 1.46×10^6 hm^2。至 1980 年，广西马尾松林总面积已达 $3.403\ 83 \times 10^6$ hm^2，占广西森林优势树种总面积的 56.2%，蓄积量为 6.5×10^7 m^3，占广西森林优势树种总蓄积量的 33.69%，成为广西森林面积最大的林种。2015 年，广西马尾松人工林面积达到 $1.215\ 3 \times 10^6$ hm^2，蓄积量为 $1.022\ 227 \times 10^8$ m^3。

（三）杉木人工林发展概况

杉木［*Cunninghamia lanceolata*（Lambert）Hooker］是我国特有的树种，也是广西主要用材树种。杉木为常绿、半常绿或落叶乔木，树干端直，大枝轮生或近轮生，树皮纵裂，成长条片脱落。叶、芽鳞、雄蕊、苞鳞、珠鳞及种鳞均螺旋排列，极少交互对生。叶披针形、钻形、鳞片状或线状，同一树上的叶同型或二型。

杉木的树干纹理直，结构细致，材质轻而韧，木材芳香，不挠不变形，耐腐防蛀，广泛用于建筑、桥梁、造船、家具等方面。近 10 年来已研究出杉木用作造纸材和复合木地板材等。

杉木林遍及我国整个亚热带地区，北起秦岭南坡，南到广东、广西南部，东起台湾，西到川西南、滇东北。广西是我国杉木主要栽培区之一，广西各地都有栽培，中心分布在 1 月平均气温 10 ℃等温线以北的位于桂北、桂东北南岭山地的资源、龙胜、兴安、永福、恭城、灵川、三江、融安、金秀、昭平等县的高丘至低山，以及位于桂西北云贵高原边缘山原山地的南丹、天峨、罗城、环江等县的中低山至低山山地。

栽培杉木人工林在我国有悠久的历史，但直至20世纪40年代，杉木林多为个体经营，种植规模不大。50 年代以后，广西兴建了一批以种杉木为主的国有林场和集体林场，并且将杉木作为主要造林树种，在广西各地大力推广种植。但在 70 年代，一些地方却忽视了杉木的生态特性，没有掌握适地适树原则，不分区域大量种植杉木；有的虽是适生地区，但过分强调了连片集中，忽视小地形的选择，从山脚种到山顶，造成了许多不应有的损失。

20 世纪 80 年代以后，广西总结了杉木栽培经验，逐步纠正了杉木栽培方面的错误做法，采用了科学的栽培技术，杉木栽培得到了较好的发展。据 1994 年资料显示，广西杉木林面积为 $6.921\ 3 \times 10^5$ hm^2，占森林总面积的 10.2%；总蓄积量为 $3.174\ 757\ 3 \times 10^7$ m^3，占森林总蓄积量的 13.02%。其中成熟林 $4.521\ 5 \times 10^4$ hm^2，蓄积量为 $5.199\ 789 \times 10^6$ m^3。

杉木人工林一般种植 20 年即可采伐，采用良种和集约化经营可提前到 15 年甚至更早采伐。年蓄积生长量一般为 10.5 m^3/hm^2，较好的水平达 15 ～ 18 m^3/hm^2 以上。8 年生杉木速生丰产林每公顷年蓄积生长量平均为 18.63 m^3，最高为 32.71 m^3。2020 年，广西杉木林面积已达到 $1.503\ 8 \times 10^6$ hm^2，蓄积量为 $1.292\ 29 \times 10^8$ m^3，分别占广西人工林总面积的 25.38% 和 37.44%，是广西建设国家木材战略储备核心基地的重要树种，在广西林业发展中占据重要地位。

（四）桉树人工林发展概况

桉树（*Eucalyptus robusta* Smith）又称尤加利树，是桃金娘科桉属植物的统称。常绿高大乔木，少数是小乔木，呈灌木状的很少。1 年内有周期性的枯叶脱落的现象，树冠形状有尖塔形、多枝形和垂枝形等。单叶，全缘，革质，有时被一层薄蜡质。叶子可分为幼态叶、中间叶和成熟叶 3 类，多数品种的叶子对生，较小，心形或阔披针形。

桉树是世界三大速生林树种之一，其木材结构良好，抗压、抗弯性能好，干缩适中，纹理顺直，花纹、色泽类型丰富。可广泛应用于建筑、造纸和制作家具、矿柱、电杆、枕木、胶合板、纤维板等多方面。

桉树对于中国而言是外来树种。中国最初引种桉树是在 1890 年，至今已有 130 年的引种历史，引进桉树 300 多种，成功栽培近 70 种。但是在 20 世纪 50 年代以前桉树只作为庭园观赏和道路绿化树木栽培，之后才开始把它作为人工林造林树种进行种植。据不完全统计，截至 2013 年底，我国 10 个主要栽培省（自治区、直辖市）的桉树人工林面积达到了 $4.465\,3 \times 10^6$ hm^2（表 1-1）。其中广西和广东的桉树人工林面积均超过 1×10^6 hm^2，广西桉树人工林面积为 2.02×10^6 hm^2，占全国桉树人工林面积的 45.24%；广东桉树人工林面积为 1.35×10^6 hm^2，占 30.23%。现在速生树人工林已经成为华南地区主要木材用材树种之一，是我国短周期工业木材用材林、速生丰产林的重要组成部分。

表 1-1　中国主要桉树栽培省（自治区、直辖市）桉树人工林面积

省（自治区、直辖市）	面积（hm^2）	省（自治区、直辖市）	面积（hm^2）	省（自治区、直辖市）	面积（hm^2）
广西	202×10^4	海南	20×10^4	江西	4.73×10^4
广东	135×10^4	四川	17.3×10^4	贵州	3.33×10^4
福建	26×10^4	重庆	9×10^4	—	—
云南	23.3×10^4	湖南	5.87×10^4	—	—

广西大面积种植桉树始于 1965 年，以窿缘桉、柠檬桉和野桉为主要造林树种。20 世纪年 80 年代初，由于尾叶桉的成功改良和杂交种无性系的推广，广西桉树人工林面积迅速增加，最先集中在南宁、钦州、北海和玉林等桂南地区，柳州、河池、百色等地是新兴的桉树人工林区。“十五”计划以来，广西大力实施南方速生丰产林工程，桉树遗传改良技术和营林技术大幅度提高，桉树人工林得到前所未有的发展。主要桉树品种是以巨尾桉、尾巨桉和尾叶桉为主的速生无性系。2000 年以前，广西桉树大面积造林仅限于北回归线以南的南宁、崇左、钦州、北海、防城港、玉林、贵港、梧州 8 个市。近年来，随着种植效益的凸显、无性系选育水平的提升和抗寒品种的推广，广西桉树大面积造林已逐步向北扩展，如今广西 14 个市 102 个县（市、区）都有种植。

2000 ～ 2016 年，广西桉树种植面积由 1.5×10^5 hm^2 增加到 1.78×10^6 hm^2，木材年产量由 9×10^4 m^3 增加到 2.2×10^7 m^3，位居全国首位。桉树速生丰产林的大面积种植，显著提高了木材产量。2017 年广西木材产量达到 3.059×10^7 m^3，是 2000 年的 9.7 倍，约占当年全国商品材产量的 45%，其中桉树木材约占的 3/4。“十三五”期间，广西森林采伐限额增加到每年 $4.886\,66 \times 10^7$ m^3，在全国所占比例超过 40%。其中，桉树采伐限额为 $3.199\,75 \times 10^7$ m^3，约占广西森林采伐限额的 2/3。广西桉树人工林贡献了全国 1/4 以上的木材产量。

与此同时，桉树速生丰产林较高的木材生产效率和木材供给能力，使得其他树种的采伐压力得到缓解。如杉木、马尾松等南方主要人工林树种可以有充裕的时间转向单位面积蓄积量更高、生态效益更优、经济效益更好的大径材和复层经营模式，森林蓄积量得到显著提升。广西森林蓄积量由 2000 年的 4.03×10^8 m^3 提高到 2016 年的 7.6×10^8 m^3，增加了 0.9 倍。

二、用材林发展主要存在问题

（一）主要存在问题

（1）由于长期以来重造轻管、粗放经营，森林资源结构不合理，总体质量效益不高，林业生态功能还不够强，还不能很好地满足人民群众日益增长的生态需求。根据 2017 年广西森林资源年度变更调查结果，广西乔木林每公顷蓄积量为 66.5 m^3，排全国第 17 位，仅为全国平均水平的 67%。

（2）树种结构单一，林分结构简单，林相景观单调，人工林中纯林面积比重达 93.5%。

（3）大面积人工用材林纯林种植、不合理的过度开垦、不合理的规划布局及不科学的耕作措施，所引发的生态问题一直以来是社会各界所争议的焦点，同时也是制约人工用材林发展的瓶颈。

（4）随着林木育种及栽培技术的进步，广西人工林的产量越来越高，轮伐期越来越短，经营代数也在增加，人工林林地土壤养分入不敷出的现象越发严重，土壤营养的缺乏严重影响了退化立地的潜在生产力。部分地区的人工林由于营养不良而出现大面积生理病害，严重地影响了人工用材林的可持续经营。

（5）一些地区对立地条件质量评价仍然不重视，选择的用材林造林地质量不高，难以达到速生丰产的需求。在人工林种植过程中，多代连作产生的地力衰退、经济效益下降等现象及易受自然灾害破坏的情况比较突出。

（6）林木施肥技术仍存在盲目性，肥料的利用率普遍不高，宏观调控和微观指导有待加强，已有的施肥成果尚未在生产中广泛推广应用。

（7）虽然广西发展林业有得天独厚的条件，但同时广西也是典型的生态脆弱区，岩溶石山区约占广西土地面积的 33%，自然生态系统敏感而且脆弱，遭破坏后恢复困难。因此，广西森林生态系统抗灾害能力差、稳定性不强，生态修复和综合治理任务依然繁重。

（二）广西发展用材林必须注意的问题

（1）加快推进广西人工用材林基地建设，必须遵循因地制宜、造管并举、量质并重的原则，逐步推广近自然林经营中的目标树设计法等新技术、新方法，全面加强森林经营，提高林分质量和综合功能。开展人工用材林森林经营方案编制与实施试点，研究探索不同森林类型、不同立地条件、不同培育目标和不同年龄阶段的经营模式和规律，建立符合广西区情的国家储备林经营技术体系。

（2）广西人工用材林资源主要是松树、杉木和桉树，三大树种的面积占速丰林总面积的 90% 以上。特别是桉树，其面积达到 1.783×10^6 hm^2，为速丰面积林总量的 70.4%，且均为人工纯林，培育目标大多是工业原料林，速丰林资源总体凸现存在纯林多、混交林少，桉树多、其他树种少，一般树种多、珍贵树种少，中小径材多、大径材少等“四多四少”问题。因此，广西在发展人工用材林时应考虑如何克服“四多四少”的问题。

（3）广西商品林地面积为 $1.047\,44 \times 10^7$ hm^2，海拔 800 m 以下、立地质量中等以上的林地面积约

为 4.6396×10^6 hm^2。由于该部分林地立地质量、生产条件相对较好，开发利用程度高，经过多年的开发建设，荒山荒地已基本上得到绿化，但果木经济林发展、农业经济作物生产争地现象严重，依靠通过荒山荒地造林扩大速丰林面积、增加资源总量的潜力十分有限，因此，广西在发展人工用材林时应考虑林地集约经营的问题。

（4）广西真正的杉木适生区，主要仍限于桂北和桂东北的中亚热带山地。北纬 24° 以南的南亚热带至北热带地区，已超出其适生范围，一般不应将其列为主要造林树种。这些地区更不能划为杉木商品材基地。其次，即使在桂北和桂东北山地的杉木适生区，也不宜营造大面积连片纯杉林。虽然杉木纯林经营，就集约程度和经济效益而言是好的，但杉木纯林不利于恢复与改良土壤和促进生态平衡，同时也不利于杉木林的再生产。因此，今后营造杉木林时，应适当选择与其他优良的阔叶树种混交，混交形式可因地制宜采取株间混交、块状（面积较小）、或片状（面积较大）的镶嵌交错混交等多种形式，尽量恢复与保持当地地带性植被的特色，力求在经济及生态方面发挥最大效益。

（5）牢固树立“林以种为本，种以质为先”的理念，以良种选育为基础，以基地建设为重点，以保障供应为目标，以提高质量为中心，以科技创新为支撑，以执法监管为保障，建立健全人工用材林良种选育推广体系、种苗生产供应体系、种苗行政执法体系和种苗社会化服务体系，加快推进人工用材林良种化进程，全面提高用材林良种壮苗生产能力和林木种苗整体发展水平。

第三节　用材林发展方向

社会经济的不断发展促使木材需求量大幅度提高，随之引发木材的供求矛盾日益突出。面对当前现状，各国均以发展人工林作为解决木材供需矛盾，提高木材经济效益、生态效益的应对举措。

我国是世界森林资源短缺国家之一，森林资源总量不足、质量不高。随着我国天然林保护工程的全面实施，商品天然林的限伐禁伐，人工林的木材生产供材优势将日益凸显。木材需求的增加、供需矛盾突出及产业转移，将给广西人工用材林进一步发展带来机遇。广西作为国家储备林建设试点和重点建设省区，国家储备林的建设将为用材林发展提供更多更有力的政策支持。自治区将速丰林提升为14个农业优先发展重点产业，并提出打造“林浆纸和木材加工千亿元产业”发展目标。林浆纸、林板一体化进程加快，速丰林产业链不断延伸，经济产值高速增长，综合实力显著增强，也为人工用材林稳定发展提供了经济基础。

进入21世纪，广西林业实施以生态建设为主，生态建设与木材利用并举的发展战略，提出了“严格保护，积极发展，分类经营，永续利用”方针，开展了森林分类区划界定，大力发展速生丰产用材林，建设国家木材战略储备基地，实现了广西森林资源总量、木材供应量双增长，森林生态服务功能不断增强。充分利用广西的资源优势和区位优势，加大木材战略储备，因地制宜发展大径级用材林、珍稀树种和工业原料林，有效缓解我国森林资源的结构失衡和短缺问题，构筑广西雄厚的现代林业战略资源，有效维护国家木材安全和生态安全。

进入新时代，人民对于优美生态环境的需求日益凸显，市场对大径材、珍贵用材的需求更加迫切，广西用材林人工林建设面临较好形势，机遇和挑战并存，广西林业发展空间和潜力巨大。

广西拥有良好的生态基础，推进生态文明建设，需要不断扩大森林资源面积，提高森林资源质量，需要拥有较高的森林覆盖率作为基础和支撑。建设人工用材林可以充分发挥广西的自然条件优势，培育用材林基地，快速增加森林资源，有利于加强对天然林和生态林的保护，进一步改善生态环境，扩大广西的生态环境容量，继续保持“山清水秀生态美”的品牌优势，推进生态文明建设，为建设生态文明示范区和壮美广西提供强有力的支撑。

广西的人工用材林经过多年的发展，不论是营造面积，还是资源总量、年木材产量，均居全国各省区前列，为我国国民经济、生态建设做出了突出贡献，也为广西生态文明示范区、林业强区建设奠定了重要基础。但是，随着林业建设的深入，多年发展积累下来的一些问题和矛盾也日益凸显。森林结构不合理凸显的资源结构性矛盾问题、林地资源约束矛盾突出再扩大规模受限的问题等，都需要在林业发展中加以解决。

因此，在制定广西在发展人工用材林发展方向时必须重视以下几点：

一是要紧紧围绕“民生林业”发展目标，以项目建设为载体，实施树种结构调整、优化森林空间布局，加强森林抚育改造、发展高效林业，建设工业原料林、大径级用材林、优质珍贵用材林“三位一体”资源培育体系，推进森林可持续经营，全面提高森林质量和经营水平，提高林地生产力，扩大生态承载力，实现森林面积、森林蓄积、森林生态价值三增长。

二是以现有马尾松人工用材林基地资源为基础，通过加强中幼林抚育管理、采伐迹地更新造林、低产低效林改造培育、高产优质示范林基地建设，建立形成地方特色突出、资源丰富、材种多样的资源培育体系，形成短中长周期经营相结合，工业原料林、国家储备林建设齐发展的木材生产体系，全面提升森林经营质量，提高林地生产综合效益，增强木材资源储备能力，尽快形成优质松木材生产能力，解决大中径材资源培育、生产供给短缺的问题。

三是在确保现有杉木人工用材林面积的基础上，通过对一般用材杉木林的更新改造，适当扩大杉木林营造规模，提高杉木林面积比例。实施森林抚育、改造培育、提质培优工程，加强国家储备林基地建设，加强中幼林抚育、迹地更新造林、低产低效林改造培育、建设高产优质示范林基地。充分挖掘广西优质良种杉木资源优势潜力，全面提升杉木速丰林经营质量效益，建设形成规模适度、材种丰富、效益良好、短中长周期经营面积比例合理的杉木用材林培育生产体系。

四是继续推进桉树种植结构调整，调整和减少桉树发展规模，加快主要河流两岸、江河源头、饮用水源保护区、大中型水库等重要生态功能区的桉树人工纯林的调整改造，发展桉杉、桉松、桉阔混交造林，发展高产、高质、高效“三高”林业。在桂南、桂中、桂西桉树发展重点地区、区直国有林场建设高密集示范林，建设营林标准化、管理精细化、经营规范化的桉树产业原料林基地，加强对现有林的培育、管护，促进桉树人工林经营转型升级，实现桉树发展由数量效益型向质量生态效益提升型转变。

五是要加强林业科学研究，围绕用材林木种质资源创新、先进良种选育技术、森林资源高效培育技术、森林生态建设技术等重点技术领域，集中开展科学研究、技术创新和成果转化。扎实推进林地测土配方施肥、营养诊断施肥技术的应用，以增加和维护林地土壤肥力，达到广西森林可持续经营的目的。加强技术队伍建设，建立健全科技支撑与技术推广体系，深化与林业高校和科研院所的战略合作，定期对从事林业工作人员开展培训，不断提升工作人员的技术知识、操作能力和管理水平，促使广西人工用材林建设逐步实现集约化经营、标准化管理和产业化发展，努力提升用材林生态效益、社会效益和经济效益，为推进广西林业可持续发展、做大做强生态经济、建设壮美广西做出更大贡献。

第二章　用材林地理气候和土壤特性

第一节　广西地理气候和土壤特性

一、成土因素

土壤是在多种因素作用下形成的自然客体。自从俄国土壤学家 V. V. 道库恰耶夫的发生土壤学理论提出以来，母质、气候、生物、地形和时间已为世界公认的五大成土因素。7 000 多年前，人类开始了农耕活动，从此，人类就干预土壤的形成。因此，有人认为人类生活也应成为土壤形成发育的又一条件。各个成土因素在成土过程中所起的作用和影响各不相同，而且各个成土因素间又相互依存、相互制约，它们对土壤形成综合起作用。土壤既是历史的自然客体，又是生态环境的一部分。了解土壤与成土因素之间的关系，将有助于正确认识和评价土壤资源，合理利用、培肥、开发和改造土壤。

（一）气候

气候决定了母质的物理、化学风化和淋溶过程的强度，也影响到生物繁衍的速度。一方面，广西属于亚热带季雨林气候区，高温多雨，湿热同期，导致化学风化、淋溶作用强，从而形成了广西以酸性富铝化土壤为主的特点。另一方面，由于石灰岩具有“水软”的岩性，大量溶解的钙、镁延缓了淋溶，从而形成较大面积的石灰土和富钙红壤。高寒地区则因有机质分解缓慢，积累后出现腐棕土。部分比较干旱地区虽未出现较典型的半干润水分状况，但因岩性、蒸发大于淋溶而出现石灰性的变性土。

广西地处低纬度，南濒热带海洋，北接南岭山地，西延云贵高原，地热资源北高南低，受太阳强烈的辐射和夏季风环流的影响，因而广西属亚热带季风气候。年平均气温在 20 ℃左右，桂北在 20 ℃以下，桂中在 20 ～ 22 ℃，桂南则高达 22 ～ 23 ℃。较冷的 1 ～ 2 月，除桂北为 5 ～ 10 ℃外，其余地区平均气温在 10 ～ 15 ℃。4 ～ 10 月，各地平均气温都在 20 ℃以上。3 月、11 月平均气温，桂北为 10 ～ 15 ℃，其余各地为 14 ～ 20 ℃。霜期除桂北及较高山地均有 8 天霜期外，其余各地均为极少霜（最多 2 天）或无霜。7 月平均气温多超过 28 ℃。降水量，广西大部分地区年降水量约为 1 500 mm，桂东北和桂东南可达 2 000 mm。融安县、桂林市城区、昭平县、上林县、防城港市城区、钦州市城区是广西几个多雨中心。桂西河谷地区降水量较少，如田东县、百色市城区、扶绥、崇左市城区属少雨区，但也在 1 000 mm 左右。桂北 4 ～ 8 月显著多雨，桂南 5 ～ 9 月为雨季，每月降水量为 150 ～ 200 mm，这期间总降水量占全年降水量的 60% ～ 70%，其余各月显著少雨，旱季月降水量只有 30 ～ 90 mm。根据上述情况，可将广西气候带做下列划分。

1. 中亚热带

中亚热带年平均气温为 17 ～ 21 ℃，≥ 10 ℃年积温 5 300 ～ 7 000 ℃（天数为 240 ～ 300 天），即梧州—昭平—金秀—鹿寨—柳城—罗城—环江—天峨—凤山—凌云经田林西北部至德保弯行至靖西的东南部，此线以北为中亚热带。

2. 南亚热带

南亚热带在中亚热带以南地区，南线至钦州地区南缘。年平均气温为 21 ～ 22 ℃，≥ 10 ℃年积气温 7 500 ～ 8 000 ℃（天数为 300 ～ 360 天），最冷月均气温为 10 ～ 15 ℃。这一地区香蕉、木瓜、龙眼、荔枝、杧果、扁桃、菠萝生长良好，木菠萝可一花一熟，红薯可以过冬，橡胶在小环境中可以过冬。

3. 北热带

北热带分布在北海以南，防城港南部至涠洲岛、斜阳岛。年平均气温为 22.5 ～ 23 ℃，≥ 10 ℃年积温为 8 000 ～ 8 200 ℃（天数为 360 天），最冷月均温 15 ～ 19 ℃，极端最低气温 5 ～ 6 ℃，植被为热带季雨林，特种热带经济作物生长良好，木菠萝可二花二熟。［习惯上把地球纬度划分为低纬度（0° ～ 30°）、中纬度（30° ～ 60°）、高纬度（60° ～ 90°），广西的纬度位于 21° ～ 26°，属低纬度。］

这种气候条件，对广西土壤形成影响很大。首先表现在植物生长快，有机质增长量大，但是分解速度也快，故一般土壤有机质含量不高，只有在较高的山地、植被茂密的情况下，土壤表层有机质含量较高，土壤颜色较黑。同时在高温多雨的条件下，岩石矿物风化快而且彻底，经长期作用，盐基硅酸流失，铁铝累积，故在广西广大的丘陵和山地中、下部所分布的第四纪红色黏土、花岗岩、石灰岩、砂页岩等母质上都能形成红壤、赤红壤和砖红壤，土壤呈酸性，而且在山区的中、上部湿润区，土壤经常保持湿润，往往形成黄壤。

（二）生物

广西从南到北跨了 6 个纬度，地势北高南低，北接大陆，南滨海洋，因此，水热条件差异十分明显，有不同的气候带，植被也相应地有一定的地带性分布特点。

1. 中亚热带典型常绿阔叶林

桂北为中亚热带红壤区，植被属亚热带典型常绿阔叶林。其南界自贺州八步区、昭平、蒙山、金秀、柳城、罗城、环江、天峨、凤山、凌云，再经田林至德保。主要植被土山以壳斗科、茶科、金缕梅科和樟科占优势。人工次生森林有马尾松、杉木、毛竹、油茶、木油桐等。石山区原生植被为常绿阔叶林与落叶阔叶混交林，树种以青冈、朴树、小奕树、化香、黄连木、圆叶乌桕占优势。

2. 南亚热带混生常绿阔叶片

桂北中亚热带红壤区以南，为广西中南部南亚热带赤红壤区。主要植被土山区有厚桂属、琼南属、木贞属、栲属中的喜暖树种（如红椎），人工植被有油茶、木油桐、马尾松、玉桂、阴香。广西西部是玉桂、栓皮栎及云南松的主要产区。石山区有青冈、台湾栲、华南皂荚、短萼仪花、蚬木、肥牛树。果树有荔枝、龙眼、木瓜、芭蕉、香蕉、番石榴等。

3. 南部北热带季雨润叶林

桂南边缘地带，为北热带砖红壤地区，常年不见霜冻，气温高、湿度大，原始季雨林多已被破坏，天然植被为板根、茎花现象明显的植物。土山区以大戟科、无患子科、桑科、橄榄科（乌榄）、豆科（凤凰木）、苏木科（格木、苏木、铁刀木）等为优势树种。石山区有蚬木、金丝李、望天树等。果树有木菠萝、杧果、槟榔、大王椰子、油棕等。

4. 滨海红树林灌丛沙荒植被

广西滨海狭长地带沙滩上风大，夏季干热，冬季温暖，地面湿度变化很大，白天沙土上湿度很高，蒸发量常大于降水量，为松散的沙土或沙壤土，分布着滨海有刺灌丛及沙荒植被。这些旱生型植被根系发达，多为肉汁、有刺或硬叶型植物。还有滨海泥滩及河流出口处的冲积土上，生长着热带海洋特殊植被——红树林，这些地区多为滨海盐渍化沼泽土，含盐量高，适宜红树生长。由于这种植物残体中含硫量很高，因此久之可使土壤成为强硫酸盐盐渍土，垦作水稻田后称咸酸田。

5. 中生性灌丛草坡及草地植被

中生性灌丛草坡及草地植被是极复杂的植被类型，面积很广，丘陵、山地、平原都有分布，若土壤水热条件较好，其凋落物使土壤的有机质丰富。草本植物可高达 50 ～ 100 cm，属多年生宿根性种类，有芒萁、五节芒、乌毛蕨、细毛鸭嘴草、金茅、野古草等。灌丛有桃金娘、岗松、野牡丹等。此外，旱生性灌丛草坡，在温度较高、气候干热、降水丰富而集中，干湿季节明显，土壤干燥、土层薄的地带、植被较矮小，草本植物一般只有 10 ～ 50 cm 高，生长稀疏，如龙须草、扭黄茅、一包针、鸡骨草、山芝麻、鹧鸪草、野香茅、画眉草。因此，可根据草本植物的类型判断土壤性状，如土层厚、较肥沃、湿度大的土壤生长着蔓生的莠竹、五节芒、乌毛蕨、金茅、鸭嘴草等，而野古草较适应于在较干旱的粗骨性土壤上生长。广西不同类型植被对成土过程影响极为显著。据测定，常绿阔叶林每年凋落物可达 7 500 kg/hm^2（500 kg/ 亩）以上，针阔林的凋落物每年可达 6 750 kg/ hm^2（450 kg/ 亩）以上。而热带季雨阔叶林每年凋落物可达 9 000 kg/ hm^2（600 kg/ 亩）以上，对增加土壤有机质和富集物质作用大。目前广西除部分山地自然植被保存较好外，大多数丘陵低山平地自然植被已被破坏。土壤有机质含量除自然植被保存较好的土壤含量稍高外，其余土壤如红壤、赤红壤、砖红壤有机质含量均较低。同时，亚热带、热带植物含铝量较高，灰分含量较低，对土壤的淋溶作用促进性大，形成红、黄壤地带性土壤。不同风化壳所发育的土壤，植被类型不同，灰分的积蓄量也各不相同。一般阔叶林灰分含量较高，养分较多，故造林时应尽可能提倡针叶林、阔叶林混交种植，以改善生态环境，提高土壤肥力。

（三）母质

母质是形成土壤的基础物质。母质的特性往往会直接影响到土壤的性状和肥力的高低。本区地层发育较全，自中元古界至第四系均有出露，尤以沉积类型繁多，而可溶性岩类更是无与类比，且沉积建造和岩浆活动历经多次旋回，类型多种的母岩为造就广西丰富多样的土壤类型奠定了物质基础。广西以砂页岩和石灰岩为主，面积为 1.6×10^5 m^2，约占广西总面积的 67.5 %；岩浆岩出露面积为 2×10^4 m^2，约占广西总面积的 8.5%，其中酸性岩（花岗岩类）面积为 1.9×10^4 m^2，占侵入岩类面积的 96.0 %；变质岩类面积为 5.2×10^4 m^2，约占广西总面积的 22.0%。

1. 以花岗岩为主的酸性岩、中性岩以及性质相近的混合岩风化物

本类型自北部的九万山沿区境界至东北的越城岭，再从东北部的都庞岭南段起，沿东部至南部境界诸山脉，如海洋山（北端）、莲花山和萌渚岭南端、六万山、十万大山、大容山大面积断续分布。此外，南宁盆地北部的昆仑关单独成片。境内以粗粒或中粒黑云母花岗岩为主，成岩时期则由北至南，由老到新。在桂东南六万大山西坡、灵山县天堂山一带为以混合花岗岩为主的混合岩。

2. 以玄武岩、辉绿岩为主的基性（超基性）岩风化物

广西基性（超基性）岩出露面积较小，仅为818.55 km^2，可分为桂北和桂西2个区，西部单独产出多，如隆林、巴马、都安、田东的义圩、田阳的玉凤、百色阳圩和那县西部六韶山中段等地区。岩体主要类型为变辉长辉绿岩型，纤闪岩—变辉长辉绿岩型和蛇纹岩—变闪角橄榄岩—纤闪岩型。九万大山、元宝山和龙胜、三江一带分布的基性、 超基性岩含 CaO、Al_2O_3 较高，MgO 一般小于 30%。这表明基性程度的 Mg/Fe 小于 7，常见有 Cu、Ni 等元素；田林—巴马一带的岩体 TiO_2 含量为 0.59% ～ 6.22%，MgO 变化为 0.46% ～ 24.56%，Mg/Fe 为 0.07 ～ 3.35。

3. 碳酸盐岩类风化物

碳酸盐岩主要有石灰岩和白云岩。此种母岩在广西分布广，面积大。广西 79 个县（市、区）有分布，比较集中的有桂西南区，包括靖西、德保、大新、天等、隆安、龙州、凭祥、宁明、扶绥等；桂中、桂北区，包括凌云、乐业、天峨、南丹、东兰、巴马、凤山、都安、大化、马山、上林、宾阳、来宾、武宣、象州、忻城、宜州、金城江、环江、罗城、融水、柳城、柳江、柳州、鹿寨、武鸣等；桂东北区，包括全州、兴安、桂林、阳朔、临桂、恭城、平乐、富川、钟山、贺州等；其他地区则零星分布。从地层来讲，以泥盆系、石炭系、二叠系分布最广，发育最完善。其中桂东北以泥盆系下石炭系为主，桂中区以石炭—二叠系为主，桂西南区以泥盆—二叠系为主。碳酸盐岩类型主要有以下几种：石灰岩、含燧石结核及条带的灰岩、白云岩、白云质灰岩。其中以前 2 种分布最广。此外还有泥灰岩等。石灰岩土是在碳酸盐岩溶蚀残余物上发育而成的，而碳酸盐岩中以可溶性矿物——方解石为主，其中的泥质、碎屑、硅质、铁、锰等杂质是成土的物质基础，碳酸盐岩的类型差异，成土物质的含量多寡，会严重影响土壤性状。

4. 硅质岩及燧石岩风化物

硅质岩在广西广泛出露，分布在广西 47 个县（市、区），二叠系以前各地层均有出露，尤以二叠系居多。硅质岩有单独产出，也有以燧石形式伴随碳酸盐岩产出或与其他碎屑岩类产出。硅质岩的建岩矿物为玉髓或蛋白石或自生石英。岩石结构紧密，坚硬而性脆。化学成分单纯，以硅为主，且稳定性极强，不易化学风化。由于其风化物形成的土壤颜色很浅，多为灰白色或白色，土体中含有较多的母岩碎块，因此砾石含量高，质地为粉沙土，土壤中 Fe、Ac、K 等元素含量异常低，而硅含量特别高，土体或黏粒的硅铝率或硅铁铝率均超出同地区其他土壤数倍至数十倍。

5. 泥质岩和碎屑岩风化物

本类母质主要包括非红色岩系的各种泥岩、页岩、砂岩、砾岩及其性质相近的板岩、片岩、千枚岩、石英岩等岩类的风化物，分布广，尤其在桂西北、桂东南连绵数百千米。桂西多为三叠系；桂北九万

大山及桂东南大桂山岩层古老，为寒武系；桂西南的四方岭、十万大山为侏罗系。广西境内泥质岩和碎屑岩厚度不大，且多互层，常常共同影响土壤的性质。一般说来，由泥质岩风化物发育形成的土壤，质地黏重，全钾含量较高；而碎屑岩风化物发育的土壤质地较轻，营养元素含量较低；由二者共同形成的土壤，其性质介于二者之间。值得指出的是，分布于百色盆地、南宁盆地、上思—宁明盆地的下第三纪泥岩，为河湖相沉积，沉积物有的具有石灰反应；由此发育的土壤，黏粒含量很高，胀缩性很大。

6. 紫红色岩类风化物

紫红色岩包括从泥盆、侏罗至第三纪紫色砂岩和紫色页岩、砾岩，主要分布在侏罗纪弧形山脉内外的断陷带内，如位于弧形山脉内陷地的宾阳、来宾、石龙一带和外围的永淳、横县、贵县、桂平、藤县、南宁，沿西江盆地连成一片，与广东南路一带红色岩相连，西部延至十万大山。紫红色岩发育成紫色土。紫色土多处在幼年阶段，土壤发育程度不深，剖面发育层次分化不明显，土壤颜色为均一的紫色，比较稳定，一般难以改变。但不同地质时期紫色岩发育的土壤颜色略有差异。白垩纪的多为紫红色，侏罗纪的多为红紫色、棕紫色或暗紫色。紫色土的颗粒组成及 pH 值常因岩性不同而有很大差别，紫砂岩发育的土壤质地较轻。广西境内紫色土大都呈酸性，但某些粗骨性紫色土则呈石灰反应，在植被覆被差、侵蚀重的情况下，多发育成粗骨性土。由紫色泥质岩发育的土壤，大部分全钾含量和交换量较高，黏土矿物以 2 ∶ 1 型为主。砾岩在广西零星分布，比较集中的有容县第三纪紫红色砾岩，以及大容山、六万大山、十万大山北面白垩纪的紫红色砾岩，岩性差异大，组成成分复杂。由此发育的土壤，土体中常有较多的砾石，其粒径大小和磨圆程度都因岩而异。砾石常在土表层富集。

7. 第四纪红土和冰水沉积母质

广西晚更新世（Q_3）以前的第四纪陆相流水沉积物多已红化，广泛分布于区内河流的二级阶地、三级阶地、岩溶平原地区及西部山地，少数古老剥夷面上也有残存红土。一般将 Q_3 以前的红土称作老红土或网纹红土，Q_3 时期的称作新红土。老红土铁质结核满布，且成层分布，时有结成铁磐、蠕虫状的红白网纹层发育。

8. 河流冲积物、洪积物和其他新积物

本类母质均为全新世沉积，还包括散流堆积崩积、沼泽性堆积等。在广西各大小河流谷地广泛分布着河流堆积物，如浔江等较大河流两岸形成宽数千米至数十千米的冲积平原。该种堆积物可分一级河流阶地堆积物、近代河床和河漫滩堆积物。阶地上的二元结构完整，上部为悬浮质堆积的沙土、黏土层或沼泽性的泥炭层，厚度变化大，从几米到几十米。下部砾石层多不出露，其颜色多为棕色、灰黄色，无明显红土化，常有富钙的层次存在，有时有石灰质或锰质结核，一般不接受新的沉积物覆盖。沼泽性堆积物常分布于河岸平原或山地干谷岩溶洼地中。洪积物则见于山前冲出堆、山间谷地，尤以硅质岩地区更为常见。在盆地边沿山地及中部弧形山地的小河谷中，洪积物常同河积物共存，以混积物的形式存在。在岩溶峰丛洼地地区，由于地下河水位的季节性变化，雨季地下水位升高，地下河流溢出地表，淹没洼地，随着地下河水位降低，常有地下河悬浮物质堆积。这种堆积物质地差异很小，无明显的沉积层理，且厚度较小，多与石山坡积物形成混积物。在峰林谷地，由地下河转地表后的季节性河流形成的堆积物质地差异较大，虽然有一定沉积层理，但是更具瀑流堆积物的特征。河积物物质来源复杂，质地适中，养分较全，常发育成潮土和新积土。洪积物及河床相、河漫滩堆积物只发育成新积土。崩积物和塌积物在广西局部地区零星发生，影响较小。沼泽性堆积物的特点是植物残体的大量积累，多形成水成土。

9. 海积母质

海积母质只分布在合浦县、北海市、钦州市和防城港市一带的海滨和岛屿。海积母质包括近海（海滩）沉积和潮间带沉积。近海沉积大部为全新世沉积，部分为更新世沉积。它广泛分布于沿岸海积平原和三角洲平原。沉积年代小于 1 万年。沉积物有砾质、灰白色或黄色沙质及贝壳、珊瑚等，平原古河谷内冰后期海进初期有黄色砂砾质沉积。近海沉积物中轻矿物主要是石英，占 70% ～ 95%，其次为长石，石英与长石之比为 2.94 ～ 23.73。在合浦至防城港、东兴一带高于高潮线 3 ～ 6 m，涠洲岛的北港及横岭一带由珊瑚贝壳碎屑及石英砂经钙质胶结成高 6 ～ 11 m、宽 200 ～ 400 m、厚 50 ～ 10 m 的海滩岩。近海沉积处于高潮线之上，受现代海水影响较小，由此形成的滨海盐土含海相可溶性盐分较低，质地多属沙壤土，有的含砾石或海生生物残体而具石灰反应。

（四）地形

广西南起北纬 20°54′（斜阳岛），北至北纬 26°23′，西起东经 104°28′，东至东经 112°04′，北回归线横贯中部，所处纬度较低，面积超过 2.3×10^5 km^2，约占全国总面积的 2.46%。现有耕地面积为 $2.614\,22.3 \times 10^6$ hm^2，占广西总面积的 11.04%。水田面积为 $1.540\,3 \times 10^6$ hm^2，占耕地面积的 58.9%，是以水田为主的省份。

广西境内山岭绵延，丘陵起伏，石山林立，风景秀丽，素有“八山一水一分田”之称。广西地形，总体来看，它是我国东南丘陵的一部分；大体是西北高、东南低，周围多为山脉环绕。东北部有五岭山脉，海拔一般为 1 100 ～ 1 300 m。西北部及西部，在自然地势上原属云贵高原的一部分，但因长期被侵蚀，地面被切割而支离破碎，海拔多在 800 m 以上。南部及西南部属十万大山山系，海拔一般为 800 m。东南部有云开大山、大容山等，海拔也在 800 m 左右。广西境内山多，其中以大明山脉、大瑶山脉为主。大明山脉由东兰、都安、马山、武鸣南下，转向东与经荔浦县、蒙山县、桂平市、贵港市南下而西折的大瑶山脉相会于宾阳南部的昆仑关，呈弧形构造，将广西自然地区分为桂西、桂中、桂东、桂南、桂北等部。上述各山脉多由砂岩、页石及砂页岩构成。桂东北、桂中、桂西、桂西南有大面积的石灰岩山地，由于长期的溶蚀，形成具有石峰、山林、岩洞、伏流等特殊现象的岩溶地貌（也称喀斯特地形）。特别是桂林附近，奇丽的山峰与曲折清澈的漓江相配合，呈现出山秀、水清、石美、洞奇的美景，素有“桂林山水甲天下”的美誉。在桂东及桂东南地区多属丘陵地，其中有较大面积的以花岗岩为主的岩浆岩分布。自南宁以南至钦州一带有较多的紫色岩层（紫色砂、页岩）组成的丘陵或低山。因山脉的间隔和河流的冲刷沉积，广西境内有不少山间盆地、小平原和河流下游的广阔谷地。如南宁、玉林、河池、柳州、贺州等平原、盆地和左右江、郁江、柳江、漓江等河流的广谷等。这些平原、盆地、广谷、丘陵地区均属广西主要农业区。

（五）人类活动

土壤的形成、发育和演变，除受自然环境因素制约外，还受人类活动的影响。人类对土壤的开发和干预是与农业的发展息息相关的。目前的土地利用现状是人们长期利用和改造土壤和发展生产的结果。据 1985 年数据统计，广西土地总面积 35 657 万亩（1 亩≈666.7 m^2），其中耕地 3 847.9 万亩，垦殖系数为 10.8%；森林面积为 8 962 万亩，占总面积的 25.13%，森林覆盖率为 22%；牧草地为 3 240 万亩，占总面积的 9.08%。按 1987 年农业年报，作物总播种面积为 6 917.13 万亩，耕地复种指数 179.8%，其中粮食作物播种面积为 76.8%，有平均亩产 228 kg；经济作物占 14.7%，其中甘蔗平均亩产 3.5 t；施肥水平达到每亩耕地施化肥 70.5 kg，施农家肥、绿肥及秸秆等有机肥 945 kg。

人为活动对土壤的影响有的是有意识、有目的进行的。如人为改变地形，修筑水利，发展灌溉，改善土壤水分状况；垦荒种植，更换自然植被；并轮作、套作、间作、混作以更替农业植被组合，提高土地复种指数；增加物质及能量投入，调节土壤养分平衡，培肥地力；围海造田，加快成土速度，发展农副产业及水产养殖业等。人为活动不仅直接影响农、林、牧业的发展，而且也引起土壤类型及性质的深刻变化，决定土壤演替和发展的方向。耕作土壤还是人类劳动的产物。

二、主要成土过程

（一）脱硅富铁、铝化作用

在高温高湿条件下，矿物发生强烈的风化产生大量可溶性的盐基、硅酸、$Fe(OH)_3$、$Al(OH)_3$。在淋溶条件下，盐基和硅酸被不断淋洗后进入地下水流走。由于 $Fe(OH)_3$、$Al(OH)_3$ 的活动性小，发生相对积累，这些积聚的 $Fe(OH)_3$、$Al(OH)_3$ 在干燥条件下发生脱水反应形成无水的 Fe_2O_3 和 Al_2O_3，红色的赤铁矿使红壤呈红色，形成富含 Fe、Al 的层次。

高温多雨的气候条件具有充足的能量和动力使土体中原生矿物受到深刻的风化，以致硅酸盐类矿物强烈分解，产生了以高岭石为主的次生黏土矿物和游离氧化物。而分解过程中产生的可溶性产物受到下降的渗透水淋溶而流失，在淋溶初期，水溶液接近于中性，硅酸和盐基流动性大而淋溶流失多，而铁、铝氧化物因流动性小而相对积累起来，当盐基淋失到一定程度，以致土层上部呈酸性时，铁、铝氧化物开始溶解而表现出较大流动性。由于土层下部盐基含量较高，酸度较低，以致下移的铁、铝氧化物达到一定深度时即发生凝聚沉淀作用，而且一部分的铁、铝氧化物在旱季还会随毛管水上升到达地表，在次热干燥的条件下发生不可逆性的凝聚。这种现象的多次发生，遂使上层土壤的铁、铝氧化物愈聚愈多。据研究，广西富铝土，Si 的迁移量均为 40% ～ 70%，Mg、K、Na 的迁移量一般为 80% ～ 90%，Ca 几乎接近 100%。Fe 的富集量为 7% ～ 25%，Al 达 10% ～ 20%。土壤胶体的硅铝率为 1.5 ～ 2.5，富铁铝系数一般均小于 1，土壤胶体铁的游离度为 46% ～ 88%。这些指标反映出广西富铝土的脱硅富铝化作用的一般特点。

砖红壤中 Si 的迁移量可高达 700 g/kg 左右，Ca、Mg、K、Na 的迁移量最高可达 10 000 g/kg，而 Fe 的富积量可高达 150 g/kg，Al 可达 120 g/kg，Fe 的游离度红壤为 33% ～ 35%，赤红壤为 53% ～ 57%，砖红壤为 64% ～ 71%。玄武岩发育的砖红壤富铝化作用最强，故称为铁质砖红壤；浅海沉积物发育的称为硅质砖红壤；花岗岩发育的称为硅铝质砖红壤。

热带的砖红壤、南亚热的赤红壤和亚热带的红壤，Si 的迁移量分别为 41% ～ 72%、38% ～ 70%、36% ～ 68%，富铁铝系数分别为 0.85 ± 0.16、0.79 ± 0.14、0.51 ± 0.11，土壤胶体的硅铝率分别为 1.87 ± 0.23、2.01 ± 0.3、2.27 ± 0.27，土壤胶体铁游离度分别为 84.5 ± 40、66.1 ± 60、48.22 ± 2.2。从矿

物的组成来看，红壤的特点是伊利石迅速减少，氧化铁矿物显著增多，高岭石化逐渐加强；赤红壤中伊利石所剩无几，以高岭石占绝对优势，三水铝石时隐时现；砖红壤的特点是氧化铁矿物很多，其他矿物与赤红壤无本质区别，仅是数量上的增减，只有基性岩风化壳上的砖红壤才经常伴有不少三水铝石。由此可见，随着水热作用的加强，风化度高的矿物不断增多，铁、铝氧化物矿物迅速积累，硅铝率迅速变小。然而黄壤矿物组成较为特殊，除出现高岭石、伊利石外，还有较多的三水铝石。不过，三水铝石不一定是高岭石的分解产物，如果有足够的热量条件而淋溶作用又强，也有利于三水铝石的形成。黄壤分布的地形部位较高，又多发育在砂性母质上，淋溶作用较强。这也可能是造成三水铝石较多的原因。

富铝化作用也因母岩的性质而有差别，如玄武岩上发育的红壤或砖红壤，其 SiO_2 和盐基的迁移量要比花岗岩上发育的相应土类高出 30% 左右。铁、铝的富集作用也较明显。它除了有较强富铝化作用，还表现出明显的铁质化。富含硅酸盐的石灰岩风化形成的富铝风化壳，其 Al 的含量较 Fe 高，SiO_2 含量相对较低。第四纪红黏土上多形成硅铁质富铝风化壳。花岗岩及浅海沉积母质将分别形成硅铝质及硅质富铝风化壳。脱硅富铝化是一种地球化学过程，它是富铝土形成的基础，它进行于古气候条件下，然而对近代富铝土渗透水的化学组成研究结果表明 Si 的含量相当高，Fe、Al 含量均较低，这说明富铝土在现代生物气候条件下仍然继续进行脱硅富铝化作用。所以，富铝土既有古风化壳的残留特征，又承受近代富铝化作用的影响。

（二）旺盛的生物小循环

在亚热带常绿阔叶林下，水热条件优越，植被生长旺盛，生物的小循环作用也十分旺盛。红壤的形成以富铁、铝化过程为基础，生物小循环是肥力发展的前提，这 2 个过程构成了红壤特殊的形状和剖面特征。

研究表明，在热带雨林下的凋落物（干物质）每年可高达 11 550 kg/hm^2，比温带高 2 ～ 3 倍。在大量植物残体中灰分元素占 17%，N 为 1.5%，P_2O_5 为 0.15%，K_2O 为 0.36%，以 11.55 kg/hm^2 计，则每年每公顷通过植物吸收的灰分元素达 1 852.5 kg，N 为 162.8 kg，P_2O_5 为 16.5 kg，K_2O 为 38.3 kg。而热带地区生物归还作用最强，其中 N、P、Ca、Mg 的归还率可大于 2.4% 以上，从而表现出“生物复盐基”“生物自肥”“生物归还率”等在热带最强的生物富集作用。

热带次生林下凋落物（干物质）每年每公顷达 10 200 kg，而温带地区只有 3 750 kg，前者比后者高 2.72 倍。本土壤分布区所生长的植物不只生长量大，而且其残体的转化也极迅速，营养元素的生物小循环周期短，如热带植物残体的年分解率为 57% ～ 78%（以橡胶和芒萁为例），而较北亚热带植物高 1 ～ 2 倍。因此，它的生物自肥能力较强。不过这些营养元素不是固定保持在土壤里，而是处于不断循环过程中，一旦植被受到破坏，将会引起强烈的水土流失，土壤肥力就会明显下降。自然植被以森林为主，土壤有机质的表聚性十分明显，腐殖质组成较为简单，活动性较大，以富里酸为主，表土的胡敏酸 / 富里酸比值一般均在 0.8 以下，心土和底土的比值多在 0.4 以下，富里酸的数均分子量在 680 ～ 780，较黑土的富里酸小。在胡敏酸中，以活性胡敏酸占优势（占 75% ～ 95%）。富铝土的腐殖质组成受着生物气候条件的影响，如砖红壤的腐殖质较红壤简单，且活动性也较大。热带雨林下的砖红壤，其胡敏酸 / 富里酸比值较竹林下为低，活性胡敏酸则含量较高；松芒萁群落下的红壤、砖红壤，

其胡敏酸 / 富里酸比值较相邻的其他植被类型下的同类土壤高。母岩条件也影响着富铝土的腐殖质组成，在同一地区内，发育于石灰性母质的富铝土，胡敏酸 / 富里酸比值要比毗邻非石灰性母质的富铝土高，而活性胡敏酸含量却显著降低了。富铝土上的植物的灰分含量一般很低，为 500 ～ 600 g/kg，N、S、P、Ca、Na、K、Fe 等含量都比钙质土和盐渍土上的植物中含量的低，而 Mn 的含量略高，Al 的含量特别高，一般为 0.5 g/kg 左右，有的在 8 g/kg 以上，这要比钙质土和盐渍土上的植物 Al 含量高出数倍至百倍。而且在植物分解过程中，鲜叶中含量较多的 Ca、Mg、N、S 等元素不断淋失，其损失量达 20% ～ 40%，而鲜叶含量较少的 Al、Fe、Si 等则相对累积，在残落物中这类元素比鲜叶增加 4 ～ 8 倍，这就加深了对土壤富铝化作用的影响。所以说，脱硅富铝化作用和强烈的生物富集作用是富铝土形成的统一而不可分割的两个过程。

（三）明显的脱钙和复钙过程

广西区内绝大部分的河流发源区或流经岩溶区均接受富含钙镁水的补给。此种母岩对全广西土壤形成有广泛的影响。正地形区以脱钙过程为主，负地形区则以复钙为主。脱钙和复钙作用广泛发生。石灰岩母质发育成的各种土壤的基本成土过程是脱钙过程，其脱钙程度是石灰土分类的重要依据。碳酸盐岩以化学风化为主，$CaCO_3$ 在 CO_2 和水的作用下大量溶失，黑色石灰土处于脱钙初期，土中有游离 $CaCO_3$ 存在，红色石灰土脱钙和复钙作用均深刻，棕色石灰土居二者之间。石灰岩母岩石中 CaO 含量大于 50%，酸不溶物只占 5% 左右，而形成的石灰岩土壤中 $CaCO_3$ 不足 5%，甚至不含游离石灰，而 Si、Fe、Al 则增加至 80% 以上。

碳酸盐岩地区无论地表散流水，还是地下水，其中含有大量的钙、镁离子，特别是地下水中含量更高，可达 120 mg/L，地表水中也可达 70 mg/L，在正常情况下，岩溶水中的钙镁总量已接近饱和。由于富含钙镁水的影响，特别是在特定的水文地质条件下，如以水平溶蚀为主的地区，河谷阶地广泛发生复钙作用，石灰质在土中集聚，延缓风化淋溶作用，土壤 pH 值升高，盐基饱和度增大，形成多种复钙土壤或石灰性土壤，有的石灰性水稻土的 $CaCO_3$ 含量可达 30% 以上。第四纪红色黏土风化淋溶程度虽较深，但在此基础上经复钙作用形成复钙红黏土。

（四）深刻的人为成土过程

人类对土壤建造过程的影响是在其利用中实现的。在人们尚未认识土壤肥力的演变规律，没有有效控制肥力衰退方法的情况下，肥力较高的土壤经退化后形成肥力较低的土壤。反之，人们通过改变地形、植被等成土条件，采取一系列定向培肥技术措施，改造土壤不良性状，使其经历熟化过程而成为高肥力的土壤。目前，大多表现为熟化过程与退化的相互交织，但在一些地方退化则占主要方面。

三、广西土壤分类

根据全国第二次土壤普查分类系统的规定，结合广西第二次土壤普查的实际情况和普查结果，广西土壤分为 7 个土纲、10 个亚纲、18 个土类、34 个亚类、109 个土属、327 个土种。各主要土壤类型如下。

（一）砖红壤

砖红土壤是在北热带生物气候条件下，以脱硅富铝化为主要成土过程。它是广西南部的主要土壤类型之一，分布在北海市和合浦、钦州、防城港的南部，总面积 2.498×10^5 hm^2，其中耕作旱地 2.44×10^4 hm^2，占砖红土壤土类面积的 9.76%。砖红壤的成土母质主要为花岗岩、砂页岩风化物、第四纪红土及浅海沉积物；原生矿物分解彻底，脱硅富铝化程度高；土体深厚，呈赤红色，保肥性能差，一般肥力不高，土壤 pH 值为 4.5 ～ 5.5，酸性强，适宜发展热带作物。

（二）赤红壤

赤红壤是广西南亚热带地区的代表性土壤，大致分布在海拔 350 m 以下的平原、低丘、台地，广西有 $4.851\,1 \times 10^6$ hm^2，其中旱地 26.72×10^5 hm^2，占广西旱地面积的 29.30%，占赤红壤土类面积的 5.51%。其他多为林地、荒草地，土地开发利用潜力大。成土母质有花岗岩、砂页岩风化物及第四纪红土，土层厚度多在 1 m 以上，土体呈红色，酸度高，pH 值为 4.0 ～ 5.5，盐基饱和度多在 40% 以下，有机质及全氮含量中等偏低，P、K 养分含量不丰富。适宜南亚热带作物及部分热带作物生长，对发展农、林、牧业，发展各种名、优、特产品，充分发挥商品经济和创汇农业，具有很大优势。

（三）红壤

红壤是中亚热带地带性土壤，有显著的脱硅富铝化成土特征，广西红壤面积有 $5.642\,4 \times 10^6$ hm^2，除钦州、北海、防城港 3 市外，其他市均有分布。红壤中有耕地面积为 2.095×10^5 hm^2，占广西旱地面积的 22.98%，占红壤土类面积的 3.71%。成土母质有花岗岩、砂页岩风化物及第四纪红土。一般土层比较深厚，呈红色，酸性至强酸性，pH 值为 4.0 ～ 6.0，有机质含量随植被情况而异，但积累比赤红壤和砖红壤都高。红壤地区水热条件优越，适于多种林木、果树和农作物发展。

（四）黄壤

黄壤是在亚热带温暖湿润条件下形成的，广西黄壤有面积 $1.255\,1 \times 10^6$ hm^2，其中开垦种植旱作物的面积有 1.19×10^4 hm^2，占黄壤土类面积的 0.9%。广泛分布在桂西北、桂东北、桂中的山地。成土母质为砂页岩及花岗岩风化物，成土过程脱硅富铝化作用较明显，黏粒的硅铝率一般为 2.3 ～ 2.6，盐基饱和度在 30% 左右，土壤呈酸性，pH 值为 4.5 ～ 5.5。黄壤地区耕地很少，适于发展林业。

（五）黄棕壤

黄棕壤是中亚热带土壤垂直带谱的基本组成部分之一，广西黄棕壤共有面积 8.08×10^4 hm^2。成土母质有砂页岩及花岗岩，具有较弱的富铝化特征。土壤呈酸性，盐基不饱和。整个土体均以棕色为主，土壤疏松肥沃。所以应注意保护森林植被，除经营杉木、毛竹外，以保护常绿或落叶阔叶树种为主，保持和扩大原有森林面积，建设水源涵养林和自然保护区，提高森林生态效益。

（六）紫色土

紫色土是由紫色岩发育的土壤，是母质特征明显，而成土过程标志不十分明显的初育土。主要分布在桂东南、桂南、桂东北和右江南岸及南宁盆地等有紫色岩分布的地区。广西有紫色土面积为 8.848×10^5 hm^2，其中林荒地面积为 8.531×10^5 hm^2，旱地面积为 3.17×10^4 hm^2。紫色土上自然植被疏松，少见成林树木，因而生物因素的作用较弱。土壤呈紫色、红紫色、棕紫色或暗紫色，土层较薄，矿质养分一般比较丰富，肥力较好，土壤质地变幅很宽，沙土和黏土均有，但以壤土为主；土壤反应从强酸性至石灰性均有，以酸性为主。紫色土一般分布在低丘缓坡，抗蚀性不强，土层浅薄，蓄水量少，渗透性小，易引起严重的土壤侵蚀。广西紫色岩地区的侵蚀面积有 1.498×10^5 hm^2，占紫色岩总面积的 8.19%。紫色土缺乏有机质，保水性差，故农作物经常受旱，但建立果园，种植甘蔗、花生、玉米及各类水果，均能获得较好收成。

（七）石灰岩土

石灰岩土是发育于碳酸盐岩风化物的一类土壤，除钦州、北海、防城港市外，其他市均有分布。广西共有 8.186×10^5 hm^2，其中耕作土壤面积为 2.041×10^5 hm^2，占旱地总面积的 22.26%。按发育程度和性状划分为黑色石灰土、棕色石灰土、红色石灰土和黄色石灰土。黑色石灰土有 3.99×10^4 hm^2，土体呈灰黑色，速效性磷、钾含量较丰富，质地多为黏壤土至黏土，自然肥力较高，土层浅薄，土被很少连片。一般只宜保护，不宜垦植。

（八）棕色石灰土

棕色石灰土分布在石峰林间封闭或半封闭的形、串珠状或长条状洼地，颜色为黄棕色至暗棕色，质黏重，多为块状结构，速效磷、钾含量多为中等水平，土层不厚，保蓄水分能力差。棕色石灰土是广西石山地的主要农业用地，土壤的生产力较高，宜种性广，主要种植玉米、大豆、薯类及瓜类。广西已开辟为农业用地 2.02×10^5 hm^2，棕色石灰土总面积为 7.293×10^5 hm^2，占棕色石灰土类面积的 27.70%，为石山地区的主要旱地。

（九）黄色石灰土

广西黄色石灰土面积只有 2.19×10^4 hm^2，分布在桂中带石山峰山地，土壤中含铁矿物水化而呈黄色。由于地势较高，且呈斑状零星分布，故一般不宜开垦用，应保护自然植被，封山育林，防止水土流失。

（十）红色石灰土

红色石灰土包括复钙红黏土，广西共有面积 2.93×10^4 hm^2。红色石灰土主要分布在桂林市，复钙红黏土主要分布在百色市。红色石灰土各层色调为棕红色，呈微酸性至中性，一般无石灰性反应，质地黏重。复钙红黏土土较厚，土壤呈中性至碱性，pH 值为 6.5 ～ 8.0，具不同程度石灰性反应，质地黏重，大部分为轻黏土至重土，有机质及养分含量变幅较大。这 2 种土分布的地一般水利条件很差，常受旱灾威胁。应加强植树造林平缓坡地可种植水果，在山麓可种旱季作物。

（十一）硅质白粉土

硅质白粉土成土母质为硅质岩类，广西共有硅质白粉土面积 4.593×10^5 hm^2，主要分布在柳州、南宁、河池市等岩溶地区。硅质白粉土上植物多为禾本科矮生草类，植物对土壤元素的富集和归还都很弱。通常表土比较薄，颜色为浅灰色或者灰白色，质地为粉沙质黏壤土至粉沙质壤土，石砾含量多。多为酸性，少部分为中性，pH 值为 5.0 ～ 6.0。大部分土壤有机质含量低，全磷含量中等偏低，特别缺钾，土壤肥力很差，已在沟谷开垦的农用地一般产量都不高。

（十二）冲积土

冲积土包括河流冲积物及近代和现代暴流运积物上形成的土壤。前者称冲积土，后者称洪积土，各有面积 7.15×10^4 hm^2 和 1.073×10^5 hm^2。几乎有河流的地方都有冲积土分布，如右江、郁江、浔江、红水河、柳江、黔江、桂江、南流江及其大小支流沿岸呈带状分布。由于河水的流速及水量受季节影响，所携带的沉积物颗粒粗细和数量不同，土体常呈泥沙相间，具有明显的沉积层理。沉积物的性质受流域内母岩、母质性质的影响，有的呈酸性，也有的呈中性及石灰性反应，以酸性至中性为多，约占 91.14%，石灰性仅占 8.86%。冲积土所处区位一般比较平缓、开阔，加上水分条件好，耕作方便，灌溉容易，适宜性广，种植农作物一般可获得较好的产量，但也易受洪涝威胁。

（十三）酸性硫酸盐土

酸性硫酸盐土分布在长有红树林的滨海潮滩上，计有面积 9 160 hm^2，占潮滩总面积的 10.57%。这类土壤主要分布在港湾海滩之内高潮线附近的地方，多位于滨海盐土的内缘。集中连片较大面积的有珍珠港至江平一带，约 666.7 hm^2，英罗港约 100 hm^2，钦州七十二泾约 267 hm^2，其他呈零星分布。土壤多呈灰色或蓝黑色，泥土稀烂，大部分为淤泥质，具亚铁反应，质地多为黏土或壤土，养分含量高，其指标植物红树林生长良好，可起挡浪护堤作用，并有利于水产业发展。

（十四）水稻土

水稻土是广西最大的一类耕作土壤，遍布广西各地，共有 $1.647\,2 \times 10^6$ hm^2，占耕作土壤面积的 64.21%。水稻土起源于各种母质和土壤，在人们长期种植水稻条件下，母质受人为活动和自然因素的双重影响，经过水耕熟化和氧化还原过程，形成水稻土。广西水稻土主要分布在江河冲积阶地、平原和三角洲及盆地、山间谷地、滨海滩地等。根据土壤中水的补给和移动形式不同，主要分为淹育、潴育、潜育和咸酸 4 种水稻土。水稻播种面积在广西粮食作物中占第一位，播种面积占粮食作物总播种面积的 70% 左右，因此水稻土在广西农业生产中占有极其重要的地位。

四、广西土壤分布

土壤分布状况及分布特征是土壤在成土因素的综合作用下，不同类型土壤的空间存在状况，反映了各地域上各成土因素对成土作用的综合性和不均衡性，也反映出区域性的土壤生态景观特点，即各种土壤间及土壤与环境间的相互关系，说明其协调性和矛盾性，通过对土壤分布规律的了解，可以预测土壤的发育和发展方向，从而为更好地利用和改良土壤服务。调查区内土壤的分布既受生物气候带的影响，也受地形、母质、水文地质及人为条件等地方性因素的影响。它反映在土壤的水平纬度地带分布、相性地带分布、垂直分布和地域性分布上。自从人类干预自然后，耕作土壤便在耕作、施肥等农事活动的影响下，决定了自身的分布特点。

（一）土壤的广域分布

土壤广域分布是土壤受生物气候即水热条件的决定性影响而与其相一致的分布，有的称为土壤的地带性分布。它包括纬度地带分布和经度（相性）地带分布。广西区境分属 3 个生物气候带，即中亚热带、南亚热带和北热带。中亚热带和南亚热带面积最大，几乎各占广西面积的一半，北热带面积最小。过去对地带性土壤—砖红壤、赤红壤和红壤的分布界线一般直接套用气候带的界限。根据第二次土壤调查，虽在总的趋势上相一致，但个别区域仍不尽相同，时有交叉。本次划分的依据有 4 个：以 20 cm 深土层（代替 50 cm 土层）土壤的年平均气温为主，结合土壤的其他性状，考虑热带亚热带果树的组合类型及其生物学表现，如草菠萝、木菠萝、香蕉、荔枝、杧果、橄榄等喜热性果树在赤红壤地区能正常开花结果，品质较好，虽有寒害，但机遇较少；而在红壤地区，可长植株，很少结果，植株虽能正常生长，但时有受寒害而冻死；耐寒的龙眼、阳桃、大蕉（芭蕉）、番桃在红壤地区南部可正常结果，但有时受寒害；热带作物橡胶、咖啡、椰子、胡椒在赤红壤地区一般不能生长，而在局部砖红壤上可以正常生长和开花结果。

据此，赤红壤和红壤的分布界线大致如下：东起信都，经沙头、石桥、长发、太平、同和、东城、思旺、金田、东乡、三里、二塘、黄茆、石龙、北五、良塘、北泗、合山、平阳、乔贤、西燕、镇圩、加芳、金钗、菁盛、安阳、地苏、六也、古河、都阳、羌圩、那桃、巴马镇、古桑、龙川、伶站、乐里、田林、凤洞、弄瓦，至那比为止。砖红壤与赤红壤的分界线：东起合浦县的山口，经公馆、泉水、那丽、黄屋屯、茅岭、华石，至马路为止，红壤和赤红壤的分界线大致在北纬 24°30′，年平均气温为 20 ～ 21 ℃ 线附近，20 cm 土层年平均气温为 22 ～ 23°C，与美国土壤系统分类中的恒热性土温和恒高热性的土温界线（22°C，50 cm）接近。砖红壤与赤红壤的界线大约与年平均气温 22° 线，北纬 21°30′ 一致，20 cm 土层年平均气温 ≥ 24°C。由于广西特定的海陆位置和地形差异，约于东经 110° 线，即龙胜—永福—大瑶山以东受海洋暖气流的强烈影响，年降水量为 1 500 ～ 2 000 mm，陆地蒸发量为 400 ～ 800 mm，土壤为常湿润型。这一线因西海洋暖湿气流减弱，雨量减少。至左江流域、右江流域和南盘江河谷年降水量只有 1 100 mm，全年有 5 ～ 6 个月彭曼干燥系数＞ 1。适宜热条件生长的植物，如扭黄茅时有出现，土壤属湿润型。因此，土壤水分含量东西差异显著，东部和西部自然景观和土壤性状上的差异，过去有人将左江流域、右江流域和南盘江河谷的土壤称为褐红壤，与云南燥红土接近。

（二）土壤的垂直分布

土壤分布的垂直带谱结构的形成是与地区土壤的水平地带性密切相关的。一般由基带的水平地带性土壤类型开始，随着山体海拔高度的增加，热量递减，并在一定的海拔高度范围内（广西是海拔 2 200 m 以下）降水量相应递增，引起植被等成土因素发生有规律的变化，土壤也相应地发生变化，形成一系列与较高纬度相类似的地带性土壤类型，组成土壤分布的垂直带谱。但是，由于山体所处的地理位置和山体的高度、坡向与形态等不同，在不同的基带土壤上形成不同的土壤垂直带谱结构类型。

广西境内山地，在各自基带土壤上随着山体海拔的升高，分别形成了不同的垂直地带谱。

1. 砖红壤（砖红壤—山地砖红壤）—山地赤红壤—山地红壤 —山地黄壤—山地草甸土

该土壤垂直带谱见于广西南部，北纬 22° 以南，属北热带的十万大山主峰，海拔 1 462.2 m 的莳良岭南坡。该山地处北纬 21°46′，东经 107°40′，南面临海，距北部湾海岸约 40 km。由于纬度低，热量足，距海近，是东南季风的迎风坡，降水特丰富。山麓地带年平均气温 22 ℃，有效积温（≥ 10 ℃）为 8 300 ℃，年降水量为 2 250 mm，属热带海洋性气候，故在山体海拔 100 m 以下的坡麓和滨海台地上发育形成砖红壤，成为该土壤垂直带谱中的基带土壤类型。当山体海拔增至 100 ～ 300 m，温度降至 22 ～ 21 ℃，降水量增至 2 400 mm，成为南亚热带气候，常见植被为马尾松—岗松、桃金娘或铁芒萁—鸭嘴草、金茅。富铝化过程减弱，有机腐殖质聚积增强，土壤发育形成山地赤红壤。山体海拔增至 300 ～ 700 m，年平均气温降至 19 ～ 21 ℃，年降水量增至 2 400 ～ 2 800 mm，属中亚热带季风湿润气候，常见植被为马尾松、红锥、黄樟等，林下为铁芒萁和禾本科草本植物，土壤发育为山地红壤，山体海拔增至 700 ～ 1 200 m，年平均气温降至 16.5 ～ 19 ℃，年降水量达 3 200 mm 左右，云雾多，为中亚热带常湿润气候；植被以山地常绿阔叶林为主，常见山柿子、多种杜鹃与五节芒、箭竹等。因温凉潮湿，淋溶作用和有机腐殖质聚积均显著增强，富铝化作用减弱，土体中的 Fe_2O_3 水化作用强而呈现明显的黄化现象，使土壤发育为盐基高度不饱和，呈强酸性的山地黄壤。山体从海拔 1 200 m ～ 1 462.2 m 的山顶，年平均气温降至 16.5 ～ 15 ℃，年降水量达 3 300 ～ 3 400 mm，因为山体顶部浑圆，坡度变小，受季节性降水影响使土壤水分季节性过多，且常风大，常受强台风影响，木本植物难于生长，所以植被以芒草、箭竹等草本植物为主，土壤发育为山地草甸土，但它并非是广西山地土壤垂直带谱最上层结构的地带性土壤。

2. 赤红壤（赤红壤—山地赤红壤）—山地红壤—山地黄红壤（过渡类型）—山地黄壤—山地漂白黄壤—山地漂白黄壤和表潜黄壤

该土壤垂直带谱见于广西中部，北纬 22° ～ 23°30′ 之间的南亚热带山地，包括大瑶山南坡、大明山、规弄山、大青山、大容山、六万山、土柱顶和十万大山北坡等山地。今以该地带中部，海拔 1 760.4 m 的大明山西坡为代表。山麓年平均气温 21.7 ℃，有效积温（≥ 10 ℃）7 404 ℃，年降水量为 1 233 mm，属东亚热带季风气候。赤红壤为该垂直带谱中基部的地带性土壤，分布在海拔 300 m 以下的山麓地带，植被为人工马尾松林，林下以岗松、桃金娘、五节芒和铁芒萁为主。山体海拔增至 300 ～ 500 m，地形坡度增大，土层变薄，土体常夹小母岩碎块（所谓粗骨性），土壤理化性质与赤红壤基本一致，谓之山地赤红壤。山体海拔增至 500 ～ 700 m，年平均气温降至 18 ～ 19 ℃，年降水量约为 1 800 mm，属中亚热带季风湿润气候，植被为山地常绿阔叶林或人工马尾松、广西木莲、八角林，土壤发育成山地红壤。山体海拔增至 700 ～ 1 200 m，年平均气温降至 14.8 ～ 18 ℃，年降水量增至 2 400 mm 左右，且云雾多，植被为山地常绿阔叶林，部分为人工杉木、八角林（海拔 900 m 以下），土壤水分常呈湿润状态，土体黄化明显，发育成山地黄壤。山体海拔增至 1 200 ～ 1 400 m，年平均气温降至 13.5 ～ 14.8 ℃，年降水量增至 2 700 mm，云雾多，年相对湿度达 90 % 以上，土壤常年湿润，植被为山地常绿阔叶林为主的常绿阔叶、针叶混交林，原始性强，枯枝落叶多，利于腐殖质的积累并产生大量的有机酸，在强酸性条件下与 Fe、Al、Mn 等元素产生络合淋溶淀积作用，且坡陡土薄，基岩和下层黏淀层托水，土壤水分的侧渗漂洗作用强烈，使土壤在腐殖质层之下氧化硅残留富集而形成漂白层（E），下面出现铁、铝、锰氧化物和黏粒淀积的黄化层（B），发育成山地漂白黄壤。海拔1 400 m 至山顶 1 760.4 m，一般仍为山地漂白黄壤，但在坡度平缓的山塬平台，水湿条件更好，在苔藓矮曲林下有较厚的枯枝落叶层和密集的盘根层，具有很强的吸水作用，出现表层滞水现象而发育成山地表准黄壤。

3. 红壤（红壤—山地红壤）—山地黄红壤—山地黄壤—山地漂白黄壤—山地准黄壤

该土壤垂直带谱见于广西北部，北纬 23°30′ 以北的中亚热带山地，包括大桂山、大瑶山北坡、越城岭的猫儿山、大苗山和九万大山、秦王老山、金钟山等山地。今以该地带东北部越城岭主峰猫儿山南坡为例。该山海拔为 2 142 m，是广西第一高峰和我国南岭最高点。南坡为迎风雨坡，山麓年平均气温为 17.8 ℃，年降水量为 1 841 mm，年平均相对湿度为 79 % 以上，是广西多雨中心之一。红壤是该垂直带谱中的基带土壤，分布在海拔 800 m 以下的坡麓，其中海拔 400 ～ 800 m 坡段，因坡度较大，坡积明显，土体具“粗骨性”而为山地红壤。其上海拔 800 ～ 1 000 m 坡段发育为山地黄红壤。它们的自然植被均为亚热带山地常绿阔叶林，常见树种有壳斗科栲属的细枝栲、栎属的大叶栎，山茶科的尾叶山茶，樟科的华南樟，木兰科的野木兰等。人工林有马尾松、杉木、毛竹等。山体海拔增至 1 000 ～ 1 600 m，土壤温度降至 13.5 ～ 17 ℃，降水量增至 2 100 mm 以上，且多云雾，土壤常湿润；植被为山地常绿阔叶林至常绿阔叶和落叶阔叶混交林，土壤的淋溶作用、有机腐殖质的积累作用和 Fe_2O_3 的水化黄化作用均强烈，发育成山地黄壤。山体海拔增至 1 600 ～ 1 800 m，土壤温度降至 12.3 ～ 13.5 ℃，年降水量达 2 200 mm，土壤酸性淋溶和水的漂洗作用强烈，在有机层之下常出现 2 ～ 5 cm 厚的漂白层，土壤发育为山地漂白黄壤。海拔增至 1 800 ～ 2 142 m，土壤温度降至 10 ℃左右，年降水量达 2 200 m 以上，相对湿度 90 % 以上，云雾多，植被以山地常绿阔叶林为主，局部有针叶林和落叶阔叶林，且植株逐渐矮化为苔藓矮曲林，土壤发育为山地准黄壤，有的学者称为山地黄棕壤。

综上所述，广西山地土壤分布规律可归纳为图 2-1 的综合谱式。

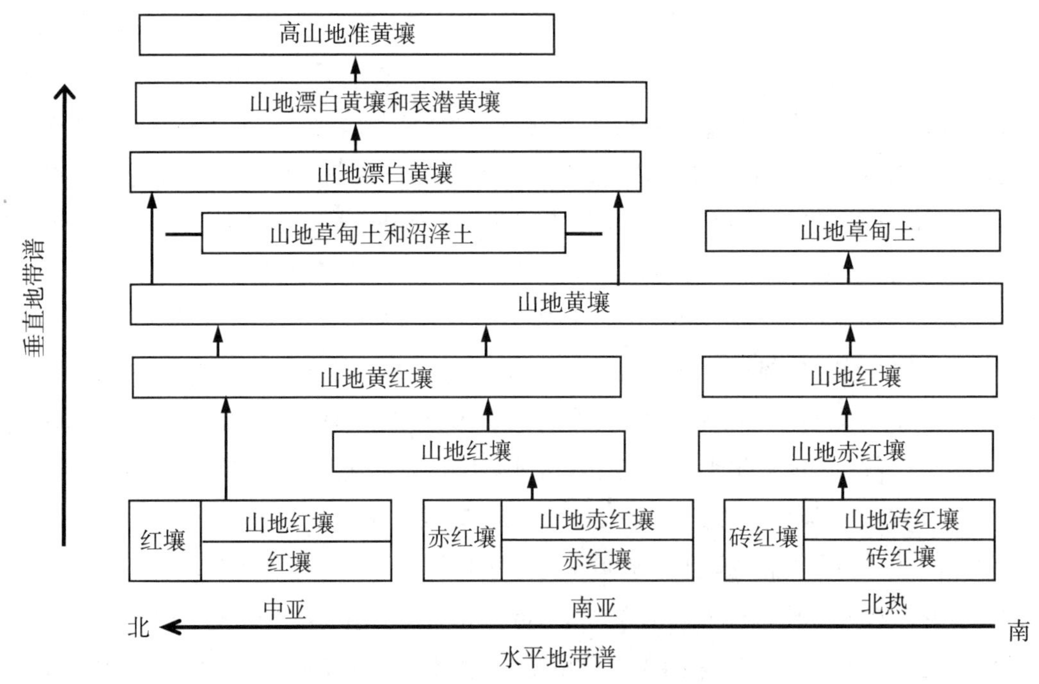

图 2-1　广西土壤垂直地带谱综合谱式示意图

第二节　松树林地理气候和土壤特性

松树是松科松属植物，世界上的松树种类有 80 余种。松树主要分为马尾松、油松、白皮松、罗汉松、华山松、大别山五针松、红松、赤松、黑松、黄山松、云南松、金钱松、樟子松、雪松等，多数是我国荒山造林的主要树种。松树坚固，寿命十分长。

一、种类

世界上松树种类繁多，叶形大都细长似针，统称松针，针叶多数由 1 枚叶或几枚叶成束生在一起，1 针一束的单叶松，仅美国的内华达州和墨西哥有分布，属少数种。而 2 针一束的双叶松不仅种类多，且分布广，如分布于华北、西北的油松、樟子松、黑松和赤松；华中的马尾松、黄山松、高山松、秦巴山区的巴山松，以及台湾松、北美短叶松和火炬松等，多数是我国荒山造林的主要树种。4 针一束的松树种类少，仅美国加利福尼亚州有分布。另外，卵果松、拉威逊松是 4 针或 5 针一束的。5 针一束的松树种类多，分布广，有东北的红松、西北西南的华山松，还有乔松、广东松、安徽五针松、大别山五针松、偃松、台湾果松等。松针的不同，有助于我们进行松树分类和识别，认识松树的生态特征。通常五针脆松适宜于湿润环境，对土壤要求较严格，而 2 针或 3 针一束的松树对土壤的要求就比较宽松，能耐干旱，在较瘠薄的土壤上也能生长。

二、分布范围

由于原产地地理分布的差异，在原产于中国的松树中，樟子松、新疆五针松、偃松最耐寒，对热量要求最低；红松对热量要求也较低。赤松、油松、白皮松、华山松、高山松、黄山松、巴山松为暖温带和亚热带高海拔地区树种，对热量要求中等。马尾松、云南松、乔松和思茅松分布于更靠南的地区，要求较高的热量。南亚松是热带松树，对热量的要求最高。

对湿润条件的要求，五针松一般高于二针松，但也因种而异。例如，同为五针松的红松和华山松，前者比后者要求更湿润的条件；同为二针松的赤松和马尾松对湿润条件的要求高于油松和云南松。这与地理分布上随经度而发生的替代现象有关。

三、生长环境

（一）土壤要求

松树本身适应力较强，能够在各种类型土壤中生长，但土壤仍会对松树生长的态势产生直接的影响，所以应尽量选择土壤肥沃区域种植，才能够保证松树的健康生长。如果是水分相对充足的区域，尽可能选择酸性土壤种植松树，但仍存在部分品种更适宜种植在碱性土壤中。

（二）耐阴性

绝大多数松树喜欢光照，其外形具体表现在树冠分布稀疏，自然整枝能力极强，所以在生理方面，其补偿点就不会与其他树种高度相同。在成林过程中，通常都会形成先锋树种。一旦原始森林受到外力伤害，先锋树种就会迅速发展，替代原有树种位置，但其自身的稳定性并不理想。若松树能够形成特定环境，耐阴性较强且长寿的树种就会替代，最终使其丧失自身独特优势。对于松树树种而言，大部分树种都能够互相进行替代，特别是耐阴性理想的树种，优势显著。

（三）抗旱性

在松树生长的整个过程中，其抗旱性极强。受其抗旱结构的影响，这种类型的松树，其叶子狭窄而且角质层较为发达，叶片表面积与体积都相对较小，而且气孔通常都会出现下陷。但是，由于在组织发育方面相对理想，站在生理角度分析，耐寒性与耐旱性很强，因此并不会受到缺水影响而受到损伤。而站在生态角度分析，松树属于最常见的一种旱生植物，即便气候条件差异较大的区域，同样能够健康地生存。绝大多数松树都在干旱条件且土壤稀薄区域生长，其中，二针松与五针松相比，其抗旱能力更强。由此可见，若土壤当中的含水量过大，会严重影响松树的正常生长。

（四）生长气候

松树的原产地分布具有显著的不同之处，一般情况下，樟子松与五针松等具有极强的耐寒性，所以在种植方面对于热量要求并不高。而油松、白皮松与赤松等属于暖温带与亚热带高海拔区域所特有的树种，因此对于热量的要求要远远高于五针松。马尾松、乔松及云南松主要分布于南方区域，其对于热量要求会更高一些。而在所有的松树树种当中，南亚松对于热量要求最高。在湿润条件方面，五针松和二针松相比，在湿度方面的要求更高，但同样与树种存在紧密的联系。虽然华山松与红松都是五针松的树种，但湿度要求却存在不同，红松所需湿度更高。另外，马尾松与赤松都是二针松，在湿润条件方面的需求仍然不同，与植物分布的地理位置也存在一定的关联。

四、广西马尾松地理分布及栽培区气候特征

马尾松是我国南方的主要造林树种，也是我国松属树种中分布最广的一种。其自然分布区横跨我国东部（湿润）亚热带的北、中、南 3 个亚带，地理位置东经 102°10′ ～ 122°、北纬 21°41′ ～ 33°40′，东西跨 18°、南北跨 12°，遍及陕西、河南、安徽、江苏、浙江、福建、江西、湖北、湖南、四川、贵州、广西、广东和云南等省区。马尾松是广西松树中栽培面积最大的品种，是广西林业生产的重要资源之一。但马尾松在广西的生产水平是很不一致的，单位面积产量存在着很大的差异。这种差异除表现在地貌类型不同外，还存在气候、母岩、土壤、植被以及种源、营林措施等方面的差异。

为使马尾松生产获得客观、科学的依据，使人工造林达到速生丰产的目的，根据马尾松自然地理分布条件及分布区内纬度地带性分异规律，结合与植物生长密切相关的水热条件及其配合的影响，在全国区划方案的指导下，根据对马尾松的生长自然条件、生产潜力和实际分布的正确评估与认识，对广西马尾松产区进行合理的区划。

广西马尾松栽培区，在全国产区区划中属 3 个带（马尾松南带、中带和北带）中的南带。而广西马尾松产区区划为Ⅰ类、Ⅱ类、Ⅲ类 3 个产区和 1 个引种区。

（一）Ⅰ类产区

Ⅰ类产区分 2 个亚区，即 $Ⅰ_1$ 亚区和 $Ⅰ_2$ 亚区。

（1）$Ⅰ_1$ 亚区：桂西南、桂东南马尾松速生丰产高产区，指十万大山的上思、宁明、凭祥及云开大山的岑溪、容县、北流等 6 个县（市）。这里是我国马尾松优良种源主要分布区，也是马尾松生产力最高的地区。平均立地指数在 18 以上。该地区的特点是位于广西南部，地处低纬度，气候属南亚热带和北热带季风气候，年平均气温为 20 ～ 22 ℃，有效积温（≥ 10 ℃）7 000 ～ 8 000 ℃，年降水量为 1 200 ～ 1 500 mm，水热同季。此区内的十万大山、大青山、四方岭、云开大山和大容山，土壤多为花岗岩、砂岩、砂页岩和紫色砂页岩上发育的厚层山类地红壤（山地赤红壤），土壤呈酸性，这些条件很适合马尾松生长。

（2）$Ⅰ_2$ 亚区：桂北、桂东北马尾松速生丰产区，指桂北山区的融水、融安、三江、金秀、龙胜、资源、贺州、恭城等。平均立地指数为 16 ～ 18。该地区位于广西北部，年平均气温为 17 ～ 20 ℃，有效积温（≥ 10 ℃）为 6 000 ～ 6 500 ℃，年降水量为 1 500 ～ 1 750 mm，相对湿度为 80 %；土壤多为花岗岩、砂页岩、变质岩、页岩上发育的山地红壤、黄红壤和黄壤，土层较厚，pH 值为 4.3 ～ 5.5。这一带水热条件好，气候温和湿润，土壤中生物循环和积累旺盛，有机质含量很高，表土层达 7 % 以上，加上相对湿度大、阴湿相间、云雾弥漫，对马尾松生长极为有利。该地区为马尾松具有较高的生产力。

（二）Ⅱ类产区

桂中马尾松为一般产区，包括全州、灌阳、兴安、临桂、桂林、阳朔、平乐、荔浦、永福、柳城、柳州、柳江、鹿寨、象州、武宣、来宾、合山、忻城、宜州、河池、环江、都安、大化、南丹、凤山、东兰、巴马、贵港、桂平、平南、玉林、陆川、横州、南宁、武鸣、马山、上林、龙州、崇左、扶绥、大新、隆安、天等、宾阳、藤县、梧州、苍梧、富川、钟山、昭平、蒙山、灵山、浦北等。平均立地指数为 14 ～ 16，一般经营条件下，能培育中、大径材。

该区地处广西中部，大部分县（市）为石山和土山交错分布，个别县（市）的石山分布比重很大。年平均气温为 18 ～ 20 ℃，有效积温（≥ 10 ℃）为 6 500 ～ 7 000 ℃，年降水量为 1 100 ～ 1 500 mm，土壤多为赤红壤或红壤，部分为红色石灰土或紫色土，呈酸性或微酸性。该区水热条件好，土壤中生物循环和积累旺盛，肥力较高。马尾松具有较高的生长力，这类立地具有与 $Ⅰ_1$ 亚区和 $Ⅰ_2$ 亚区相等的生产力。但由于该区大部分区域海拔较低，人为活动频繁，植被受到严重破坏，水土流失严重，土壤肥力下降，加之生态环境的破坏导致了马尾松毛虫害的频繁发生，严重地影响马尾松生长，因此该区的马尾松只具有中等生产力。

（三）Ⅲ类产区

桂南马尾松低产区，包括防城港、钦州、合浦、博白、北海 5 个县（市）。马尾松分布区的最南缘，马尾松生长普遍较差。一般经营条件下，只能培育小、中径材。平均立地指数在 14 以下，不适合培育马尾松速生丰产林。

该地区位于广西的最南部，南临北部湾，地处低纬度，受海洋性气候的直接影响，台风频繁，台风的发生季节与马尾松生长同季，使得马尾松树高生长受到抑制，从而使马尾松的生长受到严重影响。土壤为花岗岩、砂页岩、浅海沉积母质等发育的砖红壤、赤红壤。高湿多雨、干湿季节明显，使得成土过程中土壤高度风化，脱硅富铝化程度高。由于海拔很低，人为活动极为频繁，原生植被受到强烈破坏，养分易淋失，土壤肥力差，因此，马尾松的生产力极低。

（四）引种区

该区为桂西马尾松引种区，主要指桂西云南松与马尾松的过渡区。包括西林、田林、那坡、德保、靖西、田阳、田东、百色、平果等。从20世纪50年代已引种的大面积马尾松人工林的生长情况看，该区是马尾松适宜栽培区。一般经营条件下，马尾松可以长成中、大径材，平均立地指数在16以上。但该区内的右江和南盘江河谷地区受到焚风效应的影响，气候干燥炎热，不利于马尾松生长。一般经营条件下，只能培育小、中径材，平均立地指数在14以下，不适合经营马尾松速生丰产林。

该区地处广西西部，地貌属广西丘陵与云贵高原的过渡地带，年平均气温为18～24 ℃，有效积温（≥10 ℃）为6 500～8 000 ℃，年降水量为1 000～1 500 mm。土壤多为砂页岩、砂岩和页岩上发育的山地赤红壤、红壤、黄红壤和山地黄壤，呈酸性。土壤有机质含量较高，土层深厚、肥沃，对马尾松生长有利，因此，马尾松有较高的生产力。

而该区的右江和南盘江河谷地区，年平均气温为22～24 ℃，有效积温（≥10 ℃）为7 500～8 000 ℃，年降水量仅为1 000～1 200 mm，是广西降水量最少的地区之一，而年蒸发量却高达2 000 mm，远超年平均降水量。加上河谷日照长，又有焚风效应影响，是广西最热的高温少雨区。土壤为石灰岩、砂页岩和第四纪红土发育的赤红壤、棕色石灰土。由于河谷地势低，人为活动频繁，森林植被受到严重破坏，极不利于马尾松的生长，因此马尾松的生产力较低。

第三节　杉木林地理气候和土壤特性

杉木，学名 *Cunninghamia lanceolata* (Lamb.) Hook，又名沙木、沙树、刺杉、香杉等，属松柏目，是杉科杉木属常绿乔木。树高可超过30 m，胸径可达3 m，是我国南方主要的速生树种之一。幼树树冠尖塔形；大树树冠圆锥形，干形通直，树皮灰褐色。

一、分布范围

杉木分布范围较广，遍及我国整个亚热带，栽培区域达到16个省（区），整个分布区包括安徽、江苏、湖南、福建、四川、云南、广东、江西、浙江、贵州、广西、海南、湖北、河南、陕西及台湾等省（区），其水平分布在东经101°30′～121°53′，北纬19°30′～34°03′，分布面积达2×10^8 hm^2以上。

分布区范围大致为，北起秦岭南麓、安徽大别山、河南桐柏山及宁镇山系，南至广西、海南，东起浙江、台孰，西到云南和四川盆地边缘的大渡河、安宁河中下游。从四川盆地的西部边缘中山（海拔 1 500 m 以下）地带，向东南经大娄山、大凉山北缘、苗岭，再东进入南岭、武夷山，并从这一主要地带向武陵山、罗霄山、雪峰山及仙霞岭、幕阜山扩展分布，构成我国杉木的重点产区。

二、杉木林地理及气候特征

我国杉木的自然分布范围涉及南方 16 个省（区），由于各地自然条件的多样性，且社会经济条件、立地条件、栽培管理措施及经营水平不同，杉木的生长、生物量和生产力存在明显差别。因此，划分杉木不同产区，对因地制宜科学管理杉木生产基地具有重要指导意义。

我国杉木适生产区划分是参考地貌、气候、植被和土壤等环境因子综合作用，同时结合了杉木的栽培历史、生长状况，加上考虑地域上的完整性进行的。杉木产区区划是规划重点商品用材林基地布局的依据，也是选择杉木优良种源及品种的依据，是确定杉木立地条件类型、制定杉木栽培管理措施、编制地位指数表和其他类型数表的重要基础。因此，产区的划分对杉木生产情况和国民经济发展有重要作用。

杉木为亚热带树种，较喜光，喜温暖湿润、多雾静风的气候环境，不耐严寒及湿热，怕风，怕旱。适应年平均气温为 12 ～ 23 ℃，1 月的平均气温为 0 ～ 15 ℃，极端最低气温为 -16.7 ℃，7 月平均气温为 24 ～ 32 ℃，绝对最高气温在 40 ℃左右，相对湿度在 75% 左右，年降水量为 800 ～ 2 000 mm 的气候条件。其耐寒性大于耐旱性，受水湿条件的影响大于温度条件。

垂直分布的上限常随地形和气候条件的不同而有差异。在中国东部大别山区海拔 700 m 以下，福建戴云山区 1 000 m 以下；在四川峨眉山海拔 1 800 m 以下，云南大理海拔 2 500 m 以下。

杉木在高温、严寒、干旱等极端天气情况对杉木生长有不利影响，大体上与我国气候、植被区划中的 3 个亚热带的划分范围相一致，根据杉木栽培区域自然环境、生长状况和生产潜力等因素的差异情况，将我国杉木产区划分为 3 个带、7 个区。

（1）杉木北带：杉木北带西区、杉木北带东区。

（2）杉木中带：杉木中带西区、杉木中带中区、杉木中带东区。

（3）杉木南带：杉木南带北区、杉木南带南区。

（一）杉木北带

杉木北带北部属于长江下游、淮河流域地区，沿伏牛山南麓、南阳、栾川、郧西、安康、佛坪到秦岭以南地区。土壤属于山地黄棕壤，气候冬春寒冷、夏秋湿温，1 月平均气温大都在 1 ～ 2 ℃，杉木生长情况较差。

杉木中北带东、西区的划分以桐柏山为界划分而开。东区地形偏低，属于大陆性气候，温度变化幅度较大，年平均气温为 15 ～ 16 ℃，1 月平均气温 2 ～ 4 ℃，年降水量为 1 000 ～ 1 200 mm，伏季易干旱，秋季多干燥；西区属于陕南秦巴山区，寒潮较难侵入，冬季平均气温 2 ～ 3.5 ℃，极端气温不低于 -10 ℃，冬春气温变化较缓和，年降水量为 700 ～ 1 000 mm。

（二）杉木中带

杉木中带以北以杉木北带为北部地区界线，南部地区自云南东南国境线起，沿滇桂边界到右江、红水河、顺南岭山脉、戴云山南麓，直达海滨地区，东临东海，西部以西南高山林区为界线。气候温暖湿润，年平均气温为 16 ～ 18 ℃，1 月平均气温为 3.5 ～ 5.1 ℃，年降水量为 1 200 ～ 1 700 mm，土壤为红壤和黄棕壤。

杉木中带东区在地域上范围大体包括武夷山、雪峰山以西，南岭以北及长江流域以南，本区范围最大，是我国杉木主产区，其中南岭山地为最适杉木生长区域，年平均气温为 18 ～ 20 ℃，雨量分布较均匀，年降水量为 1 500 mm，由于此处温度、降水及地形的特殊性，本区形成了杉木良好的生长小气候环境，是杉木重要的气候生态适宜区；中带西区，此地区地形复杂多变，大部分地区年降水量不足 1 000 mm，冬春气温较北带偏高并且旱季时间漫长；中带中区气候介于东区和西区之间，年平均气温为 16 ～ 23 ℃，年降水量为 1 000 ～ 1 300 mm，云雾较多且日照时间短，是我国杉木经营的传统区域。

（三）杉木南带

杉木南带相当于南亚热带，属杉木分布的南部边缘，是我国杉木分布的南部地区。此区域北部地区是以杉木中带地区南界为界线，西部界线沿着云南、广西边界到广西百色地区的右江流域、红水河流域以东的地区，南部界线沿中越边境线到广西南部的北部湾地区，再经过北海、茂名一线，沿广东省海岸，直到福建省福州海岸，包括台湾玉山以北地区。本区气温较高，热量丰富，年平均气温为 20 ～ 22 ℃，1 月平均气温 12 ～ 14 ℃，7 月平均气温达 28 ℃，降水量多在 1 300 mm 以上，但是降水量过于集中造成利用率偏低，故南带地区杉木生长状况不如中带东区。

三、土壤特征

杉木属于浅根性乔木，没有明显的主根，侧根、须根发达，再生力强，但穿透力弱。我国分布区内土壤类型自北向南可分为北黄棕壤、红黄壤、红壤性红壤 3 类。土壤 pH 值较低，多数为 4.4 ～ 5.2，少数为 6.5 ～ 6.9，总体呈酸性。杉木怕盐碱，对土壤要求比一般树种要高，喜肥沃、深厚、湿润、排水良好的酸性土壤。

四、广西杉木地理分布及栽培区气候特征

根据全国和广西杉木产区区划，结合立地类型调查成果和广西农业地理分区，广西杉木人工商品林布局基本上按杉木中带和杉木南带的分布线来区分。分带线以北，是广西杉木中心产区，气候土壤条件适宜，年平均气温≥ 20 ℃，≥ 10 ℃的年积温超过 6500 ℃；年降雨量 1500 mm 以上，分布均匀，旱季不超过 3 个月，全年降雨量大于蒸发量，相对湿度在 80% 以上，土层深厚、疏松肥沃、湿润且排水良好，土壤类型为山地红壤或山地黄壤，20 年生杉木林，蓄积量年平均生长量可达 12.0m^3/hm^2 以上。分布带以南是广西杉木一般产区和边缘产区，多属高丘、低山台地地貌类型。由于地貌对水热条件重新分配和组合，从而导致本栽培区内立地条件差异较大。因此，广西杉木产区主要分以下 3 个：

（一）中心产区

主要包括桂林市龙胜、资源、全州、灵川、兴安、灌阳、永福、恭城、荔浦、平乐、临桂和阳朔

12个县；柳州市三江、融水、融安3个县以及鹿寨、柳城县北部；来宾市金秀瑶族自治县；贺州市富川、钟山2个县以及昭平、八步2个县（区）的一部分；河池市南丹、天峨2个县以及罗城、环江、东兰和凤山县4个县；百色市凌云、乐业、田林和隆林4个县的一部分；梧州市蒙山县的一部分。

（二）一般产区和边缘产区

主要包括柳州市柳江区以及鹿寨、柳城县南部；河池市巴马、都安、宜州、金城江4个县（市、区）以及罗城、环江、东兰、凤山4个县的一部分；百色市那坡、德保、靖西、西林、田阳、田东、平果、右江8个县（区）以及凌云、乐业、田林和隆林4个县的一部分；来宾市忻城、象州、武宣、兴宾4个县（区）；贺州市昭平、八步2个县（区）的一部分；梧州市蒙山县的一部分。

（三）边缘产区

包括玉林、贵港、钦州、防城港、南宁5市所辖各县（市、区）；梧州市藤县、岑溪、苍梧3个县（市）。

第四节　桉树林地理气候和土壤特性

桉树又称尤加利树，是桃金娘科、桉属植物的统称。其中桉属又分为7个亚属19个组及若干亚组，共有806个种、219个亚种、9个变种、5个杂种，总计1 039个分类群。常绿高大乔木约600种，一年内有周期性的枯叶脱落的现象，大多数品种是高大乔木，少数是小乔木，呈灌木状的很少。

一、分布范围

桉树原产地绝大多数生长在澳洲大陆，少部分生长于邻近的新几内亚岛、印度尼西亚，以及菲律宾群岛。19世纪被引种至世界各地，截至2012年，有96个国家或地区有栽培。主要分布中心在大洋洲。桉树种类多、适应性强、用途广。它的生长环境很广，从热带到温带，有耐 −18 ℃的二色桉、冈尼桉及耐 −22 ℃的雪桉。从滨海到内地，从平原到高山（海拔2 000 m），年降水量为250～4 000 mm的地区都可生长。其体形变化也大，包括世界罕见的树高百米的大树，也有矮小并多干丛生的灌木，还有一些既耐干旱又耐水淹的树种。

我国桉树引种栽培区区划：引种大区4个；引种栽培基本区14个；引种栽培小区36个。整个分布包括广东、海南、广西、云南、四川、福建、江西、湖南、贵州、浙江、湖北、江苏、安徽、陕西、上海、台湾、甘肃等17省（区、市）600多个县（市）引种栽培桉树，水平分布南起海南三亚市（北纬18°20′），北到陕西平阳关（北纬33°10′），东自台湾（东经122°），西至云南保山（东经98°44′）；垂直分布从浙江省乐清海拔30 m到云南的2 400 m均有桉树引种栽培。

二、生长环境

桉树生长于阳光充足的平原、山坡和路旁。全年可采叶。中国南部和西南部都有栽培。树干高，根系发达，蒸腾作用也大，一般能生长在年降水量500 mm的地区，在年降水量超过1 000 mm的地区生长较好。

适生于酸性的红壤、黄壤和土层深厚的冲积土，但在土层深厚、疏松、排水好的地方生长良好。主根深，抗风力强。多数根颈有木瘤，有贮藏养分和萌芽更新的作用。一般造林后3～4年即可开花结果。

三、广西桉树地理分布及栽培区气候特征

桉树在广西引种栽培已经有120多年的历史，已成为当地生产力最高、造林面积最大的人工造林树种之一。目前广西主要栽培品种有尾叶桉、巨尾桉、尾巨桉、尾赤桉、尾圆桉等优良桉树无性系。

陈健波等人将广西的桉树栽培区划为4个类型区，分别是桉树主产区、桉树较适宜区、耐寒桉树适宜区和较适宜区，其中主产区的面积最大，位于广西的中部及其以南的广大地区，超过了广西陆地面积的一半。现分区论述如下。

（一）桂中南区（主产区）

本区包括广西贺州、钟山、恭城、平乐、荔浦、鹿寨、柳城、宜州、环江、河池、东兰一线以南（金秀、蒙山、昭平除外），百色盆地以东的广大区域，包括58个县（市），区域内的陆地面积超过全广西陆地面积的一半。该区气候温暖，东、南区降水量充沛，北、西区降水量相对较少，但均在1 114.9mm以上，冬季气候温和，年平均温度为19.6～22.6 ℃，1月平均气温为9.1～14.3 ℃，7月平均气温为26.9～29.1 ℃，极端最低温度为2.2～5.2 ℃，年有效积温（≥10 ℃）为6 284. 1～7 985. 1 ℃，年降水量为1 114.9～2 822.9 mm。该区地形多为丘陵及低山，土壤厚度为厚至中等，除南部沿海地区的土壤养分低下外，其余地区的土壤养分在中等以上，是广西目前桉树的主产区，桉树人工林面积占全广西桉树人工林的绝大部分。主要栽培品种有尾叶桉及其杂交种（巨尾桉、尾巨桉、尾赤桉、尾圆桉、巨赤桉等）、柳窿桉等无性系，也适合发展桉树中、大径材品种如大花序桉、巨桉、柠檬桉、斑皮桉等。该区范围较广，南北之间的气候有一定的差异，在选择桉树造林品种上，北部应注意选择耐寒性稍强的品种（系），如尾赤桉、巨赤桉、尾圆桉、柳窿桉等杂种无性系及邓恩桉等；南部沿海地区应注意选择抗风、抗病能力强的品种（系）。

（二）桂西高原区（较适宜区）

本区位于广西西部，包括西林、隆林、那坡、凌云、靖西、凤山、德保7个县（市），该地区海拔相对较高，夏无酷暑、冬无严寒，多属亚热带季风气候，年平均气温为18.7～20.0 ℃，1月平均气温为10.0～11.3 ℃，7月平均气温为24.4～26.3 ℃，极端最低温度为-1.9～4.4 ℃，年积温（≥10 ℃）为6 048.5～6 820.2 ℃，年降水量为1 101.5～1 719 mm。

该区地形地貌多为中高山，土层较厚，土壤养分中等以上。本区适宜种植的桉树品种主要有蓝桉、直干蓝桉、亮果桉、邓恩桉等，巨尾桉、尾赤桉等热带速生杂交桉无性系亦可在部分地方种植。本区虽不是桉树主产区，但许多桉树都能正常生长，具有较好的适应性，属桉树栽培较适宜区。

（三）桂北区（耐寒桉树适宜区）

本区位于广西北部，包括临桂、桂林、阳朔、灵川、永福、融安、融水、三江、龙胜、罗城、全

州、兴安、湘阳、富川、昭平、蒙山 16 个县（市、区）。本区年平均气温较低，冬季常有降雪天气出现，雨量充足。该地区年平均气温为 17.8 ～ 19.9 ℃，1 月平均气温为 6.4 ～ 10.1 ℃，7 月平均气温为 26.7 ～ 28.7 ℃，极端最低温度为 –6.6 ～ –2.6 ℃，年有效积温（≥ 10 ℃）为 5 613.1 ～ 6 468.4 ℃，年降水量为 1 500 ～ 2 046.5 mm。

该区地形地貌以低山、中山居多，土壤深厚、养分丰富。该区除南边的永福、阳朔等县近几年陆续栽培尾赤桉、柳宦桉等一些桉树无性系外，其他县（市）则很少种植。该区不宜发展热带、南亚热带速生桉树，但比较适宜种植邓恩桉等一些较耐寒的桉树品种，可考虑发展耐寒桉速生丰产林，以调整用材树种结构和增强林业经济活力。

（四）高寒山区（耐寒桉树较适宜区）

本区由金秀、资源、南丹、乐业 4 个县组成，它们的地理位置并不相连，该区海拔较高，气温较低，冬季较寒冷，年有效积温低等。年平均气温为 16.3 ～ 17.0 ℃，1 月平均气温为 5.5 ～ 8.3 ℃，7 月平均气温为 23.2 ～ 26.2 ℃，极端最低温度为 –8.4 ～ –5.3 ℃，年有效积温（≥ 10 ℃）为 4 975.2 ～ 5 233. ℃，年降水量为 1 372 ～ 1 824 mm。

该区地形地貌以中高山为主，土层深厚，土壤养分较高，但冬季天气寒冷，只较适宜耐寒桉树品种生长，如邓恩桉等桉树品种，定位为耐寒桉树较适宜区。由于本区多为自然保护区所在地，山高林密，多为天然林或次生天然林，发展空间不大，不宜大面积发展桉树速生丰产林。

第三章　用材林生物学和生理学特性

第一节　松树生物学和生理学特性

一、形态特征

松树较幼小时的树冠呈金字塔形，树枝多呈轮状着生。幼苗出土、子叶展开以后，首先着生的为初生叶，单生，螺旋状排列，线状披针形，叶缘具齿。初生叶行使叶的功能 1 ～ 3 年后，才出现针叶，通常 2 枚、3 枚、5 枚成束，着生于短枝的顶端。每束针叶基部有叶鞘，早期脱落或宿存。叶肉组织中的树脂道的位置在成年植株比较恒定，可分为外生、中生、内生 3 种类型。

松树针叶横切面中可见 1 或 2 个维管束，特殊环境下可在双维管束松树中出现维管束合并的情况。球花单性，雌雄同株。球果多数由种鳞组成，成熟后木质化。种鳞的裸露增厚部分称鳞盾，鳞盾先端的瘤状突起称为鳞脐。有的树种鳞脐具刺，有的无。球果成熟时种鳞张开，种子脱落，但少数树种的种鳞则长期保持关闭状态。每个种鳞具 2 粒种子，种子上部具 1 个长翅，少数具短翅或无翅。

松树最明显的特征是叶呈针状，常 2 针、3 针或 5 针一束。如油松、马尾松、黄山松的叶 2 针一束，白皮松的叶 3 针一束，红松、华山松、五针松的叶 5 针一束。松树为雌雄同株植物，而且孢子叶呈球果状排列，形成雌、雄球花。雌球花单个或 2 ～ 4 个着生于新枝顶端，雄球花多数聚集于新枝下部。松树的球花一般于春夏季开放，但花粉传到雌球花上后，要到翌年初夏才萌发，使雌花受精，发育成球果（俗称松塔或松球，不是果实）。球果于秋后成熟，种鳞张开，每个种鳞具 2 粒种子。

松属植物中的多数种类是高大挺拔的乔木，而且材质好，不乏栋梁之材。中国东北的“木材之王”——红松、北美西部广为分布的高大树种（高达 75 m）——西黄松、原产于美国加州沿海生长速度最快的松树——辐射松、原产于美国东南部的湿地松、美洲加勒比海地区原产的加勒比松、广布于欧亚大陆西部和北部的欧洲赤松等，都是著名的用材树种。

（一）叶

针叶 2 针一束，稀 3 针一束，长 12 ～ 20 cm，细柔，微扭曲，两面有气孔线，边缘有细锯齿；横切面皮下层细胞单型，第一层连续排列，第二层由个别细胞断续排列而成，树脂道 4 ～ 8 条，在背面边生，或腹面也有 2 个边生；叶鞘初呈褐色，后渐变成灰黑色，宿存。雄球花淡红褐色，圆柱形，弯垂，长 1 ～ 1.5 cm，聚生于新枝下部苞腋，穗状，长 6 ～ 15 cm；雌球花单生或 2 ～ 4 个聚生于新枝近顶端，淡紫红色，1 年生小球呈果圆球形或卵圆形，直径约 2 cm，褐色或紫褐色，上部珠鳞的鳞脐具向上直立的短刺，下部珠鳞的鳞脐平钝无刺。球果卵圆形或圆锥状卵圆形，长 4 ～ 7 cm，直径 2.5 ～ 4 cm，有短梗，下垂，幼时绿色，熟时栗褐色，陆续脱落；中部种鳞近矩圆状倒卵形，或近长方形，长约 3 cm；鳞盾菱形，微隆起或平，横脊微明显，鳞脐微凹，无刺，生于干燥环境者常具极短的刺；种子长卵圆形，长 4 ～ 6 mm，连翅长 2 ～ 2.7 cm；子叶 5 ～ 8 枚；长 1.2 ～ 2.4 cm；初生叶条形，长 2.5 ～ 3.6 cm，叶缘具疏生刺毛状锯齿。

松树是松科松属植物统称，常绿针叶乔木，雌雄同株。枝轮生，每年生一节或数节，冬芽显著，芽鳞多数。芽鳞、鳞叶（原生叶）、雄蕊、苞鳞、珠鳞及种鳞均螺旋状排列。鳞叶单生，幼时线形，绿色，随后逐渐退化成褐色，膜质苞片状，在其腋部抽出针叶（次生叶）；针叶 2 针、3 针或 5 针一束，生于不发育的短枝上，每束针叶的基部为膜质叶鞘所包围。

（二）花

雌雄同株，球花单性；雄球花单生新枝下部苞腋，多数聚生，雄蕊多数，花药 2 个，药室纵裂，花粉具 2 个发达的气囊，气囊和体接触面较小，界限明显，普遍都有显著的幅缘；雌球花有 1 ～ 4 个生于新枝近顶端，具多数珠鳞和苞鳞，每珠鳞的腹面基部着生 2 颗倒生胚珠，当年授粉，翌年便会迅速增大为球果，球果 2 年成熟，成熟时种鳞张开，稀不张开，卵形、长卵形、近圆形或圆柱形，直立或下垂；种鳞木质，宿存，上面露出部分通常肥厚为鳞盾，有明显横脊或无横脊，鳞盾的先端或中央多具瘤状凸起或微凹的鳞脐，有刺或无刺，发育种鳞具 2 种；种子上部具上翅，子叶 3 ～ 18 枚，发芽时出土。

（三）果

松树有些种结实较早，5 ～ 6 年即可有少量结实，15 ～ 20 年时显著增多（马尾松、油松、云南松等）；有些种结实很晚，如红松在天然林条件下，要到 80 ～ 140 年才开始结实（但在人工林条件下，15 ～ 20 年已开始结实）。大多数松树结实有间隔性，每隔 2 ～ 3 年或更长的年度丰收 1 次。松树雄球花位于新梢的基部，雌球花大多数见于主枝的轴端。球果成熟有一个相当长的过程。

少数热带松树的雄球花和雌球花于冬末由芽中出现，大多数松树的球花则于初春、春末或初夏由芽中出现。雄球花簇生，成熟前为绿色或黄色至红色，花粉脱落时为浅棕色或棕色，成熟后不久即脱落。雌球花的出现紧接在雄球花以后，为绿色或红紫色。传粉时的雌球花近直立状。传粉后，鳞片闭合，球果开始缓慢的发育。约在传粉后 13 个月以后的春季或初夏发生受精，继而球果开始迅速生长，一般在第二年的夏末和秋季成熟后，着球果成熟，它的颜色由绿色、紫色逐渐转变为黄色、浅褐色或暗褐色。

大多数松树球果成熟后不久鳞片即张开，种子迅速脱落（马尾松、油松等）；有少数松树的鳞片张开和种子脱落过程要延续达几个月之久。有些松树，一部分或全部球果年内处于闭合状态或在树上不定期地张开。红松球果大而重，成熟前后极易被风吹落。

二、马尾松树种特性

马尾松为高大乔木，胸径可达 1.5 m，高可至 45 m；树皮红褐色，裂成不规则的鳞状块片；枝条每年生长 1 轮，但在广东南部则通常生长 2 轮，淡黄褐色，稀有白粉，无毛，枝斜展或平展，树冠伞形或宽塔形；冬芽圆柱形或卵状圆柱形，顶端尖，先端尖或成渐尖的长尖头，芽鳞边缘丝状，微反曲。针叶 2 针一束，稀 3 针一束，边缘有细齿；叶梢由褐色渐变成灰黑色，宿存。球果圆锥状卵圆形或卵圆形，下垂，有短梗，由绿色变成栗褐色为成熟，陆续脱落；种子长卵圆形；初生叶条形，叶缘具疏生刺毛状银齿。花期为 4 ～ 5 月，球果于翌年 10 ～ 12 月成熟。

马尾松为深根系、喜光树种，能生于干旱、瘠薄的红壤、石砾土及沙质土，或生于岩石缝中，喜温暖湿润气候，不耐庇荫，为荒山恢复森林的先锋树种。常与栎类、山槐、黄檀等阔叶树混生。喜肥沃湿润、深厚的沙质壤土，不耐盐碱。

三、马尾松用途及价值

马尾松的适应能力较强，生产力高，生长速度快。在一般立地条件下马尾松也能达到较高的产量，培育纸浆材，15 ～ 18 年可采伐，培育建筑材也只需 21 ～ 30 年。马尾松综合利用率高，能制作多规格、多品种的建筑材，供建筑、矿柱、枕木、木纤维工业及家具原料等用。马尾松的木纤维含量高，也是优良的化纤工业与造纸原料。其心边材区别不明显，结构粗，纹理直，比较有弹性，树脂富足，耐腐力弱。马尾松的树干可割取松脂，其松脂含量丰富，质量好产量高，是我国松脂的生产主要树种，而且马尾松的松花粉也能造很好的饲料添加剂，松脂可用于化工原料。根部树脂含量丰富；树皮可提取栲胶，树干及根部可培养蕈类植物、茯苓，供中药及食用。马尾松也是长江流域以南重要的荒山造林树种。

四、马尾松生长规律

林木生长发育随年龄的变化呈现出的相应的规律。林木的生物量、胸径、树高、单株材积量等，为林木生长规律主要的研究对象。

吴鹏、丁访军等人通过对 35 年生马尾松人工林纯林进行树干解析得出：在 35 年生前，胸径、树高和材积的总生长量均随着林龄增加而增加；树高和胸径平均生长量的最大峰值均出现在 15 年左右，其连年生长量最大峰值均出现在 10 年左右；20 年生之后为材积生长的速生期，连年生长量均达到 0.020 m^3 以上，平均生长量和连年生长量在 35 年生前都未出现最大峰值，2 条曲线未出现相交，说明该林分马尾松在 35 年生时仍未达到数量成熟。

林剑榕通过对 33 年生的马尾松人工纯林进行树干解析，结果表明，在其整个生长过程中，树高连年生长量的最大峰值为 10 年，平均生长量的最大峰值为 10 ～ 15 年，第一次间伐年龄在 15 年左右，在 20 ～ 25 年期间，树高连年生长量下降速度加快，第二次间伐年龄可适当调整为 22 年；胸径连年生长量的最大峰值为 10 年，连年生长量曲线与平均生长量曲线在 20 ～ 25 年时出现相交；材积连年生长量的最大峰值为 30 年生，在 55 年生达到数量成熟；33 年生马尾松人工林可划分为 3 个生长发育期：

0～10年生为幼林期；10～20年生为速生期；20～33年生为壮龄期。

彭龙福通过对40年生马尾松人工纯林进行树干解析得出：平均胸径在20～25年生长最快，连年生长量在1.0 cm以上，最大连年生长量在15～25年达1.09 cm，随后急剧下降，到40年生仅0.22 cm；林木平均胸径的平均生长量在25年达最高，为0.82 cm。树高连年生长量在5年后加快，10～25年间较为稳定，年平均高生长为0.60～0.66 m，最高值在10～15年间，达0.66 m，25年后树高生长开始下降；树高平均生长量在20～25年间达到最大0.59 m，随后开始缓慢下降。林木的材积连年生长量在15年以后明显加快，在30年生达到最高值12.70 hm^2，随后缓慢下降。材积平均生长量在35～40年达到最高值6.46 hm^2，预计40年以后将开始缓慢下降。

五、生理生化特性

光合作用相关参数、蒸腾作用相关参数和水分利用效率（WUE）是植物的重要生理生态参数，对于林木的栽培、管理具有重要的理论指导意义。树木光合作用对 CO_2 的同化是森林生态系统能量流动和物质循环的基础，直接反映林分生产力的高低。

（一）光合特性季节性变化

由于不同地域和季节的马尾松接受的温度和光照强度差异较大，因此马尾松净光合速率（Pn）日变化存在较大的时空差异。一般情况下，夏季马尾松净光合速率日变化呈双峰曲线，春、秋、冬季节则呈单峰曲线。但是，有些地区的马尾松净光合速率日变化不同于以上规律。例如，桂林市马尾松春季净光合速率日变化呈现“双峰型”现象，而千岛湖次生林中马尾松的净光合速率日变化在4个季节均呈“单峰”曲线。这些差异可能主要归因于温度和光照强度的影响。某些地区温度、光照强度均较高，植物因过度消耗水分而造成气孔关闭，气孔传导率下降，光合作用减弱，因此出现“光合午休”现象。“光合午休”可以防止水分的过度消耗，在一定程度上提高了马尾松的植物水分利用效率。而在另一些地区，最高温和最高光强仍没有超过气孔关闭的阈值，因此其净光合速率呈现单峰曲线。

研究表明，在旱季，马尾松、湿地松、加勒比松的针叶含水量日变化不明显，湿地松含水量最高，马尾松最低；蒸腾作用具有明显的季节变化，夏季蒸腾速率（Tr）较高，冬季较低，年平均蒸腾速率大小为马尾松＞加勒比松＞湿地松。

在夏季和秋季，植物光合作用较强，夏季光合速率最高；在春季和冬季，植物光合作用相对较弱，冬季植物光合速率最低。三者年平均光合速率大小为加勒比松＞马尾松＞湿地松。

叶绿素是光合作用中重要的光能吸收色素，植物光合作用速率与叶绿素含量有密切关系，不同植物的叶绿素含量不同。在冬季，叶绿素含量和叶绿素 a/b 均是马尾松＞加勒比松＞湿地松。

（二）光合特性日变化

高伟等人通过野外测定对马尾松和湿地松幼树的光合及水分生理日动态进行研究得出：马尾松和湿地松1年生叶片的净光合速率日变化均呈“双峰型”，有明显的“光合午休”现象。两者净净光合速率均在11：00和17：00左右达到峰值，19：00后随着光照强度的降低，两者的净光合速率均急剧下降。而且一天中的大部分时间均是湿地松的净光合速率高于马尾松。

马尾松和湿地松 1 年生叶片的气孔导度（Gs）日变化均呈“双峰型”，但两者的气孔导度峰值出现时间不一致。马尾松和湿地松叶片胞间 CO_2 浓度（Ci）略呈“U”形变化，9：00 较高，9：00 ～ 13：00 呈下降趋势，13：00 ～ 17：00 波动幅度较小，17：00 后呈现回升趋势。

马尾松和湿地松的叶片温度呈先升后降趋势，均在 15：00 时达到最大值。一天中，马尾松的平均叶片温度低于湿地松；马尾松和湿地松的叶片周围空气相对湿度则呈先降后升的趋势，均在 15：00 时达到最小值。一天中，马尾松叶片周围的平均空气相对湿度高于湿地松。

在一天中，马尾松和湿地松叶片周围的光合有效辐射（PAR）先升后降，呈现明显的单峰曲线，最大值出现在 13：00。两者叶面水汽压亏缺的日变化亦呈明显的单峰曲线，在 15：00 均达到最大值。

马尾松和湿地松蒸腾速率的日变化均呈双峰曲线，峰值分别出现在 11：00 和 15：00，且两树种蒸腾速率的日均值为湿地松＞马尾松。马尾松和湿地松叶片瞬时水分利用效率的日变化均呈不显著的双峰曲线，峰值分别出现在 13：00 和 17：00，且一天中，湿地松叶片的日均水分利用效率高于马尾松。

研究表明，湿地松当年生叶片的光合能力显著高于马尾松叶片，湿地松的树高和地径生长明显高于马尾松。马尾松的净光合速率与光合有效辐射呈显著正相关，而湿地松与各环境因子间无显著的相关性，湿地松的光合作用受环境因子影响较小，与马尾松相比，其净光合速率在全天均维持在较稳定水平。

（三）低磷胁迫对马尾松的影响

磷是植物生长发育不可缺少的营养元素之一。它既是构成植物体内重要有机化合物的组成成分，同时又以多种方式参与植物体内的生理过程，对植物的生长发育 、生理代谢 、产量和品质都起着重要作用。我国大部分地区土壤普遍缺磷，南方土壤尤为严重。磷作为限制植物生长的障碍因子也已经越来越受到人们的重视。

低磷逆境中植物最先感受养分胁迫的器官是根系。许多研究表明，磷胁迫下，光合产物向根运转增加，提高根冠比。低磷胁迫下，马尾松根冠比提高，且随磷浓度降低，其根冠比增加。这实际上是光合产物在分配方向上的强度随着磷素水平的改变而改变。在低磷条件下，光合产物分配到根部的比例较高，以促使根系发达，扩大与外界环境的接触面，从而有可能使其获得的磷素增加。低磷使马尾松根冠比增大，表明低磷使同化物转运到根系的比例增大，地上部同化物含量相对减小，因而低磷对马尾松地上部生长抑制相对大于其对根系的影响。

光合作用是植物进行物质积累的主要过程，是造成植物生物量积累差异的主要原因之一。低磷胁迫下，马尾松针叶净光合速率、蒸腾速率下降，叶绿素、可溶性蛋白、可溶性糖含量降低，而暗呼吸速率、游离脯氨酸含量增加，叶绿素是植物进行光合作用原初反应的光能“捕获器”，同时又在光能传递与转换中起着重要作用，因此在低磷胁迫下，叶绿素含量降低直接导致净光合速率下降。另外，在磷胁迫下，叶片中可溶性蛋白下降可能导致 Rubisco（核酮糖 -1,5- 双磷酸羧化酶加氧酶）含量减少，从而也会引起光合速率的降低。低磷胁迫条件下，马尾松为维持自身生存而提供必要的能量代谢，表现为暗呼吸速率升高，而暗呼吸速率升高则不利于植物光合产物的积累。低磷条件下，马尾松针叶净光合速率降低及暗呼吸速率增加，是导致其生物量受到抑制的主要原因。

缺磷导致马尾松针叶 MDA（丙二醛）含量增加，低磷胁迫条件下，马尾松针叶的 POD（过氧化物酶）和 SOD（超氧化物歧化酶）活性提高。这主要是由于缺磷培养后植株的活性氧自由基积累刺激了保护酶系统活性的提高，同时，保护酶活性的提高又可清除活性氧自由基，即低磷胁迫，一方面刺激马尾松叶片产生更多的自由基，加快膜脂过氧化，导致 MDA 含量增加；另一方面刺激了保护酶系统（SOD，POD）活性的增强，加快自由基的清除，减轻膜脂过氧化，降低其体内 MDA 的含量。

第二节　杉木生物学和生理学特性

一、形态特征

杉木是杉科杉木属乔木。杉木是我国南方最重要的造林树种之一，常绿乔木，树高可达 30 ～ 40 m，胸径可达 2 ～ 3 m；幼树树冠呈尖塔形，大树树冠呈圆锥形，树皮灰褐色；大枝平展，小枝近对生或轮生，常成二列状。叶在主枝上辐射伸展，叶呈螺旋状互生，侧枝叶基部扭转成二列状，披针形或条状披针形，先端尖稍硬，长度一般为 3 ～ 6 cm，边缘有细齿，上面中脉两侧气孔线较下面的略少，通常微弯、呈镰状，革质、坚硬。雄球花圆锥状，长 0.5 ～ 1.5 cm，有短梗，通常 40 余个簇生枝顶；雌球花单生或 2 ～ 3（4）个集生，绿色；种鳞很小，先端三裂，侧裂较大，裂片分离，先端有不规则细锯齿，腹面着生种子 3 粒；种子扁平，被种鳞，长卵形或矩圆形，暗褐色，有光泽，两侧边缘有窄翅，长 6 ～ 8 mm，宽 5 mm；子叶 2 枚，发芽时出土。花期 4 月，球果 10 月下旬成熟。

二、杉木林分生长期划分

根据对杉木平均树高、胸径和材积生长过程进行有序分类并考虑杉木的解析结果，可将杉木林分生长期划分为 4 个阶段。

（一）幼树阶段

幼树扎根、长根的恢复时期是在苗木栽植后 4 ～ 5 年内。幼树在该阶段根系会大量分生，地上部分生长相对较慢。如果想把这个阶段的时间缩短至造林后 2 ～ 3 年，就要选择立地条件好的地方造林，同时再配合科学的造林技术。但是如果在立地条件差或整地比较粗放的林地造林，加上抚育管理不到位，这个阶段时间将会相对延长，影响林分郁闭，形成“小老头树”林。

（二）速生阶段

杉木在速生阶段生长最旺盛，胸径和树高速生阶段一般是栽植后 5 ～ 11 年。这个阶段胸径和树高快速生长可为林分材积的增长奠定基础，胸径、树高的总生长量一般达到成熟龄时的 1/2。树冠在速生初期就开始连接，并且在这个阶段迅速扩展，林分开始进入郁闭。速生初期后，林分开始自然整枝，主要是林下光照减弱导致的。由于干材比例增加导致叶量相对减少，自然稀疏和被压木的枯死现象会在速生后期出现。

（三）干材阶段

这一时期，树高、胸径在 11 ～ 17 年的增长有明显趋缓，但生长量仍然处于稳定水平以上，此时材积在 17 ～ 21 年时达到最大干材生长阶段，材积平均生长量峰值一般在 20 ～ 30 年，连年生长量峰值一般出现在 15 ～ 22 年。

杉木材积在此阶段内积累量占林木成熟时总材积的 1/2 ～ 2/3。这个时期是自然稀疏剧烈时期，林木自然整枝能力仍很强。

（四）滞长阶段

杉木材积生长平均和连年生长量曲线出现相交后，连年生长量明显下降，因而把这个时期定为滞长阶段。这一时期杉木的树高、胸径和材积生长相对于前两个时期来说都出现滞长现象。树高、胸径和材积生长下降和持平的速度、持续时间会因为立地条件的不同而产生差异。

三、杉木生长规律

（一）胸径生长规律

立地指数为 12 ～ 14 的杉木胸径平均生长量在 5 ～ 15 年时随着年龄以较快速度增长，并在第 15 年达到生长最大值，平均生长量为 0.8 cm，15 年后呈平缓下降。胸径连年生长量在 6 ～ 9 年时随着年龄以较快速度增长，并在第 9 年达到生长最大值，平均生长量为 1.1 cm，9 年后呈缓慢下降。在整个生长过程中，胸径的平均生长量和连年生长量曲线在第 16 年时出现一次相交现象，并在相交后胸径连年生长量小于平均生长量，说明胸径在第 16 年达到年均生长最大值。

立地指数为 16 ～ 18 的杉木胸径平均生长量在 5 ～ 13 年时随着年龄以较快速度增长，并在第 13 年达到生长最大值，平均生长量为 0.9 cm，13 年后呈平缓下降。胸径连年生长量在 6 ～ 8 年时随着年龄以较快速度增长，并在第 8 年达到生长最大值，平均生长量为 1.3 cm，第 8 年后呈缓慢下降。胸径的平均生长量和连年生长量曲线在第 14 年时出现一次相交现象，并在相交后胸径连年生长量小于平均生长量。

立地指数为 20 的杉木胸径平均生长量在 5 ～ 11 年时随着年龄以较快速度增长，并在第 11 年达到生长最大值，平均生长量为 1.0 cm，11 年后呈平缓下降。胸径连年生长量在 6 ～ 8 年时随着年龄以较快速度增长，并在第 8 年达到生长最大值，平均生长量为 1.7 cm，第 8 年后呈缓慢下降。胸径的平均生长量和连年生长量曲线在第 12 年时出现一次相交现象，并在相交后胸径连年生长量小于平均生长量。

（二）树高生长规律

立地指数为 12 ～ 14 的杉木树高平均生长量在 5 ～ 14 年时随着年龄以较快速度增长，并在第 14 年达到生长最大值，平均生长量可达 0.6 m，第 14 年后呈平缓下降。树高连年生长量在 6 ～ 8 年时随着年龄以较快速度增长，并在第 8 年达到生长最大值，平均生长量为 0.8 m，第 8 年后呈缓慢下降。树高的平均生长量和连年生长量曲线在第 15 年时出现一次相交现象，并在相交后树高连年生长量小于平均生长量。

立地指数为 16 ～ 18 的杉木树高平均生长量在 5 ～ 14 年时随着年龄以较快速度增长，并在第 14 年达到生长最大值，平均生长量为 0.8 m，第 14 年后呈平缓下降。树高连年生长量在 6 ～ 9 年时随着年龄以较快速度增长，并在第 9 年达到生长最大值，平均生长量为 1.0 m，第 9 年后呈缓慢下降。树高的平均生长量和连年生长量曲线在第 15 年时出现一次相交现象，并在相交后树高连年生长量小于平均生长量。

立地指数为 20 的杉木树高平均生长量在 5 ～ 14 年时随着年龄以较快速度增长，并在第 14 年达到生长最大值，平均生长量约为 1.0 m，第 14 年后呈平缓下降。树高连年生长量在 6 ～ 9 年时随着年龄以较快速度增长，并在第 9 年达到生长最大值，平均生长量约 1.2 m，第 9 年后呈缓慢下降。树高的平均生长量和连年生长量曲线在第 15 年时出现一次相交现象，并在相交后树高连年生长量小于平均生长量。

（三）材积生长规律

立地指数为 12 ～ 14 的杉木材积平均生长量随着年龄呈缓慢速度增长。在 5 ～ 20 年时，连年生长量呈快速增长，并在第 20 年达到生长最大值，连年生长量为 0.013 95 m^3；第 20 年后连年生长量呈缓慢下降，并在第 32 年时与平均生长量曲线相交，此时连年生长量为 0.085 2 m^3，说明材积在第 32 年达到数量成熟；在 32 年后，连年生长量小于平均生长量。

立地指数为 16 ～ 18 的杉木材积平均生长量随着年龄呈缓慢速度增长。在 4 ～ 21 年时，连年生长量呈快速增长，并在第 21 年达到生长最大值，连年生长量为 0.020 09 m^3；第 21 年后连年生长量缓慢下降，并在第 33 年时与平均生长量曲线相交，此时连年生长量为 0.011 99 m^3，说明材积在第 33 年达到数量成熟；在 33 年后，连年生长量小于平均生长量。

立地指数为 20 的杉木材积平均生长量随着年龄呈缓慢速度增长。在 5 ～ 16 年时，连年生长量呈快速增长，并在第 16 达到生长最大值，连年生长量为 0.021 45 m^3；16 年后连年生长量缓慢下降，并在第 26 年时与平均生长量曲线相交，此时连年生长量为 0.011 68 m^3，说明材积在第 26 年达到数量成熟；在第 26 年后，连年生长量小于平均生长量。

四、杉木生产力地理分布规律

（一）杉木乔木层的生产力

杉木林乔木层的平均净生产量大小顺序为桂西地区、桂西北地区＞桂北地区、桂东北地区＞桂中地区＞桂南地区、桂西南地区。

（二）杉木生产力的经度和纬度变化

广西热量从南到北而递减，表现出明显的纬度地带性，可分为北热带、南亚热带和中亚热带。杉木作为亚热带树种，广西的中亚热带（桂北）为其中心产区之一，南亚热带和北热带为其分布区南缘。

杉木生产力表现出明显的纬向变化，即生产力由北向南逐步递减，而杉木生产力的经向变化则是随经度的自东向西而递减。

杉木林生产力的垂直变化错综复杂，因地理区域和山体大小的不同而发生明显的变化。在桂北和桂东北地区，杉木的最适宜区主要分布在海拔 200 ～ 400 m，桂东一带为海拔 300 ～ 500 m，桂西南大青山则以海拔 500 ～ 800 m 地带最好，桂西地区和桂西北地区高原、山区，则上升到海拔 800 ～ 1 500 m（局部环境除外）。

五、生理生化特性

（一）光合特性变化

1. 叶片净光合速率

杉木在春、夏季叶片净光合速率较高，且呈“双峰型”，而在秋冬季为“单峰型”。在不同季节的净光合速率最大值均出现在 10：00 ～ 14：00 时间段内。

在 4 ～ 7 月，随着光合有效辐射和周围环境温度的升高，杉木叶片净光合速率也呈现明显上升的趋势，且在 10：00 ～ 14：00 这个时间段维持一个相对较高的水平。在 10：00 左右出现净光合速率日变化的第一个峰值，在 12：00 左右因植物叶片处于“光合午休”而出现净光合速率略微下降的趋势，净光合速率的次峰值则出现在 14：00 左右。在秋冬季中，杉木各个器官生长速度开始缓慢下降，叶片的净光合速率也随之降低。10 月中旬，杉木在 10：00 左右出现净光合速率最大值，在气温低、光合有效辐射小的冬季，植物基本停止生长，因此净光合速率为 4 个季度中最低的。杉木的净光合速率平均值大小顺序为春季＞夏季＞秋季＞冬季。

2. 光合有效辐射

杉木在春夏季的光合有效辐射均呈现“双峰型”，光合有效辐射从 8：00 开始迅速上升，直到 11：00 左右出现第一个峰值，在 11：00 ～ 12：00 略有下降，第二个峰值出现在 14：00 左右，14：00 后开始逐渐下降。杉木在秋、冬季的光合有效辐射为“单峰型”，秋季的光合有效辐射在 11：00 达到最大值，冬季则在 12：00 达到最大值。四季光合有效辐射平均大小顺序为春季＞夏季＞秋季＞冬季。

3. 蒸腾速率

杉木随着外界环境气温的升高和光合有效辐射的增强，植物叶片气孔开放，蒸腾速率迅速上升，在春夏季的蒸腾速率呈“双峰型”变化趋势，第一个峰值出现在 10：00 左右，第二个峰值出现在 15：00 左右；秋冬季的蒸腾速率日变化曲线则较为平缓。杉木在各个季度蒸腾速率平均值大小顺序均为夏季＞春季＞秋季＞冬季。

4. 气孔导度

气孔是植物叶片与外界进行气体交换的主要通道，受自身生理内部因子和环境外部因子等因素的控制，对这些因子具有较高的敏感性。气孔导度通过气孔开关控制植物叶片与外界大气中的 CO_2、O_2 和 H_2O 进行交换，气孔导度直接影响植物的光合作用、呼吸作用及蒸腾作用。

杉木在春季气孔导度呈“单峰型”，在这个时期随着外界光照强度增大，气温逐渐升高，气孔开放程度也逐渐加大，植物叶片气孔导度也随着升高，在10：00达到最大值；正午时间由于外界较高的光合有效辐射，而植物叶片为避免高光强对植物叶片的伤害，叶片中的部分气孔关闭，造成气孔导度出现下降趋势。

杉木夏季气孔导度呈“双峰型”，气孔导度从8：00开始上升，到10：00左右出现一天中的第一个峰值，随着光照强度的加强，气温也越来越高，部分气孔随之关闭，气孔导度迅速下降，在11：00左右出现一个低谷，第二个峰值出现在14：00左右。

秋季叶片气孔导度呈波浪形变化趋势，叶片气孔导度日变化趋势呈波浪形，全日最大值出现在10：00。冬季气孔导度则以平缓行趋势下降，最大峰值出现在8：00。叶片平均气孔导度大小变化规律为夏季＞春季＞秋季＞冬季。

5. 胞间 CO_2 浓度

胞间 CO_2 浓度和气孔限制值是判定气孔限制和非气孔限制的重要指标和依据。胞间 CO_2 浓度是植物光合作用重要的指标之一，它直接反映大气输入、光合利用能力和光呼吸的胞间 CO_2 浓度动态平衡的瞬间浓度。

杉木叶片胞间 CO_2 浓度随着季节变化规律呈现出“V”形，胞间 CO_2 浓度与净光合速率变化方向大致相反。杉木木在四季中的胞间 CO_2 浓度变化规律为冬季＞夏季＞春季＞秋季。

6. 水分利用效率

水分利用效率是指光合作用同化 CO_2 的速率与同时蒸腾作用丢失水分的速率的比值，植物叶片水分利用效率的高低取决于气孔控制的光合作用和蒸腾作用2个相互耦合的过程。

春秋季杉木水分利用效率日变化整体均呈下降趋势，水分利用效率最好的时间是在9：00，但秋季水分利用效率比春季小；夏季水分利用效率日变化整体呈现波浪形状，最大值则在10：00；冬季杉木水分利用效率日变化呈现不同程度单峰型，峰值在12：00。杉木水分利用效率四季变化规律为春季＞冬季＞夏季＞秋季。

（二）叶龄光合效率特征

不同叶龄针叶单位面积同化 CO_2 净量变化规律是当年生＞1年生＞2年生＞3年生。张小全等人研究表明，不同季节和部位针叶光合能力均表现出当年生＞1年生＞2年生的趋势；吴立勋等人研究表明杉木阳位叶、阴位叶的最大光合速率的规律是1年生＞2年生＞3年生。

（三）低磷胁迫对杉木的影响

低磷胁迫使杉木幼苗根的SOD、CAT（过氧化氢酶）活性随着磷胁迫的增加先升高后降低。这说明磷素对杉木幼苗SOD、CAT活性具有诱导作用，一定程度的缺磷使SOD、CAT活性增加，超过一定限度时使得SOD、CAT活性降低。不同的是，低磷胁迫使杉木幼苗根的POD活性随着磷胁迫的增加呈现出升高的趋势。

低磷胁迫使杉木幼苗叶片的SOD、CAT活性随着供磷程度的降低呈现出先升高后降低的趋势，说明一定程度的缺磷对杉木幼苗叶片中SOD、CAT活性具有显著的诱导效应。而不同的是，低磷胁迫使杉木幼苗叶片的 POD 活性随着磷胁迫的增加呈现出先降低后升高的趋势。

随着磷胁迫的增加，杉木苗叶片的叶绿素总量和叶绿素 a 的含量呈现出先增加然后减少最后再增加的规律，叶绿素 b 的含量呈现出相同的变化趋势，这表明低磷胁迫对杉木苗的光合作用产生了重要影响。

低磷胁迫会影响杉木幼苗对养分的吸收利用和运输，扰乱其新陈代谢，但同时杉木可以通过增加对其他养分元素的吸收，来规避低磷胁迫产生的伤害。

在低磷环境中，杉木幼苗植株会通过改变不同部位糖类、氨基酸和蛋白质等物质含量来适应低磷。随着磷胁迫的增加，杉木幼苗植株有机物的合成、分泌和运输均受到抑制。

第三节　桉树生物学和生理学特性

一、形态特征

桉树属密荫大乔木，高可超过 20 m；树冠形状有尖塔形、多枝形和垂枝形等。树皮宿存，深褐色，厚 2 cm，稍软松，有不规则斜裂沟；嫩枝有棱。

叶子可分为幼态叶、中间叶和成熟叶 3 类，多数品种的叶子对生，较小，心形或阔披针形。幼态叶对生，叶片厚革质，卵形，长 11 cm，宽达 7 cm，有柄；成熟叶卵状披针形，厚革质，不等侧，长 8 ～ 17 cm，宽 3 ～ 7 cm，侧脉多而明显，以 80° 开角缓斜走向边缘，两面均有腺点，边脉离边缘 1 ～ 1.5 mm；叶柄长 1.5 ～ 2.5 cm。

伞形花序粗大，有花 4 ～ 8 朵，总梗压扁，长 2.5 cm 以内；花梗短、长不过 4 mm，有时较长，粗而扁平；花蕾长 1.4 ～ 2 cm，宽 7 ～ 10 mm；蒴管呈半球形或倒圆锥形，长 7 ～ 9 mm，宽 6 ～ 8 mm；帽状体约与萼管同长，先端收缩成喙；雄蕊长 1 ～ 1.2 cm，花药呈椭圆形，纵裂。

蒴果呈卵状壶形，长 1 ～ 1.5 cm，上半部略收缩，蒴口稍扩大，果瓣 3 ～ 4 枚，深藏于萼管内。花期 4 ～ 9 月。

二、桉树生长规律

桉树是一种速生树种，胸径与树高连年生长量在 2 ～ 3 年时即达到最大值，而在 4 ～ 6 年时平均生长量达到最大值。

胸径、树高连年生长量与总平均生长量都是随着年龄的增加而增加。但连年生长量增加的速度较快，其值大于平均生长量，其后，连年生长量小于平均生长量，其胸径与树高的速生期基本接近。而材积总长量一直是随着年龄的增加而增加，其连年生长量在 7 ～ 9 年达到最高，但其平均生长量在第 13 年时才达到最高。

根据秦武明、黄宝榴等人在广西崇左市天等县进行的研究成果，做如下总结。

（一）桉树胸径生长规律

一般林木的胸径连年生长和平均生长多呈现抛物线状曲线。黄宝榴等人研究表明，桉树胸径总生长量随着树龄增加呈单调递增的趋势，胸径的连年生长量和平均生长量却呈现单调递减的趋势。在造林初期（营林第 1 ～ 2 年时间内）是桉树胸径的高速生长期。桉树第一年的胸径连年生长速度最快，可达到了 5.68 cm/ 年，随后桉树胸径的连年生长量逐年降低，从第一年的 5.68 cm/ 年降低到第 9 年的 0.68 cm/ 年，但在桉树人工林经营的 9 年时间里，桉树高产林分胸径的平均生长量能够达 1.99 cm/ 年（图 3-1）。

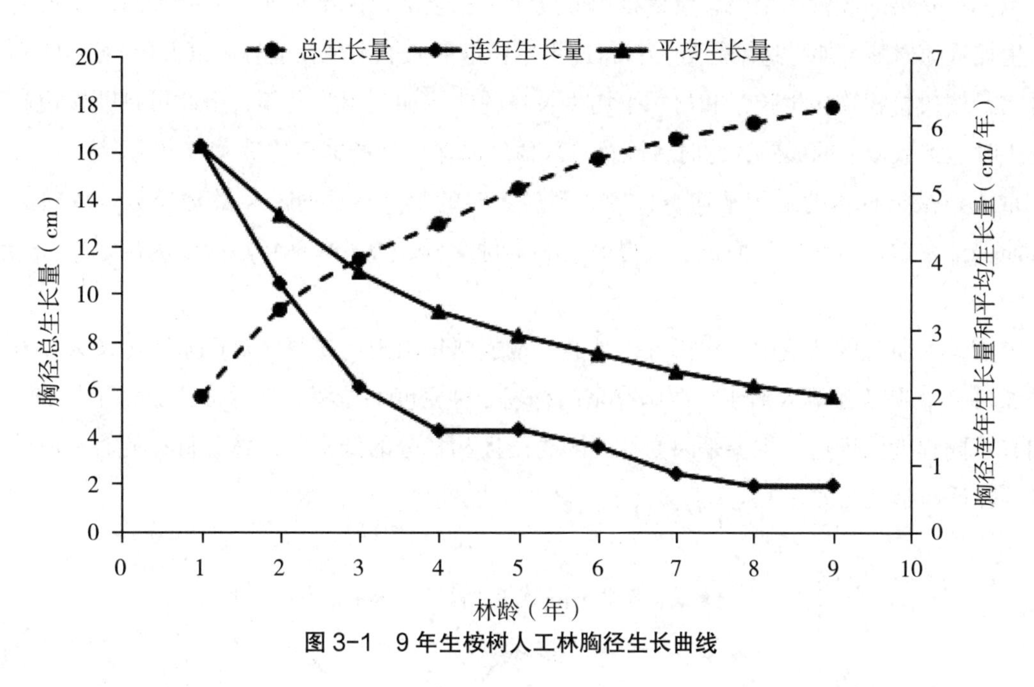

图 3-1 9 年生桉树人工林胸径生长曲线

（二）桉树树高生长规律

黄宝榴等人研究表明，桉树树高总生长量随着树龄的增加而增长，树高连年生长量和树高平均生长量均呈现单调递减的增长模式。树高在营林前五年生长迅速，连年生长量均在 3.43 m/ 年以上，树高连年生长量最大值出现在营林第一年，生长量达 6.10 m/ 年，随后树高连年生长量逐年下降，在第九年时降至 0.90 m/ 年，在经营的 9 年时间里，桉树人工林树高的平均生长量为 3.11 m/ 年（图 3-2）。

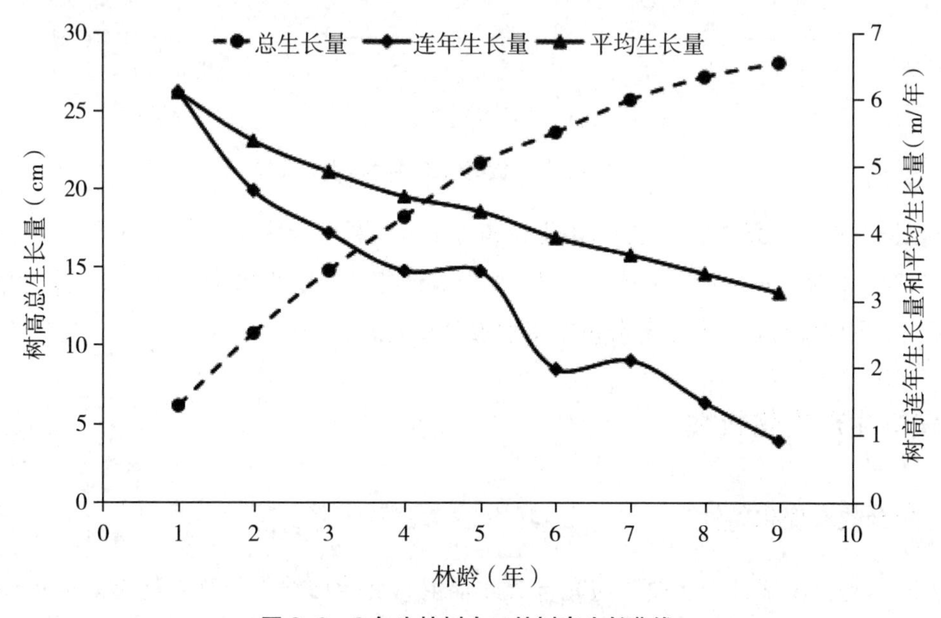

图 3-2 9 年生桉树人工林树高生长曲线

（三）桉树材积生长规律

黄宝榴等人研究表明，桉树材积的总生长量随树龄的增加而递增，与胸径、树高总生长量的增长方式一致。在 9 年的经营周期内，桉树材积的连年生长量随树龄增加而呈先增加后降低的趋势，材积的平均生长量随树龄增加呈递增趋势。材积连年生长量最大值出现在造林后第五年，达 0.056 3 m^3/ 年。可以看出，桉树材积连年生长量和材积平均生长量的曲线相交于第九年，由此可判断桉树高产林栽培在第九年时达到数量上的成熟，此时应该及时采伐，以保证高产林年均最大产出比。

数量成熟是指林木的材积平均生长量达到最大时的状态，这时的年龄称作数量成熟龄，在此年龄主伐能保证在单位时间单位面积上获得最高的木材产量，数量成熟年龄应作为确定主伐年龄的基础考虑。

黄宝榴等人研究的结论中，桉树人工林的数量成熟年限与何龙等人对广东巨尾桉人工林主伐年龄确定为 5.71 年，陈少雄等人对于广西国有东门林场 5 种密度的桉树人工林数量成熟年限为 6 ～ 7 年，两者均有不同程度的推迟。主要是因为林分的高产性和林分的低密度，林分材积的数量成熟年限随林分密度的降低而延长（图 3-3）。

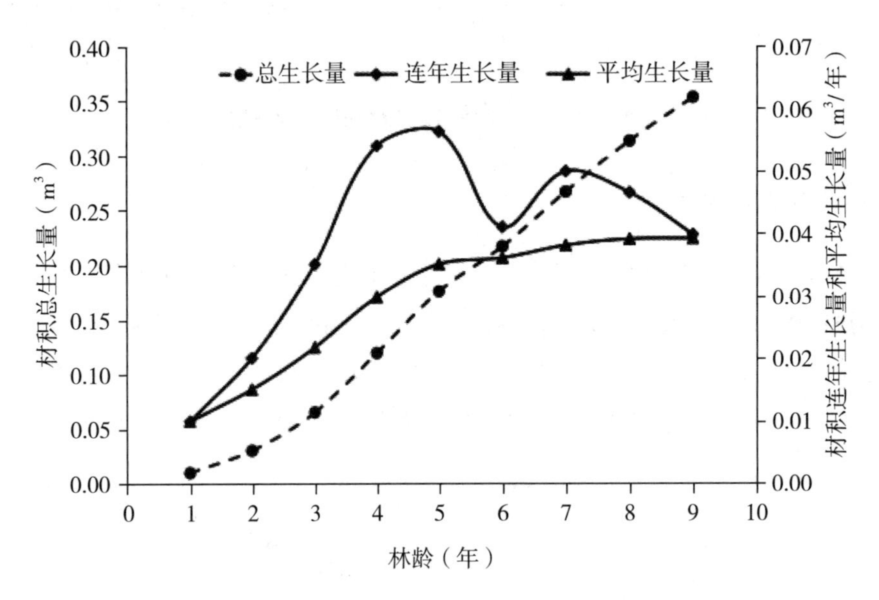

图 3-3 9 年生桉树人工林材积生长曲线

因此，根据多年的研究成果，我们可以把桉树人工林生长期分为 3 个阶段：1 ～ 3 年为快速生长期，4 ～ 6 年为一般生长期，6 年后为缓慢生长期。如何保证造林初期的幼林快速生长，成为桉树人工林速生丰产的关键。同时保证前三年的养分供给特别重要和关键。

三、桉树生理生化特性

（一）光合效率变化特性

春季桉树净光合速率日变化曲线与光合有效辐射日变化曲线都呈现双峰型。上午净光合速率在 11：00 时左右达到最大值，然后随着光强的稍许减弱，净光合速率有所减小，在 13：00 时左右出现第二个高峰，净光合速率与光合有效辐射的每一次高峰与峰谷出现时间都基本一样，所以两者的日变化是一致的。

夏季桉树净光合速率和光合有效辐射日变化也呈典型的双峰型，净光合速率的第一个高峰出现在 10：00 时左右。而随着光强、叶温及叶温饱和蒸汽压亏缺（Ppdl）的急剧骤升，净光合速率开始降低，植物出现短暂的午休现象。13：00 时出现第 2 个高峰，且峰值较第一个峰值高，这秋季桉树净光合速率与光合有效辐射日变化均呈单峰型，且两者总体值均比春季和夏季低。最大净光合速率出现在 10：00 时左右。10：00 ～ 11：00 时光合有效辐射急剧骤升，11：00 时达到峰值，此后便一直以波动式下降。而净光合速率在第一个高峰过后也一直下降不再回升。出现午休现象通常是因为土壤水分不足或空气湿度降低，植物为适应干旱缺水的环境而自身形成的一种保护机制。

冬季桉树净光合速率日变化呈不午休的单峰型，且与光合有效辐射变化同步，冬季净光合速率及各影响因子值在全年中都是最低的。最大净光合速率和光合有效辐射在 12：00 左右出现峰值。

不同季节的桉树平均净光合速率变化趋势为春季＞夏季＞秋季＞冬季。春季时，桉树叶片生长旺盛，叶片组织处于发育阶段，加之光合有效辐射增大，气温也随之升高，各生境因子都处于桉树生长的最佳状态。因此春季桉树净光合速率是四季中最大的。

（二）低温胁迫对桉树的影响

低温胁迫对植物光合作用的影响是多方面的，不仅直接引发光合机构的损伤，同时也影响光合电子传递和光合磷酸化以及光合作用相关酶系。众多的研究结果表明，低温胁迫使大多数植物的光合速率显著降低。

低温处理后桉树叶绿素含量下降，光合和叶绿素荧光参数、光合速率、气孔导度、蒸腾速率、表观量子效率（AQY）、光饱和点（LSP）、羧化效率、Fv/Fm 值和 Fv/Fo 值下降，Fo 值和 CO_2 补偿点（CCP）上升，而胞间 CO_2 浓度则先上升后下降 。在持续低温胁迫的初始阶段，羧化酶活性下降是桉树净光合速率降低的主要因素，为非气孔因素，而随着低温处理持续时间延长至 48 小时，叶绿素含量出现显著下降，羧化酶效率继续下降，此时气孔限制因素也逐渐成为净光合速率降低的主要因素之一 。

（三）干旱胁迫对桉树的影响

随着胁迫时间的增加，叶绿素 a 含量显著降低（$P < 0.05$），叶绿素 a/b 值总体呈先升高后降低的趋势。随着胁迫时间的增加，巨桉幼树叶片净光合速率、蒸腾速率、气孔导度均呈明显降低趋势，胞间 CO_2 浓度呈先降低后升高的趋势。随着胁迫时间的增加，表观量子效率、RuBP 羧化速率（EC）、光饱和点与 CO_2 饱和点（Csp）均呈下降趋势，光补偿点（Lcp）、CO_2 补偿点呈上升趋势，最大净光合速率呈下降趋势。综上所述，随着干旱程度的加重，巨桉幼树叶片光合色素含量减少，气孔部分关闭，光合器官在一定程度上遭到破坏，对光与 CO_2 的利用能力降低，光合速率下降，最终使巨桉幼树的生长受到限制。

第四章　用材林林木营养特性

营养元素是森林生态系统生产力的形成主要限制因子，林木营养特性是影响林木生长发育及其生产力形成的极为重要因素。从 20 世纪 70 年代至今，从对森林营养元素含量、积累量、分布格局与循环特征的研究，到以林木养分循环为施肥及树种配置的依据，在此基础上已取得了不少研究成果。

无论是天然林还是人工林，营养元素的循环不仅影响林分本身的发育，而且会对该地区生态系统的生产力甚至可持续发展造成影响。在生物地球化学循环的过程中，森林生态系统的养分循环是不可或缺的重要组成部分。作为森林营养元素生物循环最重要的研究内容之一，研究养分循环不仅能更清楚地认识森林生态系统中群落演替，了解并最大限度地提高森林生态系统物质结构、功能和循环机制，还可以依照株木营养元素的积累与分配格局指导林业实际生产，调节和改善林木生长环境，提高森林生态系统的生产力和养分利用效率，科学合理地实施森林经营方案。

国外最早测定人工林营养元素的学者是 E. Eermayer。从 1930 年开始，Albert 先后研究了欧洲松树林和山毛榉林的营养元素循环规律，他的研究成果得到了许多同行的关注，自那以后，有关森林生态系统养分循环（特别是矿物质循环）的研究开始成为热门的研究领域。国内对营养元素的研究比较晚，在 20 世纪 50 年代侯学煜等人做过一些关于森林营养元素方面的研究。由于森林生态系统的结构复杂，存在许多难以估算和不可控的因素，短时间的观测并不能很好解释其稳定性机制。在营养元素积累与分布的研究方面，冯林、廖宝文等人的研究说明植物不同器官具有不同的生理功能，混交林在养分固定和循环上都高于人工纯林。李志辉等人对湖南低山丘岗区 6 年生巨尾桉丰产林营养元素进行了详细的测定，营养元素在不同器官中的含量因器官不同而存在差异，树叶中营养元素含量最高，树干最低，不同组成成分中 K 和 N 元素的含量最高，P 元素的含量最低。总的来看，经过 60 多年研究，我国在森林生态系统中，尤其是人工林生态系统中营养元素含量、积累量和生物循环等研究方面都取得了优异成绩，为林木的经营管理和利用提供了有力依据，同时也促进了森林经营的可持续发展。

目前，有关杉木、松树（主要是马尾松）和桉树人工林营养特性的研究已有很多报道，但绝大多数都是单一林龄或者年龄阶段林木营养特性的研究，部分涉及不同年龄阶段的研究则存在年龄跨度较大，如杉木、马尾松林，桉幼龄林、中龄林和成熟林，每个阶段相差近 10 年，研究结果难以精确反映林木生长过程中对营养元素的需求及其变化特点。因此，本章节根据目前广西杉木、马尾松和桉树人工林的主要经营目标和经营周期，开展不同年龄阶段杉木、马尾松和桉树人工林营养特性及林地土壤主要养分性状及其变化的研究，进一步揭示林木生长过程对营养元素的需求及其与土壤养分的关系，为合理制定土壤养分管理措施，进行林地的精准施肥，进一步提高养分利用效率和林地生产潜力，实现广西主要用材林的可持续经营提供科学依据和技术支持。

第一节　马尾松人工林营养吸收及分配规律

一、马尾松苗期营养吸收分配规律

（一）供试幼苗

供试材料为广西国有七坡林场林科所培育的马尾松营养杯苗，供试苗木生长基本一致，主根发达，侧根丰富、无病虫害和机械损伤。育苗基质采用 70% 椰糠 +30% 泥炭土 + 过磷酸钙（50 kg/1 万个杯）的容器育苗基质。

（二）分析项目及方法

选 60 株（平均苗高 12 cm 左右）马尾松苗，洗净、风干并编号，将每株苗木根、茎、针叶分开，分别用全部称重法测其鲜重，然后将其置于 80 ～ 90 ℃ 鼓风干燥箱中烘 15 ～ 30 min，降至 65 ℃ 烘 12 ～ 14 h，放至室温，称取各组成成分的干重。将已测定生物量 60 份根、茎、针叶样品材料进行取样，经粉碎过 40 目筛后备用。分别对根、茎、针叶的 N、P、K、Ca、Mg、Cu、Zn、Fe、Mn、B 等营养元素含量进行分析测定。全 N 采用凯氏法测定；全 K、Ca、Mg、Cu、Zn、Fe、Mn 采用硝酸—高氯酸消煮，原子吸收分光光度法测定；全 P 采用硝酸—高氯酸消煮，钼锑抗比色法测定；全 B 采用干灰化—甲亚胺比色法测定。

（三）结果与分析

运用营养诊断法研究马尾松苗期植株的需肥规律，确定 N、P、K（文中 N、P、K 均为全量）及中、微量元素等肥料的种类和施肥量。于 2016 年 7 月，对供试马尾松幼苗的松针、松茎和松根的养分含量及上述各器官的生物量进行测定，计算马尾松幼苗各养分元素在各器官的比例与含量，以此作为马尾松叶面肥基础配方的基础参数。各器官养分含量和幼苗养分吸收量分别见表 4-1 和表 4-2。

马尾松在生长过程中不同组成成分的生理生态活动会相应发生变化，对营养元素的需求也不同，因而养分元素浓度明显不同。分析测定马尾松幼苗松针、茎、根各营养元素含量，从表 4-1 得出，大量元素 N 含量最高的是松针，其次是根部，茎中 N 含量较少，仅为叶片 N 含量的 36.29%；P、K 也是在叶部的含量最高；马尾松苗期大量元素含量为 N ＞ K ＞ P，且 P 元素含量远远低于 N 元素含量，说明马尾松苗期对 P 元素的需求量较小。Ca 和 Mg 元素的含量均为松针＞根＞茎。植物生长对 Cu、Zn、Fe、Mn、B 的需求量较少，这些微量元素除 Zn、Mn、B 元素在松针中含量最高外，Cu 是茎部最高，Fe 是根部最高。从营养元素在各器官总的分布情况来看，含量均以 N 最高，其次是 Ca 和 K，最低为 Cu 和 B。大体上，马尾松苗期主要养分含量变化规律为 N ＞ Ca ＞ K ＞ P ＞ Mg ＞ Fe ＞ Mn ＞ Zn ＞ B ＞ Cu。

表 4-1 马尾松幼苗各器官养分含量

项目	营养元素（g/ 株）									
	N	P	K	Ca	Mg	Cu（$\times10^{-3}$）	Zn（$\times10^{-3}$）	Fe（$\times10^{-3}$）	Mn（$\times10^{-3}$）	B（$\times10^{-3}$）
松针	14.41	1.88	7.22	8.16	1.64	1.72	45.23	126.65	88.34	12.49
茎	5.23	1.28	3.98	3.63	0.72	2.26	31.7	81.68	30.08	12.01
根	7.38	1.70	4.60	5.25	0.86	2.22	27.73	236.21	21.63	7.45

马尾松苗期栽培植株体内各器官生物量及单株各元素总含量见表 4-2。从表 4-2 可知，各营养器官 10 种营养元素积累总量分别为 236.21 g/ 株。马尾松幼苗单株平均生物量大小为 10.32 g/ 株，各器官生物量大小顺序为茎＞松针＞根，各器官营养元素积累总量大小顺序为松针＞根＞茎。

由表 4-2 可知，马尾松幼苗树体各器官的营养元素含量大小顺序各不相同，其中，松针：N＞Ca＞K＞P＞Mg＞Fe＞Mn＞Zn＞B＞Cu，茎：N＞K＞Ca＞P＞Mg＞Fe＞Zn＞Mn＞B＞Cu，根：N＞Ca＞K＞P＞Mg＞Fe＞Zn＞Mn＞B＞Cu。马尾松幼苗各器官营养元素积累总量大小排序依次为 N＞Ca＞K＞P＞Mg＞Fe＞Mn＞Zn＞B＞Cu。可见，马尾松幼苗的营养元素积累量以 N、Ca、K 含量最高，分别占营养元素总含量的 39.40%、24.76%、23.05%，3 种元素占总营养元素含量达 87.21%；Zn、B、Cu 含量最低，分别占营养元素总量的 0.15%、0.05%、0.01%。可见，马尾松幼苗营养元素的分配与各器官的生物量不成正比例关系。

表 4-2 马尾松幼苗养分吸收量

项目	生物量（g/ 株）	营养元素（g/ 株）										
		N	P	K	Ca	Mg	Cu（$\times10^{-3}$）	Zn（$\times10^{-3}$）	Fe（$\times10^{-3}$）	Mn（$\times10^{-3}$）	B（$\times10^{-3}$）	合计
松针	3.53	50.87	6.64	25.49	28.80	5.79	6.07	159.66	447.07	311.84	44.09	118.55
茎	3.68	19.25	4.71	14.65	13.36	2.65	8.32	116.66	300.58	110.69	44.20	55.19
根	3.11	22.95	5.29	14.31	16.33	2.67	6.90	86.24	734.61	67.27	23.17	62.47
总计	10.32	93.07	16.63	54.44	58.49	11.11	21.29	362.56	1 482.27	489.80	111.46	236.21

二、马尾松人工幼林营养吸收分配规律

（一）调查区域概况

研究区位于广西西南部宁明县境内的广西国有派阳山林场，地理位置为东经 107°10′，北纬 22°1′，属北热带季风气候区，平均气温为 22.1 ℃，极端最低气温为 –1 ℃，极端最高气温为 39.7 ℃，年平均活动积温（≥ 10 ℃）为 7 730 ℃，年平均降水量为 1 250 ～ 1 700 mm，年均蒸发量为 1 423.3 mm，相对湿度为 82.5%，日照为 1 650.3 h，无霜期为 360 d。试验地为桐棉种源马尾松人工林，林龄分别为 2.5 年、8.5 年，试验林面积分别是 450 亩和 940 亩，种植密度为 2 m × 3 m。土壤为山地砂质性棕红壤，主要成土岩为砂页岩。林下植被主要有铁芒萁、五节芒、桃金娘、乌毛蕨等。

（二）基本研究方法

1. 样地调查及样品采集方法

在研究区域内选择具有代表性的标准样方，样方大小为 400 m^2（20 m × 20 m），每个林龄设置 3 个重复，共计 6 个样方。对样方内的马尾松树高、胸径和地径进行每木调查测定。计算出每个标准样方马尾松各项指标的平均值，在每个标准样方内选择 1 株与平均值相接近（一般要求相差在 5% 以下）的马尾松作为平均标准木，通过破坏性抽样的方法将其伐倒，采用全挖法得到整个根系，按树干、树枝、树叶、树根 4 个不同器官分类后全部称其鲜重。各器官按上、中、下层分别采样后取混合样品。将抽取的样品带回实验室，放在 85 ℃恒温下烘干直到恒重，求出各器官干鲜质量之比，由此换算出标准样木各器官的干质量及总干质量。以上不同器官样品分别粉碎后供植物营养元素分析。

2. 生物量测定

将植株样品分不同器官称鲜重，带回部分样品烘干称干重，计算含水率。根据不同林龄马尾松各器官营养元素含量和生物量干重计算出马尾松树体营养元素累积量。

3. 养分测定项目及方法

所有数据分析测定方法参照林业行业标准：全 N 采用凯氏法，凯氏定氮仪测定；全 P 采用硝酸 – 高氯酸消煮，钼锑抗比色法，紫外分光光度计测定；全 K、Ca、Mg、Cu、Zn、Fe、Mn 采用硝酸 – 高氯酸消煮，原子吸收分光光度法测定；全 B 采用干灰化 – 甲亚胺比色法，紫外分光光度计测定。

（三）结果

马尾松人工幼林营养吸收与分配规律的研究，对于开展马尾松幼林营养诊断与平衡配方施肥非常重要，在生产中结合土壤养分状况，根据不同立地条件，对马尾松不同生育阶段进行针对性施肥，并提出科学合理的肥料和施用技术，为马尾松丰产高效栽培提供科学依据。

1. 营养元素含量

（1）大量元素。植物在不同林龄其不同组织器官对营养元素的吸收和利用存在差异性，造成不同器官的养分含量明显不同。从图 4-1 可知（不同小写字母表示在 0.05 水平差异显著），马尾松幼林平均单株不同器官的大量营养元素含量相差很大，并且在不同林龄也存在一定的差异。马尾松不同林龄各器官 N、P、K 含量变化范围分别为 4.68 ～ 16.68 g/kg、0.23 ～ 1.18 g/kg、0.69 ～ 7.06 g/kg。不同林龄各器官大量营养元素含量的变化规律均为 N ＞ K ＞ P。相同林龄各器官大量营养元素含量的大小顺序均为树叶＞树根＞树枝＞树干。除树叶、树枝、树干的 N 元素含量大小为 8.5 年＞ 2.5 年外，其余营养元素含量均为 2.5 年＞ 8.5 年，但总体来说，同器官中 N、P、K 含量大小均为 2.5 年＞ 8.5 年。不同林龄各器官的 N、P、K 营养含量存在显著差异性。

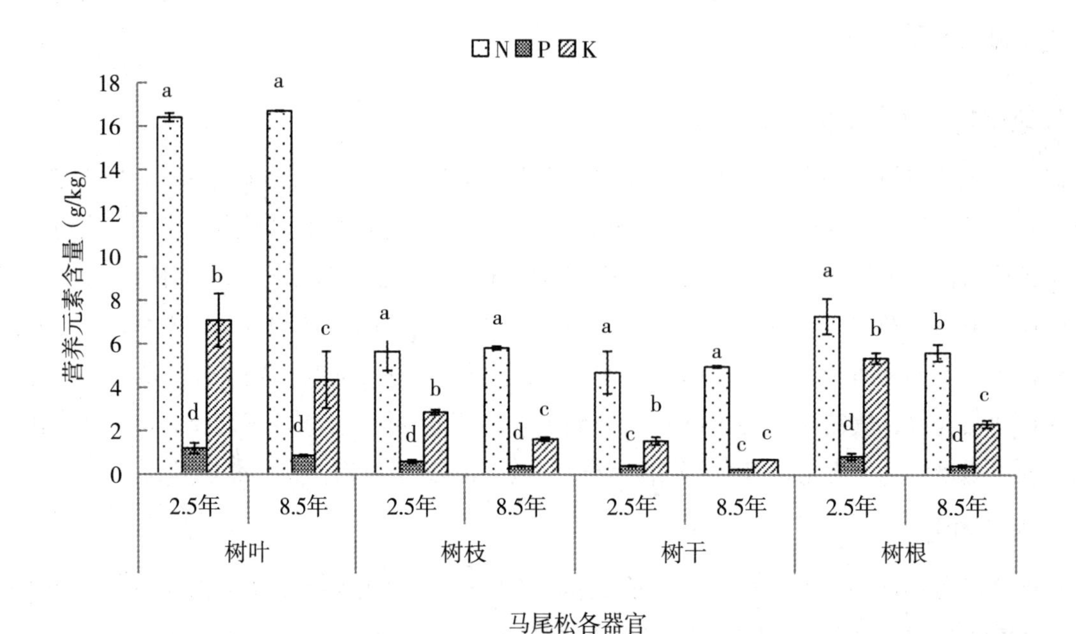

图 4-1　N、P、K 元素在马尾松各器官的分布

（2）中量元素。马尾松不同林龄各器官 Ca、Mg 含量变化范围分别为 1.68 ～ 8.71 g/kg、0.24 ～ 0.83 g/kg。从图 4-2 可知，不同林龄马尾松各器官营养元素含量变化规律均为 Ca ＞ Mg，并且各器官 Ca 和 Mg 含量的差异呈显著水平。各器官 Ca、Mg 含量大小顺序均为树叶＞树枝＞树根＞树干，且各器官不同林龄 Ca、Mg 含量大小顺序为 2.5 年＞ 8.5 年（树叶 Mg 除外）。各器官不同林龄间的 Mg 和 Ca 含量差异不显著（树叶和树枝除外）。

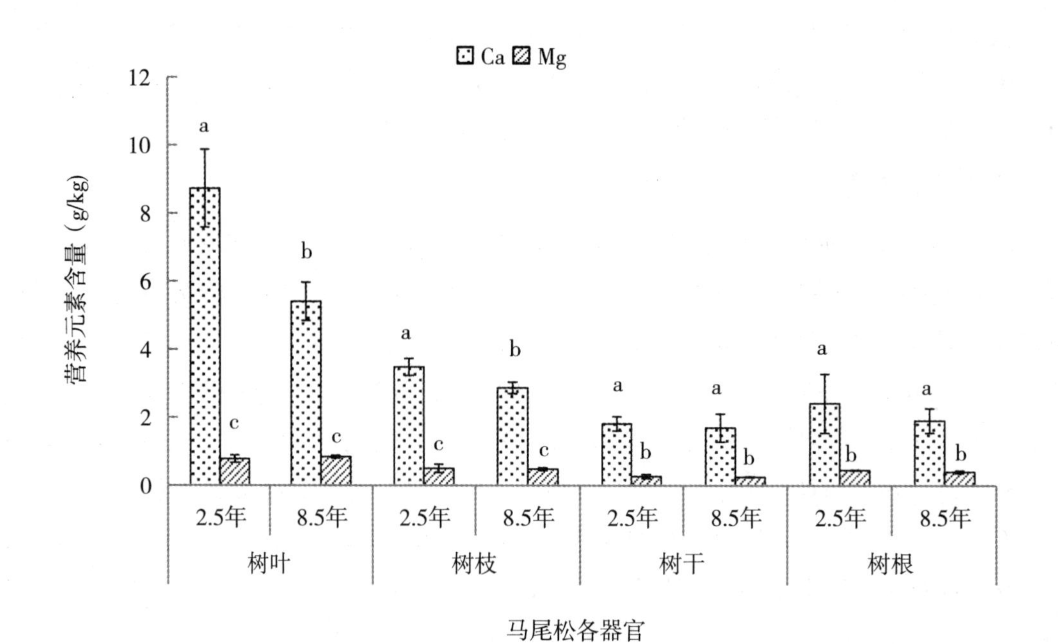

图 4-2　Ca、Mg 元素在马尾松各器官的分布

（3）微量元素。马尾松不同林龄各器官 Fe、Mn 含量变化范围分别为 0.10 ～ 0.83 g/kg、0.05 ～ 0.84 g/kg。从图 4-3 中可知，树干、树根和 8.5 年生树枝的 Fe 含量均大于 Mn，树叶和 2.5 年生

树枝的 Fe、Mn 含量的变化规律则相反。马尾松幼林各器官 Fe 含量大小顺序为树根＞树干＞树叶＞树枝，且树叶和树根的 Fe 含量大小顺序为 2.5 年＞ 8.5 年，树枝和树干则正好相反。各器官 Mn 含量大小顺序为树叶＞树枝＞树根＞树干，且各器官的 Mn 含量大小顺序均为 2.5 年＞ 8.5 年。各器官不同林龄 Fe 含量差异不显著（树根除外）；树叶和树枝不同林龄 Mn 含量的差异显著，而树干和树根则相反。

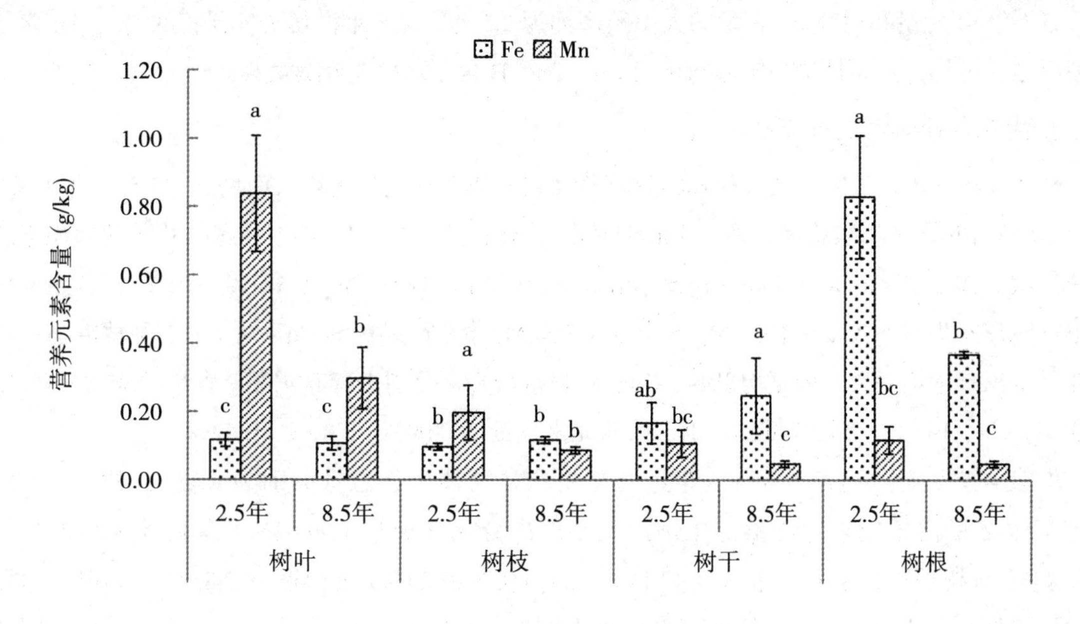

图 4-3　Fe、Mn 元素在马尾松各器官的分布

马尾松不同林龄各器官 Cu、Zn、B 含量变化范围分别为 2.66 ～ 14.79 mg/kg、9.71 ～ 27.31 mg/kg、7.86 ～ 30.07 mg/kg。从图 4-4 可以看出，马尾松幼林各器官营养元素含量变化规律大部分是 Zn ＞

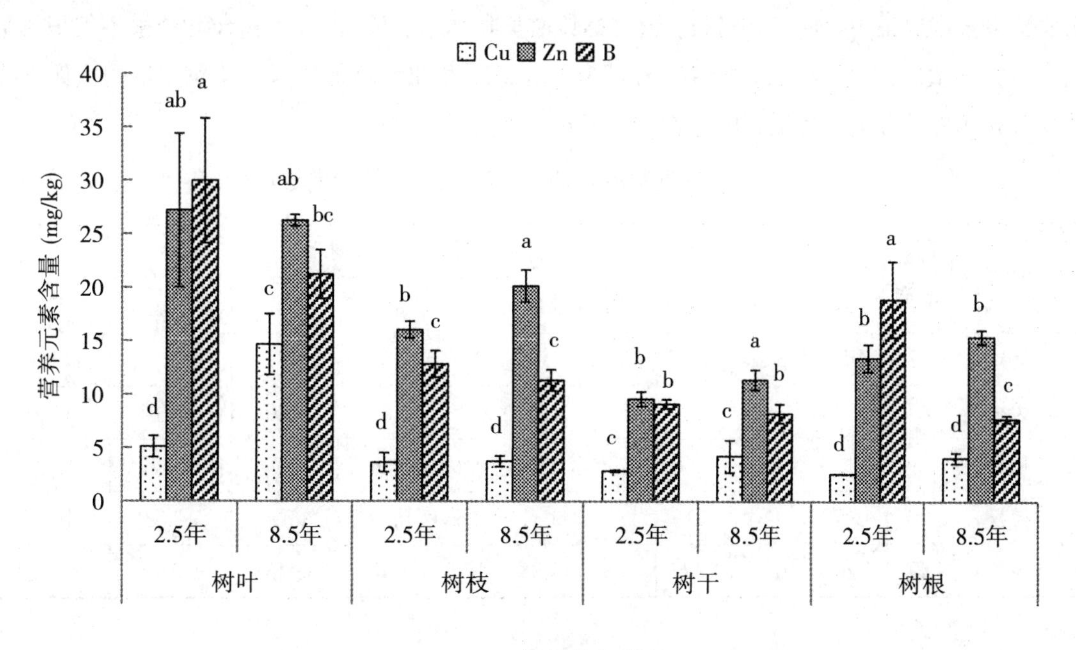

图 4-4　Cu、Zn、B 元素在马尾松各器官的分布

B > Cu，只有 2.5 年生树叶和树根营养元素含量变化规律为 B > Zn > Cu。马尾松不同林龄各器官的 Cu、Zn、B 含量差异较大，2.5 年生马尾松 Cu 含量和 8.5 年生 B 含量大小顺序均为树叶>树枝>树干>树根，马尾松不同林龄各器官 Zn 含量大小顺序均为树叶>树枝>树根>树干，2.5 年生马尾松 B 含量大小顺序为树叶>树根>树枝>树干，8.5 年生马尾松 Cu 含量大小顺序为树叶>树干>树根>树枝。各器官 B 含量和树叶 Zn 含量的大小顺序均为 2.5 年> 8.5 年，其余各器官的 Cu、Zn 含量大小顺序则反之。可见，不同林龄马尾松幼林的 Cu、Zn、B 含量均以树叶为最高。

2. 营养元素的累积与分配

从表 4-3 可知，马尾松人工幼林林分营养元素积累总量随林龄增长而增大，2.5 年生和 8.5 年生马尾松 10 种营养元素积累总量分别为 180.69 g/ 株、617.46 g/ 株。2.5 年生马尾松营养元素积累总量大小顺序依次为 N > Ca > K > P > Mg > Mn > Fe > Zn > B > Cu，8.5 年生马尾松营养元素积累总量大小顺序依次为 N > Ca > K > Mg > P > Fe > Mn > Zn > B > Cu。可见，2 种林龄马尾松幼林的营养元素积累量不一致，但是均以 N、Ca、K 含量最高，分别占营养元素总含量的 45.86%、23.73%、20.84%；Zn、B、Cu 含量最低，分别占营养元素总量的 0.09%、0.09%、0.02%。

由表 4-3 可知，2.5 年生和 8.5 年生马尾松幼林树体生物总量分别为 9.47 kg/ 株、52.67 kg/ 株，各器官生物量占植株总生物量的比例按大小顺序分别为树枝（36.64%）>树叶（29.88%）>树干（25.24%）>树根（8.24%）、树干（47.10%）>树枝（29.20%）>树根（12.38%）>树叶（11.32%）。由于不同林龄阶段马尾松幼林各器官的生物量不同，各器官营养元素含量差别又比较大，因此，不同林龄阶段各器官营养元素积累量及其分配存在较大差异性。2.5 年生马尾松各器官营养元素总积累量占全株营养元素总积累量的比例大小顺序为树叶（55.04%）>树枝（25.61%）>树干（11.87%）>树根（7.48%）；而 8.5 年生马尾松各器官营养元素总积累量占全株营养元素总积累量的比例大小顺序为树干（32.52%）>树枝（28.29%）>树叶（27.57%）>树根（11.63%）。可见，2.5 年生马尾松林木营养元素积累量主要集中在树叶和树枝，随着林龄增长和林木生长，树干、树枝和枝根不仅积累量增加，且所占总积累量的比例也增大，而树枝和树叶只是绝对积累量增加，但占总积累量的比例下降。马尾松幼林营养元素的分配与各器官的生物量不成正比例关系。

表 4-3　不同林龄马尾松人工林营养元素积累与分配

林龄（年）	器官	生物量（kg/ 株）	营养元素（g/ 株）										
			N	P	K	Ca	Mg	Fe	Mn	Cu（$\times10^{-3}$）	Zn（$\times10^{-3}$）	B（$\times10^{-3}$）	合计
2.5	树叶	2.83	46.42	3.33	19.97	24.65	2.18	0.35	2.38	14.81	77.3	85.1	99.46
	树枝	3.47	19.54	2.02	9.83	12.05	1.70	0.33	0.69	12.86	56.04	44.94	46.27
	树干	2.39	11.21	0.93	3.66	4.30	0.61	0.42	0.26	7.00	23.25	22.13	21.44
	树根	0.78	5.70	0.64	4.19	1.88	0.34	0.65	0.09	2.09	10.62	14.93	13.52
	合计	9.47	82.87	6.92	37.65	42.88	4.83	1.75	3.42	36.76	167.21	167.10	180.69

续表

林龄（年）	器官	生物量（kg/株）	营养元素（g/株）										
			N	P	K	Ca	Mg	Fe	Mn	Cu（×10⁻³）	Zn（×10⁻³）	B（×10⁻³）	合计
8.5	树叶	5.96	99.39	5.06	25.82	32.13	4.97	0.68	1.79	88.13	157.09	127.20	170.21
	树枝	15.38	89.26	5.64	24.73	43.99	7.24	1.78	1.46	59.11	311.61	176.30	174.65
	树干	24.81	122.7	5.76	16.96	41.56	5.93	6.08	1.21	107.42	285.64	207.70	200.82
	树根	6.52	36.49	2.54	15.07	12.3	2.51	2.39	0.30	27.05	101.13	51.25	71.78
	合计	52.67	347.84	19.00	82.58	129.98	20.65	10.93	4.76	281.71	855.47	562.45	617.46

第二节　杉木人工林营养吸收及分配规律

一、调查区域概况

融安县西山林场：调查区域属中亚热带季风性气候，年平均气温为 19 ℃，最冷月（1 月）平均气温为 8. 5 ℃，最热月（7 月）平均气温为 27.8 ℃，年平均活动积温（≥ 10 ℃）6 069.8 ℃，年日照时数为 1 430.5 h，年降霜为 10.9 d，年降雪为 2 ～ 3 d。年平均降水量为 1 923. 8 mm，雨季多集中在 5 ～ 8 月，年蒸发量为 1 061.3 mm，年均相对湿度为 80%。

二、样地的选择与设置

先全面踏查区域，以保证选定样地的代表性，在融安县西山林场设置 1.5 年、4.5 年、5.5 年、7 年生杉木标准地，同一林龄级设置 3 个重复，每个调查样地面积为 400 m^2（20 m × 20 m）。

三、样地调查方法

（一）每木检尺

测定每个调查样地内各树木的胸径和树高。

（二）标准木地上生物量测定

根据上述得出的平均胸径和树高，每个调查样地选择 1 株标准木，然后伐倒，按树干、树枝和树叶称鲜重，然后采用 Monsic 分层切割法，每 2 m 为一个区分段，分别取样带回室内，并分器官取样，称其鲜重，带回室内，在 70 ℃烘箱中烘至恒重后称重，计算标准木各器官生物量干重。

（三）标准木地下生物量测定

以标准木根桩为中心，挖掘出所有或部分根系和根桩，带回室内，洗净泥土，称重。各级根系分别取少量样品，在 70 ℃烘箱中烘至恒重后称重，计算标准木根系生物量干重。不同林龄杉木林分特征见表 4-4。

表 4-4 杉木林分特征

林龄（年）	平均胸径 / 地径（cm）	平均树高（m）	林分生物量（kg/ 株）				
			树叶	树枝	树干	树根	合计
1.5	4.02	3.26	1.77	1.14	1.63	0.90	5.45
4.5	11.79	9.25	3.82	2.98	15.73	2.99	25.53
5.5	13.69	10.12	6.58	3.96	18.36	6.38	35.28
7.0	13.80	10.92	7.37	5.50	26.70	5.99	45.56

四、取样及样品处理方法

对于植物样品，按比例分不同器官取样，带回室内，用于测定含水率及其主要养分含量，同时根据各器官生物量计算其养分总量。

五、植株养分含量测定方法

所有数据分析测定方法参照林业行业标准：全 N 采用凯氏法测定；全 K、Ca、Mg、Cu、Zn、Fe、Mn 采用硝酸 - 高氯酸消煮，原子吸收分光光度法测定；全 P 采用硝酸 - 高氯酸消煮，钼锑抗比色法测定；全 B 采用干灰化 - 甲亚胺比色法测定。

六、研究方法

根据不同林龄杉木各器官营养元素含量和生物量计算出杉木营养元素累积量。营养元素的年净累积量即年存留量为植物体内营养元素累积的速率。

七、杉木各器官营养元素含量

由于杉木各器官的结构和功能不同，相同器官不同林龄杉木的营养元素含量相差很大，见表 4-5。不同林龄杉木均以树叶营养元素含量最高，达到 35.38 ～ 51.94 g/kg，而树干营养元素含量最低，仅为 7.84 ～ 9.06 g/kg。树叶作为同化器官，生长周期短，是有机物质合成的场所，也是代谢最活跃的器官，因此需要较多的营养元素来满足其生长和代谢的要求。树干则以木质为主，其生理功能最弱，大多数养分已被消耗或转移，因而营养元素含量最低。不同林龄杉木不同器官营养元素总含量大小顺序大致为树叶＞树枝＞树根＞树干。

不同林龄杉木各器官营养元素总含量大小顺序各不相同，其中各器官 N、K、Ca 营养元素总含量最高，Zn、Cu、B 营养元素总含量最低。不同林龄杉木的树叶营养元素以 N 含量最高，树枝以 K 或 Ca 含量最高，树干以 N 或 Ca 含量最高，而树根以 K、Ca 或 N 含量最高；各器官营养元素均以 Cu 或 B 含量最低，仅为 0.58 ～ 40.05 mg/kg。

表 4-5　杉木各器官营养元素含量

林龄（年）	器官	营养元素（g/kg）										
		N	P	K	Ca	Mg	Fe	Mn	Cu（$\times 10^{-3}$）	Zn（$\times 10^{-3}$）	B（$\times 10^{-3}$）	合计
1.5	树叶	16.40	2.87	13.93	13.44	1.02	0.29	0.87	14.79	11.09	4.81	48.86
	树枝	4.88	1.27	6.84	6.35	0.67	0.28	0.20	14.08	3.59	1.17	20.52
	树干	2.65	0.67	2.39	2.44	0.23	0.56	0.11	8.64	2.78	1.91	9.06
	树根	2.82	0.80	4.10	1.87	0.44	4.10	0.10	7.43	13.93	40.05	14.29
	合计	26.75	5.61	27.27	24.10	2.36	5.23	1.27	44.94	31.39	47.94	92.73
4.5	树叶	19.71	2.41	14.30	13.65	1.07	0.29	0.47	6.53	28.61	12.24	51.94
	树枝	6.08	1.50	8.03	8.25	0.75	0.49	0.14	4.58	14.89	2.36	25.26
	树干	2.43	0.51	1.91	2.04	0.08	0.87	0.06	0.58	2.82	2.21	7.91
	树根	4.07	1.03	5.59	4.85	0.71	2.84	0.11	4.84	75.70	29.92	19.31
	合计	32.29	5.45	29.83	28.79	2.61	4.49	0.78	16.53	122.02	46.73	104.42
5.5	树叶	13.91	1.03	4.52	12.55	1.63	0.36	1.32	9.04	40.47	7.09	35.38
	树枝	4.62	0.50	2.89	5.29	0.86	0.42	0.36	1.87	7.58	3.28	14.94
	树干	2.07	0.44	2.10	2.63	0.26	0.25	0.11	1.88	23.41	1.59	7.89
	树根	1.96	0.56	1.89	3.22	0.43	1.65	0.13	3.60	14.87	16.23	9.87
	合计	22.56	2.52	11.40	23.69	3.18	2.68	1.92	16.39	86.33	28.19	68.08
7.0	树叶	20.92	1.67	11.06	5.31	0.76	0.15	3.76	4.71	7.31	9.91	43.65
	树枝	5.93	1.02	6.44	4.33	0.62	0.13	0.31	6.34	18.32	3.41	18.80
	树干	2.70	0.61	1.78	2.20	0.21	0.23	0.09	2.95	13.98	2.23	7.84
	树根	4.40	0.90	4.05	3.46	0.43	2.58	0.14	6.15	31.25	28.80	16.03
	合计	33.95	4.20	23.34	15.29	2.01	3.09	4.30	20.15	70.86	44.35	86.32

八、不同林龄杉木营养元素含量变化规律

不同林龄杉木各器官营养元素含量变化情况如图 4-5 所示。不同林龄杉木树叶、树枝和树根营养元素含量变化范围分别为 35.38 ～ 51.94 g/kg、14.94 ～ 25.26 g/kg 和 9.87 ～ 19.31 g/kg，且均随林龄的增加呈先升高后降低再升高的变化趋势。不同林龄杉木树干营养元素含量的变化范围为 7.84 ～ 9.06 g/kg，且随林龄的增加呈缓慢降低的变化趋势，变化幅度较小。

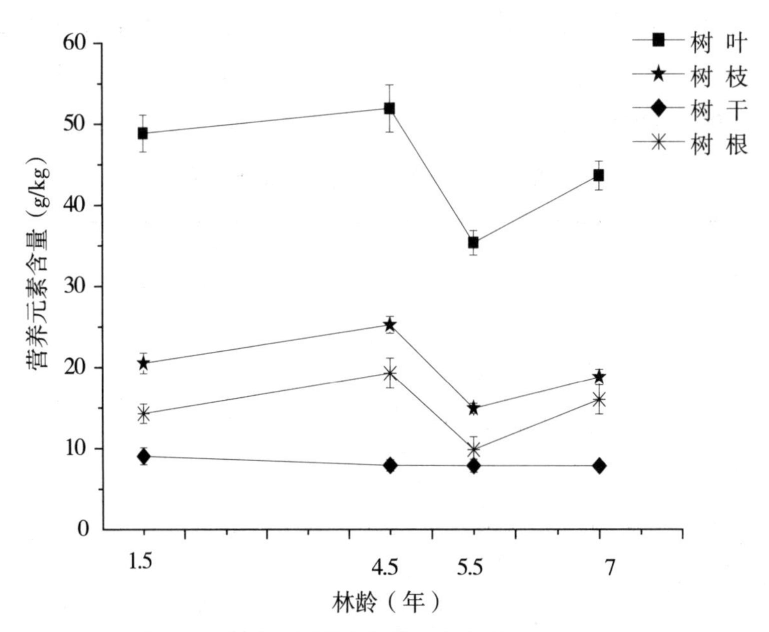

图 4-5　杉木不同器官营养元素含量

从图 4-6 中可以看出，不同林龄杉木各器官 N、P 和 K 总含量的变化范围分别为 22.56 ～ 33.95 g/kg、2.52 ～ 5.61 g/kg 和 11.40 ～ 29.83 g/kg，且均随着林龄的增加呈先升高后降低再升高的变化趋势，但杉木各器官 P 总含量变化幅度较小。

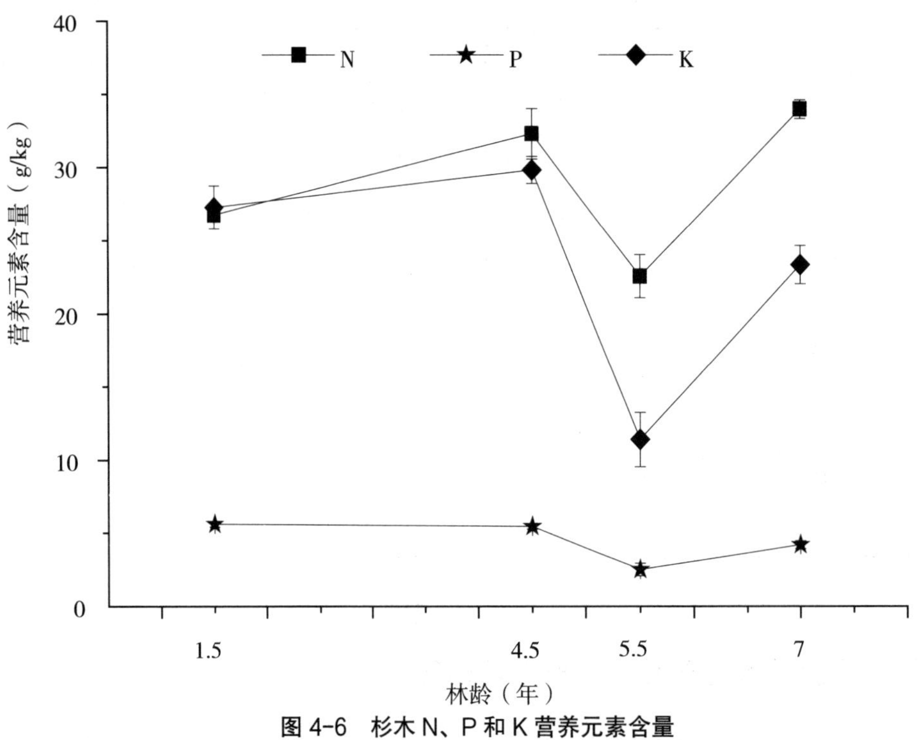

图 4-6　杉木 N、P 和 K 营养元素含量

不同林龄杉木各器官 Ca、Mg、Fe 和 Mn 营养元素含量变化情况见图 4-7。从图中可以看出，杉木各器官 Ca 和 Mg 总含量随林龄的增加均表现出先升高后降低的变化趋势，但分别在第 4.5 年和第 5.5 年出现最大值，其值分别为 28.79 g/kg 和 3.18 g/kg；杉木各器官 Fe 和 Mn 总含量随林龄的变化趋势与

Ca 和 Mg 则相反，其最低值分别出现在 5.5 年和 4.5 年，其值分别为 2.68 g/kg 和 0.78 g/kg。

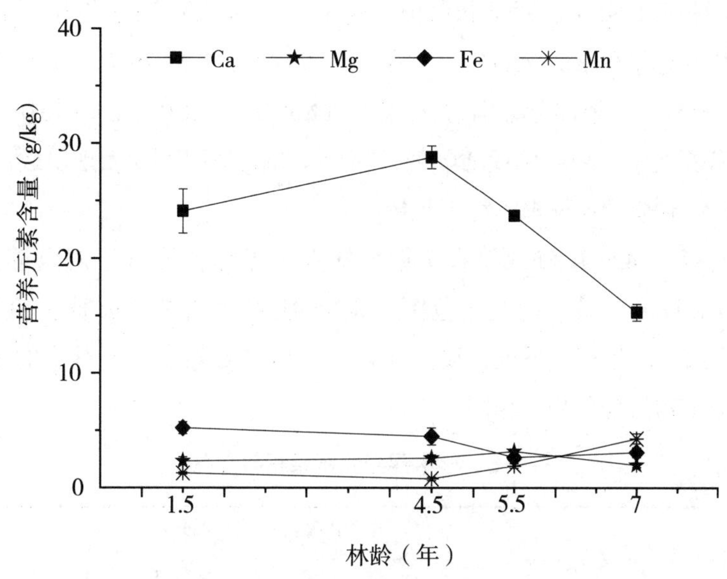

图 4-7　杉木人工林 Ca、Mg、Fe 和 Mn 营养元素含量

从图 4-8 中可以看出，不同林龄杉木各器官 Cu 和 B 总含量变化范围分别为 16.39 ～ 44.94 mg/kg 和 28.19 ～ 47.94 mg/kg，变化趋势均随林龄的增加先降低后升高，均在第 5.5 年达到最低值。但不同林龄杉木各器官 Zn 总含量随林龄的变化趋势则相反，最高值出现在第 4.5 年（122.02 mg/kg）。

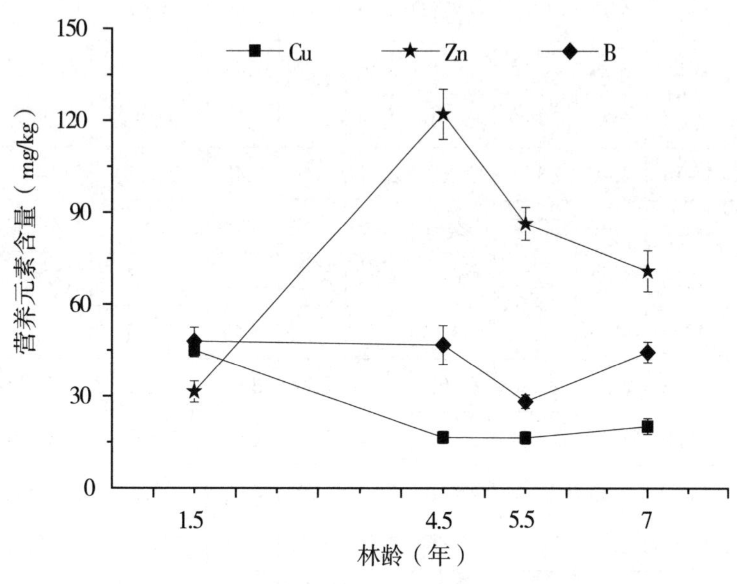

图 4-8　杉木 Cu、Zn 和 B 营养元素含量

九、杉木营养元素的累积与分配

根据不同林龄杉木各器官营养元素含量和生物量可计算出杉木营养元素累积与分配状况，见表 4-6。由于不同林龄杉木各器官营养元素含量相差很大，各器官生物量亦不同，因此，不同林龄杉木营养元素累积与分配状况差别较大。1.5 年、4.5 年、5.5 年和 7 年生杉木营养元素累积量分别为 137.81 g/ 株、

455.87g/ 株、499.91 g/ 株和 730.40 g/ 株，随着林龄的增加而增大，其变化趋势与各器官生物量相同。如把杉木分为树冠（树枝和树叶）、树干和树根，则 1.5 年、4.5 年、5.5 年和 7 年生杉木树冠部分营养元素累积量分别占杉木总累积量的 79.94%、60.03%、58.43% 和 58.19%，树干部分分别占 10.73%、27.28%、28.96% 和 28.66%，树根部分分别占 9.33%、12.68%、12.61% 和 13.15%。可见，随着杉木林龄的增加，杉木树冠营养元素累积比例逐渐降低，而树干和树根则基本表现出逐渐增加的变化趋势，说明树冠的营养逐渐转移到树干和树根，特别是树干。

从表 4-6 可知，1.5 年、4.5 年、5.5 年和 7 年生杉木人工林各器官不同营养元素累积量差异较大，其中以 N、K 和 Ca 较多，累积量变化范围分别为 41.55 ～ 285.21 g/ 株、40.14 ～ 188.70 g/ 株和 36.78 ～ 172.4 g/ 株，而 Cu 的累积量最低，仅为 0.063 ～ 0.185 g/ 株。随着林木的生长，不同营养元素累积量均逐渐增加，与生物量变化趋势相同。

表 4-6 杉木营养元素累积与分配

林龄（年）	器官	生物量（kg/ 株）	营养元素（g/ 株）										
			N	P	K	Ca	Mg	Fe	Mn	Cu（$\times10^{-3}$）	Zn（$\times10^{-3}$）	B（$\times10^{-3}$）	合计
1.5	树叶	1.77	29.11	5.09	24.73	23.86	1.81	0.51	1.54	26.25	19.68	8.54	86.71
	树枝	1.14	5.58	1.45	7.82	7.26	0.77	0.32	0.23	16.10	4.11	1.34	23.45
	树干	1.63	4.32	1.09	3.90	3.98	0.38	0.91	0.18	14.10	4.54	3.12	14.79
	树根	0.90	2.54	0.72	3.69	1.68	0.40	3.69	0.09	6.68	12.53	36.03	12.86
	合计	5.44	41.55	8.36	40.14	36.78	3.35	5.44	2.04	63.14	40.86	49.02	137.81
4.5	树叶	3.82	75.24	9.20	54.59	52.11	4.08	1.11	1.79	24.93	109.22	46.73	198.31
	树枝	2.98	18.14	4.48	23.96	24.61	2.24	1.46	0.42	13.66	44.42	7.04	75.37
	树干	15.73	38.23	8.02	30.05	32.10	1.26	13.69	0.94	9.13	44.37	34.77	124.38
	树根	2.99	12.18	3.08	16.73	14.52	2.13	8.50	0.33	14.49	226.61	89.57	57.81
	合计	25.52	143.80	24.78	125.33	123.34	9.71	24.76	3.49	62.21	424.63	178.11	455.87
5.5	树叶	6.58	91.58	6.78	29.76	82.63	10.73	2.37	8.69	59.52	266.46	46.68	232.92
	树枝	3.96	18.28	1.98	11.44	20.93	3.40	1.66	1.42	7.40	30.00	12.98	59.17
	树干	18.36	38.00	8.08	38.55	48.28	4.77	4.59	2.02	34.51	429.73	29.19	144.78
	树根	6.38	12.51	3.57	12.07	20.56	2.75	10.53	0.83	22.98	94.93	103.61	63.04
	合计	35.28	160.38	20.41	91.81	172.40	21.65	19.15	12.96	124.41	821.11	192.46	499.91
7.0	树叶	7.37	154.15	12.31	81.49	39.13	5.60	1.11	27.71	34.71	53.86	73.02	321.65
	树枝	5.50	32.60	5.61	35.40	23.80	3.41	0.71	1.70	34.85	100.71	18.75	103.39
	树干	26.70	72.10	16.29	47.53	58.75	5.61	6.14	2.40	78.78	373.32	59.55	209.34
	树根	5.99	26.36	5.39	24.27	20.73	2.58	15.46	0.84	36.85	187.24	172.56	96.03
	合计	45.56	285.21	39.59	188.70	142.41	17.19	23.42	32.65	185.18	715.14	323.88	730.40

十、杉木营养元素年净积累量

营养元素的年净累积量即年存留量为植物体内营养元素累积的速率，依赖于林分生物量的增长量及营养元素的含量。1.5 ～ 7 年生杉木营养元素年净累积量在 90.89 ～ 104.34 g/（株·年）变动，随着林龄的增加呈先升高后降低再升高的变化趋势，但变化幅度较小。

随着林木的生长，杉木不同器官营养元素年净累积量表现出不同的变化趋势（表 4-7）。不同林龄杉木树叶和树干营养元素年净累积量变化范围分别为 42.35 ～ 57.80 g/（株·年）和 9.85 ～ 29.90 g/（株·年），树叶营养元素年净累积量随林龄的增加先急剧下降后保持在一个较稳定的水平，而树干的变化趋势则相反。不同林龄杉木树枝和树根营养元素年净累积量分别在 10.76 ～ 16.75 g/（株·年）和 8.58 ～ 13.72 g/（株·年）变动，其值随林龄的增加呈先升高后降低再升高的变化趋势，但变化幅度均较小。从图 4-9 可以看出，不同器官营养元素年净累积量相比，均以树叶最高，但随林龄的增加树干所占的优势越来越明显。

表 4-7　杉木营养元素年净累积量

林龄（年）	器官	生物量（kg/株）	营养元素［g/（株·年）］										
			N	P	K	Ca	Mg	Fe	Mn	Cu（$\times10^{-3}$）	Zn（$\times10^{-3}$）	B（$\times10^{-3}$）	合计
1.5	树叶	1.77	19.41	3.39	16.49	15.91	1.21	0.34	1.03	17.50	13.12	5.69	57.80
	树枝	1.14	3.72	0.97	5.21	4.84	0.51	0.21	0.15	10.73	2.74	0.89	15.63
	树干	1.63	2.88	0.73	2.60	2.65	0.25	0.61	0.12	9.40	3.03	2.08	9.85
	树根	0.90	1.69	0.48	2.46	1.12	0.27	2.46	0.06	4.45	8.35	24.02	8.58
	合计	5.45	27.70	5.57	26.76	24.52	2.24	3.62	1.36	42.09	27.24	32.69	91.87
4.5	树叶	3.82	16.72	2.04	12.13	11.58	0.91	0.25	0.40	5.54	24.27	10.38	44.07
	树枝	2.98	4.03	1.00	5.32	5.47	0.50	0.32	0.09	3.04	9.87	1.56	16.75
	树干	15.73	8.50	1.78	6.68	7.13	0.28	3.04	0.21	2.03	9.86	7.73	27.64
	树根	2.99	2.71	0.68	3.72	3.23	0.47	1.89	0.07	3.22	50.36	19.90	12.84
	合计	25.53	31.95	5.51	27.85	27.41	2.16	5.50	0.77	13.82	94.36	39.58	101.30
5.5	树叶	6.58	16.65	1.23	5.41	15.02	1.95	0.43	1.58	10.82	48.45	8.49	42.35
	树枝	3.96	3.32	0.36	2.08	3.81	0.62	0.30	0.26	1.35	5.45	2.36	10.76
	树干	18.36	6.91	1.47	7.01	8.78	0.87	0.83	0.37	6.27	78.13	5.31	26.32
	树根	6.38	2.27	0.65	2.19	3.74	0.50	1.91	0.15	4.18	17.26	18.84	11.46
	合计	35.28	29.16	3.71	16.69	31.35	3.94	3.48	2.36	22.62	149.29	34.99	90.89
7.0	树叶	7.37	22.02	1.76	11.64	5.59	0.80	0.16	3.96	4.96	7.69	10.43	45.95
	树枝	5.50	4.66	0.80	5.06	3.40	0.49	0.10	0.24	4.98	14.39	2.68	14.77
	树干	26.70	10.30	2.33	6.79	8.39	0.80	0.88	0.34	11.25	53.33	8.51	29.90
	树根	5.99	3.77	0.77	3.47	2.96	0.37	2.21	0.12	5.26	26.75	24.65	13.72
	合计	45.56	40.74	5.66	26.96	20.34	2.46	3.35	4.66	26.46	102.16	46.27	104.34

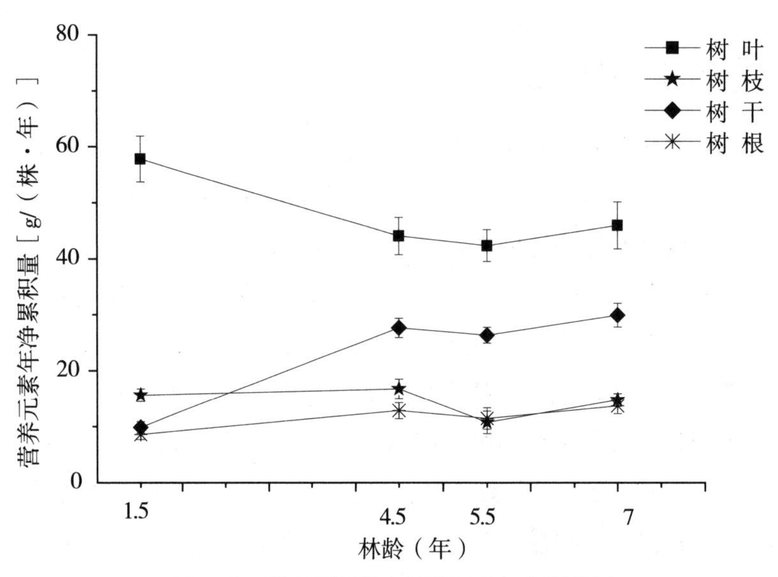

图 4-9 杉木不同器官营养元素年净累积量

杉木不同营养元素年净累积量随林龄变化情况如图 4-10 至图 4-12 所示。1.5 年～ 7 年生的杉木各器官 N、K 和 Mg 的年净累积量的变化范围分别为 27.70 ～ 40.74 g/（株·年）、16.69 ～ 27.85 g/（株·年）和 2.16 ～ 3.94 g/（株·年），N 和 K 的年净累积量随林龄的增加表现出先升后降再升的变化趋势，而 Mg 的年净累积量变化趋势则相反；Ca、Fe 和 Zn 的年净累积量的变化范围分别为 20.34 ～ 31.35 g/（株·年）、3.35 ～ 5.50 g/（株·年）和 27.24 ～ 149.29 mg/（株·年），均随林龄的增加呈先升高后降低的变化趋势，达到最大值林龄分别为 5.5 年、4.5 年和 5.5 年；Mn 和 Cu 的年净累积量变化范围分别为 0.77 ～ 4.66 g/（株·年）和 13.82 ～ 42.09 mg/（株·年），均随林龄的增加表现出先降低后升高的变化趋势，并均在第 4.5 年达到最小值。

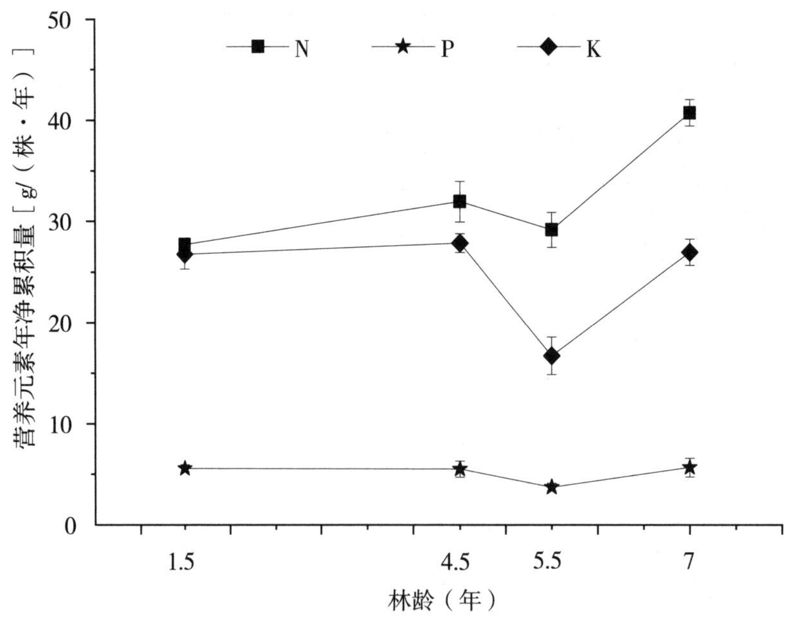

图 4-10 杉木 N、P 和 K 营养元素年净累积量

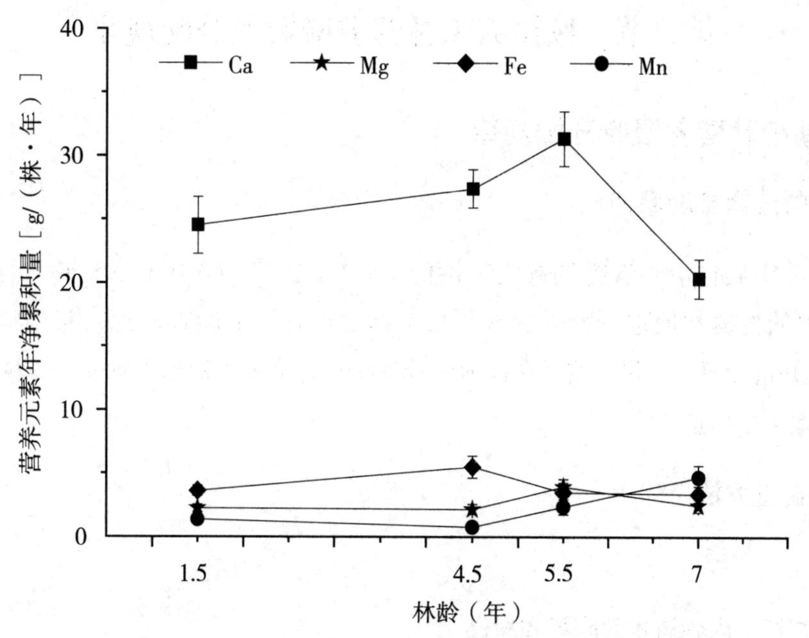

图 4-11 杉木 Ca、Mg、Fe 和 Mn 营养元素年净累积量

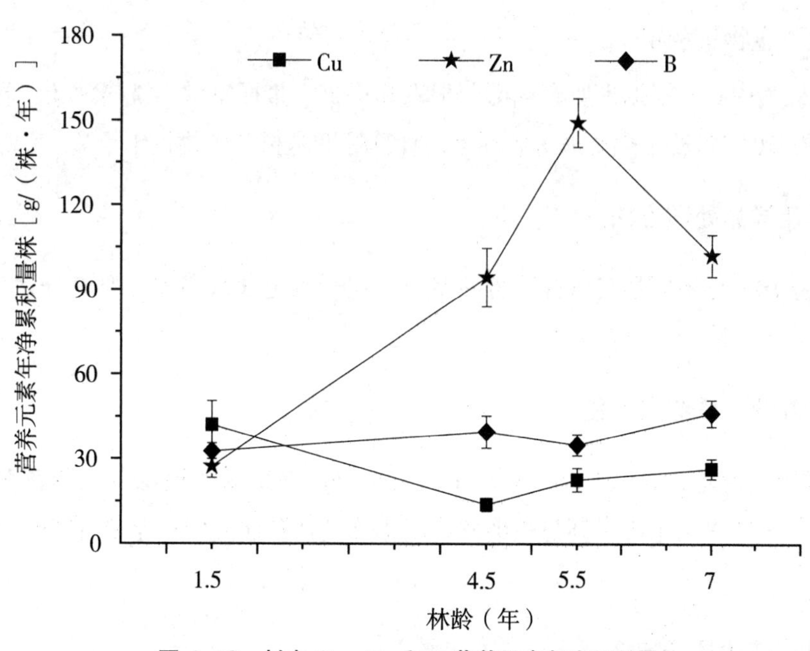

图 4-12 杉木 Cu、Zn 和 B 营养元素年净累积量

第三节　桉树人工林营养吸收及分配规律

一、桉树新植林营养吸收分配规律

（一）样地的选择与设置

在广西环江毛南族自治县选择具有代表性的1.5年、2年、3.5年和5.5年生的桉树林地和在东门镇选择15年生的桉树林地进行野外调查。每个林龄设置3个调查样地，每个样地面积为400 m^2（20 m × 20 m），并进行每木检尺。然后在样地内选择1株标准木（根据平均胸径、树高和冠幅选择），测定植株地上和地下生物量。

（二）样地调查方法

1. 每木检尺

测定每个调查样地内各树木的胸径和树高。

2. 标准木地上生物量测定

根据上述方法测量平均胸径和树高，每个调查样地选择1株标准木，伐倒后按树干、树枝和树叶称鲜重，然后采用Monsic分层切割法，每2 m为一区分段，并分别按器官取样，称其鲜重，带回室内，在70 ℃烘箱中烘至恒重后称重，计算标准木各器官生物量干重。

3. 标准木地下生物量测定

以标准木根桩为中心，挖掘出所有或部分根系和根桩，带回室内，洗净泥土，称重。各级根系分别取少量样品，在70 ℃烘箱中烘至恒重后称重，计算标准木根系生物量干重。

（三）取样及样品处理方法

对植物样品按比例分不同器官取样，带回室内，用于测定含水率和主要养分含量，同时根据各器官生物量计算其养分总量。

（四）植株养分含量测定方法

全N采用凯氏法测定；全K、Ca、Mg、Cu、Zn、Fe、Mn采用硝酸－高氯酸消煮，用原子吸收分光光度法测定；全P采用硝酸－高氯酸消煮，用钼锑抗比色法测定；全B采用干灰化－甲亚胺比色法测定。

（五）桉树新植林林分特征

对选定的1.5年、3.5年、5.5年和15年生桉树新植林进行调查研究，结果见表4-8。

表 4-8　桉树新植林林分特征

林龄（年）	密度（株 /hm²）	平均胸径（cm）	平均树高（m）	林分生物量（t/hm²）					
				树叶	树枝	树干	树皮	树根	合计
1.5	1 250	8.4	11.9	3.51	4.70	14.29	2.19	6.47	31.15
3.5	1 250	12.2	17.7	5.05	10.86	48.36	6.45	15.01	85.73
5.5	1 250	14.4	18.8	4.65	13.95	71.44	9.98	24.13	124.15
15	1 250	17.2	30.8	4.17	7.71	270.21	13.10	33.58	328.78

根据表 4-8 和图 4-13、图 4-14 可知，前 9 年，随着桉树林龄的增加，树根、树干和树皮的生物量不断增加，树干增加量最大；树叶生物量前 3.5 年增加，后减少；树枝生物量前 5.5 年增加，后减少；而整个林分生物量是在逐渐加大。桉树是强阳性树种，自然整枝能力非常强，随着郁闭度的增加，枝下枝条逐渐干枯，最后只剩下顶梢长枝叶。这样有利于树高的增长和树干的形成，树干异常通直。

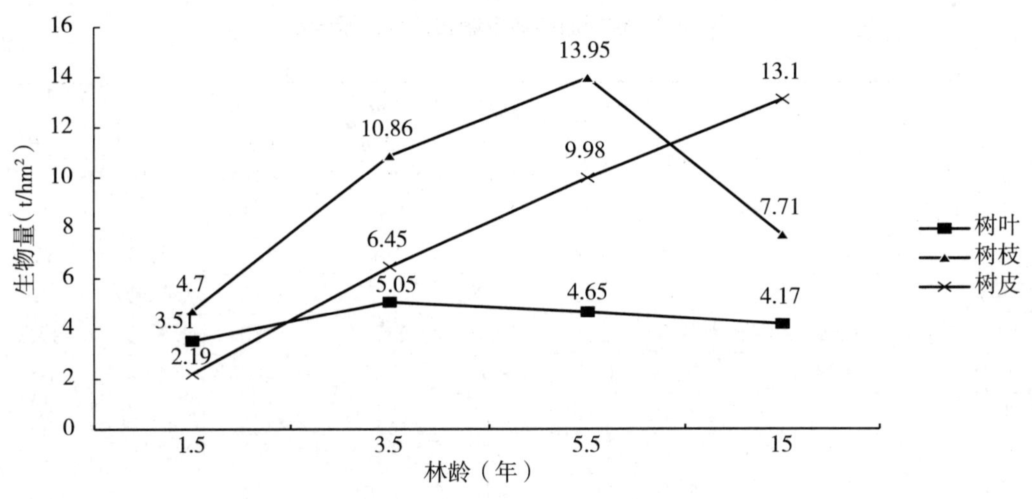

图 4-13　桉树树龄与树叶、树枝、树皮生物量关系

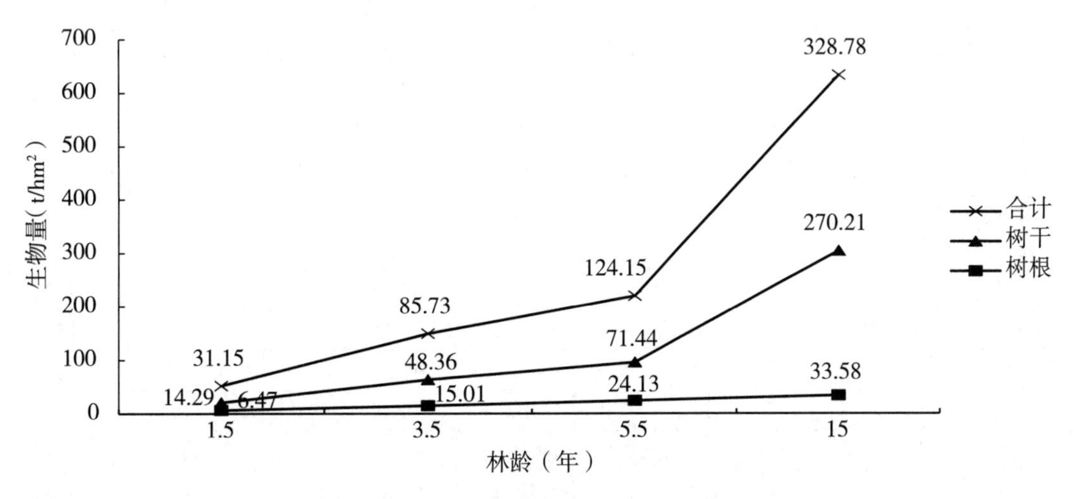

图 4-14　桉树树龄与树干、树根生物量关系

（六）桉树新植林各器官营养元素含量

由于桉树新植林各器官的结构和功能不同，相同器官在不同林龄桉树的营养元素含量相差很大，见表 4-9 所示。1.5 ～ 15 年生桉树叶片营养元素含量最高，为 23.36 ～ 33.70 g/kg，而树干营养元素含量最低，仅为 4.08 ～ 6.10 g/kg。树叶作为同化器官，生长周期短，是有机物质合成的场所，也是代谢最活跃的器官，因此需要较多的营养元素来满足其生长和代谢的需求。树干以木质为主，其生理功能最弱，大多数养分已被消耗或转移，因而营养元素含量最低。1.5 ～ 5.5 年生桉树新植林不同器官营养元素总含量按大小顺序排列大致为树叶＞树皮＞树枝＞树根＞树干，而 15 年生桉树树皮营养元素含量有所下降，其大小顺序排列为树叶＞树枝＞树根＞树皮＞树干。

不同林龄桉树新植林各器官营养元素含量按大小顺序排列大致为 N ＞ Ca ＞ K ＞ Mg ＞ P ＞ Fe、Mn ＞ B ＞ Zn ＞ Cu。不同林龄桉树的树叶、树根部位营养元素以 N 含量最高，而树枝、树干和树皮部位以 Ca 含量最高，各器官营养元素以 Cu 含量最低，仅为 0.50 ～ 7.50 mg/kg。不同林龄桉树不同器官的 Fe、Mn 含量大小顺序不同，树干、树根部位 Fe ＞ Mn，其他部位 Mn ＞ Fe。

表 4-9 桉树新植林各器官营养元素含量

林龄（年）	器官	营养元素（g/kg）										
		N	P	K	Ca	Mg	Fe（$\times 10^{-3}$）	Mn（$\times 10^{-3}$）	Cu（$\times 10^{-3}$）	Zn（$\times 10^{-3}$）	B（$\times 10^{-3}$）	合计
1.5	树叶	18.04	0.90	7.08	6.36	1.14	49.00	88.00	3.75	11.50	22.63	33.70
	树枝	3.78	0.50	2.64	6.26	0.59	34.78	48.18	2.73	6.04	7.15	13.86
	树干	2.51	0.15	1.79	1.29	0.29	31.75	8.25	1.75	1.50	3.75	6.07
	树皮	4.34	0.64	4.58	12.30	2.07	49.75	137.50	2.50	8.25	17.85	24.14
	树根	3.76	0.28	2.63	3.57	0.57	450.08	16.02	1.89	4.64	6.99	11.29
	合计	32.43	2.47	18.72	29.78	4.66	615.36	297.95	12.62	31.93	58.37	89.06
3.5	树叶	17.22	0.92	6.09	7.94	1.07	48.75	288.75	4.00	11.75	25.90	33.62
	树枝	3.10	0.29	2.35	5.73	0.48	29.11	97.84	4.64	15.91	7.40	12.11
	树干	2.14	0.12	1.07	2.36	0.36	36.75	13.75	1.50	0.75	3.73	6.10
	树皮	4.39	0.37	4.00	21.74	2.15	32.75	456.50	3.00	6.25	16.45	33.16
	树根	4.00	0.31	2.20	3.58	0.46	508.09	186.00	1.86	7.16	7.24	11.26
	合计	30.85	2.01	15.71	41.35	4.52	655.45	1 042.84	15.00	41.82	60.72	96.25
5.5	树叶	14.71	0.81	5.22	8.44	1.43	60.25	651.75	4.75	18.50	19.26	31.36
	树枝	3.30	0.29	1.92	3.10	0.30	68.84	223.13	5.06	13.82	6.47	9.23
	树干	1.98	0.09	0.64	2.86	0.29	35.25	24.75	0.50	2.50	1.87	5.93
	树皮	3.79	0.58	3.43	9.01	1.36	38.50	610.50	2.75	12.50	13.94	18.85
	树根	2.90	0.21	1.12	1.88	0.18	177.07	38.73	1.18	5.69	2.28	6.51
	合计	26.68	1.98	12.33	25.29	3.56	379.91	1 548.86	14.24	53.01	43.82	71.88
15	树叶	19.57	0.12	0.43	2.57	0.22	405.00	41.25	1.25	3.25	2.30	23.36
	树枝	3.46	0.25	2.00	9.87	0.86	48.50	352.00	7.50	6.75	5.89	16.86
	树干	1.79	0.07	0.07	1.93	0.14	60.25	11.00	1.25	1.75	0.43	4.08
	树皮	3.97	0.19	1.79	1.17	0.72	91.75	341.00	3.25	6.75	7.33	8.28
	树根	3.13	0.76	3.42	5.55	1.21	329.20	615.62	4.09	12.85	15.12	15.05
	合计	31.92	1.39	7.71	21.09	3.15	934.70	1 360.87	17.34	31.35	31.07	67.63

（七）不同林龄桉树新植林营养元素含量变化规律

不同林龄桉树新植林各器官营养元素含量变化情况如图 4-15 所示。1.5 ～ 15 年生桉树新植林树叶和树干部位营养元素含量均随着林龄的增加而降低。5.5 年生桉树新植林树枝和树根部位营养元素含量达到最低值，分别为 9.23 g/kg 和 5.93 g/kg，随着林龄的增加呈先降低后升高的变化趋势。3.5 年生桉树新植林树皮营养元素含量最高（33.16 g/kg），其含量随林龄的增加呈现升高后降低的变化趋势。

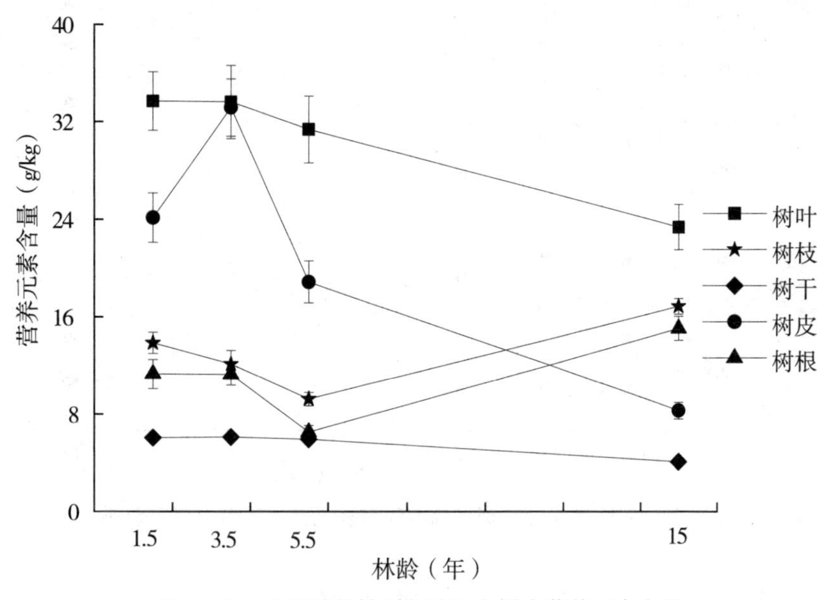

图 4-15　不同林龄桉树新植林各器官营养元素含量

从图 4-16 中可以看出，1.5 ～ 15 年生桉树新植林 P、K、Mg 含量分别为 1.39 ～ 2.47 g/kg、7.71 ～ 18.72 g/kg、3.15 ～ 4.66 g/kg，均随着林龄的增加而降低。桉树新植林 N 含量随着林龄的增加呈先降低后升高的变化趋势，5.5 年生桉树新植林 N 含量达到最低值，为 26.68 g/kg。桉树新植林 Ca 含量与 N 含量变化趋势相反，3.5 年生桉树新植林 Ca 含量达到最高值，为 41.35 g/kg。

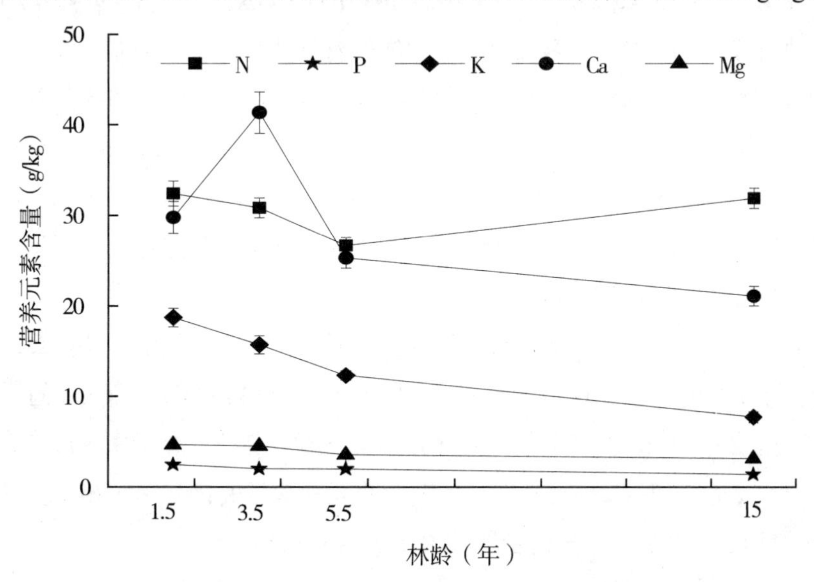

图 4-16　不同林龄桉树新植林不同营养元素（大中量元素）含量

桉树微量元素随林龄的变化趋势如图 4-17 所示。1.5 ～ 15 年生桉树新植林 Fe、Cu 含量变化范围分别为 379.91 ～ 934.70 g/kg、12.62 ～ 17.34 g/kg，两者变化趋势相似，均随林龄的增加先升高后降低再增高。1.5 ～ 15 年生桉树新植林各器官 Mn、Zn、B 含量均随林龄的增加先升高后降低，并分别在 5.5 年、5.5 年、3.5 年出现最高值，分别达到 1 548.86 g/kg、53.01 g/kg、60.72 g/kg。

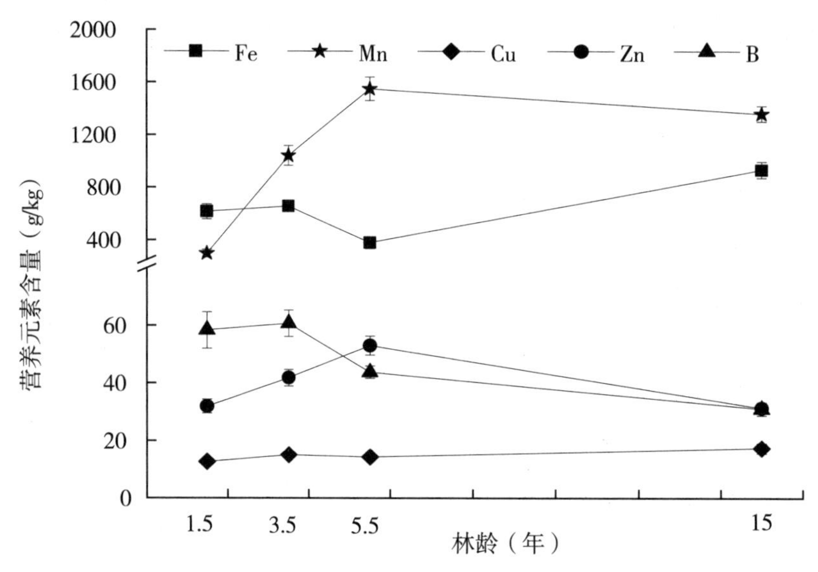

图 4-17　不同林龄桉树新植林不同营养元素（微量元素）含量

（八）桉树新植林营养元素的累积与分配

根据不同林龄桉树新植林各器官营养元素含量和生物量可计算出桉树新植林营养元素累积与分配状况，见表 4-10。由于不同林龄桉树新植林各器官营养元素含量相差很大，各器官生物量亦不同，因此，不同林龄桉树新植林营养元素累积与分配状况差别较大。1.5 年、3.5 年、5.5 年和 15 年生桉树新植林营养元素累积量分别为 395.86 kg/hm^2、979.45 kg/hm^2、1 043.11 kg/hm^2 和 1 944.57 kg/hm^2，随着林龄的增加而增大，其变化趋势与各器官生物量相同。如把桉树新植林木分为树冠（树枝和树叶）、树干（树干和树皮）和树根，则 1.5 年、3.5 年、5.5 年和 15 年生桉树新植林木树冠部分营养元素累积量分别占桉树新植林木营养元素总累计量的 46.31%、30.77%、26.32% 和 11.69%，树干部分分别占 35.25%、51.57%、58.63% 和 62.31%，根系部分分别占 18.44%、17.35%、15.05%、26.00%。可见，随着桉树林龄的增加，桉树新植林木树冠营养元素累积比例逐渐降低，而树干变化趋势则相反，树根呈先降低后增加的变化趋势，说明树冠的营养逐渐转移到树干。

从表 4-10 可知，1.5 ～ 3.5 年生桉树新植林各器官不同营养元素累积量差异较大，以 Ca 和 N 较多，累积量变化范围分别为 120.11 ～ 810.36 kg/hm^2、150.68 ～ 749.14 kg/hm^2，而 Cu 的累积量最低，仅为 0.069 ～ 0.581 kg/hm^2。桉树新植林各器官不同营养元素累积量按大小顺序排列大致为 Ca、N ＞ K ＞ Mg ＞ P ＞ Fe、Mn ＞ Zn、B ＞ Cu，与各器官不同营养元素含量的排列顺序相似。随着林木的生长，不同营养元素累积量均逐渐增加，与桉树新植林木生物量变化趋势相同。

表 4-10　桉树新植林营养元素累积与分配

林龄（年）	器官	生物量（t/hm²）	营养元素（kg/hm²）										
			N	P	K	Ca	Mg	Fe	Mn	Cu	Zn	B	合计
1.5	树叶	3.51	63.26	3.15	24.82	22.32	4.01	0.172	0.309	0.013	0.040	0.079	118.18
	树枝	4.70	17.75	2.34	12.40	29.40	2.79	0.163	0.226	0.013	0.028	0.034	65.15
	树干	14.29	35.87	2.16	25.55	18.39	4.09	0.454	0.118	0.025	0.021	0.054	86.73
	树皮	2.19	9.49	1.40	10.01	26.89	4.54	0.109	0.301	0.005	0.018	0.039	52.80
	树根	6.47	24.30	1.82	17.02	23.11	3.66	2.911	0.104	0.012	0.030	0.045	73.01
	合计	31.16	150.68	10.86	89.80	120.11	19.09	3.808	1.057	0.069	0.138	0.251	395.87
3.5	树叶	5.05	87.02	4.64	30.76	40.11	5.42	0.246	1.459	0.020	0.059	0.131	169.87
	树枝	10.86	33.69	3.18	25.52	62.21	5.22	0.316	1.062	0.050	0.173	0.080	131.50
	树干	48.36	103.49	5.56	51.89	114.13	17.31	1.777	0.665	0.073	0.036	0.180	295.12
	树皮	6.45	28.33	2.41	25.84	140.26	13.84	0.211	2.946	0.019	0.040	0.106	210.00
	树根	15.01	60.02	4.59	33.02	53.75	6.92	7.624	2.791	0.028	0.107	0.109	168.96
	合计	85.73	312.55	20.39	167.03	410.47	48.71	10.175	8.923	0.190	0.416	0.606	979.45
5.5	树叶	4.65	68.37	3.77	24.26	39.22	6.65	0.280	3.029	0.022	0.086	0.090	145.77
	树枝	13.95	46.10	4.05	26.78	43.23	4.16	0.960	3.113	0.071	0.193	0.090	128.75
	树干	71.44	141.45	6.64	46.01	204.31	20.43	2.518	1.768	0.036	0.179	0.134	423.48
	树皮	9.98	37.82	5.80	34.25	89.89	13.56	0.384	6.092	0.027	0.125	0.139	188.08
	树根	24.13	69.97	4.99	27.00	45.30	4.35	4.273	0.935	0.029	0.137	0.055	157.04
	合计	124.15	363.70	25.25	158.29	421.96	49.15	8.416	14.937	0.184	0.719	0.508	1 043.12
15	树叶	4.17	81.62	0.48	1.79	10.74	0.90	1.689	0.172	0.005	0.014	0.010	97.41
	树枝	7.71	26.68	1.94	15.43	76.07	6.61	0.374	2.714	0.058	0.052	0.045	129.98
	树干	270.21	483.68	19.46	19.46	521.78	38.64	16.280	2.972	0.338	0.473	0.116	1 103.20
	树皮	13.10	52.01	2.45	23.42	15.26	9.37	1.202	4.467	0.043	0.088	0.096	108.41
	树根	33.58	105.14	25.58	114.82	186.51	40.71	11.055	20.673	0.137	0.431	0.508	505.57
	合计	328.77	749.14	49.90	174.92	810.36	96.23	30.601	30.999	0.581	1.058	0.775	1 944.56

（九）桉树新植林营养元素年净积累量

营养元素的年净累积量即年存留量为植物体内营养元素累积的速率，可根据林分生物量的增长量及营养元素的含量对其进行计算。由表 4-11 可知，1.5 ～ 15 年生桉树新植林木营养元素年净累积量在 129.64 ～ 279.84 kg/（hm²・年）之间变动，随着林龄的增加呈先升高后降低的变化趋势，3.5 年生桉树新植林木营养元素年净累积量达到最大值［279.84 kg/（hm²・年）］。

表 4-11 桉树新植林营养元素年净累积量

林龄（年）	器官	生物量 [t/(hm^2·年)]	营养元素 [kg/（hm^2·年）]										
			N	P	K	Ca	Mg	Fe	Mn	Cu	Zn	B	合计
1.5	树叶	2.34	42.18	2.10	16.55	14.88	2.67	0.115	0.206	0.009	0.027	0.053	78.78
	树枝	3.13	11.84	1.56	8.27	19.60	1.86	0.109	0.151	0.009	0.019	0.022	43.43
	树干	9.53	23.91	1.44	17.03	12.26	2.72	0.302	0.079	0.017	0.014	0.036	57.82
	树皮	1.46	6.33	0.93	6.67	17.93	3.02	0.073	0.200	0.004	0.012	0.026	35.20
	树根	4.31	16.20	1.21	11.35	15.41	2.44	1.940	0.069	0.008	0.020	0.030	48.67
	合计	20.77	100.45	7.24	59.87	80.07	12.72	2.539	0.705	0.046	0.092	0.167	263.90
3.5	树叶	1.44	24.86	1.33	8.79	11.46	1.55	0.070	0.417	0.006	0.017	0.037	48.53
	树枝	3.10	9.63	0.91	7.29	17.77	1.49	0.090	0.303	0.014	0.049	0.023	37.57
	树干	13.82	29.57	1.59	14.83	32.61	4.95	0.508	0.190	0.021	0.010	0.052	84.32
	树皮	1.84	8.09	0.69	7.38	40.08	3.95	0.060	0.842	0.006	0.012	0.030	61.14
	树根	4.29	17.15	1.31	9.44	15.36	1.98	2.178	0.797	0.008	0.031	0.031	48.27
	合计	24.49	89.30	5.83	47.72	117.28	13.92	2.907	2.549	0.054	0.119	0.173	279.83
5.5	树叶	0.85	12.43	0.69	4.41	7.13	1.21	0.051	0.551	0.004	0.016	0.016	26.50
	树枝	2.54	8.38	0.74	4.87	7.86	0.76	0.175	0.566	0.013	0.035	0.016	23.41
	树干	12.99	25.72	1.21	8.36	37.15	3.71	0.458	0.321	0.006	0.032	0.024	77.00
	树皮	1.81	6.88	1.05	6.23	16.34	2.47	0.070	1.108	0.005	0.023	0.025	34.20
	树根	4.39	12.72	0.91	4.91	8.24	0.79	0.777	0.170	0.005	0.025	0.010	28.55
	合计	22.58	66.13	4.59	28.78	76.72	8.94	1.530	2.716	0.034	0.131	0.092	189.66
15	树叶	0.28	5.44	0.03	0.12	0.72	0.06	0.113	0.011	0.000	0.001	0.001	6.49
	树枝	0.51	1.78	0.13	1.03	5.07	0.44	0.025	0.181	0.004	0.003	0.003	8.67
	树干	18.01	32.25	1.30	1.30	34.79	2.58	1.085	0.198	0.023	0.032	0.008	73.55
	树皮	0.87	3.47	0.16	1.56	1.02	0.62	0.080	0.298	0.003	0.006	0.006	7.23
	树根	2.24	7.01	1.71	7.65	12.43	2.71	0.737	1.378	0.009	0.029	0.034	33.70
	合计	21.91	49.94	3.33	11.66	54.02	6.42	2.040	2.067	0.039	0.071	0.052	129.64

随着林木的生长，桉树新植林木不同器官营养元素年净累积量表现出不同的变化趋势（表 4-11）。1.5 ～ 15 年生桉树新植林树叶和树枝营养元素年净累积量变化范围分别为 6.49 ～ 78.78 kg/（hm^2·年）、8.67 ～ 43.43 kg/（hm^2·年），均随林龄的增加逐渐降低。1.5 ～ 15 年生桉树新植林树干和树皮营养元素年净累积量分别在 57.82 ～ 84.32 kg/（hm^2·年）、7.23 ～ 61.14 kg/（hm^2·年）之间变动，均随林龄的增加先增高后降低，3.5 年生桉树新植林两者营养元素年净累积量均为最大值。1.5 年、3.5 年、5.5 年和 15 年生桉树新植林树根营养元素年净累积量分别为 48.67 kg/（hm^2·年）、48.27 kg/（hm^2·年）、28.55 kg/（hm^2·年）和 33.70 kg/（hm^2·年），随林龄的增加先降低后增高。从表 4-11 可知，不同器官营养元素年净累积量相对比，1.5 年生桉树以树叶最高，而 3.5 ～ 15 年生桉树则以树干占绝对优势，

并随林木的生长，其优势越明显。

桉树新植林木不同器官营养元素年净累积量随林龄变化情况如图 4-18 至图 4-20 所示。1.5 ～ 15 年生桉树新植林 N、P 和 K 年净累积量的变化范围分别为 49.94 ～ 100.45 kg/（hm^2·年）、3.33 ～ 7.24 kg/（hm^2·年）、11.66 ～ 59.87 kg/（hm^2·年），均随林龄的增加逐渐降低；而 Ca 和 Mg 年净累积量分别在 54.02 ～ 117.28 kg/（hm^2·年）、6.42 ～ 13.92 kg/（hm^2·年）之间变动，均随林龄的增加呈现先升高后降低的变化趋势，并均在 3.5 年达到最大值。1.5 ～ 15 年生桉树新植林 Fe 和 Cu 年净累积量的变化范围分别为 1.530 ～ 2.907 kg/（hm^2·年）和 0.034 ～ 0.054 kg/（hm^2·年），均随林龄的增加先升高后降低再升高；Mn 和 Zn 年净累积量的变化范围分别为 0.705 ～ 2.716 kg/（hm^2·年）和 0.071 ～ 0.131 kg/（hm^2·年），均随林龄的增加先升高后降低，并在 5.5 年达到最大值。1.5 年、3.5 年、5.5 年和 15 年生桉树新植林 B 年净累积量分别为 0.167 kg/（hm^2·年）、0.173 kg/（hm^2·年）、0.092 kg/（hm^2·年）和 0.052 kg/（hm^2·年），随林龄的增加先降低后升高，在 3.5 年达到最大值。

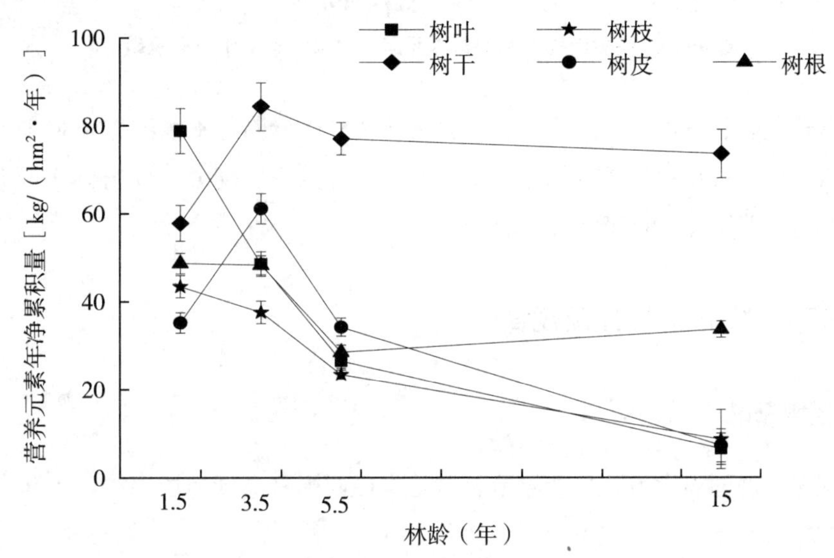

图 4-18　桉树新植林不同器官营养元素年净累积量

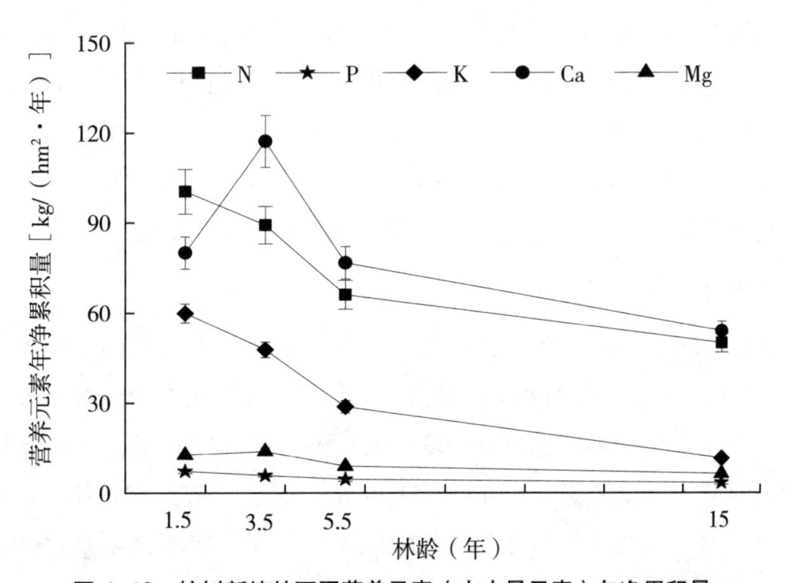

图 4-19　桉树新植林不同营养元素（大中量元素）年净累积量

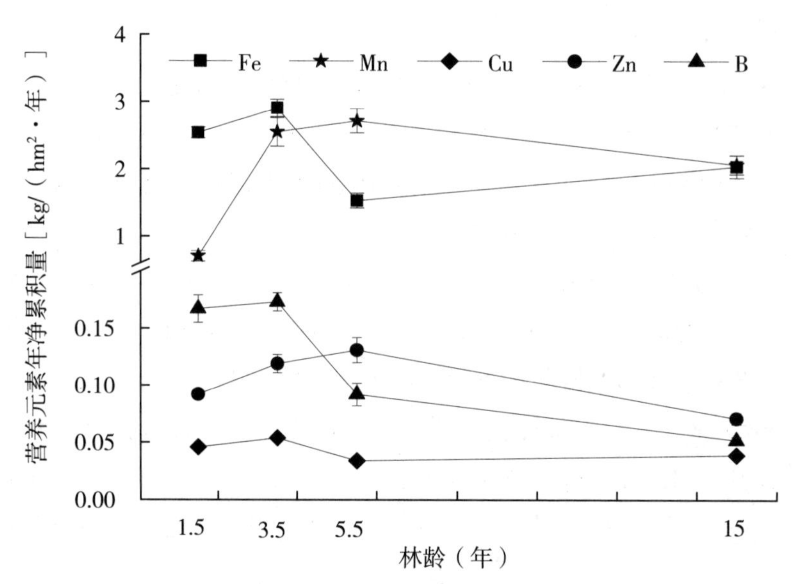

图 4-20　桉树新植林不同营养元素（微量元素）年净累积量

桉树新植林营养吸收和分配规律的研究，对开展桉树营养诊断与平衡配方施肥非常重要。尤其是结合土壤养分供给状况，根据桉树不同的生育期研究针对性的肥料配方，提出科学的施肥技术，为桉树产量和品质的提高提供了科学的理论依据。

二、桉树萌芽林营养吸收分配规律

（一）调查区域概况

调查区域分别是广西国有七坡林场上思造林基地、广西国有高峰林场银岭分场和广西国有黄冕林场。基本情况如下。

1. 广西国有七坡林场上思造林基地

广西国有七坡林场上思造林基地位于上思县，地理位置为东经 107°32′～108°16′，北纬 21°44′～22°22′。低山地貌，相对高差 50～150 m，最高海拔 350 m。属于中亚热带气候，温暖多雨，光照充足，雨热同季，夏冬季干湿明显，年平均气温为 21.2 ℃，绝对最低温为 -2 ℃，年均降水量为 1 217.3 mm，年均蒸发量为 1 680.0 mm，为水分充足区。降水量一般集中在每年 4～8 月。该基地成土母岩以砂岩、夹泥岩和紫红砂岩为主，土壤类型为红壤，表土层厚度为 6～12 cm。

2. 广西国有高峰林场银岭分场

广西国有高峰林场银岭分场地处南宁盆地的北缘，地理位置为东经 108°08′～108°53′，北纬 22°49′～23°15′。属大明山山脉南伸的西支，地势东高西低，地貌主要为丘陵和山丘，丘陵占全场面积的 55.5%，山地占 38.7%，相对高度 50～100 m 的丘陵占大部分面积。该林场地处南亚热带季风性湿润气候区，雨量充沛，年降水量为 1 200～2 000 mm，降水多集中在每年 5～9 月；年平均气温为 22.6 ℃，最冷月为 1 月，最热月为 7 月，极端最低温为 -2 ℃，极端最高温为 40.4 ℃。该林场成土母岩以砂岩为主，石英岩次之，局部还有花岗岩等，土壤以砖红壤为主；土层以中、厚土层为主，占

80% 以上，质地为壤土至轻黏土，保水保肥好。

3. 广西国有黄冕林场

广西国有黄冕林场地处东经 109°43′46″ ～ 109°58′18″ ，北纬 24°37′25″ ～ 24°52′11″ ，属丘陵低山地貌。试验地光照充足，雨热同季，土壤以砂岩发育而成的山地黄红壤为主，适宜桉树人工林的生长。造林时间为 2005 年 4 ～ 6 月，均为穴状整地，初植密度为 3 m × 2 m；2008 年 12 月砍伐；2009 年萌芽林进行除萌，4 ～ 5 月进行施肥，连续施肥 2 年。试验区林下植物丰富，灌木以地桃花、大青、金刚藤、粗叶榕等桑科榕属的一些树种为主，草本有紫茎泽兰、细香薷、商陆、蔓生莠竹、五节芒、海金沙、牛筋草等，其中以菊科草本见多。

（二）样地的选择与设置

选定试验地之前，先全面踏查试验调查区域，以保证选定样地具有代表性，在广西国有七坡林场上思造林基地、广西国有高峰林场银岭分场和广西国有黄冕林场设置 1 年生、2 年生、3 年生、4 年生桉树萌芽林标准地，同一龄级设置 3 个重复，每个调查样地面积为 400 m^2（20 m × 20 m）。

（三）样地调查方法

1. 每木检尺

用围尺和测高仪测定每个调查样地内各树木的胸径和树高。

2. 标准木地上生物量测定

根据上述方法测量平均胸径，每个调查样地选择 1 株标准木，伐倒后按树干、树枝和树叶称鲜重，然后采用 Monsic 分层切割法，每 2 m 为一区分段，并分别按器官取样，称其鲜重，带回室内，在 70 ℃烘箱中烘至恒重后称重，计算标准木各器官生物量干重及每公顷生物量干重。

3. 标准木地下生物量测定

以标准木根桩为中心，挖掘出所有或部分根系和根桩，带回室内，洗净泥土，称重。各级根系分别取少量样品，在 70 ℃烘箱中烘至恒重后称重，计算标准木根系生物量干重。不同林龄桉树萌芽林林分特征见表 4-12。

表 4-12　桉树萌芽林林分特征

林龄（年）	平均胸径（cm）	平均树高（m）	林分生物量（t/hm^2）				
			树叶	树枝	树干	树根	合计
1	5.93	7.78	3.58	2.49	9.31	9.49	24.86
2	9.10	11.90	4.36	5.23	25.85	9.83	45.26
3	12.09	17.25	4.42	8.15	64.63	10.07	87.27
4	13.31	17.67	5.00	7.44	96.11	15.79	124.35

（四）取样及样品处理方法

对植物样品按比例分不同器官取样，带回室内，用于测定含水率和主要养分含量，同时根据各器官生物量计算其养分总量。

（五）植株养分含量测定方法

所有数据分析测定方法参照林业行业标准：全 N 采用凯氏法测定；全 K、Ca、Mg、Cu、Zn、Fe、Mn 采用硝酸－高氯酸消煮，用原子吸收分光光度法测定；全 P 采用硝酸－高氯酸消煮，用钼锑抗比色法测定；全 B 采用干灰化－甲亚胺比色法测定。

（六）研究方法

根据不同林龄桉树人工林各器官营养元素含量和生物量计算出桉树人工林营养元素累积量。营养元素的年净累积量即年存留量为植物体内营养元素累积的速率。

（七）桉树萌芽林各器官营养元素含量

由于桉树萌芽林各器官的结构和功能不同，相同器官不同林龄桉树的营养元素含量相差很大，见表 4-13。1 ～ 4 年生桉树树萌芽林树叶营养元素含量最高，为 30.44 ～ 36.29 g/kg，而树干营养元素含量最低，仅为 5.33 ～ 7.06 g/kg。树叶作为同化器官，生长周期短，是有机物质合成的场所，也是代谢最活跃的器官，因此需要较多的营养元素来满足其生长和代谢的要求。树干则以木质为主，其生理功能最弱，大多数养分已被消耗或转移，因而营养元素含量最低。1 ～ 4 年生桉树萌芽林不同器官营养元素总量大小顺序大致为树叶＞树枝＞树根＞树干。

1 年和 4 年生桉树萌芽林各器官营养元素总含量按大小顺序排列为 N ＞ K ＞ Ca ＞ Fe ＞ P ＞ Mg ＞ Mn ＞ B ＞ Zn ＞ Cu，而 2 年和 3 年生桉树人工林各器官营养元素含量大小顺序为 N ＞ K ＞ Ca ＞ P ＞ Mg ＞ Fe、Mn ＞ B ＞ Zn ＞ Cu。

不同林龄桉树的树叶、树根部位营养元素以 N 含量最高，而树枝、树干和树皮部位则以 K 含量最高，各器官营养元素均以 Cu 含量最低，仅为 1.25 ～ 5.00 mg/kg。不同林龄桉树不同器官的 Fe、Mn 含量大小顺序不同，树干、树根部位 Fe ＞ Mn，其他部位 Mn ＞ Fe。

表 4-13　桉树萌芽林各器官营养元素含量

林龄（年）	器官	营养元素（g/kg）										
		N	P	K	Ca	Mg	Fe（$\times 10^{-3}$）	Mn（$\times 10^{-3}$）	Cu（$\times 10^{-3}$）	Zn（$\times 10^{-3}$）	B（$\times 10^{-3}$）	合计
1	树叶	20.31	1.19	8.10	5.02	1.00	177.14	447.85	5.00	16.77	34.75	36.29
	树枝	3.87	0.64	4.98	2.63	0.47	119.81	187.50	4.00	8.19	9.48	12.91
	树干	1.85	0.25	2.68	1.79	0.23	160.59	73.05	1.25	4.19	8.26	7.06
	树根	2.47	0.16	1.18	0.68	0.14	2 346.92	29.23	2.09	9.05	10.98	7.03
	合计	28.50	2.24	16.94	10.12	1.84	2 804.45	737.63	12.33	38.20	63.47	63.29

续表

林龄（年）	器官	营养元素（g/kg）										
		N	P	K	Ca	Mg	Fe（$\times10^{-3}$）	Mn（$\times10^{-3}$）	Cu（$\times10^{-3}$）	Zn（$\times10^{-3}$）	B（$\times10^{-3}$）	合计
2	树叶	17.53	1.02	7.54	5.85	0.62	146.99	1 129.56	4.05	21.18	29.55	33.89
	树枝	3.10	0.46	4.84	2.77	0.49	136.31	444.85	3.63	10.29	8.57	12.26
	树干	1.73	0.26	2.73	1.50	0.28	254.70	139.45	1.34	4.81	6.90	6.91
	树根	4.79	0.43	4.35	2.46	0.29	349.97	270.53	2.73	6.48	6.15	12.95
	合计	27.15	2.18	19.47	12.57	1.68	887.96	1 984.38	11.74	42.76	51.16	66.01
3	树叶	18.18	1.10	7.79	4.35	1.17	138.18	494.84	4.39	15.16	27.40	33.27
	树枝	4.33	0.71	6.50	2.85	0.46	127.41	253.06	4.29	9.46	10.30	15.25
	树干	1.44	0.25	2.00	1.35	0.26	198.59	81.34	1.93	5.89	8.14	5.59
	树根	4.07	0.23	1.69	1.64	0.24	1 344.53	62.55	2.51	13.59	7.97	9.30
	合计	28.02	2.29	17.98	10.18	2.13	1 808.70	891.79	13.12	44.11	53.81	63.41
4	树叶	17.01	1.08	5.62	4.99	1.22	98.70	385.69	3.92	15.31	24.36	30.44
	树枝	3.62	0.87	5.50	3.85	0.42	103.95	170.91	3.93	11.94	6.64	14.56
	树干	1.36	0.21	1.89	1.44	0.24	135.17	41.50	2.19	5.11	6.80	5.33
	树根	2.72	0.21	1.40	1.45	0.17	3 275.74	26.11	3.06	7.61	18.18	9.28
	合计	24.71	2.36	14.42	11.74	2.05	3 613.55	624.21	13.10	39.97	55.97	59.61

（八）不同林龄桉树萌芽林营养元素含量变化规律

不同林龄桉树萌芽林各器官营养元素含量变化情况如图 4-21 所示。1 ～ 4 年生桉树萌芽林树叶和树干部位营养元素含量均随林龄的增加而降低。树枝和树根部位营养元素含量随林龄的增加分别呈先

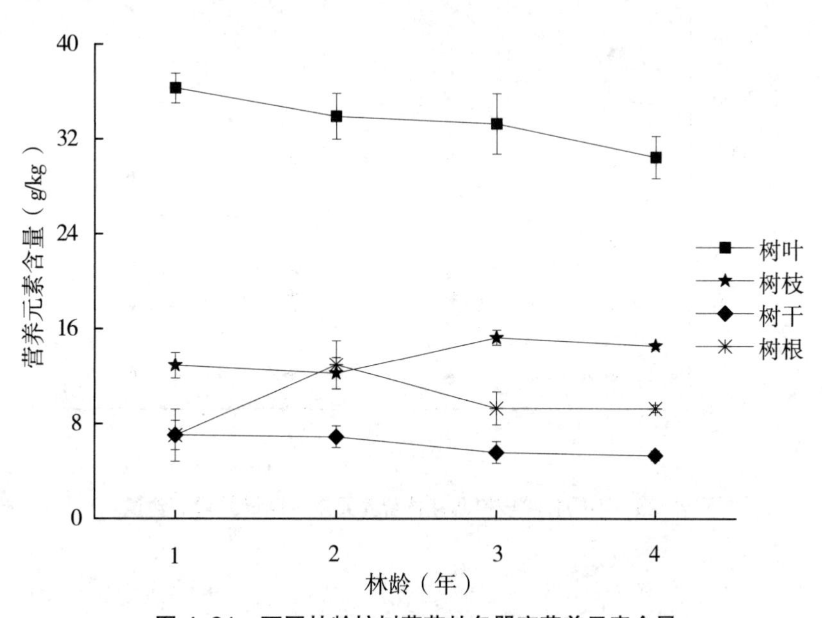

图 4-21　不同林龄桉树萌芽林各器官营养元素含量

降后升和先升后降的变化趋势，在第 3 年和第 2 年达到最高值，分别为 15.25 g/kg 和 12.95 g/kg。

从图 4-22 中可以看出，1 ～ 4 年生桉树萌芽林 N 和 Mg 总含量分别为 24.70 ～ 28.50 g/kg 和 1.68 ～ 2.13 g/kg，均随着林龄的增加呈先降后升再降的变化趋势，桉树萌芽林 Ca 总含量变化趋势则相反。桉树萌芽林 K 总含量的变化趋势为随着林龄的增加先升高后降低，2 年生桉树萌芽林 K 含量达到最高值，为 19.47 g/kg。桉树萌芽林 P 总含量为 2.18 ～ 2.36 g/kg，变化幅度较小。

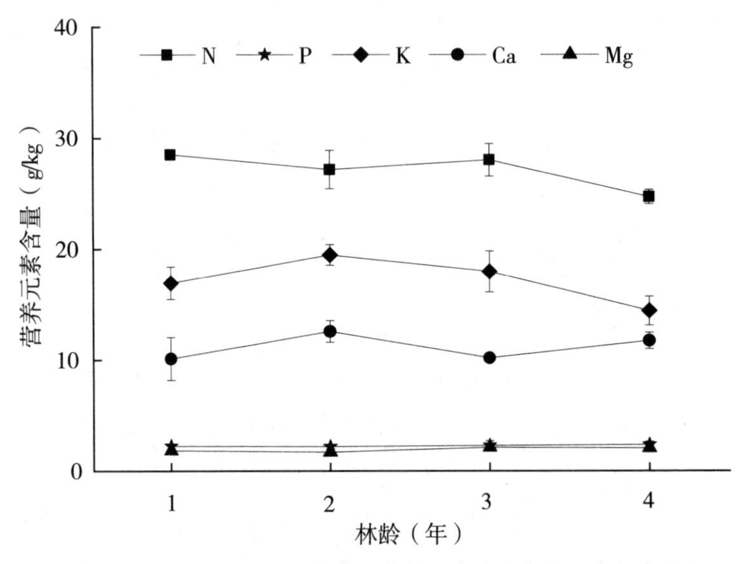

图 4-22 不同林龄桉树萌芽林营养元素（大中量元素）含量

桉树微量元素随林龄的变化趋势如图 4-23 所示。1 ～ 4 年生桉树萌芽林 Fe、Cu 和 B 总含量变化范围分别为 887.96 ～ 3 613.55 mg/kg、11.74 ～ 13.12 mg/kg 和 51.16 ～ 63.47 mg/kg，变化趋势均随林龄的增加先降低后升高，均在第 2 年出现最低值。1 ～ 4 年生桉树萌芽林 Mn、Zn 总含量均随林龄的增加先升高后降低，并在第 2 年和第 3 年出现最高值，分别达到 1 984.38 mg/kg 和 44.11 mg/kg。

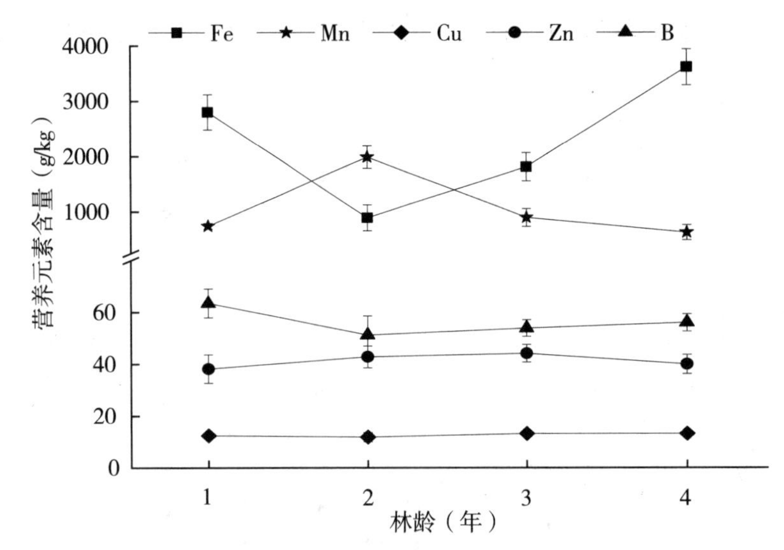

图 4-23 不同林龄桉树萌芽林营养元素（微量元素）含量

（九）桉树萌芽林营养元素的累积与分配

根据不同林龄桉树萌芽林各器官营养元素含量和生物量可计算出桉树萌芽林营养元素累积与分配状况，见表4-14。由于不同林龄桉树萌芽林各器官营养元素含量相差很大，各器官生物量亦不同，因此，不同林龄桉树萌芽林营养元素累积与分配状况差别较大。1年、2年、3年和4年生桉树萌芽林营养元素累积量分别为294.25 kg/hm^2、517.66 kg/hm^2、726.65 kg/hm^{2}和919.58 kg/hm^2，随着林龄的增加而增大，其变化趋势与各器官生物量相同。如把桉树萌芽林木分为树冠（树枝和树叶）、树干和树根，则1年、2年、3年和4年生桉树萌芽林木树冠部分营养元素累积量分别占桉树萌芽林木总累计量的55.05%、40.91%、37.34%和28.35%，树干部分分别占22.29%、34.49%、49.77%和55.71%，树根部分分别占22.67%、24.60%、12.89%和15.94%。由此可见，随着桉树林龄的增加，桉树萌芽林木树冠营养元素累积比例逐渐降低，而树干变化趋势则相反，说明树冠的营养逐渐转移到树干。树根的变化趋势较复杂，呈先升后降再升的变化趋势，主要是因为桉树萌芽林树根受前期生长情况影响很大。

从表4-14可知，1～4年生桉树萌芽林各器官不同营养元素累积量差异较大，其中以N和K较高，累积量变化范围分别为122.92～285.71 kg/hm^2、77.49～272.81 kg/hm^2，而Cu的累积量最低，仅为0.059～0.308 kg/hm^2。随着林木的生长，不同营养元素累积量均逐渐增加，与桉树萌芽林木生物量变化趋势相同。

表4-14　桉树萌芽林营养元素累积与分配

林龄（年）	器官	生物量（t/hm^2）	营养元素（kg/hm^2）										
			N	P	K	Ca	Mg	Fe	Mn	Cu	Zn	B	合计
1	树叶	3.58	72.64	4.26	28.97	17.95	3.58	0.634	1.602	0.018	0.060	0.124	129.84
	树枝	2.49	9.62	1.59	12.38	6.54	1.17	0.298	0.466	0.010	0.020	0.024	32.13
	树干	9.31	17.22	2.33	24.94	16.66	2.14	1.495	0.680	0.012	0.039	0.077	65.59
	树根	9.49	23.44	1.52	11.20	6.45	1.33	22.272	0.277	0.020	0.086	0.104	66.70
	合计	24.87	122.92	9.69	77.49	47.61	8.21	24.698	3.025	0.059	0.205	0.329	294.26
2	树叶	4.36	76.37	4.44	32.85	25.49	2.70	0.640	4.921	0.018	0.092	0.129	147.65
	树枝	5.23	16.20	2.40	25.30	14.48	2.56	0.712	2.325	0.019	0.054	0.045	64.10
	树干	25.85	44.72	6.72	70.57	38.78	7.24	6.584	3.605	0.035	0.124	0.178	178.55
	树根	9.83	47.09	4.23	42.76	24.18	2.85	3.440	2.659	0.027	0.064	0.060	127.36
	合计	45.27	184.38	17.80	171.48	102.92	15.35	11.377	13.510	0.098	0.334	0.412	517.66
3	树叶	4.42	80.36	4.86	34.43	19.23	5.17	0.611	2.187	0.019	0.067	0.121	147.05
	树枝	8.15	35.28	5.78	52.95	23.22	3.75	1.038	2.062	0.035	0.077	0.084	124.27
	树干	64.63	93.07	16.16	129.26	87.25	16.80	12.835	5.257	0.125	0.381	0.526	361.66
	树根	10.07	40.98	2.32	17.02	16.51	2.42	13.539	0.630	0.025	0.137	0.080	93.66
	合计	87.27	249.68	29.12	233.66	146.21	28.14	28.023	10.136	0.204	0.662	0.811	726.64

续表

林龄（年）	器官	生物量（t/hm²）	营养元素（kg/hm²）										
			N	P	K	Ca	Mg	Fe	Mn	Cu	Zn	B	合计
4	树叶	5.00	85.11	5.40	28.12	24.97	6.10	0.494	1.930	0.020	0.077	0.122	152.34
	树枝	7.44	26.94	6.48	40.94	28.66	3.13	0.774	1.272	0.029	0.089	0.049	108.36
	树干	96.11	130.71	20.18	181.65	138.40	23.07	12.991	3.989	0.210	0.491	0.654	512.34
	树根	15.79	42.95	3.32	22.11	22.90	2.68	51.724	0.412	0.048	0.120	0.287	146.54
	合计	124.35	285.71	35.38	272.81	214.92	34.98	65.983	7.603	0.308	0.777	1.112	919.58

（十）桉树萌芽林营养元素年净累积量

营养元素的年净累积量即年存留量为植物体内营养元素累积的速率，依赖于林分生物量的增长量及营养元素的含量。由表4-15可知，1～4年生桉树萌芽林木营养元素年净累积量在229.89～294.25 kg/（hm²·年）范围内变动，随着林龄的增加呈逐渐降低的变化趋势，1年生桉树萌芽林木营养元素年净累积量达到最大值［294.25 kg/（hm²·年）］。

表4-15 桉树萌芽林营养元素年净累积量

林龄（年）	器官	生物量（t/hm²）	营养元素［kg/（hm²·年）］										
			N	P	K	Ca	Mg	Fe	Mn	Cu	Zn	B	合计
1	树叶	3.58	72.64	4.26	28.97	17.95	3.58	0.634	1.602	0.018	0.060	0.124	129.84
	树枝	2.49	9.62	1.59	12.38	6.54	1.17	0.298	0.466	0.010	0.020	0.024	32.13
	树干	9.31	17.22	2.33	24.94	16.66	2.14	1.495	0.680	0.012	0.039	0.077	65.59
	树根	9.49	23.44	1.52	11.20	6.45	1.33	22.272	0.277	0.020	0.086	0.104	66.70
	合计	24.87	122.92	9.69	77.49	47.61	8.21	24.698	3.025	0.059	0.205	0.329	294.26
2	树叶	2.18	38.19	2.22	16.42	12.74	1.35	0.320	2.461	0.009	0.046	0.064	73.83
	树枝	2.61	8.10	1.20	12.65	7.24	1.28	0.356	1.163	0.009	0.027	0.022	32.05
	树干	12.93	22.36	3.36	35.29	19.39	3.62	3.292	1.802	0.017	0.062	0.089	89.28
	树根	4.92	23.54	2.11	21.38	12.09	1.43	1.720	1.330	0.013	0.032	0.030	63.68
	合计	22.64	92.19	8.90	85.74	51.46	7.68	5.689	6.755	0.049	0.167	0.206	258.84
3	树叶	1.47	26.79	1.62	11.48	6.41	1.72	0.204	0.729	0.006	0.022	0.040	49.02
	树枝	2.72	11.76	1.93	17.65	7.74	1.25	0.346	0.687	0.012	0.026	0.028	41.42
	树干	21.54	31.02	5.39	43.09	29.08	5.60	4.278	1.752	0.042	0.127	0.175	120.55
	树根	3.36	13.66	0.77	5.67	5.50	0.81	4.513	0.210	0.008	0.046	0.027	31.22
	合计	29.09	83.23	9.71	77.89	48.74	9.38	9.341	3.379	0.068	0.221	0.270	242.21

续表

林龄（年）	器官	生物量（t/hm²）	营养元素［kg/（hm²·年）］										
			N	P	K	Ca	Mg	Fe	Mn	Cu	Zn	B	合计
4	树叶	1.25	21.28	1.35	7.03	6.24	1.53	0.123	0.482	0.005	0.019	0.030	38.09
	树枝	1.86	6.74	1.62	10.23	7.16	0.78	0.193	0.318	0.007	0.022	0.012	27.09
	树干	24.03	32.68	5.05	45.41	34.60	5.77	3.248	0.997	0.053	0.123	0.163	128.09
	树根	3.95	10.74	0.83	5.53	5.72	0.67	12.931	0.103	0.012	0.030	0.072	36.64
	合计	31.09	71.43	8.84	68.20	53.73	8.75	16.496	1.901	0.077	0.194	0.278	229.91

随着林木的生长，桉树萌芽林木不同器官营养元素年净累积量呈现出不同的变化趋势（图 4-24）。1 ～ 4 年生桉树萌芽林树叶和树干营养元素年净累积量变化范围分别为 38.09 ～ 129.84 kg/（hm²·年）、65.59 ～ 128.09 kg/（hm²·年），树叶营养元素年净累积量随林龄的增加逐渐降低，树干的变化趋势则相反。1 ～ 4 年生桉树萌芽林树枝和树根营养元素年净累积量分别在 27.09 ～ 41.42 kg/（hm²·年）、31.22 ～ 66.70 kg/（hm²·年）范围内变动，树枝营养元素年净累积量随林龄的增加先升高后降低，树根的变化趋势则相反。树枝营养元素年净累积量的最大值和树根营养元素年净累积量的最小值均出现在第 3 年。从图 4-24 可以看出，不同器官营养元素年净累积量相比，1 年生桉树以树叶最高，而 2 ～ 4 年生桉树则以树干占绝对优势，并随林木的生长，其优势越明显。

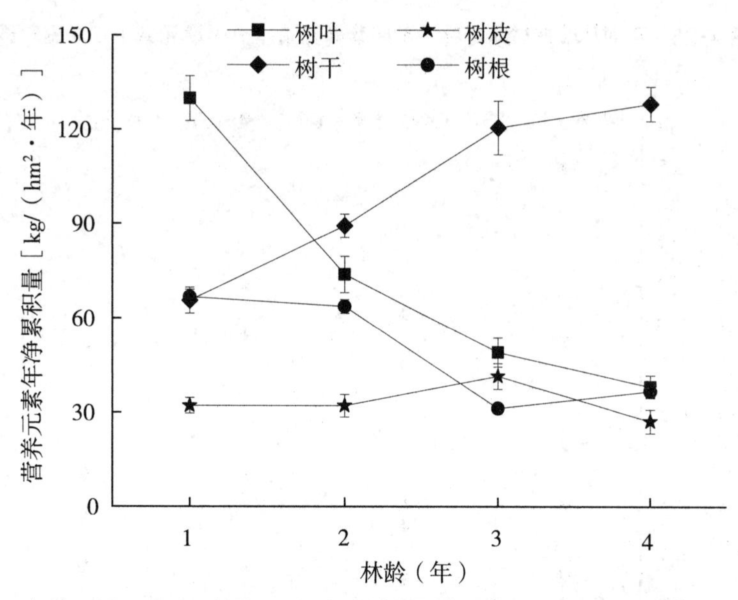

图 4-24　不同林龄桉树萌芽林木不同器官营养元素年净累积量

桉树萌芽林林木不同营养元素年净累积量随林龄变化情况如图 4-25 和图 4-26 所示。1 ～ 4 年生桉树萌芽林 N 的年净累积量的变化范围为 71.43 ～ 122.92 kg/（hm²·年），随林龄的增加逐渐降低；P、Mg 和 Zn 的年净累积量的变化范围分别为 8.84 ～ 9.71 kg/（hm²·年）、7.68 ～ 9.38 kg/（hm²·年）和 0.167 ～ 0.221 kg/（hm²·年），均随林龄的增加呈先降低后升高再降低的变化趋势，而Ca的年净累积量变化趋势则相反，在第1年降到最小值［47.61 kg/（hm^2·年）］，在第四年达到最大值［53.73 kg/（hm^2·年）］；Fe、Cu和B的年净累积量分别在5.689～24.698 kg/（hm^2·年）、0.049～0.077 kg/（hm^2·年）和0.206～0.329 kg/（hm^2·年）范围变动，均随林龄的增加呈先降低后升高的变化趋势，并均在第2年出现最小值，而K和Mn的变化趋势与之相反，其变化范围分别为68.20～85.74 kg/（hm^2·年）和1.901～6.755 kg/（hm^2·年），均在第2年和第4年出现最大值和最小值。

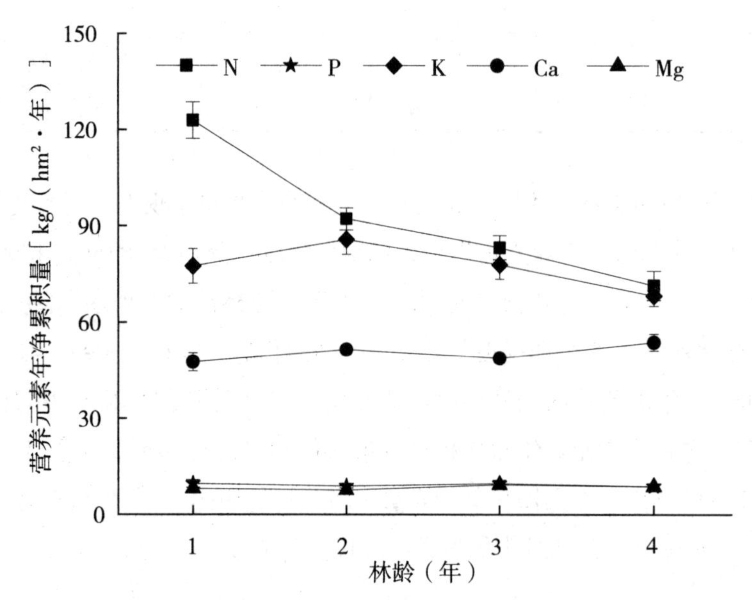

图4-25 不同林龄桉树萌芽林木不同营养元素（大中量元素）年净累积量

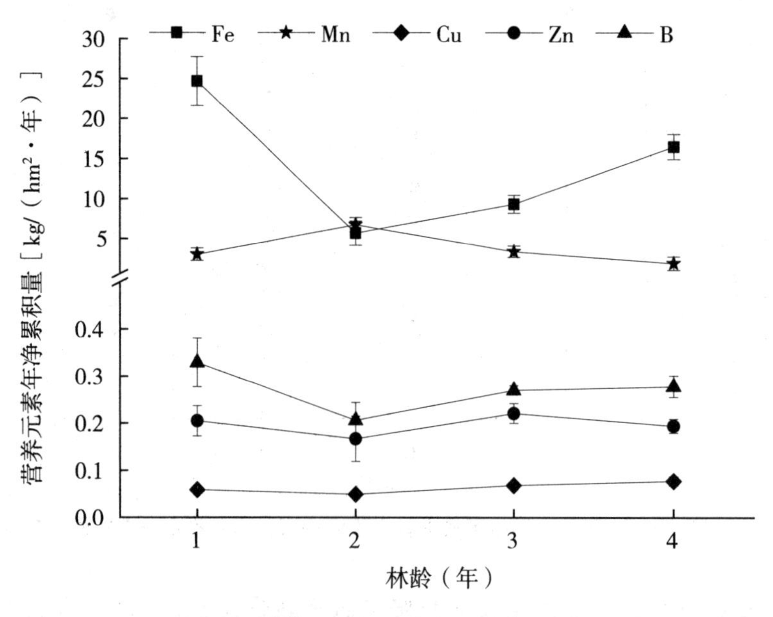

图4-26 不同林龄桉树萌芽林木不同营养元素（微量元素）年净累积量

第五章　用材林营养诊断和矫治技术

第一节　林木营养概论

一、林木营养元素的构成

林木组织的组成成分极为复杂，一般新鲜的林木组织成分中75%～95%为水，5%～25%为干物质。将干物质以氧煅烧可以证明，林木组织中主要元素是C、H、O、N，这4种元素占干物质的95%以上。经过煅烧后留下的不可挥发的物质叫灰分，其组成成分相当复杂，包括Ca、K、Si、P、Mg、S、Cl、Al、Na、Fe、Mn、Zn、B、Ba、Cu、Mo、Ni、Co、Sr、Se、I、V等几十种元素，只占1%～5%。这些元素在植物体内的成分组成常受林木种植种类、土壤肥力条件、气候条件、栽培技术等条件的影响。到目前为止，已发现植物内的化学元素有70多种，但是，这些化学元素在植物体内含量不同，而且所含的这些元素不一定就是植物生长必需的。有些元素可能是偶然被植物吸收，甚至大量积累；反之，有些元素虽然对植物需要极微，但是是植物生长不可缺少的营养元素。林木营养元素的构成复杂，根据需要性可分为必需营养元素和非必需营养元素，必需营养元素根据在植物体内的含量又可分为大量元素、中量元素和微量元素。

1939年Arnon和Stout提出了高等植物必需营养元素3条标准：

（1）如缺少某种营养元素，植物就不能完成其生活史。

（2）必需营养元素的功能不能由其他营养元素所代替；在其缺乏时，植物会出现专一的、特殊的缺乏症、只有补充这种元素后，才能恢复正常。

（3）必需营养元素直接参与植物代谢作用，例如酶的组成成分或参与酶促反应。

根据以上三条原则，确定了以下16种高等植物必需营养元素：C、H、O、N、P、K、Ca、Mg、S、Fe、Mn、Zn、Cu、Mo、B、Cl。现在确认最高等植物必需的营养元素分类关系如图5-1所示。

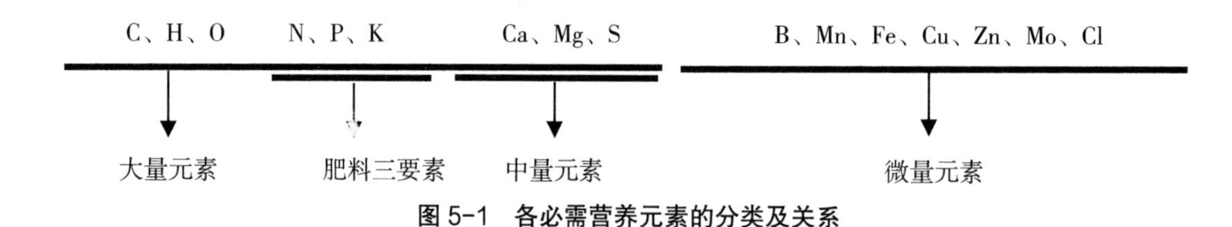

图 5-1 各必需营养元素的分类及关系

大量元素（C、H、O）占植物干重的 90% 以上，由空气和水分提供；主要养分元素（肥料三要素）占植物干重的千分之几至百分之几（0.1% ～ 10%），主要由土壤和外界肥料补充；中量元素的含量范围占植物干重的百万分之几至百分之一（1 mg/kg ～ 1%）；微量元素含量占植物干重的百万分之几到千分之几（1 mg/kg ～ 1 000 mg/kg）。

有益元素（Si、Na、Co、Se、Ba、Ni 等）与必需元素的不同之处是它们并非为所有植物所必需的，但在一定的情况下有益于某些植物的生长和发育。

其他元素至今还在探索之中，比较突出的有稀土元素（La、Ce、Pr、Nd 等）。

营养元素的分类如图 5-2 所示。

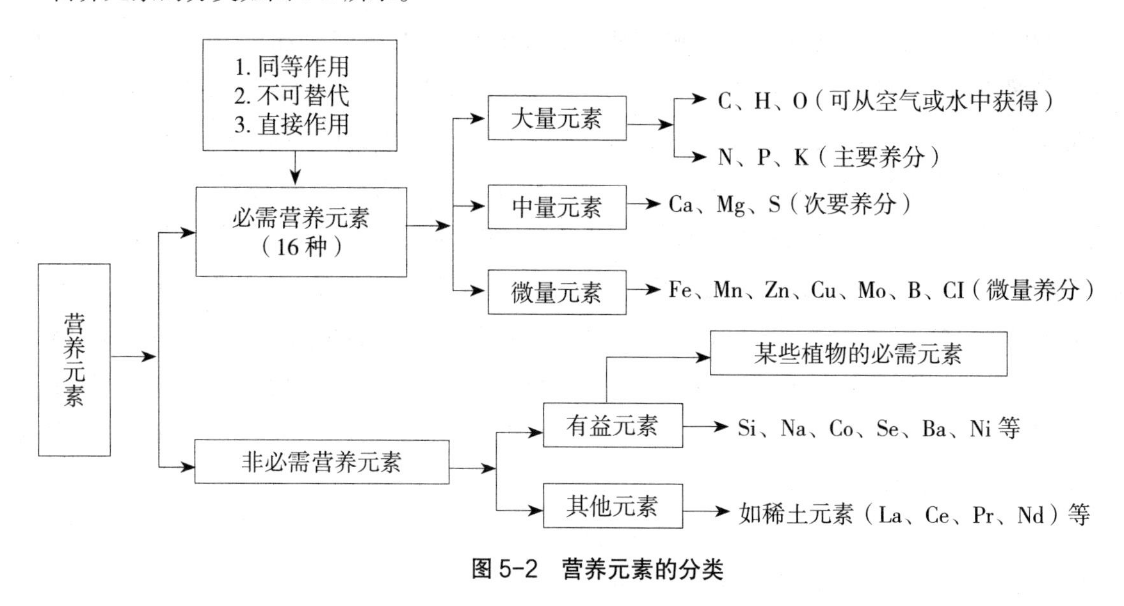

图 5-2 营养元素的分类

二、营养元素的主要吸收形态

对于 16 种必需元素，除了 C、H、O 来自大气的各种气体和水，其余 13 种肥料营养元素则是以离子、盐类、螯合状态存在于土壤中，被植物吸收并发挥其生理功能与生物化学作用，以完成植物生长发育、生育和成熟阶段的整个生命周期。

根据营养元素的吸收形态和主要生理功能，可以把上述必需营养元素分为四组：

第一组：C、H、O、N、S，离子来自土壤溶液、气体来自大气。有机物质的主要组成成分；酶促过程中原子团的必需元素，在氧化还原中被同化。

第二组：P、B，磷酸盐、硼酸或硼酸盐存在于土壤溶液中。植物吸收营养元素的主要器官是根系，其次是叶片。营养元素只有被植物吸收后才能被利用制造有机物，形成产量。根系吸收养分的形态主要有离子态和分子态 2 种，通常以离子态为主。N 元素的吸收形态主要有铵态氮（NH_4^+）和硝态氮（NO_3^-）；P 元素的吸收形态主要有正磷酸盐、偏磷酸盐和焦磷酸盐。其中，正磷酸盐是植物吸收的主要形态，偏磷酸盐和焦磷酸盐在植物体内能很快被水解成正磷酸盐而被植物利用。磷酸为三价酸根，可水解成 $H_2PO_4^-$、HPO_4^- 和 PO_4^-3 种阴离子，其中 $H_2PO_4^-$ 最适宜被植物吸收，其次是 HPO_4^-；其他如 K、Ga、Mg、S、Fe、Mn、Zn、Cu、Mo、B、Cl 等营养元素都是以一、二价阴离子或阳离子的形态被吸收。分子态养分主要是一些小分子的有机化合物，例如氨基酸（$CH\text{-}HCOOH\text{-}NH_2$）、尿素［$CO(NH_2)_2$］、磷脂、生长素、核酸等。分子态的养分需要被微生物分解转换成离子态后才能被植物吸收利用。

与植物体内天然醇类进行酯化作用生成相应的酯类；磷酸酯参与能量转换反应。

第三组：K、Ca、Mg、Mn、Cl，以离子态存在于土壤溶液中。一般功能为产生细胞渗透势；调节酶活性；使酶蛋白的构造处于最佳状态；作酶与底物之间的桥梁，平衡阴离子。

第四组：Fe、Cu、Zn、Mo，以离子态或螯合态存在于土壤溶液中。主要以螯合物结合于辅酶或辅基中，通过原子价的变化来传递电子。

三、营养元素之间的相互作用

（一）协同作用

协同作用是指一种营养元素的存在能促进另外一种营养元素或多种元素的吸收，即两种元素相互作用的效应超过其单独效应之和，产生“1+1 > 2”的效果。例如 K^+ 能促进植物对 NO_3^- 的吸收，Ca^{2+} 能促进植物对 K^+ 的吸收。从生产实践看，氮肥与磷肥、钾肥配合使用可以提高植物对肥料的吸收和利用率。

（二）拮抗作用

拮抗作用是指一种营养元素的存在能阻碍或者抑制另外一种营养元素的吸收的生理作用。产生拮抗作用的原因很多，主要发生于阳离子之间或阴离子之间，如 NH_4^+ 显著降低 Mn^{2+}、Mg^{2+}、Ca^{2+} 的吸收（与 pH 值在较大的关系），NO_3^- 抑制 Cl^- 的吸收，NH_4^+ 明显抑制 K^+ 的吸收，而 K^+ 对 NH_4^+ 却没有明显的抑制作用；磷过多或过少，不利于锌、硼、锰的吸收；钾过多会阻碍氮、镁、钙的吸收；钙是钾、镁的拮抗剂，镁是钙的拮抗剂，锰是铜、铁的拮抗剂。离子大小、电荷和配位体结构及电子排列相类似的元素之间，拮抗作用大。另外，离子水合半径相近，容易在植物主动吸收过程中，在载体吸收部位产生竞争位点，从而出现离子间的拮抗作用。

在植物对各元素从吸收到利用的过程中离子的活动是复杂的，元素间的相互关系又是多变的，常引起连锁反应。如钾过多，会阻碍镁的吸收，镁的缺乏又会导致锌、锰的不足。镁在葡萄的体内是磷的载体，土壤缺镁，即使大量施磷，植株也不能吸收更多的镁；而且大量施磷后又不利于锌、硼、锰的吸收。

在土壤—植物体系中，营养元素之间的相互作用非常复杂，可能发生在两种元素之间，也可能发生于三种元素之间。作用的位置也很复杂，可能发生于土壤，也可能发生于植物体内；既包括土壤固相、液相、根际和根表，也包括植物体内细胞膜和细胞内。

第二节　林木必需营养元素生理功能

在16种必需营养元素中，光合作用的3个主要参与者——碳、氢、氧和氮、硫、磷是组成植物体的主要成分。例如，构成植物骨架的细胞壁，几乎是由碳水化合物和含碳、氢、氧的其他化合物组成；作为细胞质主要有机成分的蛋白质，也主要是由碳、氢、氧、氮和少量的硫组成；细胞核及某些细胞质的细胞器中的核酸是由碳、氢、氧、氮和磷构成的；所有的生物膜中都含有丰富的脂类，它们主要是由碳、氢、氧和少量的氮与磷构成。

钙的主要功能是结合到细胞壁中胶层的结构中，成为细胞间起粘接作用的果胶酸钙。钙在调节细胞膜透性方面也起着重要作用。镁的化学性质与钙相似，是叶绿素分子的中心元素；它也是多种酶的特异辅助因子，是维持核糖体稳定性所必需的。钾的功能是多方面的，不仅对调节膨压有重要作用，还能活化许多种重要的酶。

在微量营养元素中，除硼和氯外，其他元素的主要营养功能是作为细胞中酶的基本组成成分或激活剂，常常是辅酶或辅酶的一部分。特别是那些在氧化还原反应中起作用的辅酶都含有某种微量营养元素。缺硼常引起分生组织细胞死亡，这可能和硼参与糖的长距离运输有关。氯在某些作物中也参与膨压的调节，它作为陪伴离子和钾一起移动，使细胞维持电中性。目前氯的功能尚未完全清楚，还有待深入研究。

有益元素虽不是所有植物所必需的，但却是某些植物所必需的（如硅是水稻所必需），或是对某些植物的生长发育有益，或是有时出现刺激植物生长的作用（如豆科植物需要钴、藜科植物需要钠等）。有益元素日益受到人们的重视。

一、碳、氢、氧的主要生理功能

碳、氢、氧是植物有机体的主要组成成分。碳是构成有机物骨架的基础。碳与氢、氧可组成多种多样的碳水化合物，如木质素、纤维素、半纤维素和果胶质等，这些物质是细胞壁的重要组成成分，而细胞壁是支撑植物体的骨架；碳、氢、氧还可构成植物体内各种活性物质，如某些维生素和植物激素等，它们都是植物体内正常代谢活动所必需的；此外，它们也是糖、脂肪、酚类化合物的组成成分，其中糖最为重要。糖类是合成植物体内许多重要有机化合物的基本原料，如蛋白质和核酸等。植物生活中需要的能量必须通过碳水化合物在代谢过程中转化而释放。碳水化合物不仅是构成植物永久的骨架，也是植物临时储藏的能量或积极参与体内的物质代谢活动（包括各种无机盐类的吸收、合成、分解和运输等），并在相互转化中，形成种类繁多的物质。由此可见，碳水化合物是植物营养的核心物质。

（一）碳

碳、氢、氧作为植物的必需营养元素，积极参与体内的代谢活动。首先始于植物光合作用对CO_2的同化。碳、氢、氧以CO_2和H_2O的形式参与有机物的合成，并使太阳能转变为化学能，是光合作用必不可少的原料。

在温室和塑料大棚栽培中，增施 CO_2 肥料是不可忽视的一项增产技术，尤其是设施栽培采用无土栽培技术时，更是如此。在温室或塑料大棚栽培中，植物所需的 CO_2 只能靠通气、换气时从室外流入的空气中得到补充，而在冬、春季为了保温，温室内经常通气不足，CO_2 浓度常低于 0.03%。生产实践中证明，当温室内 CO_2 浓度提高到 0.1% 时，只要其他生长因素配合得好，能使净光合率增加 50%，产量提高 20% ～ 40%。由此可见，增施 CO_2 肥料是一项重要的技术措施。

（二）氢

氢不仅经常与碳和氧结合构成许多重要的有机化合物，同时它还有许多极其不寻常的功能。由静电吸引所形成的氢键比其他化学键的结合力弱，具有弹性明显、易分易合的特点。氢键的易分易合性，特别有利于 DNA 的复制和转录。

氢和氧所形成的水，在植物体内有非常重要的作用。当水分充满细胞时，能使叶片与幼嫩部分挺展，使细胞原生质膨润，膜与酶等保持稳定，生化反应得以正常进行。水是植物体内的一切生化反应最好的介质，也是许多生化反应的参与者。

（三）氧

在植物体内氧化还原作用中，氧是有氧呼吸所必需的。在呼吸链的末端，O_2 是电子（e^-）和质子（H^+）的受体。大多数植物的氧来自 CO_2 和 H_2O。植物的呼吸作用产生的能量，为植物吸收养分提供了充足的能源。植物在其他很多方面都离不了能量，可以说没有能量就不能维持植物生命的一切活动。植物呼吸作用的中间产物是合成蛋白质、脂肪和核酸等重要有机物的原料，因此呼吸作用直接影响植物体内各种物质的合成与转化。当呼吸强度和途径发生改变时，代谢中间产物的数量和种类也随之改变，从而引起一系列其他物质的代谢和其他生理过程，最终破坏正常的代谢过程及植物的生长发育。因此，呼吸作用与植物体内各种物质的合成、转化均有密切的关系。

作物吸收养分受供氧状况的影响。根系进行有氧呼吸时，可取得吸收养分时所需的能量。能量充足时，植物吸收养分量明显增加。缺氧对作物的危害是十分明显的。缺氧不仅影响根细胞的有氧呼吸及 ATP 的合成，导致根系吸收养分的能力下降，出现缺素症；而且会因乳酸积累或其他无氧酵解生成酸性代谢产物，而导致细胞质酸化，抑制乳酸发酵，诱导乙醇的合成。

氧对作物固氮也有一定的影响。大部分固氮微生物同样需要氧作为末端电子受体，进行氧化磷酸化，产生 ATP。因此，在适当供氧条件下，能使需氧性固氮微生物提高固氮酶的活性。

综上所述，碳、氢、氧不仅是构成植物基本骨架的元素，还是构成植物体内各种物质的分子骨架和高级结构的元素。碳、氢、氧还有着许多不可忽视的是特殊的功能。

二、氮、磷、钾的主要生理功能

氮、磷、钾这三种元素对于植物来说从自然界直接吸收利用的比较少，但由于需求量比较大，大部分由人为供给比较多，常被称为大量元素，是肥料主要养分元素。

（一）氮

植物需要多种营养元素，而氮素尤为重要。在所有必需营养元素中，氮是限制植物生长和形成产量的首要因素。它对改善作物产品品质和提高产量有明显的作用。

一般植物含氮量约占作物体干重的 0.3% ～ 5%，而含量的多少与作物种类、器官、发育阶段有关。作物从苗期开始就不断吸收氮素，全株含氮量迅速增加，一般作物氮的吸收高峰期是在生长旺盛期和开花期，然后迅速下降，直到形成产量。

氮是作物体内许多重要有机化合物的组成成分，例如蛋白质、核酸、叶绿素、酶、维生素、生物碱和一些激素等都含有氮素。氮素也是遗传物质的基础成分。在所有生物体内，蛋白质最为重要，它常处于代谢活动的中心地位。

1. 蛋白质的重要组成成分

蛋白质是构成原生质的基础物质，蛋白态氮通常可占植株全氮的 80% ～ 85%，蛋白质中平均含氮量为 16% ～ 18%。在作物生长发育过程中，细胞的增长和分裂以及新细胞的形成都必须有蛋白质参与。缺氮时因新细胞形成受阻而导致植物生长发育缓慢，甚至出现生长停滞。蛋白质的重要性还在于它是生物体生命存在的形式。一切动、植物的生命都处于蛋白质不断合成和分解的过程之中，正是在这不断合成和不断分解的动态变化中才有生命存在。如果没有氮素，就没有蛋白质，也就没有了生命。氮素是一切有机体不可缺少的元素，因此它被称为生命元素。

2. 核酸和核蛋白的成分

核酸也是植物生长发育和生命活动的基础物质，核酸中含氮量为 6% ～ 15%。无论是在核糖核酸（RNA）还是在脱氧核糖核酸（DNA）中都含有氮素。核酸在细胞内通常与蛋白质结合，以核蛋白的形式存在。核酸和核蛋白大量存在于细胞核和植物顶端分生组织中。核酸和核蛋白在植物生活和遗传变异过程中有特殊作用。信息核糖核酸（mRNA）是合成蛋白质的模板，DNA 是决定作物生物学特性的遗传物质，DNA 和 RNA 是遗传信息的传递者，是合成蛋白质和决定生物遗传特性的物质基础。核酸态氮约占植株全氮的 10%。

3. 叶绿素的组成成分

众所周知，绿色植物依赖叶绿素进行光合作用，而叶绿素 a 和叶绿素 b 中都含有氮素。据测定，叶绿体占叶片干重的 20% ～ 30%，而叶绿体中含蛋白质 45% ～ 60%。叶绿体是植物进行光合作用的场所。实践证明，叶绿素的含量往往直接影响着光合作用的速率和光合产物的形成。当植物缺氮时，体内叶绿素含量下降，叶片黄化，光合作用强度减弱，光合产物减少，从而使作物产量明显降低。绿色植物生长和发育过程中没有氮素参与是不可想象的。

4. 许多酶的组成成分

酶本身就是一种蛋白质，是体内生化作用和代谢过程中的生物催化剂。植物体内许多生物化学反应的方向和速度都是由酶系统控制的。通常，各代谢过程中的生物化学反应都必须有一个或几个相应的酶参加。缺少相应的酶，代谢过程就很难顺利进行。氮素常通过酶间接影响着植物的生长和发育。因此，氮素供应状况关系到作物体内各种物质及能量的转化。

此外，氮素还是一些维生素（如维生素 B、维生素 B_2、维生素 B_6、维生素 PP 等）的组成成分，而生物碱（如烟碱、茶碱、胆碱等）和植物激素（如细胞分裂素、赤霉素等）也都含有氮。这些含氮化合物在植物体内含量虽不多，但对于调节某些生理过程却很重要。例如维生素 PP，它包括烟酸、烟酸胺，均含有杂环氮的吡啶，吡啶是生物体内辅酶Ⅰ和辅酶Ⅱ的组成成分，而辅酶又是多种脱氢酶所必需的。又如细胞分裂素，它是一种含氮的环状化合物，可促进植株侧芽发生和增加禾本科作物的分蘖，并调节胚乳细胞的形成，有明显增加粒重的作用；增施氮肥可促进细胞分裂素的合成，因为细胞分裂素的形成需要氨基酸。此外，细胞分裂素还可以促进蛋白质合成，防止叶绿素分解，使植物长期保持绿色，延缓和防止植物器官衰老，延长蔬菜和水果的保鲜期。

总之，氮对植物生命活动及作物产量和品质均有极其重要的作用。合理施用氮肥是获得作物高产、优质的有效措施。

（二）磷

磷是植物生长发育不可缺少的营养元素之一，它既是植物体内许多重要有机化合物的组成成分，同时又以多种方式参与植物体内各种代谢过程。磷对作物高产及保持品种的优良特性均有明显的作用。

植物体的含磷量相差很大，为干物质的 0.2% ～ 1.1%，而大多数作物中磷的含量为 0.3% ～ 0.4%，其中大部分是有机态磷，约占全磷量的 85%，而无机态磷仅占 15% 左右。有机态磷主要以核酸、磷脂和植素等形态存在，无机态磷主要以钙、镁、钾的磷酸盐（Pi）形态存在，它们在植物体内均有重要作用。

磷的营养生理功能可归纳为以下方面。

1. 构成大分子物质的结构组成成分

磷酸是许多大分子物质的桥键物，它的作用是把各种结构单元连结到更复杂的或大分子的结构上。在 DNA 和 RNA 结构中的核糖核苷单元之间都是以磷酸盐作为桥键物构成大分子的。磷作为大分子结构的组成成分，它的作用在核酸中表现得最突出。核酸作为 DNA 分子的单元是基因信息的载体；作为 RNA 分子的单元它又是负责基因信息翻译的物质。磷使得核酸具有很强的酸性，因此在 DNA 和 RNA 结构中的阳离子浓度特别高。这些特殊的功能十分重要，而且和作为结构元素的磷是分不开的。

2. 多种重要化合物的组成成分

由磷酸桥接所形成的含磷有机化合物，如核酸、磷脂、核苷酸、三磷酸腺苷（ATP）等，在植物代谢过程中都有重要作用。

（1）核酸和核蛋白。核酸是核蛋白的重要组成成分，核蛋白又是细胞核和原生质的主要成分，它们都含有磷。核酸和核蛋白是保持细胞结构稳定、细胞正常分裂、能量代谢和遗传所必需的物质。核酸作为 DNA 和 RNA 分子的组成成分，既是基因信息的载体，又是生命活动的指挥者。核酸在植物个体生长、发育、繁殖、遗传和变异等生命过程中起着极为重要的作用。因此磷和每一个生物体都有密切关系。从现代生物学的观点来看，蛋白质和核酸是复合体，它们共同对生命活动起决定性作用。

（2）磷脂。生物膜是由磷脂和糖脂、胆固醇、蛋白质以及糖类构成的。生物膜具有多种选择性功能。它对植物与外界介质进行物质、能量和信息交流起到控制和调节的作用。此外，大部分磷脂都是生物合成或降解的媒介物，它与细胞的代谢有直接关系。

（3）植素。植素是磷脂类化合物中的一种，它是植酸的钙镁盐或钾镁盐，而植酸是由环已六醇通过羟基酯化而生成的六磷酸肌醇。

（4）三磷酸腺苷（ATP）。植物体内糖酵解、呼吸作用和光合作用中释放出的能量常用于合成高能焦磷酸键，ATP 就是含有高能焦磷酸键的高能磷酸化合物。

3. 积极参与体内的代谢

（1）碳水化合物代谢。在光合作用中，光合磷酸化必须有磷参加；光合产物的运输也离不开磷。在碳水化合物代谢中，许多物质都必须首先进行磷酸化。

作为细胞壁结构成分的纤维素和果胶，其合成也需要磷参与。此外，碳水化合物的转化也和磷有密切关系。

（2）氮素代谢。磷是氮素代谢过程中一些重要酶的组成成分。磷能促进植物更多地利用硝态氮，磷也是生物固氮所必需的。氮素代谢过程中，无论是能源还是氨的受体都与磷有关。因此，缺磷将使氮素代谢明显受阻。

（3）脂肪代谢。脂肪代谢同样与磷有关。脂肪合成过程中需要多种含磷化合物。此外，糖是合成脂肪的原料，而糖的合成、糖转化为甘油和脂肪酸的过程中都需要磷。

4. 提高植物抗逆性和适应能力

（1）抗旱和抗寒。

抗旱：磷能提高原生质胶体的水合度和细胞结构的充水度，使其维持胶体状态，并能增强原生质的黏度和弹性，因而增强了原生质抵抗脱水的能力。

抗寒：磷能提高植物体内可溶性糖和磷脂的含量。可溶性糖能使细胞原生质的冰点降低，磷脂则能增强细胞对温度变化的适应性，从而增强植物的抗寒能力。对越冬作物增施磷肥，可减轻冻害，使作物安全越冬。

（2）缓冲性。施用磷肥能提高植物体内无机态磷酸盐的含量，有时其数量可达到含磷总量的一半。这些磷酸盐主要是以磷酸二氢根（$H_2PO_4^-$）和磷酸氢根（HPO_4^{2-}）的形式存在。它们常形成缓冲系统，使细胞内原生质具有抗酸碱变化的缓冲性。当外界环境发生酸碱变化时，原生质由于有缓冲作用能使细胞内酸碱保持在比较平稳的范围内，这有利于作物的正常生长发育。

（三）钾

钾不仅是植物生长发育所必需的营养元素，而且是肥料三要素之一。许多植物对钾的需求量都很大，它在植物体内的含量仅次于氮。钾对提高农作物产量和改善农产品品质均有明显的作用，而且还能提高植物适应不良环境的能力，因此它有品质元素和抗逆元素之称。

一般植物体内的含钾量（K_2O）占干物重的 0.3% ～ 0.5%，有些作物的含钾量比含氮量高。植物体内的含钾量常因作物种类和器官的不同而有很大差异。通常，含淀粉、糖等碳水化合物较多的作物含钾量较高。就不同器官来看，谷类作物种子中钾的含量较低，而茎秆中钾的含量则较高。此外，薯类作物的块根、块茎的含钾量也比较高。

钾能高速度透过生物膜，且具有与酶促反应关系密切的特点。钾不仅在生物物理和生物化学方面有重要作用，而且对体内同化产物的运输和能量转变也有促进作用。

1. 促进光合作用，提高 CO_2 的同化率

K^+ 在光合作用中起到重要的作用，K^+ 能保持叶绿体中类囊体膜的正常结构，促进类囊体膜上质子梯度的形成和光合磷酸化。钾除在叶绿体内促进电子在类囊体膜上传递，促进光合磷酸化和 ATP 的形成外，还能使氧化态辅酶Ⅱ（$NADP^+$）转变为还原态辅酶Ⅱ（NADPH），促进 CO_2 的同化。因此，供应适量的 K 素，可以增加叶片中碳水化合物的含量，即使在较弱的光照和较低的温度下，叶片也能表现出较高的 CO_2 同化效率。

2. 促进光合作用产物的运输

钾能促进光合作用产物向储藏器官运输，增加“库”的储存量。当钾不足时，植株体内糖、淀粉水解为单糖，从而影响“库”的形成。相反，当钾充足时，活化了淀粉合成酶等酶类、单糖向合成蔗糖和淀粉方向进行，可增加贮存器官中蔗糖、淀粉的含量。植物光合作用的产物必须从叶部向各组织器官运输，试验证明，充足的钾素供应能促进维管束组织的发育，加快光合产物的运转。

3. 促进蛋白质合成

钾通过对酶的活化作用，从多方面对氮素代谢产生影响。钾素供应充足时，对 NO_3^- 同化的硝酸还原酶的诱导合成有促进作用，增强酶的活性，提高了硝酸盐的还原利用效率。此外，蛋白质和核酸的合成均需要钾作为活化剂。

4. 参与细胞渗透调节作用

钾对调节植物细胞的水势有重要作用。植物对钾的吸收有高度的选择性，因此钾能顺利地进入植物细胞内。进入细胞内的钾不参加有机物的组成，而是以离子的状态累积在细胞质的溶胶和液泡中。K^+ 的累积能调节胶体的存在状态，也能调节细胞的水势，是细胞中构成渗透势的重要无机成分。细胞内 K^+ 浓度较高时，渗透势也随之增大，并促进细胞从外界吸收水分，从而引起压力势的变化，使细胞充水膨胀。

5. 调控气孔运动

钾能调节气孔的开闭。作物的气孔运动与渗透压、压力势有着密切的关系。在有阳光的条件下，保卫细胞内 K^+ 含量增加，胞内水势下降，引起保卫细胞吸水，膨压增高，促进气孔张开，气孔的阻力减少，从而提高了 CO_2 进入叶绿体的能力，提高了光合作用的效率。

6. 激活酶的活性

目前已知有 60 多种酶需要一价阳离子来活化，而其中 K^+ 是植物体内最有效的活化剂。钾能活化氧化还原酶类、合成酶类和转移酶类，这些酶参与糖代谢、蛋白质代谢以及核酸代谢等生理生化过程，对作物生长发育有着独特的生理功效。由于钾是许多酶的活化剂，所以供钾水平明显影响植物体内碳、氮代谢作用。

7. 促进有机酸代谢

钾参与植物体内氮的运输，它在木质部运输中常常是硝酸根离子（NO_3^-）的主要陪伴离子。钾有促进有机酸代谢的功能，同时也有利于对 NO_3^- 的吸收。钾能明显提高植物对氮的利用，也能促进植物

从土壤中吸取氮素。

8. 增强植物的抗逆性

钾有多方面的抗逆功能，它能增强植物的抗旱、抗高温、抗寒、抗病、抗盐、抗倒伏等能力，从而提高植物抵御恶劣环境的能力。这对作物稳产、高产有明显作用。

（1）抗旱性：增加细胞中钾离子的浓度可提高细胞的渗透势，防止细胞或植物组织脱水。同时钾还能提高胶体对水的束缚能力，使原生质胶体充水膨胀从而保持一定的充水度、分散度和黏滞性。因此，钾能增强细胞膜的持水能力，使细胞膜保持稳定的透性。渗透势和透性的增强，有利于细胞从外界吸收水分。此外，供钾充足时，气孔的开闭可随植物生理的需要而调节自如，使作物减少水分蒸腾，经济用水。因此钾有助于提高植物抗旱能力。此外，钾还可促进根系生长，提高根冠比，从而增强植物吸水的能力。

（2）抗高温：缺钾植物在高温条件下，易失去水分平衡，引起萎蔫。在炎热的夏天，缺钾植物的叶片常出现萎蔫，影响光合作用。

（3）抗寒性：钾对植物抗寒性的改善，与根的形态和植物体内的代谢产物有关。钾不仅能促进植物形成强健的根系和粗壮的木质部导管，而且能提高细胞和组织中淀粉、糖分、可溶性蛋白质及各种阳离子的含量。组织中上述物质的增加，既能提高细胞的渗透势，增强抗旱能力，又能使作物冰点下降，减少霜冻危害，提高抗寒性。此外，充足的钾有利于降低呼吸速率和减少水分损失，保护细胞膜的水化层，从而增强植物对低温的抗性。应该指出的是，钾对抗寒性的改善受其他养分供应状况的影响。一般来讲，施用氮肥会加重冻害，施用磷肥在一定程度上可减轻冻害，而氮、磷肥与钾肥配合施用，则能进一步提高作物的抗寒能力。

（4）抗盐害：增施钾肥有利于提高作物的抗盐能力。

（5）抗病性：钾对增加作物抗病性也有明显作用。在许多情况下，病害的发生是由于养分缺乏或不平衡造成的。Fuchs 和 Grossmann（1972）总结了钾与抗病性、抗虫性的关系。他们认为，氮与钾对作物的抗病性影响很大，氮过多往往会增加植物对病虫害的敏感性，而钾的作用则相反，增施钾肥能提高作物的抗病性。作物的抗性，特别是对真菌和细菌病害的抗性常与氮钾比有关。钾能使细胞壁增厚提高细胞木质化程度，因此能阻止或减少病原菌的入侵和昆虫的危害。另一方面，钾能促进植物体内低分子化合物（如游离氨基酸、单糖等）转变为高分子化合物（如蛋白质、纤维素、淀粉等）。可溶性养分减少后，有抑制病菌滋生的作用。

（6）抗倒伏：钾还能促进植物茎秆维管束的发育，使茎壁增厚，髓腔变小，机械组织内细胞排列整齐，因而增强了抗倒伏的能力。

（7）抗早衰：Header 和 Beringer（1981）在研究钾对冬小麦产量影响时发现，钾有防止早衰、延长子粒灌浆时间和增加千粒重的作用。防止作物早衰可推迟其成熟期，这意味着能使作物有更多的时间把光合产物运送到“库”中。究其实质，主要是施用钾肥后小麦子粒中脱落酸的含量降低，且使其含量高峰期时间后移，这是延长冬小麦灌浆天数、增加千粒重的重要原因。在冬小麦灌浆期间，充足的钾还能延缓叶绿素的破坏，延长叶的功能期。这也是抗早衰的一个原因。

不仅如此，钾还能抗 Fe^{2+}、Mn^{2+} 以及 H_2S 等还原性物质的危害。缺钾时，体内低分子化合物不能转化为高分子化合物，大量低分子化合物就有可能通过根系排出体外。低分子化合物在根际出现，给微生物提供了大量营养物质，使微生物大量繁殖，造成缺氧环境，从而使根际各种还原性物质数量增加，危害作物根系，尤其是水稻，常出现禾苗发红、根系发黑、土壤呈灰蓝色等中毒现象。如果供钾充足，则可在根系周围形成氧化圈，从而消除上述还原物质的危害。

三、钙、镁、硫的主要生理功能

（一）钙

植物体内钙的含量为 0.1% ～ 5%。不同植物种类、部位和器官的含钙量变幅很大。通常，双子叶植物含钙量较高，而单子叶植物含钙量较低；根部含钙量较少，而地上部较多；茎叶（特别是老叶）含钙量较多，果实、子粒中含钙量较少。在植物细胞中，钙大部分存在于细胞壁。

细胞内含钙量较高的区域是中胶层和质膜外表面；细胞器中，钙主要分布在液泡中，细胞质内较少。植物体的含钙量受植物的遗传特性影响很大，而受介质中钙供应量的影响却较小。钙的生理功能主要表现在以下方面。

1. 稳定细胞膜

钙能稳定生物膜结构，保持细胞的完整性。其作用机理主要是依靠钙把生物膜表面的磷酸盐、磷酸酯与蛋白质的羧基桥接起来。

钙对生物膜结构的稳定作用在植物对离子的选择性吸收、生长、衰老、信息传递及植物的抗逆性等方面有着重要的作用。概括起来有以下 4 个方面：有助于生物膜有选择性地吸收离子；能增强植物对环境胁迫的抗逆能力；可防止植物早衰；能提高作物品质。

2. 稳固细胞壁

植物中绝大部分钙以构成细胞壁果胶质的结构成分存在于细胞壁中。在发育健全的植物细胞中，Ca^{2+} 主要分布在中胶层和原生质膜的外侧，一方面可增强细胞壁结构和细胞间的黏结作用，另一方面对膜的透性和相关的生理生化过程起着调节作用。

3. 促进细胞伸长和根系生长

在无 Ca^{2+} 的介质中，根系的伸长在数小时内就会停止。这是缺钙导致细胞壁的黏结联系被破坏，抑制了细胞壁的形成，而且使已有的细胞壁解体。另外，由于钙是细胞分裂所必需的成分，在细胞核分裂后，分隔两个子细胞的细胞核就是中胶层的初期形式，它是由果胶酸钙组成的。在缺钙条件下，不能形成细胞板，子细胞也无法分隔，于是就会出现双核细胞的现象。钙是植物细胞伸长所必需的元素，但其作用机理目前尚未清楚。

4. 参与第二信使传递

钙能结合在钙调蛋白（calmodulin，简称 CAM）上对植物体内许多酶起活化功能，并对细胞代谢起调节作用。钙调蛋白是一种由 148 个氨基酸组成的低分子量多肽（MW ≈ 20 000），它对 Ca^{2+} 具有很强的亲和力和很高的选择性，并能同 4 个 Ca^{2+} 可逆地结合，具有激活植物体内多种关键酶的作用。

当无活性的钙调蛋白与 Ca^{2+} 结合形成 Ca-CAM 复合体后，CAM 因发生变构而活化。活化的 CAM 与细胞分裂、细胞运动、植物细胞中信息的传递、植物光合作用及生长发育等都有密切关系。

5. 起渗透调节作用

大部分 Ca^{2+} 存在于叶细胞的液泡中，对液泡内阴阳离子的平衡有重要作用。在随硝酸还原而优先合成草酸盐的那些植物种群中，液泡中草酸钙的形成使液泡以及叶绿体中游离 Ca^{2+} 的浓度处于较低的水平。草酸钙的溶解度很低，它的形成对细胞的渗透调节也很重要。

6. 起酶促作用

Ca^{2+} 对细胞膜上结合的酶非常重要，如 Ca-ATP 酶。该酶的主要功能是参与离子和其他物质的跨膜运输。Ca^{2+} 也能提高 α－淀粉酶和磷脂酶等酶的活性，还能抑制蛋白激酶和丙酮酸激酶的活性。

（二）镁

植物体内的镁含量为 0.05% ～ 0.7%。不同植物的含镁量各异，豆科植物地上部分镁的含量是禾本科植物的 2 ～ 3 倍。镁在植物器官和组织中的含量不仅受植物种类和品种的影响，而且受植物生育时期和许多生态条件的影响。一般来说，种子含镁较多，茎、叶次之，而根系较少；植物生长初期，镁大多存在于叶片中，到了结实期，则转移到种子中，以植酸盐的形态储存。

在正常生长的植物成熟叶片中，大约有 10% 的镁结合在叶绿素 a 和叶绿素 b 中，75% 的镁结合在核糖体中，其余 15% 或呈游离态或结合在各种镁可活化的酶和细胞的阳离子结合部位（如蛋白质的各种配位基团、有机酸、氨基酸和细胞质外体空间的阳离子交换部位）上。植物叶片中的镁含量低于 0.2% 时则可能出现缺镁的状况。

镁的营养功能主要体现在以下几个方面。

1. 叶绿素合成及光合作用

镁的主要功能是作为叶绿素 a 和叶绿素 b 卟啉环的中心原子，在叶绿素合成和光合作用中起重要作用。当镁原子同叶绿素分子结合后，才具备吸收光量子的必要结构，才能有效地吸收光量子进行光合碳同化反应。

镁也参与叶绿体中 CO_2 的同化反应。几乎所有的磷酸化酶、磷酸激酶、二磷酸核酮糖羧化酶（RuBp）都是在镁的参与下得到激活或活化，从而加强 CO_2 的固定，促进光合作用。

2. 蛋白质的合成

镁的另一重要生理功能是作为核糖体亚单位联结的桥接元素，能保证核糖体稳定的结构，为蛋白质的合成提供场所。当缺镁时，蛋白质和核酸合成立即停止。例如，当缺镁时，龙眼叶片 RNA 和 DNA 含量分别比镁充足时下降 36.9% 和 22.0%，蛋白态氮含量下降，非蛋白态氮含量提高，蛋白态氮占总氮的比例降低。

3. 酶的活化

植物体中一系列的酶促反应都需要镁或依赖于镁进行调节。如许多酶参与光合作用、糖酵解、三羧酸循环、呼吸作用、硫酸盐还原等过程的酶都需要 Mg^{2+} 来激活。镁还参与 ATP 酶的激活，而且还是作为 ATP 合成过程中 ADP 和酶之间必需的桥接组成成分。

（三）硫

植物含硫量为 0.1% ～ 0.5%，其变幅受植物种类、品种、器官和生育期的影响很大。十字花科植物对硫元素需求量最大，豆科、百合科植物次之，禾本科植物较少。硫在植物开花前集中分布于叶片中，果实成熟时叶片中的硫逐渐减少并向其他器官转移。

植物体内的硫有无机硫酸盐（SO_4^{2-}）和有机硫化合物两种形态。前者主要储藏在液泡中，后者主要是以含硫氨基酸如胱氨酸、半胱氨酸和蛋氨酸，及其化合物如谷胱甘肽等形态存在于植物体各器官中。有机态的硫是组成蛋白质的必需成分。

硫的主要营养功能体现在以下几个方面。

1. 在蛋白质合成和代谢中的作用

硫是半胱氨酸和蛋氨酸的组成成分，因此，也是蛋白质的组成成分。二硫键（-S-S-）在蛋白质的结构与功能上起着重要作用。缺硫时作物中蛋白质的形成受阻，从而影响作物产量和产品中蛋白质的含量。

2. 在电子传递中的作用

在氧化条件下，两个半胱氨酸氧化形成胱氨酸；而在还原条件下，胱氨酸可还原为半胱氨酸。胱氨酸—半胱氨酸氧化还原体系和谷胱甘肽氧化还原体系一样，是植物体内重要的氧化还原系统。

3. 其他作用

在脲酶、APS 磺基转移酶和辅酶 A 等许多酶和辅酶中，巯基起到酶反应功能团的作用。硫还是许多挥发性化合物的结构成分。虽然叶绿素的成分中没有硫，但硫对于叶绿素的形成的一定影响。缺硫时叶绿素含量降低，叶色褪淡，严重时呈黄白色。

四、硼、锌、铜、铁、锰、钼、氯的主要生理功能

（一）硼

硼属于类金属元素。与铁、锰、锌、铜等微量元素不同，硼不是酶的组成，不以酶的方式参与营养生理作用，至今尚未发现含硼的酶类；它不能与酶或其他有机物的螯合发生反应；没有化合价的变化，不参与电子传递；也没有氧化还原的能力。

植物体内硼的含量变幅很大，含量低的只有 2 mg/kg，含量高的可达 100 mg/kg。

植物体内硼的分布规律：繁殖器官高于营养器官，叶片高于枝条，枝条高于根系。硼一般集中分布在子房、柱头等花器官中，因为它对繁殖器官的形成有重要作用。硼在植物体中的移动性与植物的种类有关。根据硼在植物体中移动性的大小可把植物分成两大类：一类是以山梨醇、甘露醇等为同化产物运输形式的植物，如梨、苹果、樱桃、杏、桃、李等果树类，在这些植物中，硼容易与山梨醇、甘露醇等物质形成稳定的复合物，并随这些光合产物运输到植物的其他部位，因此在这些植物中，硼的移动性大；另一类是不含这些物质的植物，在这些植物中硼的移动性小，因此缺硼症状主要表现在

这些植物的幼嫩部位。

硼的主要生理功能表现在以下方面。

1. 促进体内碳水化合物的运输和代谢

硼的重要营养功能之一是参与糖的运输。研究资料表明，硼充足的植株与缺硼植株相比，植株吸收 CO_2 并形成光合产物时，前者内源性 ^{14}C 标记的光合产物转运的百分率比后者高。硼可提高糖运输的浓度。给予向日葵植株 $^{14}CO_2$，30 ～ 60 min 后观察到缺硼向日葵植株中 ^{14}C 的分布低于硼充足的植株。虽然运输的图像相同，但间隔一段时间后，硼充足的植株比缺棚的植株茎内的放射性物质到达的位置要多。

总之，缺硼使植物碳水化合物运输受阻，导致碳水化合物的代谢库如根尖、茎尖生长点及繁殖器官等缺乏碳水化合物，而在碳水化合物的代谢源如叶片则有大量的碳水化合物累积。

2. 参与半纤维素及细胞壁物质的合成

硼对于稳定细胞壁的结构十分重要，细胞壁内大量的硼被牢固地结合在细胞壁上，从而增加细胞壁的稳定性。结合在细胞壁上的硼量大致可以反映出植物对硼的需求量，双子叶植物对硼的需求量远远超过单子叶植物，这与其细胞壁组成中含有较多的能与硼络合的顺式二元醇构型化合物有关。缺硼时植物细胞壁微结构变粗，层次减少，初生壁不平滑，上面有与细胞膜物质混合的泡状聚集物呈不规则沉积。缺硼使细胞壁不规则加厚，高尔基体形态发生变化，叶绿体和线粒体中基质退化和减少。

3. 促进细胞伸长和细胞分裂

缺硼最明显的反应之一是主根和侧根的伸长受到抑制，甚至停止生长，使根系呈短粗丛枝状。根系的生长与植物体内 IAA 的水平直接相关。一般认为，硼能控制植物体内 IAA 水平，保持其促进生长的生理浓度和合理分布，有助于植物的生长与组织分化。硼对生长调节剂的影响是通过间接地影响酶系统和 IAA 运输实现的。据研究，缺硼时，植物体生长发育点 IAA 累积，而叶片、叶柄及繁殖器官中 IAA 含量低于正常硼处理植株。造成这一现象的原因有四点：其一，硼酸盐通过与 IAA 氧化酶的抑制剂络合，钝化 IAA 氧化酶系统，保护 IAA 氧化酶活性，促进 IAA 氧化和分解，缺硼时，上述抑制剂活化，IAA 氧化酶系统被抑制，IAA 积累。其二，酚类化合物是 IAA 氧化酶的重要抑制剂。缺硼使酚类化合物积累。其三，生长点是 IAA 产生的主要场所，其他部分的生长素大部分靠从生长点等部位运输进去，在缺硼时，质膜的透性和完整性受损，输导组织被堵塞和破坏，因而 IAA 运输受阻，造成生长点 IAA 累积，而其他部位缺乏生长素。其四，缺硼损伤了某些植物器官基本生长过程，使 IAA 利用减少，从而 IAA 在细胞内累积。

4. 促进生殖器官的建成和发育

人们很早就发现，植物的生殖器官，尤其是花的柱头和子房中硼的含量很高。试验证明，硼能促进植物花粉的萌发和花粉管伸长，减少花粉中糖的外渗。所有缺硼的高等植物，其生殖器官的形成均受到影响，出现花而不孕的现象。缺硼会抑制植物细胞壁的形成，细胞伸长不规则，花粉母细胞不能进行四分体分化，从而导致花粉粒发育不正常。由此可见，硼与受精作用关系十分密切。缺硼还会影响种子的形成和成熟，这是缺硼引起落花、落蕾造成的。此外，还有 “有壳无仁” 现象也是缺硼所引起的。果树缺硼会明显影响花芽分化，致使结果率低，果肉组织坏死，果实畸形。

5. 调节酚的代谢和木质化作用

缺硼使磷酸戊糖途径加强，从而导致酚类化合物合成增加，使缺硼植物体内酚类化合物积累。这些物质的积累一方面抑制了生长素氧化酶的活性，另一方面还影响膜的结构及其透性。酚类化合物在筛管中易还原成醌，使韧皮蛋白管和丝状体网受到破坏。因此，酚类化合物的累积与缺硼植物生长点生长素的累积、同化产物的运输受阻、养分离子的吸收减少等变化均有关系。

硼还参与木质素合成。相关研究表明，结合到缺硼的离体棉花胚珠纤维素中的 ^{14}C- 乳清酸比有硼条件下低 50%，说明硼影响了纤维素的合成。木质素合成受硼的影响主要体现在以下 2 个方面：

（1）硼通过影响酶促反应维持 UDPG 浓度，而后者是合成木质素的中间产物。

（2）硼与形成木质素的前体如咖啡酸和羟基阿魏酸等络合，形成硼酸盐络合物，防止它们转化为醌类，从而促进木质素合成。

缺硼使植株内木质素水平下降，木质化作用减弱，进而导致植株输导组织被破坏，影响物质转运，导致植株组织坏死。

6. 提高豆科植物根瘤的固氮能力

硼可以提高豆科植物根瘤的固氮能力并增加固氮量，这与硼充足时能改善碳水化合物的运输，为根瘤提供更多的能源物质有关。

此外，硼还能促进核酸和蛋白质的合成及生长素的运输，在提高植物抗旱性等方面也有一定的作用。

（二）锌

植物正常锌含量为 25 ～ 150 mg/kg（干重）。锌含量常因植物种类及品种不同而有差异。植物各部位的含锌量也不相同，一般多分布在茎尖和幼嫩的叶片中。

锌的主要营养功能有以下方面。

1. 某些酶的组成成分或活化剂

现已发现锌是许多酶的组成成分。例如乙醇脱氢酶、铜锌超氧化物歧化酶（CuZn-SOD）、碳酸酐酶和 RNA 聚合酶都含有结合态锌。植物中存在着相当数量的需锌酶，锌在这类酶中的主要功能可归纳为催化、辅因子和组成成分等三方面的功能（Marchner，1995）。在锌起催化作用的酶中，锌具有 4 个配位基，其中 3 个是与氨基酸结合［最常见的氨基酸为精氨酸（His），其次为谷氨酸（Glu）和天门冬氨酸（Asp）］。而在锌为组成成分的酶中，锌主要与 4 个半光氨酸的含硫组成成分结合形成稳定性较高的三级结构。除乙醇脱氢酶外，所有含锌的酶均为每分子蛋白质含 1 个锌原子（Oleman，1992）。

2. 参与生长素的代谢

锌在植物物体内的主要功能之一是参与生长素的代谢。试验证明，锌能促进吲哚和丝氨酸合成色氨酸，而色氨酸是生长素的前身，因此锌间接影响生长素的形成。有研究表明，缺锌会减少番茄生长素的数量，主要是由于缺锌时生长素合成前体色氨酸含量降低，而供给叶片色氨酸后生长素能正常形成（Cakmak et al.，1989）。

3. 参与光合作用中 CO_2 的水合作用

许多需锌酶参与植物中的碳水化合物代谢，除前面提到的碳酸配酶外，比较关键的酶还有 1,6– 二磷酸果糖磷酸酶及 1,6– 二磷酸醛缩酶，两者均存在于植物染色体及细胞质里，1,6– 二磷酸果糖磷酸酶是六碳糖在叶绿体及胞质中分配的关键酶，1,6– 二磷酸醛缩酶则调节光合产物中 3 碳糖向 6 碳糖的转化。在缺锌的植物叶片，由于 1,6– 二磷酸果糖磷酸酶活性下降较大，造成糖和淀粉等碳水化合物的积累。缺锌造成碳水化合物积累的程度会随着光强度的增加而提高（Maxschner and Cakmak，1989）。

4. 促进蛋白质代谢

锌与蛋白质代谢有密切关系，缺锌时蛋白质合成受阻。因为锌是蛋白质合成过程中多种酶的组成成分。此外，锌不仅是核糖和蛋白体的组成成分，也是保持核糖核蛋白体结构完整性所必需的元素。

5. 促进生殖器官发育和提高抗逆性

锌对植物生殖器官发育和受精作用都有影响。锌可增强植物对不良环境的抵抗力，它既能提高植物的抗旱性，又能提高植物的抗热性。

（三）铜

植物需铜量不多。大多数植物的含铜量在 5 ～ 25 mg/kg（干重），多集中于幼嫩叶片、种子胚等生长活跃的组织中，而茎秆和成熟的叶片中较少。植物含铜量常因植物种类、植株部位、成熟状况、土壤条件等因素而有变化，且不同种类作物体内的铜含量差异很大。

铜离子形成稳定性络合物的能力很强，它能和氨基酸、肽、蛋白质及其他有机物质形成络合物，如各种含铜的酶和多种含铜蛋白质。含铜的酶类主要有 SOD、细胞色素氧化酶、多酚氧化酶、抗坏血酸氧化酶、吲哚乙酸氧化酶等。各种含铜酶和含铜蛋白质有着多方面的功能。

1. 参与体内氧化还原反应

铜是植物体内许多氧化酶的成分，或是某些酶的活化剂。铜还能催化脂肪酸的去饱和作用和羧化作用，在这些氧化反应中铜也起电子传递的作用。

2. 构成铜蛋白并参与光合作用

叶片中的铜元素大部分结合在细胞器中，尤其是叶绿体中的铜含量较高。铜与色素可形成络合物，对叶绿素和其他色素有稳定作用，特别是在不良环境中能防止色素被破坏。此外，铜也积极参与光合作用。

3. SOD 的重要组成成分

近些年来，又发现铜与锌共同存在于 SOD 中。铜锌超氧化物歧化酶是所有好氧有机体所必需的。

4. 参与氮素代谢，影响固氮作用

铜还参与植物体内的氮素代谢作用。在蛋白质形成过程中，铜对氨基酸活化及蛋白质合成有促进作用。

铜对共生固氮作用也有影响，它可能是共生固氮作用过程中某种酶的成分。

5. 促进花器官的发育

禾本科植物缺铜会影响其生殖生长。

（四）铁

大多数植物的含铁量在100～300 mg/kg(干重)，并且常随植物种类和植株部位的不同而有所差异。铁是植物体内一些重要酶的辅基，如细胞色素、细胞色素氧化酶、CAT等，在植物体内的运转主要是以柠檬酸络合物形态存在的。由于它常位于一些重要氧化还原酶结构上的活性部位，起着传递电子的作用，因而对糖类、脂肪和蛋白质等物质代谢过程中还原反应的催化有着重要的影响，并与叶绿素形成及碳、氮代谢有着密切联系。

一般认为，Fe^{2+}是植物吸收铁元素的主要形式，螯合态铁也可以被吸收，Fe^{3+}在高pH值条件下溶解度很低，多数植物都难以利用。

铁的营养功能主要有以下方面。

1. 叶绿素合成的必需元素

在多种植物体内，大部分铁存在于叶绿体中。铁是铁氧还蛋白的重要组成成分，在光合作用中起到传递电子的作用。研究表明，缺铁使小白菜叶片中叶绿素总量比对照降低46.33%，可溶性糖减少26.61%，维生素C减少35.65%。缺铁会对叶绿素的生物合成及叶绿体结构产生不良影响，并使光合作用在一定程度上受到抑制。

2. 参与体内氧化还原反应和电子传递

铁的另一主要功能是参与植物细胞内的氧化还原反应和电子传递。铁在作物体内有化学价的变化，在电子传递过程中，Fe^{2+}氧化为Fe^{3+}。铁是血红蛋白和细胞色素的组成成分，也是细胞色素氧化酶、CAT、POD等的组成成分。细胞色素不仅在呼吸链中起到传递电子作用，而且在光合作用中也起到传递电子的作用。

3. 参与植物呼吸作用

铁还参与植物细胞的呼吸作用，因为它是一些与呼吸作用有关的酶的成分。铁缺乏将对其他代谢过程产生影响，如降低醣含量，特别是还原糖、有机酸以及维生素B_2等的含量。

（五）锰

植物体内锰的含量高，但锰含量变化幅度很大。锰对于作物体内的多种生理生化过程有很大影响，它参与光合作用，能加强种子萌发时淀粉和蛋白质的水解，对种子的萌发及幼苗的生长十分有利。锰元素充足可以增强植物对某些病害的抗性，缺锰会影响蛋白质的合成，造成作物叶片中游离氨基酸有所累积。同时作物中的锰还是合成维生素C和核黄素的重要元素。锰元素的营养功能主要有以下方面。

1. 直接参与光合作用

在光合作用中，锰参与水的光解和电子传递。

2. 调节酶活性

锰在植物代谢过程中的作用是多方面的，如直接参与光合作用，促进氮素代谢，调节植物体内氧化还原状况等，而这些作用往往是通过锰对酶活性的影响来实现的。

3. 促进种子萌发和幼苗生长

锰能促进种子萌发和幼苗早期生长，因为它对生长素促进胚芽鞘伸长有刺激作用。锰不仅对胚芽鞘的伸长有刺激作用，而且能加快种子内淀粉和蛋白质的水解过程，促使单糖和氨基酸能及时供幼苗利用。锰对根系的生长也有影响。

（六）钼

在16种必需营养元素中，植物对钼的需要量低于其他元素，其含量范围为0.1～300 mg/kg（干重），通常含量不到1 mg/kg。

钼的营养功能主要体现在以下方面。

1. 硝酸还原酶的组成成分

钼的营养作用突出表现在氮素代谢方面。它参与酶的金属组成成分，并发生化合价的变化。在植物体中，钼是硝酸还原酶和固氮酶的成分，这两种酶是氮素代谢过程中不可缺少的。

2. 参与根瘤菌的固氮作用

钼的另一重要营养功能是参与根瘤菌的固氮作用。

3. 促进植物体内有机含磷化合物的合成

钼与植物的磷代谢有密切关系。

4. 参与植物体内的光合作用和呼吸作用

钼对植物的呼吸作用也有一定的影响。

5. 促进繁殖器官的建成

钼除在豆科植物根瘤和叶片脉间组织积累外，在繁殖器官中含量也很高。这表明它在受精和胚胎发育中有特殊作用。

（七）氯

氯是一种比较特殊的矿质营养元素，它普遍存在于自然界，在7种植物必需的微量元素中，植物对氯的需要量最大。高等植物真正的代谢物中尚未发现氯，其必需的作用似乎在于其生化惰性，这使其适合于具有生物化学或生物物理上重要意义的渗透作用和阳离子中和作用。在植物体中，氯以离子（Cl^-）态存在，移动性很强，易在植物组织中转移。氯的功能是在钾流动迅速时充当平衡离子，以便维持叶片和植株其他器官的膨压。氯的营养功能主要体现在以下方面。

1. 参与光合作用

在光合作用中，氯作为锰的辅助因子参与水的光解反应。在光合作用光系统Ⅱ的释氧过程中起作用。叶绿素中测出高达11%的氯水平。

2. 调节气孔运动

氯离子通过渗透作用来影响植物水势，如对膨压、叶水势和渗透势的调节。气孔保卫细胞水势的变化对气孔的开张和关闭有调节作用。

3. 激活 H^+–ATP 酶

以往人们了解较多的是原生质上的 H^+-ATP 酶，它受 K^+ 的激活。而在液泡膜上也存在有 H^+-ATP 酶。与原生质上的 H^+ATP 酶不同，这种酶不受一价阳离子的影响，而专靠氯化物激活。

4. 抑制病害发生

施用含氯肥料对抑制病害的发生有明显作用。美国蒙大拿州立大学的 V. Haby 在 Huntley 实验站发现，施用氯化钾比施用含钾量相等的硫酸钾时更能降低镰刀菌旱地根腐病对小麦的侵染，施氯化钾可减轻玉米茎腐病的严重程度，但起抑制作用的是氯而不是钾，因此施硫酸钾对该病无效。钾肥、磷肥研究所的 Von Uexkull 认为，氯能抑制油棕和椰子的某些叶腐病和根腐病。

5. 其他作用

在许多阴离子中，Cl^- 是生物化学性质最稳定的离子，它能与阳离子保持电荷平衡，维持细胞内的渗透压。植物体内氯的流动性很强，输送速度较快，能迅速进入细胞内，提高细胞的渗透压和膨压。渗透压的提高可增强细胞吸水能力，并提高植物细胞和组织束缚水分的能力，这就有利于促进植物从外界吸收更多的水分。在干旱条件下，也能减少植物丢失水分。提高膨压后可使叶片直立，延长叶片的功能期。作物缺氯时，叶片往往失去膨压而萎蔫。氯对细胞液缓冲体系也有一定的影响。氯在平衡离子方面的作用，可能有特殊的意义。

氯对酶活性也有影响。氯化物能激活利用谷氨酰胺作为底物的天冬酰胺合成酶，促进天冬酰胺和谷氨酸的合成。氯在氮素代谢过程中有着重要作用。

适量的氯有利于碳水化合物的合成和转化。

第三节　林木营养诊断与矫治

一、林木营养诊断原理

林木施肥是一项提高土壤肥力、改善林木营养状况和促进林木生长，达到优质、高产、高效、降低成本的营林措施。林木生长发育需要从土壤中吸收多种营养元素，有些林地土壤贫瘠需要补充养分；有些林地，由于长期连续栽培，土壤养分递减，需要将亏损的养分归还土壤。林木施肥的目的在于满足上述需求，从而增加林木生物量的积累，缩短成材年限，提高经济效益。随着人工林的持续经营，许多连栽人工林出现了产量下降、土壤肥力退化等现象，特别是在短周期工业原料林中，如桉树、杉木等速生树种，这一现象更为突出。因此，施肥日渐引起人们的重视，目前，施肥已成为工业用材林培育中必不可少的营林措施。但相对农作物和果树来说，农业上已形成了营养诊断及施肥一整套较为成熟的技术，而林木由于周期长、营养特性与 1 年生的农作物不同及立地的异质性等因素的影响，虽然不少学者对林木的施肥进行了研究，但得出的结果不尽相同，不同肥料元素、不同树种、不同生长期及不同地区的施肥效果都有正反两方面的报道。这给生产者的实际应用造成了极大困难。加上缺乏计量概念，长期以来林木施肥大多凭经验，或施用量过大，或不注意肥料之间的配合，浪费现象很普遍，甚至造成“肥害”或肥料不足而常出现生理病症。随着林权制度改革的深化以及集约化经营程度的提高，生产单位、林农都迫切需要通过土壤和植株营养诊断技术来指导施肥，以期达到既节约肥料，又使林地发挥最大的增产潜力的目的，提高营林的经济效益。

每种营养元素在植物组织内的含量通常存在缺乏、适量和过剩 3 种情况。当植物组织内某种营养元素处于缺乏状况，即含量低于养分临界值（植物正常生长时体内必须保持的养分数量）时，植物产量随营养元素的增加而迅速上升；当植物体内养分含量达到养分临界值时，植物产量即达最高点；超过临界值时，植物产量可以维持在最高水平上，但超过临界值的那部分营养元素对植物产量不起作用，这部分养料的吸收为奢侈吸收；而植物体内养分含量大大超过养分临界值时，植物产量非但不增加，反而有所下降，即发生营养元素过量毒害。与其他植物一样，养分是林木生长发育的物质基础，树体营养元素浓度与林木生长量、产量有密切的关系，如果比例失调，林木将会失去生理平衡。植物生长量是叶片中营养元素的强度和它们之间的平衡这 2 个变数的函数，只有在最适强度和最佳平衡条件下，才能获得最高生长量或产量。林木必须通过合理施肥，使树体营养元素浓度保持适当的水平与比例，才能实现稳产、高产的目的。这是林木施肥与营养诊断的理论基础。

一般来说，植物养分浓度在养分供应的整个范围内一直保持增长，在养分不足阶段，由于生长的稀释作用而增加缓慢，但在养分毒害阶段，由于积累作用而增长迅速。此外，在进行植物的培养试验时，人们通过分析植物常可发现，当提高一种限制性养分的供应量，并使得植物生长量增加时，会降低其他非限制性营养元素在植物组织中的浓度，即所谓的“稀释效应”，这种“稀释”作用的发展会使原来非限制性的养分降低到限制生长的程度。也就是说，只给培养介质单独增加某一种养分的供应时，可能导致其他养分的缺乏。因此在研究养分供应与植物产量之间的关系时，还必须注意各种养分之间的相互关系。

二、林木营养障碍的成因

林木生长发育不良除去病虫害方面的原因，大多数是因营养障碍而形成的，营养障碍可以是某些养分元素的缺乏，也可以是某些养分元素的过剩，或者是某些化学物质造成的中毒导致营养失调。这些原因大致可以分成土壤、气候、作物和栽培技术等方面。

（一）土壤

土壤是林木赖以生长发育、吸收各种必需养分的基地。各地区土壤类型不同，供肥能力差异很大。有些土壤在本质上就存在缺陷，未经改良之前，这些土壤上的林木很容易出现营养障碍现象。

1. 土壤瘠薄、养分缺乏

在造成林木营养不良的许多原因中，土壤瘠薄和养分供应不足往往是主要的原因。广西林业科学研究院的 2017 ～ 2019 年广西主要用材林土壤监测统计数据显示，95% 的林地土壤速效磷含量在 3 mg/kg 以下，属 5 ～ 6 级缺磷和极缺磷土壤。在这些土壤上林木营养障碍的主要原因是土壤氮磷养分供应不足。一些偏酸，偏碱、偏沙和有机质贫乏的土壤也易发生土壤有效养分含量低、供应不足的问题，导致林木出现各种缺素症状。

2. 土壤酸碱度不适

土壤酸碱度（pH 值）对土壤养分的有效性和林木根系的吸收能力均有很大的影响。一般情况下，在土壤 pH 值接近中性和微酸性时对林木生长最为有利。土壤中微量元素有效性与 pH 值关系最为密切，铁、锰、铜、锌、硼等的有效性随土壤 pH 值的升高而下降，而钼的有效性则与之相反，在土壤 pH 值高时其有效性会提高。

3. 土壤物理性质不良

土壤过沙或过黏都不利于根系对养分的吸收。土壤紧实度增加，使土壤通气性变差，即使含有足够的养分也不能被林木吸收。土壤物理性状与土壤水分供应和根系发育的关系甚为密切，许多营养障碍情况的出现都与土壤物理性质不良有关。

4. 土壤受污染状况

未经处理的工业废水、废渣的排放使土壤中积累了大量有毒物质，使生长在这种土壤上的林木出现中毒症状，有时这些症状还与林木营养物质过剩或缺乏并发。

（二）气候

各种气候因素如气温、降水、光照等往往是一些营养障碍发生的诱因。如低温一方面使林木根系吸收能力下降，另一方面也降低土壤中微生物的活性，减慢养分的有效化释放过程。土壤干旱或过湿都不利于林木生长，如土壤干旱时林木易发生缺硼症、缺钙症，而土壤过湿，通气不良，会导致林木的叶片变黄，出现缺氮和缺钾的症状。桂林和柳州一带大面积分布的紫色土壤虽然含铁量不低，但夏季高温骤雨时桉树（广林九号）很容易出现缺铁黄化的现象。有不少营养障碍症的出现与光照不足有关，这是因为光照不足使林木叶片中不能形成足够的光合产物。但有时光照过强也会导致林木缺锌，可能与生长素的形成有关。

（三）植物

由于植物的基因型不同，它们对土壤中某些营养元素丰缺的敏感程度有很大的差别。在同一含铁量的土壤里，广林九号较尾巨桉 DH 系列更易发生缺铁黄化。桉树对土壤硼的供应非常敏感，而杉木、马尾松却不易出现缺硼症。林木生育时期的不同阶段对养分元素的敏感性有很大差异，如桉树在 1 ～ 2 年较容易出现缺铁黄化，4 年以后基本不会出现缺铁黄化。

（四）栽培技术

由于栽培措施不当导致林木出现营养障碍的情况，多出现在不合理施肥的时候。健康生长发育的林木体内各种营养元素之间保持着良好的平衡状态，而施肥不合理，偏施某种营养成分会导致其他成分的相对不足，出现营养障碍。

外因通过内因起作用。当土壤或植物体内某种营养元素的含量处于最低或接近最低水平时，植物体内与该养分元素有关的代谢过程就会不同程度地失调。代谢失调引起组织上的变化，再发展就会产生目视可见的症状。养分元素的缺乏有可能是土壤中缺素造成的绝对短缺；也有可能是由于拮抗作用而造成的相对短缺，如土壤中磷素过多会诱导植株缺锌。更多的相对短缺情况是由于某一元素的使用使植物生长加速时，另外一些养分元素处于稀释状态而成为相对缺素。

从植物生理生化的角度来看，当养分元素处于最低水平时所引起的症状可以分为以下类型。

1. 代谢阻塞或中断

（1）当缺乏某种养分时，不能形成新的代谢物。如缺镁时，叶绿素分子合成受阻。

（2）缺乏某种养分元素时，酶活性受抑制。如缺铜时，多酚氧化酶不能形成黑素，但铜本身不是黑素的组成成分。

（3）缺乏某种养分时，使某种代谢物质不能被利用而积累，如缺钾时酰胺积累而致中毒。

2. 代谢反应逆转

当氮素缺乏时，植物体内氮代谢的一些过程会从合成转变为分解。

缺硼使植物体内促进细胞分裂的激素增多，改变代谢方向。

3. 解毒机制的破坏

某些养分元素表现为某些有毒物质的解毒抗体，其缺乏使解毒拮抗作用减弱而出现毒害，最明显的是缺铁导致的一些重金属元素的毒害作用。因此铁是植物体内不可或缺的解毒剂。

4. 植物细胞内生环境的改变

这种改变无专性反应，如钾元素的缺乏使细胞内渗透压降低，不能维持细胞膨压，也可使细胞内胶体性质变化。但尚未发现有缺钾的专性反应。

一个植物营养诊断工作者如果追踪某一养分元素从缺乏到最终导致林木减产的全过程，则可以看到林木大约经历了以下阶段：

（1）养分元素供应不足使最小养分律开始起作用。

（2）在植物组织中可发现一定的化学变化。

（3）在植物组织中可发现组织学上的失常。

（4）生长停滞。

（5）出现目视症状。

（6）出现并发症，如缺硫植物增加了对氯的吸收，诱发多汁性，这是缺硫植物后期的次生症状。

（7）产量降低。

从上述发病过程可以知道，当出现肉眼可以辨别的目视症状时（阶段 5），采取校正措施虽然还能见效，但为时已晚。从阶段 3 至阶段 7 可以用显微镜或组织切片的办法观察到病理过程，而用化学分析的方法则从阶段 2 开始就可以诊断出早期的缺素症状。

植物营养诊断的早期发展是从目视症状的发现和判断开始的。几十年来在诊断技术上取得了很大的进步，但是最大的进展是在植物营养诊断的目标和观念上发生了很大的变化。如果说，过去的营养诊断是“发病”后的“治病”，用施肥等措施来“矫正”各种营养障碍性失调，那么，现代的植物营养诊断科学已发展成为一门通过早期诊断，保证林木健康生长发育，从而达到高产的学科，简单地说是从“治疗”发展为“保健”。

三、营养诊断程序

为了正确地进行植物营养诊断工作，应认真遵循下列程序。

（一）观察

观察是发现问题的手段，也是诊断工作的开端。作为营养障碍诊断总是以某种异常现象如生长速度、株型长相及色泽的变异等为开端。但林木生育异常的原因很多，如病虫害、药害、肥害、天气异常等，而且有些病状可能十分相似。因此，首先要排除营养失调以外的原因。实践中营养障碍症状和病虫害症状常易混淆，疏忽大意就容易误诊。一般说来，缺素与病理病存在着一定的差别（表 5-1）。

表 5-1 缺素症与病理病的若干区别

关系	病理病	缺素症
发生发展过程	一般有明显的发病中心	无发病中心，以散发为多
与土壤的关系	与土壤类型、特性大多无特殊的关系，但与肥力水平有关，有通常以肥田多发的倾向	与土壤类型、特性有明显的关系。土壤类型不同，发病与否截然不同，不同肥力水平的土壤都可发生，但贫瘠的土壤多发。
与天气的关系	一般阴霾多湿的天气多发，群体郁蔽时更甚	与地上的湿度关系不大，但土壤长期干燥或者渍水，可促发某些缺素症

另一方面，在观察中，即使检出某种病原物时，仍应注意与营养失调的可能关系，因为缺素与病理病之间常存在着密切的因果关系，例如桉树萌芽林梢枯病以缺铁、硼为诱因。此外，不良气候条件也会引起林木生长异常，出现类营养障碍的病状。例如，初冬的寒潮过境，低温使叶绿素减退，常导致桉树幼苗叶片普遍变红，但这些现象通常是暂时的，天气恢复正常后短期内即能复原。

（二）调查

在排除其他致病因素之后，接着进行必要的现场调查，内容如下。

1. 症状类型及其特点

症状表现的类型指失绿、黄化、色斑及林木形态有无畸形等，如叶小、扭曲、变粗等；症状出现的部位，即植株的上部或下部，株型长相、长势等。如疑为元素过剩中毒时则更需注意调查地下根部的变异等，力求详尽确切。

2. 环境条件

主要是土壤，包括土壤类型、所处地形位置、母质类型、质地、土壤pH值、水文条件等。其次是天气，发病前有否长期干旱或阴雨以及特殊天气。怀疑元素过剩中毒则需查明有无污染物及其种类、来源等。

3. 发病经过

向栽培管理人员询问症状发生经过，何时起病、最初症状、发展变化情况等。

4. 栽培管理过程

应注意施肥用药状况，如肥料和农药的种类，数量，有机肥施用情况等。必要时还包括前作种类、耕作措施及施肥情况等。

（三）现场速测

对于比较简单的缺素诊断，通过现场速测，结合形态症状大多可以做出判断，即使是疑难问题，速测对帮助梳理头绪、收缩目标范围也是很有用的。例如简单的土壤 pH 值速测，可以帮助判断可能缺乏哪一类元素。如果元素过剩，则会出现偏酸反应。

（四）采样分析

在田间诊断不能做出肯定判断，需要进一步研究时，则需采集植株和土壤样本进行分析。样本一般包括有病的和健康的，以做对比。正常健康的样本，原则上应从另外田块或从不属于同一类型的土壤上采集，以确保诊断准确。发病田块中也有外形正常的植株，但很可能是潜在性的缺乏或有过剩的潜在影响。如果要查明障碍元素的临界含量，则应尽可能采集包括从症状严重到完全正常这一范围中各种不同程度的样本，使样本群的某一元素含量范围扩大并具有较多的元素含量数据，以便能比较准确地显示林木生长与某一元素含量的关系，从而找到精确的临界值。

（五）校验

外形诊断、化学诊断等诊断结果，大多是基于相关性的一种判断，有时仍有失误可能，因此为防止判断失误，常需要进行校验。校验方法一般采用施肥试验（栽培试验），因为这是以植物对某种元素的直接反应为依据的，是最可靠的检验方法。

（六）总结

在完成上述各项工作后，着手整理资料，撰写总结，提出诊断结论、防治意见或合理施肥的建议。

四、林木营养诊断技术

养分是林木生长发育的物质基础，树体营养元素浓度与林木生长量、产量和品质有着密切的关系，这是林木施肥与营养诊断的理论基础。林木营养诊断是预测、评价肥效和指导施肥的一种综合技术。我国林木营养诊断研究起步较晚，主要包括土壤分析和叶分析两方面的研究。土壤肥力评价是一个复杂的过程，林木生长的好坏，可见症状的出现反映着肥力的差异，而林木养分缺乏的原因可能不全是土壤肥力问题，有时包括根部病害和连作。因此土壤分析需要与林木生长状况结合起来，林木营养才有诊断意义。

矿质营养是植物生长发育、产量形成和品质提高的基础，矿质营养分析与诊断技术是精准施肥的前提。通过对植物进行营养诊断来跟踪植物营养是否亏缺，了解其需肥关键时期，从而指导人们适时适量地追施肥料，满足植物最佳生长需要，以实现生产施肥按需进行，最终达到经济环保的目的。

20世纪60年代以来，随着分析仪器的发展和改进，植物营养诊断方法及其应用均有较大的进展，研究者相继提出了诸多方法。这为我们生产中选择应用这些方法带来了灵活性，同时也带来了艰巨性。诊断方法直接影响诊断结果的准确性和实用性，因此，如何选择正确合理、经济实用的诊断方法已成为人们日益关注的问题。我国林木营养诊断研究起步较晚，20世纪90年代后才有相关报道。田间试验虽然是一种评价林木生长潜力最可靠的方法，但是它要求技术熟练，而且调查面积大，确定肥效反应的时间长，所需成本也高。因此，林木营养诊断目前主要包括土壤分析和植物分析2个方面的研究，本书对近来农林业生产中应用的各种诊断方法进行了比较分析，现总结如下。

（一）植物组织分析诊断法

植物的生长除受光照、温度与供水等环境因素影响外，还与必需营养元素的供应量密切相关。植物养分浓度与产量密切相关，因此，植物组织养分浓度可以作为判断植物营养丰缺水平的重要指标。植物组织分析一般采用叶分析法，这是因为叶片的矿质养分比较多，并且对植物营养元素的丰缺变化最为敏感，样品的采集和制备相对容易。

许多研究结果表明，叶片是营养诊断的主要器官。养分供应的变化在叶片上的反映比较明显，叶分析法是营养诊断中最易做到标准化的定量手段，但有时仅凭元素总含量还难以说明问题，尤其是钙、铁、锌、锰、硼等特别容易在树体和叶片中表现生理失活的元素，往往总量并不低，但是由于丧失了运输或代谢功能上的活性导致缺素症状的发生。因此，除叶分析法外，还可根据不同的诊断目的，运用其他植物器官的分析方法，或运用相对于全量分析的分量分析，以及组织化学、生物化学分析和生理测定手段。

（二）土壤分析诊断法

土壤分析诊断法是应用化学分析方法来诊断树体营养时最先使用的方法。植物组织分析反映的是植物体的营养状况，而通过对土壤（基质）分析则可判断土壤环境是否适宜根系的生长活动，即土壤能否提供生长发育的条件。通过土壤分析可提供土壤的理化性质及土壤中营养元素的组成与含量等诸多信息，从而使营养诊断更具针对性，也可以做到提前预测，同时该法还具有诊断速度快，费用低，适用范围广等优点。

但也有大量的研究表明，土壤中元素含量与树体中元素含量并没有明显的相关关系，因此土壤分析并不能完全解决施肥量的问题，只有同其他分析方法相结合，才能起到应有的诊断作用。

（三）植物外观诊断法

各种类型的营养失调症，一般在植物的外观上有所表现，如缺素植物的叶片失绿黄化，或呈暗绿色、暗褐色，或叶脉间失绿，或出现坏死斑，果实的色泽、形状异常等。因此，生产中可利用植物的特定症状、长势长相及叶色等外观特性进行营养诊断。

植物外观诊断法的优点是直观、简单、方便，不需要专门的测试和样品的处理分析，可以在田间立即做出较明确的诊断，指导施肥，因此在生产中普遍应用。这是目前我国大多数农民习惯采用的方法。但是这种方法的缺点是只能等植物表现出明显症状后才能进行诊断，因此不能进行预防性诊断，起不到主动预防的作用；且由于此种诊断需要丰富的经验积累，又易与机械及物理损伤相混淆，特别是当几种元素丰缺造成相似症状的情况下，更难做出准确的判断，所以在实际应用中有很大的局限性和延后性。

胁迫病症是指植物在某种极端环境下产生的特殊病症。必需营养元素超出浓度极限（最低和最高）会使植物产生缺素或中毒病症。

（1）依据营养元素的移动性来掌握胁迫病症开始出现的部位。在植物体内易移动的营养元素一般有 N、P、K、Mg、Zn 等，缺素病症多在下位枝叶（老组织）先出现。

在植物体内移动性较差营养元素一般有 B、Ca、Fe、S、Mn、Mo、Cu、Cl 等，上位枝叶（新生组织）先出现缺素病症。

中毒病症则相反。即易移动的元素中毒病症最先出现在上位枝叶（新生组织），移动性较差的营养元素中毒病症最先出现在下位枝叶（老组织）。

（2）植物缺素病症的一般表现规律。各种元素的缺素病症都有特殊的表现症状（表 5-2）。

表 5-2　植物缺素病症表现症状

老组织先出现	斑点出现情况	易	N	新叶淡绿色、老叶黄化枯焦，一致褪绿
			P	茎叶暗绿色或呈紫红色
		不易	K	叶尖及叶缘先焦枯、出现斑点症状并随生育期加重
			Zn	叶变小、斑点可能在主脉两侧先出现
			Mg	主脉间明显失绿、有多种色泽斑点或斑块，但不易出现组织坏死
新生组织先出现	顶梢是否易枯死	易	Ca	茎叶软弱、发黄焦枯，顶梢易枯死
			B	茎叶柄变粗、节间肿大、脆易开裂，顶梢易枯死
		不易	S	新叶黄化、失绿均一
			Mn	脉间失绿，出现斑点，组织易坏死
			Cu	脉间失绿、出现白色叶斑
			Fe	脉间失绿，发展至整片叶淡黄色或发白
			Mo	叶片生长畸形，斑点散布在整个叶片

（四）田间施肥试验法

田间施肥试验法是指通过测土配方，采用正交、回归等试验方式，进行对比，选择出最优的肥料配方和肥料用量。寻找植物施肥依据的基本方法，也是对其他营养诊断方法的实际验证，特别是长期的定位试验更能准确地表现树体对肥料的实际反应。我国林学工作者在这方面做了大量的工作，为促进林木的速生丰产起了很大的作用。但是肥料试验由于统计学上的要求及植物（尤其是林木）个体差异大的特点，要花费大量的人力、物力，且由于这种试验统计模式本身的局限性，往往结果不能外推，试验结果就失去了普遍性的意义。

（五）DRIS 诊断法

DRIS 即综合营养诊断法，由南非的 Beaufils（1973）提出的一种营养诊断方法，此法受品种、采样时期和采样部位的影响较小，精确度高，不仅能够反映出各种营养元素的丰缺状况和需求次序，而且可同时对多种营养元素进行诊断。它可以根据标准值将叶片分析结果计算为各养分的指数，从而列出限制产量的营养元素的丰缺及需肥次序，根据指数绝对值之和还可诊断植株养分总体平衡状况。DRIS 指数表示植物体对某一营养元素的需求强度，指数越接近零，说明该元素在植物体内越趋于平衡；正指数表示该元素可满足植物体需要或相对过剩；负指数表示植物体内该元素不足，负值的绝对值越大，植物体内该矿质养分元素就越缺乏。

（六）营养元素比率法

营养元素比率法常用于林木营养缺乏诊断中检测植株内平衡状态。最简单的形式是该方法只涉及植株体内的两种营养元素的比率。用该比率和植株生长不受影响和限制的比率范围进行比较，就可以确定植株体内的营养状况。比率法的优点是能诊断出限制植物生长的营养元素，并能判别养分的需求次序。同时，营养元素比率法可反映营养元素间的相对平衡状态。但其缺点是该法指标是相对值，没有反映出某一元素需求量的具体指标，只表达了元素间的相对平衡情况。其次，该法要进行大量的数据分析，缺乏有效的解释营养元素比率的生理基础。

（七）临界浓度法

在实际的计算中，根据材积的有效方程可求得最高理论产量相应的最适浓度和临界浓度。用于诊断营养不良和预测植株营养需求的植株分析方法是基于植株生长和植株器官营养浓度之间的关系。这些通过一系列单个营养元素的不同比率的应用而建立起来的关系，可用于测定临界营养浓度。某一个特定的营养元素的关系会显著地受其他营养元素的有限性的影响。因此，在测定临界浓度时，要保证在所有其他营养元素满足植株生长的条件下进行。然而，许多其他因素也可能影响临界浓度。营养元素在植株体内重新转移的范围和程度决定了植株体的选择，最适合现在植株体内的营养状态，不动的营养元素和可变动的营养元素。在常绿树种，随着树龄的变化，树冠中的不动和可动的营养元素在树叶中有一个较大的变化梯度。

该法预测林分营养状态时，在多数情况下是采用叶组织分析法，这是因为叶含有一系列高化学活性物，同时采样方便，并且当营养缺乏时，叶是第一个出现症状的植物组织。在某些情况下，除叶外的其他组织，如树枝、树皮、树根、树液等也在营养缺乏诊断中显示出一定的有效性。

（八）相关值法

林木相关值营养诊断法不受任何立地和林龄的影响，能全面地诊断出林木各生长时期对各养分的需求和变化状况及需肥顺序，能更准确地诊断出最适施肥量，以及各养分之间的相互促进和制约的作用。该法不但能用叶片的养分，还能用不施肥林地的土壤养分，包括有机质，诊断出林分对养分的需求及各种共生菌类对养分的消耗状况。用土壤和叶片养分的相关值结合诊断，其结果更为全面和准确。该法简便易行，只需 4 组以上的数据（4 个重复），就可进行诊断，且经济而又准确，是林木营养诊断的较好方法。

（九）高光谱诊断法

高光谱检测技术（Hyperspectra）是近年来近距离遥感领域发展较为迅猛的高新分析技术，其具有快速（<1 min）、高效、成本低、样品无损且适用范围广等特点。高光谱检测的原理是利用被测物内部不同化学组成成分分子结构中的化学键，在一定辐射水平照射下发生振动，从而引起某些特定波长的光谱（图 5-3）发射与吸收的差异，产生不同的光谱反射率。物体组成与结构不同，其反射、吸收、透射以及发射电磁波的特性差异也不同，这种对不同波段光谱的响应特征叫作光谱特性。植物在高光谱波段（350 ～ 2 500 nm）的光谱反射率与品种、生物量、叶绿素含量、氮磷钾含量、叶片组织结构、生化组成成分及比例、生长时期以及光谱测量条件（如气象条件、光照强度）等因素显著相关，通过人工智能算法进行数据挖掘、特征识别，建立与林木营养元素含量的反演模型，可以实现植物营养丰缺、遥感识别、长势监测与估产、品质监测等方面的快速、无损测定。

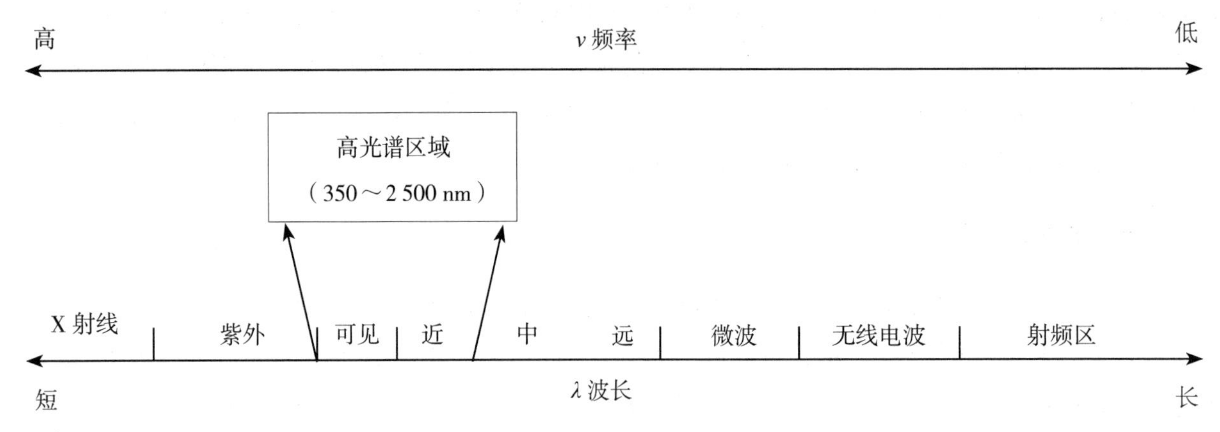

图 5-3　高光谱区域范围

高光谱分析又称“黑匣子”分析技术，即间接测量技术。植物样品的高光谱区域包含了组成与结构的信息，在样品的高光谱数据和其理化性质参数间也必然存在着内在的关系，建立这些关系大致包含 4 个步骤。（1）植物样品的采集制备与光谱数据测量，利用高光谱仪器获取样品光谱数据。（2）高光谱数据预处理。以下列举一些常见的预处理方法：平滑（Smoothing）主要是用于消除光谱仪包含的随机误差，提高信噪比；导数（derivative）是光谱分析中常用的基线校正和光谱分辨的预处理方法；标准正态变换（standard normal variate，SNV）主要是用来消除固体颗粒大小、表面散射及光程变化对近红外漫反射光谱的影响；多元散射校正（multiplicative scatter correction，MSC）的目的和 SNV 基本相同，在固体漫反射和浆状物透射中应用较广；小波变换（wavelet transform algorithm，WTA）在时域和频域同时具有良好的局部化性质，在分析光谱信号中有较为广泛的应用。（3）将高光谱数据与常规方法测得的成分含量结果建立对应的数学模型，主要使用化学计量学对光谱和理化性质进行关联，可确立这两者间的定量或定性关系，即校正模型。（4）模型验证，通过测量未知样品的高光谱，选择正确模型或者构建自适应模型，就可以预测样品的理化性质参数。

自 20 世纪 70 年代开始，国内外学者对多种植物进行光谱测量并做了大量研究。经过近 50 年的发展，光谱技术的检测精度显著提高，早期的研究主要以多元线性回归、偏最小二乘回归等线性模型建立光谱数据与林木营养、组成成分的反演模型，并取得了一定的成效。Kokaly 等利用去包络线的光谱吸收特征法对植物氮、木质素和纤维素含量进行估测，发现氮的估测模型获得了很好的验证效果。Kawamura 等通过偏最小二乘回归法，有效预测牧场中草本的粗蛋白含量。郭涛等人利用近红外光谱技术结合改良偏最小二乘法（MPLS）等化学计量学方法分别建立玉米秸秆和小麦秸秆的干物质（dry matter，DM）、粗蛋白（crude protein，CP）、中性洗涤纤维（neutral detergent fiber，NDF）、酸性洗涤纤维（acid detergent fiber，ADF）和酸性洗涤木质素（acid detergent lignin，ADL）5 个指标的近红外预测模型，其中玉米秸秆的 DM、NDF 和小麦秸秆的 DM 预测模型 R^2 均达到 0.8 以上，精度较高。王树文等建立基于原始高光谱、SPCA 特征光谱参量及 SPA 特征波段的多个抽穗期寒地水稻叶片含氮量预测回归模型，其中基于多元逐步回归分析的全波段模型的预测准确率最高。

在常规植物营养品质分析中，从每个样本中所获取的数据多是具体的和点式的，如蛋白质含量，仅是单个数据点，由于高光谱精度高（分辨率 1 nm）、波段广，每一个植物样本的红外光谱其数据是二维的，包含波长和吸收强度，一条数据往往含有数百乃至数千个带式数据点，携带着十分丰富的样本信息。但是很多信息是蕴藏在众多的信息之中，相互干扰和遮盖，因此需要利用诸如支持向量机、人工神经网络、随机森林等人工智能算法进行信息提取或数据挖掘（data mining）。杨娟娟等人利用卷积神经网络对葡萄叶片的氮含量进行了预测，通过十折交叉验证法探究最佳的训练集与验证集分配比例，构建了 4 个不同深度的网络模型，最优模型 R^2 数据精度达到 0.895。韩玉杰等人基于高光谱分析技术，依托不同氮处理水平对冬小麦的影响试验，采用随机森林算法建立冬小麦叶片氮含量反演模型，建模精度为 R^2=0.922，均方根误差为 0.290，表明将敏感波段与随机森林算法组合构建的反演模型能较好地反演冬小麦叶片的氮含量。

大量的研究充分肯定了高光谱技术在林木营养诊断方面的高效性、准确性，但现阶段的研究应用主要集中在农作物、草地等方面，由于人工林地面积较大、立地条件复杂，相对农用地而言空间变异性较大，局部区域建立的反演模型在外推应用上有一定的困难，因此涉及人工林的营养诊断方面的研究较少，本文在充分总结前人研究经验的同时，尝试开展桉树人工林叶片高光谱特征提取与识别。

总之，以上 9 种方法有其可应用范围，同时又有其局限性。通过各种诊断方法，可以了解下列情况：

（1）诊断和鉴定出植物的某种缺素症状。通过土壤速效养分分析和叶片分析结合植株可见症状，断定林木是缺氮、磷、钾或锌、铜、铁、硼等微量元素，以排除病虫害和其他环境因素。

（2）鉴定林木“潜伏饥饿”。植物在外表形态上还没有表现出缺素症状，但养分含量是不足的，如果不采取措施就不能高产。通过定期的植株组织分析，可以发现其养分含量是否在临界范围，是否需要施肥。

（3）确定某种植物的某种元素的“临界值”。低于这个范围，产量严重受影响，高于这个范围就是正常的营养状况。植株全量分析或组织液汁分析，能够显示林木营养的潜在缺乏状况，如果结合土壤分析并参阅土壤形成的资料，就能够制定土壤养分供应的适量范围和林木正常生长发育养分的适宜范围。当然也可以用指示林木来探索林木养分的临界值。

（4）明确林木对养分的吸收和同化能力。这样可以发现某些土壤因子是否影响了植物对养分的吸收。如土壤酸度过高或过低均会影响某种元素的有效性；离子间的拮抗作用也会影响植物对养分的吸收。而只有通过植株的分析才能判断其原因。

（5）确定合理的施肥原则。通过田间试验，找出土壤养分状况与林木生长或产量的相关系数，通过大量数据统计，找出两个或多因子中的函数关系。可以从自变量准确地推导出因变量，也可以从因变量推测相应的自变量，这种间接从函数公式找规律的方法就是所谓相关诊断法。此外，通过综合诊断不但可以确定施肥种类，而且可以为施肥时间，用量和方法的确定及采用提供依据。

林木营养诊断是林木施肥的基础，是项实用但还在发展中的技术。不同诊断方法可以应用在不同情况下，以达到不同的诊断目的。诊断的成功在于选择方法的正确、诊断结果的无误，以及施肥建议符合林木的营养规律及其生态因子。尤其是林木营养诊断，由于林木生长周期长，林区自然环境因子复杂，很难控制，施肥定量困难，组织大面积实施更加困难，常常造成施肥量不足或过量。各种营养诊断技术方法各有利弊，实际生产中必须结合具体情况，综合应用各种诊断方法，才能克服其局限性，并提高诊断准确性和预见性。

广西是我国南方用材林主要生产基地，目前桉树、杉木、松树是三大主要人工用材林造林树种。由于树种、气候、土壤类型、肥力特点的不同，必然会造成施肥方式不适应，同时缺素引起的林木非侵染性病症时有发生，而且相当普遍，潜藏着生态危机。当前林木施肥存在配方不科学、施肥方式盲目的问题，生产单位和个人亟须适合当地环境条件和经营管理的营养诊断技术体系来指导施肥，达到既维护地力又促进林木生长提高经济效益的目标。

因此，研发林木营养诊断与平衡施肥技术，借助计算机和 GIS 平台，结合地方速丰林技术标准，依据目标产量、土壤供肥性能和林木不同生长阶段营养特点，利用营养诊断指标标准，按区域、立地、林龄建立专家推荐施肥系统，为林农提供便捷的施肥配方、合理施肥量和施肥方法，实现目标效益下的产前计量施肥体系。

五、林木营养障碍的诊断及防治

（一）缺氮诊断

1. 症状

林木缺氮时，植株褪绿，叶色呈浅绿或黄绿，生长缓慢，株形瘦小、直立，分枝（或分蘖）少，叶形小，叶与茎的夹角小。症状从下而上扩展，严重时下叶枯黄早落，根量少、细长，侧芽休眠，开花结果减少，成熟提早，产量下降。

2. 易发条件

林木早期对氮需求量大，大多数土壤不能满足林木对氮的需要，如不施用氮肥，一般林木均可能出现缺氮症状。在以下条件下更易发生缺氮症状。

（1）轻质沙土和有机质贫乏的土壤。

（2）理化性质不良，山沟低洼地，土温低，有机质分解缓慢的土壤。

（3）施用大量新鲜有机肥（未沤熟的有机肥），引起微生物大量繁殖，夺取土壤有效氮而引起暂时性缺氮。氮过剩一般为施用氮肥过量或对前茬肥料残留量估计不足等造成。

3. 诊断

（1）形态诊断。林木缺氮症状如上文所述。以叶黄、植株小为其特征，通常容易判断。但单凭形态判断，难免误诊。仍须结合植株、土壤的化学分析来诊断。

（2）植株诊断。植株的全氮量与林木生长及产量有较高的相关性，采用植物养分测定 + 临界法或 DRIS 法确定各种林木缺氮的临界范围。

（二）缺磷诊断

1. 症状

林木缺磷时，一般表现为植株矮小、苍老，分枝少，叶片小，叶缘及叶柄常出现紫红色，根系发育不良，成熟延迟，产量及品质降低。轻度缺磷外表形态不易表现。

2. 易发条件

（1）酸性，有机质贫乏，熟化度低，固磷力强的土壤如红黄壤等。

（2）早春低温、高寒山区、山区谷地、丘陵低洼地、平原湖沼低洼地，以及山塘、水库堤坝的下部。

（3）易缺磷林木，如桉树二代萌芽林与杉木、马尾松等较易发生缺磷症状。

3. 诊断

（1）形态诊断。缺磷症状如上文所述，诊断要点在于“僵态”，即生长停滞，形色苍老。不少林木缺磷时叶色转红，但需注意发红并不都由缺磷引起，发红与发“僵”兼有才可诊断为缺磷。

（2）植株分析诊断。植株全磷含量与林木磷素营养有正相关，但因林木种类品种、生育阶段不同而有差异。

（3）土壤诊断。土壤全磷含量一般不作为诊断依据，而以土壤有效磷为指标。因土壤类型不同而采用不同浸提剂，在石灰性和中性土壤上普遍采用 0.5 mol/L $NaHCO_3$ 提取，有效 P ＜ 5 mg/kg 为缺乏，5 ～ 15 mg/kg 为中量，＞ 15 mg/kg 为丰富；酸性土壤一般用 0.03 mo/L NH_4F +0.025 mol/L HCl 提取，有效 P ＜ 3 mg/L 为严重缺乏，3 ～ 7 mg/kg 为缺乏，7 ～ 20 mg/kg 为中量，＞ 20 mg/kg 为丰富。

（三）缺钾诊断

1. 症状

各种林木的缺钾症状大同小异。其最初症状都是老叶的叶尖及两缘发黄，以后黄化向叶内侧脉间扩展，进而叶变褐、干枯，黄变部与正常部界线比较清楚。

2. 易发条件

（1）供钾力低的土壤，质地较粗的河流冲积母质发育的土壤，如河谷丘陵地带的红砂岩、第四纪红色黏土及石灰岩发育的土壤、南方的砖红壤及赤红壤等。

（2）地下水位高、土层坚实及过度干旱的土壤会阻碍根的发育，减少植物对钾的吸收。

（3）偏施氨肥，破坏植株体内氮、钾平衡，诱发缺钾。

（4）少施或不施有机肥的土壤。

（5）前作种植需钾量高的林木，如桉树，长期连续栽培时更是如此。

3. 诊断

（1）形态诊断。外部症状如上文所述。典型症状是下位老叶尖及边缘黄化褐变。

（2）植株分析诊断。植株全钾量可以判断林木的钾素状况，大多数林木叶片钾的缺乏临界范围为0.5% ～ 1. 5%，但因林木不同而有差异。

（3）土壤诊断。土壤全钾含量只代表土壤供钾潜力，一般不作为诊断指标。土壤交换性钾和缓效（酸溶性）钾含量可反映土壤供钾水平。两者结合则更好。农业上一般以土壤交换性钾＜ 50 mg/kg、缓效钾 ＜ 200 mg/kg 为缺乏，交换性钾＞ 100 mg/kg、缓效钾＞ 500 mg/kg 为丰富。

（四）缺钙诊断及防治

1. 症状

一般表现为生长点即根尖和顶芽生长停滞，根尖坏死，根毛畸变，幼叶失绿、变形，常呈弯钩状，叶片皱缩，叶缘卷曲畸形、叶缘开始变黄并逐渐坏死。

2. 易发条件

（1）全钙及交换性钙含量低的酸性土壤如花岗岩、千枚岩、硅质砂岩风化发育的土壤及泥炭土等。

（2）代换性钠含量高的盐碱土，因盐类浓度过高抑制植物对钙的吸收。

（3）大量施用盐类肥料（化学氮肥和钾肥）、遇高温晴旱，土壤干燥盐分浓缩导致缺钙。

3. 诊断

（1）形态诊断。缺钙形态症状如上文所述。但缺钙与缺硼的某些症状相似，如都有生长点，顶芽及根尖枯萎、死亡，嫩芽、新叶扭曲、变形等。但缺硼叶片和叶柄变厚、变粗、变脆、内部常产生褐色物质，而缺钙无此症状。

（2）植株分析诊断。植株含钙差异颇大。林木叶片缺钙临界值或临界范围可根据林木生长阶段结合相关文献来获取。

（3）土壤诊断。南方淋溶的强酸性低盐基土壤容易缺钙。农业上一般认为土壤中代换性钙小于5 ～ 6 mg/100 g 时，植物可能缺钙。在钙质土壤中也会发生缺钙，是由于土壤盐类浓度过高而抑制钙的吸收引起的，因此在土壤诊断中要注意盐类浓度的检测结合植株含钙状况综合分析，作出判断。

4. 防治

（1）施用钙肥。酸性土壤缺钙，可施用石灰，既提供钙营养，又中和土壤酸性。对于中性、碱性土壤，鉴于缺钙原因都出于根系吸收受阻，土壤施用无效，如是苗圃苗木可改用叶面喷施，一般以0.3%～0. 5% 氯化钙溶液连喷数次。同时施硅，可使植株硅、钙含量显著提高。

（2）控制肥料用量大量施用氮、钾肥，土壤溶液浓度增高，从而抑制了植株对钙的吸收，铵态氮肥尤其如此，因此控制用肥、防止盐类浓度提高，是防治缺钙的基本措施。

（3）防止土壤干燥。高温干旱，土壤溶液浓缩，林木遇干旱极易诱发缺钙。

（五）缺镁诊断及防治

1. 症状

缺镁的症状是下位叶叶肉褪绿黄化，形态大同小异，大多发生在植株生育中后期，尤其以种实形成后多见。由于镁在韧皮部的移动性较强，缺镁症状常常首先表现在老叶上，如果得不到补充，则逐渐发展到新叶。缺镁时，植株矮小，生长缓慢。双子叶植物叶脉间失绿，并逐渐由淡绿色转变为黄色或白色，还会出现大小不一的褐色或紫红色斑点或条纹；严重缺镁时，整个叶片出现坏死现象。禾本科植物缺镁时，叶基部叶绿素积累出现暗绿色斑点，其余部分呈淡黄色；严重缺镁时，叶片褪色而有条纹，特别典型的症状是在叶尖出现坏死斑点。阔叶植物褪绿后大多形成清晰网纹花叶，主侧脉及细脉均保留绿色，部分叶片形成“肋骨”状黄斑叶，沿主脉两侧呈斑块褪绿而叶缘不褪，叶形完整；也有部分叶片从叶缘开始褪绿向中脉延展，严重时边缘变褐坏死（类似于缺钾）、干枯脱落。缺镁对根系生长的影响要比对地上部大得多，从而导致根冠比降低。

2. 易发条件

（1）温暖湿润地区质地粗轻的河流冲积物发育的酸性土壤，如河谷地带泥沙土；高度风化、淋溶强烈的土壤，如第四纪红色黏土发育土壤。

（2）红砂岩发育的红沙土。

（3）过量施用钾肥以及偏施铵态氮肥，诱发缺镁症。

3. 诊断

（1）形态诊断。形态症状如上文所述。但缺镁时有的症状类似缺铁，有的症状类似缺钾，容易混淆，需注意鉴别。与缺铁区别在于症状出现位置不同，缺铁在上位新叶而缺镁出现于中、下位老叶；与缺钾症的区别因叶位相同，辨别比较困难，但有以下几点可供辨认。

①缺镁失绿常倾向于白化，缺钾为黄化。

②缺镁叶片后期常出现浓淡不同的紫红色或橘黄色等杂色，缺钾则少见此症状。

③有些阔叶植物缺镁时叶面明显起皱，叶脉下陷，叶肉微凸，而缺钾则不常见此症状。此外农业上因缺镁症大多在植物生育后期发生，又易与生理衰老混淆，但衰老叶片全叶均匀发黄，而缺镁则是叶片脉绿肉黄，且在较长时期内保持鲜活不脱落。

（2）植株分析诊断。不同林木缺镁临界值可查阅相关文献。

（3）土壤诊断。一般用土壤交换性镁为指标，由于镁的有效性还受其他共存离子及镁占总代换量比率的影响。农业上当土壤交换性镁大于 100 mg/kg，镁钾比大于 2 或交换性镁占总代换量＞ 10% 时，一般不缺镁。土壤交换性镁＜ 60 mg/kg，镁钾比值＜ 1，或交换性镁占交换量＜ 10% 为缺镁。

4. 防治

（1）施用镁肥。酸性缺镁土壤，施用含镁石灰（白云石烧制而成）既能供镁又能中和土壤酸性，兼得近期和长期效果，最为适宜。一般大田施用硫酸镁作基肥较多。应急矫正，以叶面喷施为宜，浓度 1% ～ 2%，连续喷施 2 ～ 3 次。其他镁肥如氯化镁、硝酸镁、碳酸镁等均可施用，但碳酸镁效果较慢、较长，宜作基肥。

（2）钾、镁平衡。钾、镁存在较强的拮抗作用，土壤中存在过量钾，会抑制镁吸收，诱发缺镁症，国外报道较多。国内应用钾的拮抗作用来调控镁的水平，目前尚不多见，但局部地区应该留意。

（六）缺铁诊断及防治

1. 症状

植物缺铁总是从幼叶开始。新叶缺绿黄白化，心（幼）叶常白化，叶脉颜色深于叶肉，色界清晰，典型的症状是在叶片的叶脉间和细胞网状组织中出现失绿现象，在叶片上往往明显可见叶脉深绿而脉间黄化，黄绿相间相当明显。严重缺铁时，叶片上出现坏死斑点，叶片逐渐枯死。此外，缺铁时根系中还可能出现有机酸的积累，其中主要是苹果酸和柠檬酸。

2. 易发条件

（1）石灰性高 pH 值土壤，江河石灰性冲积土，滨海石灰性滩涂地，内陆盆地的石灰性紫色土。

（2）石灰或碱性肥料施用过多的土壤，局部混有石灰质建筑废弃物的土壤。

（3）施用磷肥和含铜肥料过多因拮抗作用使铁失去生理活性的土壤。

（4）多雨年份、地下水位高等引起土壤过湿，促使游离碳酸钙溶解，HCO_3^- 增加，抑制植株对铁的吸收利用。

（5）土壤板结、通气不良，CO_2 易积累，HCO_3^- 增加，诱发缺铁症。

（6）苗木移栽、根系受伤，栽后 1 ～ 2 年内也易出现缺铁症。

3. 诊断

（1）形态诊断。林木缺铁的外部症状如上。在诊断中，由于缺铁、缺锰、缺镁、缺锌的症状容易混淆，需注意鉴别，鉴别如下。

①缺铁时叶片褪绿程度通常较深，黄绿间色界常较明显，一般不出现褐斑，而缺锰褪绿程度较浅，且常发生褐斑或福色条纹。

②缺锌的植株一般出现黄斑叶，而缺铁的植株通常全叶黄白化而呈清晰网状花纹。缺铁与缺镁症状鉴别如上文所述（缺镁诊断）。

③叶片的形态和大小。缺锌植株的叶片小而窄，在枝条顶端向上直立呈簇生状，而缺乏其他元素则叶片大小正常。

④失绿的部位。植株缺锌、锰和镁时，叶脉间失绿，叶脉本身和叶脉附近保持绿色。而缺铁时只有叶脉本身为绿色，形成细的网状，严重时侧脉也失绿。缺镁有时在叶尖和基部仍保持绿色，这与缺乏其他元素明显不同。

⑤反差。缺锌、铁和镁时，失绿部分呈浅绿色、黄绿色甚至灰绿色，叶脉和叶脉附近仍保持绿色，二者相比，颜色相差很大，反差强。缺铁时，叶片几乎成灰白色，反差更强，而缺锰时反差较小。

（2）植株分析诊断。林木缺铁失绿症与稀酸（2 mol/L HCI）提取的活性铁有良好的相关性，而与全铁相关的依据并不十分可靠。可根据文献查询结果作为诊断的辅助。

（3）施肥诊断。用 0. 1% ～ 0. 2% $FeSO_4$ 或柠檬酸铁溶液喷施叶面，如果缺铁，叶片会出现复绿斑点，以此确诊。

（4）土壤诊断。林木缺铁一般发生在弱酸性、中性、偏碱性土壤，强酸性土壤一般可排除缺铁的可能，可以通过测定土壤 pH 值来判断。

4. 防治

施用铁肥。由于缺铁通常发生于石灰性土壤，土壤施用铁肥（如硫酸亚铁）极易被氧化沉淀而无效，使用叶面喷施时铁元素进入叶内不多且不易扩散，往往只有着雾点能复绿，但效果也不佳。目前认为较好的办法是以硫酸亚铁和有机肥混拌，比例为 1 ：（10 ～ 20），按植物生长情况每树以 0.25 ～ 1 kg 硫酸亚铁的量在树冠圈内穴施。

（七）缺硼诊断及防治

1. 症状

硼元素对植物具有多方面的营养功能，因此植物的缺硼症状也多种多样。缺硼植物的共同特征可归纳为：

（1）茎尖生长点生长受抑制，严重时枯萎，甚至死亡，侧芽萌发，弱枝丛生。

（2）老叶叶片变厚变脆、畸形，褪绿萎蔫，枝条节间短，开裂、出现木栓化现象，出现水浸状斑点或环节状突起。

（3）根的生长发育明显受到影响，根短粗兼有褐色。肉质根内部出现褐色坏死。

（4）生殖器官发育受阻，结实率低，果实小，畸形，导致种子和果实减产，严重时有可能绝收。

总之，缺硼不仅影响产量，而且还明显影响品质。

2. 易发条件

（1）含硼量低的土壤。河流冲积物发育的沙性土；凝灰流纹岩类风化物发育的砂砾质山坡地土壤；花岗岩、片麻岩发育的泥沙土；第三纪红砂岩发育的红沙土；南方的红壤、砖红壤、赤红壤；西北黄土母质发育的粪土、黄绵土等。雨量丰富地区的河床地、石砾地、沙质土或红壤等，因长期淋洗作用导致土壤硼含量极低，植物容易缺硼。

（2）有机质贫乏熟化度低的土壤，酸碱度高的石灰质土壤，硼元素易被固定，有效性低。

（3）持续干旱导致土壤有效硼固定，抑制林木根系对硼的吸收，引发缺硼症。

（4）偏施氮肥加重缺硼。

3. 诊断

（1）形态诊断。如上文所述，缺硼的症状多样，比较复杂，重点应注意：

①顶端组织的变异，如顶芽畸形萎缩、死亡，腋芽异常抽发。

②叶片（包括叶柄）形态质地变化，如叶片变厚，叶柄变粗、变硬变脆、开裂等。

③结实器官变化，如蕾花异常脱落，花粉发育不良，不实等。

（2）植株分析诊断。叶片能很好反映植株硼营养状况，一般林木成熟叶片含硼＜ 15 ～ 20 mg/kg 时可能缺乏硼元素，20 ～ 100 mg/kg 为适量或正常，但林木之间有较大的差异，通常马尾松和杉木含硼量大于桉树。土壤质地 pH 值对缺硼临界值有较显著的影响，沙土缺硼临界值低于黏土，酸性土低于碱性土。

4. 防治

（1）因土种植，选用耐性品种。基于不同林木品种对缺硼忍耐存在较大差异，在惯常发生缺硼地区宜少种或不种敏感林木，或选用耐性品种以减少损失。

（2）施用硼肥。用作硼肥的有硼砂、硼酸、硼矿泥等，但常用硼砂。一般大田拌土或兑水浇施，喷施用 0.1% ～ 0.2% 硼砂溶液，用量为每亩 50 ～ 100 g 硼砂。一般含硼适宜范围狭窄，适量与过剩界限接近，因此极易过量，所以用量适宜严格控制。其次是硼砂溶解慢，应先用温热水促溶，再兑足水量施用（如硼酸溶解度大，可免此步骤）。

（八）缺锰诊断及防治

1. 症状

植物缺锰时，通常表现为叶片失绿并出现杂色斑点，而叶脉仍保持绿色。一般表现为新叶叶色褪淡，脉间黄化，褪色程度通常较浅，色界不够清晰，常需对光观察才能看到比较明显的现象，褪绿部分常有褐色斑点或条斑，并可能出现坏死穿孔。缺锰有时会影响植物的化学组成，如缺锰的植株中往往有硝酸盐积累。

在成熟的叶片中，锰的含量为 10 ～ 20 mg/kg（干重）时，即接近缺锰的临界水平。这一数值相当稳定，很少受植物种类、品种和环境条件的影响。低于此水平，植株的干物质产量、净光合量和叶绿素含量均迅速降低，而呼吸速率和蒸腾速率则不受影响。缺锰的植株还易受冻害。

2. 易发条件

（1）富含碳酸盐、pH 值 7.0 以上的石灰性土壤。

（2）质地轻、有机质少的易淋溶土壤。

（3）低温、弱光照的条件易促进发生缺锰症。

3. 诊断

（1）形态诊断。林木缺锰的外部症状如上文所述。由于植株缺锰与缺铁、缺锌症状近似，容易混淆，要注意辨别：

①与缺锌的区别：缺锌常呈斑状黄化，与绿色部相比色差鲜明，缺锰少见斑状黄化，色差不明显。

②与缺铁的区别：参见本章的“林木缺铁诊断”。

③与缺镁的区别：缺锰时失绿现象先出现于新叶，而缺镁则先出现于老叶。

（2）植株分析诊断。但不同林木锰适宜范围有差异，可查阅文献。

（3）施肥诊断。结合形态特征，遇不易鉴别的症状时，可向叶面喷施 0.2% $MnSO_4$ 溶液，如叶片变绿，即可确诊。

（4）土壤诊断。缺锰临界值一般以交换性锰作为评价指标，农业上以交换性锰（醋酸—醋酸铵浸提）＜ 4 mg/kg、还原性锰（含还原剂的中性醋酸铵浸提）＜ 100 mg/kg 为缺锰，石灰性土壤以交换性锰＜ 3 mg/kg、活性锰 100 ～ 200 mg/kg 作为临界范围。

4. 防治

（1）施用锰肥。含锰肥料有硫酸锰、氯化锰、碳酸锰、二氧化锰、锰矿渣等。硫酸锰氯化锰见效较快，碳酸锰较慢，锰矿渣则为迟效。一般用硫酸锰为多。

（2）施用硫黄和酸性肥料硫黄、酸性肥料硫酸铵等，入土后产酸，酸化土壤可以提高土壤中锰元素的有效性，硫黄用量为 1.5 ～ 20 kg/ 亩。

（九）缺锌诊断及防治

1. 症状

植物缺锌时，新叶脉间褪绿、出现黄斑，新梢缩短节密，叶形显著变小、呈小叶丛生状，植物生长受抑制，尤其是节间生长严重受阻，并表现出叶片脉间失绿或白化症状。植物生长出现障碍与缺锌时植物体内生长素浓度降低有关。双子叶植物缺锌时，其典型症状是节间变短，植株矮化，且叶片失绿，有时叶片不能正常展开。植物缺锌，会导致叶绿体内的膜系统易遭破坏，叶绿素形成受阻，因而常出现叶脉间失绿现象。可通过电子显微镜观察发现，缺锌对植物叶绿体的结构有明显影响。

2. 易发条件

（1）高 pH 值（7.5 以上）石灰性土壤，如滨海地带，大江大湖的沿江，滨湖地区的冲积、沉积性石灰性土壤，黄淮冲积土以及河谷盆地的石灰性紫色土等。其中有机质贫乏和熟化度低的土壤更易缺锌。

（2）高磷土壤因磷锌拮抗而诱发缺锌。

（3）低温会降低根对锌的吸收，而强光使林木对生长素需求提高，都易引发缺锌症。

3. 诊断

（1）形态诊断。林木的典型缺锌症状如上文所述。缺锌与缺锰的症状区别见本章的“缺锰诊断及防治”。缺锌与缺铁的症状差异见“缺铁诊断及防治”。

（2）植株分析诊断。林木叶片全锌量与缺锌症状有良好的相关性，可查阅文献获取诊断标准及范围。

（3）土壤诊断。土壤全锌量表示潜在锌肥力，没有诊断价值，通用有效锌为指标。农业上石灰性土壤用 DTPA 提取，锌的临界值为 1.0 mg/kg，＜ 0.5 mg/kg 为严重缺乏，0.5 ～ 1. 0 mg/kg 为潜在性缺乏；＞ 1.0 mg/kg 为正常，偏酸性土壤用 0.1 mol/L HCl 提取，＜ 1. 0 mg/kg 为严重缺乏，1.0 ～ 1.5 mg/kg 为潜在性缺乏，＞ 1. 5 mg/kg 为正常。

（4）酶学诊断。在光合作用中 CO_2 的固定需要碳酸酐酶。锌为该酶的组成成分，测定该酶的活性，可以诊断是否缺锌。以澳百里酚蓝作指示剂，反应液颜色由淡蓝色变黄绿色，表示缺锌，如为绿黄色则表示不缺锌。

4. 防治

施用锌肥。锌肥有硫酸锌、氯化锌、氧化锌、碳酸锌等，常用的锌肥为硫酸锌，喷施浓度为 0.1% ～ 1.0% 的溶液。

（十）缺铜诊断及防治

1. 症状

缺铜的植物一般表现为枝梢下弯呈吊钟状，枯梢，裂果，顶梢上的叶片呈叶簇状，叶和果实均褪色。严重时顶梢枯死，并逐渐向下蔓延。

2. 易发条件

（1）有机质含量高的土壤如泥炭土、腐泥土。

（2）本身含铜低的土壤，如花岗岩、钙质砂岩、红砂岩及石灰岩等母质发育的土壤，凝灰岩类风化物发育、表土流失强烈的粗骨土壤。

（3）氮、磷、铁、锰含量高的土壤。

3. 诊断

（1）形态诊断。林木缺铜的外部症状如上文所述。典型症状是枝梢枯死的枝枯病。

（2）植株诊断。不同林木缺乏铜的临界不同，可参考相关文献。

（3）土壤诊断。土壤有效铜含量与林木含铜量关系密切。提取剂不同临界值不同，酸性和中性土壤普遍采用 0.1 mol/L HCl 溶液提取，石灰性和有机质含量高的土壤，多采用螯合剂 DTPA 提取。农业上一般以 0.1 mol/L HCl 溶液提取的铜＜ 2.0 mg/kg，DTPA 浸提取的铜＜ 0.2 mg/kg 为缺乏。

（4）组织化学与酶学诊断。铜能活化多酚氧化酶，提高植物木质化程度，酸性间苯三酚可使木质化部分染成红色，红色的深浅度可反映木质化程度强弱。铜元素又是抗坏血酸氧化酶的组成成分，活性与叶片中含铜量关系密切，测定酶活性强弱可以判断植物含铜量的丰缺。

4. 防治

施用铜肥，一般用硫酸铜，基施或喷施 0.01% ～ 0.15% 硫酸铜溶液（一般用于苗圃和幼林喷施）。铜肥残效期长，基施残效至少 5 年以上。

（十一）营养元素过剩症的防治

1. 症状

元素过剩主要会破坏林木细胞原生质、杀伤细胞和抑制林木对其他必需元素的吸收，导致林木生长呆滞、发僵，甚至死亡。常见症状有叶片黄白化，褐斑，边缘焦干；茎、叶畸形，扭曲；根伸长不良，弯曲、变粗或尖端死亡，分歧增加，出现狮尾、鸡爪等畸形根。症状出现的部位因元素移动性而不同，一般出现症状的部位是该元素容易积累的部分，这点与元素缺乏症正好相反。大多数元素过剩症都出现黄化症状，原因可能是元素的拮抗作用，抑制植物对铁或锰、锌的吸收。其中锰、铜过量，显著抑制植物对铁的吸收，已有许多研究证明，锰、铜过量有时以缺铁症出现，铁、锌过量抑制植物对锰的吸收，镍过量会抑制植物对锌的吸收，因锰过量而抑制植物对钼的吸收也较常见。因此，不少元素缺乏症其真正原因往往是某一元素过剩。

较为常见的元素过剩（中毒）症状简述如下：

（1）氮过剩症。植株会徒长，枝多叶茂，叶大色浓，含水量增加，纤维素、木质素减少，组织柔嫩，抗病虫、抗旱、抗倒伏能力下降，特别是抗风能力下降。

（2）锰过剩症。不同林木会出现不同的症状，但多数表现为根褐变，叶片出现褐色斑点，也有叶缘黄白化或呈紫红色，嫩叶上卷等。农业上，柑橘锰过剩会引起异常落叶，叶片出现赤褐似巧克力色的斑点，特称巧克力斑；苹果锰过剩引起粗皮病，水稻锰过剩则叶黄化，发生高节位分蘖，茎基有褐色污染物等。锰过剩抑制钼吸收，酸性土上的林木缺钼有可能由锰过剩引起。

（3）锌过剩症。多数情况下植物幼嫩叶片会失绿、黄化，茎、叶柄、叶片下表皮出现赤褐色。不同植物锌过剩的症状不一，在农业上，水稻锌过剩，会导致稻苗长势衰弱，叶片萎黄；小麦锌过剩，叶尖会出现褐色斑；大豆锌过剩，叶片、尤其中肋基部的叶片出现紫色，叶片卷缩。

（4）铜过剩症。多数林木会出现叶黄化，根伸长明显受阻，盘曲不展或形成分歧根、鸡爪根。铜过剩会明显抑制铁吸收，有时林木铜过剩会以缺铁症出现。铜过剩对植物的毒害首先表现在根部，因为植物体内过多的铜主要集中在根部，具体表现为主根的伸长受阻，侧根变短。许多研究者认为，过量的铜元素对质膜结构有损害，从而导致根内大量物质外溢。

（5）硼过剩症。硼在植物体内随蒸腾流移动，水分因蒸腾作用散失硼残留，叶片尖端及边缘硼元素聚集，因此硼过剩主要表现于叶片周缘，大多呈黄色或褐色的镶边。是蔬菜上林木上所谓金边菜；水稻硼过剩会导致叶尖褐变，干卷，颖果壳出现褐（枯）斑；大麦硼过剩会导致叶片散生并出现大量棕褐色斑点。由于硼在植物体内的运输明显受蒸腾作用的影响，因此硼中毒的症状多表现在成熟叶片的尖端和边缘。当植物幼苗含硼过多时，可通过吐水方式向体外排出部分硼。

（6）铁过剩症。铁过剩导致植物中毒的症状表现为老叶上有褐色斑点，根部呈灰黑色、易腐烂。

2. 易发条件

元素过剩症的发生一般是不合理施肥导致的，如偏施某种化肥或过量施肥等，也可因土壤污染而引起，发生与否主要取决于土壤污染程度，与土壤 pH 值及 Eh 有机质（有机肥施用）、土壤质地等有密切关系：

（1）土壤 pH 值。金属元素的溶解度与 pH 值有关，pH 值低时，大部分金属元素如铜、锌、铁、镉、镍、铝等溶出增加，症状加重；钼相反，pH 值高时钼过剩使危险增大。

（2）土壤 Eh。低 Eh 时，铁、锰、砷危害加重，而铜、锌、汞、铅一类元素因易形成硫化物沉淀使症状得以减轻。

（3）有机质。有机质丰富的土壤由于各种有机酸可以络合多种金属离子，其毒性削弱，可缓和或减轻元素过剩危害。

（4）土壤质地。黏重土壤中的阳离子交换量大，对过剩离子有一定的缓冲能力，可减轻危害。

（5）气候。元素过剩症也与气候变化有关，通常气温增高会加重危害。

（6）不合理施肥引起土壤盐类浓度障碍。

3. 元素过剩症的防治

元素过剩症一旦出现，消除困难，因此对植物的元素过剩症应重在预防，具体措施有以下方面：

（1）合理施肥，控制污染。这是防治元素过剩症的根本措施，应积极推广测土配方施肥，制定有关法规，保障农田不受“三废”污染。

（2）施用石灰。对被铁、锰、锌、铜、镍等金属元素污染的农田，应施用石灰提高土壤 pH 值，促使其氧化沉淀，减轻或消除危害。对被钼元素污染的农田则应设法降低 pH 值，酸化土壤。

（3）施有机肥。通过络合、吸附等方式固定金属离子，减轻毒害。

（4）施用拮抗性元素。如锌 、铁过量时，施用高浓度磷可以抑制植物对锌、铁的吸收。

（5）种植蓄积植物。借助这类植物能大量吸收并累积某种金属离子的特殊能力，反复种植可以逐步降低有害金属的浓度。

第四节　林木营养元素土壤环境及管理

一、土壤环境

土壤是植物生长的基础，为植物提供机械支持，提供水分和 O_2 及必需的营养元素，同时也提供对植物生长十分重要的化学环境，如适宜的酸碱度和氧化还原电位等。因此，肥沃的土壤应该有：①良好的土壤物理环境；②良好的土壤化学环境；③良好的养分环境；④良好的微生物环境。没有良好的微生物环境，有机质就不能分解，也就不能把其中的养分释放出来供作物利用。各种土壤环境都直接或间接地影响养分的有效性，因此进行林木营养诊断，以及在营养诊断的基础上进行合理施肥都必须充分考虑土壤条件。

（一）土壤物理环境

1. 土壤的四大组成部分

土壤由 4 个部分组成：①土壤矿质部分（无机部分），按体积计算占整个表层土体的 45% 左右。②土壤空气（气相），占 20% ～ 30%。③土壤水分（液相），占 20% ～ 30%。④土壤有机质，一般占 5% 以下（不包括有机土壤）。土壤矿质部分是土壤的固相部分，共占 50% 左右，另外的 50% 左右是空隙，通常为土壤空气和土壤水分占据。对植物生长适宜的水分和空气比例在这 50% 中最好各占 25%，但这一比例变化很大，主要受气候（雨量）及耕作的影响。

上述 4 个部分，也可分为三相（固相、液相和气相）。底土的三相比和表土的略有区别，主要是底土有机质含量较低，总的空隙量较少，而且主要是空隙小。

2. 土壤矿质部分

（1）土壤颗粒。土壤颗粒按土粒成分分为矿物质土粒和有机质土粒。通常说的土粒指矿物质土粒。土壤矿粒大小不一，形态多样，有的成片成块，有的成粒成尘；有的单个存在，称为单粒；有的相互粘结为聚集体，称为复粒。

土壤粒级。根据矿物颗粒直径大小，将大小相近、性质相似的土壤粒加以归类、分级，同组土粒在成分上，性质上基本一致，不同组土粒则有明显的变化。土粒分级是根据矿物质单粒的大小来划分，不考虑化学成分的差异。土壤中不同大小颗粒的组成比例在土壤学上称为颗粒组成（或机械组成）。

不同国家的土壤颗粒分级标准可能不同，目前主要有 4 个分级标准：国际制、美国制、卡庆斯基制、中国制。4 个土壤颗粒分级标准均按颗粒大小细分为 4 级：砾石、砂粒、粉粒和黏粒，只是分级中的粒径大小不统一。4 个土壤颗粒分级标准划分见表 5-3。而不同大小土壤颗粒的基本性质以美国制为例，见表 5-4。

表 5-3　常见土壤粒级制

<table>
<tr><th>粒级（mm）</th><th>中国制（1987 年）</th><th colspan="3">卡庆斯基制（1957 年）</th><th>美国制（1951 年）</th><th>国际制（1930 年）</th></tr>
<tr><td>＞10</td><td>石块</td><td colspan="3" rowspan="2">石块</td><td rowspan="2">石块</td><td rowspan="3">石砾</td></tr>
<tr><td>10～3</td><td rowspan="3">石砾</td></tr>
<tr><td>3～2</td><td colspan="3" rowspan="2">石砾</td><td>石砾</td></tr>
<tr><td>2～1</td><td>极粗砂粒</td><td rowspan="4">粗砂粒</td></tr>
<tr><td>1～0.5</td><td rowspan="2">粗砂粒</td><td rowspan="7">物理性砂粒</td><td colspan="2">粗砂粒</td><td>粗砂粒</td></tr>
<tr><td>0.5～0.25</td><td colspan="2">中砂粒</td><td>中砂粒</td></tr>
<tr><td>0.25～0.20</td><td rowspan="3">细砂粒</td><td colspan="2" rowspan="3">细砂粒</td><td rowspan="2">细砂粒</td></tr>
<tr><td>0.2～0.1</td><td rowspan="3">细砂粒</td></tr>
<tr><td>0.1～0.05</td><td>极细砂粒</td></tr>
<tr><td>0.05～0.02</td><td rowspan="2">粗粉粒</td><td colspan="2" rowspan="2">粗粉粒</td><td rowspan="4">粉粒</td></tr>
<tr><td>0.02～0.01</td><td rowspan="3">粉粒</td></tr>
<tr><td>0.01～0.005</td><td>中粉粒</td><td rowspan="6">物理性黏粒</td><td colspan="2">中粉粒</td></tr>
<tr><td>0.005～0.002</td><td>细粉粒</td><td colspan="2" rowspan="2">细粉粒</td></tr>
<tr><td>0.002～0.001</td><td>粗黏粒</td><td rowspan="4">黏粒</td><td rowspan="4">黏粒</td></tr>
<tr><td>0.001～0.000 5</td><td rowspan="3">细黏粒</td><td rowspan="3">黏粒</td><td>粗黏粒</td></tr>
<tr><td>0.000 5～0.000 1</td><td>细黏粒</td></tr>
<tr><td>＜0.000 1</td><td>胶质黏粒</td></tr>
</table>

表 5-4　土壤颗粒和比表面积（美国制）

颗粒分级	颗粒直径（mm）	每克颗粒数	比表面积（cm/g）
极粗砂	2.0～1.0	1.12×10^{2}	19.4
粗砂	1.0～0.5	8.95×10^{2}	30.8
中砂	0.5～0.25	7.1×10^{3}	61.6
细砂	0.25～0.10	7.0×10^{4}	132.0
极细砂	0.10～0.05	8.9×10^{5}	308.0
粉砂	0.05～0.002	2.0×10^{7}	888.0
膨胀性黏土	＜0.002	4.0×10^{11}	8×10^{4}
无膨胀性黏粒	＜0.002	4.0×10^{11}	4×10^{5}

土壤砂和粉砂在矿物学上很近似，仅仅是颗粒大小不同或者只是各类矿物的比例有所不同，但黏粒的矿物部分和砂及砂解部分有很大的不同，砂粒和粉砂主要是由石英和原生矿物组成，而黏粒主要是由次生矿物组成。因此，不同颗粒养分含量也不相同（表 5-5），正如表中所显示的，同一土壤的砂粒中磷、钾、钙含量都是最低的，而黏粒中的这些养分的含量却很高。虽然有少数例外，但这一规律具有较为普遍的意义。因此可以预料，质地黏重的土壤的矿物养分的含量（全量）必然较高。

表 5-5 不同土壤粒级的化学成分

单位：%

粒级	SiO_2	Al_2O_3	Fe_2O_3	CaO	MgO	K_2O	P_2O_5
粗砂	93.6	1.6	1.2	0.4	0.6	0.8	0.05
细砂	94.0	2.0	1.2	0.5	0.1	1.5	0.1
粗粉粒	89.4	5.0	1.5	0.8	0.3	2.3	0.2
细粉粒	74.2	13.2	5.1	3.6	0.3	4.2	0.1
黏粒	53.2	21.5	13.2	1.6	1.0	4.9	0.4

有人研究了不同风化程度的土壤中不同粒级磷的含量分布，从表 5-6 可以看出 3 种土壤代表不同的风化程度，其次序是砖红壤>黄棕壤>黑垆土。可见，风化程度越深，磷向细粒集中的趋势就越明显。如在砖红壤中，黏粒中无机磷的含量比砂粒高 4 倍，但风化程度低的黑垆土，不同粒级的磷含量差别不大，因此不同粒级磷的含量差异还受风化程度的影响。

表 5-6 不同土壤粒级的磷素含量

单位：mg/kg

土壤	砖红壤	黄棕壤	黑垆土
砂	62.3	99.3	500
粉砂	178	135	611
黏粒砂	455	439	590

（2）土壤原生矿物和次生矿物。土壤中的矿物分为原生矿物和次生矿物。原生矿物来自成土的母岩，次生矿物是由土壤原生矿物在土壤形成过程中生成的。母岩中的原生矿物及它们在土壤生成过程中对土壤多种元素都有贡献，土壤中的原生矿物主要是风化残留下来的，如最难以风化的石英和磷灰石等。

从土壤养分的供应来源看，土壤中的次生矿物更为重要。土壤中的次生黏土矿物（结晶型）和非结晶型的土壤矿物的存在是土壤化学性质与土壤物理化学性质的物质基础。从表 5-7 可以看出母岩中原生矿物和土壤中元素的关系。

表 5-7 原生矿特中所含的主要元素

矿物	大量元素	微量元素
铁矿物	Fe	P、Mo
石灰岩、白云母	Ca、Mg、Fe	Mn、Pb
锰铁矿	Mn	K、B、Co、Cu、Zn、Pb
盐类沉积	K、Na、Cu、Mg	B、I
石英岩	Si	含量不定
页岩	Al、Si、K	Mo、Co、Cu、B
中长石	Ca、Mg、Al、Si	Cu、Mn

续表

矿物	大量元素	微量元素
钙长石	Ca、Al、Si	Cu、Mn
磷灰石	Ca、P、F	Pb、Cd
辉石	Ca、Mg、Al、Si	Co、Mn、Cu、Zn、Pb
黑云母	K、Mn、Fe、Al、Si	Co、Mn、Cu、Zn
角闪石	Mn、Fe、Ca、Al、Si	Co、Mn、Cu、Zn
奥长石	Na、Ca、Al、Si	Cu
橄榄石	Mg、Fe、Si	—
钠长石	Na、Al、Si	Cu
石榴石	Ca、Mg、Fe、Al、Si	Mn、Cr
钛铁矿	Fe、Ti	Co、Cr
磁铁矿	Fe	Zn、Co、Cr
白云母	K、Al、Si	—
正长石	K、Al、Si	Cu
电气石	Ca、Mg、Fe、B、Al、Si	—
锆石	Zr、Si	—
石英	Si	—

（3）土壤水分。土壤水分通俗讲就是土壤中的溶液。土壤溶液中含有各种无机离子和一些有机态的可溶物质。因此土壤水分既是植物水分的来源，也是植物养分的直接来源。下面只从土壤物理方面介绍一下土壤水分的性质，即田间持水量和土壤水分的有效性。

①田间持水量在雨后或灌溉时，土壤水分饱和，一些水分将因重力作用而下降，待下降基本停止后，此时的土壤含水量为田间持水量。这时，土壤中大空隙中的水分基本排出而为空气所占据，而小空隙或毛管空隙却仍然充满着水。这时土壤水分张力为 0.01 ～ 0.03 MPa。

水分在土壤中的运动主要取决于水的自由能，水分总是从自由能高的区域向低的区域运动。如当土壤中水饱和时自由能较高，而干土中水的自由能则较低，于是水分自动从湿土向干土运动。

②土壤水分的有效性。土壤水分对作物的有效性与水的自由能有关。水分自由能可用水分张力来表示，张力越大，自由能越低。在有重力水的情况下（土壤水分过饱和），植物会受到侵害而无法利用这些水分，而在萎蔫系数时，水分自由能很低（土壤水分张力过大，约为 1.5 MPa），植物也无法利用。通常认为在田间持水量到萎蔫系数之间的土壤水分是对植物有效的水分。

植物不只是被动地吸收水分，还靠根系的伸展不断吸取水分。一般植物根系直接接触到的土壤面积只占整个土体面积的 1% 左右。

③土壤水分、土壤肥力与作物之间存在互为影响的关系。

a. 肥沃的土壤可以提高植物对水分的利用效率，可以提高植物的抗旱能力，可以促进植物根系向深处伸展。

b. 植物所需要的磷、钾（80% ～ 90%）等是靠扩散作用通过土粒表面的水膜到达根系从而被作物吸收利用。在土壤水分不足时，水膜太薄增加了养分扩散的距离从而使通过扩散而到达根面的磷钾养分数量减少。在肥沃的土壤中，土壤溶液中磷、钾的含量较高，在扩散到达根系同量水分的条件下，可以增加养分到达根面的数量。

c. 当土壤中水分张力增加时，根的伸长、根的直径和根毛数都会减少。同时，细胞中的线粒体运输养分穿过细胞膜的载体和磷酸化作用都将减少。而这些因素都是作物吸收养分的必需条件。

d. 土壤肥沃可以减少作物的需水量。如充分供应钾肥，可以使叶片的气孔关闭，从而减少水分因蒸腾作用流失。

e. 肥沃土壤作物生长比较茂盛，由于对地表具有较强的覆盖作用而减少了地表水分的蒸发，同时由于根系较发达还能减少水土流失。

（二）土壤化学环境

在土壤的化学环境中，与作物生长和作物营养有关的主要是土壤的离子交换性能、土壤的酸碱度及土壤的盐分状况等。

1. 土壤的交换性能

土壤的交换性能包括土壤的阳离子交换性能和土壤的阴离子交换性能。这两种性能都是土壤带有电荷所引起的。阳离子交换性能是由于土壤带有负电荷而吸引阳离子，阴离子交换性能是由于土壤带有正电荷而吸引阴离子。由于土壤黏粒表面存在着负电荷，就会吸引带有正电荷的各种离子，这些被吸引的阳离子，可以被其他阳离子交换出来，所以称为交换性阳离子，其总量称阳离子交换量（CEC），土壤阳离子交换量与土壤负电荷总量相等。

土壤交换性阳离子在中性和石灰性土壤中主要有 Ca^{2+}、Mg^{+}、K^{+}、NH_4^{+}；而在碱性土壤上还有交换性 Na^{+}；在酸性土壤上，Al^{3+} 占比重较大，有时还有交换性锰存在。

土壤阳离子交换性能能把大量的阳离子养分（Ca^{2+}、Mg^{2+}、K^{+}、NH_4^{+} 等）保蓄起来，以免其淋失，被保蓄起来的阳离子养分，不像土壤吸附的磷酸根离子那样随着时间的延长而交换性下降，而是能长期地保持其对作物的有效性。这些交换性离子可以被根系或微生物分泌的氢离子和其他阳离子交换而进入到土壤溶液中供作物吸收利用。

交换性阳离子一般需要被交换并进入到土壤溶液中以后才被作物吸收利用，有些因素影响土壤交换性阳离子进入到土壤溶液，不同阳离子在土壤胶体表面的饱和度不同，被交换出的难易程度也不相同。阳离子饱和度是指土壤中某一交换性阳离子在整个阳子交换量中所占的比重（%）。某种阳离子的饱和度越高，也就越容易被交换，并被作物吸收利用；相反，饱和度越低，被交换的难度就相对大一些。两种土壤中阳离子浓度相同，但由于饱和度不同，被交换出来供作物吸收利用的难易度也不相同。如一种土壤的阳离子交换量为 8 cmol/kg，另一种土壤的阳离子交换量为 20 cmol/kg，而这两种土壤交换性钙的含量都是 6 cmol/kg，那么前一种土壤中的钙就较容易被作物吸收利用，而后一种土壤中钙的有效性则相对较低些。

另一种影响作物吸收离子土壤中阳离子的因素是土壤中阳离子的组成。当土壤中含有大量的交换性钙，就会影响到作物对交换性钾离子的吸收和交换性镁离子的吸收等。同理，如果土壤中含有大量的交换性钾离子，则会影响到作物对交换性镁离子的吸收利用。

另外，交换性阳离子被交换出的难易程度还受到土壤中矿物组成的影响。如土壤中的钙离子容易把铵离子代换出来，因为黏土矿物对钙离子的吸持力比对铵离子的吸持力大。

2. 土壤的酸碱度环境

土壤的酸碱度是土壤最重要的化学性质，也称土壤 pH 值。土壤 pH 值是指土壤溶液中 H^+ 的活度（mol/L）的负对数，是土壤酸性的强度指标。土壤 pH 值因不同的浸提方法，所测得的结果也不相同，如用 KCl、$CaCl_2$ 浸提和用水浸提出来的结果不一致；同样是用水浸提，由于水土比不同，结果也不相同，我国现行的土壤 pH 值测定采用的水土比为 1 ∶ 1、2.5 ∶ 1、5 ∶ 1；通常生产中所测出的土壤 pH 值是用 2.5 ∶ 1 的水土比，用水浸提后所测定出的。由于土壤黏粒中还有交换性 H^+ 和交换性 Al^{3+} 的存在，它们是土壤酸度的重要来源，在酸性土壤上一般是采 1 mol/L 的 KCl 溶液浸取。

由于大多数植物必需的营养元素有效性都与土壤的酸碱度有关，在我们掌握到足够的土壤科学知识后，是可以根据土壤的 pH 值来科学地评价土壤的养分有效状况的，所以土壤的 pH 值又是估测植物营养元素相对有效性的一个重要指标。例如，土壤中的磷酸盐在 pH 值小于 6.5 时，因为磷酸铁、磷酸铝的出现而降低其有效性，当 pH 值大于 7 时，则易形成磷酸钙，植物难以吸收利用。相对而言，土壤的 pH 值为 6.5 ～ 7.0 时，土壤对磷元素的固定最少，其对植物的有效性也就最大。多数微量元素（如 Fe、Mn、Cu、Zn 等），它们的有效性随着 pH 值的升高而下降，只有 Mo 元素相反，它的有效性随 pH 值的升高而上升，多种养分元素有效性和土壤 pH 值的关系。

一般来讲，土壤中的细菌（硝化细菌、固氮菌的纤维分解细菌等）和放线菌，适宜在 pH 值为中性和微碱性的土壤环境中生存，在此条件下，它们的活动较为旺盛，土壤的有机质分解快，固氮作用强，因而土壤的有效氮供应情况较好。而在 pH 值小于 5.5 的强酸性土壤中，它们的活性急剧下降，此时土壤中的真菌活动占有较大优势，土壤中的氮素供应不足，还有可能出现亚硝态氮（NO^{2-}）的积累。此外，由于土壤中的酸性过强，作物会因铝、锰元素的出现而出现毒害症状，而在强碱的条件下，会因土壤中的交换性钠离子较多，使土粒高度分散，土壤的物理性质恶化。

在人工林的土壤中，土壤酸碱度受到人为因素影响较多，这些影响主要有以下方面。

（1）施肥的影响。在施肥的过程中，由于化学肥料本身的特性，可分为生理酸性肥、生理碱性肥和生理中性肥。

生理酸性肥指肥料施入土壤后，其阳离子被作物吸收利用，而其阴离子残留在土壤中，造成这种肥料的阴离子在土壤中的积累而会导致土壤 pH 值降低，如 NH_4Cl 等。

生理碱性肥指肥料施入土壤后，其阴离子被作物吸收利用，而其阳离子残留在土壤中，造成这种肥料的阳离子在土壤中的积累而会导致土壤 pH 值升高，如 $NaNO_3$ 等。

生理中性肥指肥料施入土壤后，其阳离子和阴离子在土壤能被植物均衡地吸收利用，而基本不会对土壤的酸碱度造成大的影响，如 NH_4NO_3。

酸性氮肥的施用还会导致土壤中的盐基离子的淋失从而降低土壤的 pH 值，如施用硫酸钾时，在硝化作用中产生 4 个 H^+ 可以把土壤中的 Ca^{2+}、Mg^{2+} 离子代换出来，从而使土壤中的碱性离子淋失而导致土壤 pH 值下降。

一般来讲，对土壤酸碱度的影响较大的肥料主要是化学氨肥。磷肥虽然在短时间内可以对土壤的

pH 值造成一定的影响，但一般是不会产生长期影响的。但长期施用钙镁磷肥或磷矿粉时可能会对土壤的 pH 值有一定的影响。

（2）植物对土壤 pH 值的影响。由于不同的林木对土壤养分的需求不同，有些离子被植物大量吸收后，如果不加以补充，会使土壤中的阴阳离子总量发生变化，时间过长，就会导致土壤 pH 值的降低或升高，从而会影响到土壤中养分的有效性。

除上述 2 种原因外，环境污染或者是灌溉作用也会使土壤中的 pH 值发生变化。

不同林木品种对土壤 pH 值要求也有所不同。大多数林木最适于中性和弱酸性环境，但是强酸性的土壤环境是不适合林木生长的。其原因如下。

①土壤酸度会影响到植物对养分的吸收，由于土壤中 H^+ 浓度高，会使植株减少对 Fe、K、Ca 元素的吸收，一般在 pH 值为 5.5 ～ 7.0 时，植株对 Fe、K、Ca 元素的吸收最为容易。

②在强酸和强碱的土壤中（pH 值小于 5 或 pH 值大于 9），Al^{3+} 的溶解度较大，容易引起植物中毒。

③强酸性的土壤不利于土壤微生物的活动。

④土壤的酸度还与某些病害有关，如桉树的青枯病在酸性土壤上相对容易发生。

3. 土壤有机质

土壤有机质也是土壤重要的化学性质之一，它与土壤的物理性质及土壤养分含量和养分供应都有着极为密切的关系。土壤有机质是土壤中营养元素的源泉，调节着土壤的营养状况，影响着土壤的水、肥、气、热各种性状；同时土壤有机质还参与了植物的生理过程和生物化学过程，并且有对植物产生刺激和抑制作用的特殊能力。由于土壤有机质对土壤肥力和植物营养具有的巨大作用，因此把土壤有机质作为土壤重要的化学性质来加以研究是土壤生产力、土壤肥力、土壤改良研究的重要基础。

土壤有机质在土壤中的作用主要有以下方面。

（1）有机质是氮、磷、 硫和大部分微量元素的贮藏库，这些养分的有机形态不断矿化，源源不断地供应给作物，调节着土壤养分状况，影响着土壤水、肥、气、热各种性状。

（2）有机质可以增加土壤阳离子交换量，增加土壤保蓄阳离子养分的功能，在 pH 值较高时，土壤有机质阳离子交换量可达 150 ～ 300 cmol/kg，比一般黏土矿物高得多，实际上不少土壤的阳离子交换量中有 20% ～ 70% 来自土壤有机质。

（3）有机质是土壤微生物活动的主要能量来源，是微生物的食物，土壤有机物含量越低，土壤微生物活性也越低。而有了微生物的活动，有机质才能分解矿化。

（4）土壤有机质可提高土壤水分的保蓄能力，如有机质可以吸收为其本身重量 20 倍的水分。这样可以增强植物抗旱能力，提高养分有效性。

（5）土壤有机质可以改善土壤结构。土壤结构的主要部分是有机—无机复合体的团粒结构，是以有机质的胶结物质把细小的土粒结合在一起，从而形成疏松的结构。良好的结构是肥沃土壤的重要标志之一。它使土壤水分状况和通透性良好。

（6）土壤有机质可以和 Cu^{2+}、Mn^{2+}、Zn^{2+} 等多价阳离子形成配位复合体，从而有利于保持这些土壤微量元素有效性。

（7）土壤有机质有利于土壤拥有良好和酸碱度和缓冲能力，从而减轻植物被不良因素危害。

（8）土壤有机质分解，产生的有机酸还可以溶解土壤中磷和某些微量元素，增强它们的有效性。

一般来讲，较为疏松的土壤质地，有利于根系的伸展，不仅影响林木生长发育，同时影响林木产品的质量。

二、土壤养分环境与林木营养互作

（一）土壤氮素肥力管理与林木氮营养

1. 土壤氮素形态

土壤中的氮素由有机态氮和无机态氮组成，在表层土壤中有机态氮占 90% 以上，随着土层的加深，有机态氮含量水平降低。

（1）无机态氮。土壤中的无机态氮包括铵态氮、硝酸态氮、亚硝酸态氮等。铵态氮可分为土壤溶液中的交换性铵离子和黏土矿物中的固定态铵。固定态铵主要存在于黏土矿物的晶层中，其含量取决于土壤的黏土矿物类型和土壤质地。对具有固定态铵能力强的土壤来说，固定态铵是土壤中无机态氮的主要部分。硝酸态氮和亚硝酸态氮主要存在于土壤溶液中，在一般的土壤中亚硝酸态氮的含量很低。

交换性铵离子、土壤溶液中的铵及硝酸态氮总称为土壤的速效氮，是植物氮素的主要来源。表土中速效氮的含量由于植物的不断吸收利用一般不高，通常是在 1 ～ 10 mg/kg，在播种前和苗期可在 10 mg/kg 以上。施入铵态氮肥以后，在短时间内其铵态氮的含量可能较高，随着硝化作用的进行，一段时间以后则以硝酸态氮为主。

（2）有机态氮。土壤有机态氮的组成成分较为复杂，主要有氨基酸态氮、氨基糖态氮、嘌呤态氮、嘧啶态氮，以及微量存在于叶绿素及其衍生物、磷脂、各种胺、维生素中的氮等。在土壤中它们与土壤有机质或黏土矿物结合，或与多价阳离子形成复合体，还有一小部分存在于生物体中，绝大部分土壤有机态氮存在于土壤的固相之中，只有很少一部分存在于土壤的液相之中。

土壤有机态氮的形态分布与氮素的生物分解性之间没有直接的相关关系，大部分有机态氮是难于分解的，只有少量存在于土壤中和活的或死的生物体中的有机态氮是比较容易分解的，从而容易被植物吸收利用。在植物生长过程中，通过有机态氨矿化作用释放出来的氮是作物重要的氮素来源，因此，土壤有机态氮在植物的氮素营养中起着重要的作用。

2. 土壤氮素有效性指标和土壤氮素供应

农田土壤普遍缺氮，氮是农业生产中最重要的养分因子，培育土壤的氮素肥力，增加有机肥的化学氮肥的投入，充分发挥氮素的增产作用，是发展农林业生产的主要途径之一。但是，氮素不仅是营养元素，同时又是环境污染的元素，土壤中氮素的损失，不仅影响生产效能的发挥，还会影响水体和大气环境质量的恶化。我国是世界上氮肥用量最大的国家，氮肥的大量使用，虽然在农业增产中起到了巨大作用，但是同时也成为某些地区的水体富营养化和地下水污染的主要原因，这就要求人们必须对土壤氮素的水平进行科学的调控和管理。

在一定自然条件和人为因素影响下，每一种土壤都有一个与之相适应的氮素含量水平，即所谓的氮素含量平衡值。对自然土壤来讲，氮素含量平衡值主要取决于成土条件，而对于人为耕作的土壤来讲，则主要受到土地利用方式和耕作施肥制度等影响。

土壤的供氮能力包括供氮量和供氮过程两个方面。在大多数情况下，前者是影响产量的主要原因，是土壤中速效氮的含量在生长期间所释出的速效氮量之和；后者主要是来自土壤有机氮的矿化，也可能有一部分是来自黏土矿物固定铵和土壤有机氮的生物分解：土壤有机氮的矿化量主要决定于土壤有机质含量和生物分解量，以及矿化条件和时间等。在相同的矿化条件（包括水、热状况、样品的前处理及矿化时间）下，如果不同土壤之间的有机氮的生物分解性相近，则土壤有机氮的含量与矿化量之间应该有很高的相关性。

（1）土壤的供氮过程。土壤的供氮过程是确定氮肥施用时期的关键依据之一。土壤的供氮过程取决于土壤氮素矿化进程的特点及植物根系对土壤中矿化形成的铵的吸收速率。两者都与土壤的结构性有关。结构好的土壤，其氮素矿化的速率也较快，这种土壤中植物根系的伸展也较快，有利于植物对氮素的吸收；相反，结构差的土壤，其氮素的矿化率较低，植物对氮素的吸收也就较慢。相对而言，林地比农田土壤的结构相对较差，土壤中有机氮的矿化和植物对矿化氮的吸收利用也就较差。因此我们在生产实践中提出对林地土壤中耕施肥就是要改善土壤的结构性能，从而提高林木对营养元素的吸收利用率。

（2）土壤氮素的供应。在整个轮伐期内，土壤向林木提供的氮素总量，称为土壤的供氮量。土壤的供氮量取决于土壤的起始速效氮量以及在林木生长过程中土壤氮素的释放量。土壤的起始速效氮来自 2 个方面：一是施入氮肥和有机肥的残留，二是土地闲置期间土壤有机氮的矿化。土壤的起始速效氮供应量与前茬植物、施入的氮肥和有机肥的量有着密切的关系。前茬植物施肥量较高而林木吸收氮量又较低时，土壤中残留的氮素就相对较高，土壤的起始速效氮量也就较高。对同一土壤来说，对不同植物的供氮量主要取决于该植物生长期的长短及生长期的气温和降水、灌溉条件等。

（3）土壤氮素有效性指标。土壤氮素有效性主要是指土壤氮素中能够转化成林木直接可以吸收利用的那部分氨量的相对量。研究土壤氮素有效性的目的是预测土壤对林木的供氮量，以便为确定适宜的氮肥施用量（配方施肥）提供基本参数。通常采用生物学培养法、化学提取法以及用 N 同位素稀释法进行测定。此外，有时也将旱地土壤中硝酸态氮的含量或结合其他指标作为土壤氮素有效性的指标。

生物学培养法是测定土壤在特定的培养条件下，培养后比培养前无机氮的增加量。在淹水（嫌气）培养时，只测定交换性铵态氮；在好气培养时，则需同时测定土壤的硝酸态氮和交换性铵态氮。不同的培养方法，所得到的结果也不一样，在应用数据时必须考虑测定的条件。

化学提取法按提取剂的种类可以分为水提取法、盐提取法、酸提取法和碱提取法。测得的结果均称为水解性氮。显而易见，不同的浸提剂测出的结果也不一样，在应用时同样要加以考虑选出最适宜的提取法。

尽管科学工作者对土壤氮素有效性的指标研究方面进行了大量的研究工作，但迄今为止还没有一个公认的有效性指标可以准确地反映和预测田间条件下土壤的供氮量。可结合不同地区、不同土壤、不同作物，根据某种指标的应用经验，在配方施肥中具体应用。

土壤中氮素的来源主要是化学肥料和有机肥料，还有生物固氮、灌溉、降水和干沉积等。

化学氮肥是土壤氮的主要来源，在我国的土壤中施化肥对植物生长的重要性已超出有机肥。

生物固氨是土壤中氮素的重要来源之一。主要有共生固氮作用、自生固氮作用和联合固氮作用 3

种固氮类型。生物固氨量多因气候环境条件不同、作物品种不同而异，一般来讲，豆科作物的固氮作用是较强的。

（4）土壤氮素肥力的培育：在一定条件下每一种土壤都有其含氮量的平衡值。对于土壤来讲，该值除受到成土因素的影响外，还受到抚育和施肥的影响。在不施肥的条件下，土壤中的氮素肥力主要是靠生物固氮等作用来维持土壤中的氮素水平，在这种情况下，土壤的氮素肥力只能维持在较低的水平上。进行施肥培肥的土壤，其土壤中的氮素水平取决于土壤中氮素的残留量。氮肥对土壤氮的矿化，既无明显的净激发作用，又无明显的净残留作用，因此氮素化肥对于提高土壤全氮量的作用并不是很明显。与氮素化肥不同的是，施有机肥料却在土壤中有明显的净氮残留作用，因而长期施用有机肥的土壤则有可能提高土壤的全氮含量水平。另外，有机肥和氮素化肥对土壤氮素的矿化特性也有不同程度的影响，研究表明，不同的施肥处理可影响到土壤氮的矿化量，而对土壤氮的矿化进程无明显的影响。

3. 土壤中氮素的管理

（1）提高氮肥利用率的技术原则。

尽量避免土壤中矿质氮的过分积累。土壤中的交换性铵离子和硝酸态氮，既是可供作物直接吸收利用的速效态氮，又是各种氮素损失过程中共同的损失氮源。因此，尽可能地避免其在土壤中的过量存在，将有利于减少氮素的损失、提高氮肥的利用率。提高氮肥利用率的方法和措施主要有：

①将氮肥的施用量控制在能获取最大经济效益的范围内，适当地分次施用，如施用缓效性氮肥等。

②针对具体条件下氮素的主要损失途径采取相应的对策。一般来讲，氨挥发和硝化—反硝化作用是氮素损失的两个基本途径。在施肥时，要以减少气态挥发为重点，氮肥深施，加入脲酶抑制剂等可以减少氨挥发；在肥料中加入硝化抑制剂可以降低氮的硝化作用；通过田间管理，在施入氮肥后施行地面植被覆盖也可以减少氨挥发从而提高氮肥利用率，等等。

（2）减少氮肥损失、提高氮肥利用率及增产效果的技术。

①确定氮肥的适宜用量。一方面，施氮肥量过高，不仅增加了成本，有时反而达不到增产的效果，这是因为产量的效应曲线在超过适宜施肥量后常常呈下降趋势；另一方面，由于施氮肥过量，容易引发植物病虫害的发生，不仅增加了成本，降低了氮肥利用率，还有可能导致农产品品质下降，导致环境污染等。施适宜氮肥用量的方法有供需平衡法、以土壤速效氮为基础的直接估算法、以产定肥法、平均适宜施氮量法等。

②氮肥深施技术。深施的目的是减少铵态氮肥和尿素氮损失并且是效果比较稳定的一种方法。深施的方法很多，其中以粒肥深施的效果为最好。在实际操作中，一是要确定好深施的适宜深度，施氮肥的深度，以达到根系易于吸收的深度为宜；二是要确定好深施时氮肥的适宜用量。一般来讲，根据不同植物的营养特性来确定施用量是较为合理的。

③水肥综合管理技术。在施入尿素等氮肥时，施后立即灌水，可以将尿素带入到耕层土壤中，从而部分达到氮肥深施的目的。

④平衡各种营养成分，均衡配比施用是科学施肥的关键，有关科学施肥的内容在后面的章节中有详细的介绍。

⑤脲酶抑制剂技术。为了延缓尿素的水解以减少氨挥发和氮肥总损失，科学工作者研究出了应用脲酶抑制剂技术并起到了很大作用。加入氢醌，能使尿素氮损失率下降 15% 左右，氮肥利用率增加

8% ～ 10%。

另外，应用硝化抑制剂技术。也可以抑制或延缓土壤中铵的硝化作用，有可能减少氮肥的淋洗或反硝化损失。

（3）有机肥料氮和化肥氮的配合施用。有机肥料氮和化肥氮的配合施用是我国应用较为广泛的一种施肥方式，无论是从资源利用，还是从保护环境的角度来讲，充分利用有机肥料，实行有机肥与化肥的配合施用都是很有必要的。有机与无机肥料的配合施用技术，不但是为了提高氮肥的利用效率，更重要的是为了提高果品的品质。

（二）土壤磷素肥力管理与林木磷营养

1. 土壤中磷的形态组成及不同形态磷对植物的有效性

土壤中的含磷物质按其化合物属性可以分为有机磷化合物和无机磷化合物两大类。前者包括土壤生物活体中的磷（soil biomass-P）和磷酸肌醇、核酸、磷脂等有机磷化合物及其他尚未明确其存在形态的有机磷的化合物，其中包括与土壤腐殖酸结合的有机磷。后者包括土壤中残存的磷矿物如磷灰石和次生的各种无机磷酸盐和磷酸根离子。它们在土壤中的存在形态可以呈化合态，如磷酸根与各种金属离子形成的无机磷酸盐；也可以呈吸附态，被吸附在次生矿物有机胶体的表面。土壤风化过程中和化学过程中以及土壤开垦以后的管理行为如施肥、灌溉、施用石灰等的影响，可以使土壤中含磷化合物的种类、数量及存在形态发生强烈的变化，从而影响土壤中磷元素对植物的有效性。

（1）土壤无机磷的组成及其对植物的有效性。在地球表面的岩石、土壤、水体和生物体中，磷可以与其他许多元素形成各种复杂的含磷矿物，目前已知的含磷矿物有 150 多种。主要是一些含钙、铝、铁的磷化物，还有一些含镁、钾、铵和氟等成分。土壤无机磷可分为 Al-P、Fe-P、Ca-P 和 O-P 共 4 组，其中 O-P 称闭蓄态磷，设想是为氧化物所包围，因此形成难以为植物所利用的磷酸盐。土壤无机磷组成成分因土壤酸碱度环境不同而有较为明显的区别，石灰性土壤和盐碱土类土壤中 Ca-P 占很大比重，酸性土壤的 Ca-P 只占很小的比重而且以 Fe-P 和 O-P 为主。Al-P 在所有土壤中所占比重均不大，不过在中性和石灰性土壤中含量稍高，而在酸性土壤中含量很少，这是按溶度积原理，设想在酸性富有铁环境中 Al-P 可以向 Fe-P 转化。O-P 在南方酸性土壤中含量很高因而被认为与土壤风化、发育的深度有关，不过有一些石灰性土土壤和中性土壤的 O-P 含量也很高，此外 O-P 含量也受施用磷肥所影响。

对于大多数耕地而言，土壤无机磷可占土壤全磷量的 60% ～ 80%，是植物所需磷元素的主要来源。在土壤无机磷组成成分中 Al-P 被认为是植物磷的重要来源，而 Fe-P、Ca-P 曾被认为不是有效磷的重要来源。

（2）土壤有机磷组成及对植物的有效性。大多数土壤有机磷含量占土壤总磷量的 20% ～ 40%，天然植被下土壤有机磷含量时常可占总磷量的一半以上，研究表明，土壤有机磷含量与土壤的有机质含量有很大的相关性。

一般而言，在天然植被下植物吸收土壤中的无机磷，因而形成有机磷凋落在地面，土壤中的有机磷含量便逐渐增加，最后，有机磷的矿化与累积达到平衡，因而自然土壤含有机磷的量较高。土壤经过耕作后，减少了每年向土壤归还的有机质的量，加速了土壤原有有机质的分解，土壤中的有机磷的数量便迅速减少，因此耕地土壤有机磷的含量比自然土壤低。

土壤中的有机磷包括土壤生物活体中的磷、磷酸肌醇、核酸、磷脂等有机磷化合物及尚未明确其存在形态的其他有机磷的化合物，其中包括与土壤腐殖酸结合的有机磷。有人把有机磷分为活性有机磷、中度活性有机磷、中稳性有机磷和高稳性有机磷4种。一般来说前两种是比后两种更容易矿化的有机磷，土壤中的有机磷只有通过矿化转化为无机磷后才是对作物有效的磷素。

2. 影响土壤中速效磷含量的因素

（1）土壤中全磷的含量水平。土壤中速效磷含量与土壤中全磷的丰缺有关，但是土壤中的速效磷并不完全与土壤的全磷量相等，这是因为土壤中的磷素大部分是以迟效态形式存在于土壤中。土壤中的全磷含量高时，并不意味着土壤磷素供应充足，而土壤全磷水平较低时，却往往会表现出供磷不足，在这种情况下，施用磷肥往往能达到增产的效果。

（2）耕作施肥因素。土壤速效磷的消长，与土壤中磷素养分的收支状况有关。在原来土壤磷素水平较高的地区，非耕地土壤速效磷含量高于耕地土壤，这与非耕地土壤中全磷及有机质含量高有关，原来全磷含量比较低的地区，由于耕地大量施磷肥，耕地土壤速效磷含量高于非耕地。

耕地中土壤速效磷通常比非耕地要高，但利用方式不同，土壤速效磷含量差异很大。一般是水田含磷量高于旱地，熟化度高的菜田含磷量高于一般大田。

（3）土壤酸碱度的影响。土壤pH值是影响土壤速效磷含量的重要因素之一。接近中性的土壤（pH值为6.5～7.0）速效磷含量最高，在pH值在7.0以上的碱性土壤中速效磷含量随pH值的升高而下降，在pH值为6.5以下的酸性土壤中，速效磷含量随pH值的下降而下降。pH值在酸性范围比碱性范围对速效磷的影响更大。

（4）土壤有机质的影响。土壤有机质所包含的磷是土壤磷的重要组成成分，同时也是土壤有效磷的重要来源，因此，自然土壤和尚未大量施用磷肥的耕地土壤，有机质含量高，一般全磷和速效磷含量也高。一般情况下，有机质分解时产生的各种有机酸能促进含磷矿物中磷的释放，腐殖酸类物质还可络合铁、铝、钙等磷酸盐中的阳离子，促使这些化合物中的磷转化为有效磷。

（5）淹水条件的影响。大部分土壤在淹水后，其有效磷含量显著上升，造成磷素增加的原因有：①淹水后土壤还原性增强，三价铁还原成二价铁，从而使原与三价铁结合的磷释放出来，当还原作用更强时，铁离子的形态变化还可使闭蓄态磷裸露而增加其有效性。②淹水时土壤pH值升高，土壤的正电荷量减少从而使原被土壤吸附的带负电荷的磷酸离子释放出来。③淹水使某些简单的有机阴离子通过吸附置换出部分磷酸离子。④在酸性土壤中，淹水导致pH值升高，增加铁—磷和铝—磷的溶解度，在石灰性土壤中，淹水后pH值下降，也将增加钙磷的溶解度。⑤土壤淹水后，可使磷的扩散系数增加，从而提高磷的有效性。

3. 提高土壤供磷力的意义和途径

大多数土壤施磷肥普遍有增产作用，也就是说不施磷肥，有的土壤就难以满足林木正常生长的需要。

扩大土壤的有效磷库，提高土壤供磷力是土壤肥力培育的重要目标之一。面对地球磷素资源的不断减少，乃至最终枯竭这一人类将面临的现实问题，广泛开展培育和扩大土壤有效磷库，是适应这一现实，应对可能的磷素价格上涨的对策之一。

提高土壤供磷力的意义在于：长期不施磷肥的贫瘠土壤，由于施用磷肥可能使产量达到丰产的水平，这是当季施肥的重要性；另一方面，由于肥料磷在土壤中的积累，足以建立起宏大的有效磷库，即使在几年内不施磷肥，土壤依然可以维持旺盛的供磷能力。磷素在土壤中移动和扩散能力极弱，而植物根系只在磷肥集中的土壤部位获取磷，因而限制了植物吸取土壤中磷的空间范围，而一旦土壤失水变干，植物便无法利用当季施入的磷肥。

充分的磷素供给有助于增强作物的抗逆性能，这是一个基本的植物生理现象。因此在发生低温、干旱、冷冻等自然灾害的年景，获得充分供磷的植物常常比供磷不足的植物表现出明显的保产效果。

扩大土壤的有效磷库，提高土壤的供磷力，需要对土壤进行综合的培肥改良，包括如酸性土壤施用石灰以校正土壤的酸性环境和提高土壤的供磷力；重视有机肥料的施用以保持土壤较高的有机质含量；防止水土流失以保护林地表面的肥沃土层等。而持续地略微过量地施用含磷肥料则是提高土壤磷力不可缺少的根本途径，这有利于加速建立土壤有效磷库。

（1）增加磷肥用量，迅速消除我国的贫磷状况，必能大幅提高产量，从而提高我国林业系统中磷循环通量，促进磷素的循环再利用。

（2）对于大多数林地来说，略微过量施入磷肥既不会流失也不会失去其对植物的有效性，磷肥在许多土壤上具有持久的残效。

（3）磷肥的每次用量并不像氮肥那样精确，氮肥用量需要精确，不足将影响产量，过多将造成损失。而磷肥，可以粗略地施用，稍微过量可以增加土壤中的磷素积累，保证土壤中在任何情况下不会出现“缺磷障碍”，从而确保增产措施的作用得以充分发挥。

4. 磷与其他各种营养元素之间的相互关系

（1）磷与氮的相互作用。磷和氮的丰缺供应可影响彼此被植物吸收利用的现象已众所周知。同时施入氮肥和磷肥的情况下，氮和磷的利用率都较好。若氮肥充足，而磷素不足，会影响氮的利用率，相反，如果磷素含量充足，而氮肥不足，也会影响磷的利用率，总之供氮不足会阻碍植物对磷素的吸收利用。过量的无机氮在土壤中是难以保存的，而过量的磷在土壤中是可以保存下来的，因此，磷是必须满足的条件，并可以略微过量地施用，而氮素则不可。氮肥用量可根据土壤的供氮力和满足可能实现的目标产量进行估算，这是磷和氮的不同之处。

（2）磷与钾的相互作用。当水溶性磷施入土壤中以后，若土壤中有大量的钾离子存在，便可能使磷和钾及其他阳离子形成各种沉淀化合物，而含钾磷化合物沉淀可能会影响植物对磷素的当年利用率。当作物缺钾时，也会影响到植物对磷的吸收利用，这点已经在许多试验中得到证实。

（3）磷与钙的相互影响。酸性土壤施用石灰降低土壤磷有效性的同时，可能会改变土壤中磷的形态和对作物的有效性，原因是土壤中的磷可能与钙形成固相的沉淀物。但也有试验表明，在酸性土壤中用石灰改良以后，可以增加磷对植物的有效性。

（4）磷与锌的相互关系。磷和锌的相互关系是研究最多的土壤中营养元素间相互关系的问题之一。一般认为磷和锌的关系是高磷会降低土壤中锌的有效性，从而加重植物缺锌的症状，但也有一些研究表明，高剂量的磷并不会影响植物对锌的吸收。有研究证明，在石灰性土壤中，其有效锌水平已处于临界值的土壤上，施磷肥会加重植物缺锌的症状，磷可能会干扰根系对锌的吸收，影响锌向叶部的转移，从而减少植物对锌的吸收和利用。

（三）土壤钾素肥力管理与林木钾营养

1. 土壤中钾的形态

（1）土壤溶液钾。存在于土壤溶液中的钾离子是作物钾素营养的直接来源。一般含量为 0.2 ～ 10 mmol/L。土壤溶液中的钾含量是由与其他形态钾之间的平衡状况、动力学反应、土壤含水量、溶液中的二价离子浓度等因素决定的。土壤溶液中的钾在任何时候浓度都是很低的，并且土壤溶液中的钾含量波动很大，仅能供植物 1 ～ 2 d 吸收利用，土壤溶液中的钾水平也不能说明土壤的供钾水平，而其他形态钾向土壤溶液中补充钾素的水平才是真正的土壤供钾能力。

（2）土壤交换性钾（速效钾）。土壤胶体表面负电荷所吸附的钾是土壤的交换性钾。黏粒对钾有不同的交换位，由于晶格对钾的选择性很高及位阻的原因，这部分钾很难参加交换性反应，而边缘和楔形带对钾的选择性也很高，只有晶面的选择性最低，因此晶面上的钾是有效钾的主要来源。土壤交换性钾离子是土壤中速效钾的主体，它可用一定浓度的用离子交换下来，常用的提取剂是 1 mol/L NH_4OAc。

土壤中交换性钾离子被土壤溶液中其他阳离子取代后，则以 K^+ 离子形态进入溶液，但交换作用的强弱则受交换性钾的吸附位置、黏土土矿物种类、钙离子及钾饱和度等的影响。

土壤速效钾含量是表征土壤钾素供应状况的重要指标之一，及时测定和了解土壤速效钾含量及变化，对指导钾肥的合理施用来说是非常必要的。

（3）土壤非交换性钾。土壤非交换性钾也称缓效钾，是占据黏粒层间内部位置及某些矿物的六角孔隙中的钾，一般用 1 mol/L 硝酸消煮 10 min 所得的钾量减去速效钾量来表示其含量。缓效钾是速效钾的贮备库，其含量和释放速率因土壤而异。

（4）土壤矿物钾。土壤矿物钾是结合于矿物晶格中深受晶格结构束缚的钾。矿物钾只有经过风化以后，才能变为速效钾。由于风化过程相当缓慢，对土壤速效钾的作用微不足道，因此有的土壤速效钾和缓效性钾的含量均很低，因此尽管土壤中含有很多矿物钾，作物仍会严重缺钾。

严格说来，以上 4 种形态钾难以区分，其含量之和称为全钾。土壤全钾含量（K_2O）为 0.3% ～ 3.6%，一般为 1% ～ 2%，是全磷、全氮含量的 10 倍左右。若全钾含量为 2% 时，就相当于 666.7 m^2 耕层有 3 000 kg 钾，够作物用一二百年，但全钾含量仅反映了土壤钾素的总贮量，并不能用于指导施肥。

2. 土壤钾有效性的影响因素

（1）土壤中黏粒的类型、含量。土壤中黏土矿物的类型和数量对交换性钾的保持力和束缚力均有很大影响，它控制了土壤溶液中钾离子的浓度及再补充钾的能力，同时，施入钾肥后，钾的固定程度及固定钾的释放率也因土壤矿物的类型而异。

土壤中黏粒含量越多，吸附钾的能力就越强。当土壤溶液中的钾离子耗竭时，钾的补充能力也越大，这种土壤就具有良好的缓冲能力，它能使土壤中的钾维持在一个比较稳定的水平，但有些富含钾矿物的黏重土壤，只能很缓慢地转化为有效态，施用一定量的钾肥可使砂土溶液中的钾离子浓度达到一个理想的水平，而对黏重土壤中的钾浓度影响却不大，因为钾从溶液态转化为交换态，有的钾被固定了，因此在黏重的土壤上一般要比在轻质的土壤中要施更多的钾肥。但砂土由于缺少交换位点，交换性钾离子的含量不可能很高，所以要长久地改善轻质土壤的供钾状况是相当困难的，在施肥时也要考虑到植物的生长季而分层次施入。

此外，阳离子交换复合体上，钾离子与其他阳离子的比例关系，或者说是钾离子的饱和度也是影响钾的有效性的一个因素。

（2）土壤水分。植物吸收的离子主要来自溶液，而交换性钾离子只有在溶液状态才能与溶液中的其他阳离子进行交换而转入到溶液中，变为对植物有效的溶液钾。而1年生作物根系所具有的体积通常小于土体的1%，则根系接触到的土壤有效钾也小于1%，只占作物需要量的很小一部分。由于土—根界面上所需要的钾量很少，其他的钾只有通过扩散作用到达作物的根系。钾在土壤中的扩散途径是充满了水的孔隙，其扩散率取决于土壤的孔隙度及土壤的含水量。各种土壤的孔隙度差异并不大，但土壤含水量的差异却很大。低含水量限制了土壤中钾的扩散，降低了钾的有效性，当含水量高的时候，在一定时间内钾可扩散的土壤范围大，作物可吸收的养分也就多。当土壤含水量均衡时，土壤中钾的扩散取决于溶液钾的浓度。施肥可以增加土壤溶液中钾的浓度，从而增加土体与根系的浓度，增强钾向根系的扩散。

（3）土壤温度。土壤温度对土壤中钾的有效性影响很大，温度可直接影响到土壤中钾的有效性。当温度升高时土壤溶液中的钾浓度增高，非交换性钾离子的释放也随温度的增高而增多，温度越高释放的速度也就越快。

由于温度影响着矿物钾的风化程度，所以温度高时，矿物风化所增加的有效钾的量也增多。土壤温度对土壤中钾的移动性也有很大影响，钾的扩散速率在很大程度上也受到温度的影响，温度升高，钾的扩散速度会大大加强。

另一方面，提高温度可大大促进植物吸收钾素。温度影响根从土壤溶液中吸收钾离子，这种影响与温度对有效钾的影响是一致的。研究表明，多种植物对钾的吸收随着温度的增高而增加。对多数植物而言，吸收钾的最佳温度为25～32 ℃，温度较低或较高，吸收速率都会降低。

（4）干—湿和冻—融交替。长期以来人们认为干—湿和冻—融交替对土壤中钾的转化有影响。研究已经证实，在干燥时土壤中固定的钾会转化为交换性钾离子。但同时也有两种情况，将林地采来的湿润土壤进行干燥处理时可以增加也可以降低土壤中的钾离子含量；如果土壤中钾离子浓度较高，或是已有钾肥加入，那么干燥通常引起部分黏土矿物晶格的收缩，从而以非交换态固定了一部分的钾素。有人认为冻—融交替也可以使土壤中固定的钾转化为交换态钾离子。

（5）土壤的酸碱度。在酸性土壤中，通常无固定钾的作用或固定钾的作用很低。土壤施入石灰可以增加土壤对钾的吸附而减少淋失。

（6）氮磷肥料。氮磷肥的施用不仅能影响植物对土壤钾素的吸收，而且还能影响土壤本身的供钾能力。如果氮肥能促进植物的生长，也就促进了植物对钾素的吸收利用。当磷肥施入土壤中以后，肥料颗粒附近的高浓度磷和由其带来的化学环境能引起土壤钾素形态的转化和分布。有人认为这是磷酸根加速了黏土矿物中钾的溶解所致。

（7）植物吸收速率。把土壤与植物系统视作一个整体来研究养分的有效性才更有意义，不同植物有不同的生育期，因此对钾的吸收速率是不同的，植物钾的吸收速率取决于植物对钾离子吸收的动力学、根系的大小、形态和它的生长速率。根系发达，生长缓慢，在生长过程中对钾离子有高度亲和力的植物，在利用非交换性钾离子方面有较强的能力。

3. 钾与其他营养元素间的交互作用

（1）钾与氮。氮以阳离子或阴离子的形态被植物吸收利用，这是钾与氮形成阳—阳离子和阳—阴离子关系的可能性。从理论上讲，K^+ 和 NH_4^+ 之间存在两方面的竞争：第一种是相同固定位的竞争：第二种是原生质膜结合点的竞争。第一种竞争方式是由于 K^+ 的直径（0.266 nm）和 NH_4^+ 离子的直径（0.286 nm）相近，类似于黏土晶格中的固定机制。而它们在土壤中的固定和释放也相互影响。有研究表明，土壤中钾的有效性随着铵态氮的施入而降低；也有研究表明，大量施铵态氮肥，晶层间的钙、镁离子被代换出来，使非交换性钾离子的释放能力降低。有人提出先施铵态氮肥后施钾肥可减少钾的固定，这一点在合理施肥上显得比较重要。

（2）钾与磷。为使植物高产，必须同时保证磷、钾充足。如果不施磷肥，施钾肥的效果并不十分明显，但施磷肥以后，施钾肥的增产效果则较为明显。施磷肥可以增加植物对钾素的吸收利用，钾能增加植物抗性但也依赖于对磷的吸收。

（3）钾与钙。钾和钙的阳离子在吸收上的作用是明显的，过量施用石灰，可能会造成土壤溶液中的钾、钙比例失调，或是增强了土壤中钾的淋溶和固定，从而降低土壤中钾的有效性。一般来讲，高浓度的钙会抑制土壤中钾的有效性，而低浓度的钙会增强土壤中钾的有效性。

（4）钾与镁。钾与镁之间的拮抗作用，已有很多研究证明，土壤施钾肥越多，植物对镁的吸收越少，土壤中施镁肥越多，则植物对钾的吸收就越少。南方土壤缺镁现象比较普遍，与施钾肥有较大的关系。钾和镁的“拮抗作用”主要有两个方面的原因：一方面是“阳离子的竞争效应”，特别是钾的竞争作用，使植物对镁的吸收受到抑制。另一方面可能是由于镁离子由根系向地上部分的输入受阻。土壤中适当的钾镁比是植物对钾和镁 2 种元素均衡吸收的基础。

（5）钾与钠。钾和钠之间既有协同作用又有拮抗作用，土壤中的钠可以在一定程度上能替代钾，植物吸收了钠将会增强其抗旱性。当土壤中缺乏钾、钙时，植物就会吸收较多的钠，可以维持植株体内的阳离子平衡，并可代替钾的部分生理功能。

钾和钠的拮抗作用一般在富钾土壤中发生，钾和钠的拮抗作用的关系是一种阳离子与另一种阳离子在质膜上的竞争效应。

（6）钾与硼、锌等微量元素。一般来讲，在低氮低钾的情况下，施钾肥会加剧缺硼；而在高氮的情况下，施钾肥则可以增加植株体内硼的积累。缺钾土壤上施钾可促进作物吸收硼，而过量施钾则会抑制植物对硼的吸收利用。在严重缺硼的土壤上，钾硼配合施用，可明显增强植物的抗性。一般认为，钾肥的施用有利于植物对锌、铜、锰的吸收利用，但会减少植物对硼、铁、钼的吸收利用。

4. 土壤有效钾和钾肥的效应

（1）可明显提高植物产量。这一点已成为常识，不再详细叙述。

（2）增强植物的抗逆性能。在所有的营养元素中，氮影响植物产量的作用是最大的，但对植物的健康来说，过量的氮是有害的；钾虽然在增加植物产量方面的作用不如氮明显，但在植物健康方面却是极为重要的。土壤富钾、土壤中有适量的钾含量或施用钾肥对增强植物的抗逆性能的作用如下。

①抗病虫害。钾素充足时，可以促进植物纤维素的形成，增强表皮组织的发育等，从而增强植物的抗病虫害的性能。

②抗不良土壤环境。在低、湿、冷、烂的土壤条件下，施钾肥有较好的效果，钾能改善植物根际的氧化还原状况。

③抗旱。钾充分或施钾肥对植物抗旱性增强有明显的作用，因为钾素充分，植物根系比较发达，活力强，能有效地利用土壤深层次的水分，且地上部分生长好，增加了植物叶片的郁闭度，减少了土表水分蒸发损失。另外，从钾素对植物的生理作用方面来说，也是有利于增强植物抗旱性的。

④抗低温作用。钾素抗低温对于植物来说，第一，钾能促进作物形成强健的根系，可以抗御冻融交替时的冻害和减少林木的窒息。第二，钾能促进植物形成粗大的导管系统，这对具有超冷系统和需要水分快速运到树皮外层的林木是非常重要的。第三，植物难以从冻土中吸收水分，特别是多风时更容易受害。钾加速了厚壁组织细胞的木质化，从而减少水分损失。第四，钾可提高淀粉、糖量、可溶性蛋白质、各种盐分和碳水化合物的含量，从而减少水在细胞内结冰引起的细胞破裂。

⑤抗倒伏。钾能促进植物维管束的发育，使厚角组织细胞壁加厚，茎干变粗，根系发达，增强植物的抗倒伏性能。

（四）土壤钙素肥力管理与林木钙营养

1. 土壤中钙素的形态

（1）矿物态钙。存在于土壤矿物的晶体中，不溶于水，也不易为土壤中的其他阳离子所代换，一般可占土壤全钙量的 40% ～ 90%。土壤中的含钙矿物主要是硅酸盐矿物（如斜长石）和非硅酸盐矿物（如方解石），大多数含钙矿物是比较容易风化的，特别是在风化和淋溶作用较强的温暖湿润带，土壤中的矿物态钙含量很低。

（2）交换态钙。土壤中的交换性钙离子为吸附于土壤胶体表面中的钙。土壤中的交换性钙离子是土壤的主要交换性盐基之一，是对植物有效的钙。

（3）溶液态钙。是存在于土壤溶液中的钙离子。水溶性钙的含量因土而异，但都比土壤中水溶性镁和水溶性钾的含量高几倍到几十倍不等。

也有人把土壤中钙分为矿物态钙、非交换态钙、交换态钙、水解性钙和有机态钙 5 种，不过这种分类和上述的三种分类在实践意义上的差别并不大。

土壤中的交换性钙离子一般都是用 1 mol/L 的 NH_4OAc 浸提测定出的，提取的实际上是交换性和水溶性钙的总和，溶液态钙离子一般只占交换性钙总量的 2% 左右。交换性钙和溶液态钙都是对植物有效的钙，可以被植物吸收利用，交换性钙一般占土壤全钙量的 20% ～ 30%，也有含量小到 5% 或高到 60% 的土壤。钙是土壤中各营养元素中有效态含量较高的一种营养元素。

2. 土壤中钙素的转化

土壤中大多数含钙的硅酸盐矿物较易风化，而含钾的硅酸盐矿物则要稳定得多。矿物态钙经化学风化后，以钙离子的形式进入土壤溶液中，其中一部分被土壤胶体所吸附成为交换性离子。矿物晶格对钙没有明显的固定作用，次生黏土矿物中也很少有钙的存在。这可能与钙离子半径较大有关，钙的另一部分是以简单的碳酸盐和硫酸盐的形式存在的（如方解石、白云石、石膏），这两种盐的溶解度很大。在土壤酸碱度较高的土壤中，土壤碳酸钙控制着土壤溶液中的钙浓度。一般来讲，石灰性土壤全钙量和有效钙量均很高，而我国南方的酸性土壤的含钙量则要低得多，植物因缺钙而生长受阻的现象也时有发生。

交换性钙离子和溶液性钙离子处于动态的平衡之中，后者随前者的饱和度增加而增加，也随土壤pH值的升高而增加。溶液态钙因植物吸收或淋失后，交换性钙离子就释放到土壤溶液中，土壤交换性钙离子的释放取决于：①交换性钙离子总量；②土壤黏粒的类型；③交换性复合体的饱和度；④吸附在黏土矿物中的其他阳离子性质。土壤交换性钙离子的绝对值与植物吸收钙的关系并不是十分密切，而交换性钙离子占交换性阳离子总量的比例却更为重要，比值高，植物吸收的钙量就多，比值低，植物吸收的钙量相对就少。

土壤溶液中的钙还与土壤中含钙的固相有一定的关系，因此石灰性和盐渍化土壤中的含钙量一般是较高的。

施肥影响土壤钙素的转化。施用含硝酸根、硫酸根和氯化根等阴离子化肥的土壤，阳离子将钙从胶体上取代下来，钙可与上述阴离子结合形成硝酸钙、硫酸钙和氯化钙而淋失。另一方面，植物根部排出的碳酸和雨水中溶解的碳酸也会把钙从土壤胶体中代换出来，形成重碳酸钙而导致钙流失。

3. 钙与其他营养元素的相互关系

酸性土壤发生铝害和锰害等可用施石灰的方法进行矫治，部分原因是钙离子能与铝、锰离子竞争吸附部位，促进了根系的生长。高浓度的钙还可与铁产生竞争吸附。施用磷石膏等含钙量较多的矿物质可以改良盐渍土，对降低土壤中钠的浓度和土壤的酸碱度都有很好的效果。钾、镁和钙之间的比值关系是研究影响三者在土壤中有效性和被植物吸收利用的一个重要的数据。当土壤中钙浓度高时，会影响植物对钾和镁的吸收利用，反之，当土壤中钾或镁的浓度高时，又会影响植物对钙的吸收利用。

（五）土壤镁素肥力管理与林木镁营养

1. 土壤中镁素的形态

（1）矿物态镁。存在于土壤矿物的晶格中，不溶于水，也不易为土壤中的其他阳离子所代换的镁称为矿物态镁，它是土壤中镁素的主要来源，一般占土壤镁素全量的70%～90%。土壤中含镁的硅酸盐矿物主要有橄榄石、辉石、角闪石、黑云母等。这些矿物抗风化能力的次序为黑云母＞角闪石＞辉石＞橄榄石。含镁矿物都是在成土过程中首先被风化的矿物，因此在风化程度较高的土壤中，很难找到这些原生矿物。由于含镁矿物易风化，所以，土壤中的镁素主要存在于次生的黏土矿物中，含镁的黏土矿物主要有蛇纹石、滑石、绿泥石、蛭石、蒙脱石、伊利石。

（2）交换性镁。土壤中的交换性镁为吸附于土壤胶体表面中的镁离子。土壤中的交换性镁是土壤的主要交换性盐基之一，是对植物有效的镁。土壤中交换性镁含量与土壤的阳离子交换量、盐基饱和度及矿物性质有关，交换量高的土壤有效镁含量也高。

（3）溶液态镁。存在于土壤溶液中的镁离子。其含量一般为每升几毫克至几十毫克，也有达几百毫克的，是土壤溶液中仅次于钙的一个成分。土壤中的溶液态镁容易淋失，淋失量低于钙而高于钾。土壤的pH值越低，其淋失就越严重。

（4）非交换性镁（酸溶性铁、缓效性镁）。矿物态镁大多可溶于不同浓度的酸溶液中，用浓酸消煮几乎可以提取全部矿物态镁。用较低浓度的酸（0.05 mol/L 或 0.1 mol/L 的盐酸）浸提，则可以溶解其中的一部分矿物态镁。这部分镁称为非交换性镁。非交换性镁可作为植物能利用的潜在有效态镁，它比矿物态镁更具有实际意义。

2. 土壤中镁素的释放和固定

土壤中各形态镁之间的关系，可示意如下：

矿物态镁 ——→ 风化 ——→ 非交换性镁——→ 缓慢 ——→ 交换性镁 ——→ 迅速 ——→ 水溶性镁

矿物态镁在化学和物理风化作用下，逐渐破碎和分解，分解产物则参与土壤中的镁和交换性镁之间的转化和平衡。交换性镁和非交换性镁之间存在着平衡关系，非交换性镁可以转化释放出交换性镁，交换性镁也可以转化为非交换性镁而被固定，土壤溶液中的镁和交换性镁之间也存在着一个平衡关系，且其平衡的速度较快。溶液态镁的含量随土壤中交换性镁和镁的饱和度增加而增多。

（1）土壤中镁的固定。是指土壤中有效镁转化为非交换性镁的过程。当土壤中的 pH 值改变时，土壤中的有效镁含量也会发生变化。如施用石灰，可明显降低土壤中有效镁的含量；当土壤中的 pH 值小于 5.5 时，土壤中的有效镁开始被固定；干湿交替也可增加对有效镁的固定。

（2）土壤中镁的释放。镁从非交换态释放出来，是镁的有效化过程，当土壤中的水溶性镁和交换性镁含量由于作物吸收而降低时，就有利于这一过程的进行。

土壤中镁的释放受很多因素的影响。

①与土壤的矿物类型有关，以蒙脱石、蛭石、绿泥石和伊利石等 2 ： 1 型矿物为主的土壤，能释放较多的有效镁；而以高岭石等 1 ： 2 型黏土矿物为主的土壤释放的有效镁就较少。

②土壤的酸度、温度和水分状况也影响土壤有效镁的释放。土壤酸度的增强，温度的升高，土壤保持湿润及频繁的干湿交替，都能促进土壤中镁的释放。

③土壤中矿物晶格和层间铁的氧化还原反应也影响镁的释放。发生铁的还原反应时，土壤中的镁容易释放，发生铁的氧化反应时，镁的释放量会降低。

（六）土壤硫素肥力管理与林木硫营养

1. 土壤中硫素形态及有效性

（1）无机硫

无机硫是土壤中未与碳结合的含硫物质，主要来自岩石。在风化及成土过程中，岩石中原有的元素硫、硫化物和硫酸盐在溶解、淋溶、分解沉淀及吸附等作用影响下，又以另外的形式存在于土壤之中。土壤中的无机硫按其物理和化学性质可分为 4 种形态。

①水溶液态硫酸盐。溶于土壤溶液中的硫酸盐，如钾、钠、镁的硫酸盐。除干旱地区外，大多数土壤易溶硫酸盐的含量占土壤全硫量的 25% 以下，而表土占 10% 以下。土壤易溶硫酸盐的含量因土壤类型、剖面深度而异，通常以亚表土含量最高。在钙积层、石膏层及不透水层中易溶性硫酸盐含量也较高。

②吸附态硫。吸附于土壤胶体表面的硫酸盐。土壤对硫酸盐的吸附的机理：第一，阴离子交换则由含水铁铝氧化物或黏粒（特别是高岭土）晶体边缘在低 pH 值时产生正电荷所引起；第二，羧基—

铝络合物以酸位反应吸附硫酸盐离子；第三，硫酸盐离子的物理吸附，当土壤溶液的 pH 值低于土壤吸附剂的等电点时，吸附剂上的—OH 基被质子化，带正电荷的表面静电引力吸引带负电荷的硫酸离子；第四，土壤有机质的两性特性，在某些情况下产生负电荷。

土壤吸附硫酸盐的能力差异很大，主要因土壤活性氧化物表面性质、黏粒含量、黏土矿物类型以及土壤 pH 值而异。由于土壤硫酸盐受淋洗作用的影响，吸附态硫常累积在表土以下，表土吸附态硫的含量通常仅占土壤全硫量的 10% 以下，而底土吸附态硫的含量有时可占全硫量的 1/3。

③与碳酸钙共沉淀的硫酸盐。在碳酸钙结晶时混入其中的硫酸盐与之共沉淀而形成的，是石灰性土壤中硫的主要存在形式。

④硫化物土壤在淹水情况下，由硫酸盐还原而来（如 FeS），或由有机质嫌气分解而形成（如 H_2S）。由于淹水土壤中有较多的 Fe^{2+}，H_2S 几乎全部为 Fe^{2+} 所沉淀，形成无定型的 FeS，以后转变成黄铁矿或白铁矿。对于有机质含量高，活性金属元素较少的某些水稻土而言，不易形成 FeS 沉淀，因而常发生 H_2S 对根系的毒害。

（2）有机硫。土壤中与碳结合的含硫物质。其来源：第一，新鲜的动植物遗体；第二，微生物细胞和微生物合成过程的副产品；第三，土壤腐殖质。土壤有机硫量因土壤类型和剖面深度而异，湿润地区排水良好的非石灰性土壤中，大部分表土中的硫是有机态的，一般有机硫含量占全硫量的 95% 左右。

有机硫是土壤贮备的硫素营养，植物虽不能直接利用，但经微生物分解转化为硫酸盐后作物即能吸收。土壤中有机硫分为 3 类。

①氢碘酸（HI）还原硫。土壤有机硫中能为氢碘酸还原为 H_2S 部分。棕壤氢碘酸还原硫含量占全硫量的 52%，暗棕壤为 51%，黑钙土为 48%、灰色淋溶土为 36%。

②碳键硫。土壤中有机硫中的硫与碳直接结合的一类化合物胱氨酸和蛋氨酸。碳键硫量平均约占有机硫量的 54%。

③惰性硫（残余硫）。土壤有机硫中不能被还原的一类含硫化合物质。其化学构成目前尚未清楚，占土壤有机硫量的 30% ～ 40%。

2. 土壤中硫素的转化

土壤中硫素物质在生物和化学作用下，发生无机硫和有机硫的转化。

（1）无机硫的转化包括硫量的还原和氧化作用。

①无机硫的还原作用。硫酸盐（SO_4^{2-}）还原为硫化氢的过程。主要通过两个途径进行：一是由生物将 SO_4^{2-} 吸附到体内，并在体内将其还原，再合成细胞物质（如含硫氨基酸）；二是由硫酸盐还原细菌（如脱硫弧菌和脱硫肠状菌）将 SO_4^{2-} 还原为还原态硫。在淹水土壤中，大多数还原态硫以 FeS 的形式出现。此外，还有少量不同还原程度的硫化物（如硫代硫酸盐）和元素硫等。

②无机硫的氧化作用。还原态硫（如 S、H_2S、FeS_2 等）氧化为硫酸盐的过程。参与这个过程的氧化细菌利用氧化的能量维持其生命活动。

影响土壤中硫氧化作用的因子有 4 个。第一，温度。–4 ～ 55 ℃都能进行氧化作用，但最适宜的温度是 27 ～ 40 ℃。第二，湿度。适宜的湿度是接近田间持水量。第三，土壤反应。适合进行氧化作用的土壤 pH 值为 3.5 ～ 8.5，通常提高 pH 值可加快反应速率，加入石灰也可加快氧化速率。第四，微生物数量：耕地土壤接种硫氧化细菌，加快硫氧化速率。

（2）有机硫的转化土壤中。有机硫在各种微生物作用下，经过一系列的化学反应，最终转化为无机（矿质）硫的过程。在好气情况下，其最终产物是硫酸盐；在嫌气条件下，则为硫化物。

土壤中有机硫转化的机理目前尚未清楚。但是硫酸酯酶，特别是芳基硫酸酯酶在有机硫的转化中起到重要作用，因为土壤有机硫主要是以硫酸酯的形式存在的。

总之，影响土壤有机硫转化的因子有温度、湿度、pH 值、能量的反应、土壤耕作状况及有机质的碳硫比和氮硫比等。

（七）土壤铁素肥力管理与林木铁营养

1. 土壤中的铁及其形态

铁是地壳中分布最广的化学元素之一，所有土壤中都含有大量的铁元素。土壤中铁含量一般为 1% ～ 4%，有的高达 5% ～ 30%。但就植物而言，铁含量一般为 50 ～ 250 mg/kg，远低于土壤中的铁含量，并且常会出现植物缺铁症状。土壤溶液态铁和交换态铁含量低的在 50 mg/kg 以下，含量高的达 1 000 mg/kg。由于土壤有效性的概念并不十分明确，因而关于土壤有效铁提取剂和测定结果及缺铁临界值都难以确定。但据全国土壤普查办公室 1998 年的统计结果，我国内蒙古、陕西等省份的一些土壤属严重缺铁土壤。在一定类型的土壤中，虽然含铁量很高，但是由于土壤条件不良，对植物有效的铁元素很少，不能满足植物对铁的需要，以至于发生缺铁症状，严重影响植物生长，有时甚至死亡。石灰性土壤和盐土便是容易缺铁的土壤。

土壤中铁的形态多样，共分为交换态铁、松结有机态铁、碳酸盐结合态铁、氧化锰结合态铁、紧结有机态铁、无定形铁、晶形铁、残留矿物态铁 8 种。也有人将铁分为水溶态，交换态，易还原态，碳酸盐结合态，有机结合态，二氧化物和三氧化物结合态和残渣态 7 种形态。土壤有效铁主要是水溶态铁和交换态铁，但土壤中这种形态的铁较少，因此有机态铁，尤其是松结有机态铁对植物吸收铁素营养可能更有作用。

2. 土壤性质及铁的有效性

铁的有效性在很大程度上取决于土壤 pH 值和氧化还原电位，适合的土壤管理方式可降低土壤 pH 值和氧化还原电位，从而提高铁的有效性。

（1）土壤 pH 值。土壤中可容态铁与 pH 值之间有密切关系。一般来说土壤中的可溶态铁是很少的，pH 值在 6 以上的土壤中基本上没有水溶态铁，弱酸溶性铁也很少，大多数植物缺铁症状出现在碱性和石灰性土壤上。在还原条件下，土壤中 Fe^{2+} 的浓度随土壤 pH 值的降低而增加。实验表明，pH 值每降低 1 个单位（比如由 6 降至 5），土壤中铁的溶解度大约增高 1 000 倍，因此在偏碱性土壤上生长的作物较生长在偏酸性土壤上的作物更容易表现缺铁。

（2）土壤有机质。土壤有效铁的含量和土壤有机质有关。在石灰性土壤中，代换性铁、可提取态铁和游离态铁均与有机质含量呈正相关，有机质含量低时，还原态铁也低。将植物废弃物、厩肥、污泥、泥炭、林产品制造业的副产品等加入土壤中对减轻植物缺铁失绿是有效的。

（3）氧化还原电位。氧化还原电位控制着不溶态铁和可溶态铁之间的相互转化。渍水条件下铁的还原性增强，使还原铁增多。

（4）土壤水的饱和度。土壤水饱和度就是土壤中含水的程度。土壤颗粒之间的孔隙被空气和水蒸气所填充。如果水饱和度过高，土壤颗粒间的空隙被水填充造成可还原铁的环境，在还原条件下如果土壤碳酸钙含量偏高，铁就会形成难溶解的化合物。

（5）碳酸钙和重碳酸盐。在石灰性土壤上一些植物的缺铁失绿现象十分普遍。土壤的碳酸钙含量与代换态铁之间、碳酸钙含量与可提取态铁之间均呈负相关，此外，土壤和灌溉水中的重碳酸盐可能导致植物缺铁失绿。

3. 容易缺铁的土壤

容易缺铁的土壤：含铁量低的土壤，如高位泥炭泥沙质土；石灰性土壤；通气不良的土壤；有机质含量低的酸性土壤；土壤过酸和含有过量锌、锰、铝等重金属的土壤。

导致缺铁的因素：用含重碳酸盐的水灌溉可能引起缺铁；石灰性土壤过度灌溉；碱性土壤大量施用厩肥；施用过量的钙、磷肥；土壤温度过高或过低，光照强度高，病毒、线虫侵害。

（八）土壤锰素肥力管理与林木锰营养

1. 土壤中的锰及其形态

我国土壤中全锰含量为 10 ～ 9 478 mg/kg，平均含量为 710 mg/kg。各类型土壤的锰含量变幅很大，同一类型土壤因成土母质不同，全锰量也有很大差别。总的来说，南方土壤中的锰含量比北方的锰含量高。土壤中交换态锰含量可达 100 mg/kg 以上，全国 26 个省份土壤有效锰平均含量为 25.77 mg/kg，70% 以上土壤的有效锰含量在临界值（7 mg/kg）以上。土壤中的锰大致可以分为以下形态。

（1）矿物态锰。存在于矿物中，常与其他金属离子共生，形成混合或复杂的氧化物。在矿物中因锰常以混合价出现，而且在各种价态之间又以不同的比例存在，因此构成的矿物种类繁多，其中在高价锰氧化物中有一部分较易被还原，称为易还原锰，通常被纳入有效锰的范围。

（2）交换态锰。主要是吸附于土壤胶体上的二价锰，可被其他阳离子置换而被植物利用。代换性锰的数量一般为 200 mg/kg 以下，因土壤条件不同而有很大变化。pH 值大于 6.5 的土壤，代换性锰很少，随着 pH 值降低，代换性锰含量逐步增加。在 pH 值相同时，如 Eh（氧化还原电位）较低，高价锰被还原，代换性锰含量增加。全锰量、有机质等也影响代换性锰状况。

（3）水溶态锰。是指存在于土壤溶液中的锰，主要是以二价态的络合离子形态存在。水溶态锰对植物有效，但含量极少，会随 pH 值降低而升高。

（4）有机态锰。土壤有机质中含有的一定数量的锰，这些锰随有机物的分解而进入土壤溶液，或以有机络合物的形态存在于土壤溶液中。有机态锰对植物的有效性较高，其数量因土壤有机物种类的不同而异。

2. 土壤性质与锰的有效性

（1）成土母质。各类土壤的含锰量因母质的不同而有很大差异，总的趋势是南方的酸性土壤锰含量比北方的石灰性土壤锰含量高，南方酸性土壤中有锰元素富集现象。缺锰通常发生在易还原态锰含量很低的石灰性土壤。

（2）土壤 pH 值。土壤 pH 值和氧化还原电位在很大程度上决定着锰的有效性，溶液中锰的活性主要由土壤 pH 值和氧化还原电位所决定。土壤中锰的有效性随土壤 pH 值的降低而升高，在强酸性土壤中会出现锰中毒现象，缺锰现象则会在土壤 pH 值大于 6.5 时发生。土壤中水溶态锰和代换性锰都随 pH 值的增加而降低。酸性土壤施用石灰，会降低锰的有效性减少锰中毒风险；施用生理酸性肥料，会降低土壤 pH 值，提高锰的有效性。

（3）氧化还原电位。锰的有效性是由土壤 pH 值和氧化还原电位控制的。Mn^{2+} 在 pH 值大于 5 的土壤中迅速发生氧化作用。施用某些肥料如 KCl 等，也可能增强锰的氧化物还原作用，提高锰的有效性有时甚至可达毒害水平。土壤淹水后，如果存在易还原态锰，水溶态锰含量有可能增加到异常水平。因为土壤水分状况直接影响着土壤氧化还原状况，从而影响着土壤中锰的不同形态的变化。淹水时，锰向还原状态变化，有效锰增加；干旱时，锰向氧化状态变化，有效锰降低。因此，同一母质发育的水稻土其有效锰含量高于旱地土壤，旱地砂土常常处于氧化状态，以高价锰为主，有效锰含量较低，常常易出现缺锰。

（4）土壤有机质。由土壤有机质分解产生的有机化合物可络合锰。植物根系也可能通过释放出有机化合物还原 4 价锰离子和络合 2 价锰离子而增加锰的有效性，这种影响在土壤 pH 值小于 5.5 的土壤中特别显著。锰络合物的稳定性和有效性与土壤 pH 值、土壤类型和其他元素的浓度有关，锰与有机质的有效性随土壤 pH 值升高而增强。

（5）微生物活动。某些微生物既能分解有机质，又能利用二氧化锰代替氧来作为氢的受体，因而改变了土壤的氧化还原电位和氧分压，促进锰的溶解。

3. 容易缺锰的土壤

容易缺锰的土壤：石灰性土壤，尤其是通透性好的沙质土；石灰质底土上层的薄层泥炭质土、冲积土及发育于石灰性物质的沼泽土；含有大量有机质的排水不良的石灰性土壤；天然含锰低的板砂质酸性矿质土；强酸性土壤中的锰因被淋失而缺乏。

加剧缺锰的因素：过量施用石灰，酸性土壤被中和，引起诱发性缺锰；冲力差的沙质土施用石灰时，常会引起缺锰。此外，气候干旱、光照强度低及土壤温度低均会加重植物缺锰症。

（九）土壤铜素肥力管理与林木铜营养

1. 土壤中的铜及其形态

我国土壤的铜含量为 3 ～ 500 mg/kg，平均铜含量为 22 mg/kg，泥炭土中铜含量较少。全国土壤平均有效铜含量据 26 个省份统计为 1.61 mg/kg，北方石灰性土壤有效铜含量较低，但我国有 98% 以上的土壤有效铜含量的临界值在 0.2 mg/kg 以上。

土壤中铜的形态可分为硅酸盐矿物态铜（残渣态铜）、交换态铜、碳酸盐结合态铜、氧化锰结合态铜、有机态铜、无定形铁结合态铜、晶形铁结合态铜、水溶态铜。土壤中的水溶态铜和交换态铜为有效铜，水溶态铜含量很少，交换态铜主要是土壤胶体所吸附的铜离子和含铜的配合离子。在石灰性土壤中，有机态铜对有效铜的贡献也很大。

2. 土壤性质及铜的有效性

铜可能是土壤中最不易移动的元素。植物所需的铜大部分是靠植物根系截留得到的。因此，影响根系发育的因子都会影响铜对植物的有效性。

（1）成土母质。缺铜常见于有机土、泥炭土和腐泥土，这些土壤中活性铜含量较低。缺铜也会发生在砂岩和酸性火成岩发育的土壤上，而在页岩、黏土和基性岩发育的土壤上，缺铜的情况比较少见，火山灰和浮石发育的土壤也缺铜。

（2）土壤 pH 值。土壤中铜的有效性和土壤 pH 值有关。酸性土壤中铜的有效性高，石灰性土壤中铜的有效性较低。土壤 pH 值对铜的化合物溶解度的影响和对铜的吸附的影响最为重要，对铜的络合作用也有一定影响。土壤中铜的化合物的溶解度大都受土壤 pH 值影响：pH 值每增一个单位，$Cu(OH)_2$ 的溶解度下降 99%。土壤对铜的吸附与 pH 值有关，土壤对铜的吸附和固定，随着 pH 值上升而增大。

（3）土壤有机质。有机质中，铜的含量较低，缺铜常常发生在有机质含量高的土壤。对铜敏感的作物生长在有机质含量高的土壤常出现缺铜症状。土壤中可溶态铜由于有机质的络合作用或通过与腐殖质形成难溶的络合物而减少。

在微生物分解有机质过程中，产生的天然络合物能将铜络合成可溶的、对植物有效的形态。植物通过释放根系分泌物增加可溶性有机物质而增加土壤中可溶态铜的浓度。微生物对作物残渣和有机废弃物的分解作用可释放出相当数量的铜。当过量的 Cu^{2+} 存在时，络合作用也可减少铜离子浓度，使其不致达到毒害作物的水平。

（4）氧化还原电位。在淹水土壤中，铜不发生价态变化。但在这种条件下，铜对植物的有效性可能会降低，这可能是由于在淹水土壤中锰和铁的氧化物还原，提高了铜的吸附表面的能力。

3. 容易缺铜的土壤

容易缺铜的土壤有含铜量低的沙质土、有机质土，沼泽地排干后新开垦的土壤，含氮、磷高的土壤。此外，锌过量也会加重缺铜。

（十）土壤锌素肥力管理与林木锌营养

1. 土壤中的锌及其形态

我国土壤锌平均含量为 100 mg/kg，比世界土壤平均含锌量高 50 mg/kg，有效态锌主要是交换态锌，全国 26 个省份有效锌平均含量为 0.84 mg/kg。相对而言，南方高于北方，东部高于西部。有一半以上土壤的有效锌含量是在缺锌临界值 0.5 mg/kg 以下，缺锌主要发生在北方石灰性土壤。

有人将土壤锌分为 8 种形态：硅酸盐矿物态锌（残渣态锌），占全锌量的 50%；交换态锌（主要是土壤胶体所吸附的锌离子和含锌的配合离子）；碳酸盐结合态锌；氧化锰结合态锌；硫化物结合态锌（在淹水土壤或有工业污泥的土壤中，可能有锌的氧化物沉淀，因其溶解常数低而常被认为是引起水田土壤缺锌的一个重要原因）；氧化铁结合态锌；有机态锌（多为胡敏酸和富铝酸所吸附，还可进一步分为松结态和紧结态）；水溶态锌。土壤中的有效态锌分为水溶态锌和交换态锌，水溶态锌含量很少，对植物有效的锌主要是交换态锌，有机结合态的锌需经有机质分解后才能释放出来被植物吸收利用。

2. 土壤性质与锌的有效性

（1）土壤 pH 值。土壤中锌的有效性主要受土壤条件的影响，其中以土壤 pH 值的影响最为突出。在酸性土壤中，锌的有效性较高，而在碱性条件下，锌的有效性很低。每当土壤 pH 值升高一个单位时，锌的溶解度就下降 99%。因此作物缺锌多发生在 pH 值大于 6.5 的土壤上。

酸性土壤施用石灰时，会降低锌的有效性，使植物吸收的锌减少。当过量施用石灰时，则有可能引起作物缺锌。当农田受到污染时，通常施用石灰来减少植物对锌的吸收，以减轻锌的毒害。使土壤酸化，会增加锌的有效性。在石灰性土壤中施用生理酸性肥料或酸性物质时，可提高锌的有效性。

（2）土壤有机质。土壤中所有有机物和生物残体都含有锌。一方面，土壤锌的有效性随土壤有机质的增加而增加，大量施用厩肥和其他有机肥料常常能有效地矫正缺锌。另一方面，锌又可能同有机质络合而变成作物不能利用的锌。在腐泥土或泥炭土甚至老谷仓和畜栏地常常发生缺锌现象。

（3）氧化还原电位。在低的氧化还原条件下，锌并不能被还原。但土壤淹水会降低土壤溶液中锌的浓度，生长在施过石灰的土壤或石灰性土壤上的水稻常常发生缺锌症。

（4）其他因素。土壤物理性质不良，使根系发育受阻，常会导致缺锌，如心土底土过于坚实，有硬盘存在或地下水位过高等，都易出现缺锌现象，

3. 容易缺锌的土壤

容易缺锌的土壤：含锌量低的主壤，如冲积土、岩成土、腐殖质潜育土、有机质土等；石灰性土壤；有机质含量低的沙质土及淋溶强烈的酸性土壤；由片麻岩、花岗岩发育而成的土壤。

加剧缺锌的因素：酸性土壤过量施用石灰；大量偏施氮肥，会引起更多的锌在植物根中形成锌与蛋白质的复合物而导致地上部缺锌；平整土地时表土未能复位而暴露出心土时会加剧植物缺锌症；在淹水条件下，大量施用未腐熟的或半腐熟的有机物会加剧缺锌；用含大量重碳酸盐的水灌溉会加剧水稻缺锌症。此外，土壤温度低、天气寒冷、潮湿、日照不足都会引发严重缺锌。另外，磷含量高的土壤或大量施用磷肥，会使植物缺锌加剧。大量施用磷肥会诱发作物缺锌，其原因有：①土壤中锌与磷相互作用，使锌的可给性降低；②植物中锌、磷比例失调引起植物代谢紊乱；③磷使锌由根系向地上部运输迟缓；④过量的磷使植物生长繁茂而引起锌的稀释效应。此外，也有研究认为磷会妨碍植物对锌的利用，磷与锌之间存在拮抗关系。

（十一）土壤硼素肥力管理与林木硼营养

1. 土壤中的硼及其形态

我国土壤含硼量可高达 500 mg/kg，平均含量为 64 mg/kg，变幅很大，充分反映了土壤类型和成土母质对含硼量的影响。一般情况下，由沉淀岩尤其是由海相沉积物发育的土壤含硼量比火成岩发育的土壤多，干旱地区土壤的含硼量比湿润地区土壤多，滨海地区比内陆地区多，盐土可能含有硼酸盐盐渍现象，含硼量一般较高。土壤中硼可区分为 4 种形态。

（1）矿物态硼。是土壤中硼元素的重要形态之一，存在于含硼矿物晶格内。含硼矿物包括各种硼酸盐、多硼酸盐、含硼硅酸盐等，种类很多，分布最广，且含量最多的矿物是电气石。电气石基本上不溶于水也不溶于酸，硼的释放量要比硬钙石、瓷硼钙石等小得多。

（2）吸附态硼。土壤有机、无机胶体表面存在着硼吸附现象，被吸附的硼既有分子形态（H_3BO_3），也有离子形态（$H_4BO_4^-$），其吸附的机制原理较复杂。吸附态硼大部分可被水浸提，但它与吸附体之间存在一定的吸附力，因而不同于溶液中的硼，是控制土壤硼的主要机制之一。

（3）土壤溶液中的硼。主要是水溶性硼，以硼酸分子和离子形态为主，它们与土壤胶体上吸附的硼保持平衡关系。

（4）有机态硼。包括含硼的有机化合物和被有机物吸附的硼，动植物残体中的硼是其主要来源。

上述各种形态的硼，土壤溶液中的硼对植物是有效的。土壤中被有机、无机胶体吸附的硼一般都能为水浸出，实际上也是对植物有效的硼。因此，土壤中有效硼的形态应是水溶液态硼，其与植物的反应之间具有较好的相关性。

水溶态硼的含量很少，一般在0.5～5 mg/kg，占全硼量的0.1%～10%，常随土壤pH值、有机质含量、质地、水分、温度等变化而变化，湿润地区的水溶态硼远少于干旱地区。水溶性硼是评价土壤中硼的供给情况的有效指标。

2. 土壤性质及硼的有效性

（1）成土母质。土壤含硼量受成土母质的影响极为显著。由不同母质发育的同一类土壤，其含硼量可能差异很大。由花岗岩、花岗片麻岩和其他火成岩发育的土壤常属于缺硼土壤，而由海相沉积物发育的土壤上生长的植物则很少有缺硼现象。硼从土壤矿物风化释放出来时以未游离的 H_3BO_3 和 BO_3^{3-} 形式进入土壤溶液，它极易从土壤中淋失。因此质地粗的土壤由于淋失导致有效硼含量很低，此外，由火山灰发育的土壤有效硼含量也很低。

（2）土壤 pH 值。土壤中硼的形态与土壤 pH 值有关，在中性反应下，硼的主要形态是 H_3BO_3，而在碱性条件下，硼的有效性降低。在pH值为4.7～6.7的土壤中硼的有效性最高，而pH值为7.1～8.1时的有效性较低。因此植物缺硼发生在 pH 值大于 7 的土壤上。在酸性土壤上施用石灰会降低硼的有效性，过量施用石灰会导致作物发生“诱发性缺硼”，石灰性土壤中硼的有效性低于酸性土壤。据报道，在刚施过石灰且 pH 值大于 6.5 的土壤上种植对硼敏感的作物时经常发生作物缺硼现象，这是因为 pH 值升高，增强了土壤对硼的吸附固定，降低了硼的有效性。在碱性范围，硼的吸附固定达最大值。将土壤酸化后，土壤 pH 值下降使土壤水溶态硼含量增多。但是，土壤 pH 值与土壤水溶液态硼的关系是相当复杂的，并且会因土壤条件和植物种类的不同而有一定偏差。 但总的趋势是土壤中硼的有效性因土壤 pH 值的增高而降低，二者间常为负相关关系。

（3）土壤有机质。土壤有机质中含有一定量的硼，通过有机质矿化释放出来，是土壤有效硼的主要来源之一。有机质含量高的土壤中水溶态硼含量往往很多，表土中水溶态硼含量常比底土多。土壤有机质与水溶态硼之间有正相关关系。有机质含量高时，水溶态硼含量也多。在泥炭土上施用硼肥的量较高时，作物并不会出现硼中毒症状，而在矿质土壤中施用相同数量的硼肥时，作物通常会出现硼中毒症状。

3. 容易缺硼的土壤

最易发生缺硼的土壤如下。

（1）全硼含量低的土壤，如花岗岩、花岗片麻岩和其他酸性火成岩及淡水沉积物发育而成的土壤，它们不但全硼含量低，而有效硼含量也低。

（2）土壤中原有硼由于高温多雨的气候而大量被淋失的酸性土壤。

（3）土壤质地轻的沙质土。

（4）全硼含量高但有效硼含量低的土壤，如黄土母质和黄土性物质发育的土壤，这种土壤中的硼多为矿物态硼和酸溶态硼，有效态硼含量较低。

（5）酸性泥炭土和腐殖土。

（6）碱性土，尤其是含游离碳酸钙的石灰性土壤。

（7）有机质含量低的土壤等。

可能加剧缺硼的因素：用含硼量很低而含钙量很高的水灌溉，导致作物对硼的需求量增加；过量施用石灰，限制了作物对硼的吸收利用；土壤有效硼含量很低时，增施钾肥会使作物缺硼现象加剧；长期施用大量化肥而不施用有机肥料也会大大增加缺硼的可能性。此外，气候干旱和光照强度高也会加重缺硼。干旱使土壤中硼的有效性降低，一方面是由于有机物的分解受到影响而减少硼的供应，同时，干旱地区的固定作用随温度升高而增强，从而降低水溶性硼的含量。湿润多雨地区，常由于强烈的淋洗作用而导致硼的淋失，降低有效硼的含量，特别是轻质土壤。

（十二）土壤钼素肥力管理与林木钼营养

1. 土壤中的钼及其形态

我国土壤含钼量为 0.1 ～ 6.0 mg/kg，平均含量为 1.7 mg/kg。土壤中钼可分为 4 种形态。

（1）难溶态钼。也称为矿物态钼，包括原生矿物和次生矿物品格中的钼，土壤形成过程中铁锰结核所包蕴的钼，以及无定形氧化铁、铝等形成难溶性钼。矿物态钼一般占全钼量的 90%，含量最多的是钼酸钙、钼酸铁和钼酸铝。这些钼酸盐的溶解度都很小。因此矿物钼一般对植物无效。

（2）代换态钼。土壤中的钼一部分以 MoO_4^{2-} 或 $HMoO_4^-$ 的阴离子形式被土壤胶体所吸附而成为可被其他一些阴离子如 PO_4^{3-} 等所代换的钼。其数量不多，含量为 0.01 ～ 1 mg/kg，一般随 pH 值上升而减少，pH 值为 3 ～ 6 时含量最高，pH 值为 8 以上时几乎不被吸附。

一般来说，代换态钼对植物是有效的，但在铁铝氧化物含量较高的砖红壤，代换态钼的有效性会降低。

（3）水溶态钼。呈可溶盐状态存在于土壤溶液中，对植物有效，但含量极少，一般含量在 0.1 mg/kg 以下，因此不易被检出。

（4）有机态钼。有机态钼的结合方式至今仍未明了，但一般认为有机态钼是存在的，各种植物残体是其来源，有机态钼被土壤微生物分解矿化后才能为植物所利用。

由于植物利用土壤中钼的生理过程及土壤中钼的固定和释放的化学过程迄今尚未明了，上述对有效钼的形态及植物有效性的划分实际上并不是完全准确的。这是至今仍未找到一种公认的土壤有效钼浸提剂的重要原因。

2. 土壤性质及钼的有效性

（1）成土母质。土壤中钼的供给状况主要受成土母质和土壤条件的影响，一般情况下，花岗岩发育的土壤中钼的含量较高，而黄土母质发育的土壤含钼量较低。我国南方的酸性土壤中，不同母质发育的土壤钼含量有很大差异，有的土壤虽然全钼含量较高，但有效态钼含量则很低；北方黄土母质发育的土壤，由于黄土母质含钼量很低，因此有效钼含量也很低。也有人认为，在决定钼的有效性方面，成土过程比成土母质更为重要。

（2）土壤 pH 值。土壤酸碱度是影响钼的有效性的最重要因素。当土壤 pH 值升高时，钼的有效性提高，植物吸收的钼增加，当 pH 值上升一个单位，则 MoO_4^{2-} 离子的浓度增大 100 倍，因此缺钼多发生在酸性土壤上。当 pH 值升高至 7.8 时，赤铁矿结核所包蕴的钼离子吸附量减少 80%。土壤施用石灰时，会使钼的有效性增强。

（3）土壤有机质。土壤有机质对钼的有效性的影响比土壤 pH 值影响小，有机质与有效钼的关系比较复杂，有机质含量较高的土壤，有效钼的含量也较高。在排水不良的土壤中，伴随着有机质的累积，土壤有效钼的含量可能增加，生长在这种土壤上的植物有可能会积累过量的钼，用这种植物喂养牲畜可能造成钼中毒症。

（4）氧化还原电位。钼可能并不直接参与土壤中的氧化还原反应，然而，pH 值升高和铁氧化物在低氧化还原电位下的还原可能提高 MoO_4^{2-} 的溶解度。

（5）吸附作用。在土壤溶液中，钼酸根离子主要是与黏土矿物和铁、铝锰氧化物的 OH^- 相代换，而被带正电荷的土壤胶体所吸附，这些无机胶体对钼吸附和固定与土壤中钼的有效性有密切的关系。黏土矿物如高岭石、蒙脱石等都能吸附相当数量的钼。钼的吸附与 pH 值有密切的关系，在 pH 值降低的情况下，对钼的吸附增多。钼的最大吸附量发生在 pH 值为 3 ～ 6 时，在 pH 值为 6 以上吸附作用迅速减弱，而 pH 为 8 以上几乎不能被吸附。

土壤中铁、铝、锰的氧化物也能吸附固定钼，氧化铁和氧化铝对钼的吸附力大于黏土矿物。

3. 容易缺钼的土壤

容易缺钼的土壤：①含铝量低的土壤，如酸性岩成土、酸性灰化土、酸性有机土、黄土及黄土母质上发育的土壤。②富含褐铁矿的土壤，如富含铁的沼泽土，有效钼较少。③ pH 值小于 6 的酸性土壤，钼被土壤矿物和土壤胶体强烈吸附而固定。④全钼含量低而土壤 pH 值大于 7 的土壤，可能由于多年种植作物而耗竭。⑤在成土年龄古老的土壤中，由于次生矿物的形成而将钼固定。⑥钼储存能力低的土壤，如某些排水良好的石灰性土壤和发育于蛇纹石的土壤。

（1）石灰的施用。在酸性土壤上施用石灰来中和土壤酸度，对钼肥的效果有一定的影响。土壤酸度下降后，土壤中的钼的可给性提高，能够提供较多的钼来满足（或部分满足）农作物对钼的需要。因此，在酸性土壤上施用钼肥时，要考虑施用石灰及土壤 pH 值，才能获得最好的效果。在缺石灰或者运输石灰不便的地区，减少石灰用量，同时增施钼肥，是一项可行的增产措施。

（2）钼、磷、硫之间存在着复杂的关系，相互影响并相互制约。钼、磷、硫的缺乏常会同时发生。在农作物对磷和硫的需要未满足以前，可能不表现出缺钼现象，施用钼肥效果也较差。在施用磷肥以后，植物吸收钼的能力增高，钼肥效果提高。因此施用磷肥以后，最容易出现缺钼现象。磷肥与钼肥配合施用，常会出现良好的肥效。硫过量也会加重钼的缺乏，在施用含硫肥料以后，容易出现缺钼现象，但是情况与磷不同。一方面硫酸根与钼酸根离子争夺植物根上的吸附位置，相互影响吸收；另一方面含硫肥料使土壤酸度上升，降低了土壤中钼的可给性。

（3）锰影响植物对钼的吸收，导致钼的缺乏。一方面是由于锰与钼之间的拮抗关系，另一方面，锰的可给性在酸性土壤上大于石灰性土壤，这时土壤中钼的可给性很低，锰的可给性增大更会加重锰和钼之间的矛盾。

第五节　马尾松人工林营养诊断研究

一、DRIS 诊断法

（一）样地设置

在桂东、桂西南、桂南3个马尾松产区，采用样地配对法，选择经营好、施肥管理措施得当、年单产（年单株材积量）较高的林分1块及与其林分年龄相同、单产差异明显（低产组年单株材积量为高产组的65%以下）的另外1块马尾松人工幼林林分。在配对的林分内选择坡向一致，坡度大致相同的地块，各设置1个标准样地（20 m × 20 m），并进行标准地调查。共设置6个大样地，12个标准样地（其中高产组和低产组各6个）。每木检尺法测定各标准样地上树高（H）、胸径（D），根据马尾松单株材积计算公式：$V=0.714\,3\times10^{-4}\times D^{1.867\,008}\times H^{0.901\,463\,2}$，计算出各区域马尾松平均年单株材积（表5-8）。

表 5-8　各产量类型的划分标准

区域	样地名及样地个数	林龄	年单株材积（m³/年）		低产组林木材积占高产组比例（%）
			高产组	低产组	
桂东	梧州市藤县车荣镇（1个） 梧州市长洲区（1个）	7年生	0.004 198	0.002 113	50.34
桂西南	广西国有派阳山林场（1个） 广西国有七坡林场（1个）	8年生 6年生	0.005 732	0.003 656	63.78
桂南	钦州市（1个）、田林县旧州分场（1个）	8年生	0.007 105	0.017 984	39.51

（二）采样与测定方法

于2016年11～12月在每个表征（高、低组）的标准样地内按“S”形选择10株马尾松植株，每株植株选择树冠中部当年新生梢条，长度为1/2～2/3，无病虫害、无机械损伤的健康针叶0.1 kg左右，将其混合作为1个待测叶样品。针叶采集后用保鲜袋装袋，洗涤干净后烘干，测定针叶的N、P、K、Ca、Mg、Cu、Zn、Fe、Mn、B的含量，植物各养分含量的测定方法参照林业行业标准。

（三）马尾松幼林针叶营养元素含量状况

由表5-9可知，马尾松幼林高产组与低产组的针叶各营养元素含量均存在差异。高产组针叶N、P、K、Ca、Mg、Cu、Zn、Fe、Mn、B元素平均含量分别为12.40 ±2.28g/kg、1.01 ±0.22 g/kg、

4.74 ±0.67 g/kg、6.45±2.17 g/kg、0.92 ±0.46 g/kg、2.58 ±0.33 mg/kg、43.54 ±17.16 mg/kg、116.83±64.78 mg/kg、445.70 ±86.76 mg/kg、8.42 ±5.47 mg/kg，不同元素含量变异系数范围为 12.77 %～64.96%。马尾松针叶的 N、P、K、Mg、Fe、Mn、Zn 元素平均含量表现为高产组＞低产组，而元素 Ca、B、Cu 的平均含量则表现为低产组＞高产组，低产组各元素平均含量的变异系数均大于高产组，说明高产组各营养元素比较平衡。用 t 值检验，N、P、K、Zn、B 的差异达到显著或极显著水平，说明大量元素对马尾松产量的影响是不可替代的，微量元素 Zn、B 也在马尾松提产增效上起着关键作用。

表 5-9　马尾松针叶营养元素含量

项目	高产组			低产组			*t* 值
	平均值 $\overline{x}$	标准差 *SD*	变异系数（%）	平均值 $\overline{x}$	标准差 *SD*	变异系数（%）	
N（g/kg）	12.40	2.28	18.37	11.18	2.08	18.65	2.46*
P（g/kg）	1.01	0.22	21.46	0.82	0.08	30.34	3.47**
K（g/kg）	4.74	0.67	14.17	4.36	2.24	51.29	2.24*
Ca（g/kg）	6.45	2.17	33.67	7.47	2.55	34.12	-1.99
Mg（g/kg）	0.92	0.46	49.58	0.83	0.57	68.42	1.01
Cu（mg/kg）	2.58	0.33	12.77	3.12	0.63	20.07	-1.52
Zn（mg/kg）	43.54	17.16	39.42	37.69	19.11	50.70	3.21**
Fe（mg/kg）	116.83	64.78	55.45	100.86	48.33	57.92	1.33
Mn（mg/kg）	445.70	86.76	19.47	425.94	115.09	27.02	1.23
B（mg/kg）	8.42	5.47	64.96	9.35	11.97	128.06	-3.44**

注：*t* 检验 n=6，* 表示差异显著（$P < 0.05$），** 表示差异极显著（$P < 0.01$）。

（四）马尾松针叶营养诊断参数选择

选择高产组与低产组各元素养分比方差形式显著或方差比值较大的形式作为 DRIS 诊断参数，具体表现为 N/P、N/K、N/Ca、N/Mg、N/Cu 等比值形式，共计 45 种（表 5-10）。由表 5-10 可知，各种表现形式的变异系数大部分表现为低产组＞高产组，说明高产组营养元素含量平衡度较低产组好。高产组 N/P、N/K 最适应比值范围为 12.81 ±3.75、2.62±0.30。

表 5-10　高产组和低产组 DRIS 诊断参数统计表

形式	高产组			低产组		
	平均值 $\overline{x}$	标准差 *SD*	变异系数（%）	平均值 $\overline{x}$	标准差 *SD*	变异系数（%）
N/P	12.81	3.75	29.26	13.79	3.19	23.12
N/K	2.62	0.30	11.36	2.90	1.09	37.59
N/Ca	2.10	0.77	36.75	1.61	0.54	33.85
N/Mg	15.91	6.59	41.45	17.06	7.78	45.61
N/Cu	4.88	1.08	22.21	3.67	0.84	22.93
N/Zn	0.32	0.13	40.12	0.36	0.21	57.51
N/Fe	0.16	0.14	85.53	0.13	0.06	47.61
N/Mn	0.03	0.01	22.66	0.03	0.01	20.36
N/B	1.87	0.95	50.69	1.67	2.56	153.05
P/K	0.22	0.08	35.96	0.22	0.10	43.54
P/Ca	0.17	0.07	39.03	0.12	0.03	25.75
P/Mg	1.23	0.43	35.12	1.29	0.67	51.78
P/Cu	0.39	0.03	8.96	0.27	0.07	25.98
P/Zn	0.03	0.01	36.95	0.03	0.02	61.98
P/Fe	0.01	0.01	85.96	0.01	0.01	51.66
P/Mn	0.00	0.00	41.32	0.00	0.00	32.47
P/B	0.15	0.05	37.06	0.20	0.13	154.17
K/Ca	0.78	0.23	29.32	0.67	0.48	70.68
K/Mg	6.30	3.23	51.18	6.81	3.63	53.23
K/Cu	1.87	0.41	21.96	1.40	0.58	41.36
K/Zn	0.13	0.07	52.54	0.13	0.06	49.84
K/Fe	0.07	0.07	100.43	0.05	0.02	42.29
K/Mn	0.01	0.00	13.29	0.01	0.00	39.01
K/B	0.73	0.40	54.55	0.81	0.36	45.28
Ca/Mg	9.34	7.79	83.43	11.28	6.73	59.64
Ca/Cu	0.02	0.00	14.67	0.02	0.02	65.68
Ca/Zn	0.03	0.03	90.37	0.04	0.01	36.98
Ca/Fe	0.11	0.06	57.03	0.09	0.05	49.15
Ca/Mn	15.53	9.55	61.50	21.17	14.26	67.37
Ca/B	2.58	1.13	43.65	2.51	1.10	43.81

续表

形式	高产组			低产组		
	平均值$\overline{x}$	标准差 *SD*	变异系数（%）	平均值$\overline{x}$	标准差 *SD*	变异系数（%）
Mg/Cu	0.35	0.14	39.50	0.26	0.15	58.53
Mg/Zn	0.02	0.00	14.67	0.02	0.02	65.68
Mg/Fe	0.01	0.00	49.20	0.01	0.01	92.52
Mg/Mn	0.00	0.00	70.33	0.00	0.00	74.59
Mg/B	0.13	0.06	48.02	0.26	0.22	84.83
Cu/Zn	0.07	0.03	40.49	0.10	0.03	36.13
Cu/Fe	0.03	0.03	90.37	0.04	0.01	36.98
Cu/Mn	0.01	0.00	32.29	0.01	0.00	38.37
Cu/B	0.38	0.16	41.07	0.45	0.71	156.43
Zn/Fe	0.45	0.21	46.23	0.39	0.15	38.01
Zn/Mn	0.11	0.06	57.03	0.09	0.05	49.15
Zn/B	6.24	3.11	49.84	7.24	4.59	63.34
Fe/Mn	0.29	0.20	69.17	0.27	0.20	74.10
Fe/B	15.53	9.55	61.50	21.17	14.26	67.37
Mn/B	72.07	46.61	64.68	97.47	66.26	67.98

（五）马尾松针叶营养 DRIS 诊断

马尾松针叶养分比值偏函数f（X/Y）计算结果见表 5-11。表 5-11 数据显示，在 45 种比值参数中，偏函数f（X/Y）值为正值的有 25 种，为负值的有 20 种，说明低产组中各营养元素之间相对过量与相对缺乏共存，各元素间比例不平衡。f（X/Y）接近于 0，表示该元素与其他元素值处于相对平衡状态。而 DRIS 指数大小表示树体对某一元素需要程度，负指数表示树体需要这一元素，负值的绝对值越大，表示需求强度越大；反之，则需求强度小或不需要，甚至是过量的。当指数为 0 或接近于 0 时，表明该元素与其他元素处于相对平衡状态中。

表 5-12 数据显示，马尾松幼林养分不平衡指数 NII 为 33.119，马尾松人工幼林需肥顺序为 P ＞ B ＞ K ＞ Zn ＞ N ＞ Mn ＞ Mg ＞ Fe ＞ Ca ＞ Cu。马尾松幼林对 P、B、K、Zn、N 元素需求强度比较大，对 Cu、Mn、Ca、Mg、Fe 元素的敏感度不大，针叶这些营养元素相对充足。针叶 DRIS 诊断指数磷元素负值最大，为 –4.792，表示该地区马尾松针叶磷元素相对缺乏，是限制产量增长的主要因素。针叶硼、钾、氮、锌诊断指数均小于 0，处于缺乏状态，而其他元素 DRIS 诊断指数均为正值，说明这些营养元素的供给相对充足。在今后施肥管理中应注重对氮、磷、钾肥的施用，同时要适当添加硼、锌等微量元素。

表 5-11 单偏离程度函数 f (X/Y) 统计

比值参数	f (X/Y)	比值参数	f (X/Y)	比值参数	f (X/Y)
N/P	2.42	P/Mn	-3.44	Mg/Cu	-6.58
N/K	8.40	P/B	7.61	Mg/Zn	10.11
N/Ca	-6.37	K/Ca	-4.77	Mg/Fe	1.56
N/Mg	1.62	K/Mg	1.46	Mg/Mn	-1.21
N/Cu	-11.14	K/Cu	-11.56	Mg/B	10.34
N/Zn	2.85	K/Zn	0.10	Cu/Zn	7.47
N/Fe	-2.06	K/Fe	-2.97	Cu/Fe	0.38
N/Mn	-2.16	K/Mn	-3.33	Cu/Mn	7.26
N/B	-2.07	K/B	1.62	Cu/B	3.92
P/K	0.35	Ca/Mg	2.06	Zn/Fe	-3.09
P/Ca	-8.04	Ca/Cu	10.11	Zn/Mn	-2.01
P/Mg	1.23	Ca/Zn	0.38	Zn/B	2.78
P/Cu	-33.18	Ca/Fe	-2.01	Fe/Mn	-1.08
P/Zn	2.21	Ca/Mn	4.33	Fe/B	4.33
P/Fe	-2.65	Ca/B	-0.58	Mn/B	4.03

表 5-12 马尾松针叶养分 DRIS 诊断指数及需肥顺序表

N	P	K	Ca	Mg	Cu	Zn	Fe	Mn	B	NII
-1.063	-4.792	-3.525	4.183	0.982	8.923	-3.181	1.763	0.709	-3.998	33.119
需肥顺序：P ＞ B ＞ K ＞ Zn ＞ N ＞ Mn ＞ Mg ＞ Fe ＞ Ca ＞ Cu										

（六）马尾松幼林针叶营养诊断临界标准

以高产组马尾松针叶营养元素 DRIS 诊断平均值作为平衡值，DRIS 营养诊断的浓度偏离 ±4/3 标准差为该元素相对适宜浓度范围，偏离 4/3 ～ 8/3 标准差为该元素缺乏或偏高，偏离 ±8/3 标准差以上为严重缺乏或过剩。马尾松人工幼林养分分级标准见表 5-13。各营养元素的适宜范围分别为 N 9.36 ～ 15.44 g/kg、P 0.72 ～ 1.29 g/kg、K 3.84 ～ 5.63 g/kg、Ca 3.65 ～ 5.63 g/kg、Mg 0.31 ～ 1.53 g/kg、Cu 2.14 ～ 3.01 mg/kg、Zn 20.66 ～ 66.42 mg/kg、Fe 30.26 ～ 203.19 mg/kg、Mn 330.02 ～ 561.38 g/kg、978.30 ～ 1 532.46 mg/kg、B 1.13 ～ 15.71 mg/kg。

表 5-13　马尾松针叶养分浓度 DRIS 诊断范围等级

诊断结果	营养元素（g/kg）									
	N	P	K	Ca	Mg	Cu	Zn（$\times 10^{-3}$）	Fe（$\times 10^{-3}$）	Mn（$\times 10^{-3}$）	B（$\times 10^{-3}$）
过剩↑	18.48	1.58	6.53	12.25	2.14	3.45	89.31	289.56	677.06	23.01
偏高↗	15.44	1.29	5.63	5.63	1.53	3.01	66.42	203.19	561.38	15.71
平衡→	11.20	0.70	4.53	6.93	1.29	2.58	43.54	116.83	445.70	8.42
偏低↘	9.36	0.72	3.84	3.56	0.31	2.14	20.66	30.46	330.02	1.13
缺乏↓	6.33	0.43	2.95	0.66	−0.30	1.70	−2.23	−55.91	214.34	−6.17

不管处于哪个生育期，马尾松对磷肥反应都较为灵敏，而广西地区磷元素较为缺乏，在马尾松幼龄阶段科学地增施磷肥，提高磷肥的利用率，对高效栽培马尾松起着决定性作用。同时，研究结果还表明，马尾松在不同生育阶段、不同生境下的需肥规律不一，因此，DRIS 诊断除了要与土壤养分含量和施肥经验相结合，还要与植物的生物学特性及环境相结合，才能科学制定适合当地土壤的施肥配方，科学指导对不同区域的马尾松人工林施肥管理。

二、土壤诊断法

（一）研究区域概况

研究区域位于广西区内，调查点分别位于宁明县境内的广西国有派阳山林场、南宁市境内的广西国有七坡林场、田林县境内的田林县国有乐里林场、钦州市和梧州市内的林场。11 个不同林龄马尾松林地样地的基本情况见表 5-14。不同林龄马尾松的树高和胸径大小不一，同一林龄的树高和胸径差异较大，可见，在不同立地条件和不同栽培密度下的马尾松生长情况不尽相同，甚至差别很大。

（二）土壤样品的采集

分别在广西国有派阳山林场鸿鸪分场和大王山分场、广西国有七坡林场七坡分场、田林县国有乐里林场乐里分场和旧州分场、广西钦州市林业科学研究所和梧州市林业局所属林地选择具有代表性的 3 年、5 年、6 年、8 年、9 年、11 年生马尾松，并在每个采样区域林地中设置 3 个标准样地（20 m × 20 m），在每个标准地内分别按 0 ～ 40 cm 土层随机多点采集土样，最后分别混合土壤样品，将混合后的土壤带回实验室进行养分分析。

（三）测定方法

土壤样品指标分析测定方法参照林业行业标准：pH 值测定采用电位法；有机质测定采用高温外热重铬酸钾氧化 – 容量法；全 N 测定采用半微量凯氏法；全 P_2O_5 测定采用碱熔 – 钼锑抗比色法；全 K_2O 测定采用用碱熔 – 火焰光度法；碱解 N 测定采用碱解扩散法；有效 P 采用双酸浸提 – 钼锑抗比色法；速效 K 采用 NH_4OAc 浸提 – 原子吸收分光光度法测定；交换性 Ca 和 Mg 测定采用乙酸铵交换 – 原子

吸收分光光度法；有效 Cu、有效 Zn 有效 Fe 和有效 Mn 测定采用原子吸收分光光度法；有效 B 测定采用沸水浸提 – 甲亚胺比色法。

（四）数据分析内容

利用 Excel 数据处理软件、SPSS 13.0 统计软件和灰色理论进行灰色关联度分析，利用灰色关联度分析方法对不同林龄马尾松林地土壤肥力进行综合分析，把土壤作为被选系统，土壤 pH 值、有机质、全 N、全 P、全 K、碱解 N、有效 P、速效 K、交换性 Ca、交换性 Mg、有效 Cu、有效 Zn、有效 B、有效 Fe 和有效 Mn 作为评价指标，分析林地土壤综合肥力变化水平。

表 5-14　调查点样地基本情况

样地编号	调查点	林龄（年）	平均树高（m）	平均胸径（cm）	密度（株/hm²）	经纬度及海拔高度	气候情况	林下植被
1	广西国有派阳山林场鸿鸪分场	3	3.60	4.60	1 667	E107°10′0″、N22°1′49″，60 m	属热带及南亚热带季风气候区。年均气温 21.8 ℃，年降水量 1 475 mm，年蒸发量 1 423 mm，相对湿度 82.0%	盐肤木、余甘子、野古草、纤毛嘴草、五节芒、蔓生莠竹等
2	藤县藤州镇	5	4.50	7.00	1 819	E110°53′50″、N23°28′23″，60 m	属亚热带季风气候区。年平均气温为 21.0 ℃，年平均降水量 1 500 mm，相对湿度 80%	铁芒萁、乌蕨、五节芒、蔓生莠竹等
3	广西国有七坡林场七坡分场	5	6.25	8.87	1 667	E108°13′48″、N22°39′32″，125 m	属南亚热带气候。年平均气温 21.6 ℃，年降水量 1 250 mm，年蒸发量 1 700 mm，相对湿度为 79%	盐肤木、桃金娘、五节芒、铁芒萁等
4	藤县车荣镇	6	5.00	8.00	2 779	E110°39′27″、N23°47′43″，46 m	属亚热带季风气候区。年平均气温 21.0 ℃，全年日照时数 1 835.9 h，年平均降水量 1 500 mm，相对湿度 80%	铁芒萁、乌蕨、五节芒、蔓生莠竹等
5	梧州市长洲区	6	7.50	9.50	2 501	E111°11′45″、N23°31′10″，77 m		
6	钦州市林业科学研究所	8	5.75	6.86	3 705	E108°33′54″、N21°58′15″，107 m	属南亚热带季风气候区。年平均气温 22 ℃，年平均降水量 1 600 mm，相对湿度 81%	铁芒萁、桃金娘、五节芒等
7	田林县国有乐里林场旧州分场	8	7.84	13.24	1 667	E105°46′5″、N24°40′15″，493 m	属亚热带季风气候类型。年平均气温 20.7 ℃，年均降水量 1 190 mm；年均蒸发量 1 651 mm；年均相对湿度 80%	野牡丹、盐肤木、五节芒、千里光、纤毛鸭嘴草、飞机草等

续表

样地编号	调查点	林龄（年）	平均树高（m）	平均胸径（cm）	密度（株/hm²）	经纬度及海拔高度	气候情况	林下植被
8	广西国有派阳山林场大王山分场	8	10.90	18.57	2 501	E107°20′13″、N22°1′11″，281 m	属热带及南亚热带季风气候区。年均气温21.8 ℃，年降水量1 475 mm，年蒸发量1 423 mm，相对湿度82.0%	盐肤木、余甘子、野古草、纤毛鸭嘴草、五节芒、蔓生莠竹等
9	广西国有派阳山林场鸿鹄分场	9	8.40	13.35	1 667	E107°9′48″、N22°3′36″，60 m		
10	田林县国有乐里林场乐里分场	11	14.12	14.04	1 667	E106°13′47″、N24°17′35″，450 m	属亚热带季风气候类型。年平均气温20.7 ℃，年均降水量1 190 mm；年均蒸发量1 651.7 mm；年均相对湿度80%	毛果算盘子、盐肤木、五节芒、毛蒿、铁芒萁、蔓生莠竹、纤毛鸭嘴草、石珍茅、飞机草等
11	田林县国有乐里林场旧州分场	11	12.24	15.38	833	E105°45′55″、N24°39′15″，530 m		

关联系数的计算公式如下：

$$\xi_i(k)=\frac{\min|x_0(k)-x_i(k)|+0.5\max|x_0(k)-x_i(k)|}{|x_0(k)-x_i(k)|+0.5\max|x_0(k)-x_i(k)|}$$

式中，$\xi i(k)$ 是第 k 点时，x_i 对理想值 x_0 的关联系数；x_0 为参考数列，x_i 为比较数列，i=1，2，3……m（待评不同林龄综合土壤肥力）；k=1，2，3……n（待评土壤属性指标）；一般地，分辨系数在 0 ～ 1 之间，本文取常规值 0.5。$\min|x_0(k)-x_i(k)|$ 和 $\max|x_0(k)-x_i(k)|$ 分别为二级最小值和二级最大值。

灰色关联度计算公式如下：

非平权法：$r_i=\frac{1}{n}\sum_{k=1}^{n}a(k)\cdot\xi_i(k)$ ……………………………………………①

式中，r_i 为灰色关联度；$a(k)$ 为各指标的权值。

（五）马尾松林地土壤养分状况

将所选不同样地的马尾松林地土壤化学性质调查结果列于表 5-15，从中可以看出 0 ～ 40 cm 土层的土壤化学性质：pH 值为 3.94 ～ 5.14，属酸性至强酸土壤，土壤有机质为 15.61 ～ 35.78 g/kg，全 N 为 0.78 ～ 1.29 g/kg，全 P 为 0.11 ～ 0.32 g/kg，全 K 为 2.50 ～ 15.92 g/kg，碱解 N 为 34.8 ～ 147.8 mg/kg，有效 P 为 0.9 ～ 3.1 mg/kg，速效 K 为 13.7.5 ～ 65.4 mg/kg，交换性 Ca 为 8.7 ～ 347.4 mg/kg，交换性 Mg 为 1.7 ～ 93.3 mg/kg，有效 Cu 为 0.10 ～ 1.41 mg/kg，有效 Zn 为 0.16 ～ 2.75 mg/kg，有效 B 为 0.05 ～ 0.33 mg/kg，有效 Fe 为 16.15 ～ 118.88 mg/kg，有效 Mn 为 0.26 ～ 4.82 mg/kg。按照全国土壤养分含量分级标准，土壤全 P 量和有效 P 含量均处于极贫乏水平，全 K 量和速效 K 含量分别处于

很贫乏和极贫乏水平，有机质、全N量和碱解N含量处于中等偏下水平；中量元素土壤交换性Ca和Mg含量大部分处于极低水平；土壤微量元素除有效Cu、Fe含量处于中等偏上水平外，其余均普遍贫乏，尤其是B、Mn元素大部分处于极贫乏水平。总体上，各松树林地的土壤养分含量处于贫乏水平。

表5-15 马尾松调查点土壤养分状况

样地编号	pH值	有机质（g/kg）	全N（g/kg）	全P（g/kg）	全K（g/kg）	碱解N（mg/kg）	有效P（mg/kg）	速效K（mg/kg）	交换性Ca（mg/kg）	交换性Mg（mg/kg）	有效Cu（mg/kg）	有效Zn（mg/kg）	有效B（mg/kg）	有效Fe（mg/kg）	有效Mn（mg/kg）
1	3.94	21.95	0.92	0.13	11.92	97.3	1.0	28.8	13.1	4.1	0.34	0.67	0.08	28.82	1.24
2	4.05	21.02	1.06	0.13	8.24	100.0	0.9	19.0	15.6	3.4	1.24	0.79	0.05	31.86	1.31
3	4.31	19.51	1.06	0.11	7.69	91.7	0.9	21.5	8.7	2.6	0.34	1.20	0.20	16.15	0.97
4	4.60	26.56	0.98	0.22	2.50	68.3	2.9	31.5	63.9	7.2	0.15	2.75	0.27	100.00	0.90
5	4.24	35.78	1.14	0.12	5.08	147.8	3.1	29.0	46.3	4.9	1.41	1.13	0.33	117.64	4.82
6	4.37	15.61	0.87	0.29	10.77	77.0	1.9	48.9	101.3	38.6	0.71	0.83	0.11	94.33	2.21
7	4.52	21.87	1.29	0.31	13.99	121.8	2.1	46.6	290.9	56.2	0.69	0.47	0.12	83.39	1.92
8	5.14	19.93	1.29	0.32	15.92	113.8	2.2	52.4	347.4	93.3	0.71	0.48	0.05	65.50	4.01
9	4.56	18.61	0.78	0.19	5.01	34.8	1.6	41.0	33.0	1.7	0.10	0.16	0.10	33.72	0.70
10	5.09	18.25	1.16	0.22	10.24	125.8	1.7	64.8	288.9	24.4	0.48	0.54	0.14	38.74	0.26
11	4.61	29.54	1.13	0.29	3.30	96.1	1.8	13.7	54.0	3.7	0.13	0.30	0.17	40.36	4.61

（六）马尾松林地土壤养分相关性分析

将马尾松15个土地壤养分指标的数据通过SPSS软件和Correlate-Bivariate过程分析，$P<0.05$（显著性水平=0.05）系数值旁会标记1个星号，$P<0.01$（显著性水平=0.01）标记2个星号。由表5-16可知，pH值和全P、全K，有机质和有效Mn，全N、全P、全K和交换性Ca，速效K和交换性Mg，碱解N和有效Cu，全K、有效Zn和有效B均呈显著正相关关系。全K和有效B呈显著负相关关系。

pH值与交换性Ca，有机质和有效B，全N和碱解N，全P、全K、交换性Ca和交换性Mg，有效P和有效Fe均呈极显著正相关关系。

pH值和有机质、有效Cu、有效Zn、有效B呈负相关性但不显著，和其余养分指标呈不显著的正相关关系；有机质和全P、全K、速效K、交换性Ca、交换性Mg均呈负相关性但不显著。除有机质、有效P、有效B、有效Fe外，有效Zn和其他土壤养分均呈负相关性但不显著。除有效Zn和有效Cu、有效Mn呈不显著负相关性外，其余微量元素之间均呈正相关性。

表 5-16　马尾松林地土壤养分相关性分析

项目	pH 值	有机质	全 N	全 P	全 K	碱解 N	有效 P	速效 K	交换性 Ca	交换性 Mg	有效 Cu	有效 Zn	有效 B	有效 Fe	有效 Mn
pH 值	1	−0.192	0.448	0.651*	0.209	0.090	0.350	0.663*	0.785**	0.602	−0.270	−0.131	−0.078	0.082	0.087
有机质		1	0.266	−0.209	−0.536	0.424	0.590	−0.513	−0.275	−0.329	0.273	0.291	0.738**	0.451	0.645*
全 N			1	0.364	0.425	0.794**	0.261	0.173	0.693*	0.578	0.361	−0.129	0.046	0.173	0.446
全 P				1	0.361	−0.017	0.340	0.485	0.698*	0.736**	−0.225	−0.235	−0.290	0.313	0.300
全 K					1	0.363	−0.231	0.574	0.687*	0.791**	0.243	−0.431	−0.646*	−0.063	−0.026
碱解 N						1	0.255	0.126	0.429	0.292	0.651*	−0.106	0.230	0.279	0.464
有效 P							1	0.232	0.279	0.247	0.194	0.429	0.646*	0.899**	0.481
速效 K								1	0.792**	0.643*	−0.002	−0.211	−0.267	0.225	−0.241
交换性 Ca									1	0.871**	0.083	−0.271	−0.293	0.208	0.101
交换性 Mg										1	0.167	−0.246	−0.411	0.289	0.274
有效 Cu											1	−0.048	0.079	0.407	0.377
有效 Zn												1	0.618*	0.443	−0.190
有效 B													1	0.535	0.258
有效 Fe														1	0.432
有效 Mn															1

注：$^{**}P < 0.01$，$^{*}P < 0.05$。

（七）土壤肥力综合评价

选择土壤 pH 值、有机质、全 N、全 P、全 K、碱解 N、有效 P、速效 K、交换性 Ca、交换性 Mg、有效 Cu、有效 Zn、有效 B、有效 Fe 和有效 Mn 等 15 种养分指标作为综合评价土壤肥力的标准。采用指标区间化方法对调查数据进行生成处理，处理后各指标均在［0～1］之间变化（表 5-17）。选择各测定养分指标的最高值作为参考点，组成参考数列，即：x_0={1，1，1，1，1，1，1，1，1，1，1，1，1，1，1}。然后进行各对应点关联系数和关联度计算分析，结果见表 5-18。

表 5-17　土壤养分指标区间化结果

样地编号	pH 值	有机质（g/kg）	全 N（g/kg）	全 P（g/kg）	全 K（g/kg）	碱解 N（mg/kg）	有效 P（mg/kg）	速效 K（mg/kg）	交换性 Ca（mg/kg）	交换性 Mg（mg/kg）	有效 Cu（mg/kg）	有效 Zn（mg/kg）	有效 B（mg/kg）	有效 Fe（mg/kg）	有效 Mn（mg/kg）
1	0.958	0.131	0.745	0.524	0.577	0.805	0.364	0.988	0.827	0.248	0.290	0.147	0.321	0.220	0.000
2	0.000	0.314	0.275	0.095	0.702	0.553	0.045	0.292	0.013	0.026	0.183	0.197	0.107	0.123	0.215
3	0.250	1.000	0.706	0.048	0.192	1.000	1.000	0.296	0.111	0.035	1.000	0.375	1.000	0.988	1.000
4	0.092	0.268	0.549	0.095	0.428	0.577	0.000	0.103	0.020	0.019	0.870	0.243	0.000	0.153	0.230
5	0.308	0.193	0.549	0.000	0.387	0.504	0.000	0.151	0.000	0.010	0.183	0.402	0.536	0.000	0.156
6	0.550	0.543	0.392	0.524	0.000	0.296	0.909	0.344	0.163	0.060	0.038	1.000	0.786	0.816	0.140

续表

样地编号	pH 值	有机质（g/kg）	全 N（g/kg）	全 P（g/kg）	全 K（g/kg）	碱解 N（mg/kg）	有效 P（mg/kg）	速效 K（mg/kg）	交换性 Ca（mg/kg）	交换性 Mg(mg/kg）	有效 Cu（mg/kg）	有效 Zn（mg/kg）	有效 B（mg/kg）	有效 Fe（mg/kg）	有效 Mn(mg/kg）
7	1.000	0.214	1.000	1.000	1.000	0.699	0.591	0.749	1.000	1.000	0.466	0.124	0.000	0.480	0.822
8	0.517	0.149	0.000	0.381	0.187	0.000	0.318	0.528	0.072	0.000	0.000	0.000	0.179	0.171	0.096
9	0.558	0.691	0.686	0.857	0.060	0.542	0.409	0.000	0.134	0.022	0.023	0.054	0.429	0.236	0.954
10	0.358	0.000	0.176	0.857	0.616	0.373	0.455	0.681	0.273	0.403	0.466	0.259	0.214	0.761	0.428
11	0.483	0.310	1.000	0.952	0.856	0.770	0.545	0.636	0.833	0.595	0.450	0.120	0.250	0.655	0.364

表 5-18　土壤肥力灰色关联度评价标准

灰色关联度	[0.85，1.00]	[0.70，0.85]	[0.55，0.70]	[0.40，0.55]	[0.00，0.40]
土壤质量分级	Ⅰ（优）	Ⅱ（良）	Ⅲ（一般）	Ⅳ（差）	Ⅴ（极差）

根据计算出的灰色关联度，参照表 5-18 给出的土壤质量分级，进行土壤质量评价。关联度越大，其土壤综合肥力越高。由表 5-19 可知，11 个松树样地的土壤肥力除 7 号表现较好外，其余普遍较低，其水平高低排列顺序是 7 号＞ 3 号＞ 11 号＞ 1 号＞ 6 号＞ 9 号＞ 10 号＞ 4 号＞ 5 号＞ 2 号＞ 8 号。说明 11 个马尾松林地中 7 号样地的土壤肥力最大，关联度为 0.709，属于Ⅱ级（良）水平；8 号样地土壤肥力最差，关联度为 0.385，属Ⅴ级（极差）水平。其中，土壤肥力属于Ⅲ级（一般）的样地是 3 号和 11 号，占全部样地的 18.18%；属于Ⅳ级（差）的样地是 1 号、4 号、5 号、6 号、9 号和 10 号，占全部样地的 54.55%；属于Ⅴ级（极差）的样地是 2 号和 8 号，占全部样地的 18.18%。结果与表 1 中的马尾松的生长情况相比对可以看出，种植密度高的林地，其土壤综合肥力整体上相对较低；但 8 号（最低者）样地与同林龄的马尾松林地相比，其树高和胸径为最高，可能是由于 8 号林地的马尾松生长速度过快，需要吸收较多的养分，从而导致林地的土壤肥力衰退。

表 5-19　土壤养分含量关联系数、关联度及综合评价

样地编号	pH 值	有机质（g/kg）	全 N（g/kg）	全 P（g/kg）	全 K（g/kg）	碱解 N（mg/kg）	有效 P（mg/kg）	速效 K（mg/kg）	交换性 Ca(mg/kg）	交换性 Mg（mg/kg）	有效 Cu(mg/kg）	有效 Zn(mg/kg）	有效 B（mg/kg）	有效 Fe(mg/kg）	有效 Mn（mg/kg）	关联度（ri）	土壤质量等级
1	0.923	0.365	0.662	0.512	0.542	0.720	0.440	0.977	0.743	0.399	0.413	0.369	0.424	0.391	0.333	0.548	Ⅳ（差）
2	0.333	0.422	0.408	0.356	0.627	0.528	0.344	0.414	0.336	0.339	0.380	0.384	0.359	0.363	0.389	0.399	Ⅴ（极差）
3	0.400	1.000	0.630	0.344	0.382	1.000	1.000	0.415	0.360	0.341	1.000	0.444	1.000	0.976	1.000	0.686	Ⅲ（一般）
4	0.355	0.406	0.526	0.356	0.466	0.542	0.333	0.358	0.338	0.338	0.794	0.398	0.333	0.371	0.394	0.420	Ⅳ（差）
5	0.420	0.383	0.526	0.333	0.449	0.502	0.333	0.371	0.333	0.336	0.380	0.455	0.519	0.333	0.372	0.403	Ⅳ（差）
6	0.526	0.522	0.451	0.512	0.333	0.415	0.846	0.433	0.374	0.347	0.342	1.000	0.700	0.731	0.368	0.527	Ⅳ（差）

续表

样地编号	pH 值	有机质（g/kg）	全 N（g/kg）	全 P（g/kg）	全 K（g/kg）	碱解 N（mg/kg）	有效 P（mg/kg）	速效 K（mg/kg）	交换性 Ca(mg/kg）	交换性 Mg（mg/kg）	有效 Cu(mg/kg）	有效 Zn(mg/kg）	有效 B（mg/kg）	有效 Fe(mg/kg）	有效 Mn（mg/kg）	关联度（*ri*）	土壤质量等级
7	1.000	0.389	1.000	1.000	1.000	0.624	0.550	0.665	1.000	1.000	0.483	0.363	0.333	0.490	0.738	0.709	Ⅱ（良）
8	0.508	0.370	0.333	0.447	0.381	0.333	0.423	0.514	0.350	0.333	0.333	0.333	0.378	0.376	0.356	0.385	Ⅴ（极差）
9	0.531	0.618	0.614	0.778	0.347	0.522	0.458	0.333	0.366	0.338	0.339	0.346	0.467	0.395	0.916	0.491	Ⅳ（差）
10	0.438	0.333	0.378	0.778	0.566	0.444	0.478	0.610	0.408	0.456	0.483	0.403	0.389	0.677	0.466	0.487	Ⅳ（差）
11	0.492	0.420	1.000	0.913	0.777	0.685	0.524	0.579	0.750	0.552	0.476	0.362	0.400	0.591	0.440	0.597	Ⅲ（一般）

第六节 杉木人工林营养诊断研究

一、土壤诊断

杉木人工林是我国人工林中占比最高的人工林，杉木人工林土壤养分状况在我国人工林土壤中非常具有代表性。最近杨承栋等人（2009）提出一个“杉木人工林土壤质量指标体系”（表 5-20），提出了杉木人工林 0 ～ 40 cm 土层土壤质量指标体系，以 0 ～ 40 cm 土层深度为标准，在指标体系中包括了 6 个土壤养分元素含量（有机质、水解 N、有效 P、有效 K、交换性 Ca、交换性 Mg）指标，每项指标分为高、中、低三级。有了这个土壤质量指标体系，只要通过对造林地（宜林地）土壤养分的分析，并参考上述土壤养分元素指标，即可了解土壤肥力状况，并做出是否需要施肥的判断。同时通过这些调查还能了解到人工林土壤养分含量的变化情况，如南方酸性土壤普遍缺 P 元素，P 元素常常是限制人工林生长的因素之一，如杉木人工林连作导致加剧有效 P 缺乏，是连作人工林生长量下降的重要因素。按照张建国的杉木人工林营养诊断指标，速效养分 N 的临界值为 80 mg/kg，P 为 6 mg/kg，养分最适值 N 为 145 mg/kg，P 为 13 mg/kg。与表 5-20 联系起来看，杉木人工林也很缺乏 P 元素，N 元素要在高质量土壤上才能达到最适值。按照表 5-20 和养分诊断值看，杉木人工林只有 16 地位指数指标以上的人工林才能达到高的养分指标，但是杉木人工林达到 16 地位指数的比例却很低，这也是南方杉木人工林普遍生产力不高的原因之一。

表 5-20 杉木人工林土壤质量养分指标

土壤指标	高	中	低	土壤指标	高	中	低
土壤有机质含量（g/kg）	25 ～ 30	15 ～ 25	＜ 15	土壤速效 K 含量（mg/kg）	＞ 120	100 ～ 120	＜ 100
土壤有效水解 N 含量（mg/kg）	＞ 150	100 ～ 150	＜ 100	土壤交换性钙 Ca^{2+} 含量 cmol（1/2 Ca^{2+}/kg）	＞ 1.5	1.0 ～ 1.5	＜ 1.0
土壤有效 P 含量（mg/kg）	＞ 3.0	1.0 ～ 3.0	＜ 1.0	土壤交换性镁 Mg^{2+} 含量 cmol（1/2 Mg^{2+}/kg））	＞ 1.0	0. 5 ～ 1.0	＜ 0.5

林木生长发育所需的微量元素主要来自土壤，而微量元素对林木生长有重要影响，我们通过对杉木人工林土壤的调查，发现在杉木人工林土壤中全Mn、全Zn、有效Mn、有效Fe和有效Zn含量均较低，有效Mn、Fe与Zn均低于临界含量值。有相关论文和报道提出，杉木缺Zn也是杉木人工林生产力不高的因素。

二、叶片诊断

叶片是同化器官，是树体同化代谢功能最活跃的部分，养分供应的变化在叶片上反映比较明显，在植物各器官中以叶吸收的养分最多，而且叶片养分含量与林木生长有较高的相关性。在国外在林木上用叶片做营养诊断比较普遍，而在国内似乎更重视土壤的诊断，但若二者结合起来，有可能更能正确判断林木和林地的养分状况。近些年来国内也开始应用叶片诊断方法，来了解林木营养状况。杨承栋等人（2009）研究了杉木林叶片养分含量变化与林木生长的关系，得出发育在板岩、页岩红壤上2代杉木林生长与第一轮枝叶片中N、Mg、Cu、Fe含量呈正相关，与第六轮枝叶叶片中的P、Mg、Cu、Fe也呈正相关，1代杉木幼林生长其相关性不如2代明显。这个研究很好反映了2代杉木人工林养分的不足，和微量元素对杉木生长的影响。张建国根据2年生苗的盆栽试验，提出杉木2年生苗木叶片的营养诊断标准（表5-21）。

表5-21　杉木2年生苗木叶片营养诊断标准

单位：%

营养元素	临界值	最适值	过量值
N	—	1.271 1	2.059 1
P	—	0.336 0	—
K	—	0.332 8	—

三、广西杉木林地土壤养分状况及肥力评价

（一）材料与方法

1. 调查区域概况

在广西杉木人工林种植区开展土壤肥力调查，调查区域有天峨县、南丹县、融安县、融水苗族自治县、资源县、柳州市、贺州市。

（1）天峨县林朵林场：调查区域属亚热带季风气候，年平均气温为20.9 ℃，年平均积温为7 475.2 ℃，平均日照时数为1 232.2 h，年平均降水量为1 253.6 mm，年平均无霜期为336 d。地貌类型以低山为主，海拔620～650 m，土壤为砂岩发育而成的黄红壤，土层深厚。

（2）南丹县山口林场：调查区域属中亚热带气候，年平均气温为16.9 ℃，最冷月为1月，平均气温为7 ℃，极端最低温度为-5.5 ℃；最热月为7月，平均气温为24.1 ℃，极端最高温度为35.5 ℃；年平均降水量为1 482 mm，雨季主要集中在4～10月；年平均蒸发量为1 144 mm，相对湿

度 82%；年日照时数为 1 251 h，≥ 10 ℃年积温为 5 244 ℃。林地土壤大部分为砂岩发育形成的山地黄壤，土层深厚疏松，结构良好。

（3）融安县西山林场：调查区域属中亚热带季风性气候，年平均气温为 19 ℃，最冷月（1 月）平均气温为 8.5 ℃，最热月（7 月）平均气温为 27.8 ℃，≥ 10 ℃年积温为 6 069.8 ℃，年日照时数为 1 430.5 h，年降霜为 10.9 d，降雪为 2 ～ 3 d。年平均降水量为 1 923.8 mm，雨季多集中在 5 ～ 8 月，年蒸发量为 1 061.3 mm，年均相对湿度为 80%。

（4）融水苗族自治县国营贝江河林场：属中亚热带季风气候区，年平均气温为 18.4 ℃，极端最高温为 38.6 ℃，极端最低温为 –3 ℃；无霜期为 360 d 以上；年平均降水量为 1 824.8 mm。土壤以红壤为主，土层深厚，疏松。

（5）资源县资源林场：调查区域属中亚热带季风气候区，年平均气温为 16.4 ℃，全场气温随海拔增高而降低，最冷月为 1 月，平均气温为 5.3 ℃，最热月为 7 月，平均气温为 26.3 ℃，极端最高温为 36.9 ℃，极端最低温为 –8.5 ℃；≥ 10 ℃的年积温为 4 750 ℃；平均霜期为 80 d；年降水量为 1 900 ～ 2 507 mm，年蒸发量为 1 200 mm，平均相对湿度为 80% 以上；年平均光照强度为 89.45 kcal/cm^2，年日照时数平均为 1 308 h。土壤是由花岗岩发育而成的黄壤，表土层有机质含量较丰富，土壤较疏松，透气、透水性良好，较肥沃。

（6）贺州市八步区黄洞林场：调查区域属中亚热带季风气候区，年平均气温为 19.9 ℃，最冷月平均气温为 9.4 ℃，最热月平均气温为 28.7 ℃；年平均降水量为 1 581.6 mm，雨季多集中在 4 ～ 8 月，其雨量占全年雨量的 70.6%。土壤类型为红壤。

（7）广西国有黄冕林场：调查区域属中亚热带季风气候区，特点是光照充足，雨热同季，夏冬干湿明显，年平均气温为 19 ℃，绝对最低温度为 –2.8 ℃，年平均降水量为 1 750 mm，年平均蒸发量为 1 426 mm，降水一般集中在 4 ～ 8 月。土壤类型为红壤。

2. 土壤样品的采集

2014 ～ 2015 年，在广西杉木人工林种植区开展土壤肥力调查，调查区域有天峨县、南丹县、融安县、融水苗族自治县、资源县、柳州市、贺州市。在杉木调查林地内分别按 A 层、B 层随机多点采集土样，最后按层分别混合土壤样品。

3. 测定方法

土壤样品指标分析测定方法参照林业行业标准：pH 值测定采用电位法；有机质测定采用高温外热重铬酸钾氧化 – 容量法；速效 N 测定采用碱解扩散法；速效 P 采用双酸浸提 – 钼锑抗比色法；速效 K 采用 NH_4OAc 浸提 – 原子吸收分光光度法测定；交换性 Ca 和 Mg 测定采用乙酸铵交换 – 原子吸收分光光度法；有效 Cu、有效 Zn 和有效 Mn 测定采用原子吸收分光光度法；有效 B 测定采用沸水浸提 – 甲亚胺比色法。

4. 数据分析内容

利用 Excel 数据处理软件和 SPSS 17.0 统计软件进行灰色关联度分析，利用灰色关联度分析方法对杉木人工林地土壤肥力进行综合分析，把土壤作为被选系统，土壤的 pH 值、有机质、碱解氮、有效磷、速效钾，交换性钙、交换性镁、有效铜、有效锌、有效硼、有效铁和有效锰作为评价指标，综合分析评价林地土壤肥力。

关联系数的计算公式如下：

$$\xi_i(k)=\frac{\min|x_0(k)-x_i(k)|+0.5\max|x_0(k)-x_i(k)|}{|x_0(k)-x_i(k)|+0.5\max|x_0(k)-x_i(k)|}$$

式中，$\xi(k)$是第k点时，x_i对理想值x_0的关联系数；x_0为参考数列，x_i为比较数列，i=1，2，3……m（待评林地综合土壤肥力）；k=1，2，3……n（待评土壤属性指标）；一般地，分辨系数在0～1之间，本文取常规值0.5。$\min|x_0(k)-x_i(k)|$和$\max|x_0(k)-x_i(k)|$分别为二级最小值和二级最大值。

灰色关联度计算公式如下：

非平权法：$r_i=\frac{1}{n}\sum_{k=1}^{n}a(k)\cdot\xi_i(k)$ ……………………………………………②

式中，r_i为灰色关联度；$a(k)$为各指标的权值。

（二）结果与分析

1. 杉木人工林地土壤养分状况

杉木人工林地调查点土壤养分状况见表5-22。从表中可以看出，不同调查点养分含量差别较大。杉木人工林土壤pH值为4.11～4.90，土壤有机质变化范围为17.45～86.22 g/kg；碱解氮、有效磷和速效钾含量的变化范围分别为96.9～307.8 mg/kg、0.8～6.3 mg/kg和30.9～161.0 mg/kg；交换性钙和交换性镁含量的变化范围分别为63.4～659.9 mg/kg和3.4～40.9 mg/kg；有效铜、有效锌、有效硼、有效铁和有效锰含量的变化范围分别为0.54～1.47 mg/kg、0.49～3.91 mg/kg、0.05～0.34 mg/kg、18.26～78.97 mg/kg和0.15～3.52 mg/kg。杉木人工林土壤碱解氮、有效磷、速效钾等10项养分总含量变化范围为241.27～1 181.03 mg/kg，南丹县山口林场土壤养分含量最高，广西国有黄冕林场土壤养分含量最低。不同土层相比，所有调查点A层土壤养分含量均高于B层土壤，呈现出土壤养分表层富集的现象。每个调查点土壤养分元素从大到小的变化趋势大致为有机质>速效N、交换性Ca>速效K>有效Fe>交换性Mg>速效P、有效Mn>有效Zn>有效Cu>有效B。

表5-22 杉木人工林地土壤养分状况

调查点	土层	pH值	有机质（g/kg）	碱解N（mg/kg）	有效P（mg/kg）	速效K（mg/kg）	交换性Ca（mg/kg）	交换性Mg（mg/kg）	有效Cu（mg/kg）	有效Zn（mg/kg）	有效B（mg/kg）	有效Fe（mg/kg）	有效Mn（mg/kg）
天峨县林朵林场	A层	4.64	55.60	274.8	2.9	60.2	313.4	30.9	0.98	1.80	0.26	39.37	3.52
	B层	4.61	29.83	172.7	1.4	36.6	147.1	18.0	0.97	0.79	0.18	35.63	1.98
南丹县山口林场	A层	4.74	45.72	264.2	3.3	161.0	659.9	40.9	1.32	2.43	0.15	44.69	3.14
	B层	4.74	34.67	208.4	1.7	102.1	542.2	35.1	1.47	1.38	0.19	45.98	2.33
融安县西山林场	A层	4.90	31.21	171.4	6.3	79.2	219.3	13.9	0.99	1.02	0.17	43.74	1.08
	B层	4.80	17.94	133.9	1.4	32.7	117.1	10.4	0.75	0.49	0.11	38.24	0.67

续表

调查点	土层	pH 值	有机质（g/kg）	碱解 N（mg/kg）	有效 P（mg/kg）	速效 K（mg/kg）	交换性 Ca（mg/kg）	交换性 Mg（mg/kg）	有效 Cu（mg/kg）	有效 Zn（mg/kg）	有效 B（mg/kg）	有效 Fe（mg/kg）	有效 Mn（mg/kg）
融水苗族自治县国营贝江河林场	A 层	4.23	60.36	249.0	1.9	63.1	129.6	7.2	1.33	3.91	0.34	49.23	0.41
	B 层	4.11	20.40	104.1	1.1	30.9	63.4	3.4	0.88	1.37	0.17	35.80	0.15
资源县资源林场	A 层	4.82	86.22	307.8	1.3	64.2	147.4	8.8	0.78	2.70	0.12	46.31	1.14
	B 层	4.77	45.84	189.8	0.8	41.5	98.4	5.1	0.87	1.22	0.05	78.97	0.77
贺州市八步区黄洞林场	A 层	4.49	38.91	184.1	1.5	81.6	85.7	10.5	0.79	1.93	0.14	29.45	3.01
	B 层	4.41	17.45	96.9	1.1	39.4	163.0	13.4	0.59	0.65	0.05	34.27	1.52
广西国有黄冕林场	A 层	4.27	44.32	212.0	1.6	40.4	90.9	11.6	0.67	1.18	0.18	33.03	3.15
	B 层	4.32	18.00	110.1	1.2	31.0	170.2	11.2	0.54	0.57	0.09	18.26	0.50

2. 杉木人工林地土壤肥力综合评价

为了消除各肥力指标间量纲的不同，采用初值化方法对各肥力指标进行无纲化处理，得到新的生成数列（表 5-23）。

表 5-23　杉木人工林地土壤养分无量纲化处理

调查点	土层	pH 值	有机质（g/kg）	碱解 N（mg/kg）	有效 P（mg/kg）	速效 K（mg/kg）	交换性 Ca（mg/kg）	交换性 Mg（mg/kg）	有效 Cu（mg/kg）	有效 Zn（mg/kg）	有效 B（mg/kg）	有效 Fe（mg/kg）	有效 Mn（mg/kg）
天峨县林朵林场	A 层	0.947	0.645	0.893	0.465	0.374	0.475	0.755	0.668	0.461	0.774	0.499	1.000
	B 层	0.940	0.346	0.561	0.226	0.228	0.223	0.439	0.662	0.203	0.522	0.451	0.563
南丹县山口林场	A 层	0.968	0.530	0.858	0.519	1.000	1.000	1.000	0.895	0.621	0.439	0.566	0.890
	B 层	0.966	0.402	0.677	0.277	0.634	0.822	0.859	1.000	0.353	0.557	0.582	0.662
融安县西山林场	A 层	1.000	0.362	0.557	1.000	0.492	0.332	0.341	0.669	0.260	0.502	0.554	0.307
	B 层	0.979	0.208	0.435	0.219	0.203	0.177	0.253	0.511	0.124	0.310	0.484	0.191
融水苗族自治县国营贝江河林场	A 层	0.863	0.700	0.809	0.297	0.392	0.196	0.177	0.905	1.000	1.000	0.623	0.117
	B 层	0.839	0.237	0.338	0.173	0.192	0.096	0.084	0.597	0.350	0.487	0.453	0.041
资源县资源林场	A 层	0.984	1.000	1.000	0.199	0.399	0.223	0.216	0.532	0.692	0.358	0.586	0.324
	B 层	0.973	0.532	0.616	0.125	0.258	0.149	0.124	0.590	0.312	0.144	1.000	0.218
贺州市八步区黄洞林场	A 层	0.915	0.451	0.598	0.239	0.507	0.130	0.257	0.534	0.494	0.413	0.373	0.853
	B 层	0.899	0.202	0.315	0.167	0.245	0.247	0.327	0.401	0.166	0.148	0.434	0.431
广西国有黄冕林场	A 层	0.870	0.514	0.689	0.255	0.251	0.138	0.284	0.455	0.301	0.531	0.418	0.894
	B 层	0.882	0.209	0.358	0.191	0.193	0.258	0.273	0.367	0.145	0.251	0.231	0.142

选择土壤养分指标的最大值作为参考数列，计算 A、B 各层次土壤养分指标的二级最小值 $\min|x_0(k)-x_i(k)|$ 和二级最大值 $\max|x_0(k)-x_i(k)|$，再根据关联系数计算公式，求得各比较数列对应点与各土壤理化指标的关联系数（表 5-24）。

表 5-24 杉木人工林地 3 个调查点土壤养分关联度计算表

调查点	土层	pH 值	有机质（g/kg）	碱解 N（mg/kg）	有效 P（mg/kg）	速效 K（mg/kg）	交换性 Ca（mg/kg）	交换性 Mg（mg/kg）	有效 Cu（mg/kg）	有效 Zn（mg/kg）	有效 B（mg/kg）	有效 Fe（mg/kg）	有效 Mn（mg/kg）
天峨县林朵林场	A 层	0.900	0.575	0.817	0.473	0.434	0.478	0.662	0.591	0.471	0.680	0.489	1.000
	B 层	0.890	0.423	0.522	0.383	0.383	0.382	0.461	0.587	0.376	0.501	0.467	0.523
南丹县山口林场	A 层	0.938	0.505	0.772	0.499	1.000	1.000	1.000	0.821	0.559	0.461	0.525	0.814
	B 层	0.934	0.445	0.598	0.399	0.568	0.729	0.773	1.000	0.426	0.520	0.535	0.587
融安县西山林场	A 层	1.000	0.429	0.520	1.000	0.486	0.418	0.421	0.592	0.394	0.491	0.518	0.409
	B 层	0.958	0.377	0.459	0.381	0.376	0.368	0.391	0.496	0.354	0.410	0.482	0.372
融水苗族自治县国营贝江河林场	A 层	0.778	0.615	0.715	0.406	0.441	0.374	0.368	0.835	1.000	1.000	0.560	0.352
	B 层	0.749	0.386	0.420	0.367	0.373	0.347	0.344	0.544	0.425	0.483	0.468	0.334
资源县资源林场	A 层	0.968	1.000	1.000	0.375	0.444	0.382	0.380	0.506	0.609	0.428	0.537	0.415
	B 层	0.947	0.506	0.556	0.354	0.393	0.361	0.354	0.540	0.411	0.359	1.000	0.380
贺州市八步区黄洞林场	A 层	0.850	0.467	0.544	0.387	0.493	0.355	0.392	0.507	0.487	0.450	0.434	0.765
	B 层	0.826	0.376	0.412	0.366	0.389	0.389	0.416	0.445	0.365	0.360	0.459	0.458
广西国有黄冕林场	A 层	0.787	0.497	0.607	0.392	0.390	0.358	0.401	0.468	0.407	0.506	0.452	0.819
	B 层	0.802	0.378	0.428	0.372	0.373	0.393	0.398	0.431	0.359	0.391	0.384	0.359

不同属性土壤对肥力的敏感度即相对重要程度不一样，故本文运用专家评价法与层次分析法赋予关联系数不同的权重值 a（k）。依据公式：$r_i=\frac{1}{n}\sum_{k=1}^{n}a(k)\cdot\xi_i(k)$，计算出杉木人工林土壤的加权关联度。$r_i$ 值越大表明其与理想数列越接近，综合评价最好。对杉木人工林不同调查点土壤基本养分指标按公式②进行灰色关联分析（表 5-25）。

表 5-25 杉木人工林土壤综合肥力状况

调查点	A 层	B 层	平均
天峨县林朵林场	0.625 a	0.481 b	0.553 b
南丹县山口林场	0.708 a	0.599 a	0.654 a
融安县西山林场	0.523 b	0.440 b	0.481 c
融水苗族自治县国营贝江河林场	0.673 a	0.434 b	0.554 b
资源县资源林场	0.661 a	0.512 ab	0.587 ab
贺州市八步区黄洞林场	0.498 b	0.421 b	0.460 c
广西国有黄冕林场	0.500 b	0.414 b	0.457 c

注：字母相同表示不同调查点同一土层土壤肥力指数差异性不显著（$P>0.05$）。

（1）不同调查点土壤肥力综合变化情况。从表 5-25 和图 5-4 可以看出，不同调查点杉木人工林土壤综合肥力指数差异较大，其变化范围为 0.457 ～ 0.654，南丹县山口林场土壤综合肥力较高，高于资源县资源林场，但差异不明显（$P<0.05$），但明显高于天峨县林朵林场和融水苗族自治县国营贝江

河林场。融安县西山林场、贺州市八步区黄洞林场和广西国有黄冕林场土壤综合肥力较差，明显低于杉木人工林其他调查点。

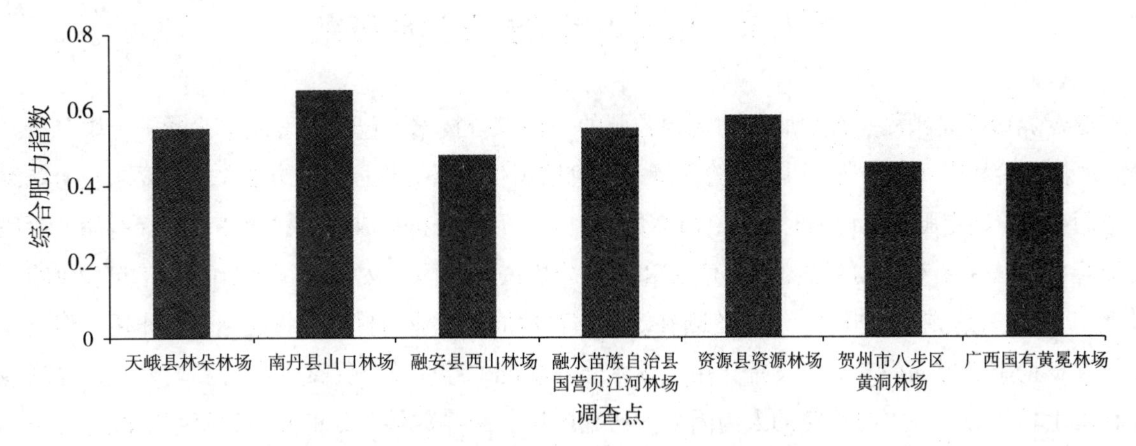

图 5-4　杉木人工林不同调查点土壤肥力综合变化情况

（2）不同土层土壤肥力综合变化情况。从表 5-25 和图 5-5 可以看出，杉木人工林土壤综合肥力在垂直梯度存在显著差异，土壤综合肥力指数范围在 0.414 ～ 0.708 之间，不同调查点的土壤剖面中，土壤综合肥力指数均表现为 A 层（0.498 ～ 0.708）＞ B 层（0.414 ～ 0.599）。就 A 层和 B 层土壤综合肥力指数的差值而言，融水苗族自治县国营贝江河林场、资源县资源林场、天峨县林朵林场和南丹县山口林场 A 层和 B 层土壤综合肥力指数的差值较大，其变化范围为 0.109 ～ 0.239；融安县西山林场、贺州市八步区黄洞林场和广西国有黄冕林场 A 层和 B 层土壤综合肥力指数的差值较小，其变化范围为 0.077 ～ 0.086。

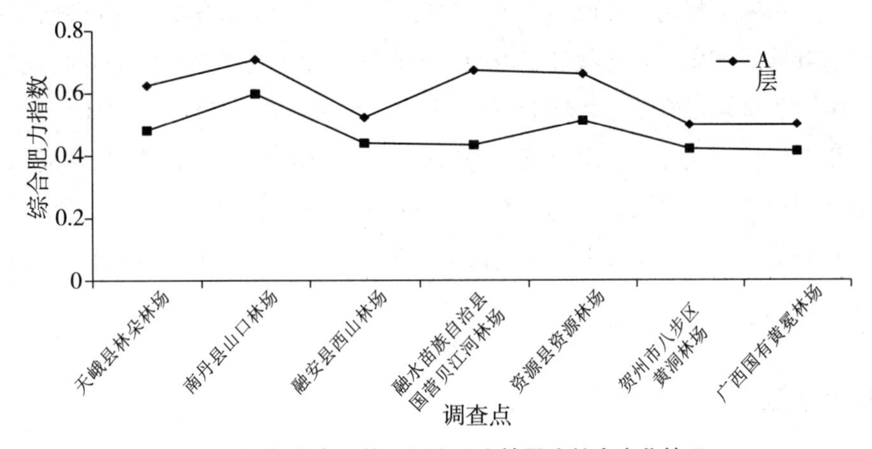

图 5-5　杉木人工林不同土层土壤肥力综合变化情况

（三）结论

灰色关联分析法在林地土壤肥力评价中发展前景广阔，目前关于广西杉木人工林地土壤肥力评价方面的研究较少。项目采用灰色关联分析法对杉木人工林土壤进行肥力变化的分析研究，结果表明，不同调查点杉木人工林土壤综合肥力指数差异较大，其变化范围为 0.457 ～ 0.654，南丹县山口林场土壤综合肥力较高，广西国有黄冕林场土壤综合肥力较差；杉木人工林不同调查点土壤综合肥力在垂直梯度存在明显差异，表现为 A 层＞ B 层。

第七节　桉树人工林营养诊断研究

桉树营养诊断是预测、评价肥效和指导施肥的一种综合技术，包括缺素症状诊断、土壤分析、叶分析、盆栽试验和田间试验等。田间试验无疑是评价桉树生长潜力最可靠的方法，但它要求技术熟练，且调查面积大，确定肥效反应的时间长，所需成本也高。而叶分析法成为桉树营养诊断最有用的手段，目前流行的方法主要有 DRIS 法、临界值法和向量分析法。我国对桉树营养诊断的研究起步较晚，直到最近 10 年才有这方面的报道。营养诊断在定向培育短周期工业用材林中将起到重要作用，但营养诊断在指导林地施肥方面尚未充分发挥作用。林木营养状况，除受养分元素本身的影响外，还受环境因子和林木生长的影响，同时研究的人为因素如研究区域、采样数量、分析方法和研究手段等都影响着林木营养诊断结果的可靠性。树木、土壤养分在时空上的变异，是准确诊断的难点。以叶诊断为例，同一植株的叶片，一年内不同季节、一天中不同时间、不同树龄阶段以及不同树冠部位和不同叶龄均有较大的变异。

目前桉树人工林营养缺乏症状的相关研究报道很少。然而，桉树是世界三大速生树种之一，其优越性越来越受到人们的关注。世界范围内桉树人工林面积迅速扩大，需要更快捷方便的方法对桉树人工林营养状况进行诊断。近年来，澳大利亚 B. Dell 等人（2000）通过多年的研究，积累了较多的田间桉树人工林营养缺乏症状的资料，认为桉树人工林营养缺乏症状主要表现在以下方面：①典型的叶部症状有 5 种，即树叶黄化病（全叶或叶脉间）、树叶枯斑病（叶组织坏死）、树叶红化病（花青素积累）、树叶变形病（少叶、边缘不规则、叶面不平）、叶尖死亡；②树木黄化病与树叶脉管有关，通常发生在叶边缘，叶尖和叶脉间区域；③症状最早可能出现在叶尖或正在扩展生长的新叶或老叶上面；④缺素症状可能逐步由嫩叶向老叶扩展或由老叶向嫩叶扩展。在一定立地条件下，林木所显示的直观症状，种与种之间的差别很明显，从养分需求量低的先锋树种不显示任何症状，直到养分需求量低的树种出现明显的特殊症状。他们强调“缺乏”这一术语，不仅指养分，还包括所涉及的树种。桉树的情况正是如此。例如，在桂柳一带紫色土壤上的不同桉树品种，当广林九号出现黄化时，其他桉树品种并未表现出明显的症状。

一、外观诊断法

（一）大量元素

1. 氮

桉树缺氮，植株生长受到抑制，所有叶片一致褪绿（均匀失绿），老叶黄化，叶柄细而短，叶少、叶小面薄，分枝少，枝条纤细，植株矮小但不明显，叶尖及边缘变红，叶缘不整齐，弯曲，严重时，可能出现枯死，根小，茎细，木质化明显。在氮素缺乏的条件下，老叶中的蛋白质首先降解，氮素在韧皮部内被重新分配到其他新生的部位上去，因此，下部老叶先发生黄化。起初，成熟的叶脉间区域变成灰绿色，而剩下的主要叶脉不规则地被绿色包裹（巨桉、粗皮桉、尾叶桉），蓝桉幼叶表面蜡状物掩盖了早期出现的叶黄化病。随着时间的推移，黄化现象迅速向叶面扩展。之后全部树叶变成黄色。幼苗中，早期缺乏氮素症状也可能首先出现在刚发育完全的树叶，整株树在氮素缺乏时的表现与硫素缺乏时的症状相近，容易误诊。但是，由于硫素缺乏症状是由嫩叶到老叶，这两种缺素症到受害中期还是可以区分开来的。

2. 磷

桉树缺磷，植株生长迟缓，矮小，叶片暗绿色、灰绿色或紫红色，无光；老叶叶脉间更容易出现紫色或红褐色或叶尖出现细小的褐色斑点，严重时，生长受阻，树叶全部变成紫红色，并枯死脱落。侧芽呈休眠状态或死亡；侧根少且生长慢。广西桉树种植的土壤大部分缺磷。施磷对桉树效应明显，桉树在生长的初期就需要大量的磷，磷素不足时，根的生长与分支就会受抑，根系发育差，植株生长缓慢、矮小、瘦弱、分枝少，叶小，叶片较薄。据报道（B. Dell，2000），磷素缺乏的第一症状是在成熟叶脉间出现小的紫色斑点，每个斑点中心变成枯斑，然后变成棕褐色或白色。症状由老叶向新叶扩展，严重时还会出现植株矮化和全部树叶变成紫色的症状（巨桉、粗皮桉、尾叶桉）。严重缺磷的粗皮桉和尾叶桉出现无斑点的紫色树叶，而蓝桉形成不规则的树叶边缘并有斑点出现在坏死组织上。

3. 钾

桉树缺钾，首先在老叶上出现枯斑和烧焦状。症状一般为老叶出现褐色斑点，叶尖或叶缘、叶中均出现枯焦或坏死斑点，严重时叶片呈烧焦状，叶片坏死脱落，症状从老叶向嫩叶扩展；严重缺乏时，幼苗芽尖受损引起矮化；同时植株容易倒伏，较大的树干也会出现弯曲、下垂的现象，特别在雨天时更为明显；根细弱，常呈褐色。不同桉树品种缺钾症状有所不同：尾叶桉缺钾的症状明显，如树体干瘦，枝不发达，叶子较小，叶面有紫红色斑，叶脉间出现斑点，叶尖和叶边缘出现烧焦状。蓝桉幼苗缺钾时，叶脉间区域和叶边缘出现烧焦状。枯焦树叶向上翻卷弯曲。巨桉缺钾叶变灰绿，随后变白、变干。

（二）中、微量元素

目前对中、微量元素缺乏症状在林木方面的研究很少，在桉树方面的研究尤为缺乏。据报道，在澳大利亚温室试验中发现，几种桉苗缺钙时，叶上无斑点或坏死，仅叶基出现尖形缺失；桉树缺锌时叶上出现紫红色斑，而蓝桉为紫褐色斑；缺铜时枝条畸形，会落叶或枯梢，叶小而弯曲，丛集成花蕾状；缺硼引起生长点或小枝枯死，枝节缩短；缺锌形成“小叶病”，并在叶上形成紫色斑及坏死；缺铁、锰和镁均可造成叶子失绿，但缺镁时失绿由叶缘开始，逐渐推向叶尖，最后呈鲜明的深黄色；缺铁时叶的大、小叶脉仍为绿色，叶片呈绿色细条纹；缺锰则叶缘失绿，而中脉附近呈绿色宽条纹。B. Dell等人（2000）和曹继钊等人（2010）提出的桉树缺乏中、微量元素的症状如下。

1. 钙

桉树苗期缺钙，症状先出现于幼叶，幼叶叶尖及附近叶缘开始黄白化，叶尖逐渐呈灼烧枯死状。不同桉树品种症状表现不一，首先表现在芽尖和正在扩展的树叶上，叶缘出现弯曲和变形（蓝桉），叶缘卷曲向上形成杯状（巨桉、尾叶桉），新生树叶和花蕾也扭曲或死亡。

桉树苗期钙过剩时，生长受阻，从老叶叶缘开始出现水浸状白斑，叶片卷曲。严重时，叶片萎蔫，整个植株枯死。

2. 镁

桉树缺镁，首先表现在已完全发育成熟的树叶上，当严重缺乏镁时，症状转向嫩叶。桉树苗期镁缺乏时，老叶由下至上、从叶缘至中央逐渐失绿，老叶叶片脉间黄化，从叶尖及叶缘开始出现不规则的褐色坏死斑点，根系及茎干生长也不正常。蓝桉缺镁时，叶尖变成鸟啄状（叶边缘向上翻转），黄化现象在绿的叶脉区域扩展，并被表面蜡状物掩盖。巨尾桉也出现树叶鸟啄状现象，巨尾桉和尾叶桉嫩叶中，叶脉间和叶边缘变成紫色，并出现棕色斑点。巨尾桉缺镁时，成熟叶绿色的叶脉被黄色组织包裹。粗皮桉缺镁时的第一症状是叶脉组织出现颜色变化。

桉树苗期镁中毒时，叶片稀疏，叶片边缘出现不规则水浸状白斑，严重时边缘呈灼烧状，叶片向内弯曲呈杯状。

3. 硼

桉树缺硼，叶出现浅红色斑点，直至大量叶片全叶变为紫红色，叶片肥厚，向内卷曲；顶梢纤弱、呈褐色甚至枯萎死亡，质脆易撕裂；腋芽萌动抽生新枝，且纤弱向下弯曲，又重复以上症状，严重时整枝呈多头丛状灌木型；沙质或石灰岩地区的土壤缺硼严重时，桉树易发生红叶枯梢病，病株顶部嫩梢肿胀变脆，极易风折，形成丛枝，严重影响桉树生长。

不同品种桉树缺硼症状有差异。巨尾桉的黄化现象为由叶片边缘向整叶扩展，而细叶桉、粗皮桉等的黄化现象仅出现于叶片边缘。蓝桉、尾叶桉的黄化现象可扩展到除叶基部区域以外的整株树叶上。蓝桉缺硼时，树叶卷曲，树枝下垂，严重时，所有树枝呈平伏状，因为树基木质化程度低，不能支撑树叶和枝条的重量。尾叶桉缺硼树叶易变脆。

桉树苗期硼缺乏时，生长发育受到影响，并导致许多侧枝呈丛生状，顶端叶片叶尖、叶缘呈黄褐色并枯死。1年生桉树缺硼时主干弯曲，节间肿大，顶部分枝多，不利于主干的形成，叶柄和茎变得脆弱，出现断梢的典型症状。2年生桉树萌芽林和4年生桉树林缺硼时，均表现为顶梢分枝多，呈簇生状，且顶梢叶片黄化，严重时会断梢；同时顶梢叶片可能变红，严重时，叶片枯死脱落。

桉树硼过剩症状：硼过剩时，幼苗期植株会出现“矮化”症状，严重时，节间缩短，枝叶密生。非幼苗期轻度时，从老叶叶尖开始出现不规则的褐色斑点，严重时，叶尖枯死，叶片向内卷曲，萎蔫。

4. 锌

桉树缺锌症状：锌缺乏时，植株矮小，生长受阻，叶片呈丛状或呈簇状，出现小叶病，或在嫩叶上出现叶脉间退绿成网状花叶病，新叶肉呈黄白色，叶片失绿；从幼叶叶脉间开始出现黄化现象，叶尖及叶缘出现灼烧状斑点。枝条节间缩短，或在枝顶长出簇状叶。巨桉、粗皮桉和尾叶桉最初症状是出现叶脉之间黄化，也可能出现紫色区域，严重时新叶变小，节间变短。蓝桉幼苗树叶与其两者不同，其黄化被表面蜡状物掩盖，因此第一症状是树叶短小弯曲。

桉树锌过剩，植株下部的老叶开始出现不规则黄化，逐步向幼叶发展，主要是沿着叶脉变黄，逐渐扩展至整个叶片变黄。

5. 铜

桉树缺铜，第一症状表现在枝条，有时出现弯曲或扭曲、下垂，植株停止生长发育，植株矮小，容易害病。缺铜也会影响嫩叶，叶片从尖端开始失绿，正在发育的树叶变扭曲，向上翻卷，边缘不规则，从老叶叶尖及叶缘出现黄褐色斑点。蓝桉幼叶出现边缘黄化，抹掉叶表面蜡状物后，可见一些斑点。尾叶桉幼叶也会出现黄化和斑点现象。严重缺铜时，芽尖坏死，花蕾受损，多枝发展，无固定主干，植株矮化。

桉树铜过剩，幼叶叶尖及叶缘部分呈现黄褐色并枯死，叶片向内弯曲成杯状。

6. 硫

桉树中硫元素缺乏会导致新生树叶变为灰绿色，随后变黄，并由新叶向老叶扩展。蓝桉缺硫时生长受影响。巨桉、粗皮桉和尾叶桉严重缺硫时，嫩叶变成暗红色，叶尖死亡，花蕾顶端死亡。由于不是全部树叶变黄，因此很容易将缺硫症状与缺氮症状区分开来。同时，缺氮症状首先出现在成熟叶片上，而嫩叶不会全部变红。

7. 铁

植物缺铁时，症状总是从幼叶开始出现。缺铁早期，叶脉之间变成暗淡的绿色，随后黄化。嫩叶变成深黄色，正常的绿色组织只限于叶脉。典型的症状是在叶片的叶脉间和细胞网状组织中出现失绿现象，在叶片上往往明显可见叶脉深绿而脉间黄化，黄绿相间相当明显（绿色叶脉的黄色树叶）。植株矮，梢端易焦干；幼嫩叶叶脉间失绿，严重时完全变为白色，称黄化病；严重缺铁时，叶片上出现坏死斑点，叶片逐渐枯死。此外，缺铁时根系中还可能出现有机酸的积累，其中主要是苹果酸和柠檬酸。蓝桉缺铁症状在树冠的 1/3 以下区域尤为严重。

桉树铁中毒的症状表现为老叶上有褐色斑点，根部呈灰黑色、易腐烂。

8. 锰

桉树缺锰时嫩叶边缘变成灰绿色，黄化现象由叶脉向中部扩展，叶片大小正常。随后，绿色组织变黄，主要的叶脉被绿色组织边缘包裹，症状由嫩叶向老叶扩展。叶片侧脉和主脉附近为深绿色，呈带状，叶脉间为绿色，严重时叶脉间失绿区域变成灰绿色至灰白色，叶片薄，幼叶有黄白斑点；枝条有顶枯现象；植株易变形，茎弱、多木质。蓝桉缺锰时，出现木质化程度偏低，严重时树枝死亡。

9. 钼

桉树缺钼症状仅在温室试验时观察到。桉树幼苗生长在以硝酸盐为氮源的酸性土壤上，表现出缺钼症状为叶脉黄化，类似缺氮的早期症状，不同的是缺钼症状出现在幼叶上。

10. 氯

桉树轻度缺氯时表现为生长不良，严重时表现为叶片失绿、凋萎。首先是叶片尖端出现凋萎，尔后叶片失绿，叶面积变小，叶片生长明显缓慢，进而变成青铜色，逐渐由局部遍及全叶而导致坏死，根系生长不正常，表现为根细而短，侧根少。

桉树氯中毒时叶缘似烧伤，早熟性发黄及叶片脱落（Eaton，1966）。在一般情况下，氯中毒的危害虽不会达到出现可见症状的程度，但却会抑制作物生长，并影响产量。

二、营养分析诊断法

（一）诊断指标

桉树养分胁迫病症除可从外观进行诊断外，还可应用先进的仪器设备及其科学试验得出的成果进行化验诊断，从叶营养的丰缺来进行判定。

根据近30年来广西桉树施肥试验研究及广西林业科学研究院土壤肥料与环境研究所对桉树植株养分分析测试的结果，可采用统计方法研究桉树叶片养分适宜指标（表5-26）及其养分适宜诊断指标（表5-27）。

表5-26　广西桉树叶片营养均值及其变化范围

养分含量	N（g/kg）	P（mg/kg）	K（mg/kg）	Ca（mg/kg）	Mg（mg/kg）	B（mg/kg）	Cu（mg/kg）	Zn（mg/kg）	Fe（mg/kg）	Mn（mg/kg）
平均值	20.26	951.93	8 103.03	5 437.57	1 476.27	36.52	5.00	18.23	107.47	749.78
STDEVPA	4.82	324.00	2 503.86	2 551.96	444.61	17.44	1.82	5.18	48.40	585.11
幅度范围	15～25	625～1 300	5 500～10 500	3 000～8 000	1 000～1 800	20～50	3.5～7.0	12～25	50～150	200～1 500

表5-27　广西桉树叶片养分适宜诊断指标

广西桉树叶片养分适宜指标（1～3年生）							
N（g/kg）	P（mg/kg）	K（mg/kg）	Ca（mg/kg）	Mg（mg/kg）	Cu（mg/kg）	Zn（mg/kg）	B（mg/kg）
20～30	800～1 500	5 000～10 000	7 000～12 000	1 800～3 500	5.0～10.0	10.0～20.0	20.0～50.0

桉树年生长量主要与pH值、有机质、全N、全P、全K、速效K、交换性Mg、有效Cu、有效Mn和有效B等有显著相关性，并经过统计分析，李淑仪等人（2007）将桉树人工林土壤划分为5个肥力等级，形成了各级桉树林地土壤养分含量平均值，以此评价桉树人工林土壤肥力状况，并作为是否需要施肥的参考（表5-28）。

表5-28　桉树人工林各等级林地土壤养分含量平均值

等级	pH值	有机质（g/kg）	全量养分（g/kg）			速效养分（mg/kg）			交换量（mol/kg）		有效微量元素（mg/kg）			
			N	P	K	N	P	K	$1/2Ga^{2+}$	$1/2\ Mg^{2+}$	Cu	Zn	Mn	B
1	4.6	34.53	1.44	0.37	1.89	117.76	3.43	67.50	14.72	8.64	4.04	3.62	52.92	0.41
2	4.3	23.56	0.96	0.42	3.35	84.22	4.82	45.95	7.81	2.48	1.59	1.61	28.44	0.29
3	4.4	18.72	0.76	0.23	4.73	65.73	0.72	15.94	3.62	0.96	0.61	1.10	5.20	0.17
4	4.5	11.38	0.45	0.13	1.56	35.70	1.88	9.32	3.63	0.54	0.16	0.58	0.83	0.09
5	4	6.85	0.31	0.09	1.16	27.90	1.74	9.94	3.45	0.58	0.12	0.38	0.87	0.08
总平均值	4.4	12.44	0.51	0.17	2.06	43.96	1.89	15.46	4.19	1.08	0.47	0.77	5.49	0.12

注：1.较高肥力；2.中等肥力；3较低肥力；4 缺乏肥力；5.极缺乏肥力（资料引自李淑仪，2007）。

（二）诊断实例

以广西林科院土壤肥料与环境研究所采样分析典型桉树林地进行桉树营养胁迫的两种方法来判断桉树树体营养丰缺程度。

1. 诊断实例 1

（1）林地调查。

宁明县：2005 年 4 月，对宁明县于 2004 年 7 月种植的面积约为 700 亩的桉树林进行调查，平均树高为 1.8 m 左右，树冠圆球形，顶端优势不明显，茎基部异常膨大，叶片变小，叶色不正常。

横州市：2006 年 12 月，调查横县于 2005 年 5 月种植的面积约为 500 亩的桉树林，长至 3 ～ 4 个月、树高约 4 m 时，顶梢出现枯萎且易折断，叶子发红、卷曲，分叉多，树体生长不良。

武鸣区：2006 年 12 月，对武鸣于 2006 年 5 月种植的面积约为 200 亩的桉树林进行调查，平均树高约 2 m，树冠中部以上枝条叶片发红、褐斑多、大部分叶片出现焦枯，顶梢丛生，茎扭曲变形。

马山县：2007 年 8 月，调查马山县于 2007 年 5 月种植的面积约为 400 亩的桉树林，平均树高 1 m 左右，很多桉树出现顶梢弯曲折断、顶端枝条丛生，茎扭曲变形、节间变短、茎基部和节部肿大、叶片变小，叶色墨绿的症状。

从以上描述的桉树外观表现病症来看，是比较典型的缺素病症，尤其与中、微量元素缺少有较大关系。非常有必要对其进行化学诊断，从科学的角度进行判定，从而采取针对性强的措施，比如对该桉树林地进行平衡配方施肥或者采取其他改造措施。

（2）采样分析。

对上述 4 个点具有代表性的土壤和植株进行采样和测试，其养分测试结果见表 5-29 和表 5-30。

表 5-29 4 个点土壤养分分析（0 ～ 30 cm）

地点	种植时间（年.月）	采样时间（年.月）	pH 值	有机质（g/kg）	速效 N（mg/kg）	速效 P（mg/kg）	速效 K（mg/kg）	有效 Cu（mg/kg）	有效 Zn（mg/kg）	有效 B（mg/kg）
宁明	2004.7	2005.4	4.60	23.46	96.5	18.0	14.7	0.92	1.27	0.17
横州	2005.5	2006.12	4.63	18.75	83.3	0.6	16.2	0.64	1.33	0.12
武鸣	2006.5	2006.12	4.57	28.17	109.7	35.3	13.2	1.20	1.20	0.16
马山	2007.5	2007.8	3.85	17.35	58.1	0.7	10.5	1.14	1.36	0.13

表 5-30 4 个点桉树叶片养分分析

地点	N（g/kg）	P（mg/kg）	K（mg/kg）	Ca（mg/kg）	Mg（mg/kg）	B（mg/kg）	Cu（mg/kg）	Zn（mg/kg）
宁明	8.59	638	3 684	3 527	1 097	6.25	2.50	7.75
横州	14.39	896	8 349	1 452	726	9.29	6.28	19.00
武鸣	20.46	1 519	12 727	3 575	1 073	10.93	3.50	21.25
马山	26.78	1 424	10 597	3 061	866	8.35	3.63	17.50

（3）营养丰缺诊断。

①调查点土壤供肥状况。将表5-29与表5-31（广西桉树林地养分丰缺指标）对照分析可知，调查样也出现缺素病症的土壤除马山调查点土壤为强酸性外，其余的为酸性；有机质、速效氮为中等水平；武鸣和宁明样地的有效磷含量为中上至丰富水平，这可能与采样的土壤样品是根际土壤有关，横州和马山的有效磷含量为极贫水平；速效钾和微量元素铜、锌、硼等含量4个样地均为贫至极贫水平。

表5-31 广西桉树林地土壤养分分级标准

等级	pH值	有机质（g/kg）	全N（g/kg）	全P（g/kg）	全K（g/kg）	碱解N（mg/kg）	有效P（mg/kg）	速效K（mg/kg）	有效Cu（mg/kg）	有效Zn（mg/kg）	有效B（mg/kg）
极富	8.5～9.5（碱性）	＞50	＞2.5	＞2.5	＞40	＞150	＞40	＞200	＞6.0	＞5.0	＞2.0
富	7.5～8.5（弱碱性）	40～50	2.0～2.5	2.0～2.5	30～40	120～150	20～40	150～200	4.0～6.0	3.0～5.0	1.0～2.0
中上	6.5～7.5（中性）	30～40	1.5～2.0	1.5～2.0	20～30	90～120	10～20	100～150	2.0～4.0	1.5～3.0	0.5～1.0
中	5.5～6.5（弱酸性）	15～30	1.0～1.5	1.0～1.5	15～20	60～90	5～10	50～100			
贫	4.5～5.5（酸性）	6～15	0.5～1.0	0.5～1.0	10～15	30～60	3～5	30～50	1.0～2.0	1.0～1.5	0.1～0.5
极贫	＜4.5（强酸性）	＜6	＜0.5	＜0.5	＜10	＜30	＜3	＜30	＜1.0	＜1.0	＜0.1

②调查点桉树叶片养分丰缺程度。从表5-30和表5-27（广西林科院土壤植物分析化验室提供的广西桉树叶片养分适宜指标）可以看出，横州样地桉树叶片氮、钙、镁、硼等元素含量均偏低，尤其是钙、镁和硼养分均很低，据调查，种植户施用俄罗斯进口的45%养分含量的复合肥料里面没有钙、镁和硼养分或检测不出其养分含量；武鸣样地大量元素氮、磷、钾和锌含量均较高，而钙、镁、硼和铜含量均偏低，尤其是硼和铜含量均明显偏低；宁明样地桉树叶片养分含量偏低，表明此桉树林未施肥或施用肥料后养分未能溶解被植株吸收，经调查是由于天气异常干旱导致肥料未溶解，造成桉树缺肥；马山样地与武鸣样地的桉树叶片养分差不多，肥料比较充足，但硼、铜、钙和镁含量均偏低。

③应采取的措施。以上分析结果明显表明，4个调查点桉树林地养分均比较贫乏，供肥能力较差；桉树叶片养分不平衡严重，除宁明样地严重缺肥外，其余3个样地均缺乏微量元素，必须通过平衡配方施肥来及时进行调整和矫正。

对广西大面积种植的桉树来说，桉树生理性缺素病症的发生，主要是由植株养分不平衡造成的，而造成植株养分不平衡的因素比较多，但主要因素是由于不了解土壤供肥情况和植株营养丰缺程度，进行不合理施肥，尤其是忽略微量元素肥料的施用。因此，开展桉树测土配方施肥和营养平衡施肥是有效防止或缓解桉树生理性缺素病症的重要措施之一。

（4）结论。

①广西种植桉树面积比较大、各地的立地条件不同和施肥技术参差不齐，造成桉树林较大面积出现缺素病症，尤其是中、微量元素的缺乏。因此，今后应在造林前对林地土壤进行理化成分分析，适量添加微量元素，不但可预防这些生理性缺素症的发生，还可提高产量。

②一些种植单位桉树一旦发生生理性缺素症，管理人员不懂如何诊断，认为是天气干旱和种苗的

原因，往往造成误诊，延误了最佳防治时机。因此，在桉树林业发展过程中，造林业主要掌握桉树造林技术，以保证桉树种植产业的健康发展。

③桉树施肥的合理性和科学性，对桉树生产的经济效益作用影响很大。科研部门应开展有关桉树施肥技术的研究，尤其是要研究科学平衡配方施肥技术，并同生产单位共同研究制定速丰桉标准化的施肥技术规程和技术方案，降低生产经营成本，提高桉树的产量和经济效益，推动和促进广西桉树产业的可持续发展。

2. 诊断实例 2

表 5-32 列出了近 10 年来相似症状桉树叶片的养分分析数据。对照表 5-26 桉树叶片养分含量适宜范围，氮元素含量适宜范围为 18 ～ 25 g/kg，而样品 1 ～ 8 的氮元素含量在 5.68 ～ 15.04 g/kg 之间变动，说明桉树叶片存在不同程度的缺氮情况。除样品 5 的磷含量为 1 170 mg/kg，在适宜范围内，其余样品的磷含量变化范围为 405 ～ 858 mg/kg，均低于桉树叶片磷含量适宜范围（900 ～ 1 200 mg/kg）。桉树叶片钾含量适宜范围为 7 000 ～ 12 000 mg/kg，除样品 4、5、7 的钾含量（7 602 ～ 8 437 mg/kg）达到适宜标准外，其他样品的钾含量（3 449 ～ 6 740 mg/kg）均低于适宜范围的下限（7 000 mg/kg）。除样品 5、7 铜含量均为 5.00 mg/kg 外，其他桉树叶片的铜含量（2.00 ～ 3.25 mg/kg）均未达到适宜标准（4 ～ 9 mg/kg）。与桉树叶片锌含量适宜范围（15 ～ 30 mg/kg）相比，样品 2、5、8 均达到适宜标准，含量在 15.25 ～ 24.00 mg/kg 之间，而其余样品均未达到适宜标准，其含量仅为 6.75 ～ 13.50 mg/kg。桉树叶片硼含量适宜范围为 20 ～ 50 mg/kg，样品 1、3 的硼含量分别为 30.03 mg/kg、20.01 mg/kg，硼含量适宜，而其余样品（6.25 ～ 15.90 mg/kg）均缺乏硼元素。

样品 1 ～ 8 的症状表现是 N、P、K、Cu、Zn、B 元素缺乏的综合表现。所有样品均缺乏氮素和磷素，叶绿素合成受阻，代谢过程受到抑制，因此叶片均出现不同程度的紫红现象。桉树枝条易折断，如样品 4、5、8，可能是桉树缺乏铜、硼等营养元素，导致枝条木质化程度低。样品 6、7 出现叶小、树干粗糙和枝茎膨大的症状，可能是桉树叶片缺锌，影响生长素刺激植物细胞扩展分裂的激素的合成，导致树叶变小，枝节肿大。

表 5-32　桉树缺素症状叶片养分含量

样品	症状表现	N（g/kg）	P（mg/kg）	K（mg/kg）	Cu（mg/kg）	Zn（mg/kg）	B（mg/kg）
1	叶子、枝条变红严重	5.68	566	3 449	2.00	11.00	30.03
2	枝、叶背紫红	9.29	405	3 840	3.25	15.25	15.90
3	整株变红	8.00	450	4 356	3.00	13.50	20.01
4	叶紫红，严重易折	7.35	746	8 437	3.00	6.75	8.18
5	叶紫红，断梢	14.02	1 170	7 602	5.00	15.75	13.24
6	叶红，叶小，卷皱易断，树干粗糙	8.59	638	3 684	2.50	7.75	6.25
7	叶红，枝茎膨大，顶梢落叶	11.37	788	8 386	5.00	12.75	6.64
8	叶紫红，枝易断	15.04	858	6 740	3.00	24.00	8.06

许多微量元素可以相互促进吸收，微量元素对提高钾、磷、钙、镁等大、中量元素营养含量有一定积极影响，反过来，叶片钾、磷、钙、镁等营养的改善，一定程度上也有助于微量元素的吸收。综合以上情况，目前桉树缺素症状表现是几种营养元素缺乏的综合表现。因此，在施肥时，应根据桉树生长时期需肥规律和叶片养分含量，制定大量元素氮、磷、钾的合理配比和含量标准，同时要配施铜、锌、硼等微量元素。

三、高光谱诊断法

植物叶片的光谱特征与叶片厚度、叶片表面特性、水分含量和叶绿素等色素含量有关，同时也与植物营养状况密切相关。如叶绿素在可见光波段 690 nm 处强烈吸收、在 740 nm 处散射辐射，木质素在近红外波段（1 696 nm）的谐波振动和蛋白质在近红外波段（1 510 nm）的谐波振动等。这些谐波及其叠合在可见—红外光谱区所导致的具有诊断特性的光谱特征，为高效、快速监测植物生理特征以及生长状况提供了理论依据。本研究以桂南红壤区尾叶桉人工林为研究对象，采用 ASD F4 高光谱仪获取尾叶桉叶片光谱数据，分析其典型光谱特征，为建立尾叶桉高光谱营养诊断模型提供理论基础与前期数据支撑。

（一）研究区域概况

本次研究区域位于广西国有高峰林场六里分场（北纬 22°56′、东经 108°17′，海拔 80 m）。属于典型南亚热带季风气候区域，光照、水热条件优越，年平均气温为 21.3 ～ 24.4 ℃，年平均降水量为 815 ～ 1 686 mm，年平均日照时数为 1 275 ～ 1 579 h，平均相对湿度为 79%，气候主要以炎热潮湿为主。试验地土壤成土母质为第四纪红土，偏酸性红壤，土层较厚，坡度为 23°。土壤质地为黏壤土，pH 值为 4.3 ～ 4.8，土层厚度适中，腐殖层小于 5 cm，土壤肥力适中。栽植树种为尾叶桉新造林，林龄 1 年，植苗时施基肥，年中追肥 1 次（500 g），养分比例为 15（N）：6（P）：9（K），总养分为 30%，有机质含量≥ 15%。

（二）叶片采集与光谱数据获取

在试验地内随机选取 30 个单株，测定其树高、胸径数据后取平均值，以此为标准选取 5 株标准木，从上、中、下部各摘取 5 片叶子，放入保温盒中带回实验室进行光谱测定。叶片光谱测定可采用美国 ASD 公司的 FieldSpec 4 测定叶片的光谱反射率，利用仪器内置光源及自带的叶片夹与光谱探头进行测定，每组数据测量前进行标准白板校正，并扣除空气背景值，单个叶片测定 10 次，取算术平均值。光谱测量波段为可见—近红外波段（350 ～ 2 500 nm），分辨率为 1 nm。

仪器采集叶片光谱为原始光谱反射率（raw spectral reflectance，R），由于仪器噪声、叶片有机物、矿质营养元素的影响，混合叠加峰较多，因此需对原始光谱反射率进行预处理，计算反射率的一阶导数（first derivative of reflectivity，FDR）分解重叠峰，提高光谱分辨率。

（三）叶片形态特征

根据尾叶桉生长情况，分上、中、下 3 个部位采集叶片样品，同时采集出现黄化病叶片，其形态特征如图 5-6 所示。尾叶桉叶片均呈披针形，叶柄呈楔形，长度为 1.5 ～ 2 cm。上部叶（嫩叶）与中部叶（成熟叶）叶脉较为清晰，侧脉稀疏平行，边脉不明显。下部叶（老叶）叶脉模糊且呈现明显缺素症状。黄化叶呈黄绿色，其叶脉、侧脉模糊，边缘卷曲。

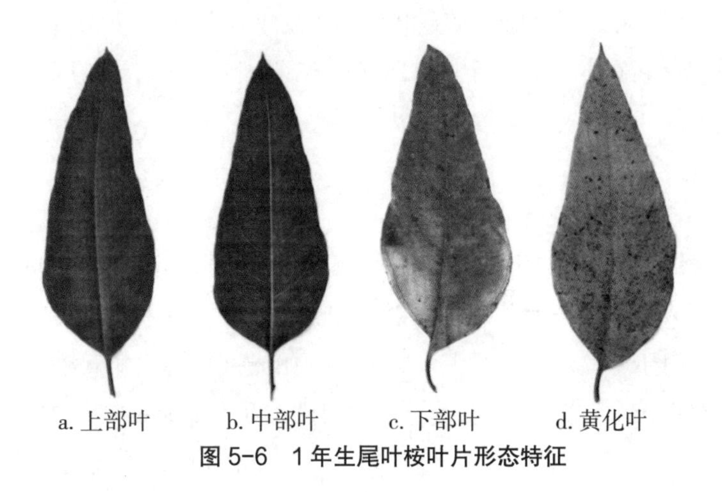

图 5-6　1 年生尾叶桉叶片形态特征

（四）叶片光谱特征

图 5-7 展示了桂南红壤区 1 年生尾叶桉叶片光谱反射率（R）与反射率一阶导数变换（FDR）光谱曲线。如图 5-7 A 所示，上、中、下部叶片、黄化叶片光谱原始反射率整体峰形（350 ～ 2 500 nm）较为一致，黄化叶片反射率明显低于上、中、下部叶片，具有显著光谱特征，说明可以利用高光谱技术快速筛查尾叶桉黄化状况。在可见光波段 350 ～ 780 nm 不同叶片间并未表现出一致规律性；在 780 ～ 1 350 nm 近红外平台波段变化规律一致，光谱反射率高低排序为上部叶＞中部叶＞下部叶＞黄化叶，不同叶片波段间差异较大；在 1 350 ～ 2 500 nm 短波红外波段，光谱反射率表现为由上至下逐渐增大；黄化叶片在 780 ～ 2 500 nm 波段反射率均处于最低水平。如图 5-7 B 所示，经一阶导数变换后，不同叶片光谱曲线差异性有所减小，特征吸收峰数量显著增加且更加尖锐，500 nm、680 nm、730 nm 处存在 3 个尖锐吸收、反射峰，但在 2 000 ～ 2 500 nm 波段范围内，光谱曲线较为紧实，不同叶片光谱曲线无明显规律性。

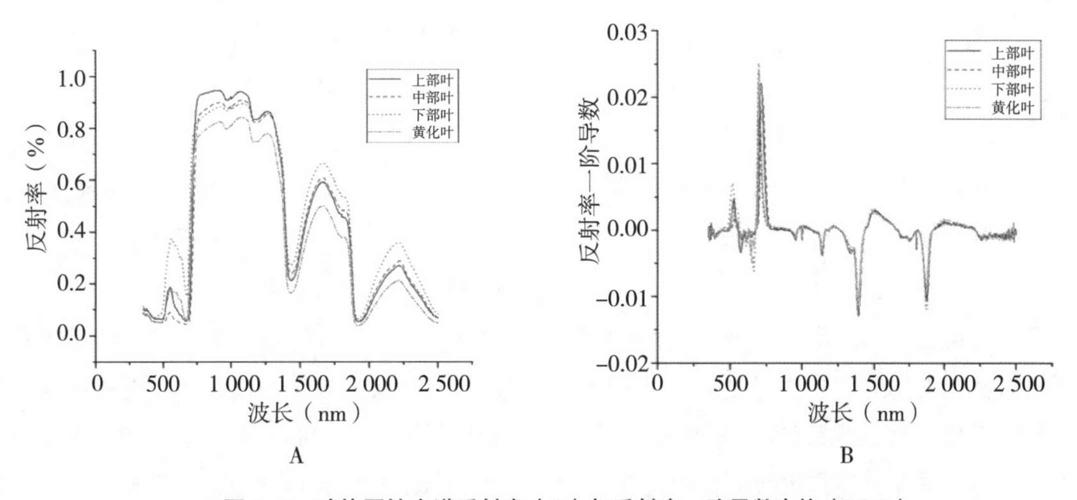

图 5-7　叶片原始光谱反射率（R）与反射率一阶导数变换（FDR）

在可见光波段，由于叶片的透过率很低，吸收很强，主要反映叶片表面部分的生化组成成分（如叶脉）和结构特点；在近红外波段，叶片反射率对含水量的敏感度最大，由于新叶含水量较高，因此反射率呈现由上至下逐渐减小的趋势；在短波红外波段，由于叶片生化组成成分的光谱吸收相对较弱，反射率光谱能够更多地反映整个叶片内部的结构特点和生化组成成分含量。在养分充足的情况下，诸如氮素、钾素这些易于转运的营养元素在中、下部叶片易向新叶转移，因此上部叶与下部叶光谱反射曲线存在显著差异性。

（五）结论

采用 ASD F4 高光谱仪对桂南红壤区尾叶桉不同部位叶片进行测试分析，同时对光谱原始反射率采取一阶导数变换，结果表明尾叶桉叶片光谱反射率差异性主要表现在 3 个特征波段：第一，可见光波段（350 ～ 780 nm），由于叶片形态特征差异较大，原始光谱反射率相互叠加现象严重，经一阶导数变换后，在 500 nm、680 nm、730 nm 波段差异较为明显，可用于诊断如病虫害等具有较为明显形态特征的生理特性的病症；第二，近红外平台波段（780 ～ 1 350 nm），由于该波段对叶片含水量较为敏感，叶片原始光谱反射率在 950 nm、1 230 nm 有两处明显吸收谷，可用于快速诊断植物叶片含水率；第三，短波红外波段（1 350 ～ 2 500 nm），主要反映叶片生化组成成分的差异，可用于快速诊断植物营养。鉴于以上研究结果，本课题组认为可以利用近高光谱技术，结合遥感等大尺度、空间定位的方式对植被进行大范围的监测，利用高光谱对植物叶片生理特征、含水率、养分特征的识别能力，及时掌握植物的生长情况并采取相应的经营措施。

四、桉树萌芽林地土壤养分状况及肥力评价

（一）材料与方法

1. 调查区域概况

调查区域分别位于广西国有七坡林场上思造林基地、广西国有高峰林场银岭分场和广西国有黄冕林场。

（1）广西国有七坡林场上思造林基地：广西国有七坡林场上思造林基地位于上思县，上思县中心经纬度为东经 107°32′ ～ 108°16′，北纬 21°44′ ～ 22°22′。低山地貌，相对高差为 50 ～ 150 m，最高海拔为 150 ～ 350 m。属于中亚热带气候，温暖多雨，光照充足，雨热同季、夏冬干湿明显，年平均气温为 21.2 ℃，绝对最低温为 -2 ℃，年均降水量为 1 217.3 mm，年均蒸发量为 1 680.0 mm，为水分充足区。降水量一般集中在 4 ～ 8 月。成土母岩以砂岩、夹泥岩和紫红砂岩为主，土壤类型为红壤，表土层厚度为 6 ～ 12 cm。

（2）广西国有高峰林场银岭分场：地理位置为东经 108°08′ ～ 108°53′，北纬 22°49′ ～ 23°15′。广西国有高峰林场地处南宁盆地的北缘，属大明山山脉南伸的西支，地势东高西低，地貌主要为丘陵和山地，丘陵占全场面积的 55.5%，山地占 38.7%，相对高度为 50 ～ 100 m 的丘陵面积占大部分。该林场地处南亚热带季风湿润气候型区，雨量充沛，年降水量为 1 200 ～ 2 000 mm，降水多集中在每年

5～9月；年平均气温为22.6 ℃，最冷月为1月，最热月为7月，极端最低温为 -2 ℃，极端最高温为40.4 ℃。该林场成土母岩以砂岩为主，石英岩次之，局部还有花岗岩等，土壤以砖红壤为主；土层以中、厚土层为主，占80%以上，质地为壤土至轻黏土，保水保肥好。

（3）广西国有黄冕林场：地处东经109°43′46″～109°58′18″，北纬24°37′25″～24°52′11″，属丘陵低山地貌。试验地光照充足、水热同季，土壤主要以砂岩发育而成的山地黄红壤为主，适宜桉树人工林的生长。造林时间为2005年4～6月，均为穴状整地，初植密度为3 m×2 m，2008年12月砍伐，2009年萌芽林进行除萌，4～5月进行施肥，连续施肥2年。试验区林下植物丰富，灌木以地桃花、大青、金刚藤、粗叶榕等桑科榕属的一些树种为主，草本以紫茎泽兰、细皱香薷、商陆、蔓生莠竹、五节芒、海金沙、牛筋草等为主，其中以菊科草本见多。

2. 土壤样品的采集

2012年7月，分别在广西国有七坡林场上思造林基地、广西国有高峰林场银岭分场和广西国有黄冕林场选择具有代表性的1年、2年、3年、4年生桉树萌芽林，并在每个林龄林地中设置3个标准样地（20 m×20 m），在每个标准样地内随机多点分别按A层（0～20 cm）、B层（20～40 cm）采集土样，最后按层分别混合土壤样品。

3. 测定方法

土壤样品指标分析测定方法参照《中华人民共和国林业行业标准 LY/T 1999》：pH值测定采用电位法；有机质测定采用高温外热重铬酸钾氧化—容量法；全N测定采用半微量凯氏法；全P_2O_5测定采用碱熔—钼锑抗比色法；全K_2O测定采用碱熔—火焰光度法；速效N测定采用碱解扩散法；速效P测定采用双酸浸提—钼锑抗比色法；速效K测定采用NH4OAC浸提—原子吸收分光光度法；交换性Ca和Mg测定采用乙酸铵交换—原子吸收分光光度法；有效Cu、有效Zn和有效Mn测定采用原子吸收分光光度法；有效B测定采用沸水浸提—甲亚胺比色法。

4. 数据分析内容

利用Excel数据处理软件和SPSS 13.0统计软件进行灰色关联度分析。利用灰色关联度分析方法对不同林龄桉树萌芽林土壤肥力进行综合分析，把土壤作为被选系统，土壤pH值、有机质、碱解氮、有效磷、速效钾、交换性钙、交换性镁、有效铜、有效锌、有效硼、有效铁和有效锰作为评价指标，分析林地土壤综合肥力变化水平。

关联系数的计算公式如下：

$$\xi_i(k)=\frac{\min|x_0(k)-x_i(k)|+0.5\max|x_0(k)-x_i(k)|}{|x_0(k)-x_i(k)|+0.5\max|x_0(k)-x_i(k)|}$$

式中，$\xi_i(k)$是第k点时，x_i是理想值x_0的关联系数；x_0为参考数列，x_i为比较数列，i=1，2，3⋯m（待评林地综合土壤肥力），k=1，2，3⋯n（待评土壤属性指标）；一般地，分辨系数在0～1之间，本文取常规值0.5。$\min|x_0(k)-x_i(k)|$和$\max|x_0(k)-x_i(k)|$分别为二级最小值和二级最大值。

灰色关联度计算公式如下：

非平权法：$r_i=\frac{1}{n}\sum_{k=1}^{n}a(k)\cdot\xi_i(k)$ ……………………………………………③

式中，r_i 为灰色关联度；$a(k)$ 为各指标的权值。

（二）结果与分析

1. 桉树萌芽林地土壤养分状况

桉树林地 3 个调查点土壤养分状况见表 5-33。从表中可以看出，不同调查点养分含量差别较大，广西国有黄冕林场土壤养分含量较高，其次是广西国有高峰林场银岭分场，广西国有七坡林场上思造林基地土壤养分含量最低。3 个调查点 A 层土壤养分含量均高于 B 层土壤，呈现出土壤养分表层富集的现象。每个调查点土壤养分元素从大到小的变化趋势大致为有机质＞全 K_2O ＞全 N ＞全 P_2O_5 ＞速效 N ＞有效 Fe ＞交换性 Ca ＞速效 K ＞交换性 Mg ＞速效 P ＞有效 Mn ＞有效 Zn ＞有效 Cu ＞有效 B。不同林龄相比较，广西国有七坡林场上思造林基地和广西国有黄冕林场土壤养分含量大致表现出先升高后降低的变化趋势，而广西国有高峰林场银岭分场土壤养分含量表现出先略降低再升高后降低的变化趋势。

表 5-33　桉树萌芽林地 3 个调查点土壤养分状况

调查点	土层	林龄（年）	pH 值	有机质（g/kg）	全 N（g/kg）	P_2O_5（g/kg）	K_2O（g/kg）	速效 N（mg/kg）	速效 P（mg/kg）	速效 K（mg/kg）	交换性 Ca（mg/kg）	交换性 Mg（mg/kg）	有效 Cu（mg/kg）	有效 Zn（mg/kg）	有效 B（mg/kg）	有效 Fe（mg/kg）	有效 Mn（mg/kg）
广西国有七坡林场上思造林基地	A 层	1	4.96	20.79	0.94	0.44	5.86	105.9	1.3	65.3	87.0	49.1	0.34	1.18	0.26	81.94	1.95
		2	4.72	28.74	1.11	0.47	8.68	100.5	1.8	47.3	69.9	38.7	0.48	1.10	0.27	80.55	1.57
		3	4.58	27.91	1.17	0.51	14.81	125.3	1.8	101.2	90.8	69.3	0.59	1.40	0.24	47.85	3.24
		4	5.04	16.18	0.66	0.40	9.45	50.5	1.0	63.8	137.3	89.9	0.34	0.69	0.18	24.60	0.88
	B 层	1	4.80	7.87	0.50	0.41	6.92	51.9	0.6	30.8	17.8	18.2	0.32	0.49	0.19	75.65	0.64
		2	4.68	11.01	0.59	0.48	12.45	49.3	1.0	36.3	18.7	22.6	0.45	0.58	0.20	31.10	0.65
		3	4.66	11.87	0.70	0.45	15.92	63.4	1.1	67.1	16.7	33.4	0.53	0.64	0.18	40.20	0.91
		4	5.21	3.00	0.27	0.35	10.08	51.8	0.5	37.4	8.9	28.1	0.27	0.43	0.24	24.05	0.31
广西国有高峰林场银岭分场	A 层	1	4.23	47.41	1.58	0.86	12.82	116.1	1.9	27.4	17.4	8.5	0.38	0.63	0.24	20.80	0.18
		2	4.19	24.07	0.92	0.70	8.61	89.3	1.5	22.4	28.7	8.5	0.37	0.58	0.19	18.27	0.53
		3	4.23	41.89	1.93	0.88	23.65	150.5	3.3	55.9	67.1	17.6	0.56	1.07	0.29	28.60	3.58
		4	4.21	45.50	1.83	0.64	21.13	140.6	2.7	39.3	45.1	15.7	0.68	1.25	0.28	34.00	0.55
	B 层	1	4.23	15.55	0.75	0.74	13.40	68.1	1.1	18.8	14.7	6.2	0.31	0.55	0.15	12.25	0.34
		2	4.21	13.33	0.67	0.71	10.25	57.5	1.0	16.4	18.1	5.1	0.21	0.55	0.16	10.85	0.35
		3	4.43	18.02	0.86	0.93	24.84	109.1	2.2	46.0	14.3	5.3	0.81	0.73	0.15	17.70	2.75
		4	4.14	18.04	1.00	0.50	23.38	74.6	1.1	23.2	32.8	9.5	0.57	0.59	0.15	16.75	0.46

续表

调查点	土层	林龄（年）	pH值	有机质（g/kg）	全N（g/kg）	P_2O_5（g/kg）	K_2O（g/kg）	速效N（mg/kg）	速效P（mg/kg）	速效K（mg/kg）	交换性Ca（mg/kg）	交换性Mg（mg/kg）	有效Cu（mg/kg）	有效Zn（mg/kg）	有效B（mg/kg）	有效Fe（mg/kg）	有效Mn（mg/kg）
广西国有黄冕林场	A层	1	4.26	49.09	1.40	0.59	10.03	143.5	3.5	45.1	60.7	14.2	0.35	0.86	0.24	91.35	2.64
		2	4.09	41.62	1.23	0.79	12.32	145.3	2.0	24.2	29.5	8.8	0.57	0.70	0.18	136.80	0.22
		3	4.46	51.93	2.03	2.75	32.16	137.3	155.4	75.9	133.4	59.6	1.21	2.16	0.37	116.30	4.40
		4	4.99	22.25	1.34	1.13	10.77	156.0	79.4	41.8	319.7	52.6	5.40	2.88	0.15	393.15	2.87
	B层	1	4.28	27.50	0.82	0.71	10.88	100.0	1.1	25.3	24.5	4.1	0.22	0.50	0.14	208.90	0.69
		2	4.15	25.07	0.94	0.78	15.54	67.4	1.2	18.7	23.8	3.6	0.42	0.54	0.11	172.60	0.14
		3	4.27	28.97	1.27	1.32	41.46	82.7	2.6	41.8	27.1	6.7	1.40	0.74	0.18	81.80	3.73
		4	4.47	20.63	1.23	0.97	10.18	144.2	1.8	27.5	40.6	10.3	0.58	1.66	0.22	151.50	0.36

2. 桉树萌芽林地土壤肥力综合评价

为了消除各肥力指标间量纲的不同，采用初值化方法对各肥力指标进行无量纲化处理，得到新的生成数列（表5-34）。

表5-34　桉树萌芽林地3个调查点土壤养分无量纲化处理

调查点	土层	林龄（年）	pH值	有机质（g/kg）	全N（g/kg）	P_2O_5（g/kg）	K_2O（g/kg）	速效N（mg/kg）	速效P（mg/kg）	速效K（mg/kg）	交换性Ca（mg/kg）	交换性Mg（mg/kg）	有效Cu（mg/kg）	有效Zn（mg/kg）	有效B(mg/kg)	有效Fe（mg/kg）	有效Mn（mg/kg）
广西国有七坡林场上思造林基地	A层	1	0.985	0.723	0.801	0.863	0.396	0.845	0.741	0.645	0.633	0.547	0.571	0.840	0.975	1.000	0.602
		2	0.937	1.000	0.949	0.922	0.586	0.802	1.000	0.467	0.509	0.430	0.814	0.786	1.000	0.983	0.485
		3	0.909	0.971	1.000	1.000	1.000	1.000	1.000	1.000	0.661	0.771	1.000	1.000	0.889	0.584	1.000
		4	1.000	0.563	0.564	0.784	0.638	0.403	0.556	0.630	1.000	1.000	0.576	0.493	0.667	0.300	0.272
	B层	1	0.921	0.663	0.719	0.847	0.434	0.819	0.576	0.459	0.954	0.544	0.604	0.766	0.792	1.000	0.703
		2	0.898	0.928	0.843	1.000	0.782	0.778	0.909	0.541	1.000	0.677	0.849	0.906	0.833	0.411	0.714
		3	0.894	1.000	1.000	0.938	1.000	1.000	1.000	1.000	0.893	1.000	1.000	1.000	0.750	0.531	1.000
		4	1.000	0.300	0.386	0.729	0.633	0.817	0.455	0.557	0.476	0.841	0.509	0.672	1.000	0.318	0.341
广西国有高峰林场银岭分场	A层	1	1.000	1.000	0.819	0.977	0.542	0.771	0.576	0.490	0.259	0.483	0.559	0.504	0.828	0.612	0.050
		2	0.990	0.508	0.580	0.795	0.560	0.593	0.455	0.401	0.428	0.485	0.539	0.464	0.644	0.537	0.148
		3	1.000	0.884	1.000	1.000	1.000	1.000	1.000	1.000	1.000	1.000	0.824	0.856	1.000	0.841	1.000
		4	0.995	0.960	0.948	0.727	0.893	0.934	0.818	0.703	0.672	0.892	1.000	1.000	0.966	1.000	0.154
	B层	1	0.955	0.862	0.750	0.796	0.539	0.624	0.500	0.409	0.448	0.653	0.383	0.753	0.957	0.692	0.300
		2	0.950	0.739	0.673	0.763	0.413	0.527	0.470	0.356	0.552	0.537	0.263	0.758	1.000	0.613	0.340
		3	1.000	0.999	0.780	1.000	1.000	1.000	1.000	1.000	0.436	0.530	1.000	1.000	0.957	1.000	1.000
		4	0.935	1.000	1.000	0.538	0.941	0.684	0.500	0.504	1.000	1.000	0.704	0.808	0.957	0.946	0.320

续表

调查点	土层	林龄（年）	pH 值	有机质（g/kg）	全 N（g/kg）	P_2O_5（g/kg）	K_2O（g/kg）	速效 N（mg/kg）	速效 P（mg/kg）	速效 K（mg/kg）	交换性 Ca（mg/kg）	交换性 Mg（mg/kg）	有效 Cu（mg/kg）	有效 Zn（mg/kg）	有效 B（mg/kg）	有效 Fe（mg/kg）	有效 Mn（mg/kg）
广西国有黄冕林场	A 层	1	1.000	0.596	0.694	0.434	0.602	0.822	0.219	1.000	1.000	0.819	1.000	0.865	0.731	1.000	0.750
		2	0.948	1.000	0.580	1.000	0.560	0.879	1.000	0.969	0.799	0.944	0.611	1.000	1.000	0.657	1.000
		3	0.895	0.862	0.764	0.404	0.664	1.000	0.024	0.986	0.473	0.750	0.420	0.644	0.656	0.616	0.580
		4	0.960	0.834	0.847	0.307	0.477	0.717	0.029	0.856	0.778	1.000	0.250	0.475	0.656	0.387	0.590
	B 层	1	0.976	0.907	0.633	0.700	0.558	0.821	0.500	0.769	1.000	0.735	0.402	1.000	0.916	0.749	0.249
		2	0.988	1.000	0.580	1.000	0.560	0.870	1.000	0.910	0.960	0.792	1.000	0.959	1.000	0.485	1.000
		3	0.972	0.861	0.806	0.683	0.584	0.862	0.533	1.000	0.849	1.000	0.514	0.858	0.763	0.914	0.240
		4	1.000	0.763	0.586	0.589	0.389	1.000	0.444	0.731	0.700	0.870	0.265	0.676	1.000	1.000	0.228

选择土壤养分指标的最大值作为参考数列，计算 A、B 各层次土壤养分指标的二级最小值 $\min|x_0(k)-x_i(k)|$ 和二级最大值 $\max|x_0(k)-x_i(k)|$，再根据关联系数计算公式，求得各比较数列对应点与各土壤理化指标的关联系数（表 5-35）。

表 5-35　桉树萌芽林地 3 个调查点土壤养分关联度计算表

调查点	土层	林龄（年）	pH 值	有机质（g/kg）	全 N（g/kg）	P_2O_5（g/kg）	K_2O（g/kg）	速效 N（mg/kg）	速效 P（mg/kg）	速效 K（mg/kg）	交换性 Ca（mg/kg）	交换性 Mg（mg/kg）	有效 Cu（mg/kg）	有效 Zn（mg/kg）	有效 B（mg/kg）	有效 Fe（mg/kg）	有效 Mn（mg/kg）
广西国有七坡林场上思造林基地	A 层	1	0.960	0.569	0.647	0.727	0.377	0.703	0.585	0.507	0.499	0.446	0.459	0.696	0.937	1.000	0.478
		2	0.852	1.000	0.877	0.823	0.469	0.648	1.000	0.407	0.426	0.391	0.662	0.630	1.000	0.956	0.415
		3	0.800	0.927	1.000	1.000	1.000	1.000	1.000	1.000	0.519	0.614	1.000	1.000	0.767	0.467	1.000
		4	1.000	0.455	0.456	0.629	0.502	0.379	0.451	0.497	1.000	1.000	0.463	0.419	0.523	0.343	0.334
	B 层	1	0.771	0.492	0.534	0.663	0.372	0.629	0.438	0.382	0.831	0.421	0.454	0.574	0.600	0.933	0.521
		2	0.734	0.782	0.658	0.933	0.590	0.586	0.751	0.420	0.933	0.501	0.665	0.747	0.646	0.363	0.530
		3	0.728	0.933	0.933	0.800	0.933	0.933	0.933	0.933	0.726	0.933	0.933	0.933	0.560	0.415	0.933
		4	0.933	0.326	0.354	0.542	0.472	0.627	0.380	0.428	0.389	0.656	0.404	0.498	0.933	0.331	0.338
广西国有高峰林场银岭分场	A 层	1	1.000	1.000	0.724	0.954	0.509	0.675	0.528	0.482	0.391	0.479	0.518	0.489	0.734	0.550	0.333
		2	0.979	0.491	0.531	0.699	0.519	0.539	0.465	0.442	0.454	0.480	0.508	0.470	0.571	0.507	0.358
		3	1.000	0.803	1.000	1.000	1.000	1.000	1.000	1.000	1.000	1.000	0.729	0.767	1.000	0.749	1.000
		4	0.990	0.922	0.902	0.635	0.817	0.878	0.723	0.615	0.592	0.815	1.000	1.000	0.932	1.000	0.359
	B 层	1	0.886	0.717	0.583	0.631	0.432	0.482	0.412	0.372	0.388	0.502	0.362	0.587	0.892	0.532	0.333
		2	0.876	0.573	0.517	0.597	0.373	0.425	0.398	0.352	0.439	0.430	0.322	0.591	1.000	0.475	0.347
		3	1.000	0.997	0.614	1.000	1.000	1.000	1.000	1.000	0.383	0.427	1.000	1.000	0.892	1.000	1.000
		4	0.842	1.000	1.000	0.431	0.856	0.525	0.412	0.414	1.000	1.000	0.542	0.646	0.892	0.867	0.340

续表

调查点	土层	林龄（年）	pH 值	有机质（g/kg）	全 N（g/kg）	P_2O_5（g/kg）	K_2O（g/kg）	速效 N（mg/kg）	速效 P（mg/kg）	速效 K（mg/kg）	交换性 Ca（mg/kg）	交换性 Mg（mg/kg）	有效 Cu（mg/kg）	有效 Zn（mg/kg）	有效 B（mg/kg）	有效 Fe（mg/kg）	有效 Mn（mg/kg）
广西国有黄冕林场	A 层	1	1.000	0.548	0.616	0.464	0.552	0.734	0.385	1.000	1.000	0.730	1.000	0.784	0.646	1.000	0.663
		2	0.903	1.000	0.538	1.000	0.527	0.802	1.000	0.940	0.709	0.898	0.558	1.000	1.000	0.588	1.000
		3	0.823	0.780	0.675	0.451	0.593	1.000	0.334	0.972	0.482	0.662	0.458	0.579	0.588	0.561	0.538
		4	0.924	0.747	0.762	0.414	0.484	0.634	0.335	0.773	0.688	1.000	0.395	0.483	0.588	0.444	0.544
	B 层	1	0.941	0.806	0.513	0.563	0.466	0.684	0.436	0.626	1.000	0.593	0.392	1.000	0.821	0.606	0.340
		2	0.970	1.000	0.479	1.000	0.467	0.747	1.000	0.811	0.906	0.650	1.000	0.905	1.000	0.428	1.000
		3	0.933	0.735	0.666	0.549	0.481	0.736	0.453	1.000	0.718	1.000	0.442	0.730	0.620	0.817	0.337
		4	1.000	0.619	0.483	0.484	0.387	1.000	0.410	0.589	0.563	0.748	0.344	0.544	1.000	1.000	0.333

不同土壤属性对土壤肥力的敏感度即相对重要程度不一样，故本文运用专家评价法与层次分析法赋予关联系数不同的权重值 $a(k)$。依据公式：$r_i=\frac{1}{n}\sum_{k=1}^{n}a(k)\cdot\xi_i(k)$，计算出桉树 1 代萌芽林不同林龄的加权关联度。$r_i$ 值越大表明其与理想数列越接近，综合评价越好。对 4 个不同林龄的桉树萌芽林的土壤基本养分指标按以上公式进行灰色关联分析（表 5-36）。

表 5-36　桉树萌芽林地 3 个调查点土壤综合肥力状况

调查点	林龄	A 层	B 层	混合层
广西国有七坡林场上思造林基地	1	0.583　C	0.498　C	0.541　C
	2	0.732　B	0.648　B	0.690　B
	3	0.897　A	0.844　A	0.871　A
	4	0.498　D	0.451　C	0.474　D
	平均	0.678	0.610	0.644
广西国有高峰林场银岭分场	1	0.698　B	0.534　C	0.616　C
	2	0.523　C	0.478　C	0.500　D
	3	0.899　A	0.880　A	0.890　A
	4	0.769　B	0.675　B	0.722　B
	平均	0.722	0.642	0.682
广西国有黄冕林场	1	0.610　A	0.606　B	0.608　B
	2	0.804　B	0.777　A	0.791　A
	3	0.665　A	0.656　B	0.660　B
	4	0.605　A	0.585　B	0.595　B
	平均	0.671	0.656	0.664

注：大写字母表示同一土层土壤肥力指数不同林龄间的差异性比较。

（1）不同调查点土壤肥力综合变化情况。由图 5-8 可知，不同调查点养分含量差别不大，广西国有七坡林场上思造林基地、广西国有高峰林场银岭分场和广西国有黄冕林场土壤综合肥力指数分别为 0.644、0.682 和 0.664，广西国有高峰林场银岭分场桉树林地土壤综合肥力较高，广西国有七坡林场上思造林基地较差。

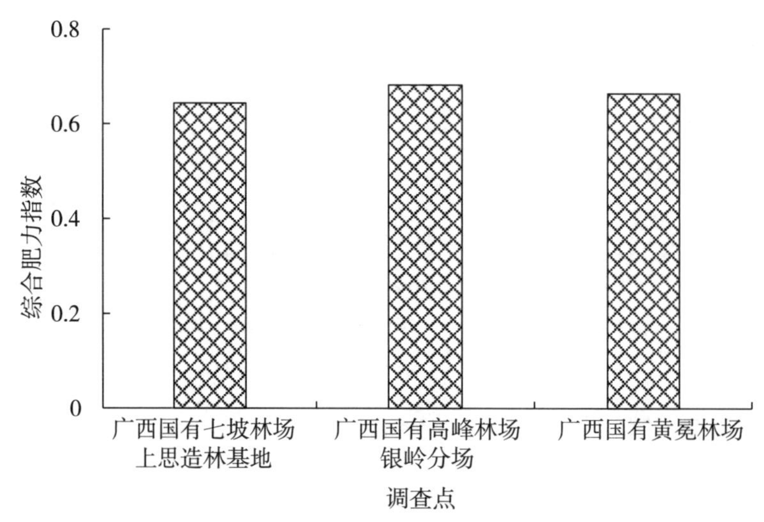

图 5-8 不同调查点桉树萌芽林地土壤肥力综合变化情况

（2）不同土层土壤肥力综合变化情况。土壤综合肥力在垂直梯度存在显著差异，土壤综合肥力指数为 0.451 ～ 0.899 之间，不同林龄的土壤剖面中，土壤综合肥力指数均表现为 A 层（0.498 ～ 0.899）> B 层（0.451 ～ 0.880）。就 A 层和 B 层土壤综合肥力指数的差值而言，广西国有七坡林场上思造林基地和广西国有高峰林场银岭分场 A 层和 B 层土壤综合肥力指数的差值较大。两个调查点 A 层和 B 层土壤综合肥力指数差值的变化范围分别为 0.047 ～ 0.085 和 0.019 ～ 0.164；而广西国有黄冕林场 A 层和 B 层土壤综合肥力指数的差值较小，其变化范围为 0.004 ～ 0.027。

（3）不同林龄土壤综合肥力变化情况。

①广西国有七坡林场上思造林基地：不同林龄桉树林地 A 层和 B 层土壤综合肥力指数均表现出先升高后降低的变化规律。3 年生桉树萌芽林土壤综合肥力指数达到最大，A 层和 B 层土壤综合肥力指数分别为 0.897 和 0.844，A、B 层平均值为 0.871。4 年生桉树萌芽林土壤综合肥力指数达到最小，A 层和 B 层土壤综合肥力指数分别为 0.498 和 0.451，A、B 层平均值为 0.474。

②广西国有高峰林场银岭分场：不同林龄桉树林地 A 层和 B 层土壤综合肥力指数均表现出先升降低再升高后降低的变化规律。3 年生桉树萌芽林土壤综合肥力指数达到最大，A 层和 B 层土壤综合肥力指数分别为 0.899 和 0.880，A、B 层平均值为 0.890。2 年生桉树萌芽林土壤综合肥力指数达到最小，A 层和 B 层土壤综合肥力指数分别为 0.523 和 0.478，A、B 层平均值为 0.500。

③广西国有黄冕林场：不同林龄桉树林地 A 层和 B 层土壤综合肥力指数均表现出先升高后降低的变化规律。2 年生桉树萌芽林土壤综合肥力指数达到最大，A 层和 B 层土壤综合肥力指数分别为 0.804 和 0.777，A、B 层平均值为 0.791。4 年生桉树萌芽林土壤综合肥力指数达到最小，A 层和 B 层土壤综合肥力指数分别为 0.605 和 0.585，A、B 层平均值为 0.595。

广西国有七坡林场上思造林基地和广西国有高峰林场银岭分场两个调查点，1 年、2 年、3 年、4

年生桉树萌芽林土壤综合肥力指数差异较大，且达到显著水平，而广西国有黄冕林场 1 年、3 年、4 年生桉树萌芽林土壤综合肥力系数之间无显著差异性，但 3 种林龄土壤综合肥力指数均与 2 年生桉树萌芽林存在显著差异。

在整个轮伐期内，3 个调查点桉树萌芽林土壤综合肥力指数大致呈先增加后降低的趋势。桉树萌芽林在生长过程中，后期土壤综合肥力指数呈下降趋势，这与夏体渊等指出的"桉树生长过程表现出对土壤养分的持续耗竭"的结论相一致。图 5-9 更直观地显示，土壤综合肥力指数最好的是 2 年或 3 年生桉树萌芽林。前 2 年施肥，土壤养分得到有效补充，后 2 年不施肥，且桉树生长后期对土壤养分需求量大，致使土壤综合肥力指数呈现出下降趋势。

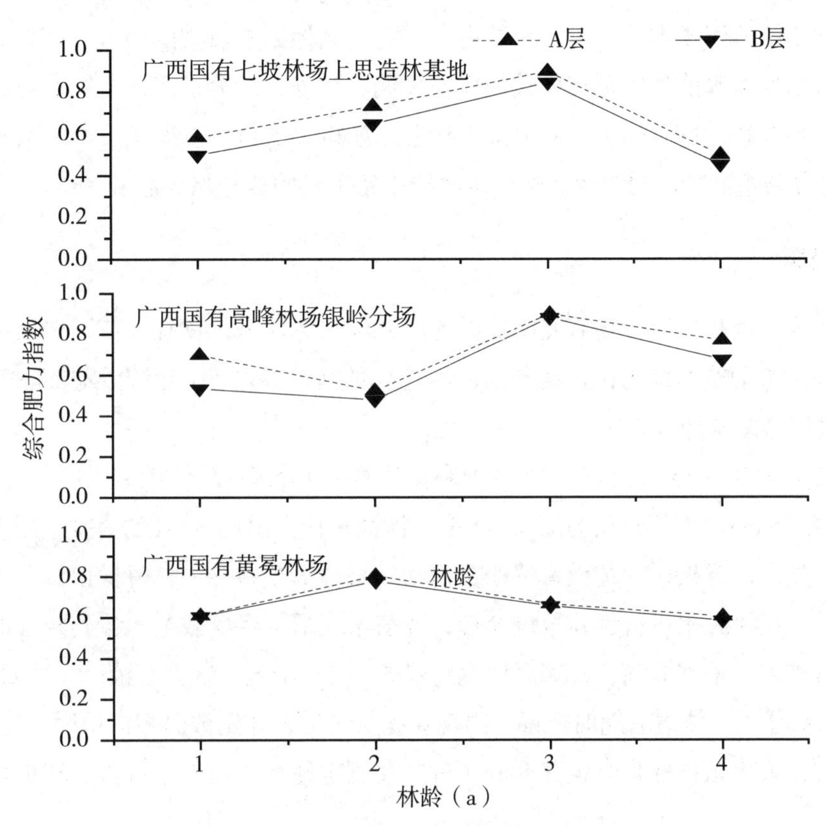

图 5-9　不同土层和林龄桉树萌芽林地土壤综合肥力变化情况

（三）小结与讨论

采用灰色关联分析法对桉树萌芽林土壤进行肥力变化的分析研究。结果表明，在桉树萌芽人工林的 4 个林龄中，土壤综合肥力在垂直梯度存在显著差异，表现为 A 层＞ B 层。土壤肥力呈先增加后降低的趋势，其中，桉树萌芽林在整个轮伐期的后期，土壤综合肥力指数呈下降趋势，容易造成生态系统土壤养分缺乏而影响林下植被恢复的问题，因此需要对桉树萌芽林进行人为养分循环调节与平衡施肥来实现桉树产业的健康、可持续发展。

人工林土壤综合肥力研究中，通过灰色关联分析可找出影响林木生长的主要因子，综合评价土壤肥力高低。目前对桉树人工林土壤肥力评价大多集中在丰缺评价研究上，因此，灰色关联分析在桉树人工林土壤肥力评价中前景广阔，尤其是将生长状况与土壤肥力指标相结合来综合评价土壤肥力，可更深层次地评判施肥对土壤肥力的影响，对桉树及整个营林生产及施肥决策意义重大。

五、养分胁迫对桉树生长和养分吸收的影响

胁迫（stress）在物理上指应力、胁强，这里指环境因素对植物的作用力或影响。胁变（strain）是指植物体受到胁迫后产生相应的变化。这种变化可以表现为物理变化（例如原生质流动的变慢或停止、叶片的萎蔫）和生理生化变化（代谢的变化）两个方面。胁迫因子超过一定的强度，就会产生伤害。首先往往直接使生物膜受害，导致透性改变，这种伤害称为原初直接伤害。质膜受伤后，进一步可导致植物代谢的失调、影响正常的生长发育，此种伤害称为原初间接伤害。一些胁迫因子还可以产生次生胁迫伤害，即不是胁迫因子本身作用，而是由它引起的其他因素造成的伤害。例如盐分的原初胁迫是盐分本身对植物细胞质膜的伤害及其导致的代谢失调，另外，盐分过多，土壤水势下降，产生水分胁迫，植物根系吸水困难，这种伤害，称为次生伤害。如果胁迫急剧发生或发生时间延长，则会导致植物死亡。通过养分胁迫试验，初步探索桉树可维持正常生长的养分临界值。

（一）试验材料

供试桉树品种为广西林科院生物研究所提供的广九桉树无性系优良扦插苗，选取生长基本一致、根系发育良好无病虫害的苗木作为供试材料。砂培选择的河沙经过 5% 盐酸浸泡 24 h，并用自来水冲洗多次至中性，再用蒸馏水冲洗 2 次。

2008 年 4 月 22 日至 8 月 15 日，试验在广西林科院进行。将处理好的河沙装入底部打孔的塑料桶（高 30 cm，上口直径为 20 cm，下端直径为 15 cm）中，沙面离桶上沿约 3 cm 的高度，用于储存未及时渗透的水和营养液。然后，将桉树幼苗根系洗净、消毒后栽植于塑料桶中，每桶植苗 1 株。盆栽苗木在露地经常规管理后，仅浇灌水进行营养饥饿处理，待苗木成活，将盆栽苗木移到防雨棚下，开始浇灌不同处理水平的营养液。培养期间，视基质情况每隔 2 ～ 3 d 浇灌 1 次营养液，每次每盆浇 200 mL，间隔浇灌适量的去离子水。浇灌时随时观察，出现症状及时记录并用数码相机拍照。每隔 15 日测定其株高，试验结束时，采集植株叶片测定其养分含量，并测定地径、树干分枝数、侧根数、地上部和地下部干重。

（二）试验设置

完全营养液参照 Hoagland 和 Amon（1983）的方法配制，配方如下：0.51 g/L KNO_3，1.18 g/L $Ca(NO_3)_2 \cdot 4H_2O$，0.49 g/L $MgSO_4 \cdot 7H_2O$，0.14 g/L KH_2PO_4，0.025 g/L Fe-EDTA，2.86 mg/L H_3BO_3，1.81mg/L $MnCl_2 \cdot 4H_2O$，0.22 mg/L $ZnSO_4 \cdot 7H_2O$，0.08 mg/L $CuSO_4 \cdot 5H_2O$，0.09 mg/L $H_2MoO_4 \cdot 4H_2O$。试验考虑钙、镁、硼、锌、铜 5 种中、微量元素。通过改变完全营养液中的 5 种营养元素的浓度，每个元素设置 3 个处理：缺乏（即完全营养液浓度的 0%，用 0 表示）、低量（即完全营养液浓度的 50%，用 1/2 表示）、过量（即完全营养液浓度的 4 倍，用 4 表示）。同时以完全营养液（用 1 表示）和不浇灌营养液（CK）为对照处理。缺钙和低钙处理，以 NH_4NO_3 补齐 $Ca(NO_3)_2$ 中的氮浓度；过量钙处理，以相应 KCl 代替 KNO_3 中的钾浓度。

（三）测定方法

用直尺和游标卡尺分别测定苗高和地径，在 80 ℃温度下烘至恒重，测定此时植株地上和地下部分的干重，叶绿素含量用 721 可见分光光度计测定。

植株叶片营养元素分析测定方法均参照林业行业标准：全氮采用凯氏法测定；全钾、钙、镁、铜、锌、铁、锰采用硝酸—高氯酸消煮，原子吸收分光光度法测定；全磷采用硝酸—高氯酸消煮，钼锑抗比色法测定；全硼采用干灰化—甲亚胺比色法测定。

生长参数的计算根据 De Groot 等的方法进行：

（1）根冠比为根系生物量（干质量）与幼苗地上部分生物量（干质量）之比。

（2）苗高增长速率为单位时间内苗高增加的数量。计算公式为（M_2-M_1）/Δt，式中，M_2 为第二次测量时单株幼苗的苗高（cm）；M_1 为第一次测量时单株幼苗的苗高（cm）；Δt 为第二次测量与第一次测量的间隔时间（d）。

（3）苗高净增量为试验结束时平均苗高与试验初始平均苗高之差。

（四）养分胁迫对桉树幼苗生长的影响

中、微量元素钙、镁、硼、锌、铜营养胁迫下桉树幼苗的苗高情况见表 5-37。从表中可以看出，CK（未浇灌营养液）和处理 1 桉树幼苗苗高净增量分别为 21.1 cm 和 121.7 cm，各养分胁迫处理桉树幼苗苗高净增量在 53.3 ～ 93.4 cm 之间变动。与 CK（未浇灌营养液）相比，浇灌营养液的处理表现出明显的高生长，与处理 1（完全营养液）相比，各养分胁迫处理表现出较低的高生长。钙、镁、硼、锌、铜的 1/2 处理（低量）桉树幼苗的苗高净增量均比 0（缺乏）处理大，除 Mg 外，其他元素两处理间差异达到显著水平（$P<0.05$）。桉树幼苗对过量的钙、镁、硼、锌、铜营养胁迫反应不同，过量钙和硼的胁迫反应比较敏感，4 Ca 和 4 B（过量）处理桉树幼苗苗高净增量均低于 0 Ca 和 0 B（缺乏）处理，而 4 Mg、4 Zn 和 4 Cu（过量）处理桉树幼苗苗高净增量均高于 0 Mg、0 Zn 和 0 Cu（缺乏）处理，除镁元素外，其他元素两处理间差异达到显著水平（$P<0.05$）。与 4 Ca、4 Cu、4 Zn 和 4 B（过量）处理相比，1/2 Ca、1/2 Cu、1/2 Zn 和 1/2 B（低量）处理桉树幼苗苗高净增量均有显著提高，而 4 Mg 与 1/2 Mg 处理间具有相反的变化趋势。试验各处理桉树幼苗苗高均随培养时间的增加而提高，但各处理增加的幅度不同。

表 5-37　养分胁迫对桉树幼苗生长的影响

处理	培养时间（d）						苗高净增量（cm）
	0	15	30	45	60	75	
CK	13.1	19.0	21.7	25.8	31.4	34.2	21.1f
1	14.6	22.9	43.3	70.6	100.4	136.3	121.7a
0 Ca	13.8	19.3	33.9	55.6	76.6	92.0	78.2d
1/2 Ca	15.0	23.1	39.1	65.0	88.0	108.4	93.4b
4 Ca	15.7	25.1	40.4	62.2	80.6	90.7	75.0d
0 Mg	14.8	24.1	40.3	63.6	80.5	94.0	79.2d

续表

处理	培养时间（d）						苗高净增量（cm）
	0	15	30	45	60	75	
1/2 Mg	16.1	24.9	42.2	65.0	84.7	101.3	85.2c
4 Mg	15.6	25.0	42.7	63.3	86.7	102.7	87.1c
0 Cu	13.2	16.2	31.7	48.1	71.0	88.6	75.4d
1/2 Cu	13.3	19.5	36.7	56.0	80.2	101.3	88.0c
4 Cu	11.3	17.6	34.5	55.7	76.9	88.3	77.0d
0 Zn	13.2	19.1	29.9	55.3	78.4	89.0	75.8d
1/2 Zn	14.0	21.8	37.3	60.4	83.0	100.1	86.1c
4 Zn	14.6	22.4	40.7	66.5	88.2	92.9	78.3d
0 B	13.3	20.0	32.8	51.8	65.2	70.0	56.7e
1/2 B	12.1	19.8	36.8	55.6	75.1	90.2	78.1d
4 B	12.6	18.9	33.6	51.7	61.3	65.9	53.3e

注：同列小写字母表示差异达到显著水平（$P < 0.05$）。

由图 5-10 可知，培养初期（0 ～ 15 d），试验各处理桉树苗高增长速率较低，且处理间差异不显著。随着培养时间的增加，各处理桉树苗高增长速率变化趋势不同。CK 处理增长速率最低，且比较稳定，

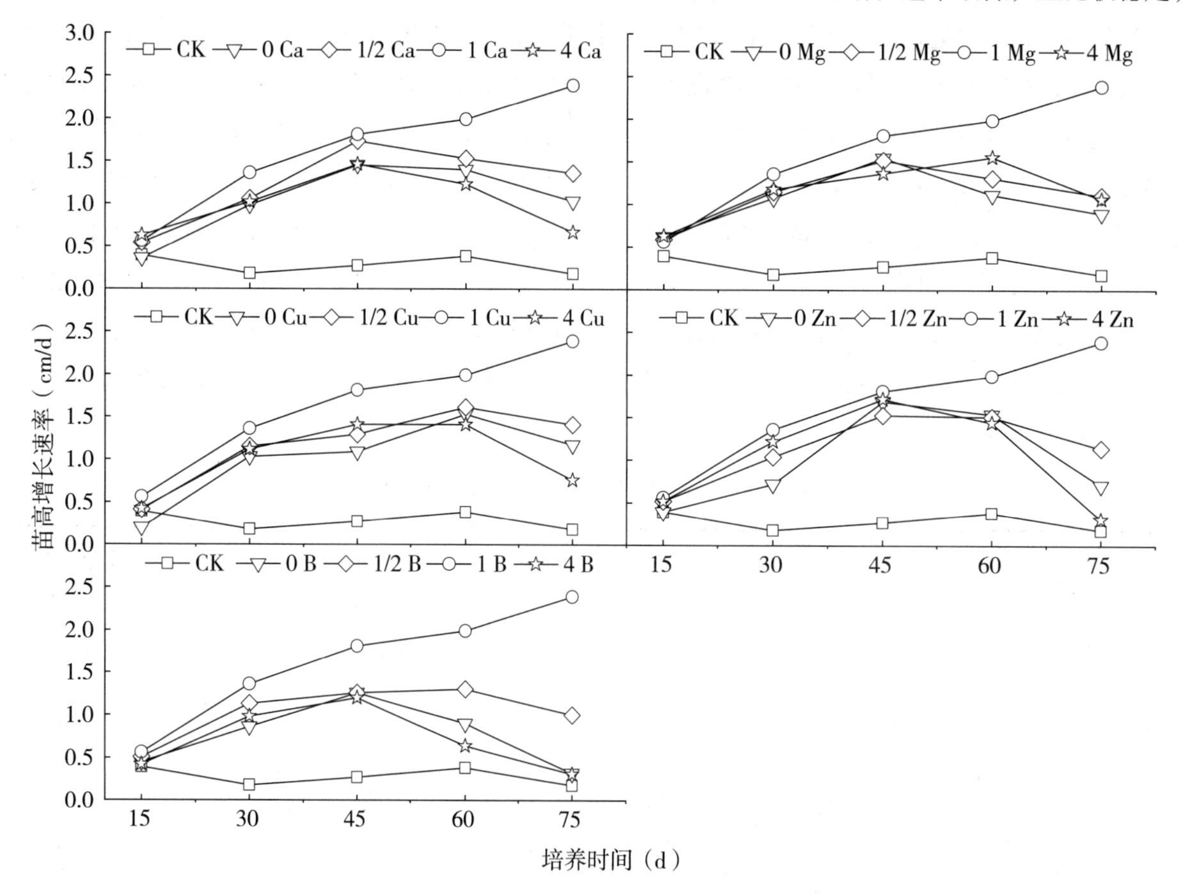

图 5-10　养分胁迫对桉树苗高增长速率的影响

其变化范围为 0.18 ～ 0.39 cm/d，而处理 1（完全营养液）增长速率最高（0.56 ～ 2.39 cm/d），且随着培养时间的增加而逐渐提高。钙、镁、硼、锌、铜的 0（缺乏）、1/2（低量）、4（过量）处理均随着培养时间的增加表现出先提高后降低的变化趋势，但各元素处理苗高增长速率的峰值出现的时间不同，钙、镁、硼、锌各处理峰值出现的时间为 45 d，而铜处理则在 60 d 时才出现最大增长速率。钙、镁、硼、锌、铜的 1/2（低量）处理苗高增长速率高于 0（缺乏）处理，且随培养时间的增加差异变大，培养初期各元素两个处理间差异不显著，但在培养后期，镁和铜差异未达到显著水平，而钙、锌和硼两个处理间差异分别在 75 d、75 d 和 60 d 达到显著水平（$P < 0.05$）。在培养前期，钙、硼、锌、铜的 4（过量）处理桉树苗高增长速率较 0（缺乏）处理大，但随培养时间的增加，钙、锌和硼均在 45 d 后；铜在培养 60 d 时，其值低于 0（缺乏）处理。除 45 d 外，镁元素的 4（过量）处理均高于 0（缺乏）处理。在培养初期，各营养元素的 4（过量）处理苗高增长速率高于 1/2（低量）处理，但在培养后期，桉树幼苗对养分过量胁迫的反应较养分低量胁迫敏感，4（过量）处理苗高增长速率低于 1/2（低量）处理。由此可知，培养前期，桉树幼苗对养分低量胁迫较敏感，培养后期，对养分过量胁迫较敏感。

试验结束时，养分胁迫各处理桉树幼苗地径如图 5-11 所示。与 CK（未浇灌营养液）比，浇灌营养液的各处理桉树幼苗地径均得到显著的提高，提高幅度为 1.69 ～ 2.46 倍。除 4 B 处理外，钙、镁、铜、锌和硼的 0（缺乏）、1/2（低量）、4（过量）处理与 1（完全营养液）处理均无显著差异。钙、镁、硼、锌、铜的 1/2（低量）处理桉树地径均高于 0（缺乏）处理，但差异不显著。与 0（缺乏）处理相比，钙、镁、铜的 4（过量）处理桉树地径均有所提高，锌和硼则相反，但差异均未达到显著水平。与 1/2（低量）处理相比，镁和铜的 4（过量）处理桉树地径均有所提高，而钙、锌和硼则相反。

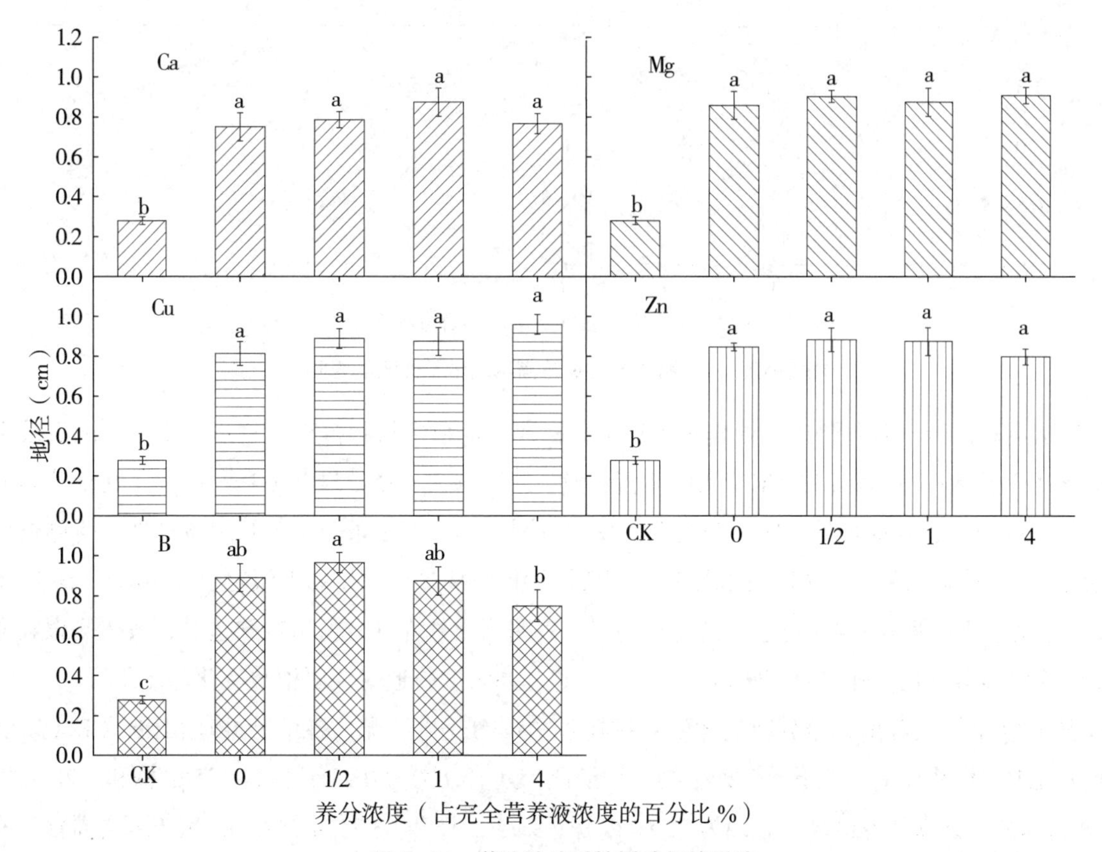

图 5-11　养分胁迫对桉树地径的影响

养分胁迫各处理桉树幼苗苗高平均增长速率如图 5-12 所示。各试验处理相比，CK（未浇灌营养液）处理的桉树幼苗苗高平均增长速率最低，仅为 0.28 cm/d，1（完全营养液）处理的值最高（1.62 cm/d）。钙、镁、铜、锌和硼的 0（缺乏）、1/2（低量）、4（过量）处理桉树幼苗苗高平均增长速率均高于 CK（未浇灌营养液）处理，增加了 1.54 ～ 3.46 倍，其值均低于 1（完全营养液）处理，降低了 22.84% ～ 56.17%，且差异都达到显著水平。钙、镁、硼、锌、铜的 1/2（低量）处理桉树幼苗苗高平均增长速率均高于 0（缺乏）处理，但差异不显著。与 0（缺乏）处理相比，镁、铜和锌的 4（过量）处理桉树幼苗苗高平均增长速率均有所提高，钙和硼则相反但差异均未达到显著水平。除镁外，各营养元素的 4（过量）处理桉树幼苗苗高平均增长速率均低于 1/2（低量）处理，但差异不显著。

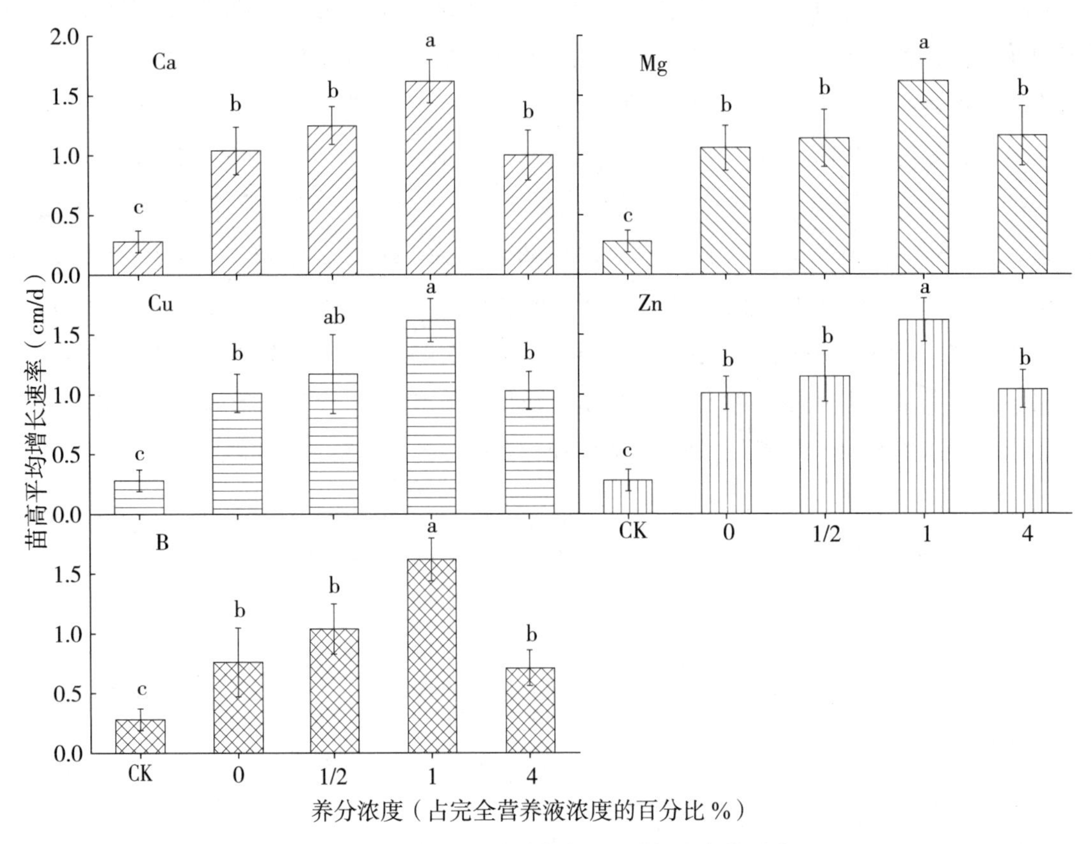

图 5-12　养分胁迫对桉树苗高平均增长速率的影响

试验结束时，测定养分胁迫各处理桉树幼苗分枝数、根系生长和植株生物量等指标，测定结果列于表 5-38 中。从表中可以看出，CK（未浇灌营养液）处理桉树分枝数最低（3 条），1（完全营养液）处理最高（23 条），其他各处理桉树分枝数的变化范围为 14 ～ 22 条。营养胁迫各处理桉树侧根数在 45 ～ 65 条之间变动，钙、镁、铜、锌和硼各处理桉树侧根数从多到少排列大致符合 0（缺乏）> 1/2（低量）> 1（完全营养液）> 4（过量）的变化趋势，表明当受外界养分低浓度胁迫时，桉树侧根数增多有利于吸收更多养分抵抗外界养分胁迫；当受外界养分高浓度胁迫时，侧根数变化趋势相反。

从表 5-38 中可以看出，养分胁迫各处理桉树生物量的变化情况。各试验处理相比，CK（未浇灌营养液）处理的桉树地上、地下及全株生物量均最低，其值分别为 0.93 g/ 株、0.35 g/ 株和 1.28 g/ 株；1（完全营养液）处理其值最高，分别为 53.86 g/ 株、9.85 g/ 株和 63.71 g/ 株。除 CK（未浇灌营养液）

和 1（完全营养液）处理外，营养胁迫各处理地上和地下部分生物量变化范围分别为 28.08 ～ 50.74 g/株和 4.93 ～ 9.52 g/ 株，分别占全株生物量的 79.37% ～ 89.28% 和 10.70% ～ 20.63%。营养胁迫各处理相比较，CK（未浇灌营养液）处理桉树根冠比最高，其值为 0.38，其他各处理桉树根冠比在 0.12 ～ 0.26 之间变动。可以看出，贫瘠的养分条件下有利于桉树根系生长。1/2（低量）、1（完全营养液）和 4（过量）处理桉树根冠比均低于 0（缺乏）处理，并随各营养元素浓度的提高而降低，钙和镁养分胁迫各处理间差异比铜、锌和硼大。可以看出，较低的根冠比与充足的养分供应有密切的关系。

表 5-38　养分胁迫对桉树分枝、根系和生物量的影响

处理	分枝数（条）	侧根数（条）	地上生物量（g）	地下生物量（g）	全株生物量（g）	根冠比
CK	3	60	0.93	0.35	1.28	0.38
1	23	54	53.86	9.85	63.71	0.18
0 Ca	18	64	29.51	6.85	36.89	0.23
1/2 Ca	22	60	38.81	7.37	46.18	0.19
4 Ca	16	52	30.04	6.20	35.71	0.21
0 Mg	19	65	33.35	8.67	42.02	0.26
1/2 Mg	19	59	41.31	6.65	47.95	0.16
4 Mg	21	60	45.96	5.51	51.48	0.12
0 Cu	21	62	40.49	7.77	48.26	0.19
1/2 Cu	20	57	42.21	7.29	49.50	0.17
4 Cu	22	49	50.74	9.52	60.25	0.19
0 Zn	21	56	30.17	6.03	36.20	0.20
1/2 Zn	22	64	37.48	6.31	43.80	0.17
4 Zn	19	45	28.08	5.20	33.29	0.19
0 B	14	59	39.25	7.07	46.32	0.18
1/2 B	20	54	43.05	7.61	50.66	0.18
4 B	19	50	29.57	4.93	34.50	0.17

（五）营养胁迫对桉树幼苗叶绿素含量的影响

叶绿素在植物光合作用的原初光反应过程中起着关键作用，其含量的变化往往与叶片的生理活性、植物对环境的适应性和抗逆性有关。养分胁迫各处理桉树叶绿素含量见表 5-39。从表中可以看出，CK（未浇灌营养液）处理的桉树叶绿素 a、b 和总叶绿素含量均最低，其值分别为 0.47 mg/g、0.36 mg/g 和 0.84 mg/g；1（完全营养液）处理的桉树叶绿素 a、b 和总叶绿素含量均最高，分别为 1.43 mg/g、1.24 mg/g 和 2.67 mg/g。除 CK（未浇灌营养液）和 1（完全营养液）处理，营养胁迫各处理桉树叶绿素 a、b 和总叶绿素含量变化范围分别为 0.93 ～ 1.42 mg/g、0.80 ～ 1.22 mg/g 和 1.73 ～ 2.64 mg/g，叶绿素 a、b 含量分别占总叶绿素含量的 51.43% ～ 54.18% 和 45.61% ～ 48.82%。养分胁迫各处理桉树叶绿素 a、b 和总叶绿素含量按从大到小的顺序排列大致为 1（完全营养液）＞ 1/2（低量）＞ 0（缺乏）、4（过量）> CK（未浇灌营养液）。钙、镁和铜元素的 0（缺乏）处理桉树叶绿素 a、b 和总叶绿素含量高于 4（过量）处理，而锌和硼则相反。可见，营养缺乏和过量均导致叶绿素含量降低，桉树幼苗对钙、镁和铜的过量比缺乏敏感，而对锌和硼元素的缺乏比过量敏感。

养分胁迫各处理相比较，CK（未浇灌营养液）处理桉树叶绿素 a/b 最高，其值为 1.30。浇灌营养液各处理桉树叶绿素 a/b 在 1.04 ～ 1.20 之间变动，除 0 Zn 处理（1.04）外，其他处理间差异不显著。可见桉树叶绿素 a/b 与营养元素供给水平关系不大。

表 5-39　养分胁迫对桉树叶绿素含量的影响

处理	叶绿素 a（mg/g）	叶绿素 b（mg/g）	总叶绿素（mg/g）	叶绿素 a/b
CK	0.47	0.36	0.84	1.30
1	1.43	1.24	2.67	1.16
0 Ca	1.36	1.20	2.56	1.13
1/2 Ca	1.41	1.20	2.62	1.17
4 Ca	1.24	1.04	2.28	1.20
0 Mg	1.20	1.02	2.22	1.18
1/2 Mg	1.28	1.14	2.42	1.12
4 Mg	1.07	0.93	2.00	1.15
0 Cu	1.07	0.92	1.99	1.17
1/2 Cu	1.27	1.10	2.37	1.16
4 Cu	0.93	0.80	1.73	1.16
0 Zn	1.08	1.03	2.10	1.04
1/2 Zn	1.42	1.22	2.64	1.16
4 Zn	1.19	1.03	2.22	1.16
0 B	1.06	0.92	1.98	1.16
1/2 B	1.26	1.09	2.35	1.16
4 B	1.09	0.94	2.03	1.15

（六）营养胁迫对桉树幼苗养分吸收的影响

从表 5-40 可知，养分胁迫各处理相比，CK（未浇灌营养液）处理桉树叶片氮、磷、钾和锰含量最低，分别为 11.72 g/kg、1.29 g/kg、10.30 g/kg 和 390.50 mg/kg，而其他营养元素含量均未处于最低水平。这可能是因为 CK（未浇灌营养液）处理桉树全株生物量小，对营养元素有一定的浓缩作用。浇灌营养液各处理桉树叶片氮、磷、钾、钙、镁、铜、锌、铁、锰和硼含量变化范围分别为 33.54 ～ 41.42 g/kg、1.99 ～ 3.26 g/kg、13.30 ～ 17.59 g/kg、2.65 ～ 17.23 g/kg、0.72 ～ 4.36 g/kg、7.50 ～ 22.75 mg/kg、30.75 ～ 115.50 mg/kg、50.00 ～ 79.00 mg/kg、1 012.00 ～ 1 669.25 mg/kg 和 10.77 ～ 279.83 mg/kg。养分胁迫各处理相比，CK（未浇灌营养液）处理桉树叶片营养元素总量最低，仅为 41.95 g/kg；浇灌营养液各处理桉树叶片营养元素总量在 56.92 ～ 70.77 g/kg 之间变动，比 CK（未浇灌营养液）处理提高 35.69% ～ 68.70%。钙、镁、锌、硼和铜元素的 0（缺乏）、1/2（低量）、1（完全营养液）处理桉树叶片营养元素总量差异不显著，当镁、锌和硼元素浓度提高到4（过量）处理时，桉树叶片营养元素总量显著降低，钙元素的4（过量）处理则显著提高，这是因为钙元素浓度过量，桉树幼苗叶片吸收过量的钙，使其含量达到17.23 g/kg，明显高于其他处理（2.65～3.65 g/kg）。铜元素各处理桉树叶片营养元素总量差异不显著。

表 5-40　养分胁迫对桉树叶片营养元素含量的影响

单位：g/kg

处理	N	P	K	Ca	Mg	Cu（$\times10^{-3}$）	Zn（$\times10^{-3}$）	Fe（$\times10^{-3}$）	Mn（$\times10^{-3}$）	B（$\times10^{-3}$）	合计
CK	11.72	1.29	10.30	16.09	2.00	10.00	49.50	69.00	390.50	26.68	41.95e
1	39.13	2.96	15.23	3.65	1.43	20.50	59.75	61.50	1 485.00	54.85	64.08b
0 Ca	39.91	3.00	17.23	2.79	1.72	11.50	38.00	79.00	1 122.00	55.93	65.95b
1/2 Ca	37.93	3.15	17.30	2.65	1.72	10.50	45.75	66.25	1 212.75	50.38	64.13b
4 Ca	33.99	2.29	14.44	17.23	1.43	10.00	39.25	71.25	1 218.00	44.41	70.77a
0 Mg	41.42	3.15	17.59	3.43	0.72	9.25	41.50	59.00	1 232.00	52.89	67.70a
1/2 Mg	40.23	3.19	16.52	3.29	0.93	9.75	42.00	57.50	1 089.00	49.88	65.40b
4 Mg	36.04	2.21	13.30	3.00	4.36	7.50	41.50	65.75	1 012.00	40.44	60.08c
0 Zn	40.45	2.59	15.73	2.93	1.43	7.75	30.75	68.00	1 490.50	49.88	64.78b
1/2 Zn	38.36	2.93	15.87	3.29	1.65	9.25	31.75	71.75	1 669.25	54.27	63.93b
4 Zn	33.82	2.14	14.66	3.22	1.36	9.75	115.50	58.25	1 496.00	49.55	56.92d
0 Cu	35.59	3.26	16.23	2.79	1.43	19.25	61.50	58.50	1 072.50	53.69	60.57c
1/2 Cu	36.72	2.96	15.23	2.93	1.43	20.75	57.50	72.50	1 432.75	60.07	60.92c
4 Cu	36.91	2.59	15.09	4.29	1.57	22.75	60.00	59.25	1 364.00	51.79	62.01bc
0 B	38.13	3.08	15.44	2.65	1.36	22.50	57.25	50.00	1 262.25	10.77	62.06bc
1/2 B	37.58	2.93	15.09	2.93	1.29	20.50	55.25	64.25	1 485.00	36.04	61.47bc
4 B	33.54	1.99	16.16	2.79	1.00	20.75	50.25	60.75	1 056.00	279.83	56.94d

注：同列小写字母表示差异达到显著水平（$P < 0.05$）。

养分胁迫各处理桉树叶片营养元素含量相关分析结果显示（表5-41）：桉树叶片氮含量与磷、钾和锌呈极显著正相关，与钙呈极显著负相关，相关系数分别为0.798、0.845、0.677和–0.771；叶片磷含量与钾呈显著正相关（0.786），与锌呈显著正相关（0.461），与钙呈极显著负相关（–0.615）；叶片钾含量与钙呈极显著负相关（–0.654），与镁呈显著负相关（–0.465），与锌呈显著正相关（0.468）；叶片钙含量与锌呈显著负相关（–0.489）；叶片锰含量与铜呈显著负相关（–0.438）。

表 5-41　养分胁迫对桉树叶片营养元素含量的影响

单位：g/kg

	氮	磷	钾	钙	镁	铁	锰	铜	锌
磷	0.798**								
钾	0.845**	0.786**							
钙	-0.711**	-0.615**	-0.654**						
镁	-0.189	-0.298	-0.465*	0.051					
铁	0.039	0.14	0.01	-0.216	-0.293				
锰	-0.158	-0.164	-0.174	-0.126	-0.142	0.284			
铜	-0.118	-0.139	-0.091	0.279	0.242	-0.337	-0.438*		
锌	0.677**	0.461*	0.468*	-0.489*	-0.288	0.189	0.181	-0.051	
硼	-0.003	-0.191	0.186	-0.169	-0.231	0.318	0.006	-0.026	-0.025

第八节　现代光谱技术在用材林的应用及展望

营养诊断与养分管理是保证人工林高产以及高效、可持续经营的重要手段。林木对营养肥料的需求具有空间和时间差异性，实时获取林木组织营养、土壤养分含量信息对绘制林木施肥配方图、实现管理精准化具有重要意义。长期以来，林木营养诊断和配方施肥以实验室常规测试为基础，包含取样、寄送、测定、数据分析等一系列工作，这些传统的化学分析方法为植物营养表征以及养分管理做出了巨大贡献。但测定过程需耗费大量的人力物力，同时测定结果往往具有滞后性，时效性较差，不利于田间实时养分管理以及推广应用。随着社会的发展，人们对分析的时效性和成本提出了越来越高的要求，同时物理学、空间技术、遥感等领域的高速发展，加速了现代仪器、装备在农业中的应用，特别是基于光谱技术的无损监测、近地遥感等技术应运而生，现代光谱分析技术已成为当前发展的前沿和研究的新热点。

一、高光谱在树体营养管理中的应用研究

（一）高光谱遥感监测作物环境胁迫的理论基础

高光谱遥感（Hyperspectral Remote Sensing）是用很窄而连续的光谱通道对地物持续遥感成像的技术，它具有高光谱分辨率，包含空间、辐射和光谱三重信息。在航天、地质、海洋、军事、环境和农业等领域有着广泛的应用和重要的作用。高光谱数据获取主要来自星载、机载和地面 3 个平台。目前，星载高光谱传感器主要包括 Hyperion、MODIS（美国）、CHRIS（欧空局）、HIS（中国）和 GLI（日本）等；机载高光谱传感器主要包括 AVIRIS（美国）、MIVIS（意大利）、CASI（加拿大）、HYMAP（澳大利亚）和 OMI、MAIS、PHI-3（中国）等；地面高光谱仪器主要包括 HySpex（挪威）、ASD 地物光谱仪（美

国）及 GER3700（美国）等。利用不同传感器可能会产生不同的研究结果，因为它们通常具有不同的空间分辨率。目前，在对作物环境胁迫的监测中，机载及地面传感器应用较多，星载较少，将叶片和冠层模型获取的参数运用于大尺度遥感实践中，实现环境胁迫卫星遥感实时反演，是未来继续研究的方向。

在利用高光谱监测作物的研究中，常见研究对象为水稻、小麦、玉米等粮食作物，棉花等经济作物和常见的森林树种，甚至是一些药材。高光谱遥感数据光谱分辨率很高，图像上每个像素点能够提供几十至几百个连续狭窄波段的光谱信息，具有“图谱合一”特性。因此，目前利用高光谱遥感技术监测作物胁迫，可更好区分其不同生化组成成分、含量及其变化，从而实时、快速、准确地获取胁迫信息。高光谱成像监测作物环境胁迫的理论基础是：环境胁迫会导致作物损伤，引起作物色素、叶片细胞构造、含水量、蛋白质含量改变，而作物对电磁辐射的吸收和反射特性会随着农学参数、生理指标的变化而变化，因此环境胁迫下的作物会在不同波段上表现出不同程度的吸收和反射特性的改变，产生不同的光谱反射率。通过分析这些光谱信息可以实现对作物环境胁迫的定性或定量监测。研究方法包括基本的光谱运算及变换方法，如一阶导数、敏感波段提取、微分光谱分析、植被指数、光谱位置参数提取等，以及常规光谱数据知识挖掘方法，如逐步多元线性回归、小波分析、偏最小二乘回归法等。其中，逐步多元线性回归和偏最小二乘回归法应用相对广泛，为了追求更高的精度，越来越多的非常规模型，如支持向量机（support vector machine，SVM）模型、Hapke 模型及地理加权回归（geographically weightedreg Ression，GWR）模型被引入作物环境胁迫监测研究中，并取得不错的研究成果；特定的环境胁迫有水分、病虫害、氮素等营养胁迫、不同辐射强度、重金属和酸雨胁迫等。在所有的环境胁迫中，病虫害、水分胁迫较为常见且不好控制。本文重点从基于光谱响应特征的直接监测、基于农学参数和生理信息反演的间接监测两方面，概述了高光谱遥感在监测作物病虫害、水分胁迫、以及区分各类环境胁迫方面的应用，并在此基础上讨论了该技术在作物环境胁迫监测应用领域的不足及发展方向，旨在为农作物环境胁迫监测及预警提供参考，为农业信息化提供技术支持。

1. 基于高光谱的养分胁迫监测研究

养分作为作物的内部生理指标，关系到作物的健康及最终的产量。传统的化学分析方法检测作物胁迫，不仅存在着成本高、耗时长等缺点，而且还会对环境造成污染。利用无人机遥感技术非接触无损地获取作物的养分状况，则有效克服了传统手段的各种不足，有利于实现农业的信息化作业。不过现阶段的养分胁迫遥感监测更倾向于基于统计经验方法，这是由于像氮、磷、钾等养分元素的胁迫光谱特征和遥感监测机理不够明确。例如，Zaman·Allah 等在玉米的氮素胁迫研究中发现，在无人机上安装的多光谱相机获取的氮胁迫指数和玉米产量之间有很好的相关性，相关性为 0.40 ～ 0.79（$P < 0.05$）；Severtson 等通过无人机拍摄的多光谱图像监测澳大利亚西部钾缺乏的油菜田块，发现当图像的分辨率为 65 mm（72% ～ 100%）时比 8 mm（69% ～ 94%）时具有更高的分类精度；Roope 等通过无人机搭载的多光谱相机结合数码相机监测芬兰一个大麦农场的氮素水平，发现对氮含量的估计值和实际测量值之间的皮尔逊相关系数（Pearson Correlation Coefficient，PCC）和均方根误差（Root—Mean—Square Error，RMSE）分别达到了 0.966 和 21.6%，但当单独使用数码相机或多光谱相机对氮含量进行估计时发现，多光谱相机在氮含量方面的估计优于 RGB 相机 25%。

可见光数码相机、多光谱相机、高光谱相机、热像仪、荧光探测仪、激光雷达和雷达通常是搭载于无人机遥感平台的主要传感器，但是受限于无人机遥感平台的载荷，以及传感器的成本等问题，目前无人机遥感作物胁迫监测中常用的传感器主要包括可见光数码相机、多光谱相机、高光谱相机、热像仪等，其他传感器用于作物胁迫的相关研究则比较少见。

在氮素胁迫监测方面，祝锦霞等通过无人机拍摄的水稻可见光数码照片，发现蓝光最能反映水稻氮素水平的差异，并通过回归分析得到了通过蓝色波段计算氮素水平的氮素识别模型。Geipel 等将无人机获取的冬小麦多光谱图像处理为红边拐点（Red-edge Infiection Point，REIP）正射图像，并利用简单的线性回归模型对它们进行分析，结果表明利用 REIP 能够估算氮含量（RMSE 为 7.60% ～ 11.7%）。Liu 等利用无人机携带的多光谱相机监测麦田的氮含量，发现利用 R800、R700 和 R490 波段的组合具有最高的预测精度，对于叶片氮含量的预测精度高达 R^2=0.73。

2. 基于植被指数的作物胁迫监测

在氮素胁迫监测方面，Lisa 等使用无人机搭载的多光谱相机和地面多光谱仪对 3 个草场的氮含量进行监测，发现地面遥感和无人机遥感获取的归一化植被指数（Normalized Differential Vegetation Index，NDVI）值高度相关，相关性从 0.83 至 0.97 不等，并且将无人机获取的 NDVI 值跟草场氮含量进行相关分析，相关性最高达到了 0.95，证实了无人机遥感评估草场的氮素胁迫的实用价值。李红军等建立了基于不同高度的无人机航拍作物冠层数字图像诊断冬小麦和夏玉米氮素营养状态的模型，结果表明，可见光大气阻抗植被指数（Visible Light Atmospherically Resistant Vegetation Index，VARI）和蓝光标准化值［B/（R+G+B）］跟冬小麦和夏玉米实测氮素含量的决定系数分别达到了 0.80 和 0.85。秦占飞等基于无人机高光谱影像，对比分析光谱指数与偏最小二乘回归法预测水稻叶片全氮含量的精确度和稳健性，结果表明，以组合波段 R738 和 R522 光谱反射率的一阶导数构成的比值光谱指数（Ratio Spectral Index，RSI）构建的线性模型为水稻叶片全氮含量的最优估测模型（R^2 为 0.673，RMSE 为 0.329）。

通过上述研究可发现，目前常用于作物胁迫监测的植被指数主要由 2 ～ 3 个波段构成，随着高光谱传感器的不断发展，可考虑利用多元线性回归、人工神经网络、主成分分析等传统以及新兴的统计分析技术，充分利用高光谱遥感的优势，构建多波段组合的植被指数，以期更好地对各种作物胁迫进行监测。

（二）高光谱在土壤养分管理中的应用研究

土壤通常被认为是裸露在地表的岩石矿物经过自然和人为因素的作用，发生一系列的物理、化学及生物变化而形成的能生长植物的疏松表面，是陆地生态系统中的重要组成部分。土壤所含的信息量巨大，如何从这些信息中梳理出规律性的东西是土壤学面临的挑战之一。在广西人工林的经营过程中，林地经营者为了追求最大经济效益或当前利益，通常采取跟农业生产相近的大水、大肥、短周期纯林连栽连作的经营方式。长期连续种植单一树种导致广西林地土壤养分失衡、性质退化、肥力下降，林分生产量显著降低，亟待推广精准变量施肥提高土壤肥力。传统的土壤养分测定方法主要采用实验室化验分析，该方法虽然精度较高，但测定成本高、耗时长，测定结果具有一定的滞后性，测定结果难以全面反映林地土壤肥力状况，不能有效满足田间施肥管理实时性的需要。因此，土壤学家们尝试采用遥感技术获取土壤信息，但由于时空和地理等多种不确定因素，遥感技术获取的土壤信息误差大，难以应用。因此，国际土壤学会成立了土壤近距离传感工作组，高光谱技术成为其中的重要手段。通过建立光谱数据与土壤养分含量的回归模型，可以实现大范围土壤养分含量的快速检测，实现人工林生产经营中土壤养分实时管理的需求。

本文分析了高光谱技术检测土壤的基本流程并涉及部分数据的处理方法、建模方法，并对近年来高光谱技术测定土壤成分的最新研究进展及土壤成分便携式近红外仪器的发展情况进行了综述，针对高光谱在数字化农业方面的意义和未来发展方向展开讨论，以促进近红外光谱技术在我国土壤学成分检测应用中尽快实现现代化科学研究方法，并指导实际林业生产。

1. 高光谱技术土壤检测基本流程

高光谱技术在土壤成分含量检测方面包括以下步骤：（1）土壤样品采集与制备；（2）利用近红外仪器对土壤样品进行光谱采集，得到样品的近红外光谱；（3）将所得近红外光谱与常规方法测得的成分含量结果建立对应的数学模型，形成土壤样品的红外光谱分析数学模型，并将其存入存储器中；（4）利用土壤样品的近红外分析模型分析未知样品的近红外光谱，即可获得样品成分的含量值。整个流程如图 5-13 所示。

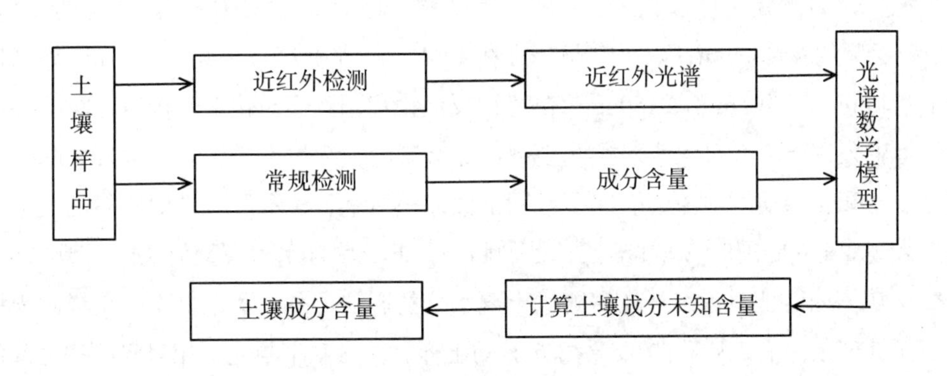

图 5-13　土壤光谱检测基本流程

土壤样品的采集与制备，是土壤分析工作的一个重要环节。直接关系到分析结果的正确与否。因此必须按正确的方法采集和制备土样，以便获得符合实际的结果。土壤样品的采集与制备涉及采样点的选择、采样方法、采样时间、采样数量、风干与否、磨细、过筛等。自 20 世纪 80 年代开始，国内外学者在土壤有机质含量高光谱技术快速测定方面已做了大量的研究，人们就土壤样品前处理方式及光谱数据采集、前处理方法已基本达成一致。土壤样品前处理多采取自然风干，研磨后过孔径≤ 0.2 mm 土筛，风干后能显著排除土壤水分对光谱数据采集的影响，土筛孔径越小土壤表面越均匀，测定结果较为准确。土壤光谱数据采集在实验室内单一光源条件下进行，排除阳光干扰。

土壤成分含量常规的化学分析方法测定的指标主要包括：有机质含量（重铬酸钾氧化法）、全氮（半微量开氏法）、水解性氮（碱解扩散法）、铵态氮（比色法）、硝态氮（分光光度法）、全磷（钼锑抗比色法）、有效磷（Olsen 法或 Bray 法）、全钾（火焰光度计）、缓效钾（硝酸提取—火焰光度法）、速效钾（乙酸铵浸提—火焰光度法）、pH 值（电位法）等。有时还需要测定土壤的阳离子交换量（CEC）、微量元素含量等。

为了建立一个稳定的土壤高光谱定标模型，研究人员在光谱预处理和波段选择以及建模方法方面均做了大量的研究工作。以下列举一些常见的预处理方法：平滑主要是用于消除光谱仪包含的随机误差，提高信噪比；导数是光谱分析中常用的基线校正和光谱分辨的预处理方法；标准正态变换主要是用来消除固体颗粒大小、表面散射以及光程变化对近红外漫反射光谱的影响；多元散射校正（MSC）的目的和 SNV 基本相同，在固体漫反射和浆状物透射中应用较广；小波变换（WT）在时域和频域同时具有良好的局部化性质，在分析光谱信号中有较为广泛的应用。波段选择主要包括：连续投影法（Successive projections algorithm，SPA）、遗传算法（Genetic algorithm，GA）、蒙特卡罗法（monte carlo method）、偏最小二乘法（Partial Least Square Method）等。常用的线性建模方法主要有多元线性回归（Multiple Linear Regression，MLR）、主成分回归（Principal component regression；PCR）和偏最小二乘回归（Partial Least Squares Regression，PLSR），其中 MLR、PCR 和 PLSR 是一条线性多元校正方法的发展线路，目前 PLS 在光谱多元分析中得到最广泛的应用。偏最小二乘支持向量机（Least Squares Support Veotormaohine Machine，LS-SVM）、神经网络（NN）因其出色的非线性映射能力，逐渐得到了人们的重视。

2. 近红外光谱技术在土壤学领域的研究现状

（1）土壤水分的测定。水虽然是简单的无机物，但是纯水 O-H 伸缩振动的一级倍频约在 1 440 nm，二级泛频约在 960 nm，两个合频分别在 1 940 nm 和 1 220 nm 附近。Dalai 等测量土壤水分所用波长为 1 926 nm、1 954 nm 和 2 150 nm，高光谱反演模型预测值与化学分析值之间的决定系数（R^2）为 0.92，同时他们发现土壤粒度大小对预测土壤水分有影响，细粒土样结果比较好。陈祯以湖北省的黄棕壤、潮土、水稻土为研究对象，研究了不同土壤体积质量、含水量与光谱反射的关系，结果表明采用指数模型表述 1 400 nm 和 1 900 nm 波长处的归一化的土壤含水率模型的决定系数在 0.9 以上。韩小平等为研究土壤表面特征对近红外光谱测量土壤水分的影响，测量了 6 个不同土样的土壤含水率，发现在相同表面处理条件下，粒径在 0.5 ～ 1 mm 的土样，其含水率与光谱相对吸收率之间的相关性均较高，研究表明，土壤表面均匀连续是测量精度提高的重要因素。李小昱等利用近红外光谱傅立叶变换特征提取方法对湖北地区稻田土、黄棕壤和潮土建立了 PLSR 预测模型，其预测模型决定系数为 0.988，交叉验证预测均方根误差为 1.106%，且该模型预测黄绵土的误差均在 2% 左右。宋韬等获得了 52 个不同含水量的土壤的近红外漫反射光谱数据，然后又用相关系数法找出土壤水分的敏感波段，再利用单一敏感波段的光谱数据建立了一元回归模型来检测土壤的含水量，结果表明模型的预测相关系数（R^2）为 0.966，预测均方根误差为 0.012。

（2）土壤有机质的测定。土壤有机质的含量与土壤肥力水平是密切相关的。虽然有机质仅占土壤总量的很小一部分，但它对土壤形成、土壤肥力、环境保护及农林业可持续发展等方面都有着极其重要的意义。Krishnan 等研究了土壤有机质含量和近红外光谱分析之间的关系，结果表明，土壤有机质含量与高光谱反射光谱有相关关系。张崔霞对比了 MLR、PCR、PLSR 三种线性回归模型，结果表明 PLSR 为甘南高寒草地土壤有机碳的最优估测模型。聂哲等选择东北典型黑土区，基于原始光谱值及一阶微分、倒数的对数、连续统去除变换，分别建立了黑土有机质含量的多种预测模型，认为 PLS 模型预测效果最佳 R^2=0.71，均方根误差为 2.29。偏最小二乘法（PLS）可以较好地解决自变量之间的多重共线性、样本数少于变量数和计算复杂等问题，因此 PLS 在土壤有机质含量与光谱数据建模中应用较为广泛。岑益郎等对两种不同粒径的土壤有机质进行建模，结果表明，同一粒径的土壤 PLSR 模型要优于 PCA-BPnN 和 LS-SVM 模型，并且不同土壤颗粒粒径在有机质的检测中会显著影响近红外光谱的检测结果。刘雪梅对 150 个土壤采集光谱，126 个用于建模、24 个用于预测，分别采用 LS-SVM 和 PLSR 对土壤有机质建模，结果非线性的 SVM 效果较好，模型决定系数为 0.825 5，均方根误差为 2.84。

（3）土壤氮、磷、钾的测定。在各种营养元素之中，氮、磷、钾三种是植物需要量和收获时带走量较多的营养元素，而它们通过残茬和根的形式归还给土壤的数量却不多。因此往往需要以施用肥料的方式补充这些养分。

实验表明，水分吸收指数可以有效地消除水分对近红外光谱检测土壤全氮含量的影响。陈定星等采用 PLSR 方法结合波段选择建立了土壤总氮的近红外光谱模型，结果表明长波（1 100 ～ 2 498 nm）近红外达到了较好的模型结果和稳定性。李硕等对 12 个土壤剖面的 48 个土壤样品采集光谱，采用反向传播神经网络、PLSR 和主成分回归对土壤全氮建模和预测。实验结果表明，其中提取近红外光谱的 PLSR 因子作为 B*Pn*N 的输入建立的定量模型能够快速、准确地预测土壤纵向空间分布。杨苗等采用小波变换对山西省关帝山土壤中含氮量通过 PLSR 建模和预测，得出总氮近红外光谱法（Near Infrared Spectrometry，NIRS）和实验室标准法之间的决定系数（R^2）为 0.981 9，证明小波变换选取的敏感波段用于建模是可行的。胡永光等选取了 89 个茶园土壤样本，其中 63 个用于建模，10 个用于预测。通过一阶微分与滑动平均值滤波相结合进行光谱预处理，用 15 个主成分建立的主成分＋神经网络模型为最好，校正模型的回归系数为 0.990 8，均方根误差（RMSE）为 1.452 8，预测相关系数为 0.717 8。

袁石林等利用均值法、卷积滤波确定了最终建模光谱数据，然后采用 PLS 以及 LS-SVM 分别建立了土壤总磷的近红外模型，其中 LS-SVM 所建模型的预测相关系数为 0.954 7，预测标准误差为 0.010 1。李学文等测定了 129 个棕壤样品，采用了 PLSR 等多元线性回归方法建模，其中最好预测模型的决定系数为 0.92，预测误差为 25.39 mg/kg。

刘雪梅等用 LS-SVM 算法对土壤速效钾进行了研究，首先对采用 SNV、MSC 和 Savitzky 平滑结合一阶导数进行预处理，并通过 PCA 和 PLSR 筛选出有效波长（Effective Wave length，EWS），最后 EWS 结合 LS-SVM 模型的结果最好，其相关系数（R^2）为 0.72，预测均方根差为 15.0 mg/kg。为了提高精度，后续研究采用蒙特卡罗无信息变量消除法对土壤速效钾光谱进行变量筛选得到 150 个变量，最后模型的预测相关系数为 0.7+，预测误差为 15.4 mg/kg。刘燕德等用近红外漫反射技术对赣南脐橙果园的 56 个土样进行研究，光谱经过 Savitzky-Golay 平滑后再用一阶微分变换的方法进行预处理，在建立土壤全钾模型时，PLSR、PCR 和 LS-SVM 建立三种模型效果均理想，其中以 LS-SVM 模型最理想，其预测相关系数为 0.971，预测均方根误差为 0.714，预测相对分析误差（Residual Predictive Deviation，RPD）为 5.12。

（4）土壤其他成分的测定。除上述成分检测以外，很多专家学者对土壤其他成分也进行了相关研究，包括矿质元素、有机碳、pH 值、重金属等。Reeves 等试验结果表明，近红外和中红外光谱具有测定有机碳的巨大潜力。刘娅等对滨海盐土土壤盐分采用 PLSR 和逐步多元线性回归（Stepwise Multiple Linear Regression，SMLR）方法建模和预测，结果表明 PLSR 方法建模和预测效果比较理想。其预测相对分析误差（RPD）达 3.08，可以用于预测土壤电导率。方利民等对 300 个土壤样品采集了近红外光谱数据，对土壤中有机碳和阳离子交换量进行了研究和分析，实验结果表明，采用遗传算法优化 BP

神经网络结构和初始值，得到 ICA-GA-BP 模型，此模型对土壤中有机碳和阳离子交换量的预测相关系数（R^2）均达到了 0.98 以上。申艳等人以我国东北黑土地为研究对象，在 3 699 ～ 12 000/cm 范围内建立了土壤有机碳的 PLSR 的定量分析模型，其模型的决定系数（R^2）为 0.92，RPD 为 3.45，预测相关系数为 0.94。解宪丽等人选取了江西贵溪铜冶炼厂污染区的土壤，分析了 9 种重金属元素与土壤近红外光谱之间的相关性。研究表明，土壤重金属含量与反射光谱之间存在显著相关，Cu 的最高相关系数为 –0.87，Pb、Zn、Co、Ni、Fe 的最高相关系数均在 0.80 以上，Cr、Cd、Mn 的最高相关系数也在 0.7 以上。

近红外技术在土壤成分含量检测应用中具有很大的潜力。其关键在于土壤的采集和制备、光谱预处理和光谱数学模型的建立。寻找出不同类型土壤、各种养分所需要的最优算法是 NIRS 分析技术在土壤学应用的发展方向之一。国内近红外技术在土壤成分检测研究大多数是在实验室条件下进行的基础研究，难以满足我国精准农业的需求，因此开发出低成本、满足生产需要精度的便携式或者机载仪器是 NIRS 分析技术在土壤学中的另一个发展方向。

3. 中红外光谱在林地土壤环境中的应用

（1）中红外光谱概述。近年来，中红外（MIR）光谱技术的迅猛发展为获取土壤有机环境信息提供了一种新的解决方式，中红外光谱在有机物质结构识别、鉴定方面具有较为明显的优势，可用于更好地了解作为一个完整的环境系统和长期资源的土壤。加之分析仪器的数字化和化学计量学方法的快速发展，运用化学计量学方法已能很好地解决光谱信息的提取及背景干扰方面的影响，使其在医药、食品、石油化工和农业等领域中逐渐发挥重要作用，并取得了较好的社会效益和经济效益。笔者梳理了中红外光谱技术检测土壤的基本流程（包括前处理方法）以及光谱数据处理与分析方法，并对近年来国内外学者就中红外光谱技术在土壤学研究中的相关研究进展进行了综述，针对中红外光谱技术在土壤数字制图、环境监测等方面的意义和未来发展方向展开讨论，以促进中红外光谱技术在中国土壤学研究应用中尽快实现，以现代化科学研究方法提高研究深度与效率，指导实际农业生产，提升农业科技水平。

中红外光谱分析的原理是根据物质的光谱吸收谱图来鉴别物质以及确定它的化学组成、结构或相对含量的方法，实质上是一种根据分子内部原子间的相对振动和分子转动等信息来确定物质分子结构和鉴别化合物的分析方法，具有高效、成本低、信息量大、样品无损且适用范围广等特点。物质的光学特性是其内部特定元素或分子所特有的，可以作为指纹进行识别。图 5-14 所示，中红外光谱吸收谱图范围在 400 ～ 4 000/cm，主要分为两个区域，2.5 ～ 7.69 μm（4 000 ～ 1 330/cm）称为特征频率区，用于鉴定有机物官能团；7.69 ～ 25 μm（400 ～ 1 330/cm）为指纹区，主要用于区别结构类似的化合物。土壤有机环境中所含物质的光谱特性均包含在这些波段中，通过对红外光谱图的解析，可以获取土壤有机物质的组成成分、结构特征，同时根据吸收峰的面积可以对这些组成成分进行半定量测定。

土壤红外光谱分析主要包括以下步骤：①土壤样品采集；②土壤样品前处理与制备；③红外光谱仪器采集土壤样品光谱数据，得到样品红外光谱谱图；④将样品红外光谱谱图进行数学变换，提高分辨率，降低信息冗余量；⑤将谱图与云端光谱数据库进行比对，分析检测结果。

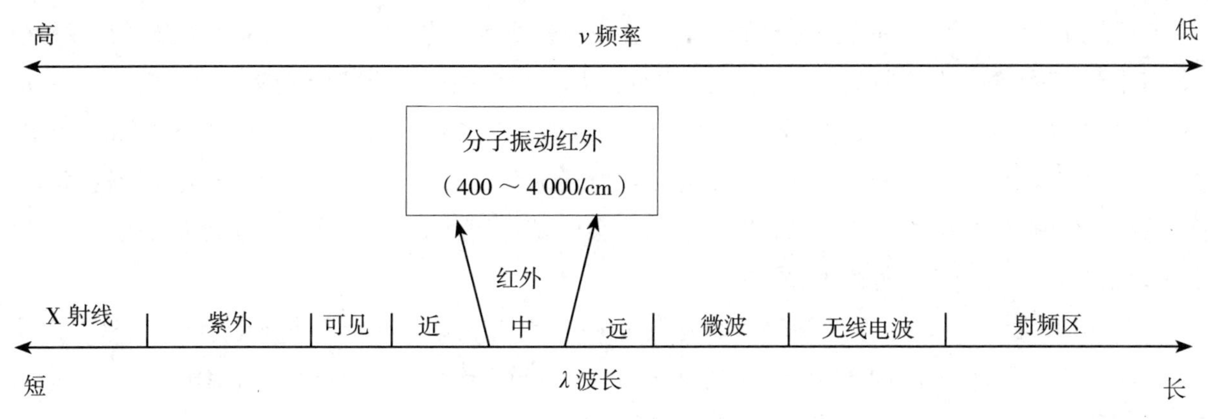

图 5-14　光谱区域划分

（2）土壤成分对 MIR 光谱技术的影响。土壤种类繁多，是复杂的多组成成分体系，其中有机物的光谱特征可能会被土壤中的水分、粒径以及矿质元素等多个因素的影响，掩盖有机成分的吸收或反射特征，同时各类有机物中的官能团也会互相影响，大量学者针对土壤成分对 MIR 光谱特征的影响展开了研究。

土壤水分是作物生长的必要要素之一，是土壤肥力的物质基础，由于不同的自然环境条件，土壤的含水量可能有很大的不同。水虽然是简单的无机物，但是纯水中的 O—H 对光谱特征有显著的影响，水的化学式是 H—O—H，其基本的伸缩振动在中红外波段（400 ～ 4 000/cm）3 250 ～ 3 450/cm 处有很强、很宽的伸缩振动，在 1 630/cm 附近有较弱的弯曲振动，土壤水分会通过掩盖其吸收特征或降低反射率强度来影响土壤中其他成分的光谱行为。常规的土壤光谱数据测试往往采用风干土，目的就是为了减少水分的干扰。一些学者为了更好地消除土壤残留水分的影响，尝试采用烘箱干燥土壤的方法。Laub 等研究了湿润和干燥过程对土壤水分的影响。结果表明，干燥温度从 32 ℃升高至 105 ℃，氧的吸收特性降低了 2%。在整个光谱中也观察到反射值的减少，土壤中其他成分的峰面积比（包括无机振动峰）均随着干燥温度的升高而显著增大。但是，由于空气湿度的原因，土壤水分损失可以通过空气湿度来恢复，干燥温度难以标准化，同时，过高的干燥温度可能会引起土壤有机成分的改变。因此，土壤水分的消除需要根据不同研究区域的实际情况，进行重复实验，从而确定适宜的干燥温度与干燥时间。

矿质成分会显著影响土壤属性、结构以及形态。强风化土，如红壤、赤红壤，其特征是 P、K 等矿质元素供应不足，高岭石、长石和铁氧化物（结晶铁）含量较高。石英砂岩发育而来的石英砂红壤、黄沙土等沙质土壤，石英含量占据主导地位。这些矿质成分由于含量较高，光谱特性较为强烈，通常会掩盖土壤中其他成分的红外光谱特征，需要通过对土壤进行前处理或者区分土壤类型开展研究。

高岭石、石英是热带土壤黏粒组成中最常见的矿物，对土壤结构和稳定性起着关键作用，并可能严重影响土壤对压实的敏感性以及土壤容重，其主要成分为硅酸盐。高岭石的红外吸收特征主要位于 1 630/cm、1 125/cm、1 025/cm，并且这种特性在黏土中显得更宽、更清晰，而在沙质土壤中则非常窄且不太明显。石英对光谱反射强度的影响较大，Si—O 之间的相互作用引起的光谱特征吸收、反射峰集中在 500 ～ 2 500/cm 波段范围中。其中，基本的伸缩运动出现在 2 233/cm、2 133/cm、1 999/cm、1 792/cm、1 607/cm、1 350/cm 处，由于 Si—O 的拉伸，明确定义的石英反射峰出现在 1 222/cm 处，同时伴随 1 190/cm、1 150/cm 清晰的肩峰。

氧化铁是土壤中最主要的氧化物矿物，普遍存在于各种类型的土壤中，对土壤有机质的形成和稳定具有重要作用。按照化学特征区分，氧化铁可分为无定形氧化铁和游离形氧化铁两类。由于 Fe—OH 的伸缩振动，氧化铁对中红外光谱的影响范围主要在 2 050 ～ 3 225/cm 以及 1 200/cm 处。对于黏性土壤，可以通过草酸铵、连二亚硫酸盐对土壤样品进行前处理，消除这些影响，但是对于砂砾含量较高的土壤，这些前处理方法会破坏石英涂层，在 2 500/cm 会出现强烈的石英吸收峰，目前暂未有较好的方法消除氧化铁对沙质土壤中红外光谱的影响。

（3）MIR 光谱技术在土壤有机环境研究中的应用。土壤有机质（Soil Organil Matter，SOM）是形成土壤理化性质的基础，是维持土壤肥力和土壤结构的重要部分，其分解和转化是养分循环与能量传递的重要环节。土壤有机质组成成分的化学结构会直接影响其分解速率与稳定性。MIR 光谱技术能准确测定各有机组成成分所包含的决定其化合物化学特性的原子或原子团，通过表征官能团，反映土壤生化过程中有机质组成成分的化学行为、稳定性及对土壤某些化学性质的影响，从而了解土壤环境的演变趋势。同时，MIR 光谱技术无损的特性使得在研究单个（批量）样品时，可以避免湿化学法提取过程中可能发生的二次反应和化学人工制品。

然而，土壤中的有机物大部分为多原子分子，振动情况复杂，官能团出峰位置受其分子结构、原子质量、温度、形态等因素的综合影响。本文将土壤中有机物官能团吸收频率进行了部分归纳，根据红外光谱吸收峰归属，将土壤中主要的有机质成分的红外光谱特征进行分类（表 5-42）：①醇类、酚类化合物，其缔合—OH 的伸缩振动在 3 434/cm 出现吸收峰；②脂肪族烷烃化合物，亚甲基（$—CH_2$）C—H 键对称伸缩振动，在 2 929/cm 出现吸收峰；③以 1 631/cm 为中心的吸收带主要为芳香族化合物环内 C ═ C 振动，也可能是羰基化合物 C ═ O 伸缩振动；④ 1 509/cm 主要归属于氨基化合物 N—H 键变形振动吸收峰；⑤酚羟基（—OH）的面内变形振动，在 1 395/cm 出现吸收峰，可作为确定—OH 的伴随峰；⑥ 1 034/cm 是碳水化合物或多糖结构中 C—O 键伸缩振动，1 163/cm、1 073/cm 处是糖类 C—OH 的振动；⑦苯环类物质，779/cm 是单取代苯环 C—H 弯曲振动；⑧ 694/cm 是顺式烯烃中═C—H 键变形振动。

表 5-42 常见的土壤有机化合物光谱特征

类别	官能团	振动形式	特征频率（cm）
醇、酚类	—OH	δ	1 395
		vs	3 434
脂肪烃类	$—CH_2$、C—H	vs	2 929
芳香族类	C ═ C、C ═ O	vs	1 631
氨基化合物	N—H	δ	1 509
糖类	C—O	vs	1 034
	C—H	vs	1 163、1 073

通过对土壤有机物光谱图的识别、解析，可以从分子尺度上对土壤有机环境的演变趋势进行深入研究。常汉达等对比了弃耕地与人为开垦后 5 年的新疆盐碱地土壤并将其作为研究对象，对比研究发现，农田开垦后耕地土壤有机质结构更为复杂，开垦种植后增加了土壤有机质的稳定性，尤其在

20 ~ 40 cm 土层表现更为明显，土壤有机质结构稳定性提高的重要原因是芳香族类官能团所占比例的提高。Heller 以不同成因和不同土地利用强度的温带泥炭地土壤为研究对象，利用 FTIR 技术研究不同演化程度泥炭土有机质组成，随着土地利用强度提高，土壤排水性增强，谱图中 C＝O 的吸收相对增加，而 C—H 的吸收则减少，吸收强度的变化反映了伴随排水和土地利用强度的有氧分解和矿化增强。杨传宝以空间换时间研究经营措施对北亚热带毛竹人工林红壤有机碳组成成分的影响，为排除土壤无机环境因素对光谱特征的影响，采用有机碳物理—化学—生物联合分组方法，无经营和粗放经营毛竹林土壤有机碳中酚醇—OH、脂肪族—CH、芳香族 C＝C 和羰基 C＝O 吸收峰相对强度增强，认为在人为干扰减少的情况下，有机碳化学稳定性明显增强，利于土壤碳汇能力的提高。Fan 利用 FTIR 技术研究在不同 pH 值条件下，土壤中的可溶性有机物对锑的吸附特性。

4. 现代光谱技术在土壤学领域的应用前景

（1）土壤污染物监测。由于矿区开采、化石燃料的燃烧、石油的泄漏、工业污水和污泥的农用、工农业固体废物的堆放以及农药的广泛使用，邻苯二甲酸酯、多环芳烃、有机氯和有机磷农药等有机污染物以及大量重金属等无机污染物直接或间接进入土壤环境中，并因脂溶性易被土壤颗粒吸附而长时间残留于土壤中。这些污染物中有不少是致癌、致畸或致突变物质，存留于土壤中不仅可以使农作物减产甚至绝收，而且还可以通过植物或动物进入食物链，给人类生存和健康带来严重影响。传统土壤污染物的检测方法主要有热重分析法（TGA）构造、顶空气相色谱 - 质谱法（HS-GC-MS）或是依赖于原子吸收光谱、荧光光谱、电感耦合等离子体质谱等分析手段检测，由于测定成本高、耗时长，目前多采取抽样调查的方式。通过开展土壤有机 - 无机污染物红外光谱特征的研究，提取光谱诊断波段，未来可通过开发便携式红外光谱设备进行土壤有机污染物普查。相较于传统采集样品后带回实验室进行测定的方法，利用现代光谱技术对土壤有机 - 无机污染物进行实时无损检测更为迅速，在获取大范围土壤污染信息方面有着独特的优势，便于在更为宏观的层面了解土壤污染的“时空演化”。作为一项便捷高效的测量手段，现代光谱技术在土壤污染监测领域具有巨大的研究价值和广阔的应用前景。

（2）地力维持。连作障碍是目前农林业生产经营中普遍存在的问题，诸如辣椒、高粱、花生等，连作会导致作物生长受阻，产量下降。植物对土壤养分的选择性吸收是导致连作障碍的原因之一，更深层次的原因在于土壤有机环境的改变。作物通过凋落物分解、根系分泌产生的一些低分子（如有机酸、糖类、酚类和各种氨基酸等）和高分子有机化合物（如蛋白质、氨基酸等）影响土壤有机环境的改变，进而导致连作障碍。利用红外光谱高通量、无损的特点，采集土壤有机环境信息，探究发生连作障碍的土壤中是否有特定有机物的富集，通过添加改良剂、作物轮作等方式，有针对性地进行土壤改良，维持地力。

（3）土壤数字制图。传统的土壤调查是一项艰苦而昂贵的工作，往往费时费力。随着卫星遥感、土壤近地传感、大数据挖掘和建模技术的发展，为大尺度土壤数据库的构建以及土壤养分数字制图提供了新的数据获取手段。以航空、航天遥感为基础，结合多光谱无人机以及车载、手持的便携式光谱分析仪器，能够高效、准确、实时地获取土壤信息，为农业、林业的实际生产提供先进、高效的技术支持，从根本上改变我国粗放型农业、林业现状，提高管理决策的科学性和准确性，并最终实现以科学的分析手段指导农业、林业生产。

第六章　用材林科学施肥

养分是林木生长发育的物质基础，树体营养元素浓度与林木生长量、产量关系密切，是林木施肥的理论基础。林木生长发育需要从土壤中吸收多种营养元素，有些林地土壤贫瘠需要补充养分；有些林地由于长期连续栽培，土壤养分递减，则需将亏损的养分归还土壤。随着广西人工用材林的持续经营，出现了产量下降、土壤肥力退化等现象，特别是在短周期工业原料林中，如桉树、杉木等速生树种，这种现象更为突出。林木施肥是提高土壤肥力、改善林木营养状况及促进林木生长，达到高产、优质、高效、低成本的营林措施。该措施可维持土壤养分平衡，增加木材产量，保证速生丰产。

第一节　林木施肥原理

随着植物营养科学研究的深入发展，施肥实践的科学总结，施肥的基本规律逐步被揭示出来，为合理施肥形成了较系统完整的施肥理论依据。主要包括养分归还学说、最小养分律、报酬递减律、最适因子律、因子综合作用律等。

一、养分归还学说

该学说是在19世纪由德国杰出化学家李比希（J. V. Liebig）提出。他认为，“由于人类在土地上种植作物并把这些产物拿走，这就必然会使地力逐渐下降，从而土壤中所含的养分将越来越少。因此，要恢复地力，就必须归还从土壤中带走的全部东西，不然，就难以指望再获得过去那样高的产量。为了增加产量就应该向土壤施加灰分”。这里所说的“灰分”即肥料（图6-1）。该论断的核心是从物质循环的角度出发，通过人为的施肥活动，使土壤系统中养分的损耗与补偿保持平衡。

存在的不足之处：实践证明，并不是必须向土壤归还作物带走的全部东西，也不一定必须当季归还。确切的提法是，归还作物生长需要而土壤本身不能满足的部分。

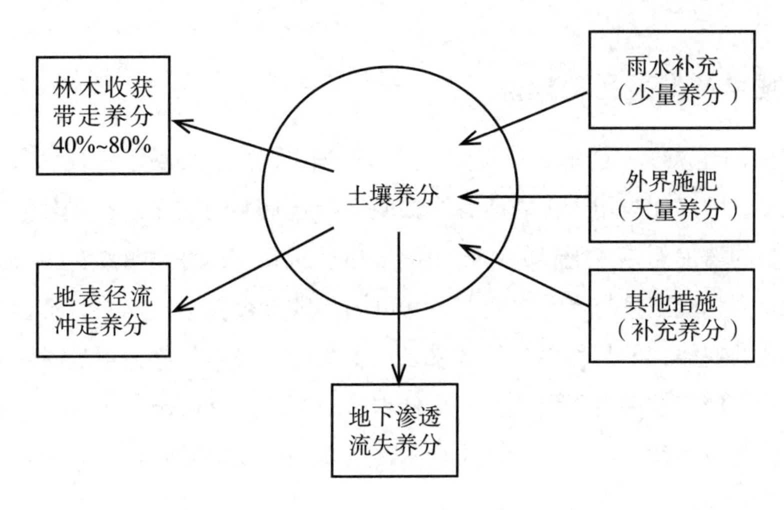

图 6–1　养分归还学说

二、最小养分律

19 世纪中叶，德国化学家李比希提出了著名的最小养分律，即植物产量受土壤中某一相对含量最小的有效生长因子制约的规律。这个定律主要包括 3 层含义。

（1）决定林木产量高低的是土壤中林木需要而含量最少的养分。

（2）最小养分不是固定不变的，而是随着生产条件变化而变化的，当土壤中最小养分得到补充，满足林木需求之后，产量就会迅速提高，原来的最小养分因子就不再是最小养分，而让位于其他养分了。

（3）如果不针对性地补充最小养分，即使其他养分增加得再多，也难以提高林木产量，而只能造成肥料的浪费。

按照最小养分律的基本原理，林地施肥时应因地制宜，在准确分析最小养分因子的基础上有针对性地施肥；同时由于最小养分因子是变化的，施肥时应注意养分供应平衡，促使林木比较充分地吸收利用养分，从而达到增产增收和提高肥料利用率的显著效果。

最小养分律可用装水木桶来形象地解释（图 6-2）。以木板表示作物生长所需要的多种养分，木板的长短表示某种养分的相对供应量，最大盛水量表示产量。很显然，盛水量决定于最短木板的高度。要增加盛水量，必须首先增加最短木板的高度。

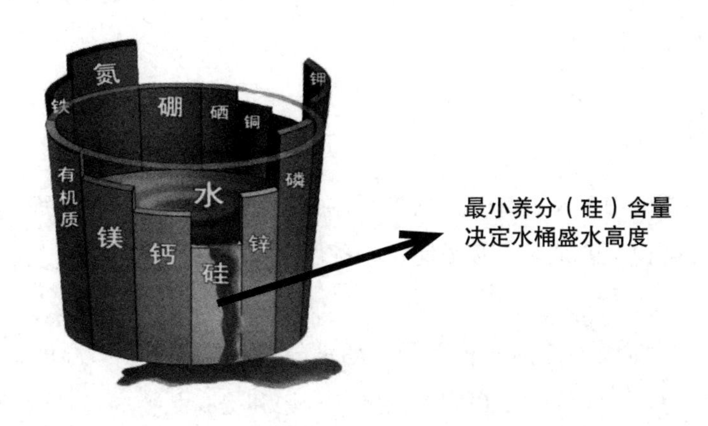

图 6–2　最小养分律

三、报酬递减律及米采利希学说

18 世纪后期，欧洲经济学家杜尔哥和安德森提出报酬递减律，反映了在技术条件不变的情况下投入与产出的关系，该法则广泛应用于工农业各个领域。在施肥上的意义是：在其他生产条件相对稳定的前提下，随施肥量的增加而单位肥料的作物增产量却呈递减的趋势（图 6-3）。在 20 世纪初，米采利希经过深入研究发现，施肥量与产量之间的关系可用指数方程表示。米采利希学说实际为报酬递减律揭示出呈曲线模式的规律，即某种养分的效果以在土壤中该种养分愈为不足时效果愈大，如果逐渐增加该养分的施用量，增产效果将逐渐减小。在林木施肥中，只有遵循最小养分律和报酬递减律，才能避免盲目施肥；同时应不断应用先进的施肥技术，从而进一步提高肥料的利用效率和经济效益，促进林业生产的可持续发展。

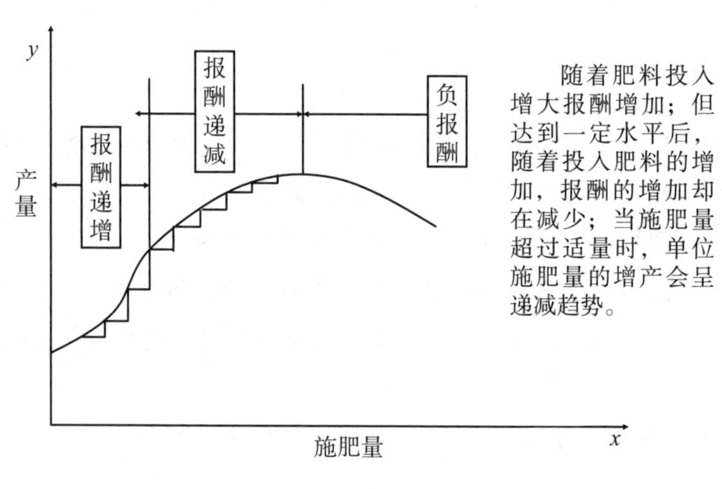

图 6-3　报酬递减律

四、最适因子律

最适因子律是指植物产量只有在各项条件处于最适状况时才能达到最高水平的规律。由德国学者李勃夏（Liebercher）提出，其认为植物生长受多种因素的影响，每一因素的变化范围很大，而植物对某一因素的适应范围有限，只有各因素条件都处于最适宜作物生长的范围时，才能获得最理想的产量。这个规律在实践中有指导意义，如作物对微量元素的需要量很少，但缺乏则出现缺素症，影响产量，而过量又极易形成毒害。

五、因子综合作用律

因子综合作用律是指植物生长发育受包括施肥在内的许多因子的影响，而这些因子之间又相互影响，产量是这些因子综合作用的结果。必须使所有条件足以保证林木正常生长时，合理施肥才能获得最大的效益。

林木产量是影响林木生长发育的各种因子（如水分、养分、光照、温度、空气、品种以及立地条件等）综合作用的结果。为了充分发挥肥料的增产作用和提高肥料的经济效益，一方面，施肥措施必须与其他栽培技术措施密切结合，另一方面，各种肥料养分之间的配合施用，也应该因地制宜地加以综合运用。

因子综合作用律告诉我们，在进行施肥决策时，要同时考虑到其他生产因子，确保它们不制约肥效的发挥。如水分是植物正常生长发育所必需的生活条件之一，土壤水分状况直接决定着根系的活力、养分吸收能力，也决定着养分在土壤中的移动性和可吸收性。只有在土壤含水量适宜时，施肥效果才最好。

第二节　林木施肥现状与发展趋势

林木生长离不开光照、温度、水分、热量、土壤等自然地理气候条件，而土壤是林木生长的重要载体，土壤养分供给是林木营养元素的重要来源，通过施肥补充土壤养分不足，满足树体营养需求，是林木速生丰产重要的技术措施之一。众所周知，对桉树人工速丰林来说，目前肥料的投入占整个营林投入的 50% ～ 60%，可见，肥料投入相当大，同时对肥料的配比、养分质量及施用技术也引起了高度重视。盲目施肥和经验施肥，不但可能造成肥料浪费，达不到施肥效果和预期的目的，而且可能对生态环境产生污染。推广宣传普及先进的以营养诊断为主的平衡配方施肥技术成果，提高林业投入产出比，增加林业种植户经济收入，保护生态环境，是我们林业工作者义不容辞的责任和义务。

林木平衡配方施肥技术就是综合运用林业科技成果，根据林木营养特性、需肥规律、土壤供肥性能与肥料效应，在有机肥与无机肥相结合的条件下，在产前提出氮、磷、钾和中、微量元素肥料的适宜用量和比例及采取相应的施肥技术，以满足林木均衡吸收各种营养，维持土壤肥力水平，减少养分流失和对环境的污染，达到高产、优质和高效的目的。

一、国外林木施肥概况

人工林施肥是人们在人工造林过程中，为了更好地促进林木生长，在林木生长季节采取土壤施肥或者根外追肥的方式为林木提供生长必需的营养元素，以有效地改善林木营养状况，促进人工林的健康、快速生长，从而达到提高林木生产能力和改善生态环境的目的。从当前研究的现状来看，国外相关研究中主要注重林木施肥的定量研究和施用化肥后林木的产值指标变化的定量研究，以期对林木施肥的经济效益进行准确的评估和预测，为林木施肥技术的全面推广提供理论依据。

法国是世界上最早进行林木施肥试验的国家。1847 年，法国施用草木灰、铵盐、矿渣，提高了林木生长量。德国在 19 世纪中叶最早重视林木对营养元素的需要和林地营养元素的循环，发现从林地收走枯枝落叶，会导致森林生产力急剧下降，因此开始林木施肥试验。20 世纪 50 年代之前，世界上森林面积较大，人口少，木材需求量小，林木施肥发展较慢。20 世纪 50 年代之后，环境污染、人口剧增、能源短缺三大危机日益突出，森林面积不断减少，而木材需求量却迅速增加，为在较短时间内生产出更多的木材，许多发达国家开始对人工林实行集约经营，而施肥是重要措施。同时，世界上化肥工业的发展速度加快，为林木施肥创造了条件，于是世界各国林地施肥有了明显进展。据统计，1970 年全世界森林施肥面积达 2×10^8 hm^2，1990 年达到了 2.8×10^9 hm^2，2010 年则达到了 1.12×10^{10} hm^2。芬兰是世界上林木施肥发展快、面积大的国家之一，1965 年森林施肥面积只有 2.7×10^4 hm^2，1968 年

达 1.5×10^5 hm^2，1984 年达到 2.5×10^6 hm^2。瑞典、挪威、荷兰等国已有 70% 以上的森林施过肥。此外，德国、澳大利亚、美国、加拿大、法国等国林木施肥也达到相当规模。1973 年，联合国粮食及农业组织和国际林业研究组织联盟在巴黎召开了国际林木施肥学术讨论会，研究内容广泛，如施肥对林木营养、新陈代谢、生长与生物量、木材质量、土壤生物、森林生态系统的影响等。特别是，近年来在欧美等国专门设置了林木施肥研究机构和林木生产经营的专业公司，由此大大带动了林木施肥产业的快速发展，这也促进了人工林经营的短期化和集约化经营。

目前，国际上对林木施肥的研究愈来愈全面和深入，已从单一方向转向多层次、多功能的综合研究，有些国家结合森林生态系统的研究，对林木施肥进行长期定位观测。

二、国内林木施肥概况

我国林木施肥研究和应用过程比较缓慢，主要原因是我国在林木施肥问题上存在着两种截然不同的观点。第一种是部分学者认为林木不需要施肥，第二种是很多研究结果证明了施肥可以较好地提高林木产量和生长速度，特别是人工林施肥的经济效益特别显著。这种争论一直持续到 1985 年，当年在广西凭祥召开的林木施肥研讨会上，所有专家一致认为林木栽培中不但需要施用化学肥料，而且需要增加施用量，并且林木施肥可以带来显著的经济、生态和社会效益。在 1995 年召开的全国林木施肥与营养研讨会上，与会专家更加肯定了林木施肥对人工林生长和产量提高的良好作用。

从不同树木种类施肥研究上来看，我国较早的从事林木施肥研究树种是毛竹，20 世纪 50 年代，熊文愈先生首先研究了施肥对毛竹生长的促进作用。研究结果证明了施肥对改善林木营养状况具有显著的作用。20 世纪 70 年代中期，我国才开始进行林木施肥试验和小规模生产性施肥。随着人工丰产林面积的扩大、集约经营水平的提高，林木施肥发展速度加快，由经济林逐渐发展到用材林。1985 年召开的全国性林木施肥学术会议上研究的树种丰富，如杉木、毛竹、油桐、油茶、核桃、毛白杨、桉树等，此外，也对泡桐、油松、马尾松、樟子松、湿地松、火炬松、落叶松等很多树种相继开展了一些施肥研究工作，主要研究不同肥料、不同用量及配比比例对林木生长和产量的影响。通过施肥防治林木病害也有报道。同位素示踪技术开始在试验中应用，林木营养诊断方面也做了一些探索。为适应国民经济快速发展的需要，“八五”攻关明确了短周期用材林培育的方向，设立了“主要工业用材林施肥技术与维护地力措施研究”的专题，使我国林木施肥研究进入了一个新阶段。1995 年，在北京召开了林木施肥与营养研讨会，展示了近年来我国在人工林和园林树种以及果树施肥与营养研究领域的新成果和新水平，主要对杉木、马尾松、桉树、杨树、湿地松、加勒比松等树种的苗木、幼林、部分树种（马尾松）的中龄林和成熟林的施肥效应、综合营养诊断、营养平衡、施肥效应相关因素、稳态营养、配方施肥等进行了研究，比较系统地探讨了以林木立地生产力和营养生产力理论为基础的立地养分效应施肥模型。1996 年，在国家的“九五”期间，林木施肥的相关研究与示范工作仍然列入了国家的科技攻关研究项目，由此也极大地带动了林木施肥研究工作的深入。

广西林木的施肥起始于 20 世纪 80 年代，重点在桉树、松树、杉木等方面试点；20 世纪 90 年代重点以八角、桉树为主施肥；进入 21 世纪，重点在以桉树为主的速生丰产林（桉树、杉木、毛竹等），以油茶为主的特色经济林（八角、油茶等）施肥。

当前应用于我国林木施肥研究的主要理论与方法包括：（1）以植物营养机理为依据的综合营养诊断和稳态营养法；（2）以田间试验、地力分级和产前定量为前提的配方施肥法；（3）以林木立地生产力和营养生产力理论为基础的立地养分效应施肥模型。

因此，我国林业科技工作者在不同区域对主要树种已做了大量的施肥对比试验，大体上弄清了我国主要土壤类型肥力状况和不同肥料品种的增产效应。“八五”以来，在田间试验的基础上，进一步加强了基础理论、数学建模和具体的施肥技术，其研究成果为我国逐步建立科学的林木施肥理论和应用技术体系打下了较为坚实的基础。现如今，我国林木施肥研究工作内容非常广泛，先后开展了林木根系施肥研究、林木根外追肥研究、林木综合施肥研究、施肥对林木生长和生理特性的影响等内容，对于深入揭示施肥对林木的影响起到了重要的推动作用，也为人工林的科学施肥提供了理论依据。

第三节 用材林科学施肥技术

科学合理施肥能够促进植物生长，提高产量和品质，有利于培肥地力。不合理的施肥，造成的负面影响是多方面的，对林木生长、生态环境、人类健康都可能会带来不良后果。目前广西大力发展人工用材林松树、杉木、桉树，这 3 个用材林的人工林面积发展速度较快，面积也较大。众所周知，桉树和杉木施肥的重要性和肥料效应比较显著，为了追求更高的经济效益，所施肥数量越来越大，从最初施肥数量约 0.1 kg 至目前的 0.5 ～ 1.0 kg（每株每次施肥量），甚至更高。据试验的初步结论，目前林区内水体中的氮约有 40%、磷约有 70% 和钾约有 50% 来自林地施肥的肥料流失，这越来越引起公众对林木施肥可能会造成林业面源污染的重视。因此，强调林木科学合理施肥，是非常必要的。

平衡配方施肥至少包括了科学施肥、平衡施肥、营养诊断配方施肥 3 个方面的内容。

科学施肥主要就是提高施肥的科学认识、不能盲目施肥。对速生丰产林来说，更应该注重科学施肥，选择好肥料品种、肥料养分、肥料配比，注重中、微量元素养分和有机质的添加等，严把肥料质量关和做到肥料科学施入，确保林木速生丰产。

平衡施肥主要是指通过合理的肥料施入，达到土壤和植物营养元素含量之间的动态平衡。按植物对各种营养元素的需要，充分考虑土壤的营养元素供应能力后，采取一定比例供应上述植物所需养分，使之达到均衡供应。

配方施肥是指综合运用现代林业科技成果和先进测试手段，根据林木营养特性和阶段需肥规律、林地土壤供肥性能和林木养分丰缺程度、充分考虑肥料利用率和肥料效应，在有机肥为基础的条件下，施肥前提出氮、磷、钾和中、微量元素肥的适宜用量和比例，以及相应的施肥技术。配方施肥主要包括肥料配方制订的依据（测土施肥和植物营养诊断施肥）和施肥技术（肥料用量、施肥次数、施肥时间和施肥方法等）。

一、林木科学施肥原则

（一）平衡施肥原则

植物正常生长发育需要多种矿质营养元素，而土壤中各种有效养分不一定符合林木营养的需求，需要通过人为方法按植物营养元素比例需要施肥，这就是平衡施肥原则。平衡施肥一般至少具有氮、磷、钾营养元素，另外视土壤微量元素丰缺状况配施微肥。

（二）依据环境条件施肥原则

要使植物及时得到营养补给，充分发挥肥料效果，施肥时就必须考虑环境条件和植物特性，可概括为看天施肥、看土施肥和看物施肥。

（1）看天施肥：主要是根据当地的降雨、气温、光照等条件确定施肥技术。

（2）看土施肥：依据土壤肥力水平和理化特性确定施肥技术。

（3）看物施肥：依据不同植物营养特性施肥。

（三）有机肥与化肥相结合的原则

有机肥与化肥配合施用，化学氮肥能促进有机氮的矿化，提高有机肥的肥效，而有机氮的存在可促进化学氮的生物固定，减少无机氮的损失，均有利于植物生长发育。

有机肥与无机磷配合也能提高磷的有效性，促进各种磷的化合物的分解，活化土壤中的灰分，有机肥减少磷肥在土壤中的固定。有机肥料能够改善土壤结构，形成微团聚体，从而提高土壤肥力。大量研究结果表明，有机肥料与化肥配合施用，其营养效果在等养分含量条件下，配合施用的效果超过单施有机肥料或单施化肥，施用时间愈长，效果愈好。

二、用材林专用肥料配方制订

（一）营养诊断的基本原理与方法

林木平衡配方施肥主要是采用土壤的养分供给能力和树体营养丰缺的诊断，所以分析样品主要包括土壤和植株样品，而植株营养诊断又主要利用林木叶片营养来进行，故植株样品主要是叶片。

1. 土壤养分诊断

林地土壤养分诊断，主要是通过化学分析手段，研究林地土壤养分的变化规律，了解土壤养分的丰缺状况，为改善林地根际土壤的营养条件、提高土壤肥力和满足林木对养分的需要，提供科学依据，特别是对指导施肥和改良土壤方面，具有重要的意义。

随着科学的发展，各种先进测试仪器的发明和应用，土壤分析能够通过化学分析和仪器分析的方法，对土壤的各类物理、化学和生物性质进行定性和定量的分析。分析的目的，主要是了解土壤中能够供给林木生长所需的养分容量和强度，从而为科学施肥提供依据。

2. 树体营养诊断

林木的营养诊断主要是通过叶片分析。近 30 年来，采用叶片分析作为林木营养指导施肥取得了明显的进展。尤其是光谱测定等自动化仪器的应用，使叶片分析无论对营养基础理论的研究，或者在生产上的广泛应用，均起到相当重要的作用。

叶片分析就是用化学分析或仪器分析的方法对叶片中的营养元素进行权量。分析结果用于考查和评价桉树树体的营养状况，从而为配方施肥作出科学的指导。叶片分析主要优点在于能反映已被根系吸收并分布在植株叶片中的养分总量。其基本原理是叶片中营养元素的浓度及元素间的平衡关系，与树体的生长存在着密切的相关性，而这种关系存在的根本原因，在于叶片是树体的主要营养器官，它能反映出树体从根系吸收并分布在叶片中的养分总量，从而能反映出树体的营养状况。当施用不同肥料时，能在叶片的营养元素组成上表现出来。特别是树体缺乏某种营养元素，用施肥的方法来补充这种元素时，其表现尤为明显。

3. 分析指标

土壤样品主要分析以下指标：pH 值、有机质、水解氮、有效磷、速效钾、代换性钙、代换性镁、有效铜、有效锌和有效硼等。

叶片样品主要分析全氮、全磷、全钾、全钙、全镁、全铜、全锌、全铁、全锰和全硼等。

（二）样品采集技术

1. 样地的确立

选择具有代表性的地带设置样地。根据种植区域、品种、树龄、生长状况、土壤类型及种植面积等因素来设置样地。

面积 20 hm^2 以下的设置样地 1 ～ 2 个；面积 20 hm^2 以上的每 20 ～ 33.3 hm^2 设置 1 个样地。

多点采样：坡地宜采取在上、中、下坡位分别采样；平地可采取平面对角线的方式进行采样。

2. 土壤样品的采集

（1）确定具体采样点。在样地内，选择具有代表性的土壤类型、地形和土壤剖面未被破坏的地方采样，不要在近期施过肥的地方采样。

（2）挖掘土壤剖面。用锄头轻轻除掉地面上的杂草后挖掘土壤剖面。根据实际情况确定土壤剖面规格，一般剖面深度 60 cm 以上，长宽规格以方便采样为准。

（3）划分层次，做好记录。采集土壤 A 层和 B 层的样品。土壤颜色较深的上层为 A 层，颜色较浅的下层为 B 层。在采样记录表上做好相关内容的记录（如土壤厚度、颜色、松紧度、石砾含量、成土母质、海拔、地形地貌等）。

（4）样品采样。先用剖面刀刮掉或撬除锄头留下的痕迹，再从下往上（即先采 B 层，再采 A 层）均匀地进行采样，采完 B 层后再按此方法采 A 层，分别装入样品袋中。每个样品重量 0.5 ～ 1.0 kg。

（5）混合样品，检查记录，放好标签。将此样地采集的样品分层等量混合，并认真检查采样记录和放好已做好记录的标签，以防混淆。

3. 叶片样品的采集

（1）植株选择。在采集土壤样点的周围选择有代表性的植株 5 ～ 10 株，做好必要的植株采样记录（品种、种植时间、种植密度、施肥技术措施、树高、胸径、病虫害状况等）。

（2）采集部位。分别选择植株 4 个方位的中上部位枝条和每个枝条中上部的叶片，各部位叶片数量应基本相同。

（3）叶片样品的采集。选择成熟但不衰老、无病斑无霉点、无损伤的叶片。若植株本身生长不良，可单独采集发病的叶片，但要做好相关的记录。每个样品重量 0.15 ～ 0.25 kg。

（三）样品的制备方法

1. 土壤

土壤样品的制备步骤：风干、研磨过筛、混合分样、贮存。

（1）风干。从林地采回的土壤样品，应及时进行风干，以免发霉而引起性质的改变。其方法是将土壤样品弄成碎块平铺在干净的纸上，摊成薄层放于室内阴凉通风处风干，经常加以翻动，加速其干燥，切忌阳光直接曝晒，风干后的土样再进行研磨过筛、混合分样处理。风干场所要防止酸、碱等气体及灰尘的污染。

（2）研磨过筛。在进行土壤物理分析时，样品处理的方法是取风干土样 100 ～ 200 g，挑去没有分解的有机物及石块，用研钵研磨，通过 2 mm 孔径筛的土样作为物理分析用。做土壤颗粒分析时，须通过 3 mm（6 ～ 7 目）筛及 2 mm（10 目）筛，称出 3 ～ 2 mm 粒级的砾量，计算其 2 ～ 3 mm 粒级的砾含量。最后将通过 2 mm（10 目）筛的土样分别混匀、称量后盛于广口瓶内备用。倘若土壤中有铁锰结核、石灰结核、铁子或半风化体，应细心挑出称其质量，保存，以备专门分析之用。

在进行土壤化学分析时，样品制备的方法是取风干样品一份，仔细挑去石块、根、茎及各种新生体和侵入体。研磨，使其全部通过 2 mm（10 目）筛，这种土样可供土壤表面物质测定项目，如速效性养分、交换性能、pH 值等的测定。分析有机质、全氮、全磷、全钾等土壤全量测定项目时，可多点分取 20 ～ 30 g 已通过 2 mm（10 目）筛的土样进一步研磨，使其全部通过 0.149 mm（100 目）筛备用。分析微量元素，须改用尼龙丝网筛，避免金属网筛造成污染。

（3）混合分样。研磨过筛后将样品混匀。如果采来的土壤样品数量太多，则要进行混合、分样。样品的混合可以用来回转动的方法进行，并用土壤分样器或四分法将混合的土壤进行分样，将多余的土壤弃去，一般有 1 kg 左右的土壤样品即够化学、物理分析之用。四分法的方法是：将采集的土样弄碎混合并铺成四方形，平均划分成四份，再把对角的两份并为一份，如果所得的样品仍然很多，可再用四分法处理，直到得到所需数量为止。

（4）贮存。过筛后的土样经充分混匀，然后装入玻璃塞广口瓶或塑料袋中，内外各具标签一张，写明编号、采样地点、土壤名称、深度、筛孔、采样日期和采样者等项目。所有样品都须按编号用专册登记。制备好的土样要妥为贮存，避免日光、高温、潮湿和有害气体的污染。一般土样保存半年至一年，直至全部分析工作结束，分析数据核实无误后才能弃去。重要研究项目或长期性研究项目的土样，可长期保存，以便必要时查核或补充其他分析项目之用。

标准样品或参比样品是用来核对分析人员各批样品分析结果的准确性，或作为分析方法比较试验用的样品，有时也作基准物质的代用品。因为它除成分已知外，还含有与待测土壤中相似的其他成分，因此，在某些情况下，它比用纯化学试剂作基准物质更好（使标准溶液中含有类似的基体，因而使样品测定结果更准确）。因为标准样品经常要用，而且要较多有经验的分析人员反复分析测定，才能确定其成分含量，所以必须要有较多的数量备用。为了长期保存，样品瓶上的标签应涂石蜡保护。标准样品的分析结果应用专册登记，并将每次的分析结果，连同数据的统计处理，一并入册（计算机）保存。

2. 植物

植物样品采集后必须及时进行制备，放置时间过长营养元素将会发生变化。新鲜样品采集后，刷去灰尘，然后将样品及时进行杀青处理，即把样品放入 80 ～ 90℃的鼓风烘箱中烘 15 ～ 30 min，最后将样品取出摊开风干。或将样品装入布袋中在 65℃的鼓风烘箱中烘干处理 12 ～ 24 h，使其快速干燥。加速干燥可以避免发霉，并能减少植株体内酶的催化作用造成有机质的严重损失。不论用什么方法进行干燥处理，都应防止烟雾和灰尘污染。经过以上处理后，将烘干的植物样品放在植物粉碎机中进行磨碎处理。

全部样品必须一起粉碎，然后通过 2 mm 孔径筛子，用分样器或四分法取得适量的分析样品。当作常量元素分析时，粉碎机中所可能污染的常量元素通常可忽略不计。如果进行植物微量元素的分析，最好将烘干样品放在塑料袋中揉碎，然后用手磨的瓷研钵研磨，必要时要用玛瑙研钵进行研磨。并避免使用铜筛子，可用尼龙网筛，这样就可避免引起显著污染。

（四）分析方法

土壤样品指标分析测定方法参照林业行业标准：pH 值测定采用电位法；有机质测定采用高温外热重铬酸钾氧化－容量法；全氮测定采用半微量凯氏法；全磷测定采用碱熔－钼锑抗比色法；全钾测定采用碱熔－火焰光度法；碱解氮测定采用碱解扩散法；有效磷测定采用双酸浸提－钼锑抗比色法；速效钾测定采用 NH_4OAC 浸提－原子吸收分光光度法；交换性钙和镁测定采用乙酸铵交换－原子吸收分光光度法；有效铜、有效锌、有效铁和有效锰测定采用原子吸收分光光度法；有效硼测定采用沸水浸提－甲亚胺比色法。

植株叶片养分的测定方法：全氮根据林业行业标准《森林植物与森林枯枝落叶层全氮的测定》（LY/T 1269—1999）采用蒸馏法测定；全钾、钙、镁、铜、锌、铁、锰根据林业行业标准《森林植物与森林枯枝落叶层全硅、铁、铝、钙、镁、钾、钠、磷、硫、锰、铜、锌的测定》（LY/T 1270—1999）采用常规硝酸－高氯酸消煮，原子吸收分光光度法测定；全磷采用硝酸－高氯酸消煮，钼锑抗比色法测定；全硼根据林业行业标准《森林植物与森林枯枝落叶层全硼的测定》（LY/T 1273—1999）采用干灰化－甲亚胺比色法测定。

（五）综合评价用材林林地养分状况

根据土壤样品的分析结果，对照林地土壤养分分级标准，确定人工林林地土壤养分状况和供肥能力；根据植物营养平衡原理，分析人工林叶片养分的丰缺程度，从而综合全面评价人工林林地养分状况，为人工林专用肥料的配方设计提供科学依据。

综合分析土壤供肥能力和林木各生长阶段的需肥规律特性，林木施肥要注重氮、磷、钾、钙、镁及微量元素肥料的平衡施用，同时兼顾有机质的补充，这样才有可能达到种植预期的生长效果。

（六）用材林专用肥料配方设计

人工林专用肥料的配方，主要依据人工林不同树种的需肥特征及其各阶段的需肥规律，结合林地土壤供肥能力、叶片养分丰缺程度，并充分考虑肥料的利用率和其他影响因素，利用人工林施肥大面积科学试验所取得的科研成果来进行设计。

三、用材林精准施肥方法

主要采用全树营养法，以不同林木营养吸收分配特性科学计算其生长所需氮、磷、钾等养分比例为主要依据，再结合各类型土壤供肥速率以及各肥料养分的利用率为重要因子进行氮、磷、钾等养分的科学配比。本方法能够精准确定林木在不同时期所需氮、磷、钾等各养分的比例，大幅度提高林木施肥的精准性，为精准地配制人工林专用肥打下了良好的基础，进而提高人工林的产量和品质，具有显著的经济效益、生态效益和社会效益。

应用林木全树营养法，分别在不同树龄采样测定林木的树根、主干、树枝和树叶各器官的生物量干重及各器官的氮、磷、钾的含量；测定桉树林土壤中的氮、磷、钾各养分的含量，再结合氮、磷、钾各养分的肥料利用率，根据以下公式分别计算出林木肥料中氮、磷、钾各养分的需求量：

$$Y=\frac{(W_{根}\times X_{根}+W_{干}\times X_{干}+W_{枝}\times X_{枝}+W_{叶}\times X_{叶})-(C\times D\times H\times A\times T\times 10^{-3})}{F\times 10^{-2}}$$

式中，Y 为肥料中氮、磷、钾各养分需求量，单位为 kg/hm^2；$W_{根}$为树根生物量干重，单位为 t/hm^2；$X_{根}$为树根氮、磷、钾各养分的含量，单位为 g/kg；$W_{干}$为主干生物量干重，单位为 t/hm^2；$X_{干}$为主干氮、磷、钾各养分的含量，单位为 g/kg；$W_{枝}$为树枝生物量干重，单位为 t/hm^2；$X_{枝}$为树枝氮、磷、钾各养分的含量，单位为 g/kg；$W_{叶}$为树叶生物量干重，单位为 t/hm^2；$X_{叶}$为树叶氮、磷、钾各养分的含量，单位为 g/kg；C 为土壤中氮、磷、钾各养分的含量，单位为 mg/kg；D 为土壤容重，单位为 g/cm^3；H 为根系深度，单位为 cm；A 为林木覆盖度；T 为土壤中氮、磷、钾各养分的利用率，用百分数表示；F 为肥料中氮、磷、钾各养分利用率，用百分数表示。

公式中还包括林木肥料中钙、镁、铜、锌、铁、锰、硼、钼各养分需求量的计算。

根据林木精准施肥方法，林木各器官养分的测定方法：全氮根据林业行业标准《森林植物与森林枯枝落叶层全氮的测定》（LY/T 1269—1999）采用蒸馏法测定；全钾、钙、镁、铜、锌、铁、锰根据林业行业标准《森林植物与森林枯枝落叶层全硅、铁、铝、钙、镁、钾、钠、磷、硫、锰、铜、锌的测定》（LY/T 1270—1999）采用常规硝酸－高氯酸消煮，原子吸收分光光度法测定；全磷采用硝酸－高氯酸消煮，钼锑抗比色法测定；全硼根据林业行业标准《森林植物与森林枯枝落叶层全硼的测定》（LY/T 1273—1999）采用干灰化－甲亚胺比色法测定。

土壤样品指标分析测定方法参照《中华人民共和国林业行业标准 LY/T 1999》：pH 值测定采用电

位法；有机质测定采用高温外热重铬酸钾氧化－容量法；全氮测定采用半微量凯氏法；全磷测定采用碱熔—钼锑抗比色法；全钾测定采用用碱熔—火焰光度法；碱解氮测定采用碱解扩散法；有效磷测定采用双酸浸提—钼锑抗比色法；速效钾测定采用 NH_4OAC 浸提—原子吸收分光光度法；交换性钙和镁测定采用乙酸铵交换—原子吸收分光光度法；有效铜、有效锌、有效铁和有效锰测定采用原子吸收分光光度法；有效硼测定采用沸水浸提—甲亚胺比色法。

四、用材林专用肥料加工生产

（一）肥料厂家选择

选择具有肥料生产资质、具备一定生产规模和市场信誉度较高的肥料厂家进行人工林专用肥料加工生产。

（二）生产原料选择

人工林专用肥料（包含基肥和追肥）基础原料主要有：氮肥（尿素或氯化铵或硫酸铵）、磷肥（钙、镁、磷肥或重过磷酸钙或过磷酸钙）、钾肥（氯化钾或硫酸钾）、磷酸铵（磷酸一铵或磷酸二铵）、硼砂、五水合硫酸铜、七水合硫酸锌和有机质原料（桐麸或花生麸）等。

（三）肥料加工生产工艺

主要采用黏聚造粒方法进行，其生产流程按以下程序进行。

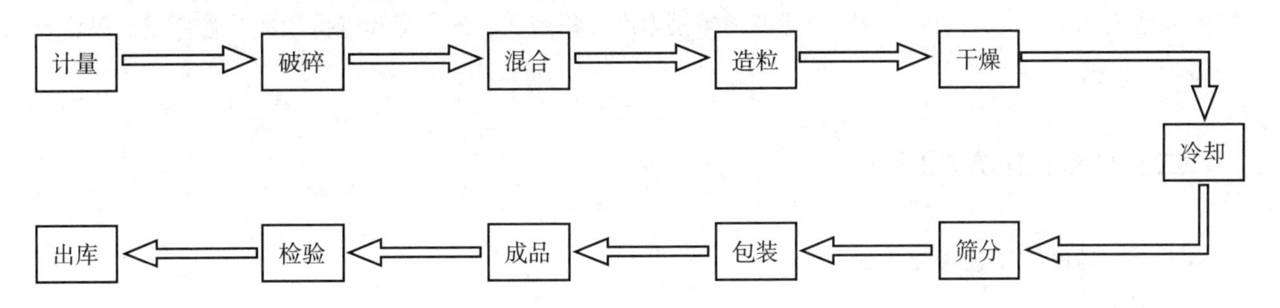

第四节　马尾松科学施肥研究

一、马尾松施肥研究进展

全球人工林经营技术水平的不断提高，人工林施肥管理措施已成为人工林经营管理的一项基本措施，通过合理施肥能增加土壤的肥力，改善土壤养分的有效性，进而显著提高人工林生产力。马尾松人工林施肥效应的研究从不同种源到不同龄林，表现出不同施肥时间与不同肥料种类的差异。磷肥是一种长效肥种，更能促进马尾松中幼林的生长。因为磷素在土壤中分解缓慢，即使有部分为土壤固定，但与氮素等分解较快的元素相比，其发挥肥效的持续时间较长。周志春、赵颖等研究表明，在缺磷立地上，马尾松 5 个优良种源中的广东高州和广西岑溪 2 个种源幼年树高生长对磷肥反应显著，属于对磷肥敏感型种源，而广东信宜和福建武平 2 个种源对磷肥反应不敏感，在低磷条件下能有效利用土壤磷素，可不施用磷肥。陈跃等研究表明，10 年生马尾松高磷处理下树高和胸径的肥效依种源不同分别在 7.4% ～ 12.9% 和 14.5% ～ 26.3%，中磷处理下树高和胸径的肥效则分别在 3.2% ～ 8.2% 和 91% ～ 28.1%，施用磷肥的生长增益可抵得上选用优良种源获得的增益。施肥对马尾松幼林生长的影响是长期的，选择合适的肥种、肥量及适宜的施肥时间，能对马尾松幼林的生长产生良好而持续的影响。谌红辉等研究得出不同的肥种其肥效的时效性与增益持续性不同，氮肥无明显的时效性，钾肥施肥后初期效应显著，但效应丧失快，磷肥产生效应迟，持续时间长。卢立华等研究表明 3 年生马尾松人工幼林施磷 100 kg/hm^2，11 年生时树高、胸径和蓄积量较对照分别提高 3.75%、14.17% 和 33.60%；单施磷肥马尾松幼林树高增益 20.5% ～ 22.2%，地径生长增益 19.8% ～ 20.8%；立地低下的地方可适当配施氮肥，马尾松幼林不必施钾肥。周政贤等通过对多年、多地点的马尾松幼林、中龄林、近熟林施肥研究和对试验地土壤肥力特性进行分析，结果表明，我国南方马尾松林区的土壤大都表现出缺 P、少 K、中等 N 的特点，因此，马尾松施肥均以 P 肥的效果为好，配合施 N、K 肥效果最佳。

合理施用肥料和提高土壤肥力是提高马尾松林木产量的最佳途径，是实现马尾松可持续丰产经营的关键技术措施。基于广西马尾松林地立地条件特点和丰产栽培上存在的问题，开展马尾松幼林配方施肥技术研究，探讨不同氮、磷、钾肥料配比施用和不同施肥量对马尾松林地土壤养分、叶片营养、营养生长指标的影响，分析不同施肥处理的施肥效果及经济效益，寻找马尾松人工幼林最适宜施肥配方和最佳施肥量，为合理配方施肥，促进马尾松丰产、稳产、高效培育和可持续经营管理及农民增收提供科学依据。

二、马尾松配方施肥

（一）马尾松苗期配方施肥

1. 试验区概况

试验场地在广西国有七坡林场林业科学研究所马尾松育苗专用苗圃，位于东经 108 °24′，北纬 22 °66′，年平均气温在 21.6℃左右，年均降水量达 1 304.2 mm，地势平坦、适当遮阴、管理条件良好。该研究所是广西国有七坡林场下属的一家从事林业生产育苗以及科研的二层机构，成立于 2011 年 6 月，占地面积约 2 000 亩。目前主要育有柚木、桉树、马尾松等苗木。以专用叶面肥试验处理与处理之间互不影响为原则，将马尾松营养杯苗按照一定的行距放置。本试验开始于 2016 年 3 月，结束于 2016 年年底，历时 8 个月，其中对试验苗木进行施肥处理及各试验指标的测定，开始于 7 月底，结束于 12 月中旬。

2. 试验材料

（1）供试幼苗。供试材料为广西国有七坡林场林业科学研究所培育的马尾松营养杯苗，供试苗木生长基本一致，主根发达，侧根丰富，无病虫害和机械损伤。育苗基质采用70%椰糠+30%泥炭土+过磷酸钙（100斤/1万个杯）的容器育苗基质。

（2）主要仪器。0.1%电子天平、自封袋、德国SIGMA离心机-1-15型、LI-6400型便携式光合作用测定仪、DHG-9070 A型电热恒温鼓风干燥箱、紫外分光光度计、721分光光度计、定氮仪、原子荧光仪、等离子发射光谱仪、容量瓶、烧杯、量筒、研钵、移液管、玻璃棒、漏斗。

3. 研究设计

根据第四章第一节的马尾松苗期树体内各器官营养吸收分配规律研究计算出各矿质元素含量总体配比为N ： P ： K=7.16 ： 2.32 ： 7.61。

（1）基础配方确定。根据植株生理平衡性原理和马尾松幼苗各器官养分含量情况确定叶面肥配方。依据国际肥料协会提出的氮、磷、钾利用率，本文氮、磷、钾利用率取平均水平，具体为：养分利用率取氮15%、磷30%、钾50%，换算各个阶段N、P_2O_5、K_2O的需求水平。并以此为依据设计马尾松苗期叶面专用基础配方，以此基础配方作为零水平。经计算，马尾松幼苗适宜的养分比例即叶面肥基础配方为N ： P_2O_5 ： K_2O=13 ： 11 ： 6（以总养分为30为基准）。

（2）叶面肥配方试验设计。本试验采用70%椰糠+30%泥炭土+过磷酸钙（100斤/1万个杯）的容器育苗基质。马尾松苗木出圃标准为容器苗12 cm、地径2 mm以上。采用$L_9(3^4)$正交试验。

以马尾松幼苗对N、P、K养分吸收量为依据设计基础配方，以此基础配方作为零水平，依据土壤的供肥能力修正配方，确定试验的上水平及下水平，并进行盆栽试验，以期获得最适合广西马尾松幼苗优良无性系的专用叶面肥配方。

试验设计具体方案：$L_9(3^4)$正交试验，4因素、3水平、9处理正交试验。每处理432株马尾松苗（8魁育苗板），试验重复3次。9个处理，1个对照。4个因素为不同的N、P、K的喷施浓度；3水平设置为上水平、零水平及下水平。

①确定试验因素及水平见表6-1。

表6-1　试验因素和水平

水平	因素			
	N	P_2O_5	K_2O	喷施浓度（%）
水平1	16	13	7	0.25
水平2	13	11	6	0.5
水平3	11	9	4	1.0

注：表中N、P_2O_5、K_2O下面3水平的对应数均指N、P_2O_5、K_2O的质量分数之比。总养分分别以36、30、24为基准。

②选用适合的正交表，$L_9(3^4)$正交表见表6-2。

表6-2　$L_9(3^4)$正交表

处理号	第1列	第2列	第3列	第4列
1	1	1	1	1
2	1	2	2	2

续表

处理号	第1列	第2列	第3列	第4列
3	1	3	3	3
4	2	1	2	3
5	2	2	3	1
6	2	3	1	2
7	3	1	3	2
8	3	2	1	3
9	3	3	2	1

③正交表头设计见表6-3。

表6-3　正交表头设计

列号	第1列	第2列	第3列	第4列
因素	N	P	K	喷施浓度（%）

④苗圃正交试验方案设计见表6-4。

表6-4　正交试验方案设计

处理号	第1列	第2列	第3列	第4列
	N	P_2O_5	K_2O	喷施浓度（%）
1	16	13	7	0.25
2	16	11	6	0.5
3	16	9	4	1
4	13	13	6	1
5	13	11	4	0.25
6	13	9	7	0.5
7	11	13	4	0.5
8	11	11	7	1
9	11	9	6	0.25
CK	0	0	0	0
SF	17	17	17	0.5

⑤配置1L的微量元素营养液，配方见表6-5。

表 6–5　微量元素营养液的配制

原料	EDTA–Fe	H_3BO_3	$MnCl_2 \cdot 4H_2O$	$ZnSO_4 \cdot 7H_2O$	$CuSO_4 \cdot 5H_2O$
	15%（Fe）	17.49%（B）	27.76%（Mn）	23%（Zn）	25.45%（Cu）
所需的重量（mg/L）	19.718	2.860	1.801	0.220	0.079

配置要求：分别称取，依次溶解，现配现用。

⑥专用叶面肥试验配方见表 6-6。

表 6–6　专用叶面肥试验配方

处理号	养分总量				
	尿素（g）	磷酸二氢钠（g）	硫酸钾（g）	总量（g）	加上微量元素后总量（g）
	46%（N）	59.17%（P_2O_5）	54.02%（K_2O）		
1	34.783	21.971	12.958	69.711	69.736
2	34.783	18.591	11.107	64.480	64.505
3	34.783	15.210	7.405	57.398	57.422
4	28.261	21.971	11.107	61.338	61.363
5	28.261	18.591	7.405	54.256	54.281
6	28.261	15.210	12.958	56.429	56.454
7	23.913	21.971	7.405	53.288	53.313
8	23.913	18.591	12.958	55.462	55.486
9	23.913	15.210	11.107	50.230	50.255

要配置 0.5%、2%、3% 浓度的营养液，先将 1L 的微量元素加入分别溶解大量元素原料后还需要加入一定量的清水才能配得所需浓度溶液，此时各处理需加入清水量（kg）见表 6-7。

表 6–7　专用叶面肥配制

处理号	配方						
	1升母液浓度	尿素（g）	磷酸二氢钠（g）	硫酸钾（g）	各原料配方需加入 1L 微量原料后还需加入的清水量（kg）（配成溶液）		
	（%）	46%（N）	59.17%（P_2O_5）	54.02%（K_2O）	0.50%	2.00%	3.00%
1	6.5	34.783	21.971	12.958	26.82		
2	6.1	34.783	18.591	11.107		11.84	
3	5.4	34.783	15.210	7.405			4.68
4	5.8	28.261	21.971	11.107			5.07
5	5.1	28.261	18.591	7.405	20.66		

续表

处理号	配方						
	1升母液浓度	尿素（g）	磷酸二氢钠（g）	硫酸钾（g）	各原料配方需加入1L微量原料后还需加入的清水量（kg）（配成溶液）		
	（%）	46%（N）	59.17%（P_2O_5）	54.02%（K_2O）	0.50%	2.00%	3.00%
6	5.3	28.261	15.210	12.958		10.23	
7	5.1	23.913	21.971	7.405		9.61	
8	5.3	23.913	18.591	12.958			4.49
9	4.8	23.913	15.210	11.107	19.05		

（3）叶面肥施用技术。9个处理每个处理每次配2 L，配完加入5 ml表面活性剂，现配现用，每处理每周喷2次，选择在下午4点左右喷施，喷施工具为工农16型喷雾器，用喷雾器对着针叶喷，以针叶上湿透液体欲滴下来为宜。CK组每次喷同样多的清水。华沃特水肥（SF）按照广西国有七坡林场原有的喷施方式，每次配制10 L，用喷壶对着幼苗的根部喷，以营养杯湿透为宜，一个月喷2次，喷施时间也选在下午4点左右。若喷叶面肥当天下雨，雨停后要补喷，喷施尽量选择在无风的下午。本次对各处理的施肥处理一共进行了2.5个月左右（从8月初到10月中旬）。

4. 测试项目与方法

（1）不同器官营养元素含量测定。施肥完成后，用平均标准株法从每处理选60株（平均苗高12 cm左右）马尾松苗，洗净、风干并编号，将每株苗木根、茎、针叶分开，分别用全部称重法测其鲜重，然后将其置于80～90℃鼓风干燥箱中烘15～30 min，降至65℃烘12～14 h，放至室温，称取各组成成分的干重。将已测定生物量60份根、茎、针叶样品材料进行取样，经粉碎过40目筛后备用。分别对根、茎、针叶的N、P、K、Ca、Mg、Cu、Zn、Fe、Mn、B等营养元素含量进行分析测定。全N采用凯氏法测定；全K、Ca、Mg、Cu、Zn、Fe、Mn采用硝酸—高氯酸消煮，原子吸收分光光度法测定；全P采用硝酸—高氯酸消煮，钼锑抗比色法测定；全B采用干灰化—甲亚胺比色法测定。施肥前的营养测量方法与此相同。

（2）形态指标测定。每处理选对角线上的60株，进行编号，处理前和处理后每隔15天分别用直尺和游标卡尺测定这些编号苗木的高度和地径，施肥处理前的根长是上述测试项目所取每处理60株苗木测定的，作为本底数据，施肥结束后的根长是第二次测苗木营养含量取苗时测定的。当所测各处理的苗高、地径分别都出现达标率达80%及以上时，可停止施肥处理，尽快进行其他各指标的测定。本次对苗高、地径共进行了4次测定，历时2个月左右。

（3）苗木生物量测定方法。准备开始根外追肥前，于广西国有七坡林场苗圃基地在同一批所育的幼苗中选择大小接近的植株，按照以上正交试验的设计来确定11个处理每处理的植株数，且每处理按照同样的标准多选出60株，编好号分别测出根长，采用平均标准株（60株）方法，全株完整取出，在处理前和处理后分别用电子天平测定1次各基质配方容器苗的全株、叶、茎、根鲜重，置80～90 ℃鼓风干燥箱中烘15～30 min，降至65 ℃烘12～14 h，放至室温，称取各组成成分的干重。

（4）生理指标测定。处理前和处理后测定叶绿素含量、根系活力，处理结束后测各处理光合指标。

叶绿素含量的测定：幼苗针叶叶绿素 a、叶绿素 b 和类胡萝卜素含量测定，取新鲜针叶剪碎，称取 0.5 g 放入研钵中加纯丙酮 5 ml，少许碳酸钙和石英砂，研磨成匀浆，再加 80% 丙酮 5 ml，将匀浆转入离心管，并用 80% 丙酮洗涤研钵，一并转入离心管，离心后弃沉淀，上清液用 80% 丙酮定容至 20 ml。取此色素提取液 1 ml，加 80% 丙酮 4 ml 稀释后转入比色皿中，以 80% 丙酮为对照，分别测定 663 nm、646 nm、470 nm 处的吸光度。按公式：

$$Ca=12.21A_{663}-2.59A_{646}$$

$$Cb=20.13A_{646}-5.03A_{663}$$

$$Cx.c=(1\,000A_{470}-2.05Ca-114.8Cb)/248$$

$$叶绿素含量=(C\times V\times N)/(W\times 1\,000)$$

式中，Ca、Cb 分别为叶绿素 a、叶绿素 b 的浓度；$Cx.c$ 为类胡萝卜素的总浓度；A_{663}、A_{646}、A_{470} 分别为叶绿素提取液在波长 663 nm、646 nm、470 nm 处的吸光度。

幼苗根系活力测定：取马尾松幼苗根系，测定根系体积，运用甲烯蓝吸附法测根系活力。

针叶光合指标的测定：在施肥完成后，用 LI–6400 便携式光合测定仪对处理后的马尾松幼苗的针叶进行光合生理指标的测定，来研究各处理的叶面肥对马尾松幼苗的影响。采用美国产 LI–6400 型便携式光合作用测定仪，选择天气晴朗的 5 d 连续于 7：00 am 将花盆完全置于光照下，在 11：00 am ～ 13：00 Pm 测定各处理马尾松植株新梢上的第 2 轮叶片的净光合速率（*Pn*）、蒸腾速率（*T*r）、胞间 CO_2 浓度（*C*i）和气孔导度（*C*s）。同时记录光合有效辐射（PAR）、气温（*T*）等环境参数，并计算瞬时水分利用效率（WUE）＝*Pn*/*T*r 和表观光能利用效率（LUE）＝*Pn*/PAR。每处理均随机选择 3 株，每株重复 3 次。对于针叶的测量方法：将马尾松中部较长的针叶用透明胶固定成密集的一排，在长、宽分别为 2 cm × 3 cm 处用水性笔做上记号，用 2 cm × 3 cm 叶室对准记号的针叶面积，进行光合指标的测定，每个处理测 3 株，每株测 3 次数据。由于测出来的指标数据部分是以 m^2 为单位，而针叶面积不能准确测定，所以要进行单位转换。把所测针叶记号区域里面的针叶用剪刀小心剪下，用干燥箱将针叶烘干，知道所测针叶面积及此面积针叶的干重，就可以将单位涉及面积的指标数据转换成以干重为单位的数据。例如，若光合仪测出某一枚 2 cm × 3 cm 的针叶光合指标中用 m^{-2} 作单位的数据为 a，并测出此被测区域针叶干重为 *w*g，则将 a 转化成以 g 为单位的 *X* 的计算公式为：

$$X=[a/(1/0.062)]\times(1/w)$$

5. 数据分析处理方法

先用 Excel 办公软件对测定数据进行电子文档备份、汇总及归类，再用 SAS 9.2 统计分析软件做进一步处理。通过数据处理与分析，筛选出能促进马尾松幼苗生长的最佳叶面肥配方及总结出马尾松苗期施肥关键技术。

6. 不同配方对苗期马尾松生长的影响

（1）不同处理对苗期马尾松生物量的影响。生物量积累反映了有机物的积累程度，较好地体现了苗木的生长状况。由图 6–4 和图 6–5 可知，在施肥前和施肥完成后的 50 d 里各处理马尾松幼苗平均每株的根、茎、叶干重和鲜重都有了较大程度的提高。干重比鲜重更能准确反映生物量的积累。从整株来看，施肥完成后 T6、T7、T3 平均每株干重较大，CK 和 T1 较小。从平均每株干重的增长量和增长率来看（图 6–6），T6、T7、T3 平均单株干重增长量较大，分别为 0.641 g、0.618 g、0.610 g，增幅分别为 731.8%、685.5%、740.0%；CK 和 T1 较小，增长量分别为 0.269 g、0.415 g，增幅分别为 327.5%、508.7%；SF 增长量为 0.452 g，增幅为 496.99%。从平均每株根、茎、叶分开来看，也是 T6、T7、T3 的增长量和增幅较大，其中 T6 的平均每株根、茎的干重增长量最大，分别为 0.101 g、0.223 g；平均每株叶干重增长量最大的是 T7，为 0.324 g；T6 平均每株茎的干重增幅最大，为 1 578.44%；T3 平均每株根和叶的干重增幅最大，分别为 431.87%、677.21%。

对各处理平均每株干重增长量进行方差分析发现，总体 F 检验是极显著的（概率 P 值 $Pr > F=0.007\ 2 < 0.01$），说明各处理生物量的积累的差异是极显著的。对正交试验的各处理平均每株干重增长量及平均每株根、茎、叶干重增长量进行分析发现，N、P、K、浓度这 4 个因素都对平均每株干重增长量及平均每株根、茎、叶干重增长量的影响达到了极显著水平（$Pr > F=0.000\ 1 < 0.01$）。

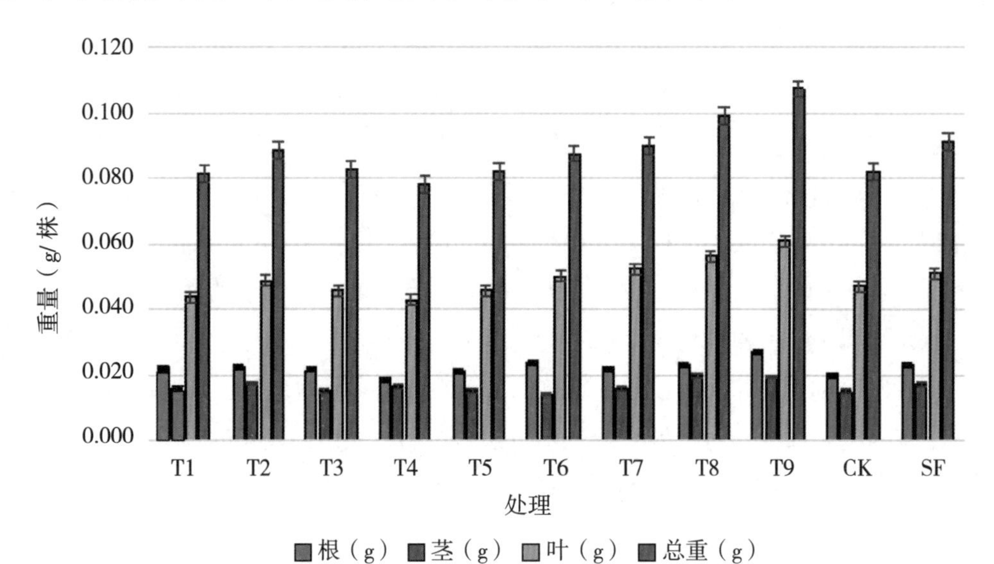

图 6–4 施肥前各处理马尾松幼苗单株生物量（干重）

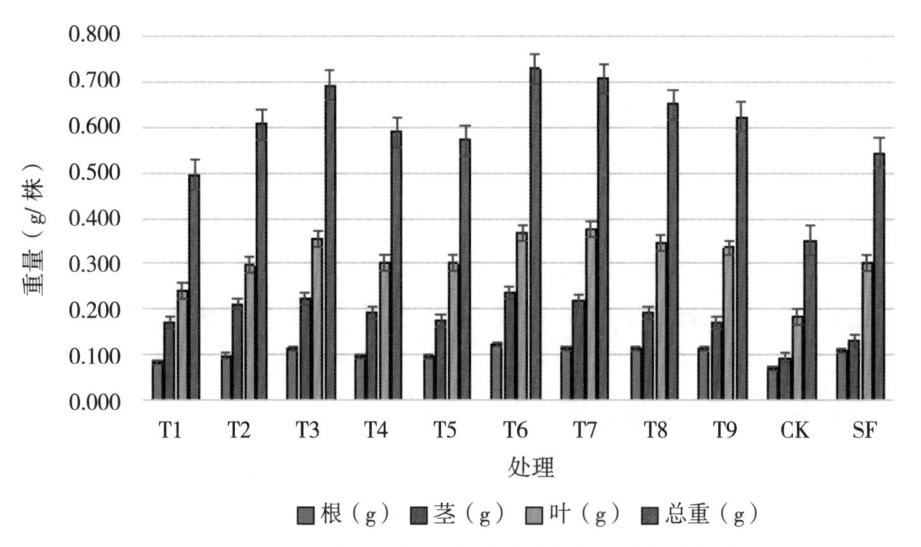

图 6–5 施肥后各处理马尾松幼苗单株生物量（干重）

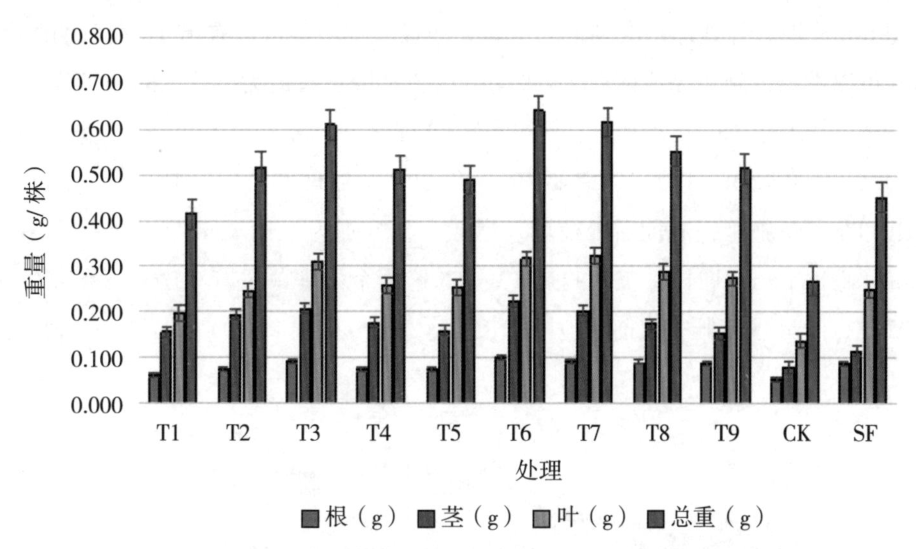

图 6-6　施肥前后各处理马尾松幼苗单株干重增长量

（2）不同处理对苗期马尾松苗高、地径增长的影响。苗高、地径是衡量马尾松幼苗是否达到出圃要求的两个主要指标，幼苗要同时满足苗高不低于 12 cm、地径不小于 2 mm 才能出圃，在施肥 50 d 后各处理苗高、地径达到出圃标准的情况见表 6-8。由表 6-8 可知，T6 马尾松幼苗达出圃标准的比例最高，达 61.67%，分别比 CK、SF 高出 53.34%、8.34%，其次是 T9 和 T8，达出圃标准的比例分别为 58.33%、56.67%。T1、T4、T5、CK 这 4 个处理达出圃标准的比例最低，分别为 5.00%、8.33%、6.67%、8.33%。T6 和 T9 地径达标率最高，分别为 83.33%、71.67%，最低的是 T4、T5，都只有 8.33%。苗高达出圃标准的比例最高的是 T8，为 81.67%，紧随其后的是 T8、T6、T2，分别为 73.33%、70.00%、70.00%。其中，T6 苗高、地径达标率分别比 SF 高出 11.67%、16.66%。

表 6-8　施肥完成后马尾松幼苗达出圃标准情况

处理	平均值		达标数（株）		达标率（%）		达出圃标准数（株）	达出圃标准率(%)
	苗高(cm)	地径(mm)	苗高	地径	苗高	地径		
T1	12.0	1.54	33	20	55.00	33.33	3	5.00
T2	12.6	1.66	42	14	70.00	23.33	11	18.33
T3	12.2	1.56	37	11	61.67	18.33	10	16.67
T4	11.8	1.51	32	5	53.33	8.33	5	8.33
T5	11.2	1.55	22	5	36.67	8.33	4	6.67
T6	13.3	2.34	42	50	70.00	83.33	37	61.67
T7	12.3	2.28	28	38	46.67	63.33	27	45.00
T8	12.9	2.19	44	43	73.33	71.67	34	56.67
T9	13.0	2.16	49	42	81.67	70.00	35	58.33
CK	10.5	1.83	10	19	16.67	31.67	5	8.33
SF	12.3	1.78	35	40	58.33	66.67	32	53.33

图 6-7 和图 6-8 分别为各处理每次测定的苗高、地径，很明显可以看出 T6 在后期两者的值都是最高的。由图 6-9 可以看出，施肥完成前后 T6 平均每株苗高增长量最大，达 2.6 cm，分别比 CK、SF 高出 2.2 cm、0.4 cm，其次是 T8、T7，增长量分别为 2.4 cm、2.3 cm；平均每株苗高增长量较小的是 T5 和 CK，只有 0.8 cm 和 0.4 cm，T2、T3、T4、T9、SF 这 4 个处理增长量差别不大，都在 2.0 cm 左右。从图 6-10 可知，T6、T7 施肥完成前后地径增长量较大，分别为 1.12 mm、1.13 mm，T6 分别比 CK、SF 高出 0.47 mm、0.66 mm，增长量较小的是 T3、T5 这两个处理，只有 0.16 mm 和 0.13 mm。从整体来看，T1 ～ T5 这 5 个处理施肥完成前后地径增长量远小于 T6 ～ T9 和 CK、SF 这 6 个处理。

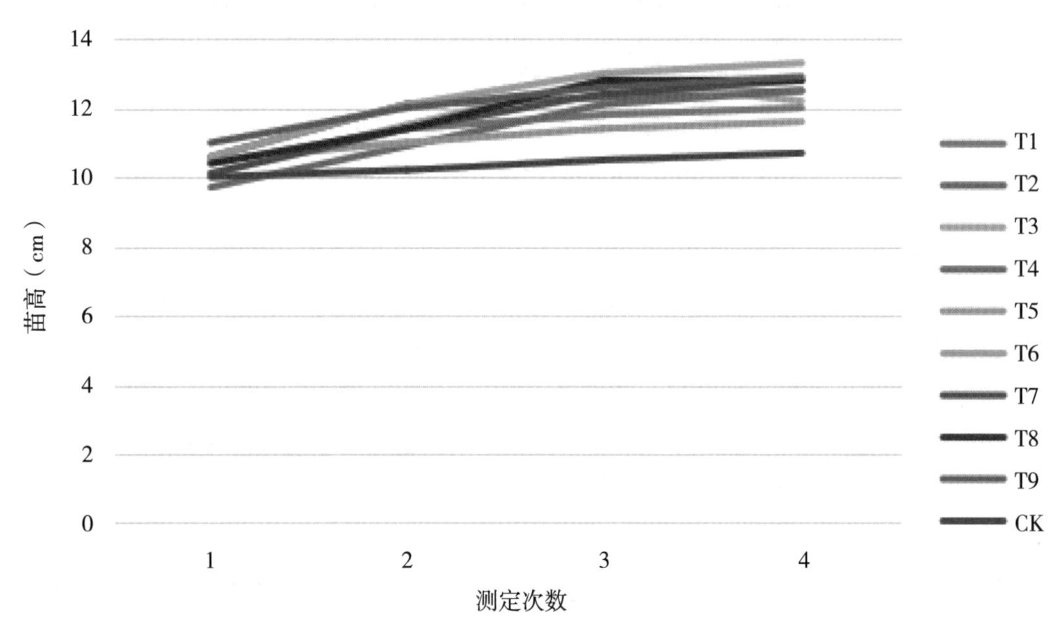

图 6-7　每次测量各处理马尾松苗高

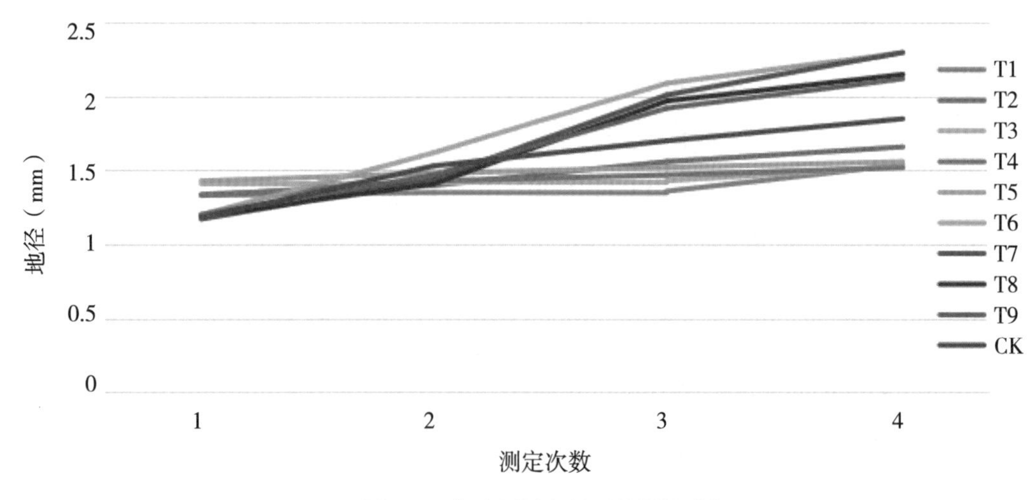

图 6-8　每次测量各处理马尾松地径

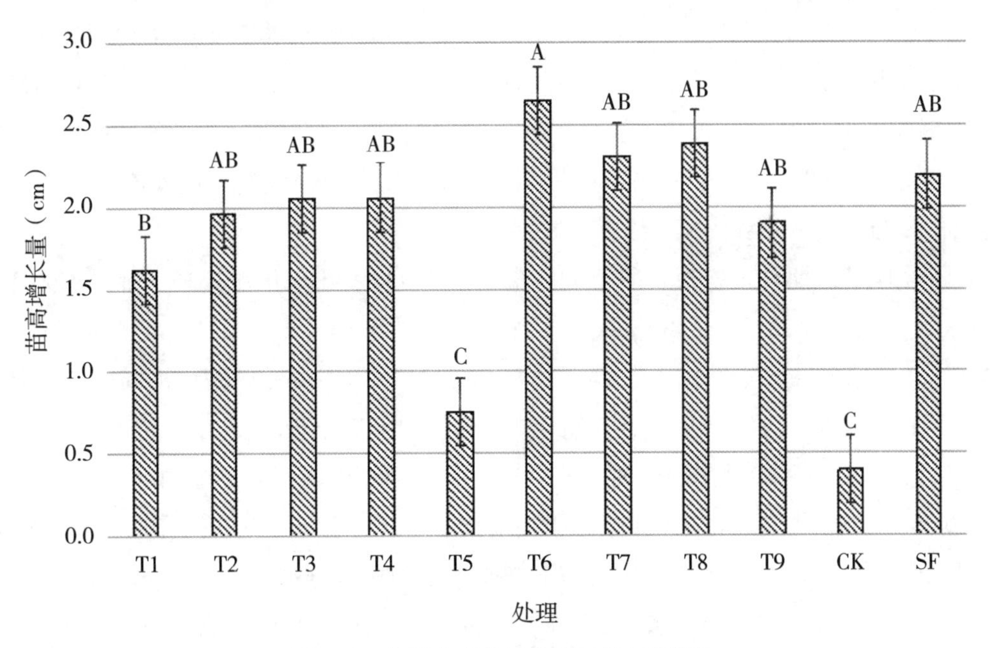

图 6-9　施肥完成前后各处理苗高增长量

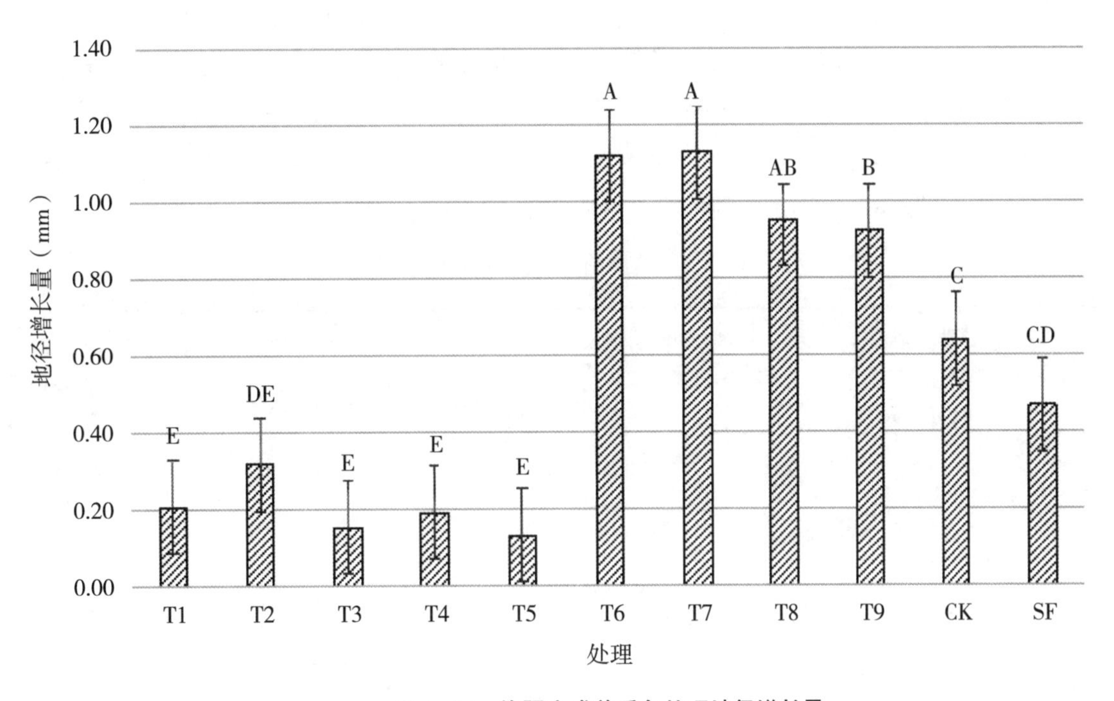

图 6-10　施肥完成前后各处理地径增长量

对 11 个处理施肥完成前后苗高、地径增长量进行方差分析和多重比较发现，11 个处理间苗高增长量总体 F 检验是显著的（概率 P 值 $Pr > F$=0.000 2 < 0.05），说明各处理间平均苗高的增长差异是极显著的，除了 T5，其他处理与 CK 的差异都是显著的，SF 只与 T5、CK 差异显著。11 个处理间地径增长量总体 F 检验是极显著的（概率 P 值 $Pr > F$=0.000 1 < 0.01），说明各处理间平均地径的增长差异是极显著的，CK 处理与其他处理差异都显著，SF 与除 CK、T2 外的处理差异都显著。对正交试验的 9 个处理平均苗高增长量及平均地径增长量进行分析发现，浓度对平均苗高增长量及平均地径增长量的影

响应达到了极显著水平（分别为 $Pr > F=0.007\,1 < 0.01$，$Pr > F < 0.000\,1 < 0.01$），N、P、K 对苗高的影响相对浓度来说没那么显著，浓度的 2、3 水平显著高于 1 水平，N、P、K、浓度对苗高影响的主次关系是浓度＞K＞P＞N。N、P、K、浓度对平均地径增长量的影响都达到了极显著水平（$Pr > F < 0.000\,1 < 0.01$），N、P 的 3 水平，K 的 1 水平，浓度的 2 水平都分别显著高于其他两水平，且 N、P、K、浓度对地径影响的主次关系是 N＞浓度＞K＞P。

（3）不同处理对苗期马尾松根长的影响。由表 6-9 可以看出，施肥完成后 T6、T9 根长平均值较大，分别达到 21.2 cm、22.3 cm，其中 T6 根长平均值分别比 CK、SF 高 2.8 cm、1.4 cm，T9 分别比 CK、SF 高出 3.9 cm、2.5 cm，最小的是 T4，只有 17.6 cm，CK、SF 分别为 18.4 cm、19.8 cm。平均根长增长量较大的也是 T6、T9，分别达 5.5 cm、7.9 cm，增长率分别为 35.3%、55.0%。

进一步进行方差分析和多重比较发现，施肥完成前 11 组处理平均根长总体 F 检验不显著（$Pr > F=0.053\,3 > 0.05$），但施肥完成后，11 组处理平均根长总体 F 检验达到极显著水平（$Pr > F=0.001\,5 < 0.05$），11 组处理间施肥前后根长增长量总体 F 检验也达到极显著水平（$Pr > F=0.000\,1 < 0.05$）。处理后平均根长 T6、T9 显著高于 CK；处理后根长增长量 T6、T9 显著高于其他处理，T9 显著大于 T6。

对正交试验的 9 个处理结果进行分析发现，N、P、K、浓度总体 F 检验达到了极显著水平（$Pr > F=0.000\,1 < 0.05$），其中 P 和浓度对根长增长量影响差异极显著（P：$Pr > F=0.000\,1 < 0.01$，浓度：$Pr > F=0.002\,1 < 0.01$），P 的 3 水平显著高于 1、2 水平，浓度的 1、2 水平显著高于 3 水平，N 的影响差异显著（$Pr > F=0.027\,0 < 0.05$），3 水平显著高于 1 水平，K 相对来说对根长增长量影响没那么大。这 4 个因素对根长增长量的影响的主次关系依次是 P＞浓度＞N＞K。

表 6–9　施肥前后各处理根长

处理	处理前根长（cm）	处理后根长（cm）	增长量（cm）	增长率（%）
T1	15.0±1.2	18.6±0.4cde	3.6±0.8c	24.4
T2	15.0±0.6	18.3±1.8cde	3.3±1.3c	22.3
T3	15.0±1.0	18.9±1.4cde	3.9±0.5c	26.2
T4	14.5±0.3	17.6±0.8e	3.0±0.5c	20.8
T5	14.5±0.3	18.2±0.6de	3.7±0.9c	25.3
T6	15.7±0.6	21.2±0.6ab	5.5±0.6b	35.3
T7	14.5±1.1	18.4±1.0cde	3.9±0.1c	26.6
T8	17.3±0.8	20.2±0.8bc	2.9±0.6c	16.9
T9	14.4±0.6	22.3±1.0a	7.9±0.7a	55.0
CK	15.3±0.2	18.4±0.4cde	3.1±0.6c	20.0
SF	15.8±1.2	19.8±0.9bcd	4.0±0.6c	25.5

7. 不同配方对苗期马尾松光合特性的影响

（1）光合色素含量。CK2 为试验开始时叶面肥处理前马尾松幼苗针叶的光合色素含量，从表 6-10 可以看出，马尾松幼苗施肥完成后的 T1 ～ T9 处理，以及对照组 CK、SF 叶绿素 a、叶绿素 b、叶绿素 a+b 含量均高于施肥前。其中，T3、T7 的叶绿素 a、叶绿素 b、叶绿素 a+b 含量均较高，叶绿素 a 分别为 0.80 mg/g、0.57 mg/g，叶绿素 b 分别为 0.19 mg/g 、0.21 mg/g，叶绿素 a+b 分别为 1.00 mg/g、0.78 mg/g。叶绿素 b/a 以 T1、T7 较高，分别为 0.43、0.36。CK2 类胡萝卜素的含量远高于其他处理，其次是 CK 和 T3 含量较高，分别为 0.16 mg/g、0.19 mg/g。

表 6-10　不同叶面肥处理的针叶光合色素含量的比较

处理	叶绿素 a（mg/g）	叶绿素 b（mg/g）	叶绿素 a+b（mg/g）	叶绿素 b/a	类胡萝卜素（mg/g）
T1	0.25±0.016e	0.11±0.008de	0.36±0.014ef	0.43±0.030a	0.05±0.008e
T2	0.36±0.034d	0.09±0.016ef	0.45±0.041d	0.26±0.069e	0.09±0.008cd
T3	0.80±0.037a	0.19±0.017a	1.00±0.045a	0.24±0.100e	0.19±0.016b
T4	0.43±0.029c	0.12±0.017cd	0.56±0.042c	0.27±0.034cde	0.09±0.016cd
T5	0.25±0.043e	0.08±0.008f	0.33±0.051f	0.31±0.031cbde	0.07±0.012de
T6	0.26±0.016e	0.07±0.005fg	0.33±0.017f	0.28±0.003cde	0.07±0.008de
T7	0.57±0.025b	0.21±0.016a	0.78±0.041b	0.36±0.026abc	0.09±0.012cd
T8	0.46±0.024bc	0.14±0.014bc	0.60±0.014C	0.30±0.071cde	0.11±0.016c
T9	0.32±0.010de	0.11±0.016de	0.42±0.04de	0.35±0.123abcd	0.08±0.008cde
CK	0.60±0.051b	0.16±0.008b	0.76±0.05b	0.27±0.00de	0.16±0.017b
SF	0.49±0.033c	0.12±0.008cd	0.61±0.037c	0.25±0.020e	0.11±0.016c
CK2	0.12±0.021f	0.05±0.014g	0.29±0.005g	0.42±0.130ab	1.07±0.024a

进一步进行方差分析和多重比较发现，12 组处理间的叶绿素 a、叶绿素 b、叶绿素 a+b、类胡萝卜素含量以及叶绿素 b/a 值这 5 个指标总体 F 检验都达到了极显著水平，试验开始时叶面肥处理前马尾松幼苗（CK2）针叶的叶绿素 a、叶绿素 b、叶绿素 a+b 含量都显著低于 T1 ～ T9 以及 CK 组的含量，而其类胡萝卜素含量显著高于 T1 ～ T9 以及 CK 组。T1、T2、T3、T5、T6 都与 CK 和 SF 组叶绿素 a 含量差异达到显著水平，其中 T3、T7 显著高于 SF 组，T3 显著高于 CK 组。叶绿素 b 的含量 T3、T7 都显著高于 CK、SF 组。叶绿素 a+b 含量 T3 显著高于 CK、SF 组，T7 显著高于 CK 组。叶绿素 b/a 值 T1、T7 都显著高于 CK、SF 组，T9 显著高于 SF 组。类胡萝卜素含量 CK 组显著高于除 T3 外其他施肥完成后 9 个处理，SF 组含量显著低于 T3 组，显著高于 T1、T5、T6 这 3 个处理。

对正交试验的 9 个处理结果进行分析发现，N、P、K、浓度对苗期马尾松针叶叶绿素 a、叶绿素 b、类胡萝卜素含量的影响都达到了极显著水平（$Pr > F$=0.000 1 ＜ 0.01），且这 4 个因素对叶绿素 a 含量影响的主次关系是浓度＞K＞N＞P，对叶绿素 b 含量影响的主次关系是 N＞K＞浓度＞P，对类胡萝卜素含量影响的主次关系是：浓度＞K＞P＞N。N 的 1、3 水平对叶绿素 a 含量的影响显著高于 2 水平，而 1、3 水平间的差异不显著；P、K、浓度的 3 水平对叶绿素 a 含量的影响都依次显著高于 1、2 水平，且 3 个水平间的差异都显著。N、K、浓度的 3 水平对叶绿素 b 含量的影响都依次显著高于 1、2 水平，P 的 1 水平显著高于 2、3 水平。N 的 1 水平对类胡萝卜素含量的影响显著高于 2、3 水平，P、K、浓度的 3 水平都依次显著高于 1、2 水平。P 和浓度对叶绿素 b/a 值的影响都达到极显著水平（K：Pr＞F=0.001 7＜0.01，浓度：Pr＞F=0.000 6＜0.01）。N、P、K 和浓度对叶绿素 a+b 含量的影响都达到极显著水平（四因素全是 Pr＞F=0.000 1＜0.01）。

（2）光合特性和资源利用效率。光合效率（photosynthetic efficiency）不仅是估计植物潜在生产力的重要指标，也是探索光合作用调剂机制中光合机构运行状态的必要参数。对施肥完成后的 T1～T9、SF 处理和对照组 CK 的苗期马尾松针叶进行光合指标的测定，所测指标处理后见表 6-11，从表 6-11 可知，对于光合特性，净光合速率 T3、T7、T5 较高，分别达到 0.074 μmol CO_2/（g·s）、0.068 μmol CO_2/(g·s)、0.064 μmol CO_2/(g·s)，比 CK 的 0.032 μmol CO_2/(g·s) 分别多出 0.042 μmol CO_2/(g·s)、0.036 μmol CO_2/(g·s)、0.032 μmol CO_2/(g·s)，增幅都达 1 倍及以上，比 SF 的 0.023 μmol CO_2/(g·s) 高出更多。气孔导度 T3、T4、T7 较高，分别达到 1.028 mmol H_2O/（g·s）、0.982 mmol H_2O/(g·s)、0.922 mmol H_2O/(g·s)，比 CK 的 0.372 mmol H_2O/(g·s) 分别多出 0.656 mmol H_2O/(g·s)、0.610 mmol H_2O/（g·s）、0.550 mmol H_2O/（g·s），增幅都达 1 倍上，比 SF 组的 0.269 mmol H_2O/(g·s) 高出更多。胞间 CO_2 浓度 T4 最高，达 296.294 μmol CO_2 mol^{-2}，比 CK、SF 分别高出 44.754 μmol CO_2 mol^{-2}、42.835 μmol CO_2 mol^{-2}，T3、T5、T6、T8 这 4 个处理胞间 CO_2 浓度相差不大，都在 280～290 μmol CO_2 mol^{-2} 范围内，最小的是 T1，只有 182.773 μmol CO_2 mol^{-2}。蒸腾速率除 T8 外，其他都比 CK、SF 高，其中 T1、T7 最高，达 20.615 μmol H_2O/（g·s）、20.463 μmol H_2O/(g·s)，都比 CK 的 10.046 μmol H_2O/（g·s）、6.870 μmol H_2O/（g·s）高出 1 倍以上。资源利用效率中瞬时水分利用率 T3、T5 最高，分别为 4.065 mmol/mol、4.317 mmol/mol，较低的是 T1、T2 两个处理，分别只有 1.620 mmol/mol、1.824 mmol/mol，其他处理包括 CK、SF 相差不大，都在 3.000 mmol/mol 左右。表观光能利用率 T3 最大，达到 0.062×10^{-6} mol/mol，分别比 CK、SF 的 0.027×10^{-6} mol/mol、0.019×10^{-6} mol/mol 多出 0.035×10^{-6} mol/mol、0.043×10^{-6} mol/mol，除 T2、T8 外，其他处理都比 CK、SF 大。

表 6-11 不同施肥处理对光合特性和资源利用效率的影响

处理	净光合速率［μmol CO_2/(g·s)］	气孔导度［mmol H_2O/(g·s)］	胞间 CO_2 浓度（μmol CO_2 mol^{-2}）	蒸腾速率［μmol H_2O/(g·s)］	瞬时水分利用率（$\times10^{-3}$ mol/mol）	表观光能利用率（$\times10^{-6}$ mol/mol）
T1	0.033±0.002cde	0.754±0.069ab	182.773 ±2.136e	20.615±1.391a	1.620±0.022 c	0.028±0.002cd
T2	0.023±0.001e	0.402±0.025cd	293.165±12.472ab	12.392±0.737cde	1.824±0.123c	0.019± 0.001d
T3	0.074±0.001a	1.028±0.065a	282.189±5.899abc	18.342±1.572ab	4.065±0.307a	0.062±0.001a

续表

处理	净光合速率 [μmol CO_2/ (g·s)]	气孔导度 [mmol H_2O/ (g·s)]	胞间 CO_2 浓度 (μmol CO_2 mol^{-2})	蒸腾速率 [μmol H_2O/ (g·s)]	瞬时水分利用率 ($\times 10^{-3}$ mol/mol)	表观光能利用率 ($\times 10^{-6}$ mol/mol)
T4	0.063±0.019ab	0.982±0.343ab	296.294±9.434a	18.521±5.961ab	3.440±0.113b	0.053±0.016ab
T5	0.064±0.017ab	0.886±0.270ab	282.650±5.278abc	14.953±4.011bcd	4.317±0.205a	0.054±0.014ab
T6	0.050±0.005bcd	0.760±0.092ab	284.236±7.486abc	16.467±1.235abc	3.059±0.387b	0.042±0.004bc
T7	0.068±0.014ab	0.922±0.116ab	266.020±18.482cd	20.463±2.152a	3.310±0.548b	0.057±0.011ab
T8	0.030±0.002e	0.378±0.034d	288.950±25.610abc	9.241±0.811ef	3.251±0.175b	0.025±0.002d
T9	0.052±0.005bc	0.695±0.081bc	271.244±1.548bcd	16.492±2.301abc	3.171±0.176b	0.043±0.004bc
CK	0.032±0.009de	0.372±0.096d	251.541±6.324d	10.046±2.909def	3.199±0.109b	0.027±0.008cd
SF	0.023±0.003e	0.269±0.023d	253.459±10.395d	6.870±0.427f	3.334±0.385b	0.019±0.003d

进一步进行方差分析和多重比较发现，T1～T9、CK、SF这11组处理完成施肥后针叶的净光合速率、气孔导度、胞间 CO_2 浓度、蒸腾速率、瞬时水分利用率、表观光能利用率这6个指标总体F检验都达到了极显著水平（除蒸腾速率 $Pr > F=0.000\ 2 < 0.01$ 外其他5个指标都是 $Pr > F=0.000\ 1 < 0.01$）。其中T3、T4、T5、T7、T9的净光合速率与CK、SF间的差异都达到显著水平，都显著高于CK、SF，T2、T8与CK、SF间的差异都不显著。T1、T3～T9的气孔导度都显著高于CK、SF处理，T2、T8与CK、SF间差异不显著。胞间 CO_2 浓度T2～T6、T8都显著高于CK、SF，只有T1显著低于CK、SF。蒸腾速率T1、T3、T4、T6、T7、T9都显著高于CK、SF，且这几个处理间差异不显著。瞬时水分利用率T3、T5都分别显著高于CK、SF，T1、T2都分别显著低于CK、SF，T4、T6～T9这几个处理间差异不显著。表观光能利用率T3、T4、T5、T7都显著高于CK、SF，T6、T9也显著高于SF。

对正交试验的9个处理结果进行分析发现，N、P、K、浓度这4个因素总体对马尾松幼苗的净光合速率的影响差异达到极显著水平（$Pr > F=0.000\ 4 < 0.01$）。其中K对净光合速率的影响差异达到极显著水平（$Pr > F=0.000\ 1 < 0.01$），且3水平显著高于1、2水平，1、2水平间差异不明显。P对净光合速率的影响差异也达到极显著水平（$Pr > F=0.007 < 0.01$），1、3水平显著高于2水平，1、3水平间差异不明显。N对净光合速率的影响差异达到显著水平（$Pr > F=0.043\ 4 < 0.05$），2水平显著高于1水平，3水平与1、2两水平间差异不明显，浓度相对其他3个因素来说对净光合速率的影响差异并不那么显著，这4个因素对净光合速率的影响的主次关系依次是K＞P＞N＞浓度。同样对正交试验的9个处理结果进行分析发现，N、P、K、浓度这4个因素总体对马尾松幼苗的气孔导度的影响差异达到极显著水平（$Pr > F=0.004\ 7 < 0.01$），其中P对气孔导度的影响差异达到极显著水平（$Pr > F=0.004\ 7 < 0.01$），1、3水平显著高于2水平，1、3水平间差异不明显。K对气孔导度的影响差异达到极显著水平（$Pr > F=0.007\ 4 < 0.01$），3水平显著高于1、2水平，1、

2 水平间差异不明显。N 和浓度相对来说对气孔导度的影响没那么明显，这 4 个因素对气孔导度的影响的主次关系依次是 P ＞ K ＞ N ＞浓度。同样的分析发现，N、P、K、浓度这 4 个因素总体对马尾松幼苗的胞间 CO_2 浓度的影响差异达到极显著水平（$Pr > F$=0.000 1 ＜ 0.01），这 4 个因素分别对胞间 CO_2 浓度的影响差异都达到极显著水平（N、K$Pr > F$=0.000 4 ＜ 0.01，P、浓度：$Pr > F$=0.000 1 ＜ 0.01），其中 N、P、K、浓度的 2、3 水平差异都显著高于 1 水平，2、3 水平间差异都不明显，这 4 个因素对胞间 CO_2 浓度的影响的主次关系依次是：浓度＞ P ＞ K ＞ N。继续进行同样的分析发现，N、P、K、浓度这 4 个因素总体对马尾松幼苗的蒸腾速率的影响差异达到显著水平（Pr＞F=0.010 0=0.01），其中只有 P 对蒸腾速率的影响差异达到极显著水平（$Pr > F$=0.000 6 ＜ 0.01），P 的 1、3 水平差异显著高于 2 水平，1、3 水平间差异不明显。同样的分析发现，N、P、K、浓度这 4 个因素总体对马尾松幼苗瞬时水分利用率的影响差异达到极显著水平（$Pr > F$=0.000 1 ＜ 0.01），且全都对瞬时水分利用率的影响差异达到极显著水平，其中 N 的 1、2、3 水平间的差异都达到极显著（2A、3B、1C），P 的 2、3 水平显著高于 1 水平，2、3 水平间差异不明显，K 和浓度的 3 水平都显著高于 1、2 水平，这 4 个因素对瞬时水分利用率的影响的主次关系依次是 K ＞ N ＞浓度＞ P。再进行同样的分析发现，N、P、K、浓度这 4 个因素总体对马尾松幼苗表观光能利用率的影响差异达到极显著水平（$Pr > F$=0.000 4 ＜ 0.01），其中 P、K 分别都对表观光能利用率的影响差异达到极显著水平（P：$Pr > F$=0.006 5 ＜ 0.01，K：$Pr > F$=0.000 1 ＜ 0.01），P 的 1、3 水平显著高于 2 水平，1、3 水平间差异不明显，K 的 3 水平显著高于 1、2 水平，N 对表观光能利用率的影响差异达到显著水平（$Pr > F$=0.040 3 ＜ 0.05），N 的 2 水平显著高于 1、3 水平。相对于其他 3 个因素浓度对表观光能利用率的影响不那么明显，这 4 个因素对表观光能利用率的影响的主次关系依次是 K ＞ P ＞ N ＞浓度。

8. 不同肥料处理对苗期马尾松根系活力的影响

根系活力用甲烯蓝吸附法测定，根系活力大小用活跃比表面积表示，活跃比表面积与根系活力成正比。由表 6-12 可知，活跃比表面积最大的是 T1，为 69.880 cm^2/cm^3，最小的是施肥前 CK2，CK、SF 和处理前 CK2 分别为 68.629 cm^2/cm^3、68.535 cm^2/cm^3、67.227 cm^2/cm^3，施肥完成后 T1 ～ T9 均比 CK、SF、CK2 大。叶面肥处理后 T1 ～ T9 根系活力与不同对照组（CK、SF、CK2）间的增长量见图 6-11，由图 6-11 可以看出，施肥完成后 T1 ～ T9 整体根系活力与 CK 间的增长量最大，其次是 CK2，增长量最小的是 SF。

进一步进行方差分析和多重比较发现，T1 ～ T9、CK、SF、CKZ 这 12 组处理完成施肥后针叶的根系活力总体 F 检验都达到了极显著水平（$Pr > F$=0.000 1 ＜ 0.01），T1 ～ T9 都显著高于 CK、SF、CK2，CK 显著大于 SF、CK2，SF 显著高于 CK2。T1 ～ T9 处理分别与 CK、SF、CK2（处理前）间的增长量见图 6-11，从图 6-11 可以看出，T1 ～ T9 与 CK 间的增长量最大，与 SF 间的增长量次之，与 CK2 间的增长量最小，且前者远大于后两者，不管相对哪个参照组，T1 ～ T4 增长量较大，且 T1 增长量最大，T8、T9 增长量较小。除了 T5、T6、T7，其他处理两两的增长量差异都达到显著水平。

对正交试验的 9 个处理结果进行分析发现，N、P、K、浓度 4 个因素总体且分别对马尾松幼苗的净根系活力的影响差异都达到极显著水平（$Pr > F$=0.000 1 ＜ 0.01），且 4 个因素对根系活力的影响的主次关系依次是 N ＞ P ＞浓度＞ K。其中 N、P 的 1 水平对根系活力的影响显著大于 2、3 水平，K

的 3 水平显著大于 1、2 水平，浓度的 2 水平显著大于 1、3 水平。

表 6–12　不同叶面肥对根系活力的影响

处理	总吸收面积（m^2）	活跃吸收面积（m^2）	活跃吸收面积（%）	比表面积（m^2/cm^3）	活跃比表面积（cm^2/cm^3）
T1	2.799	1.398	49.931	0.013 995	69.880±0.002a
T2	2.797	1.394	49.846	0.013 987	69.718±0.004b
T3	4.470	2.230	49.876	0.013 969	69.673±0.001c
T4	2.655	1.322	49.811	0.013 972	69.595±0.001d
T5	3.895	1.942	49.867	0.013 909	69.361 ±0.002df
T6	2.230	1.110	49.772	0.013 937	69.367±0.002f
T7	3.478	1.7343	49.867	0.013 912	69.374±0.003e
T8	4.687	2.335	49.822	0.013 786	68.683±0.002h
T9	2.772	1.377	49.665	0.013 860	68.836±0.006g
CK	3.719	1.853	49.822	0.013 775	68.629±0.003i
SF	4.803	2.399	49.948	0.013 721	68.535±0.004j
CK2	4.114	2.017	49.029	0.013 712	67.227±0.002K

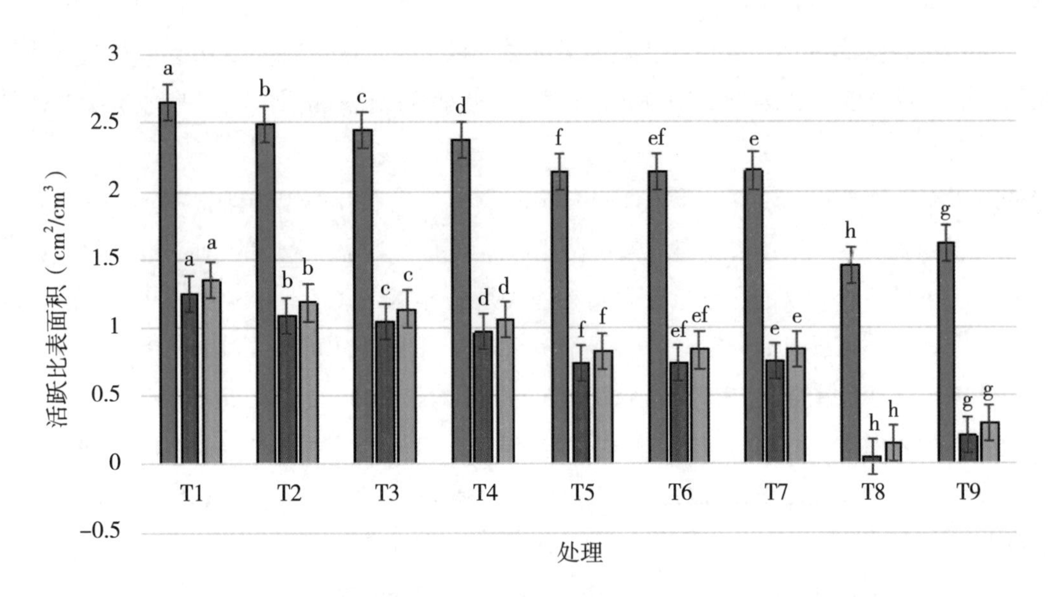

注：增长量 1、2、3 分别是 T1 ～ T9 与 CK、CK2（处理前）、SF 相比的增量。

图 6–11　叶面肥处理后根系活力与不同对照组间的增长量

9. 不同肥料处理对马尾松营养积累的影响

（1）马尾松幼苗植株营养积累规律。主成分分析在林业系统应用广泛，是判定土壤养分质量、林分生长特征及林分经济收益统计的综合评价最有说服力的统计分析方法之一。N（$X1$）、P（$X2$）、K（$X3$）、Ca（$X4$）、Mg（$X5$）、Cu（$X6$）、Zn（$X7$）、Fe（$X8$）、Mn（$X9$）、B（$X10$） 都 是马尾松幼苗所积累的营养元素，可以用主成分分析法进行分类。总的来说，通过施肥后马尾松幼苗对N、P、K、Ca、Mg、Cu、Zn、Fe、Mn、B 这些营养元素的积累量的不同来进行主成分分析，能够很好地反应苗期马尾松对这些营养元素的需求量，以期能够对苗期马尾松的施肥技术的研究提供理论依据。通过主成分分析，得知第一个主成分对方差的贡献率为 80.00%，第二个主成分对方差的贡献率为 13.46%，第三个主成分对方差的贡献率为 6.14%，后面 7 个主成分的累积贡献率为 0.4%，前 3 个主成分的累积贡献率为 99.60%，所以前 3 个主成分就能很好地概括马尾松幼苗对养分的积累情况。

经计算，马尾松幼苗营养积累情况评价的第一主成分（Print1）、第二主成分（Print2）、第三主成分（Print3）表达式分别为

$$Print1=0.715X1+0.197X2+0.650X3+0.145X4+0.081X5+0.001X6+0.002X7+0.006X8-0.002X9+0.001X10$$

$$Print2=-0.515X1+0.269X2-0.735X3+0.339X4+0.084X5-0.0001X6-0.0005X7-0.007X8-0.002X9-0.001X10$$

$$Print3=-0.310X1-0.076X2-0.170X3+0.926X4-0.102X5+0.0001X6+0.004X7-0.022X8+0.009X9-0.001X10$$

其中，$X1$ ～ $X10$ 是 $X1$ ～ $X10$ 标准化变量。

第一主成分中 $X1$、$X2$、$X3$、$X4$ 系数最大，可以把第一主成分看作是由 N、P、K、Ca 所构成的反映苗期马尾松需求最大的营养元素，第二主成分中除了第一主成分中的 N、P、K、Ca，Mg 的系数最大，可以把 Mg 看作是马尾松苗期需求较大的营养元素，第三主成分中 $X6$ ～ $X10$ 系数相对其他小很多，可以把第三主成分看作是由 Cu、Zn、Fe、Mn、B 这 5 种元素构成反映苗期马尾松吸收极少的营养元素，也就是微量元素。

适当的施肥有助于植物对营养的积累，由表 6-13 可以看出，叶面肥处理前 T1 ～ T9、CK、SF 这 11 组马尾松幼苗植株所含大、中、微量元素两两相比差别不大，综合上述的主成分分析系数，可知苗期马尾松对大、中量营养元素的积累量由大到小依次是 K ＞ N ＞ Ca ＞ P ＞ Mg，对微量元素积累量从大到小依次是 Fe ＞ Mn ＞ Zn ＞ B ＞ Cu。施肥完成后，由表 6-14 可知，对 N 积累量最大的是 T6，达到 5.85 mg/ 株，紧随其后的是 T3、T7，分别为 5.79 mg/ 株、5.73 mg/ 株，最小的是 CK，仅 2.46 mg/株。SF 的是 4.94 mg/ 株，T3、T6、T7、T8 含量均大于它，T6 比 SF 大 0.91 mg/ 株。对 P 积累量较大的是 T6、T7，分别为 2.07 mg/ 株、2.21 mg/ 株，最小的是 CK，为 1.07 mg/ 株，SF 的为 1.57 mg/ 株，T2 ～ T9 对 P 的积累量都比 SF 大，其中 T6、T7 分别比 SF 大 0.5 mg/ 株、0.64 mg/ 株。苗期马尾松对K 积累量较大的是的 T6、T8、SF，分别为 5.39 mg/ 株、5.52 mg/ 株、6.39 mg/ 株，最小的是 T1，CK对 K 积累量也很小，为 3.24 mg/ 株。对 Ca 积累量较大的是 T5、T6、T9，分别为 4.32 mg/ 株、4.26 mg/株、4.59 mg/ 株，最小的还是 T1，为 3.21 mg/ 株，CK、SF 相对也较小，分别为 3.56 mg/ 株、3.84 mg/株，T3、T5 ～ T9 对 Ca 的积累量都比 CK、SF 大。苗期马尾松对 Mg 积累量较大的是 T6、T7，分别为 0.98 mg/ 株、0.96 mg/ 株，最小的是 CK，为 0.52 mg/ 株，SF 的为 0.70 mg/ 株，T2、T3、T5 ～ T9对 Mg 积累量都比 SF 大。对于剩下的第三主成分 Cu、Zn、Fe、Mn、B，也就是微量元素，从整体来

看，T1 ～ T9 以及 SF 这 10 个处理除 T1 外绝大部分对这 5 种微量元素的积累都比不施肥的 CK 组要大，以 SF 为对照组时，对 Cu 的积累量 T2、T7、T9 都比 SF 大；对 Zn 的积累量 T4、T8、T9 都比 SF 大；对 Fe 的积累量 SF 最大，为 113.42 μg/ 株；T6、T9 与其很接近，分别为 107.49 μg/ 株、107.85 μg/ 株；对 Mn 的积累量 T9 比 SF 大，T4、T7 与其接近；对 B 的积累量 T3、T5、T6、T8、T9 都比 SF 大。

表 6-13　叶面肥处理前营养含量

处理	大、中量元素（mg/ 株）					微量元素（μg/ 株）				
	N	P	K	Ca	Mg	Cu	Zn	Fe	Mn	B
T1	0.90	0.31	1.06	0.76	0.10	0.35	3.35	16.11	6.78	1.73
T2	1.12	0.35	1.09	0.71	0.11	0.30	3.98	15.96	6.63	1.94
T3	1.08	0.34	1.05	0.65	0.11	0.26	3.42	16.65	6.75	2.01
T4	0.95	0.34	1.04	0.61	0.10	0.23	5.20	23.01	6.36	1.67
T5	0.97	0.33	1.08	0.68	0.11	0.30	5.56	22.08	7.47	1.71
T6	1.10	0.36	1.15	0.67	0.12	0.33	5.76	21.28	5.02	1.78
T7	1.01	0.36	1.16	0.81	0.11	0.37	4.50	16.10	5.52	2.04
T8	1.15	0.41	1.17	0.77	0.10	0.44	5.28	25.21	2.80	2.07
T9	1.04	0.39	1.32	0.71	0.12	0.42	5.82	30.57	7.73	2.59
CK	1.09	0.35	1.12	0.70	0.10	0.31	3.48	24.36	5.43	1.65
SF	1.10	0.35	1.15	0.72	0.12	0.38	5.47	27.69	6.89	2.02

表 6-14　叶面肥处理后营养含量

处理	大、中量元素（mg/ 株）					微量元素（μg/ 株）				
	N	P	K	Ca	Mg	Cu	Zn	Fe	Mn	B
T1	3.53	1.36	3.16	3.21	0.63	0.96	16.38	75.05	16.16	7.96
T2	4.64	1.62	4.43	3.26	0.83	2.36	17.43	87.25	21.13	10.21
T3	5.79	1.89	4.93	4.00	0.88	1.61	23.93	79.32	25.45	12.48
T4	4.71	1.72	4.48	3.77	0.67	1.38	29.10	81.31	29.26	9.68
T5	4.69	1.81	3.66	4.32	0.71	1.28	21.83	91.74	26.16	11.25
T6	5.85	2.07	5.39	4.26	0.98	1.62	22.52	107.49	23.90	11.83
T7	5.73	2.21	5.15	3.94	0.96	1.84	25.28	74.12	31.84	9.86
T8	5.58	1.99	5.52	3.89	0.78	1.91	31.08	96.11	26.99	11.32
T9	4.59	1.77	4.6	4.59	0.72	2.24	26.52	107.85	34.38	11.25
CK	2.46	1.07	3.24	3.56	0.52	1.12	18.62	72.33	25.84	7.23
SF	4.94	1.57	6.39	3.84	0.70	1.74	25.75	113.42	33.43	10.73

施肥前和施肥完成后苗期马尾松对营养元素积累的增长量，第一、第二主成分也就是大、中量元素的增长量见图 6-12，第三主成分也就是微量元素的增长量见图 6-13。由图 6-12 可以看出，施肥前后各处理对 N 积累量的增长量较大的是 T6、T3、T7，且三者几乎看不出差别，增长量最小的是 CK，T6、T3、T7 明显比 SF 对 N 的积累量大；施肥前后各处理对 P 积累量的增长量最大的是 T7，T3 ～ T9

都明显比 CK、SF 大；施肥前后各处理对 K 积累量的增长量最大的是 SF，T2 ～ T9 都比 CK 大；对 Ca 积累量的增长量最大的是 T9，较小的是 T1、T2，T3、T5、T6、T9 明显比 CK、SF 大，SF 比 CK 稍大一点；对 Mg 积累量的增长量最大的是 T6，T3、T6、T7 都明显比 CK、SF 大，CK 增长量最小。由图 6-13 可知，由于 Cu 在马尾松幼苗体内积累量太小，因此施肥前后各处理对 Cu 积累量的增长量并不明显；施肥前后各处理对 Zn 积累量的增长量最大的是 T8，较小的是 T1、T2，T4、T8 明显比 SF 大，除 T1、T2 外，其他组都比 CK 大；施肥前后各处理对 Fe 积累量的增长量较大的是 T6、SF，且这两组增长量几乎相等，其他各处理增长量也都明显比 CK 大；施肥前后各处理对 Mn 积累量的增长量较大的是 T7、T9、SF，且三者区别很小，几乎相等，T4、T7、T8、T9、SF 增长量都明显比 CK 大；施肥前后各处理对 B 积累量的增长量 T3、T5、T6、T8、T9、SF 间差别不明显，但都明显比 CK 大。

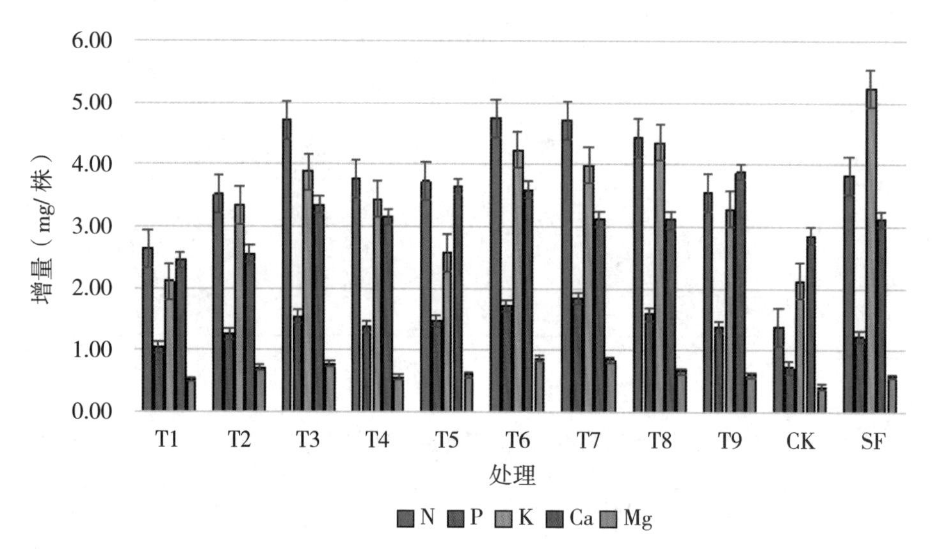

图 6-12　施肥完成前后植株大、中量元素增量

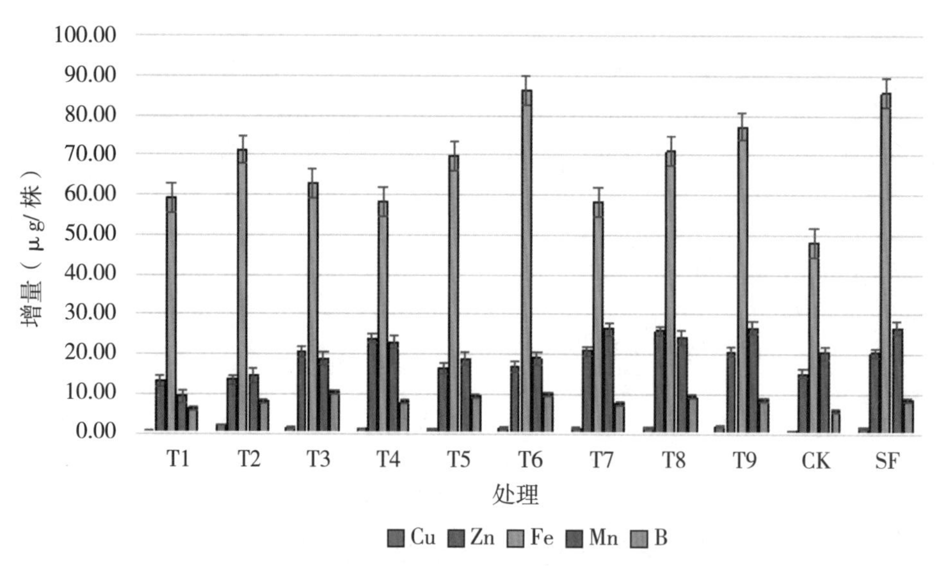

图 6-13　施肥完成前后植株微量元素增量

（2）马尾松幼苗各器官营养积累规律。将施肥前9个处理的60株马尾松幼苗分别测出根、茎、叶营养元素含量，再将9个处理一共54株苗木的根、茎、叶营养元素含量取平均值，通过分析幼苗根、茎、叶营养元素含量的差异，来研究马尾松幼苗不同器官所需营养量的差异和规律。数据整理结果见表6-15。

表6–15　根、茎、叶营养含量

器官	大、中量元素（mg/株）					微量元素（μg/株）				
	N	P	K	Ca	Mg	Cu	Zn	Fe	Mn	B
根	3.38±0.31	1.11±0.13	1.85±0.23	1.81±0.57	0.27±0.02	1.68±0.38	32.17±9.65	143.83±33.90	6.31±1.47	2.84±0.31
茎	2.23±0.28	1.34±0.09	2.66±0.13	1.07±0.31	0.27±0.03	1.05±0.21	6.40±0.57	24.92±22.09	5.73±0.77	2.99±0.50
叶	3.03±0.24	0.86±0.02	3.98±0.21	2.41±0.26	0.34±0.04	0.58±0.08	7.66±0.42	32.13±5.70	25.82±8.44	7.67±0.58
植株	8.64±0.84	3.31±0.24	8.49±0.57	5.29±1.14	0.88±0.09	3.32±0.66	46.23±10.64	200.88±61.69	37.85±10.68	13.50±1.38

由表6-15可知，马尾松幼苗根、茎、叶中的大、中量元素含量分别从大到小依次是N，根>叶>茎；P，茎>根>叶；K，叶>茎>根；Ca，叶>根>茎；Mg，叶>根=茎。幼苗根、茎、叶中的微量元素含量分别从大到小依次是Cu，根>茎>叶；Zn，根>叶>茎；Fe，根>叶>茎；Mn，叶>根>茎；B，叶>茎>根。由营养元素含量可推测需肥量大小，所以马尾松幼苗根、茎、叶对营养元素的需求大小依次是N，根>叶>茎；P，茎>根>叶；K，叶>茎>根；Ca，叶>根>茎；Mg，叶>根=茎；Cu，根>茎>叶；Zn，根>叶>茎；Fe，根>叶>茎；Mn，叶>根>茎；B，叶>茎>根。植株对大、中量元素的需求量从大到小依次为N > K > Ca > P > Mg，对微量元素的需求量从大到小依次为Fe > Zn > Mn > B > Cu，此结论与上节中马尾松幼苗植株营养积累情况基本相符合。

（二）马尾松人工林配方施肥

1. 不同肥料配方研究1

（1）研究区概况。广西国有派阳山林场地处广西西南部的宁明县境内，紧邻中越边境，是广西唯一与越南接壤的广西壮族自治区林业局直属大型国有林场。地理位置为东经106°30′～107°15′，北纬21°15′～22°30′，林场林地以低山地貌为主，海拔为200～800 m。属南亚热带季风气候区，年平均气温为21.8℃，≥10℃的年均活动积温为773 0℃，日照为1 650.3 h，平均无霜期为360 d，年降水量1 250～1 700 mm，雨季为5～9月，相对湿度为82.5%。主要成土岩为砂页岩，土壤以赤红壤为主，占92.0%，其余有黄红壤、紫色土等；土壤腐殖质以薄为主，占63.9%；土层厚度以厚层土为主，占92.0%，水热条件优越，土壤肥沃，适合马尾松、桉树等速生树种生长。

试验地设在广西国有派阳山林场鸿鸪分场内，于2015年12月开始进行。马尾松林为桐棉种源，2013年7月造林，试验林面积是90亩，种植密度为2 m×3 m，2016年3月和7月分别施、追肥1次。林下植被主要有芒萁（*Dicrano pteris Pedata*）、五节芒（*Miscanthus floridulus*）、桃金娘（*Rhodomyrtus tomentosa*）、乌毛蕨（*Blechnum orientale*）等。马尾松林地土壤主要理化性质见表6-16。

表 6-16 供试土壤主要理化性质

土壤层次	pH 值	有机质（g/kg）	全量 N（g/kg）	全量 P_2O_5（g/kg）	全量 K_2O（g/kg）	碱解 N（mg/kg）	有效 P（mg/kg）	速效 K（mg/kg）	交换性 Ca（mg/kg）	交换性 Mg（mg/kg）	有效 Cu（mg/kg）	有效 Zn（mg/kg）	有效 B（mg/kg）	有效 Fe（mg/kg）	有效 Mn（mg/kg）
A 层 0 ～ 20cm	5.14	22.50	1.32	0.23	9.45	169.8	1.9	85.8	304.6	24.4	0.53	0.80	0.17	49.97	0.43
B 层 20 ～ 40cm	5.04	14.00	0.99	0.22	11.02	81.7	1.5	43.7	273.2	24.3	0.42	0.28	0.11	27.51	0.09

（2）试验设计。根据试验地的土壤肥力状况和马尾松林分生长情况，按氮、磷、钾 3 种肥料的不同水平设计 3 个施肥处理，1 个不施肥处理作对照，具体试验设计处理详见表 6-17。试验采用随机区组设计，每个处理设 3 个重复，每个小区为 0.56 hm^2。

表 6-17 试验设计处理

处理	配方（N ∶ P_2O_5 ∶ K_2O）	微量元素和有机质	年施肥量（kg/ 株）	总养分（%）
Ⅰ	12 ∶ 11 ∶ 7	5% 微量元素、10% 有机质	0.50	30
Ⅱ	10 ∶ 10 ∶ 10	无微量元素和有机质	0.50	30
Ⅲ	15 ∶ 6 ∶ 9	2% 微量元素、10% 有机质	0.50	30
CK	不施肥	无微量元素和有机质	0	0

（3）施肥与抚育管理。试验地于 2016 年营建，按试验设计处理进行施肥，年施肥 1 次，分别于 2016 年 3 月进行施肥，施肥量为 0.5 kg/ 株。每年施肥前对林地进行松土、除草和抚育。采用环形沟施肥方法，沿树冠外缘滴水线处环状开沟，施肥沟规格为长 60 cm、宽 20 cm、深 20 cm，施放肥料后及时盖土压实。

试验林主要采用人工割灌除草的抚育方式，与施肥相结合，每年 2 次，第一次抚育在 2 ～ 3 月进行，第二次抚育于 7 ～ 8 月进行。

（4）生长指标测定。在试验林地每个处理中设置 10 m × 20 m 的小区，采用测高杆和胸径尺等工具对马尾松的树高和地径进行每木检尺，分别在试验前和 2016 年 11 月进行测量。

（5）样品采集。土壤及植物样品采集：分别于试验前和 2016 年 11 月采集土壤和植物样品。在试验地各处理区域内，于上坡、中坡和下坡各挖一个土壤剖面，在垂直方向上采集 0 ～ 40 cm 的土层，并分别混合土壤样品。同时在剖面附近分东、西、南、北 4 个方位分别采集树体外围中上部无病虫害、无机械损伤的成熟松针，混合后带回实验室以 105℃烘 15 min 杀青，70℃烘干至恒重，用不锈钢粉碎机粉碎后置于密封袋中，贴好标签，用于测定养分含量。

（6）分析项目及方法。土壤和植物营养元素分析测定方法均参照《中华人民共和国林业行业标准 LY/T 1999》进行。

①土壤分析测定指标：pH 值、有机质、碱解氮、有效磷、速效钾、交换性钙、交换性镁、有效铜、有效锌、有效铁、有效锰、有效硼。土壤 pH 值测定用水浸提电位法；有机质测定用重铬酸钾氧化—外加热法；碱解 N 测定用碱解—扩散法；有效 P 测定用盐酸—硫酸浸提法；速效 K 测定用 1 mol/L 乙酸铵浸提—火焰光度法；交换性 Ca、Mg 测定用乙酸铵交换—原子吸收分光光度计；有效 Cu、有效 Zn、有效 Fe 和有效 Mn 测定用原子吸收分光光度法；有效 B 测定用沸水浸提—甲亚胺比色法。

②松针分析测定指标：全氮、全磷、全钾、全钙、全镁、全铜、全锌、全铁、全锰、全硼。全氮采用凯氏法测定；全钾、全钙、全镁、全铜、全锌、全铁、全锰采用硝酸—高氯酸消煮，原子吸收分光光度法测定；全磷采用硝酸—高氯酸消煮，钼锑抗比色法测定；全硼采用干灰化—甲亚胺比色法测定。

（7）统计分析。样品的数据分析采用 Office Excel 2003 进行预处理，利用灰色关联度和 SPSS 17.0 统计软件进行统计分析。

（8）配方施肥对马尾松人工幼林生长的影响。试验前马尾松树体生长不完全一致，故对施肥前后的树高增量进行分析。不同配方施肥对马尾松幼林的树高增长有不同的影响。从表 6-18 可以看出，各施肥处理的年均树高增量均大于对照（不施肥）处理，各处理树高增长量的大小顺序为处理Ⅰ＞处理Ⅱ＞处理Ⅲ＞ CK。可见，处理Ⅰ的树高增量最大，年均增长量达 2.03 m，比同等养分配比处理和不施肥处理分别高 9.14%、41.96%。处理Ⅰ与其他处理的差异达极显著水平，处理Ⅱ与处理Ⅲ的差异不显著，而处理 CK 的树高增量最小。综合分析得出，处理Ⅰ对 2.5 年生马尾松树高的生长促进作用最大，不施肥处理最小。

表 6–18　不同配方施肥处理的树高增量

处理		Ⅰ	Ⅱ	Ⅲ	CK（对照）
重复	1（m）	1.32	1.26	1.22	0.96
	2（m）	1.38	1.24	1.21	0.99
	3（m）	1.36	1.21	1.24	0.89
8 个月平均增量（m）		1.35	1.24	1.22	0.95
年均增量（m）		2.03	1.86	1.80	1.43
比 CK 的增幅（%）		41.96	30.07	25.87	—
5% 的显著水平		a	b	b	c
1% 的极显著水平		A	B	B	C

注：各处理凡是下面具有一个或多个相同字母者，表示它们之间的差异不显著，反之为差异显著，以下同。

不同配方施肥处理对马尾松幼林的地径增长与对树高的影响不一致。由表 6-19 可知，试验前后，各处理的地径年平均增长量大小顺序为处理Ⅰ＞处理Ⅲ＞处理Ⅱ＞ CK。可见，各配方施肥处理的地径增量均比对照处理高，其中处理Ⅰ与处理 CK 的差异显著，而各施肥处理间的差异不显著。试验表明，处理Ⅰ对 2.5 年生马尾松幼林地径增长的效果最好，其年均地径增长量达 11.85 mm，比同等养分配比处理和不施肥处理分别高 8.52%、17.91%，不施肥处理最差。

表 6-19 不同配方施肥处理的地径增量

处理		Ⅰ	Ⅱ	Ⅲ	CK（对照）
重复	1（mm）	8.53	7.38	7.40	6.84
	2（mm）	7.95	8.06	7.62	6.69
	3（mm）	7.23	6.39	6.89	6.57
8个月平均增量（mm）		7.90	7.28	7.30	6.70
年均增量（mm）		11.85	10.92	10.95	10.05
比CK的增幅（%）		17.91	8.66	8.96	—
5%的显著水平		a	ab	ab	b
1%的极显著水平		A	A	A	A

（9）配方施肥对马尾松幼林土壤养分的影响。土壤养分对马尾松的生长有直接的影响，合理施肥有利于马尾松树体对养分的吸收。因此，通过配方施肥技术的研究与推广应用，可以达到保持土壤肥力、防止土壤质量衰退，提高肥料利用率，减少流失对土壤和生态环境的污染，达到提高马尾松蓄积量的目的。

①配方施肥对土壤有机质含量的影响。由表6-20可知，施肥前各处理的土壤有机质含量有所差异，但达不到极显著。施肥后，处理Ⅱ、处理Ⅲ、处理CK三者之间的有机质含量均呈极显著水平。处理Ⅰ、处理Ⅱ和处理CK的土壤有机质含量有所提高，但差异不显著（尤其是处理CK），其中处理Ⅰ提高幅度较大；而处理Ⅲ的有机质含量比施肥前减少，且两者差异达极显著水平，以处理Ⅲ的下降幅度较大。

表 6-20 施肥对马尾松幼林土壤有机质的影响

单位：g/kg

处理	Ⅰ	Ⅱ	Ⅲ	CK
施肥前	18.25bA	20.58aA	21.36aA	20.15abA
施肥后	21.87aAB	22.85aA	16.66cC	20.28bB
增量	3.62	2.27	-4.70	0.13

②配方施肥对土壤碱解N、有效P、速效K含量的影响。由表6-21可知，施肥后，各处理的土壤碱解N含量均比施肥前减少，处理Ⅲ下降幅度最大，其次为处理Ⅰ，而处理Ⅱ下降幅度最小。施肥前，处理CK与其他施肥处理的土壤碱解N含量呈极显著差异水平，其余各施肥处理间差异不显著。施肥后，各处理间差异不显著，以处理CK的土壤碱解N含量最高。

施肥后，各处理土壤有效P含量均比施肥前下降，但下降幅度不同，其中以处理Ⅲ下降幅度最大，其次为处理Ⅰ，而处理Ⅱ下降幅度最小。施肥前，处理Ⅰ和处理CK的土壤有效P含量最高，施肥后，处理Ⅲ的土壤有效P含量最低，其与其他处理呈极显著差异，而其他处理间的差异水平不显著，且处理CK的土壤有效P含量最高。

施肥前，各处理间的土壤速效K含量差异不显著，以处理Ⅱ的土壤速效K含量最高，处理Ⅲ最低。施肥后，除处理Ⅱ的速效K含量有所提高外，其他处理均有不同程度下降，其中以处理CK下降幅度最大，处理Ⅲ下降幅度最小，最终以处理Ⅱ的土壤速效 K 含量最高，而处理 CK 最小。

表 6-21　施肥对马尾松幼林土壤碱解 N、有效 P、速效 K 的影响

单位：mg/kg

处理	碱解 N			有效 P			速效 K		
	施肥前	施肥后	增量	施肥前	施肥后	增量	施肥前	施肥后	增量
Ⅰ	125.75 bB	113.65 aA	-12.10	1.70 aA	1.25 aA	-0.45	64.75 aA	35.05 bB	-29.70
Ⅱ	120.37 bcB	115.70 aA	-4.67	1.60 aA	1.35 aA	-0.25	70.55 aA	79.90 aA	9.35
Ⅲ	118.29 bcB	105.90 aA	-12.39	1.50 abAB	0.95 bB	-0.55	60.18 aA	38.45 bB	-21.73
CK	133.56 aA	123.20 aA	-10.36	1.70 aA	1.40 aA	-0.30	66.82 aA	30.10 cC	-36.72

③配方施肥对土壤交换性 Ca、Mg 含量的影响。从表 6-22 可以得出，施肥前，处理Ⅲ与处理 CK 的土壤交换性 Ca 含量较高，且两者间的差异不显著，但它们与处理Ⅰ、处理Ⅱ的土壤交换性 Ca 含量达极显著差异水平，而处理Ⅰ和处理Ⅱ之间差异不显著。施肥后，各处理的土壤交换性 Ca 含量均有大幅度降低，其中处理 CK 下降幅度明显大于其他处理，处理Ⅰ下降幅度最小，这可能是处理Ⅰ施用的肥料中含有钙、镁、磷肥。施肥后，处理Ⅰ和处理Ⅲ的差异不显著，但两者均与处理Ⅱ、处理 CK 呈显著性差异水平，而处理Ⅱ和处理 CK 间也达显著性差异水平。施肥后以处理Ⅰ的土壤交换性 Ca 含量最高，处理 CK 最低。

在施肥前，处理Ⅰ的土壤交换性 Mg 含量最高，与处理Ⅱ呈显著性差异，与处理Ⅲ、处理 CK 呈极显著差异水平，处理Ⅱ、处理Ⅲ、处理 CK 三者间差异不显著，处理Ⅲ的土壤交换性 Mg 含量最低。施肥后，各施肥处理的土壤交换性 Mg 含量均有不同程度下降，其中以处理 CK 的下降幅度最大，处理Ⅰ下降幅度最小。最终处理Ⅰ的土壤交换性 Mg 含量最高，其与其他处理存在极显著差异，处理Ⅱ与处理Ⅲ差异不显著，但两者与处理 CK 的差异达极显著水平。且处理 CK 的土壤交换性 Mg 含量最低。

表 6-22　施肥对马尾松幼林土壤交换性 Ca、Mg 的影响

单位：mg/kg

处理	交换性 Ca			交换性 Mg		
	施肥前	施肥后	增量	施肥前	施肥后	增量
Ⅰ	218.90 bB	92.65 aA	-126.25	24.35aA	15.90aA	-8.45
Ⅱ	215.63 bB	77.65 bB	-137.98	22.06bAB	10.85bB	-11.21
Ⅲ	228.92 aA	87.35 aA	-141.57	20.19bB	9.55bB	-10.64
CK	230.78 aA	66.53 cC	-164.25	21.58bB	7.10cC	-14.48

④配方施肥对土壤有效 Cu、Zn、B 含量的影响。由表 6-23 可知，施肥前各处理的土壤有效 Cu 含量各不相同，以处理 CK 的值最大，处理Ⅱ最小，两者差异呈极显著水平。施肥后，除处理Ⅲ外，各处理的土壤有效 Cu 含量均呈不同程度减少，处理 CK 下降幅度最大，其土壤有效 Cu 含量最低。施肥

后处理Ⅲ的土壤有效 Cu 含量最高，与其他处理均达到极显著差异水平，处理Ⅰ与处理Ⅱ之间差异不显著，但与处理 CK 均为极显著差异。

施肥前处理Ⅲ的土壤有效 Zn 含量最小，与其余 3 个处理均呈极显著差异水平，但其余 3 个处理间的差异不显著。施肥后处理Ⅰ的土壤有效 Zn 含量略有下降，其余处理均有所提高，其中处理Ⅱ提高幅度最大，处理 CK 提高幅度最小，最终处理Ⅱ的土壤有效 Zn 含量最高，与其他处理均达到极显著性差异水平。处理Ⅰ的有效 Zn 含量最低，与处理Ⅲ、处理 CK 呈极显著差异，处理Ⅲ与处理 CK 差异不显著。

马尾松幼林林地在施肥前处理Ⅰ、处理Ⅱ的土壤有效 B 含量与处理Ⅲ、处理 CK 存在显著差异，其中以处理 CK 最高，处理Ⅱ最低。施肥后，各处理的土壤有效 B 含量均比施肥前有显著提高，其中处理Ⅲ提高幅度最大，处理 CK 提高幅度最小。施肥后处理Ⅲ与其他处理呈极显著差异，处理Ⅰ与处理 CK 差异不显著，但两者与处理Ⅱ的差异达显著水平。

表 6-23　施肥对马尾松幼林土壤 Cu、Zn、B 的影响

单位：mg/kg

处理	有效 Cu			有效 Zn			有效 B		
	施肥前	施肥后	增量	施肥前	施肥后	增量	施肥前	施肥后	增量
Ⅰ	0.48aA	0.34bB	-0.14	0.54aA	0.45cC	-0.09	0.14bA	0.42bB	0.28
Ⅱ	0.38cC	0.36bB	-0.02	0.51aA	0.78aA	0.27	0.13bA	0.37cB	0.24
Ⅲ	0.42bB	0.43aA	0.01	0.46bB	0.55bB	0.09	0.16aA	0.54aA	0.38
CK	0.50aA	0.28cC	-0.22	0.55aA	0.57bB	0.02	0.17aA	0.40bB	0.23

⑤配方施肥对土壤有效 Fe、Mn 含量的影响。由表 6-24 可知，施肥前，处理Ⅲ与处理 CK 间的土壤有效 Fe 含量差异不显著，但两者与处理Ⅰ、处理Ⅱ的差异极显著，且处理Ⅰ的土壤有效 Fe 含量最高，处理Ⅱ最低。施肥后，各处理的土壤有效 Fe 含量均明显提高，其中处理Ⅱ的有效 Fe 含量增幅最大，处理 CK 增幅最小。施肥后，处理Ⅱ与处理Ⅲ的土壤有效 Fe 含量差异不显著，但两者与处理Ⅰ、处理 CK 的差异均达到极显著水平，而处理Ⅰ与处理 CK 也存在极显著差异。

施肥前，处理Ⅲ与处理 CK 的土壤有效 Mn 含量差异不显著，但两者与处理Ⅰ、处理Ⅱ均达到极显著差异水平，处理Ⅲ的土壤有效 Fe 含量最高，处理Ⅱ最低。施肥后，各处理的土壤有效 Mn 含量均有所提高，其中以处理Ⅰ提高幅度最大，处理 CK 提高幅度最小。施肥后处理Ⅰ的土壤有效 Mn 含量与其他处理呈极显著差异，处理Ⅱ与处理Ⅲ差异不显著，但与处理 CK 的差异显著。

表 6-24　施肥对马尾松幼林土壤有效 Fe、Mn 的影响

单位：mg/kg

处理	有效 Fe			有效 Mn		
	施肥前	施肥后	增量	施肥前	施肥后	增量
Ⅰ	38.74aA	51.22bB	12.48	0.26bB	2.91aA	2.65
Ⅱ	29.66cC	55.05aA	25.39	0.22cC	2.21bB	1.99

续表

处理	有效 Fe			有效 Mn		
	施肥前	施肥后	增量	施肥前	施肥后	增量
Ⅲ	35.25bB	58.13aA	22.88	0.35aA	1.88bB	1.53
CK	36.37bB	46.98cC	10.61	0.32aA	1.05cC	0.73

（10）配方施肥对马尾松土壤肥力影响的综合评价。根据上述马尾松幼林土壤养分各项指标情况，整理出土壤各养分平均值，如下表 6-25。

表 6-25　各处理配方施肥前后土壤养分状况

处理		有机质（g/kg）	碱解 N（mg/kg）	有效 P（mg/kg）	速效 K（mg/kg）	交换性 Ca（mg/kg）	交换性 Mg（mg/kg）	有效 Cu（mg/kg）	有效 Zn（mg/kg）	有效 B（mg/kg）	有效 Fe（mg/kg）	有效 Mn（mg/kg）
Ⅰ	施肥前	18.25	125.75	1.70	64.75	218.9	24.35	0.48	0.54	0.14	38.74	0.26
	施肥后	21.87	113.65	1.25	35.05	92.65	15.90	0.34	0.45	0.42	51.22	2.91
Ⅱ	施肥前	20.58	120.37	1.60	70.55	215.63	22.06	0.38	0.51	0.13	29.66	0.22
	施肥后	22.85	115.7	1.35	79.90	77.65	10.85	0.36	0.78	0.37	55.05	2.21
Ⅲ	施肥前	21.36	118.29	1.50	60.18	228.92	20.19	0.42	0.46	0.16	35.25	0.35
	施肥后	16.66	105.9	0.95	38.45	87.35	9.55	0.43	0.55	0.54	58.13	1.88
CK	施肥前	20.15	133.56	1.70	66.82	230.78	21.58	0.50	0.55	0.17	36.37	0.32
	施肥后	20.28	123.2	1.40	30.10	66.53	7.10	0.28	0.57	0.4	46.98	1.05

选择土壤有机质、碱解 N、有效 P、速效 K、交换性 Ca、交换性 Mg、有效 Cu、有效 Zn、有效 Mn、有效 B、有效 Fe11 个养分指标作为综合评价马尾松幼林施肥前后土壤肥力的标准。根据计算出的灰色关联度，参照 5-18 给出的土壤质量分级评价标准，进行马尾松幼林配方施肥前后试验的土壤质量评价，结果见表 6-26。

关联度数值越大，其土壤综合肥力越高。由表 6-26 可知，施肥前后，马尾松幼林土壤综合肥力均表现为Ⅲ级（一般）（处理 CK 施肥后为Ⅳ级），各处理的施肥前后关联度大小变化顺序为处理Ⅱ＞处理Ⅲ＞处理Ⅰ＞处理 CK。除处理Ⅱ施肥后的土壤综合肥力比施肥前提高外，其他各处理施肥后的土壤综合肥力均有所降低，其中处理 CK 的降低幅度最大，从Ⅲ级（一般）降低至Ⅳ级（差）。因此，如果不进行科学合理施肥，马尾松幼林土壤肥力退化严重。从试验结果可知，配方施肥处理Ⅱ（N ：P_2O_5 ：K_2O=10 ：10 ：10）对马尾松幼林的土壤综合肥力提高最佳，而对营养生长最佳的处理Ⅰ（N ：P_2O_5 ：K_2O=12 ：11 ：7）其土壤综合肥力反而不如处理Ⅱ，这可能是因为处理Ⅰ的营养生长较高，吸收土壤中较多的养分，所以土壤肥力严重下降。

表 6–26 马尾松幼林土壤养分含量关联系数、关联度及综合评价

处理		有机质	碱解 N	有效 P	速效 K	交换性 Ca	交换性 Mg	有效 Cu	有效 Zn	有效 B	有效 Fe	有效 Mn	关联度（ri）	土壤质量等级
Ⅰ	施肥前	0.402	0.639	1.000	0.622	0.874	1.000	0.846	0.407	0.339	0.423	0.337	0.626	Ⅲ（一般）
	施肥后	0.760	0.410	0.455	0.357	0.373	0.505	0.407	0.333	0.631	0.673	1.000	0.537	Ⅲ（一般）
Ⅱ	施肥前	0.577	0.512	0.789	0.727	0.844	0.790	0.478	0.379	0.333	0.333	0.333	0.554	Ⅲ（一般）
	施肥后	1.000	0.436	0.517	1.000	0.349	0.390	0.440	1.000	0.547	0.822	0.658	0.651	Ⅲ（一般）
Ⅲ	施肥前	0.675	0.475	0.652	0.558	0.978	0.675	0.579	0.340	0.350	0.384	0.344	0.546	Ⅲ（一般）
	施肥后	0.333	0.333	0.333	0.375	0.364	0.368	0.611	0.418	1.000	1.000	0.566	0.518	Ⅲ（一般）
CK	施肥前	0.534	1.000	1.000	0.656	1.000	0.757	1.000	0.418	0.357	0.395	0.342	0.678	Ⅲ（一般）
	施肥后	0.546	0.572	0.556	0.333	0.333	0.333	0.333	0.440	0.594	0.561	0.420	0.457	Ⅳ（差）

（11）配方施肥对马尾松叶片各营养元素的影响。由表 6-27 可知，施肥后，除处理Ⅰ外，各处理马尾松叶片的 N 元素含量均比施肥前降低，降低幅度大小顺序为处理Ⅲ＞处理 CK ＞处理Ⅱ，可见，施肥处理Ⅰ对叶片 N 的影响效果最好，处理Ⅱ的作用效果最差。

施肥后除处理 CK 的叶片 P 元素含量比施肥前下降外，其他处理的叶片 P 元素含量均有所提高，提高幅度大小顺序为处理Ⅰ＞处理Ⅱ＞处理Ⅲ，可见，施用肥料的 P 元素含量越高，对叶片 P 元素含量的效果越明显。

施肥后各处理的叶片 K 元素含量均比施肥前降低，降幅大小顺序为处理 CK ＞处理Ⅲ＞处理Ⅰ＞处理Ⅱ。可见，不施肥处理 CK 的叶片 K 元素含量降幅最大。

表 6–27 施肥对马尾松叶片 N、P、K 含量的影响

单位：g/kg

处理	N			P			K		
	施肥前	施肥后	增量	施肥前	施肥后	增量	施肥前	施肥后	增量
Ⅰ	16.58	16.67	0.09	0.92	1.21	0.29	7.37	6.37	-1.00
Ⅱ	16.21	15.63	-0.58	1.15	1.26	0.11	5.95	5.44	-0.51
Ⅲ	16.35	15.08	-1.27	1.21	1.23	0.02	6.85	5.63	-1.22
CK	16.38	15.25	-1.13	1.30	1.27	-0.03	7.06	4.86	-2.20

由表 6-28 可知，施肥后处理Ⅱ和处理 CK 的马尾松叶片 Ca 元素含量比施肥前有所提高，处理 CK 的提高幅度大于处理Ⅱ；而处理Ⅰ和处理Ⅲ马尾松叶片 Ca 元素含量比施肥前降低，且处理Ⅰ的下降幅度大于处理Ⅲ。

各处理施肥后马尾松叶片 Mg 元素含量均比施肥前提高，提高幅度大小顺序为处理Ⅰ＞处理 CK＞处理Ⅲ＞处理Ⅱ。可见，处理Ⅰ施肥后对叶片 Mg 元素含量有较好提高作用。

各处理施肥后马尾松叶片 Mn 元素含量均比施肥前降低，降幅大小顺序为处理Ⅱ＞处理Ⅲ＞处理Ⅰ＞处理 CK。可见，不施肥处理 CK 和施肥处理Ⅰ的叶片 Mg 元素含量减少相对较小。

表 6–28　施肥对马尾松叶片 Ca、Mg、Mn 含量的影响

单位：g/kg

处理	Ca			Mg			Mn		
	施肥前	施肥后	增量	施肥前	施肥后	增量	施肥前	施肥后	增量
Ⅰ	9.92	7.61	–2.31	0.65	0.77	0.12	0.68	0.65	–0.03
Ⅱ	7.66	9.00	1.34	0.87	0.91	0.04	1.01	0.63	–0.38
Ⅲ	8.55	8.37	–0.18	0.79	0.86	0.07	0.84	0.69	–0.15
CK	8.71	11.35	2.64	0.97	1.06	0.09	0.84	0.83	–0.01

由表 6-29 可以看出，施肥后，处理Ⅰ和处理Ⅲ的马尾松叶片 Cu 元素含量比施肥前提高，增量大小顺序为处理Ⅲ＞处理Ⅰ；处理Ⅱ和处理 CK 马尾松叶片 Cu 元素含量比施肥前降低，降幅大小顺序为处理处理 CK＞处理Ⅱ。可见，施肥处理Ⅲ对叶片 Cu 元素的影响效果最佳，不施肥处理Ⅱ的效果最差。

施肥后，除处理Ⅰ的叶片 Zn 元素含量比施肥前提高外，其余各处理的叶片 Zn 元素含量均比施肥前降低，降幅大小为处理 CK＞处理Ⅱ＞处理Ⅲ。可见，施肥处理Ⅰ对叶片 Zn 元素的影响效果最佳，不施肥处理 CK 的效果最差。

表 6–29　施肥对马尾松叶片 Cu、Zn 含量的影响

单位：mg/kg

处理	Cu			Zn		
	施肥前	施肥后	增量	施肥前	施肥后	增量
Ⅰ	4.25	4.36	0.11	20.38	23.55	3.17
Ⅱ	6.30	4.17	–1.13	27.31	20.54	–6.17
Ⅲ	5.15	5.31	0.16	26.87	23.44	–3.43
CK	5.23	3.26	–1.97	34.69	28.08	–6.61

由表 6-30 可知，施肥后各处理马尾松叶片 Fe 元素含量均比施肥前大幅度降低，降幅大小顺序为处理Ⅱ＞处理Ⅲ＞处理 CK＞处理Ⅰ。可见，施肥处理Ⅰ的叶片 Mg 元素含量减少量相对较少，处理Ⅱ减少量最多。

施肥后，除处理Ⅰ的叶片 B 元素含量比施肥前提高外，其余各处理均呈下降趋势，下降幅度大小顺序为处理Ⅲ>处理 CK >处理Ⅱ。可见，处理Ⅲ施用的肥料对叶片 B 元素含量最不利，而处理Ⅰ最有利。

表 6-30　施肥对马尾松叶片 Fe、B 含量的影响

单位：mg/kg

处理	Fe			B		
	施肥前	施肥后	增量	施肥前	施肥后	增量
Ⅰ	114.49	65.48	-49.01	24.23	25.07	0.84
Ⅱ	138.83	62.95	-75.88	30.89	24.37	-6.52
Ⅲ	122.56	52.24	-70.32	30.09	23.12	-6.97
CK	125.29	61.93	-63.36	30.07	23.13	-6.94

（12）配方施肥对马尾松叶片营养影响的综合分析。由表 6-31 可知，各处理施肥前后的马尾松叶片营养元素含量差异较大。选择 N、P、K、Ca、Mg、Cu、Zn、Mn、B、Fe10 个营养指标作为综合评价马尾松幼林试验林施肥前后叶片营养成分的标准。

表 6-31　马尾松配方施肥前后叶片各营养元素含量

处理		N（g/kg）	P（g/kg）	K（g/kg）	Ca（g/kg）	Mg（g/kg）	Mn（g/kg）	Fe（mg/kg）	Zn（mg/kg）	Cu（mg/kg）	B（mg/kg）
Ⅰ	施肥前	16.58	0.92	7.37	9.92	0.65	0.68	114.49	20.38	4.25	24.23
	施肥后	16.67	1.21	6.37	7.61	0.77	0.65	65.48	23.55	4.36	25.07
Ⅱ	施肥前	16.21	1.15	5.95	7.66	0.87	1.01	138.83	27.31	6.30	30.89
	施肥后	15.63	1.26	5.44	9.00	0.91	0.63	62.95	20.54	4.17	24.37
Ⅲ	施肥前	16.35	1.21	6.85	8.55	0.79	0.84	122.56	26.87	5.15	30.09
	施肥后	15.08	1.23	5.63	8.37	0.86	0.69	52.24	23.44	5.31	23.12
CK	施肥前	16.38	1.30	7.06	8.71	0.97	0.84	125.29	34.69	5.23	30.07
	施肥后	15.25	1.27	4.86	11.35	1.06	0.83	61.93	28.08	3.26	23.13

灰色关联系统理论强调马尾松叶片营养成分关联度越大，则马尾松叶片营养成分评价越高。各处理的关联系数和等权关联度结果见表 6-32。如表 6-32 所示，各处理关联度大小顺序为施肥前处理 CK >施肥前处理Ⅱ>施肥前处理Ⅲ>施肥后处理 CK >施肥前处理Ⅰ>施肥后处理Ⅰ>施肥后处理Ⅱ>施肥后处理Ⅲ。可见，施肥前处理 CK 的关联度最大（ri=0.735），其叶片营养成分最大；施肥后处理Ⅲ的关联度最小（ri=0.441），其叶片营养成分最小。

各处理施肥后的关联度均比施肥前下降，可见，施肥后各处理的叶片营养成分反而比施肥前降低，可能是由于马尾松幼林生长快速，因此施入肥料养分不足以供应植株生长所需要的营养，从而在叶片中体现出来。施肥前后各处理的关联度下降幅度大小顺序为处理Ⅱ>处理 CK >处理Ⅲ>处

理Ⅰ，可见，配方施肥处理Ⅰ的施肥效果最好，其对马尾松叶片营养下降的减缓作用最有效，而同等养分含量的处理Ⅱ的施肥效果最差，叶片营养下降幅度最大。

表 6-32 马尾松叶片营养成分关联系数和关联度

处理		N	P	K	Ca	Mg	Mn	Fe	Zn	Cu	B	关联度（*ri*）
Ⅰ	施肥前	0.898	0.333	1.000	0.567	0.333	0.365	0.640	0.333	0.426	0.368	0.526
	施肥后	1.000	0.679	0.557	0.333	0.414	0.345	0.371	0.391	0.439	0.400	0.493
Ⅱ	施肥前	0.633	0.559	0.469	0.336	0.519	1.000	1.000	0.492	1.000	1.000	0.701
	施肥后	0.433	0.826	0.394	0.443	0.577	0.333	0.363	0.336	0.416	0.373	0.450
Ⅲ	施肥前	0.713	0.679	0.707	0.400	0.432	0.528	0.727	0.478	0.569	0.829	0.606
	施肥后	0.333	0.731	0.419	0.386	0.506	0.373	0.333	0.389	0.606	0.333	0.441
CK	施肥前	0.733	1.000	0.802	0.415	0.695	0.528	0.762	1.000	0.587	0.826	0.735
	施肥后	0.359	0.864	0.333	1.000	1.000	0.514	0.360	0.520	0.333	0.334	0.562

2. 不同施肥量研究 1

（1）试验地概况。试验地设在广西国有派阳山林场鸿鸪分场内，位于东经 107°10′0″、北纬 22°1′49″。试验林面积是 80 亩，马尾松林品种为桐棉种源，2013 年 7 月造林，种植密度为 2 m × 3 m，于 2015 年 12 月开始进行种植，2016 年 3 月和 7 月分别施、追肥 1 次。林下植被主要有铁芒萁（*Dicranopteris Pedata*）、五节芒（*Miscanthus floridulus*）、桃金娘（*Rhodomyrtus tomentosa*）、乌毛蕨（*Blechnum orientale*）等。

（2）施肥量试验设计。试验于 2016 年 2 月在广西国有派阳山林场鸿鸪分场进行，选取林分差异较小、生长状况基本一致的马尾松幼林作为试验地。根据试验地的土壤肥力和林分生长情况，以最佳施肥配方处理Ⅰ（N ： P_2O_5 ： K_2O=12 ： 11 ： 7）为试验肥料，按不同施肥量水平设计 4 个施肥量处理和 1 个不施肥处理，具体见表 6-33。试验采用随机区组设计，随机排列，重复 3 次。在每个处理的中间，划分 200 m^2（10 m × 20 m）样地小区，样地内每株马尾松挂牌做好标记，作为每次的测定对象。

表 6-33 试验设计处理

处理	施肥量（kg/ 株）	配方（N ： P_2O_5 ： K_2O）	肥料养分情况
1	0.25	12 ： 11 ： 7	肥料总养分 30% 5% 微量元素 10% 有机质
2	0.50		
3	0.75		
4	1.00		

续表

处理	施肥量（kg/ 株）	配方（N ： P_2O_5 ： K_2O）	肥料养分情况
CK（对照）	0.00	0 ： 0 ： 0	0

（3）施肥抚育时间与方式。施肥方式、施肥时间和除草抚育方式与上述“配方施肥试验研究”一致。

（4）调查、采样及分析测定。植物生长指标调查、土壤及植物叶片采集、样品分析指标及测定方法均与上述“配方施肥试验研究”一致。

（5）数据分析处理。应用 Microsoft Excel 软件和关联度理论方法来分析不同施肥量对马尾松幼林营养生长、生理生化特征等指标的影响。

（6）不同施肥量对马尾松生长的影响。

①不同施肥量处理对树高的影响。考虑到试验前树体生长不完全均匀，故对施肥后的树高增量进行分析。不同的施肥量处理对马尾松幼林的树高增长有不同的影响。从表 6-34 可以看出，不同试验处理间的树高增量有所差异，各施肥量处理的增量均大于对照（不施肥）处理，各处理对树高增长的影响大小顺序为处理 4 ＞处理 1 ＞处理 2 ＞处理 3 ＞处理 CK。可见，处理 4 的树高增量最大，其与处理 1 的差异不显著，但与其他处理间存在极显著差异，而处理 CK 的树高增量最小。综合分析得出，处理 4（1.00 kg/ 株）对 2.5 年生马尾松树高的增长促进作用最大，年均树高增长量达 1.92 m，其次为处理 1（0.25 kg/ 株），年均树高增长量达 1.82 m，分别比不施肥高 43.82%、35.96%。

表 6-34　施肥量试验处理的树高增量

处理		1	2	3	4	CK
重复	①（m）	1.18	1.13	0.98	1.33	0.83
	②（m）	1.25	1.08	1.06	1.23	0.77
	③（m）	1.20	1.10	0.99	1.27	0.77
8 个月平均增量（m）		1.21	1.10	1.01	1.28	0.89
年均增量（m）		1.82	1.65	1.52	1.92	1.34
比 CK 的增幅（%）		35.96	23.60	13.48	43.82	—
5% 的显著水平		a	b	c	a	d
1% 的极显著水平		AB	BC	CD	A	D

②不同施肥量处理对地径的影响。不同施肥量处理对马尾松幼林的地径增长有不同的影响。由表 6-35 可知，试验前后，各处理的地径平均增长量大小顺序为处理 1 ＞处理 2 ＞处理 4 ＞处理 3 ＞处理 CK，按由大到小顺序排列，各施肥量处理的地径增量比对照处理增加分别为 20.76%、14.34%、11.11%、7.31%。由此可知，各施肥量处理的地径增长量均大于处理 CK，除处理 3 与处理 CK 的差

异不显著外，其余处理均与处理 CK 达显著差异水平，甚至处理 1、处理 2 与处理 CK 达极显著差异水平。试验表明，马尾松幼林地径的增长与施肥量并不成正比，处理 1（0.25 kg/ 株）对马尾松幼林地径增长的效果最好，年均地径增长量达 12.39 mm，其次是处理 2（0.50 kg/ 株）年均地径增长量达 11.70 mm，分别比不施肥高 20.76%、14.34%。

表 6-35 施肥量试验处理的地径增量

处理		1	2	3	4	CK
重复	①（mm）	8.82	7.95	7.51	7.92	7.11
	②（mm）	8.10	7.81	7.33	7.65	6.79
	③（mm）	7.86	7.65	7.18	7.23	6.63
8 个月平均增量（mm）		8.26	7.80	7.34	7.60	6.84
年均增量（mm）		12.39	11.70	11.01	11.40	10.20
比 CK 的增幅（%）		20.76	14.34	7.31	11.11	—
5% 的显著水平		a	ab	bc	b	c
1% 的极显著水平		A	AB	BC	ABC	C

（7）不同施肥量对马尾松土壤肥力影响的综合评价。采用灰色关联度对不同施肥量对马尾松幼林土壤肥力进行综合比较，分析施肥前后各处理的土壤养分状况及变化情况。不同处理土壤养分含量见表 6-36。

表 6-36 不同施肥量施肥前后土壤养分状况

处理	有机质（g/kg）	碱解 N（mg/kg）	有效 P（mg/kg）	速效 K（mg/kg）	交换性 Ca（mg/kg）	交换性 Mg（mg/kg）	有效 Cu（mg/kg）	有效 Zn（mg/kg）	有效 B（mg/kg）	有效 Fe（mg/kg）	有效 Mn（mg/kg）
施肥前	22.5	169.8	1.9	85.8	304.6	24.4	0.53	0.8	0.17	49.97	0.43
1	31.67	153.6	1.5	59	60.4	7.7	0.48	0.75	0.32	44.07	0.41
2	24.08	115.5	1.5	67	76.4	13	0.72	0.52	0.27	38.1	2.08
3	28.71	173.4	1.5	72.1	276.2	44	0.84	1.08	0.41	62.82	2.53
4	22.08	96.1	1.5	35.4	68.1	5.5	0.27	0.6	0.36	61.51	0.91
CK	23.28	123.2	1.4	30.1	303.2	21.1	0.28	0.97	0.4	46.98	3.45

选择土壤有机质、碱解 N、有效 P、速效 K、交换性 Ca、交换性 Mg、有效 Cu、有效 Zn、有效 Mn、有效 B、有效 Fe11 个养分指标作为综合评价马尾松幼林不同施肥量施肥前后土壤肥力的标准。根据计算出的灰色关联度，参照表 5-18 给出的土壤质量分级评价标准，进行马尾松幼林不同施肥前后

试验的土壤质量评价，结果见表 6-37。

关联度数值越大，其土壤综合肥力越高。由表 6-37 可知，各处理综合肥力大小顺序为处理 3 >施肥前>处理 CK >处理 1 >处理 2 >处理 4。可见，除处理 3 的土壤综合肥力比施肥前提高外，其余各处理的土壤综合肥力均比施肥前降低，其中处理 4 的土壤综合肥力降低幅度最大，从Ⅲ级（一般）降低至Ⅳ（差）。因此，处理 3（0.75 kg/ 株）的施肥量对土壤综合肥力的提升效果最佳，处理 4（1.00 kg/株）反而最差，可见并不是施肥量越大，对提高土壤肥力的效果越好。

表 6-37　马尾松幼林土壤养分含量关联系数、关联度及综合评价

处理	有机质	碱解 N	有效 P	速效 K	交换性 Ca	交换性 Mg	有效 Cu	有效 Zn	有效 B	有效 Fe	有效 Mn	关联度（*ri*）	土壤质量等级
施肥前	0.343	0.915	1.000	1.000	1.000	0.495	0.479	0.500	0.333	0.490	0.335	0.626	Ⅲ（一般）
1	1.000	0.661	0.385	0.510	0.333	0.347	0.442	0.459	0.571	0.397	0.333	0.494	Ⅳ（差）
2	0.387	0.400	0.385	0.597	0.349	0.383	0.704	0.333	0.462	0.333	0.526	0.442	Ⅳ（差）
3	0.618	1.000	0.385	0.670	0.811	1.000	1.000	1.000	1.000	1.000	0.623	0.828	Ⅱ（良）
4	0.333	0.333	0.385	0.356	0.340	0.333	0.333	0.368	0.706	0.904	0.374	0.433	Ⅳ（差）
CK	0.364	0.435	0.333	0.333	0.989	0.457	0.337	0.718	0.923	0.438	1.000	0.575	Ⅲ（一般）

（8）不同施肥量对马尾松叶片营养影响的综合评价。由表 6-38 可知，各处理的马尾松叶片营养元素含量差异较大。选择 N、P、K、Ca、Mg、Cu、Zn、Mn、B、Fe 10 个营养指标作为综合评价马尾松幼林不同施肥量施肥前后叶片营养成分的标准。

表 6-38　不同施肥量马尾松幼林叶片各营养元素含量

处理	N（g/kg）	P（g/kg）	K（g/kg）	Ca（g/kg）	Mg（g/kg）	Mn（g/kg）	Zn（mg/kg）	Fe（mg/kg）	Cu（mg/kg）	B（mg/kg）
施肥前	16.38	1.18	7.06	8.71	0.77	0.84	5.23	27.31	125.29	30.07
1	16.02	1.33	6.54	4.35	0.66	0.27	3.73	26.25	51.20	26.70
2	15.67	0.95	6.26	6.48	0.99	0.47	3.49	25.75	57.29	24.29
3	17.50	1.04	7.43	6.27	1.02	0.74	4.32	26.18	53.06	32.96
4	15.09	1.04	6.70	5.22	0.58	0.40	3.49	28.88	50.17	23.23
CK	15.25	1.27	4.86	5.36	0.52	0.83	3.26	24.08	49.93	23.13

各处理的关联系数和等权关联度结果见表6-39。由表6-39可知，各处理关联度大小顺序为施肥前＞处理3＞处理1＞处理2＞处理4＞处理CK。可见，施肥前的关联度最大（*ri*=0.758），其叶片营养成分含量最大；施肥后各处理的叶片营养均比施肥前低，而处理3的关联度为施肥后各处理中最大值，其叶片营养降低幅度最小，这与施肥后处理3的土壤肥力最大相一致。不施肥处理的关联度最小（*ri*=0.449），其叶片营养成分含量最小。

因此，施肥量为0.75 kg/株的施肥效果最好，其对马尾松叶片营养下降的减缓作用最有效，而不施肥处理的效果最差，叶片营养下降幅度最大。

表6–39　不同施肥量马尾松叶片营养成分关联系数和关联度

处理	N	P	K	Ca	Mg	Mn	Zn	Fe	Cu	B	关联度（*ri*）
施肥前	0.518	0.552	0.775	1.000	0.499	1.000	1.000	0.605	1.000	0.630	0.758
1	0.449	1.000	0.591	0.333	0.408	0.333	0.396	0.477	0.337	0.440	0.476
2	0.397	0.335	0.524	0.494	0.906	0.435	0.361	0.434	0.357	0.362	0.461
3	1.000	0.394	0.999	0.472	1.000	0.736	0.520	0.471	0.343	1.000	0.693
4	0.333	0.396	0.638	0.384	0.362	0.394	0.361	1.000	0.334	0.336	0.454
CK	0.349	0.766	0.333	0.394	0.333	0.982	0.333	0.333	0.333	0.333	0.449

3. 不同肥料配方研究2

（1）研究区概况。试验区位于广西南部沿海钦州市境内，属广西钦州市林业科学研究所自有经营林地，地处东经108°33′54″，北纬21°58′15″，海拔为107 m，属南亚热带季风气候区，年平均气温为22℃，绝对最高温度为37.5℃，绝对最低温度为–1.8℃。年平均降水量为1 600 mm左右，相对湿度达81%，平均日照时数为1 800 h左右，历年平均无霜期为329～354 d，年总积温为7 800～8 200℃。成土岩及母质为砂页岩，土壤类型为赤红壤，土层深厚。林下植被主要有芒萁、桃金娘、五节芒、白茅等。

试验地为多品种松树混交，以马尾松为主。马尾松树林于2006年7月造林，面积为80亩，种植密度为2.0 m×2.0 m。试验于2014年7月和2015年6月各进行1次追肥。

（2）研究设计。根据试验地的土壤肥力状况和马尾松林分生长情况，按氮、磷、钾3种肥料的不同水平设计4个施肥处理，1个不施肥处理作对照，具体试验设计处理详见表6-40。试验采用随机区组设计，每个处理设3个重复，每个小区为0.41 hm^2。

表 6–40 试验设计处理

处理	配方（N ∶ P_2O_5 ∶ K_2O）	微量元素和有机质	年施肥量（kg/ 株）	总养分（%）
Ⅰ	7 ∶ 14 ∶ 9	5% 微量元素、15% 有机质	0.50	30
Ⅱ	8 ∶ 10 ∶ 12	5% 微量元素、15% 有机质	0.50	30
Ⅲ	12 ∶ 8 ∶ 10	5% 微量元素、12% 有机质	0.50	30
Ⅳ	10 ∶ 10 ∶ 10	无微量元素、无有机质	0.50	30
CK	不施肥	无微量元素和有机质	0	0

（3）施肥与抚育管理。试验地于 2014 年建立，按试验设计处理进行施肥，每年施肥 1 次，分别于 2014 年 7 月和 2015 年 7 月进行施肥，每次施肥量为 0.50 kg/ 株。每年施肥前后对林地进行除草和抚育。采用环形沟施肥方法，沿树冠外缘滴水线处环状开沟，施肥沟规格为长 60 cm、宽 20 cm、深 20 cm，施放肥料后及时盖土压实。

试验林主要采用人工割灌除草的抚育方式，与施肥相结合，每年 2 次，第一次抚育在 2 ～ 3 月进行，第二次抚育于 7 ～ 8 月进行。

（4）生长指标测定。在试验林地每个处理中设置 10 m × 20 m 的小区，采用测高杆和胸径尺等工具对马尾松的树高和胸径进行每木检尺，分别在试验前和 2016 年 9 月进行测量。

（5）样品采集。土壤及植物样品采集：试验前和 2016 年 9 月分别采集土壤和植物样品。在试验地各处理区域内，于上坡、中坡和下坡各挖一个土壤剖面，在垂直方向上采集 0 ～ 40 cm 的土层，并分别混合土壤样品。同时在剖面附近分东、西、南、北 4 个方位分别采集树体外围中上部无病虫害、无机械损伤的成熟松针，混合后带回实验室以 105℃烘 15 min 杀青，70℃烘干至恒重，用不锈钢粉碎机粉碎后置于密封袋中，贴好标签，用于测定养分含量。

（6）分析项目及方法。土壤和植物营养元素分析测定方法均参照《中华人民共和国林业行业标准 LY/T 1999》进行。

①土壤分析测定指标：pH 值、有机质、碱解氮、有效磷、速效钾、交换性钙、交换性镁、有效铜、有效锌、有效铁、有效锰、有效硼。土壤 pH 测定值用水浸提电位法；有机质测定用重铬酸钾氧化—外加热法；碱解 N 测定用碱解—扩散法；有效 P 测定用盐酸—硫酸浸提法；速效 K 测定用 1 mol/L 乙酸铵浸提—火焰光度法；交换性 Ca、Mg 测定用乙酸铵交换—原子吸收分光光度计；有效 Cu、有效 Zn、有效 Fe 和有效 Mn 测定用原子吸收分光光度法；有效 B 测定用沸水浸提—甲亚胺比色法。

②松针分析测定指标：全氮、全磷、全钾、全钙、全镁、全铜、全锌、全铁、全锰、全硼。全氮采用凯氏法测定；全钾、全钙、全镁、全铜、全锌、全铁、全锰采用硝酸—高氯酸消煮，原子吸收分光光度法测定；全磷采用硝酸—高氯酸消煮，钼锑抗比色法测定；全硼采用干灰化—甲亚胺比色法测定。

（7）统计分析。样品的数据分析采用 Office Excel 2003 进行预处理，利用灰色关联度和 SPSS

17.0统计软件进行统计分析。

（8）配方施肥对马尾松人工林生长的影响。从表6-41可以看出，各配方施肥处理的树高增量均大于对照（不施肥）处理，各处理树高年均增长量的大小顺序为处理Ⅱ＞处理Ⅳ＞处理Ⅲ＞处理Ⅰ＞处理CK。可见，处理Ⅱ的树高增量最大，与处理Ⅳ的差异不显著，但与其他处理的差异达显著或极显著水平，而处理Ⅰ与处理CK的差异不显著，处理CK的树高增量最小。综合分析得出，处理Ⅱ对8年生马尾松树高的增长促进作用最大，年均树高增量达1.26 m，比同等养分配比处理和不施肥处理分别高9.57%、61.54%，不施肥处理最小。

表6–41　不同配方施肥处理的树高增量

处理		Ⅰ	Ⅱ	Ⅲ	Ⅳ	CK（对照）
重复	1（m）	0.83	1.15	1.02	1.07	0.81
	2（m）	0.72	1.30	1.13	1.21	0.71
	3（m）	0.93	1.32	0.96	1.16	0.81
年平均增量（m）		0.83	1.26	1.04	1.15	0.78
比CK的增幅（%）		6.41	61.54	33.33	47.44	—
5%的显著水平		c	a	b	ab	c
1%的极显著水平		BC	A	AB	A	C

注：各处理凡是下面具有一个或多个相同字母者，表示它们之间的差异不显著，反之为差异显著，以下同。

由表6-42可知，试验前后，各处理的年均胸径增长量大小顺序为处理Ⅱ＞处理Ⅳ＞处理Ⅰ＞处理Ⅲ＞处理CK。各配方施肥处理的年均胸径增量均比对照处理高，但各处理间的年均胸径增量差异不显著。研究表明，处理Ⅱ对8年生马尾松林胸径增长的效果最好，年均胸径增长量达1.29 cm，比同等养分配比处理和不施肥处理分别高13.16%、35.79%，不施肥处理最差。

表6–42　不同配方施肥处理的胸径增量

处理		Ⅰ	Ⅱ	Ⅲ	Ⅳ	CK（对照）
重复	1（cm）	1.44	1.61	1.21	1.45	1.00
	2（cm）	0.79	0.88	0.88	0.74	0.88
	3（cm）	1.12	1.38	1.14	1.21	0.97
年平均增量（cm）		1.12	1.29	1.08	1.14	0.95
比CK的增幅（%）		17.89	35.79	13.68	20.00	—
5%的显著水平		a	a	a	a	a
1%的极显著水平		A	A	A	A	A

（9）配方施肥对马尾松土壤肥力影响的综合评价。根据分析测定结果，将马尾松人工林土壤养分各项指标情况整理出来，如下表6-43。各处理施肥前后的土壤养分元素含量的表现各不一样。

表6-43 各处理配方施肥前后土壤养分状况

处理		有机质（g/kg）	碱解N（mg/kg）	有效P（mg/kg）	速效K（mg/kg）	交换性Ca（mg/kg）	交换性Mg（mg/kg）	有效Cu（mg/kg）	有效Zn（mg/kg）	有效B（mg/kg）	有效Fe（mg/kg）	有效Mn（mg/kg）
Ⅰ	施肥前	17.80	30.6	1.2	34.7	56.9	8.8	0.24	3.36	0.20	70.52	1.52
	施肥后	25.17	88.27	2.07	12.50	43.70	4.00	0.32	1.73	0.35	59.75	0.89
Ⅱ	施肥前	20.01	56.6	1.1	21.5	58.7	5.2	0.16	1.88	0.23	128.49	0.95
	施肥后	20.97	92.07	1.80	11.83	33.53	3.03	0.29	1.10	0.34	72.61	0.76
Ⅲ	施肥前	25.32	68.75	1.1	31.92	60.48	7.3	0.2	2.95	0.25	108.56	0.86
	施肥后	23.63	98.60	2.07	10.37	28.93	2.57	0.27	1.25	0.42	62.00	0.73
Ⅳ	施肥前	23.65	60.31	1.2	29.46	62.36	6.8	0.22	2.63	0.26	114.93	1.19
	施肥后	20.04	86.97	2.57	15.17	52.13	3.87	0.25	1.53	0.37	50.56	0.52
CK	施肥前	41.86	117.8	1.0	38.2	76.0	7.6	0.15	3.02	0.37	100.98	0.92
	施肥后	20.31	65.30	2.00	11.90	27.30	2.70	0.29	1.72	0.38	54.08	0.57

选择土壤有机质、碱解N、有效P、速效K、交换性Ca、交换性Mg、有效Cu、有效Zn、有效Mn、有效B、有效Fe 11个养分指标作为综合评价马尾松人工林施肥前后土壤肥力的标准。根据计算出的灰色关联度，参照表5-18给出的土壤质量分级评价标准，进行马尾松人工林配方施肥前后试验的土壤质量评价，结果见表6-44。

关联度数值越大，其土壤综合肥力越高。由表6-44可知，施肥前处理CK的关联度为0.717，土壤质量等级达Ⅱ级（良），为最大；施肥前处理Ⅰ的土壤质量等级为Ⅲ级（一般），其余各处理的土壤质量较差，均表现为Ⅳ级（差）。施肥后，各处理的马尾松人工林土壤综合肥力均比施肥前降低。各处理的施肥前后关联度降幅大小顺序为处理CK＞处理Ⅰ＞处理Ⅲ＞处理Ⅳ＞处理Ⅱ。可见，处理CK的降低幅度最大，从Ⅱ级（良）降低至Ⅳ级（差），处理Ⅱ的降幅最小。由试验结果可知，配方施肥处理Ⅱ（N ：P_2O_5 ：K_2O=8 ：10 ：12）对8年生马尾松人工林土壤综合肥力的作用效果最佳，不施肥处理CK的土壤质量退化最严重，其次为处理Ⅰ，而处理Ⅰ施用肥料的P元素含量最高，但效果反而不如其他施肥处理。因此，施用P元素越多效果并不一定越好，若不施肥或施肥不科学合理，8年生马尾松人工林的土壤肥力退化更严重。

表 6-44　马尾松人工林土壤养分含量关联系数、关联度及综合评价

处理		有机质	碱解N	有效P	速效K	交换性Ca	交换性Mg	有效Cu	有效Zn	有效B	有效Fe	有效Mn	关联度（*ri*）	土壤质量等级
Ⅰ	施肥前	0.333	0.333	0.364	0.799	0.560	1.000	0.515	1.000	0.333	0.402	1.000	0.604	Ⅲ（一般）
	施肥后	0.419	0.596	0.611	0.351	0.430	0.394	1.000	0.409	0.611	0.362	0.442	0.511	Ⅳ（差）
Ⅱ	施肥前	0.355	0.416	0.348	0.455	0.585	0.464	0.347	0.433	0.367	1.000	0.467	0.476	Ⅳ（差）
	施肥后	0.365	0.629	0.505	0.345	0.364	0.351	0.739	0.333	0.579	0.411	0.397	0.456	Ⅳ（差）
Ⅲ	施肥前	0.421	0.471	0.348	0.689	0.611	0.675	0.415	0.734	0.393	0.662	0.431	0.532	Ⅳ（差）
	施肥后	0.398	0.694	0.611	0.333	0.341	0.333	0.630	0.349	1.000	0.369	0.388	0.495	Ⅳ（差）
Ⅳ	施肥前	0.398	0.431	0.364	0.614	0.641	0.609	0.459	0.608	0.407	0.742	0.602	0.534	Ⅳ（差）
	施肥后	0.355	0.586	1.000	0.377	0.505	0.387	0.548	0.382	0.688	0.333	0.333	0.499	Ⅳ（差）
CK	施肥前	1.000	1.001	0.333	1.000	1.000	0.722	0.333	0.769	0.688	0.586	0.455	0.717	Ⅱ（良）
	施肥后	0.358	0.454	0.579	0.346	0.333	0.338	0.739	0.408	0.733	0.344	0.345	0.453	Ⅳ（差）

（10）配方施肥对马尾松叶片营养影响的综合分析。由表 6-45 可知，施肥前后各处理的马尾松叶片营养元素含量升降不一。本文选择 N、P、K、Ca、Mg、Cu、Zn、Mn、B、Fe 10 个营养指标作为综合评价 8 年生马尾松人工林配方施肥前后叶片营养成分的标准。

表 6-45　马尾松人工林配方施肥前后林叶片各营养元素含量

处理		N（g/kg）	P（g/kg）	K（g/kg）	Ca（g/kg）	Mg（g/kg）	Mn（g/kg）	Zn（mg/kg）	Fe（mg/kg）	Cu（mg/kg）	B（mg/kg）
Ⅰ	施肥前	9.24	0.94	3.79	8.35	0.63	0.86	4.74	93.95	140.03	5.11
	施肥后	11.16	0.96	5.01	4.74	0.64	0.33	4.38	43.31	96.84	14.45
Ⅱ	施肥前	8.64	0.79	3.45	5.15	0.50	0.29	3.23	37.74	159.22	4.13
	施肥后	12.55	1.03	5.22	4.28	0.51	0.26	4.84	41.67	92.76	14.95
Ⅲ	施肥前	10.48	0.73	3.78	5.06	0.55	0.34	2.92	62.96	83.39	3.22
	施肥后	11.65	0.88	3.59	4.98	0.59	0.35	4.31	51.18	125.96	21.99
Ⅳ	施肥前	9.45	0.82	3.67	6.19	0.56	0.49	3.63	64.88	127.55	4.15
	施肥后	11.19	0.80	3.85	5.09	0.62	0.30	4.07	51.28	98.44	17.26
CK	施肥前	9.95	0.76	2.73	10.73	0.53	1.02	5.37	98.01	157.55	3.01
	施肥后	8.62	0.75	3.77	4.08	0.52	0.42	4.04	50.36	52.15	13.04

各处理的关联系数和等权关联度结果见表 6-46。如表 6-46 所示，各处理施肥前后关联度增量大小顺序为处理Ⅱ（0.186）>处理Ⅲ（0.148）>处理Ⅳ（0.055）>处理Ⅰ（-0.050）>处理 CK（-0.286）。可见，处理Ⅰ和处理 CK 的叶片营养比施肥前下降，其他处理均有所提高，而处理Ⅱ提高幅度最大，配方施肥效果最佳，处理 CK 效果最差。因此，施用配方肥料（N ：P_2O_5 ：K_2O=8 ：10 ：12）对提高 8 年生马尾松叶片营养含量的效果最好，而不施肥的叶片营养则会显著降低，对生长不利。

表 6-46　配方施肥马尾松叶片营养成分关联系数和关联度

处理		N	P	K	Ca	Mg	Mn	Zn	Fe	Cu	B	关联度（*ri*）
Ⅰ	施肥前	0.373	0.625	0.465	0.583	0.875	0.704	0.660	0.881	0.736	0.360	0.626
	施肥后	0.586	0.682	0.856	0.357	1.000	0.355	0.553	0.355	0.462	0.557	0.576
Ⅱ	施肥前	0.334	0.385	0.413	0.373	0.333	0.342	0.364	0.333	1.000	0.347	0.423
	施肥后	1.000	1.000	1.000	0.340	0.350	0.333	0.698	0.348	0.446	0.574	0.609
Ⅲ	施肥前	0.487	0.333	0.464	0.370	0.438	0.358	0.333	0.462	0.414	0.336	0.399
	施肥后	0.686	0.500	0.433	0.366	0.583	0.362	0.536	0.392	0.617	1.000	0.547
Ⅳ	施肥前	0.388	0.417	0.445	0.423	0.467	0.418	0.413	0.476	0.628	0.347	0.442
	施肥后	0.591	0.395	0.476	0.371	0.778	0.345	0.485	0.392	0.468	0.667	0.497
CK	施肥前	0.430	0.357	0.333	1.000	0.389	1.000	1.000	1.000	0.970	0.333	0.681
	施肥后	0.333	0.349	0.462	0.333	0.368	0.388	0.479	0.387	0.333	0.515	0.395

4. 不同施肥量研究 2

（1）试验地概况。试验地设在广西南部沿海钦州市境内，属广西钦州市林业科学研究所自有经营林地，地处东经 108°33′54″，北纬 21°58′15″，海拔为 107 m，属南亚热带季风气候区，年平均气温为 22℃，绝对最高温度为 37.5℃，绝对最低温度为 -1.8℃。年平均降水量为 1 600 mm 左右，相对湿度达 81%，平均日照时数为 1 800 h 左右，历年平均无霜期为 329 ～ 354 d，年总积温为 7 800 ～ 8 200℃。成土岩及母质为砂页岩，土壤类型为赤红壤，土层深厚。林下植被主要有芒萁（*Dicranopteris Pedata*）、桃金娘（*Rhodomyrtus tomentosa*）、五节芒（*Miscanthus floridulus*）、白茅（*Imperata cylindrica*）等。不同的施肥量处理对 8 年生马尾松的树高增长有不同影响。

试验地为多品种松树混交，以马尾松为主。马尾松树林于 2006 年 7 月造林，为 8 年生松树，面积为 50 亩，种植密度为 2.0 m × 2.0 m。试验于 2014 年 7 月和 2015 年 6 月各进行 1 次追肥。

（2）施肥量试验设计。试验于 2014 年 7 月在广西钦州市林科所的林地内进行。根据试验地的土壤肥力和林分生长情况，以最佳施肥配方处理Ⅱ（N ： P_2O_5 ： K_2O=8 ： 10 ： 12）为试验肥料，按不同施肥量水平设计 5 个施肥量处理和 1 个不施肥处理，具体见表 6-47。试验采用随机区组设计，随机排列，重复 3 次。在每个处理的中间，划分 200 m^2（10 m × 20 m）样地小区，样地内每株马尾松挂牌做好标记，作为每次的测定对象。

表 6–47　试验设计处理

处理	年施肥量（kg/ 株）	配方（N ： P_2O_5 ： K_2O）	肥料养分情况
1	0.25	8 ： 10 ： 12	肥料总养分 30% 5% 微量元素 15% 有机质
2	0.50		
3	0.75		
4	1.00		
5	1.25		
CK（对照）	0.00	0: 0:0	0

（3）施肥抚育时间与方式。施肥方式、施肥时间和除草抚育方式与上述“配方施肥试验研究”一致。

（4）调查、采样及分析测定。植物生长指标调查、土壤及植物叶片采集、样品分析指标及测定方法均与上述“配方施肥试验研究”一致。

（5）数据分析处理。应用 Microsoft Excel 软件和关联度理论方法来分析不同施肥量对马尾松人工林营养生长、生理生化特征等指标的影响。

（6）不同施肥量对马尾松生长的影响。

①不同施肥量对树高的影响。从表 6-48 可以看出，各施肥量处理的年均树高增量均大于对照（不施肥）处理，各处理对树高的影响大小顺序为处理 2 >处理 4 >处理 1 >处理 3 >处理 5 >处理 CK。各处理间的年均树高增量差异不显著，其中处理 2 的年均树高增量最大，处理 CK 的年均树高增量最小。综合分析得出，处理 2（0.50 kg/ 株）对 8 年生马尾松树高的增长促进作用最大，其次为处理 4（1.00 kg/株）。施肥量与年均树高增量大小不成正比关系。

表 6–48　施肥量试验处理的树高增量

处理		1	2	3	4	5	CK（对照）
重复	①（m）	1.09	1.17	0.83	1.13	0.80	0.81
	②（m）	0.87	1.12	0.87	0.91	1.37	0.71
	③（m）	0.91	0.89	1.04	0.95	0.46	0.81
年平均增量（m）		0.95	1.06	0.91	0.99	0.88	0.78
比 CK 的增幅（%）		21.79	35.90	16.67	26.92	12.82	—
5% 的显著水平		a	a	a	a	a	a
1% 的极显著水平		A	A	A	A	A	A

注：各处理凡是下面具有一个或多个相同字母者，表示它们之间的差异不显著，反之为差异显著，以下同。

②不同施肥量对胸径的影响。由表 6-49 可知，施肥 2 年后，各处理的年均胸径增量大小顺序为处理 2 ＞处理 1 ＞处理 4 ＞处理 5 ＞处理 3 ＞处理 CK。各施肥量处理的年均胸径增量均大于处理 CK，除处理 1 外，处理 2 与其余处理的差异达显著或极显著水平，处理 3、处理 5 与处理 CK 差异不显著。结果表明，8 年生马尾松胸径的增长与施肥量不成正比，处理 2（0.50 kg/ 株）对 8 年生马尾松胸径增长的作用效果最好，其次是处理 1（0.25 kg/ 株）。

表 6–49 施肥量试验处理的胸径增量

处理		1	2	3	4	5	CK（对照）
重复	①（cm）	1.87	2.50	1.06	1.82	1.21	1.00
	②（cm）	2.05	1.95	1.34	1.19	1.39	0.88
	③（cm）	1.56	1.79	1.21	1.43	1.03	0.97
年平均增量（cm）		1.83	2.08	1.20	1.48	1.21	0.95
比 CK 的增幅（%）		92.63	118.95	26.32	55.79	27.37	—
5% 的显著水平		ab	a	cd	bc	cd	d
1% 的极显著水平		AB	A	BC	ABC	BC	C

（7）不同施肥量对马尾松土壤肥力影响的综合评价。采用灰色关联度对不同施肥量 8 年生马尾松土壤肥力进行综合比较，分析施肥前后各处理的土壤养分状况。不同处理土壤养分含量见表 6-50。

表 6–50 不同施肥量施肥前后土壤养分状况

处理	有机质（g/kg）	碱解 N（mg/kg）	有效 P（mg/kg）	速效 K（mg/kg）	交换性 Ca（mg/kg）	交换性 Mg（mg/kg）	有效 Cu（mg/kg）	有效 Zn（mg/kg）	有效 B（mg/kg）	有效 Fe（mg/kg）	有效 Mn（mg/kg）
施肥前	26.56	68.34	1.10	31.47	63.87	7.20	0.18	2.75	0.27	100.00	1.13
1	36.21	163.87	1.37	19.10	42.87	3.80	0.42	2.12	0.38	72.96	1.15
2	41.04	134.30	2.33	23.83	70.93	5.97	0.38	3.37	0.29	61.11	3.71
3	38.30	124.17	2.70	35.70	79.50	6.20	0.40	2.21	0.37	63.71	2.52
4	33.28	137.93	1.60	30.67	50.80	4.57	0.46	1.79	0.42	81.29	1.26
5	32.17	145.33	1.97	17.37	25.20	3.33	0.41	1.43	0.37	60.78	0.57
CK	20.31	65.30	2.00	11.90	27.30	2.70	0.29	1.72	0.38	54.08	0.57

选择土壤有机质、碱解 N、有效 P、速效 K、交换性 Ca、交换性 Mg、有效 Cu、有效 Zn、有效 Mn、有效 B、有效 Fe 11 个养分指标作为综合评价 8 年生马尾松不同施肥量施肥前后土壤肥力的标准。

根据计算出的灰色关联度，参照表 5-18 给出的土壤质量分级评价标准，进行 8 年生马尾松不同施肥前后试验的土壤质量评价，结果见表 6-51。

关联度数值越大，其土壤综合肥力越高。由表 6-51 可知，各处理土壤综合肥力大小顺序为处理 3 ＞处理 2 ＞处理 4 ＞施肥前＞处理 1 ＞处理 5 ＞处理 CK。可见，处理 CK、处理 1 和处理 5 的土壤肥力比施肥前降低，其余处理的土壤肥力均比施肥前提高，其中处理 3 的土壤肥力提高最大，从施肥前的Ⅲ级（一般）提高至Ⅱ（良）级，处理 CK 土壤质量衰退最严重，从Ⅲ级（一般）降至Ⅴ级（极差）。因此，处理 3（0.75 kg/ 株）的施肥量对土壤肥力的提升效果最佳；除不施肥处理外，施肥处理 5（1.25 kg/ 株）反而最差，说明施肥量与土壤肥力大小不成正比。

表 6-51　马尾松土壤养分含量关联系数、关联度及综合评价

处理	有机质	碱解 N	有效 P	速效 K	交换性 Ca	交换性 Mg	有效 Cu	有效 Zn	有效 B	有效 Fe	有效 Mn	关联度（*ri*）	土壤质量等级
施肥前	0.417	0.340	0.333	0.738	0.625	1.000	0.336	0.572	0.333	1.000	0.378	0.552	Ⅲ（一般）
1	0.682	1.000	0.376	0.418	0.416	0.398	0.778	0.398	0.652	0.459	0.380	0.541	Ⅳ（差）
2	1.000	0.625	0.684	0.501	0.753	0.647	0.636	1.000	0.366	0.371	1.000	0.689	Ⅲ（一般）
3	0.791	0.554	1.000	1.000	1.000	0.692	0.700	0.416	0.600	0.388	0.569	0.701	Ⅱ（良）
4	0.572	0.655	0.421	0.703	0.476	0.461	1.000	0.343	1.000	0.551	0.391	0.598	Ⅲ（一般）
5	0.539	0.727	0.523	0.394	0.325	0.368	0.737	0.298	0.600	0.369	0.333	0.474	Ⅳ（差）
CK	0.333	0.333	0.533	0.333	0.333	0.333	0.452	0.333	0.652	0.333	0.333	0.391	Ⅴ（极差）

（8）不同施肥量对马尾松叶片营养影响的综合评价。采用灰色关联度对不同施肥量 8 年生马尾松叶片营养进行综合比较，分析施肥前后各处理的叶片营养元素含量状况。不同处理叶片营养元素含量见表 6-52。

表 6-52　不同施肥量马尾松叶片各营养元素含量

处理	N（g/kg）	P（g/kg）	K（g/kg）	Ca（g/kg）	Mg（g/kg）	Mn（g/kg）	Zn（mg/kg）	Fe（mg/kg）	Cu（mg/kg）	B（mg/kg）
施肥前	9.45	0.82	3.67	6.19	0.56	0.49	3.63	64.88	127.55	4.15
1	11.11	0.91	4.55	3.96	0.53	0.43	4.10	38.74	84.80	12.92
2	10.65	0.91	4.18	4.16	0.64	0.40	4.23	48.02	107.39	15.91
3	13.20	1.12	8.20	3.10	0.56	0.36	4.93	48.10	86.47	14.68

续表

处理	N（g/kg）	P（g/kg）	K（g/kg）	Ca（g/kg）	Mg（g/kg）	Mn（g/kg）	Zn（mg/kg）	Fe（mg/kg）	Cu（mg/kg）	B（mg/kg）
4	13.59	1.11	5.86	3.52	0.63	0.43	5.26	43.89	90.22	20.52
5	8.94	0.82	4.29	3.72	0.51	0.35	4.16	46.52	110.64	12.48
CK	9.45	0.82	3.67	6.19	0.56	0.49	3.63	64.88	127.55	4.15

各处理的关联系数和等权关联度结果见表6-53。如表6-53所示，各处理关联度大小顺序为处理4＞施肥前＞处理3＞处理2＞处理1＞处理5＞处理CK。可见，除处理4外，各处理的叶片营养含量均比施肥前降低。处理4的叶片营养含量最大，处理CK和处理5两者的叶片营养含量相对较小，这与土壤肥力大小相对应。因此，施肥量为1.00 kg/株对8年生马尾松叶片营养的效果最好，而不施肥处理的效果最差，叶片营养含量下降幅度最大。

表6–53 不同施肥量马尾松叶片营养成分关联系数和关联度

处理	N	P	K	Ca	Mg	Mn	Zn	Fe	Cu	B	关联度（ri）
施肥前	0.375	0.381	0.333	1.000	0.448	1.000	0.333	1.000	1.000	0.333	0.620
1	0.501	0.471	0.383	0.409	0.379	0.538	0.412	0.333	0.469	0.519	0.441
2	0.458	0.473	0.360	0.433	1.000	0.438	0.442	0.437	0.652	0.640	0.533
3	0.863	0.975	1.000	0.333	0.458	0.350	0.712	0.438	0.479	0.584	0.619
4	1.000	0.960	0.492	0.367	0.833	0.538	1.000	0.384	0.502	1.000	0.708
5	0.348	0.378	0.367	0.385	0.336	0.333	0.426	0.416	0.690	0.504	0.418
CK	0.333	0.333	0.338	0.423	0.351	0.500	0.400	0.474	0.333	0.523	0.401

5. 不同肥料配方研究3

（1）研究区概况。试验地设在田林县国有乐里林场旧州分场，地处东经105°46′，北纬24°40′。海拔约450 m，属亚热带季风气候类型，太阳辐射较强，温度较高，热量丰富，雨量适中，气候温暖，大部分地区夏长冬短，霜期短，雨热同季。研究区年平均气温为20.7℃，最热月（7月）平均气温为27.1℃，最冷月（1月）平均气温为11.9℃，极端最高气温为42.2℃，极端最低气温为-7.3℃；≥ 10℃的活动积温为7496.7℃；年均降水量为1190.3 mm，其中5～9月降水量占全年总量的79.0 %；年均蒸发量为1651.7 mm，除夏季（6～8月）略小于降水量外，其他各月均略高于降水量；年均相对湿度为

80%；年均日照时数为 1777.1 h；年均风速为 1.7 m/s；年均有霜日数为 5.0 d。土壤为砂页岩发育的红壤，土层厚度 60 ～ 120 cm。林下植被灌木层主要有地果、毛果算盘子、野牡丹、盐麸木、杜茎山、茅莓等。草本层主要有五节芒、黑柔毛蒿、芒萁、乌蕨、千里光、蔓生莠竹、白茅、狗脊、败酱叶菊芹等。

试验地松树品种为马尾松。于 2005 年 7 月造林，面积为 120 亩，种植密度为 2.0 m × 2.0 m。试验于 2014 年 12 月和 2015 年 8 月各进行 1 次追肥。

（2）研究设计。根据试验地的土壤肥力状况和马尾松林分生长情况，按氮、磷、钾 3 种肥料的不同水平设计 2 个施肥处理，1 个不施肥处理作对照，具体试验设计处理详见表 6-54。试验采用随机区组设计，每个处理设 3 个重复，每个小区 0.89 hm^2。

表 6–54　试验设计处理

处理	配方	微量元素和有机质	年施肥量（kg/ 株）	总养分（%）
Ⅰ	7 ∶ 12 ∶ 11	5% 微量元素、15% 有机质	0.50	30
Ⅱ	8 ∶ 10 ∶ 12	无微量元素和有机质	0.50	30
CK	不施肥	无微量元素和有机质	0	0

（3）施肥与抚育管理。试验地于 2014 年建立，按试验设计处理进行施肥，每年施肥 1 次，分别于 2014 年 12 月和 2015 年 8 月进行施肥，每次施肥量为 0.50 kg/ 株。每年施肥前后对林地进行除草和抚育。采用环形沟施肥方法，沿树冠外缘滴水线处环状开沟，施肥沟规格为长 60 cm、宽 20 cm、深 20 cm，施放肥料后及时盖土压实。

试验林主要采用人工割灌除草的抚育方式，与施肥相结合，每年 1 次。

（4）生长指标测定。在试验林地每个处理中设置 10 m × 20 m 的小区，样地内每株马尾松用油漆喷涂标记，并采用测高杆和胸径尺等工具对马尾松的树高和胸径进行每木检尺，分别在试验前和 2016 年 9 月进行测量。

（5）样品采集。试验前和 2016 年 9 月分别采集土壤和植物样品。施肥后，在试验地各处理区域内，于上坡、中坡和下坡各挖一个土壤剖面，在垂直方向上采集 0 ～ 40 cm 的土层，并分别混合土壤样品。同时在剖面附近分东、西、南、北 4 个方位分别采集树体外围中上部无病虫害、无机械损伤的成熟松针，混合后带回实验室以 105℃烘 15 min 杀青，70℃烘干至恒重，用不锈钢粉碎机粉碎后置于密封袋中，贴好标签，用于测定养分含量。

（6）分析项目及方法。土壤和植物营养元素分析测定方法均参照林业行业标准进行。

①土壤分析测定指标：pH 值、有机质、碱解氮、有效磷、速效钾、交换性钙、交换性镁、有效铜、有效锌、有效铁、有效锰、有效硼。土壤 pH 值测定用水浸提电位法；有机质测定用重铬酸钾氧化 – 外加热法；碱解 N 测定用碱解 – 扩散法；有效 P 测定用盐酸 – 硫酸浸提法；速效 K 测定用 1 mol/L 乙酸铵浸提 – 火焰光度法；交换性 Ca、Mg 测定用乙酸铵交换 – 原子吸收分光光度计；有效 Cu、有效 Zn、有效 Fe 和有效 Mn 测定用原子吸收分光光度法；有效 B 测定用沸水浸提 – 甲亚胺比色法。

②松针分析测定指标：全氮、全磷、全钾、全钙、全镁、全铜、全锌、全铁、全锰、全硼。全氮

采用凯氏法测定；全钾、全钙、全镁、全铜、全锌、全铁、全锰采用硝酸－高氯酸消煮，原子吸收分光光度法测定；全磷采用硝酸－高氯酸消煮，钼锑抗比色法测定；全硼采用干灰化－甲亚胺比色法测定。

（7）统计分析。样品的数据分析采用 Office Excel 2003 进行预处理，利用灰色关联度和 SPSS 17.0 统计软件进行统计分析。

（8）配方施肥对马尾松人工林生长的影响。从表 6-55 可以看出，各施肥处理的年均树高增量均大于对照（不施肥）处理，各处理树高年均增长量的大小顺序为处理Ⅰ＞处理Ⅱ＞处理 CK。可见，处理Ⅰ的年均树高增量最大，处理Ⅰ、处理Ⅱ与处理 CK 的差异达极显著水平，但处理Ⅰ与处理Ⅱ间的差异不显著。综合分析得出，处理Ⅰ对 9 年生马尾松树高的增长促进作用最大，不施肥处理最小。

表 6–55　不同配方施肥处理的树高增量

处理		Ⅰ	Ⅱ	CK（对照）
重复	1（m）	1.42	1.30	1.06
	2（m）	1.38	1.25	1.11
	3（m）	1.36	1.23	1.10
年平均增量（m）		1.39	1.26	1.09
比 CK 的增幅（%）		27.52	15.60	—
5% 的显著水平		a	a	b
1% 的极显著水平		A	A	B

注：各处理凡是下面具有一个或多个相同字母者，表示它们之间的差异不显著，反之为差异显著，以下同。

由表 6-56 可知，试验前后，各处理的年均胸径增长量大小顺序为处理Ⅰ＞处理Ⅱ＞处理 CK。各配方施肥处理的年均胸径增量均比处理 CK 高，其中处理Ⅰ与处理 CK 的差异呈显著水平，但达不到极显著水平。处理Ⅰ、处理 CK 与处理Ⅱ的差异不显著。研究表明，处理Ⅰ对 9 年生马尾松胸径增长的效果最好，不施肥处理最差，结果与树高的表现效果一致。

表 6–56　不同配方施肥处理的胸径增量

处理		I	Ⅱ	CK（对照）
重复	1（cm）	1.33	1.18	0.97
	2（cm）	1.26	1.21	1.02
	3（cm）	1.30	1.19	0.90
年平均增量（cm）		1.30	1.19	0.96
比 CK 的增幅（%）		35.42	23.96	—
5% 的显著水平		a	ab	b
1% 的极显著水平		A	A	A

（9）配方施肥对马尾松土壤肥力影响的综合评价。根据分析测定结果，将 9 年生马尾松人工林土壤养分各项指标情况整理出来，如表 6-57。各处理施肥前后的土壤养分元素含量的表现各不一样。

表 6–57　各处理配方施肥前后土壤养分状况

处理		有机质（g/kg）	碱解 N（g/kg）	有效 P（g/kg）	速效 K（g/kg）	交换性 Ca（g/kg）	交换性 Mg（mg/kg）	有效 Cu（mg/kg）	有效 Zn（mg/kg）	有效 B（mg/kg）	有效 Fe（mg/kg）	有效 Mn（mg/kg）
I	施肥前	27.92	150.90	1.10	74.88	1 765.68	111.30	0.72	0.50	0.11	22.30	1.06
	施肥后	35.47	171.30	2.73	51.13	1 903.30	129.17	1.10	1.01	0.25	30.74	2.17
Ⅱ	施肥前	29.48	166.42	0.97	79.15	2 403.00	123.52	0.76	0.64	0.14	24.74	0.71
	施肥后	31.80	197.27	2.40	68.40	2 181.27	107.87	1.13	0.83	0.27	41.24	1.66
CK	施肥前	23.99	235.90	1.10	68.25	1 399.95	112.20	0.60	0.53	0.11	29.21	0.65
	施肥后	23.98	138.12	1.30	69.30	1 250.10	102.40	0.90	0.44	0.18	27.94	1.02

选择土壤有机质、碱解 N、有效 P、速效 K、交换性 Ca、交换性 Mg、有效 Cu、有效 Zn、有效 Mn、有效 B、有效 Fe 11 个养分指标作为综合评价马尾松人工林施肥前后土壤肥力的标准。根据计算出的灰色关联度，参照表 5-18 给出的土壤质量分级评价标准，进行马尾松人工林配方施肥前后试验的土壤质量评价，结果见表 6-58。

由表 6-58 可知，施肥前各处理的土壤肥力均表现为Ⅳ级（差），连续施肥 2 年后，处理 I 和处理Ⅱ的土壤肥力均比施肥前提高，其中处理 I 的提高幅度最大，从Ⅳ级（差）提高至Ⅱ级（良），而不施肥处理 CK 的土壤肥力比施肥前下降。由试验结果可知，配方施肥处理 I

（N ： P_2O_5 ： K_2O=7 ： 12 ： 11）对 9 年生马尾松人工林土壤综合肥力的作用效果最佳，不施肥处理 CK 的土壤质量退化最严重。

表 6–58　马尾松人工林土壤养分含量关联系数、关联度及综合评价

处理		有机质	碱解N	有效P	速效K	交换性Ca	交换性Mg	有效Cu	有效Zn	有效B	有效Fe	有效Mn	关联度（ri）	土壤质量等级
Ⅰ	施肥前	0.432	0.365	0.351	0.767	0.475	0.428	0.394	0.360	0.333	0.333	0.406	0.422	Ⅳ（差）
	施肥后	1.000	0.431	1.000	0.333	0.536	1.000	0.888	1.000	0.828	0.418	1.000	0.767	Ⅱ（良）
Ⅱ	施肥前	0.489	0.413	0.333	1.000	1.000	0.703	0.418	0.436	0.375	0.354	0.342	0.533	Ⅳ（差）
	施肥后	0.610	0.559	0.727	0.566	0.722	0.386	1.000	0.617	1.000	0.614	0.598	0.673	Ⅲ（一般）
CK	施肥前	0.334	1.000	0.351	0.562	0.365	0.441	0.333	0.373	0.333	0.400	0.333	0.439	Ⅳ（差）
	施肥后	0.333	0.333	0.381	0.587	0.333	0.333	0.535	0.333	0.471	0.386	0.398	0.402	Ⅳ（差）

（10）配方施肥对马尾松叶片营养影响的综合分析。由表 6-59 可知，施肥前后各处理的马尾松叶片营养元素含量差异较大，各指标呈下降或提高趋势。选择 N、P、K、Ca、Mg、Cu、Zn、Mn、B、Fe 10 个营养指标作为综合评价 9 年生马尾松人工林配方施肥前后叶片营养成分的标准。

表 6–59　马尾松配方施肥前后叶片营养元素含量

处理		碱解N（g/kg）	有效P（g/kg）	速效K（g/kg）	交换性Ca（g/kg）	交换性Mg（mg/kg）	有效Mn（mg/kg）	有效Zn（mg/kg）	有效Fe（mg/kg）	有效Cu（mg/kg）	有效B（mg/kg）
Ⅰ	施肥前	13.46	0.88	3.04	6.46	1.35	0.23	10.38	7.25	53.94	2.94
	施肥后	13.48	1.08	4.39	7.31	1.08	0.25	4.25	28.79	175.26	12.61
Ⅱ	施肥前	13.73	0.97	4.25	9.22	1.73	0.18	13.68	14.58	95.16	2.17
	施肥后	14.27	1.16	5.92	7.32	1.30	0.21	4.51	27.72	58.83	18.12
CK	施肥前	12.80	0.61	2.62	7.11	1.46	0.25	11.78	9.88	100.30	2.58
	施肥后	10.77	0.60	3.32	6.43	1.32	0.19	2.83	22.81	96.61	10.24

各处理的关联系数和等权关联度结果见表 6-60，关联度越大，叶片营养含量越高。如表 6-60 所示，施肥后处理Ⅰ和处理Ⅱ的叶片营养含量均比施肥前提高，其中处理Ⅰ的叶片营养含量增量显著大于处理Ⅱ，而不施肥处理CK的叶片营养含量下降显著。因此，配方施肥处理Ⅰ（N ： P_2O_5 ： K_2O=7 ： 12 ： 11）对 9 年生马尾松叶片营养的提高效果最好，而不施肥处理的作用效果最差，其叶片营养含量明显下降。

表 6-60　马尾松配方施肥前后叶片营养成分关联系数和关联度

处理		N	P	K	Ca	Mg	Mn	Zn	Fe	Cu	B	关联度（*ri*）
Ⅰ	施肥前	0.683	0.502	0.364	0.336	0.461	0.687	0.622	0.333	0.333	0.344	0.467
	施肥后	0.689	0.782	0.519	0.422	0.333	1.000	0.365	1.000	1.000	0.591	0.670
Ⅱ	施肥前	0.764	0.589	0.497	0.998	1.000	0.333	1.000	0.431	0.431	0.333	0.638
	施肥后	1.000	1.000	0.999	0.424	0.430	0.466	0.372	0.910	0.343	1.000	0.694
CK	施肥前	0.543	0.339	0.333	0.398	0.547	1.000	0.741	0.363	0.447	0.339	0.505
	施肥后	0.333	0.333	0.389	0.333	0.444	0.351	0.333	0.643	0.435	0.503	0.410

第五节　杉木科学施肥研究

杉木是我国南方用材林基地最主要的造林树种之一，具有生长快、材质好、木材纹理通直、结构均匀、材质轻韧、强度适中、加工容易、能抗虫耐腐、用途广的特点，其木材产量约占全国商品材的1/5~1/4，在国民经济中占有重要位置。

目前，天然林提供的中大径材正在逐渐减少，定向培育高产、优质、稳定的人工林已成为世界人工用材林发展的总趋势。我国许多木材依赖进口，但进口大径材只能解决部分需求，不能从根本上解决问题。木材供给问题已由一般的经济问题逐步演变为资源战略问题。因此，立足国内进行人工培育中大径材，也是解决目前木材资源紧张的有效途径，对我国林业健康、有序地发展起到积极推进作用。

由于经济飞速发展，木材需求量不断增加，短轮伐期和全树利用等集约经营的出现，促使杉木人工林地力衰退，影响了木材的生产和林业的可持续发展。因此，为保证森林的速生丰产，施肥措施在林业生产上的应用日益广泛。同时，盲目、大量地施肥不仅造成资源浪费，增加经济成本，更重要的是带给生态环境的负面作用，破坏生态系统，对社会造成难以弥补的损失。我国在林地施肥研究方面已经取得了重大进展，有关杉木幼林施肥已有较多的试验研究报道，但主要集中在杉木幼林肥效的研究，杉木中龄林和近熟林方面的研究较少且未进行系统的营养诊断研究，而在微肥方面的研究几乎没有。目前研究结果尚存在较大的结果差异性，能得出统一规划的杉木专用配方肥更少。杉木人工林地施肥的肥效研究比较复杂，受很多因素的影响，有明显的地域性，不同立地条件下的土壤性状进行杉木种植及施肥实验，其结果存在差异。很多研究者的试验结果表明，土壤条件、气候因子、苗木的树高和胸径本底值是影响杉木幼林施肥林木生长效应的主要因子。不同肥料在杉木生长上的效果不同，氮肥效应不明显或有负效应，杉木幼林生长对磷肥的反应大于其他肥料，施复合肥或磷肥能促进杉木幼林生长，多种肥料混合后产生交互作用对杉木幼林的生长有显著效应。虽然各研究者的结果不尽相同，但基本上都是以总生长量来阐述施肥效应。杉木中龄林施肥肥效问题众说纷纭，但大部分学者认为杉木中龄林培育施肥对促进林木生长有明显的作用。

《广西林业科技发展"十二五"规划》指出，松、杉、桉是速生丰产工业原料林培育基地的重点树种。面对杉木人工林土壤理化性质的日益恶化，土壤肥力的逐年下降，改变土壤理化性质和生态环境势在必行，而科学合理的测土配方施肥是最有效、见效最快的途径。科学合理的施肥应针对林木各种营养元素的盈亏程度等诊断结果，确定各种营养元素的用量和比例，避免过量施肥或施肥不足。项目通过调查不同立地条件下，不同林龄杉木人工林生长状况、树体营养特性和土壤肥力状况，制定杉木专用肥配方并通过配方施肥试验进行筛选，开展杉木配方施肥技术示范，为杉木人工林的合理施肥提供科学依据，充分发挥林地增产潜力，有利于我国木材战略储备基地建设，实现杉木人工林可持续经营。

一、杉木幼林配方施肥

（一）研究区概况

杉木幼林施肥试验在天峨县林朵林场和融水苗族自治县国营贝江河林场开展，研究区具体情况如下。

1. 天峨县林朵林场（研究区具体情况见杉木中龄林配方施肥试验研究区概况）

土壤基本理化性质见表 6-61。试验于 2015 年 6 月开始进行，试验林地设置在天峨县林朵林场巴雍分场，面积约为 21.5 亩，于 2013 年 3 月造林，造林密度为 2 m × 2 m。林下植被主要有五节芒和蕨等。

表 6-61 供试土壤基本理化性质

试验点	土层	pH 值	有机质（g/kg）	全量 N（g/kg）	全量 P（g/kg）	全量 K（g/kg）	碱解 N（mg/kg）	有效 P（mg/kg）	速效 K（mg/kg）	交换 Ca（mg/kg）	交换 Mg（mg/kg）	交换 Cu（mg/kg）	有效 Zn（mg/kg）	有效 B（mg/kg）	有效 Fe（mg/kg）	有效 Mn（mg/kg）
天峨县林朵林场巴雍分场	A 层	4.55	51.96	2.55	1.07	18.50	314.3	1.9	69.7	371.1	36.5	0.86	1.68	0.15	39.84	1.93
	B 层	4.57	24.66	1.36	0.76	18.74	181.3	1.1	56.9	182.6	27.5	0.62	0.65	0.07	33.54	1.29
融水苗族自治县国营贝江河林场高岭分场	A 层	4.38	60.65	2.76	0.74	37.44	262.8	1.9	68.5	90.9	5.4	1.20	1.76	0.51	55.75	0.82
	B 层	4.02	23.26	1.63	0.66	41.02	134.6	1.6	44.8	47.4	2.8	1.18	1.28	0.26	39.30	0.09
融水苗族自治县国营贝江河林场下洞分场	A 层	4.19	57.19	2.85	0.60	29.90	269.7	1.9	49.2	86.3	4.0	1.14	3.28	0.32	48.79	0.39
	B 层	4.27	28.85	2.05	0.48	31.79	150.6	1.5	37.7	46.8	2.2	1.00	1.93	0.26	53.24	0.06

2. 融水苗族自治县国营贝江河林场

属中亚热带季风气候区，年平均气温为 18.4℃，极端最高温为 38.6℃，极端最低温为 –3℃；无霜期为 360 d 以上；年均降水量为 1824.8 mm。土壤以红壤为主，土层深厚，疏松。土壤基本理化性质见表 6-61。试验于 2015 年 6 月开始进行，试验林地设置在融水苗族自治县国营贝江河林场高岭分场和下洞分场。高岭分场杉木林于 2015 年 3 月造林，面积约为 20 亩，造林密度为 2 m × 2 m，下洞分场杉木林于 2013 年 3 月造林，面积约为 20 亩，造林密度为 2 m × 2 m。

（二）研究设计

本试验设 2 个施肥处理，每个处理设 3 个重复，施肥量为 0.25 kg/ 株，详细处理见表 6-62。

表 6–62　试验处理设计

处理	养分含量					
	N（%）	P_2O_5（%）	K_2O（%）	有机质（%）	Zn（mg/kg）	B（mg/kg）
Ⅰ	11	10	9	15	2000	1000
Ⅱ	10	10	10	—	—	—
CK	习惯施肥					

（三）生长指标的测定

在试验林地每个处理中设置 10 m × 20 m 的小区，采用测杆和围尺等工具对杉木树高和地径进行每木检尺。

（四）数据处理与统计分析

所有统计在 SPSS 17.0 软件中完成，试验数据处理和图表在 Excel 2003 中制作完成。

（五）杉木幼林施肥 1（天峨县林朵林场）

不同施肥处理对杉木生长情况的影响见表 6-63 和图 6-14。从表中可以看出，2015 年 6 月，各处理的地径和树高的变化范围分别为 4.47 ～ 4.83 cm 和 2.3 ～ 2.4 m。与 2015 年 6 月相比，2016 年 11 月处理Ⅰ、处理Ⅱ和处理 CK 地径的增长量分别为 7.12 cm、6.96 cm 和 6.45 cm，其提高百分比分别为 162.44%、151.05% 和 133.55%；树高的增长量分别为 2.4 m、2.2 m 和 2.2 m，其提高百分比分别为 101.59%、96.41% 和 93.99%。与处理 CK（习惯施肥）相比，处理Ⅰ、处理Ⅱ地径提高百分比分别为 28.89% 和 17.49%；处理Ⅰ、处理Ⅱ树高提高百分比分别为 7.60% 和 2.42%。与等养分处理Ⅱ相比，配方施肥处理Ⅰ地径和树高分别提高 11.40% 和 5.18%。可见，配方施肥技术有利于杉木生长。

表 6-63 不同施肥处理的杉木生长情况

处理	密度（株/hm^2）	2015 年 6 月		2016 年 11 月		增长量		提高幅度	
		地径（cm）	树高（m）	地径（cm）	树高（m）	地径（cm）	树高（m）	地径（%）	树高（%）
Ⅰ	250 0	4.47	2.4	11.59	4.8	7.12	2.4	162.44	101.59
Ⅱ	250 0	4.68	2.3	11.64	4.5	6.96	2.2	151.05	96.41
CK	250 0	4.83	2.3	11.28	4.5	6.45	2.2	133.55	93.99

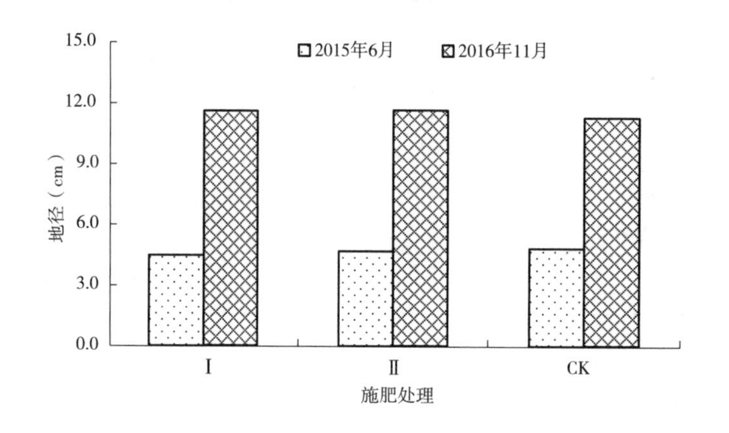

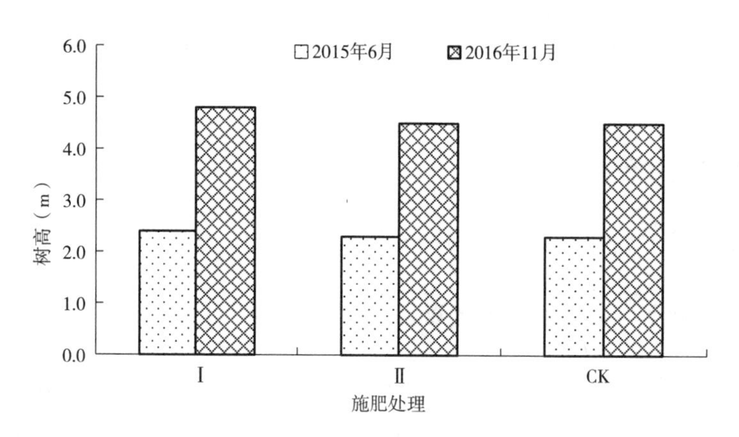

图 6-14 不同施肥处理对幼龄杉木地径和树高生长的影响

（六）杉木幼林施肥 2（融水苗族自治县国营贝江河林场）

（1）高岭分场杉木试验林（新造林）。不同施肥处理对杉木生长情况的影响见表 6-64 和图 6-15。从表中可以看出，2015 年 6 月，各处理的地径和树高的变化范围分别为 0.83 ～ 0.95 cm 和 0.48 ～ 0.50 m。与 2015 年 6 月相比，2016 年 4 月处理Ⅰ、处理Ⅱ和处理 CK 地径的增长量分别为 1.30 cm、1.31 cm 和 0.75 cm，其提高百分比分别为 153.98%、141.81% 和 89.93%；树高的增长量分别为 0.60 m、0.62 m

和 0.44 m，其提高百分比分别为 124.31%、125.13% 和 92.34%。与处理 CK（习惯施肥）相比，处理Ⅰ、处理Ⅱ地径提高百分比分别为 64.06% 和 51.88%；处理Ⅰ、处理Ⅱ树高提高百分比分别为 31.97% 和 32.79%。与等养分处理Ⅱ相比，配方施肥处理Ⅰ地径提高 12.17%，而树高表现出略微减少，减少幅度为 0.82%。可见配方施肥技术更加有利于杉木（新造林）地径的生长。

（2）下洞分场杉木试验林（2 年生）。不同施肥处理对杉木生长情况的影响见表 6-64 和图 6-16。从表中可以看出，2015 年 6 月，各处理的地径和树高的变化范围分别为 3.66 ～ 3.75 cm 和 1.75 ～ 1.86 m。与 2015 年 6 月相比，2016 年 4 月处理Ⅰ、处理Ⅱ和处理 CK 地径的增长量分别为 3.39 cm、3.11 cm 和 2.56 cm，其提高百分比分别为 91.40%、86.13% 和 68.44%；树高的增长量分别为 1.05 m、1.00 m 和 0.88 m，其提高百分比分别为 56.48%、55.38% 和 50.19%。与处理 CK（习惯施肥）相比，处理Ⅰ、处理Ⅱ地径提高百分比分别为 22.96% 和 17.69%；处理Ⅰ、处理Ⅱ树高提高百分比分别为 6.29% 和 5.19%。与等养分处理Ⅱ相比，配方施肥处理Ⅰ地径和树高分别提高 5.27% 和 1.10%。可见，配方施肥技术有利于杉木生长。

表 6-64 不同施肥处理的杉木生长情况

试验点	处理号	密度（株/hm^2）	2015 年 6 月		2016 年 4 月		增长量		提高幅度	
			地径（cm）	树高（m）	地径（cm）	树高（m）	地径（cm）	树高（m）	地径（%）	树高（%）
高岭分场	Ⅰ	2500	0.85	0.48	2.15	1.07	1.30	0.60	153.98	124.31
	Ⅱ	2500	0.95	0.50	2.28	1.12	1.31	0.62	141.81	125.13
	CK	2500	0.83	0.48	1.58	0.92	0.75	0.44	89.93	92.34
下洞分场	Ⅰ	2500	3.71	1.86	7.10	2.91	3.39	1.05	91.40	56.48
	Ⅱ	2500	3.66	1.81	6.77	2.81	3.11	1.00	86.13	55.38
	CK	2500	3.75	1.75	6.31	2.63	2.56	0.88	68.44	50.19

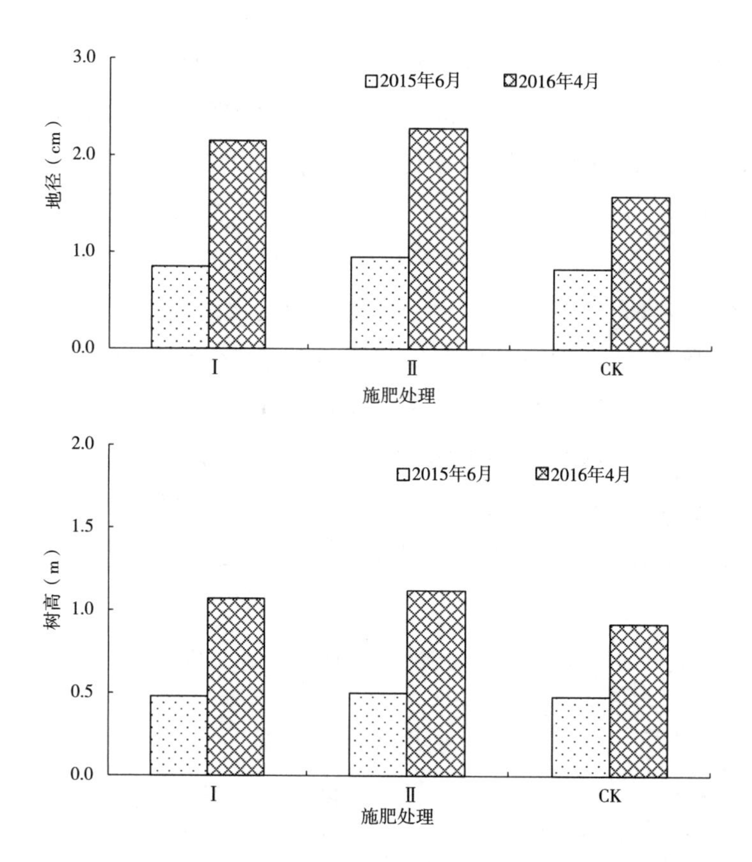

图 6-15　不同施肥处理对杉木地径和树高生长的影响（高岭分场）

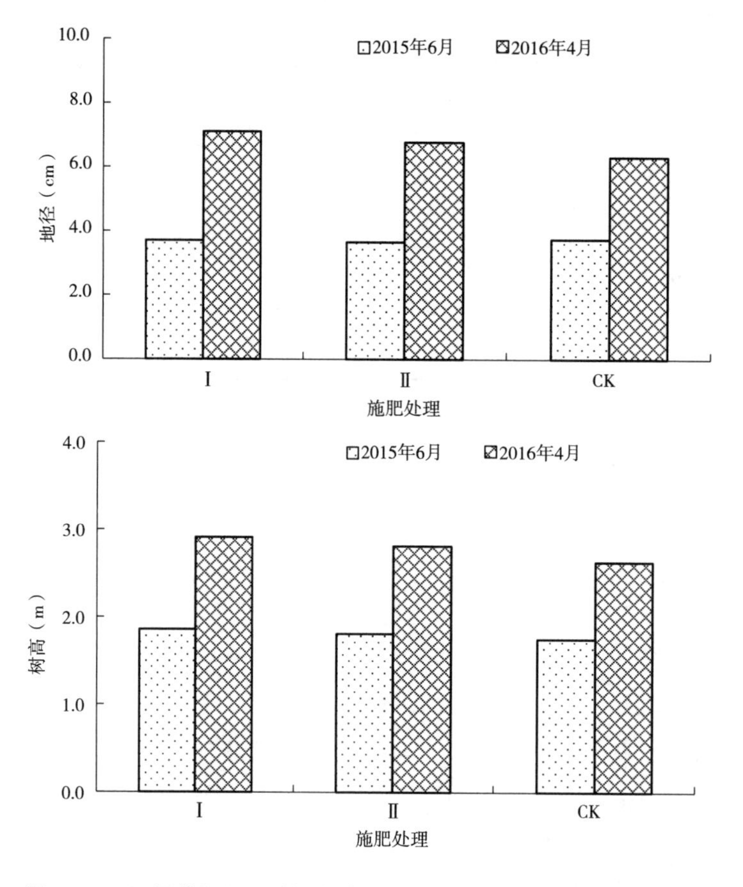

图 6-16　不同施肥处理对杉木地径和树高生长的影响（下洞分场）

二、杉木中龄林配方施肥

（一）研究区概况

杉木中龄林施肥试验在天峨县林朵林场开展，研究区具体情况如下：属亚热带季风气候，年平均气温为20.9℃，年平均积温为7 475.2℃，平均日照时数为1 232.2 h，年平均降水量为1 253.6 mm，年平均无霜期为336 d。地貌类型以低山为主，海拔为620 ～ 650 m，土壤为砂页岩发育而成的黄红壤，土层深厚。土壤基本理化性质见表6-65。试验于2015年6月开始进行，试验林地设置在天峨县林朵林场顶皇分场，面积约为20亩，于2007年3月造林，初值密度为200株/亩。

表6–65　供试土壤基本理化性质

土层	pH值	有机质（g/kg）	全量N（g/kg）	全量P（g/kg）	全量K（g/kg）	碱解N（mg/kg）	有效P(mg/kg）	速效K（mg/kg）	交换Ca（mg/kg）	交换Mg（mg/kg）	有效Cu（mg/kg）	有效Zn（mg/kg）	有效B（mg/kg）	有效Fe（mg/kg）	有效Mn（mg/kg）
A层	4.55	63.89	2.76	0.62	14.46	395.6	2.1	65.9	112.2	16.6	1.07	1.95	0.50	18.64	4.75
B层	4.57	34.34	1.92	0.55	16.25	255.5	1.2	36.6	44.2	7.4	1.22	1.01	0.36	40.95	3.74

（二）研究设计

本试验设2个施肥处理，每个处理设3个重复，施肥量为0.50 kg/株，详细处理见表6-66。

表6–66　试验处理设计

处理	养分含量					
	N（%）	P_2O_5（%）	K_2O（%）	有机质（%）	Zn（mg/kg）	B（mg/kg）
Ⅰ	15	8	7	10	0	0
Ⅱ	10	10	10	0	0	0
CK	习惯施肥					

（三）生长指标的测定

在试验林地每个处理中设置10 m×20 m的小区，于2015年6月和2016年11月测定，采用测杆和围尺等工具对杉木树高和胸径进行每木检尺，并依据杉木树高与胸径值计算杉木林分平均单株材积。杉木单株材积按照黄海仲等的方法进行计算：$V=0.656\,71\times10^{-4}\times D^{1.769\,412}\times H^{1.069\,769}$（式中，V为单株材积，$m^3$；D为胸径，cm；H为树高，m）。根据单株材积和种植密度计算杉木生长量。

（四）数据处理与统计分析

所有统计在SPSS 17.0软件中完成，数据处理和图表在Excel 2003中制作完成。

（五）不同施肥处理对杉木生长情况的影响

不同施肥处理对杉木生长情况的影响见表 6-67 和图 6-17 至图 6-19。从表中可以看出，2015 年 6 月，各处理的胸径、树高和年均生长量的变化范围分别为 12.61 ～ 15.17 cm、8.4 ～ 10.1 m 和 13.02 ～ 19.58m^3/hm^2·年。与 2015 年 6 月相比，2016 年 11 月处理Ⅰ、处理Ⅱ和处理 CK 年均生长量的增长量分别为 8.21m^3/hm^2、4.59m^3/hm^2 和 3.61m^3/hm^2，其提高百分比分别为 43.49%、35.19% 和 21.24%。与处理 CK（习惯施肥）相比，处理Ⅰ、处理Ⅱ年均生长量提高百分比分别为 22.25% 和 13.95%；与等养分处理Ⅱ相比，配方施肥处理Ⅰ年均生长量提高 8.30%。

表 6-67　不同施肥处理的杉木生长情况

处理号	密度（株/hm^2）	2015 年 6 月			2016 年 11 月			年均生长量增长量（m^3/hm^2）	年均生长量提高幅度（%）
		胸径（cm）	树高（m）	年均生长量（m^3/hm^2）	胸径（cm）	树高（m）	年均生长量（m^3/hm^2）		
Ⅰ	168 3	15.17	10.1	19.58	17.02	13.5	27.79	8.21	43.49
Ⅱ	190 0	12.61	8.4	13.02	14.23	10.5	17.61	4.59	35.19
CK	200 0	13.32	9.4	16.99	14.92	10.8	20.60	3.61	21.24

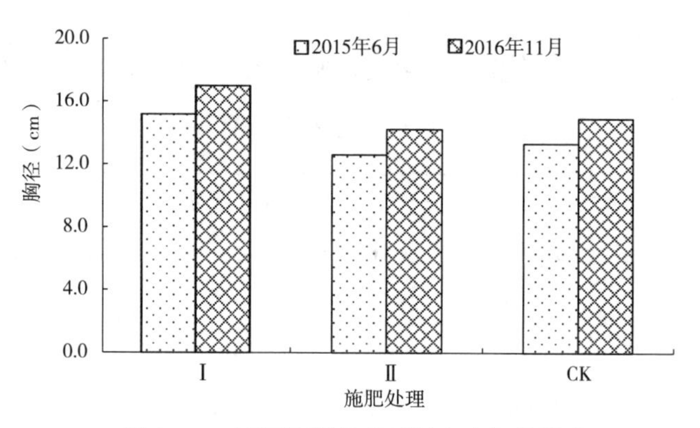

图 6-17　不同施肥处理对杉木胸径的影响

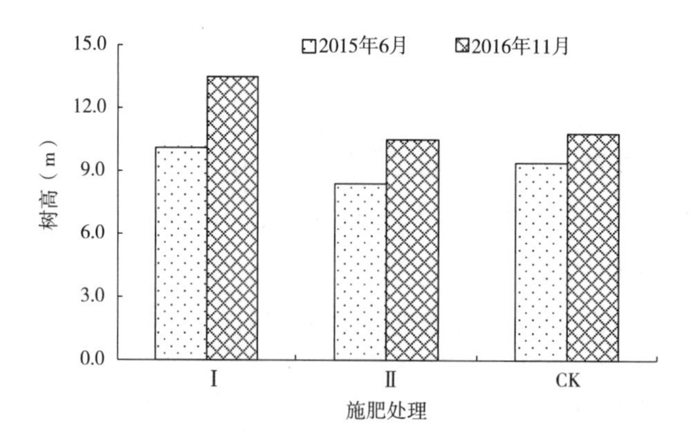

图 6-18　不同施肥处理对杉木树高生长的影响

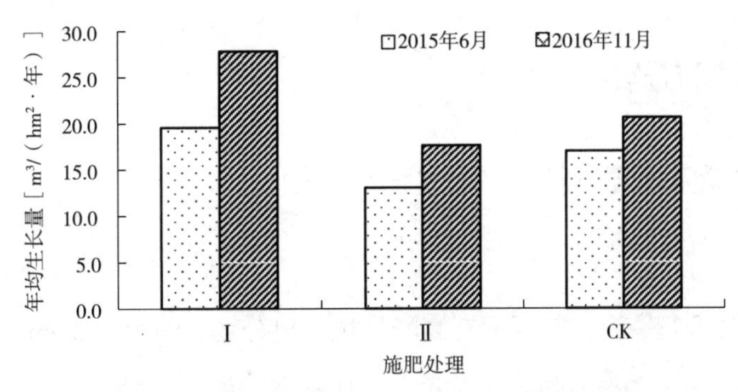

图 6-19　不同施肥处理对杉木年均生长量的影响

第六节　桉树科学施肥研究

桉树是我国南方最具林业产业化的人工林树种，也是林业最具植物新品种保护的树种之一，20 年来桉树经过全面系统地引种、改良和良种选育，取得了一系列的成果。世界上桉树人工林施肥试验始于 1946 年，但目前各国的发展很不平衡，其中澳大利亚、巴西、南非等十分重视桉树施肥，开展了大量桉树施肥技术研究，并取得了显著的效果。我国桉树研究是伴随着桉树引种栽培的过程发展起来的，20 世纪 60 年代，随着我国桉树引种面积的不断扩大，人们开始考虑到了桉树的施肥问题。广东雷州林业局率先对桉树人工林的施肥技术进行试验，但初期的施肥表现出较大的随意性，肥料多采用就近原则，因此研究结果差异较大。20 世纪 60 年代以来，国内对桉树人工林 N、P、K 大量元素施肥进行了较系统的研究，还进行了桉树营养诊断的方法和标准的探讨。随着桉树育种及栽培技术的进步，桉树人工林产量越来越高，轮伐期也越来越短，加上我国桉树种植区多分布于华南的热带、亚热带等地区，随着桉树经营代数的增加，桉树人工林土壤养分入不敷出的现象越来越严重，有些地方由于营养不良而出现大面积桉树生理性病害，严重影响到桉树人工林的可持续经营。科学施肥是当今林业经营中改良土壤性状、恢复地力、提高林木产量的有效途径，亦是防止桉树人工林地力衰退和提高产量的重要措施。

本文综合阐述了桉树新植林和萌芽林科学配方施肥的科研成果，通过技术提升和大面积应用示范，整体提升广西桉树施肥技术水平，提高桉树单位面积产量，有效解决木材供不应求的社会难题，较大限度地保护天然林，大幅度减少林区内乱砍滥伐违法事件的发生，促进社会治安稳定；同时也为广西山地林户提供大量的就业和致富机会，解决广西林业系统长期以来收入水平低、职工生活贫困的林业社会问题，实现林业系统安定、团结、和谐，促进广西林业跨越式发展和生态文明建设。

一、桉树新植林配方施肥

（一）不同养分含量及不同颗粒形态配方肥料研究

1. 试验地概况

试验于2003年10月进行，设在广西国有高峰林场六里分场，面积约2 hm^2。土壤为强酸性赤红壤，质地为黏壤土，土层比较薄，土壤有机质、全量N、速效N含量处于中等水平，土壤磷和钾含量偏低，铜、锌含量处于中等稍偏低水平，硼含量偏低，其基本理化性质见表6-68。此类土壤是广西速生桉种植的主要土壤类型，其肥力状况在广西赤红壤和红壤地带具有相当的代表性。

2003年12月前完成了清山、炼山、挖坑（规格80 cm×60 cm×60 cm，密度4 m×1.8 m）工作；2004年3月初施放基肥并回坑，3月19日苗木定植（采用的是"广林9号"扦插无性系苗），4月20日查苗补植，5月11日第一年追肥，6月和10月砍草抚育；2005年3月19日第二年追肥，6月抚育1次。

表6-68 供试土壤主要理化性质

土壤层次	厚度（cm）	质地	pH值	有机质（g/kg）	全量N（g/kg）	全量P（g/kg）	全量K（g/kg）	碱解N（mg/kg）	有效P（mg/kg）	速效K（mg/kg）	有效Cu（mg/kg）	有效Zn（mg/kg）	有效B（mg/kg）
A层	0～9	黏壤土	4.33	27.98	1.19	0.90	19.55	149.4	1.0	43.2	1.45	0.95	0.18
B层	10～60	黏土	4.36	11.44	0.87	0.55	23.70	37.9	0.2	24.0	1.10	0.85	0.05

2. 研究设计

本试验采用单因素随机区组试验设计，3次重复，随机排列，每个重复包含从坡底到坡顶3行树，以中间行的树作为测定对象，详细处理见表6-69。

表6-69 试验设计处理

处理号	基肥（复混肥）		前二年追肥（复混肥）	
	总养分	施肥量（kg/株）	总养分	年施肥量（kg/株）
1	25%，配适量微量元素和有机质	0.50	30%（粉状）、适量微量元素	0.50
2		0.50	40%、适量微量元素	0.50
3		0.50	25%、适量微量元素	0.50
4		0.50	40%、适量微量元素	0.25
5		0.50	40%、适量微量元素	1.00
6		0.50	30%（颗粒）、适量微量元素	0.50
7（CK）	0	0	0	0

注：（1）基肥含N 5%、P_2O_5 15%、K_2O 5%、有机质10%，硼砂1%。

（2）处理1和6追肥N 15%、P_2O_5 8%、K_2O 7%；处理2、处理4和处理5追肥N 16%、P_2O_5 10%、K_2O 14%；处理3追肥N 10%、P_2O_5 5%、K_2O 10%。另外，在处理1～6追肥中分别加入了2%左右的铜、锌和硼等微量元素肥料。

3. 采样及分析测定

2003年12月采集试前土壤，试验结束后采集各处理土壤，进行主要理化性质分析测定。树龄为2个月、6个月、12个月和22个月时分别进行实地测定植株的树高和胸径。

根据材积计算公式计算树龄为22个月测定的单株材积，并对不同处理的材积进行方差分析（Duncan新复极差法），以比较处理间的差异性。

根据试验结果计算年均蓄积量和出材量，结合营林投资和市场木材现价进行5年后各处理间经济效益预算分析，以确定经济最佳处理，为生产实践提供施肥科学依据。

4. 不同施肥处理对桉树生长量的影响

不同施肥处理的桉树生长量的测定结果见表6-70。从表中可以看出，各处理的树高、胸径的大小顺序如下：处理5＞处理2＞处理4＞处理6＞处理1＞处理3＞处理7。由方差分析结果可知：各施肥处理与对照相比均达到1%极显著水平；在总养分含量相同的情况下，年施1.0 kg/株（处理5）追肥与0.5 kg/株（处理2）未达到显著水平，与0.25 kg/株（处理4）达极显著水平，0.5 kg/株（处理2）与0.25 kg/株（处理4）达到显著水平；在施肥量相同的情况下，肥料总养分含量40%（处理2）与30%（处理1）和25%（处理3）相比都达到极显著水平，30%（处理1）与25%（处理3）对比未达到显著水平；在养分含量和施肥量相同的情况下，颗粒肥料（处理5）和掺混肥料（处理1）未达到显著水平。由此可知，选用桉树肥料时，首先应考虑桉树肥料的氮、磷、钾总养分含量和肥料配比，其次为肥料施用量，最后考虑肥料的颗粒状态。

表6-70　不同施肥处理的桉树生长量

处理号	树高（m）	胸径（cm）	单株材积（m^3）	年均出材量（m^3/hm^2）
1	10.12	8.56	0.0310	18.26
2	11.54	10.29	0.049 4	29.10
3	9.37	8.47	0.028 6	16.85
4	10.77	9.22	0.0380	22.44
5	11.97	10.46	0.052 3	30.81
6	10.36	8.98	0.035 7	21.03
7（CK）	6.79	6.01	0.0120	7.07

注：（1）以上树高和胸径的数据是树龄为22个月、3个重复测定的平均数据。
（2）单株材积按以下公式进行计算：单株$V=3.14\times r^2\times 0.4\times (H+3)$，其中$r$为胸半径、$H$为树高，单位都为m。
（3）每公顷桉树保存株数以1350株、出材系数以0.85进行计算。

5. 不同施肥处理对林地土壤养分的影响

试验后22个月土壤A层主要养分状况见表6-71。从表中可知，各施肥处理与不施肥对照相比，土壤pH值和钾含量比对照低，有机质和氮含量比对照高约20%～60%，而磷和有效微量元素铜、锌、硼含量有所提高。通过施肥后的土壤A层养分状况（表6-71）与试验前土壤养分状况（表6-68）的A

层对比分析可知，各处理土壤 pH 值略有提高，尤其是不施肥的土壤 pH 值上升较大（在强酸性土壤中种植速生桉可提高土壤 A 层的酸碱度这一结论，还有待进一步考究）；各施肥处理土壤有机质和氮含量变化幅度不大，但是不施肥的土壤有机质和氮含量下降很明显，幅度在 20% 以上；对于土壤全磷含量，施肥与不施肥下降幅度都较大，下降 70% 以上，然而有效磷变化幅度不大，这可能与桉树菌根能分解土壤中闭蓄态的磷，供给植物吸收利用有关；土壤全钾含量各处理均有不同程度地提高，而速效钾含量各施肥处理均有下降趋势，这可能与施肥处理林木蓄积量增长快需要钾元素含量比较多有关；而微量元素含量各处理均比试验前略有提高，而对照处理变化幅度不大，这无疑与在桉树肥料中加入了微量元素肥有很大的关系。

表 6–71　不同施肥处理林地土壤 A 层养分状况

处理号	pH 值	有机质（g/kg）	全 N（g/kg）	全 P（g/kg）	全 K（g/kg）	碱解 N（mg/kg）	有效 P（mg/kg）	速效 K（mg/kg）	有效 Cu（mg/kg）	有效 Zu（mg/kg）	有效 B（mg/kg）
1	4.43	29.70	1.29	0.24	27.02	131.4	1.1	34.8	1.65	1.30	0.21
2	4.40	24.34	1.02	0.21	27.56	110.9	0.8	39.6	1.60	1.15	0.27
3	4.51	32.73	1.42	0.24	28.13	152.9	1.0	31.2	1.70	1.40	0.22
4	4.40	24.02	1.01	0.17	27.02	118.1	0.8	34.4	1.70	1.35	0.26
5	4.40	30.83	1.22	0.19	19.78	131.9	1.3	38.4	1.85	1.45	0.23
6	4.42	28.59	1.15	0.22	23.52	121.9	1.1	34.8	1.60	1.45	0.23
7（CK）	4.67	20.12	0.99	0.22	32.20	96.2	0.9	49.2	1.45	1.00	0.19

（二）不同新型肥料品种的肥效比较试验

1. 试验地概况

试验地点设在广西国有高峰林场六里分场，太阳辐射强烈，属南亚热带季风性海洋气候，年降水量为 1000 ～ 1400 mm，年降雨日数为 140 ～ 160 d，雨量多集中在 5 ～ 9 月；林地坡度＜ 15°，南坡；土壤为强酸性赤红壤，质地为黏壤土，土层较薄，土壤有机质、全 N、速效 N 处于中等稍低水平，土壤磷和钾含量偏低，铜、锌含量处于中等稍偏低水平。硼层含量较偏低，肥力状况在广西赤红壤和红壤地带具有代表性。土壤 pH 值为 4.33 ～ 4.36，有机质为 11.44 ～ 27.98g/kg，全氮为 0.87 ～ 1.19g/kg，全磷为 0.55 ～ 0.90g/kg，全钾为 19.55 ～ 23.70g/kg，碱解氮为 37.9 ～ 149.4mg/kg，有效磷为 0.20 ～ 1.0 mg/g，速效钾 24.0 ～ 43.2 mg/kg。

2. 试验设计

试验采用单因素随机区组设计，设 6 个处理（包括对照），随机排列，重复 3 次，以每个重复的中间从坡底到坡顶的 3 行树作为测定对象，试验处理水平设计见表 6-72（各处理的养分含量见表 6-73）。

表 6-72　试验处理水平

处理	肥料种类	总养分含量（%）	施肥量（kg/ 株）
1	缓控释肥	25	0.75
2	芬兰进口复合肥	45	
3	标准配方肥 1	35	
4	生物有机无机肥 （有机原料 0.40 kg/ 株 +3 号肥 0.35 kg/ 株）	20（含有机质）	
5	标准配方肥 2	30	
6（CK）	对照	—	

表 6-73　肥料养分含量

处理	N（%）	P_2O_5（%）	K_2O（%）	有机质（%）	Cu（mg/kg）	Zn（mg/kg）	B（mg/kg）
缓控释肥	12	8	5	—	—	—	250
芬兰进口复合肥	15	15	15	—	—	—	—
标准配方基肥 1	7	14	7	12	500	1000	1500
标准配方追肥 1	15	9	11	—	—	—	1500
生物有机无机肥	9	5	6	20	—	250	500
标准配方肥 2	12	10	8	—	—	—	500

注：各肥料当时每吨市价为缓控释肥 1850 元；芬兰进口复合肥 4620 元；标准配方肥 12350 元；生物有机无机肥 1580 元；标准配方肥 21700 元。

3. 营林管护

试验于 2007 年 10 月开始进行，试验地面积约为 1.5 hm^2，马占相思迹地更新林地。2007 年 10 月～2008 年 1 月进行清山、炼山、挖坎工作，株行距：1.8 m × 4.0 m，2008 年 3 月 21 日施基肥，2008 年 3 月 23 日定植，桉树品种：29 号，2008 年 4 月 23 日大量补植，2008 年 5 月进行第一次抚育（扩坎、全铲），2008 年 6 月 26 日第一次追肥，2008 年 9 月第二次抚育（全铲），2009 年 2 月 24 日第二次追肥，2009 年 5 月完成第三次抚育（穴铲 + 除草剂），2010 年 5 月第三次追肥。

4. 数据调查与分析

每年进行桉树生长量数据测定，2009 年 2 月 24 日、2010 年 5 月 6 日实地测定树高、胸径。采用广西林业勘查设计院制定的速生桉单株材积计算公式 $V=C_0D^{[C_1-C_2(D+H)]}H^{[(C_3+C_4(D+H))]}$（式中，$V$ 为单株材积，m^3；D 为胸径，cm；H 为树高，m；C_0、C_1、C_2、C_3、C_4 均为常数，它们的值如下：C_0=1.091 541 50 × 10^{-4}，C_1=1.878 923 70，C_2=5.691 855 03 × 10^{-3}，C_3=0.652 598 05，C_4=7.847 535 07 × 10^{-3}）计算树龄 26 个月时单株材积，并对不同处理进行方差分析（SSR 法），比较各处理间的差异性。

5. 不同肥料品种对桉树生长量的影响

不同肥料品种处理下的桉树生长量测定结果见表 6-74。从表中可以看出，各处理树高、胸径大小的排列顺序为处理 3 >处理 2 >处理 5 >处理 4 >处理 1 >处理 6。各处理树高平均比对照增加了 17.18%，胸径平均比对照增加了 30.91%，年均材积平均比对照增加了 89.92%。处理 3 效果最好，树高两年达到 14.8m，比对照增加了 22.31%，比处理 1 增加了 11.28%，比处理 4 增加了 8.03%；胸径两年达到了 10.5 cm，比对照增加了 36.36%，比处理 1 增加了 10.52%，比处理 4 增加了 6.06%；年均材积量为 41.88 m^3/hm^2，比对照增加了 112.37%，比处理 1 增加了 32.74%，比处理 4 增加了 19.79%。其次为处理 2，树高两年达到 14.6m，比对照增加了 20.66%，比处理 1 增加了 9.77%，比处理 4 增加了 6.57%；胸径两年达到了 10.4 cm，比对照增加了 35.06%，比处理 1 增加了 9.47%，比处理 4 增加了 5.05%；年均材积量为 40.62 m^3/hm^2，比对照增加了 105.96%，比处理 1 增加了 28.74%，比处理 4 增加了 16.19%。

方差分析结果显示：在施肥方式和施肥量相同的情况下，各处理与对照相比差异均达到 1% 极显著水平，标准配方肥 1（处理 3）与缓控释肥（处理 1）比差异也达到极显著水平，标准配方肥 1（处理 3）、芬兰进口复合肥（处理 2）、标准配方肥 2（处理 5）之间差异水平不显著，但标准配方肥 1 效果最好，与生物有机无机肥（处理 4）相比也达到显著水平，处理 4 与处理 1 相比差异水平不显著。因此，桉树施用标准配方肥 1 效果最好，芬兰进口复合肥效果次之。

表 6-74 不同肥料品种处理的桉树生长量

处理	平均树高（m）	增幅（%）	平均胸径（cm）	增幅（%）	单株材积（m^3）	生长蓄积量（m^3/hm^2）	年均生长蓄积量（m^3/hm^2）	增幅（%）
1	13.3	9.91	9.5	23.37	0.0482	63.10	31.55Bb	59.98
2	14.6	20.66	10.4	35.06	0.0620	81.24	40.62aBa	105.96
3	14.8	22.31	10.5	36.36	0.0639	83.76	41.88aa	112.37
4	13.7	13.22	9.9	28.57	0.0534	69.92	34.96aBab	77.28
5	14.5	19.83	10.1	31.17	0.0584	76.53	38.26aBa	94.02
6（CK）	12.1	—	7.7	—	0.0301	39.44	19.72Cc	—
平均	—	17.18	—	30.91	—	—	—	89.92

注：表中不同的大写字母表示差异达到极显著水平（$P < 0.01$），不同的小写字母表示差异达到显著水平（$P < 0.05$）。

6. 不同肥料品种养分含量对桉树施肥肥效的影响

5 种不同的肥料养分含量是不同的，其总养分含量大小的排列顺序是处理 2 >处理 3 >处理 5= 处理 1 >处理 4，各成分的含量也有较大差异，其具体的养分含量见表 6-73。从表 6-73 可以看出 N 的百分含量大小顺序为处理 3 >处理 2 >处理 5 >处理 1 >处理 4，P 的百分含量大小顺序为处理 2 >处理 3 >处理 5 >处理 1 >处理 4，K 的百分含量大小顺序为处理 2 >处理 3 >处理 5 >处理 4 >处理 1。各处理对桉树胸径、树高、蓄积量的影响大小排列顺序是处理 2 >处理 3 >处理 5 >处理 4 >处理 1，与钾的百分含量顺序一致；与总养分含量顺序对比，处理2、处理3、处理5间的排序是一致的，处理1、处理4间的排序不一致；与N、P的排列顺序稍有差别，处理1的N、P百分比含量虽然比处理4高，但对桉树生长量的促进作用不如处理4明显。微量元素含量大小对桉树生长量的影响不太明显。因此，不同品种的肥料对桉树前期生长量的肥效差别主要受肥料总养分含量和N、P、K百分含量的影响。

（三）不同施肥方式和施肥量对比试验

1. 试验地土壤理化性质

试验于2007年5月进行，地点设置在广西国有雅长林场田东县作登乡速丰桉树基地，种植密度1395株/hm^2，试验林面积约为1.5 hm^2。根据国家标准和林业行业标准，测得试验地土壤质地为酸性赤红壤，pH值为4.62，土壤有机质含量为25.06 g/kg，全量N含量为1.34 g/kg，全量P含量为0.96 g/kg，全量K含量为20.51g/kg，速效N含量为112.3 mg/kg，速效P含量为0.4 mg/kg，速效K含量为19.30 mg/kg，Cu含量为1.48 mg/kg，Zn含量为1.20 mg/kg，Fe含量为34.83 mg/kg，B含量为0.24 mg/kg。其中，全量K、速效N含量处于中上水平，土壤有机质、全量N含量处于中等水平，全量P、有效Cu、有效Zn和有效B含量处于较低水平，速效P、速效K含量处于极低水平，有效Fe含量处于极富水平。

2. 试验设计

试验采用单因素随机区组设计，随机排列，重复3次，以每个处理的中间，从下至上的3行树作为测定对象，每行测定的数据作为一个重复来记录。试验设计处理见表6-75。

3. 施肥方法

2007年5月初施放基肥并回坑，基肥总养分为25%，5月底苗木定植，所用苗木为广西林业科学研究院培育的“广林9号”桉树扦插苗，2007年8月、9月、10月第一年追肥，2008年3月、7月第二年追肥，2009年3月、7月第三年追肥，总养分为35%，并含有适量微量元素和有机质。在桉树植株的上坡方向，离树蔸40～50 cm处开挖半环形沟，沟长约1.0 m，宽深各20～25 cm，将配好的肥料均匀放入沟内，与沟内泥土拌匀，覆土压实即可。具体追肥时间及肥料用量见表6-76。

表6-75 试验设计

处理	追肥方式	年追肥量
1	尿素+复合肥分2次施用	尿素0.10kg/株+复合肥0.20 kg/株×2次
2	复合肥分2次施用	复合肥0.25 kg/株×2次
3	复合肥集中施用	0.50 kg/株
4	尿素+复合肥集中施用	尿素0.10kg/株+复合肥0.40 kg/株
5	复合肥集中施用	1.00 kg/株
6	复合肥集中施用	0.50 kg/株
7	复合肥集中施用	0.25 kg/株
CK（对照）	不施肥	

注：肥料总养分为35%，并配有适量微量元素和有机质。

表 6-76 追肥时间及肥料用量（kg）

时间	处理							
	1	2	3	4	5	6	7	CK
2007 年 8 月	尿素 0.10	复肥 0.25	复肥 0.50	尿素 0.10	复肥 1.00	复肥 0.50	复肥 0.25	不施肥
2007 年 9 月	复肥 0.20	复肥 0.25		复肥 0.40				
2007 年 10 月	复肥 0.20							
2008 年 3 月	复肥 0.25	复肥 0.25	复肥 0.50	复肥 0.50	复肥 1.00	复肥 0.50	复肥 0.25	不施肥
2008 年 7 月	复肥 0.25	复肥 0.25						
2009 年 3 月	复肥 0.25	复肥 0.25	复肥 0.50	复肥 0.50	复肥 1.00	复肥 0.50	复肥 0.25	不施肥
2009 年 7 月	复肥 0.25	复肥 0.25						

4. 不同施肥方式对桉树生长量的影响

不同施肥方式处理的测定结果见表 6-77。从表中可以看出：各处理年均蓄积量的大小顺序为处理 4 ＞处理 2 ＞处理 3 ＞处理 1 ＞处理 CK。各施肥处理桉树树高、胸径、单株材积、生长蓄积量和年均生长蓄积量的变化范围分别为 16.1 ～ 16.6 m、11.4 ～ 12.1 cm、0.080 6 ～ 0.092 6m^3、112.47 ～ 129.19m^3/hm^2 和 37.49 ～ 43.06m^3/hm^2· 年，而对照处理（未施肥）各指标仅为 14.5 m、10.2 cm、0.059 5m^3、82.97m^3/hm^2 和 27.66 m^3/hm^2·年。在各处理中，处理 4（尿素 + 复合肥集中施用）效果最好，树高比对照增加 14.48%，比处理 1 增加了 3.11%，比处理 2 增加了 2.47%，比处理 3 增加了 1.84%；胸径比对照增加 18.63%，比处理 1 增加了 6.14%，比处理 2 增加了 5.22%，比处理 3 增加了 2.54%；年均生长蓄积量比对照增加了 15.40 m^3/hm^2·年，比对照增加 55.71%，比处理 1 增加了 14.87%，比处理 2 增加了 12.37%，比处理 3 增加了 6.59%。处理 1（尿素 + 复合肥分 2 次施用）效果最差，树高、胸径和年均蓄积量分别比对照增加 11.03%、11.76% 和 35.56%。

通过方差分析可知，在施肥量相同的情况下（均为 0.50 kg/ 株），各处理与对照差异达到显著水平，其中，各处理树高平均比对照增加了 12.41%，胸径平均比对照增加了 14.71%，年均蓄积量平均比对照增加了 43.98%。处理 4 与处理 1 和 2 差异显著，而处理 3 与其他施肥处理无显著差异，但处理 3 和 4 效果比处理 1 和 2 好，说明复合肥集中施用效果较好，处理 1 与 2、处理 3 与 4 间无显著差异，说明多施 1 次尿素对桉树蓄积量的增加无明显效果。

表 6-77 不同施肥方式处理的桉树生长量

处理	树高（m）	胸径（cm）	树高比对照高百分比（%）	胸径比对照增百分比（%）	单株材积（m^3）	生长蓄积量（m^3/hm^2）	年均生长蓄积量（m^3/hm^2）	比对照增百分率(%)
1	16.1	11.4	11.03	11.76	0.0806	112.47	37.49b	35.56
2	16.2	11.5	11.72	12.75	0.0824	114.97	38.32b	38.57
3	16.3	11.8	12.41	15.69	0.0869	121.21	40.40ab	46.09
4	16.6	12.1	14.48	18.63	0.0926	129.19	43.06a	55.71

续表

处理	树高（m）	胸径（cm）	树高比对照高百分比（%）	胸径比对照增百分比（%）	单株材积（m^3）	生长蓄积量（m^3/hm^2）	年均生长蓄积量（m^3/hm^2）	比对照增百分率（%）
CK	14.5	10.2			0.0595	82.97	27.66c	
平均			12.41	14.71				43.98

注：同列小写字母表示差异达到显著水平（P ＜ 0.05），以下相同。

5. 不同施肥量对桉树生长量的影响

不同施肥量处理的测定结果见表 6-78。从表中可以看出：各处理年均蓄积量的大小顺序为处理 5 ＞处理 6 ＞处理 7 ＞处理 CK。通过方差分析可知，在施肥方式相同的情况下（均为复合肥集中施用），各处理与对照相比差异均达到显著水平，其中，各处理树高平均比对照增加了 19.77%，胸径平均比对照增加了 27.12%，年均蓄积量平均比对照增加了 85.11%。此外，各处理间差异均达到显著水平。在各处理中，处理 5（施肥量 1.00 kg/ 株）效果最好，树高达到 17.8 m，比对照增加 22.76%，比处理 7 增加了 7.88%；胸径达到 13.2 cm，比对照增加 29.41%，比处理 6 增加了 0.76%，比处理 7 增加了 4.76%；年均生长蓄积量为 54.13 m^3/hm^2·年，比对照增加了 26.47 m^3/hm^2·年，比对照增加 95.73%，比处理 6 增加了 1.38%，比处理 7 增加了 17.53%。处理 7 较差，树高达到 16.5 m，比对照增加 13.79%，胸径达到 12.6 cm，比对照增加 23.53%，年均生长蓄积量为 46.06 m^3/hm^2·年，比对照增加了 18.40 m^3/hm^2·年，比对照增加 66.54%。这表明当总养分含量为 35% 时，施肥量控制在 0.50 ～ 1.00 kg/ 株为好。

表 6–78　不同施肥量处理的桉树生长量

处理	树高（m）	增幅（%）	胸径（cm）	增幅（%）	单株材积（m^3）	生长蓄积量（m^3/hm^2）	年均生长蓄积量（m^3/hm^2）	增幅（%）
5	17.8	22.76	13.2	29.41	0.116 4	162.40	54.13a	95.73
6	17.8	22.76	13.1	28.43	0.114 8	160.18	53.39a	93.06
7	16.5	13.79	12.6	23.53	0.099 0	138.17	46.06b	66.54
CK	14.5		10.2		0.059 5	82.97	27.66c	
平均		19.77		27.12				85.11

注：同列小写字母表示差异达到显著水平（P ＜ 0.05），以下相同。

（四）添加微量元素和稀土的配方肥的肥效试验

1. 试验地概况

研究区位于广西壮族自治区百色市田林县（105°27′ ～ 106°15′E、23°58′ ～ 24°41′N）。该县属亚热带季风气候区，年均气温为 20.7℃，最热月（7 月）为 27.1℃，最冷月（1 月）为 11.9℃；年均日照时数为 1 777h，≥ 10℃年积温 7 246℃；年均降水量为 1 200 mm，其中 5 ～ 9 月为雨季，降水量占全年总量的 75%；年均蒸发量 1 600 mm；年均相对湿度为 80%；年均无霜期为 326 d。研究区林地属中低山地貌，海拔高度大多为 300 ～ 1 000 m，坡度较大；土壤主要是砂页岩发育而成的红壤和黄壤，立地条件、土壤肥力中等。

在田林县国有乐里林场分水岭分场选择具有代表性的桉树缺素林地，于 2009 年 4 月进行施肥试验，试验林面积约 2.5 hm^2，该林地桉树于 2007 年 1 月种植，品种为“广林 9 号”，种植密度为 1 665 株 /hm^2，平均胸径为 7.10 cm，平均树高为 8.14 m。2006 年 10 月放基肥，肥料为磷肥、硼砂和桐麸配合，2007 年 6 月和 2008 年 5 月分别进行追肥，肥料为苏兰进口肥（氮、磷、钾总养分为 45%，未添加微量元素）。2007 年 4 月和 9 月及 2008 年 4 月和 9 月分别进行除草等抚育措施。

2. 试验设计

本试验探索添加铜、锌、硼微量元素和稀土对桉树缺素林地的防治效果，共设计 8 个试验处理，其中 1 个未施肥的处理作为对照，各处理 3 次重复，随机排列，每个重复包含从坡脚到坡中 4 行树，以中间 2 行作为测定对象，试验处理设计及肥料配比见表 6-79。各处理施肥量均为 0.75 kg/ 株。

表 6–79　试验各处理设计及肥料配比（kg/t）

处理	肥料种类								
	尿素	磷酸一铵	钙镁磷肥	氯化钾	硼砂	五水硫酸铜	七水硫酸锌	桐麸	稀土
T1（N+P+K）	290	60	300	160	—	—	—	190	—
T2（N+P+K+Cu）	290	60	300	160	—	5	—	185	—
T3（N+P+K+Zn）	290	60	300	160	—	—	10	180	—
T4（N+P+K+B）	290	60	300	160	20	—	—	170	—
T5（N+P+K+Cu+Zn+B）	290	60	300	160	20	5	10	155	—
T6（稀土 +N+P+K）	290	60	300	160	—	—	—	180	10
T7（稀土 +N+P+K+Cu+Zn+B）	290	60	300	160	20	5	10	145	10
T8（CK）	—	—	—	—	—	—	—	—	—

注：—表示未添加肥料。

3. 采样及分析测定

2009 年 4 月，分 0 ～ 20 cm 和 20 ～ 40 cm 两层采集试验样地土壤样品分析其养分含量，同时采集桉树叶片用于测定其营养元素含量。测定方法均参照《中华人民共和国林业行业标准 LY/T 1999》。

2009 年 4 月和 2010 年 12 月，分别进行实地测定，用围尺测量胸径，用测高杆测量树高。

采用广西林业勘查设计院制定的速生桉单株材积计算公式：$V=C_0D^{[C_1-C_2\times(D+H)]}\times H^{[C_3+C_4\times(D+H)]}$（式中，$V$ 为单株材积，m^3；D 为胸径，cm；H 为树高，m；C_0、C_1、C_2、C_3、C_4 均为常数，它们的值如下：C_0=1.091 541 50×10^{-4}，C_1=1.878 923 70，C_2=5.691 855 03×10^{-3}，C_3=0.652 598 05，C_4=7.847 535 07×10^{-3}）。

4. 施肥对土壤养分状况的影响

试验前后土壤的养分状况见表 6-80。从表中可以看出，与试验前相比，试验后林地土壤 pH 值稍有降低，有酸化的趋势。施肥后林地土壤有机质、全钾、速效氮和速效磷均有所降低，降低幅度为 1.07% ～ 16.67%，而林地土壤全氮、全磷和速效钾及铜、锌、硼等微量元素均有所提高，提高幅度为 2.39% ～ 21.43%。与 20 ～ 40 cm 土层相比（–12.48% ～ 21.43%），0 ～ 20 cm 土层土壤养分变化幅度（–16.67% ～ 4.39%）较大。

表 6–80　试验前后土壤的养分状况

采样时间	土层（cm）	pH 值	有机质（g/kg）	全量 N（g/kg）	全量 P_2O_5（g/kg）	全量 K_2O（g/kg）	碱解 N（mg/kg）	有效 P（mg/kg）	速效 K（mg/kg）	有效 Cu（mg/kg）	有效 Zn（mg/kg）	有效 B（mg/kg）
试验前 2009.04	0 ～ 20	4.28	55.63	2.09	0.84	15.53	199.5	1.7	55	0.95	1.75	0.17
	20 ～ 40	4.47	24.77	1.14	0.82	18.64	96	1.2	46.2	0.8	0.75	0.09
试验后 2010.12	0 ～ 20	4.15	53.21	2.14	1.02	14.27	174.6	1.7	61.8	1.15	1.9	0.2
	20 ～ 40	4.42	25.42	1.19	0.82	18.44	82.4	1.0	43.3	0.8	0.65	0.09

5. 添加微量元素和稀土对桉树生长量的影响

各试验处理桉树树高、胸径、单株材积和生长蓄积量见表 6-81。从表中可以看出，各处理的树高、单株材积和生长蓄积量按从大到小的顺序排列大体为 T7、T5、T2、T3、T4、T6、T1、T8（CK），而各处理的胸径差别不大。各施肥处理桉树树高、胸径、单株材积、生长蓄积量和年均生长蓄积量的变化范围分别为 12.4 ～ 14.9 m、10.1 ～ 11.1 cm、0.0520 ～ 0.0705m^3、86.58 ～ 117.45m^3/hm^2 和 22.11 ～ 29.99m^3/hm^2·年，而 T8（CK）处理各指标仅为 10.3 m、9.7 cm、0.039 9m^3、66.49m^3/hm^2 和 16.98 m^3/hm^2·年。与 T8（CK）对照相比，各施肥处理桉树树高、胸径和年均生长蓄积量平均提高幅度分别为 31.82%、6.91% 和 45.33%。由方差分析结果可知，各施肥处理与 T8（CK）之间差异达到显著水平（$P < 0.05$），说明施肥明显地促进桉树生长，提高蓄积量。处理 T2、T3、T4 的年均生长蓄积量（23.40 ～ 23.54m^3/hm^2·年）高于处理 T1（22.11m^3/hm^2·年），但无显著差异（$P < 0.05$），表明仅添加铜、锌或硼一种微量元素，效果不明显。处理 T5 的年均生长蓄积量（27.94 m^3/hm^2·年）高于处理 T2、T3、T4，且差异显著（$P < 0.05$），说明同时添加铜、锌和硼等微量元素，效果明显。处理 T7 的年均生长蓄积量高于 T5，处理 T6 的年均生长蓄积量高于 T1，且均无显著差异，这可能是因为稀土具有活化作用，提高桉树对林地土壤养分的吸收和利用，表明添加稀土具有促进桉树生长的作用，但效果不明显。各施肥处理相比，处理 T7 桉树生长各指标均最大，说明添加铜、锌和硼等微量元素和稀土促进桉树生长效果最好，因此，在选用桉树肥料时，要考虑添加微量元素和活化剂（稀土等）。

表 6–81　各试验处理桉树的生长量

处理	树高（m）	增幅（%）	胸径（cm）	增幅（%）	单株材积（m^3）	生长蓄积量（m^3/hm^2）	年均生长蓄积量（m^3/hm^2）	增幅（%）
T1	12.4	20.78	10.3	5.45	0.052 0	86.58	22.11b	30.21
T2	13.3	28.83	10.3	5.66	0.055 4	92.21	23.54b	38.69
T3	13.5	31.46	10.1	4.22	0.055 0	91.65	23.40b	37.84
T4	13.6	31.94	10.1	4.22	0.055 2	91.97	23.48b	38.32
T5	14.4	39.71	10.8	11.32	0.065 7	109.43	27.94a	64.58
T6	13.0	25.73	10.1	3.70	0.052 3	87.14	22.25b	31.06
T7	14.9	44.27	11.1	13.79	0.070 5	117.45	29.99a	76.64
T8（CK）	10.3		9.7		0.039 9	66.49	16.98c	
平均		31.82		6.91				45.33

注：同列小写字母表示差异达到显著水平（$P < 0.05$），以下相同。

二、桉树萌芽林配方施肥

（一）桉树萌芽林配方施肥 1（广西国有高峰林场银岭分场）

1. 研究区概况

广西国有高峰林场为广西壮族自治区林业局直属的国有大型林场，地理位置为东经 108°08′ ～ 108°53′，北纬 22°49′ ～ 23°15′。广西国有高峰林场地处南宁盆地的北缘，属大明山山脉南伸的西支，地势东高西低，地貌主要为丘陵和山地构成，丘陵占全场面积的 55.5%，山地占 38.7%，相对高度为 50 ～ 100 m 的丘陵面积占大部分。该林场地处南亚热带季风湿润气候型区，雨量充沛，年降水量为 1 200 ～ 2 000 mm，降雨多集中在每年 5 ～ 9 月；年平均气温为 22.6℃，最冷月为 1 月，最热月为 7 月，极端最低温为 –2℃，极端最高温为 40.4℃。该林场成土母岩以砂岩为主，石英岩次之，局部还有花岗岩等，土壤以砖红壤为主；土层以中、厚土层为主，其占 80% 以上，质地为壤土至轻黏土，保水保肥好。

试验于 2013 年 5 月开始进行，试验林地设置在广西国有高峰林场银岭分场，桉树林地为第 1 代萌芽林，面积约 40 亩，桉树林为 2007 年造林，种植品种为“广林 9 号”，造林密度为 1.8 m × 4 m，2011 年 8 月采伐，2012 年 3 月和 6 月分别施追肥 1 次。林下植被主要有五节芒（*Miscanthus floridulus*）、蕨（*Pteridium aquilinum*）、竹叶草（*Oplismenus Compositus*）等。试验林地土壤基本理化性质见表 6-82。

表 6–82　供试土壤主要理化性质

土壤层次	厚度（cm）	pH 值	有机质（g/kg）	全量 N（g/kg）	全量 P_2O_5（g/kg）	全量 K_2O（g/kg）	碱解 N（mg/kg）	有效 P（mg/kg）	速效 K（mg/kg）	交换性 Ca（mg/kg）	交换性 Mg（mg/kg）	有效 Cu（mg/kg）	有效 Zn（mg/kg）	有效 B（mg/kg）	有效 Fe（mg/kg）	有效 Mn（mg/kg）
A 层	0 ～ 20	4.19	24.07	0.92	0.70	8.61	89.27	1.50	22.43	28.73	8.53	0.37	0.58	0.19	18.27	0.53
B 层	20 ～ 40	4.21	13.33	0.67	0.71	10.25	57.53	1.03	16.37	18.10	5.10	0.21	0.55	0.16	10.85	0.35

2. 研究设计

本试验采用单因素随机区组试验设计，设 4 个不同的施肥处理，每个处理 3 个重复，随机排列，施肥量为 0.5 kg/ 株，详细处理见表 6-83。

表 6–83　试验处理设计

编号	处理	养分含量								
		N（%）	P_2O_5（%）	K_2O（%）	有机质（桐麸）（%）	有机质（茶麸）（%）	活性肥（%）	Cu（mg/kg）	Zn（mg/kg）	B（mg/kg）
Ⅰ	PF（桉树配方肥）	15	6	9	15			1 000	1 000	2 000
Ⅱ	PF+HSoM（桉树配方肥 + 茶麸）	15	6	9		15		1 000	1 000	2 000
Ⅲ	PF–Cu–Zn（桉树配方肥未添加铜锌元素）	15	6	9	15					2 000
Ⅳ	PF+ 活性肥（桉树配方肥 + 活性肥）	15	6	9	15		5	1 000	1 000	2 000

3. 生长指标的测定

在试验林地每个处理中设置 20 m × 20 m 的小区，采用测杆、测高仪和围尺等工具对桉树树高和胸径进行每木检尺，并依据桉树树高与胸径值计算桉树林分平均单株材积。立木平均单株材积采用广西林业勘测设计院最新研制的速生桉树单株材积计算公式进行计算：$V=C_0D^{[C_1-C_2(D+H)]}H^{[C_3+C_4(D+H)]}$（式中，$V$ 为单株材积，m^3；D 为胸径，cm；H 为树高，m；C_0、C_1、C_2、C_3、C_4 均为常数，它们的值如下：C_0=1.091 541 50 × 10^{-4}，C_1=1.878 923 70，C_2=5.691 855 03 × 10^{-3}，C_3=0.652 598 05，C_4=7.847 535 07 × 10^{-3}）。根据单株材积和种植密度计算桉树生长量。

4. 数据处理与统计分析

所有统计在 SPSS 17.0 软件中完成，试验数据处理和图表在 Excel 2003 中制作完成。

5. 不同施肥处理对桉树萌芽林生长的影响

不同施肥处理对桉树萌芽林生长情况的影响见表 6-84、图 6-20 和图 6-21。从表中可以看出，各处理的胸径、树高和单株材积的变化范围分别为 10.54 ～ 11.26 cm、16.44 ～ 17.76 m 和 0.0715 ～ 0.086 6 m^3。各处理胸径的大小顺序为处理Ⅳ＞处理Ⅱ＞处理Ⅲ＞处理Ⅰ，树高和单株材积的大小顺序均为处理Ⅱ＞处理Ⅳ＞处理Ⅲ＞处理Ⅰ。

不同有机质来源相比较，处理Ⅱ的胸径、树高和单株材积均高于处理Ⅰ，说明与桐麸相比，茶麸作为有机质更有利于桉树生长。铜、锌元素的添加与减少相比较，处理Ⅲ的胸径、树高和单株材积均大于处理Ⅰ，说明添加铜、锌元素未能促进桉树生长。处理Ⅳ的胸径、树高和单株材积均高于处理Ⅰ，这说明桉树活性肥的添加有利于桉树的生长。添加茶麸和活性肥相比较，处理Ⅱ树高和单株材积均高于处理Ⅳ，胸径则相反，说明桉树配方肥中添加茶麸更有利于桉树生长。

不同施肥处理桉树年均生长量的变化范围为 37.90 ～ 47.73m^3/hm^2·年，年均生长量的大小顺序为处理Ⅱ＞处理Ⅳ＞处理Ⅰ＞处理Ⅲ。各处理桉树年均生长量变化范围比较大，且与单株材积变化趋势不同，主要是受萌芽林的保留密度影响很大。

综上所述，桉树萌芽林首先考虑保留适当的种植密度，其次施肥时要考虑茶麸作为有机质来源，可根据林地土壤养分和树木生长的情况，酌情减少铜、锌等微量元素。

表 6–84　不同施肥处理的桉树萌芽林生长情况

处理号	林龄（月）	密度（株 /hm²）	胸径（cm）	树高（m）	单株材积（m³）	年均生长量（m³/hm²）
Ⅰ	40	1958	10.54	16.44	0.0715	42.14
Ⅱ	40	1833	11.23	17.76	0.0866	47.73
Ⅲ	40	1567	11.13	17.00	0.0829	37.90
Ⅳ	40	1808	11.26	17.42	0.0860	46.80

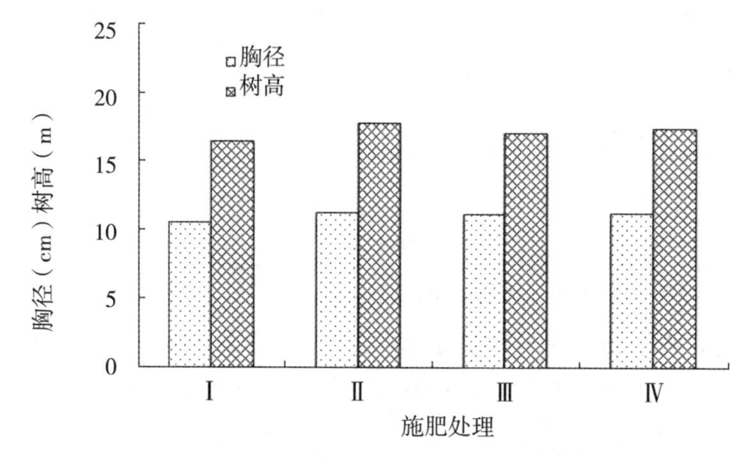

图 6–20　不同施肥处理对桉树萌芽林胸径和树高生长的影响

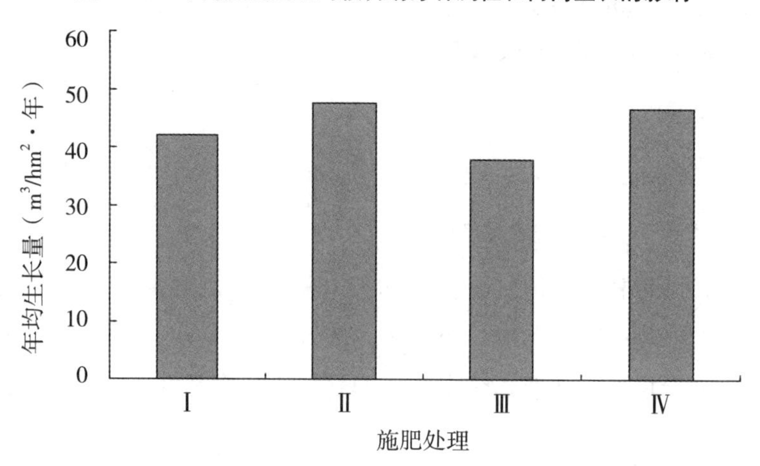

图 6–21　不同施肥处理对桉树萌芽林年均生长量的影响

（二）桉树萌芽林配方施肥 2（广西国有七坡林场上思造林基地）

1. 研究区概况

广西国有七坡林场上思桉树试验林位于上思县，上思县中心经纬度为东经 107°32′ ～ 108°16′，北纬 21°44′ ～ 22°22′。低山地貌，相对高差为 50 ～ 150 m，最高海拔为 150 ～ 350 m。属于中亚热带气候，温暖多雨，光照充足，雨热同季、夏冬干湿明显，年平均气温为 21.2℃，绝对最低

温为 -2℃，年均降水量为 1 217.3 mm，年均蒸发量度为 1 680.0 mm，为水分充足区。降水量一般集中在 4 ～ 8 月。成土母岩以砂岩、夹泥岩和紫红砂岩为主，土壤类型为红壤，表土层厚 6 ～ 12 cm。

试验于 2013 年 5 月开始进行，广西国有七坡林场上思造林基地，桉树林地为第 1 代萌芽林，面积约 50 亩，桉树林为 2007 年造林，种植品种为“广林 9 号”，造林密度为 2 m × 4 m，2011 年 11 月采伐，2012 年 5 月施追肥 1 次，施肥量为 500 g/ 株。林下植被主要有五节芒（*Miscanthus floridulus*）、蕨（*Pteridium aquilinum*）、芒萁（*Dicranopteris Pedata*）等。试验林地土壤基本理化性质见表 6-85。

表 6-85　供试土壤主要理化性质

土壤层次	厚度（cm）	pH 值	有机质(g/kg)	全量 N（g/kg）	全量 P_2O_5（g/kg）	全量 K_2O（g/kg）	碱解 N（mg/kg）	有效 P（mg/kg）	速效 K（mg/kg）	交换性 Ca（mg/kg）	交换性 Mg（mg/kg）	有效 Cu（mg/kg）	有效 Zn（mg/kg）	有效 B（mg/kg）	有效 Fe（mg/kg）	有效 Mn（mg/kg）
A 层	0 ～ 20	4.96	20.79	0.94	0.44	5.86	105.93	1.33	65.27	86.97	49.13	0.34	1.18	0.26	81.94	1.95
B 层	20 ～ 40	4.80	7.87	0.50	0.41	6.92	51.90	0.63	30.80	17.83	18.17	0.32	0.49	0.19	75.65	0.64

2. 研究设计

本试验采用单因素随机区组试验设计，设 4 个不同的施肥处理，每个处理 3 个重复，随机排列，施肥量为 0.5 kg/ 株，详细处理见表 6-86。

表 6-86　试验处理设计

编号	处理	养分含量								
		N（%）	P_2O_5（%）	K_2O（%）	有机质（桐麸）（%）	有机质（茶麸）（%）	活性肥（%）	Cu（mg/kg）	Zn（mg/kg）	B（mg/kg）
Ⅰ	PF（桉树配方肥）	15	6	9	15			1 000	1 000	2 000
Ⅱ	PF+HSoM（桉树配方肥 + 茶麸）	15	6	9		15		1 000	1 000	2 000
Ⅲ	PF-Cu-Zn（桉树配方肥未添加铜锌元素）	15	6	9	15					2 000
Ⅳ	PF+ 活性肥（桉树配方肥 + 活性肥）	15	6	9	15		5	1 000	1 000	2 000

3. 生长指标的测定

在试验林地每个处理中设置 20 m × 20 m 的小区，采用测杆、测高仪和围尺等工具对桉树树高和胸径进行每木检尺，并依据桉树树高与胸径值计算桉树林分平均单株材积。立木平均单株材积采用广西林业勘测设计院最新研制的速生桉树单株材积计算公式进行计算：$V=C_0D^{[C_1-C_2(D+H)]}H^{[C_3+C_4(D+H)]}$（式中，$V$ 为单株材积，m^3；D 为胸径，cm；H 为树高，m；C_0、C_1、C_2、C_3、C_4 均为常数，它们的值如下：$C_0=1.091\ 541\ 50\times10^{-4}$，$C_1=1.878\ 923\ 70$，$C_2=5.691\ 855\ 03\times10^{-3}$，$C_3=0.652\ 598\ 05$，$C_4=7.847\ 535\ 07\times10^{-3}$）。根据单株材积和种植密度计算桉树生长量。

4. 数据处理与统计分析

所有统计在 SPSS 17.0 软件中完成，试验数据处理和图表在 Excel 2003 中制作完成。

5. 不同施肥处理对桉树萌芽林生长的影响

不同施肥处理对桉树萌芽林生长情况的影响见表 6-87、图 6-22 和图 6-23。从表中可以看出，各处理的胸径、树高和单株材积的变化范围分别为 10.45 ～ 11.54 cm、13.36 ～ 15.27 m 和 0.058 2 ～ 0.078 4 m^3。各处理的胸径、树高和单株材积的大小顺序均为处理Ⅱ>处理Ⅳ>处理Ⅲ>处理Ⅰ。

不同有机质来源相比较，处理Ⅱ的胸径、树高和单株材积均高于处理Ⅰ，说明与桐麸相比，茶麸作为有机质更有利于桉树生长。铜、锌元素的添加与减少相比较，处理Ⅲ的胸径、树高和单株材积均大于处理Ⅰ，说明添加铜、锌元素未能促进桉树生长。处理Ⅳ的胸径、树高和单株材积均高于处理Ⅰ，说明桉树活性肥的添加有利于桉树的生长。茶麸和活性肥相比较，处理Ⅱ的胸径、树高和单株材积均高于处理Ⅳ，说明桉树配方肥中添加茶麸更有利于桉树生长。

不同施肥处理桉树年均生长量的变化范围为 36.57 ～ 54.47 m^3/hm^2，年均生长量的大小顺序为处理Ⅱ>处理Ⅳ>处理Ⅰ>处理Ⅲ。各处理桉树年均生长量变化范围比较大，且与单株材积变化趋势不同，主要是受萌芽林的保留密度影响很大。

综上所述，桉树萌芽林首先考虑保留适当的种植密度，其次施肥时要考虑茶麸作为有机质来源，可根据林地土壤养分和树木生长的情况，酌情减少铜、锌等微量元素。

表 6–87　不同施肥处理的桉树萌芽林生长情况

处理号	林龄（月）	密度（株 /hm^2）	胸径（cm）	树高（m）	单株材积（m^3）	年均生长量（m^3/hm^2）
Ⅰ	30	1600	10.45	13.36	0.058 2	37.27
Ⅱ	30	1750	11.54	15.27	0.078 4	54.47
Ⅲ	30	1500	10.69	13.70	0.061 8	36.57
Ⅳ	30	1800	11.51	14.75	0.075 5	53.66

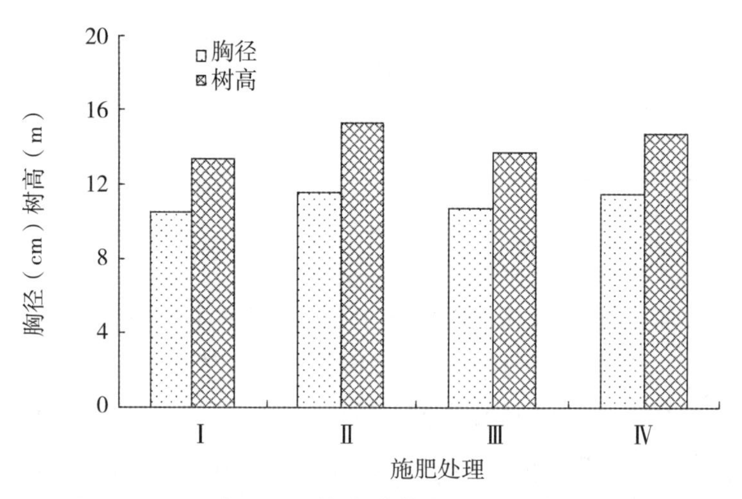

图 6–22　不同施肥处理对桉树萌芽林胸径和树高生长的影响

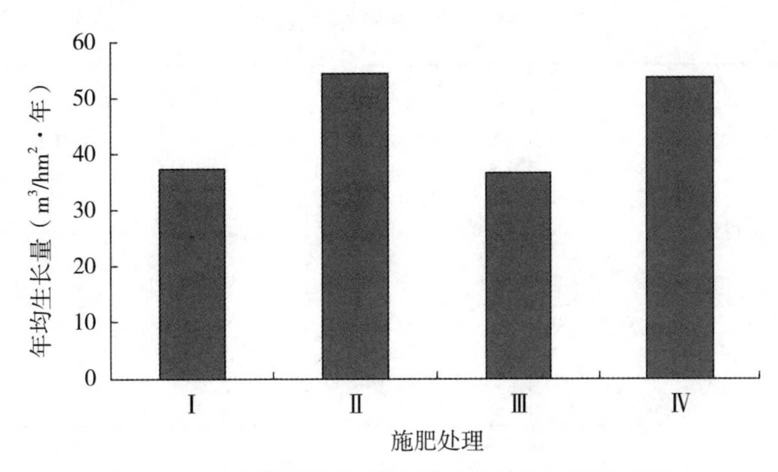

图 6–23　不同施肥处理对桉树萌芽林年均生长量的影响

（三）桉树萌芽林配方施肥 3（广西国有七坡林场康宁分场）

1. 研究区概况

广西国有七坡林场跨南宁市的江南区、良庆区、扶绥县，东西最大横距 32 km，南北最大纵距 33 km；林场属大明山系南向西支的延伸，整个地形由西南向东北渐低，以丘陵地貌为主，海拔一般在 200 m 以上，坡度为 20° ～ 30°；地处北回归线以南，属南亚热带气候，日照时间长，全年日照时数在 1 800 h 以上，年平均气温为 21.6℃，极端低温为 –1.5℃，极端高温为 38℃；全年降水量为 1 200 ～ 1 300 mm，年蒸发量为 1 600 ～ 1 800 mm，相对湿度为 79% 左右。

试验于 2014 年 5 月开始进行，试验林位于广西国有七坡林场康宁分场，桉树林地为第 1 代萌芽林，面积约 20 亩，桉树林为 2006 年造林，种植品种为尾巨桉，造林密度为 1.5 m × 4 m，2011 年 7 月采伐，2011 年 9 月、2012 年 5 月各施、追肥 1 次，施肥量为 0.5 kg/ 株。林下植被主要有五节芒（*Miscanthus floridulus*）、山菅兰（*Dianella ensifolia*）等。试验林地土壤基本理化性质见表 6-88。

表 6–88　供试土壤主要理化性质

土壤层次	厚度（cm）	pH 值	有机质	全量 N（g/kg）	全量 P2O5（g/kg）	全量 K_2O（g/kg）	碱解 N（mg/kg）	有效 P（mg/kg）	速效 K（mg/kg）	交换性 Ca（mg/kg）	交换性 Mg（mg/kg）	有效 Cu（mg/kg）	有效 Zn（mg/kg）	有效 B（mg/kg）	有效 Fe（mg/kg）	有效 Mn（mg/kg）
A 层	0 ～ 20	4.13	39.29	1.59	2.87	3.54	131.3	2.2	27.3	60.3	3.1	0.73	1.25	0.15	46.17	0.58
B 层	20 ～ 40	4.25	26.84	1.26	3.03	4.05	99.2	2.3	21.9	50.8	2.3	0.83	0.79	0.08	41.85	0.20

2. 研究设计

本试验采用单因素随机区组试验设计，设 4 个不同的施肥处理，每个处理 3 个重复，随机排列，施肥量为 0.5 kg/ 株，详细处理见表 6-89。

表 6-89 试验处理设计

编号	处理	养分含量								
		N（%）	P_2O_5（%）	K_2O（%）	有机质（桐麸）（%）	有机质（茶麸）（%）	活性肥（%）	Cu（mg/kg）	Zn（mg/kg）	B（mg/kg）
Ⅰ	PF（桉树配方肥）	15	6	9	15			1 000	1 000	2 000
Ⅱ	PF+HSoM（桉树配方肥+茶麸）	15	6	9		15		1 000	1 000	2 000
Ⅲ	PF-Cu-Zn（桉树配方肥未添加铜锌元素）	15	6	9	15					2 000
Ⅳ	PF+活性肥（桉树配方肥+活性肥）	15	6	9	15		5	1 000	1 000	2 000

3. 生长指标的测定

在试验林地每个处理中设置 20 m×20 m 的小区，采用测杆、测高仪和围尺等工具对桉树树高和胸径进行每木检尺，并依据桉树树高与胸径值计算桉树林分平均单株材积。立木平均单株材积采用广西林业勘测设计院最新研制的速生桉树单株材积计算公式进行计算：$V=C_0D^{[C_1-C_2(D+H)]}H^{[C_3+C_4(D+H)]}$（式中，$V$ 为单株材积，m^3；D 为胸径，cm；H 为树高，m；C_0、C_1、C_2、C_3、C_4 均为常数，它们的值如下：C_0=1.091 541 50×10^{-4}，C_1=1.878 923 70，C_2=5.691 855 03×10^{-3}，C_3=0.652 598 05，C_4=7.847 535 07×10^{-3}）。根据单株材积和种植密度计算桉树生长量。

4. 数据处理与统计分析

所有统计在 SPSS 17.0 软件中完成，试验数据处理和图表在 Excel 2003 中制作完成。

5. 不同施肥处理对桉树萌芽林生长的影响

不同施肥处理对桉树萌芽林生长情况的影响见表 6-90、图 6-24 和图 6-25。从表中可以看出，各处理的胸径、树高和单株材积的变化范围分别为 10.41～10.86 cm、15.45～16.99 m 和 0.066 8～0.077 9 m^3。各处理胸径的大小顺序为处理Ⅳ＞处理Ⅲ＞处理Ⅱ＞处理Ⅰ，树高的大小顺序均为处理Ⅳ＞处理Ⅱ＞处理Ⅰ＞处理Ⅲ，单株材积的大小顺序均为处理Ⅳ＞处理Ⅱ＞处理Ⅲ＞处理Ⅰ。

不同有机质来源相比较，处理Ⅱ的胸径、树高和单株材积均高于处理Ⅰ，说明与桐麸相比，茶麸作为有机质更有利于桉树生长。铜、锌元素的添加与减少相比较，处理Ⅲ的胸径和单株材积均大于处理Ⅰ，而树高则相反，说明添加铜、锌元素未能促进桉树生长。处理Ⅳ的胸径、树高和单株材积均高于处理Ⅰ，说明桉树活性肥的添加有利于桉树的生长。添加茶麸和活性肥相比较，处理Ⅳ胸径、树高和单株材积均高于处理Ⅱ，说明桉树配方肥中添加活性肥更有利于桉树生长。

不同施肥处理桉树年均生长量的变化范围为 41.66～46.52m^3/hm^2·年，年均生长量的大小顺序为处理Ⅳ＞处理Ⅱ＞处理Ⅲ＞处理Ⅰ。各处理桉树年均生长量变化范围比较大，且与单株材积变化趋势相同，主要是受萌芽林的保留密度影响很大。

综上所述，桉树萌芽林首先考虑保留适当的种植密度，其次施肥时要考虑茶麸作为有机质来源，可根据林地土壤养分和树木生长的情况，酌情减少铜、锌等微量元素。

表 6-90　不同施肥处理的桉树萌芽林生长情况

处理号	林龄（月）	密度（株/hm²）	胸径（cm）	树高（m）	单株材积（m³）	年均生长量（m³/hm²·年）
Ⅰ	39	2 033	10.41	15.57	0.066 8	41.66
Ⅱ	39	2 083	10.69	15.95	0.071 1	45.58
Ⅲ	39	1 966	10.77	15.45	0.069 9	42.40
Ⅳ	39	1 942	10.86	16.99	0.077 9	46.52

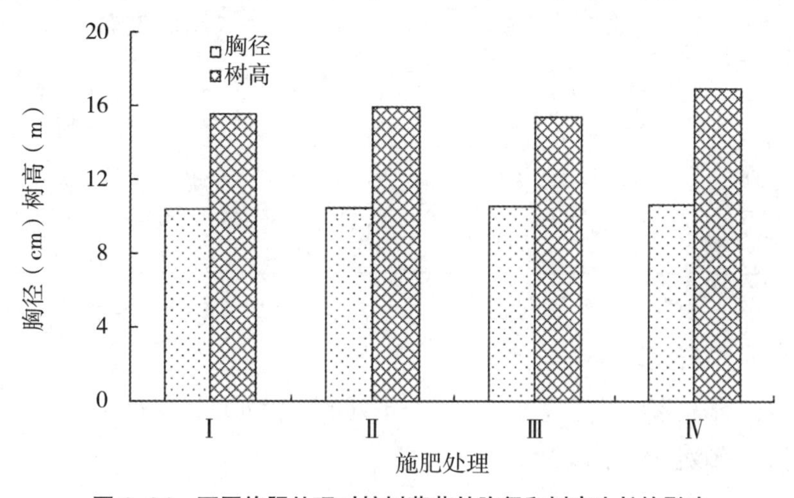

图 6-24　不同施肥处理对桉树萌芽林胸径和树高生长的影响

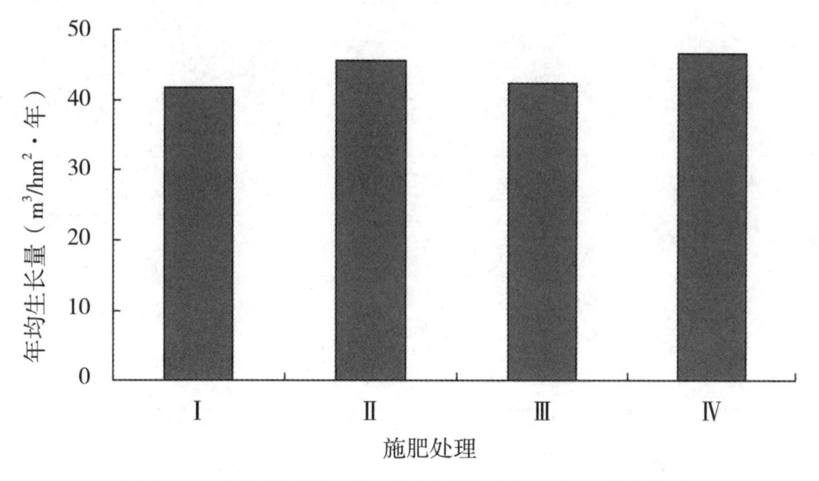

图 6-25　不同施肥处理对桉树萌芽林年均生长量的影响

（四）桉树萌芽林配方施肥 4（广西国有黄冕林场波寨分场）

1. 研究区概况

广西国有黄冕林场地处东经 109°43′46″～109°58′18″，北纬 24°37′25″～24°52′11″，属丘陵低山地貌。试验地光照充足，水热同季，土壤主要以砂页发育而成的山地黄红壤为主。

试验于2013年5月开始进行，试验林位于广西国有黄冕林场波寨分场，桉树林地为第1代萌芽林，面积约为30亩，桉树林为2008年造林，种植品种为“广林9号”，造林密度为2 m×3 m，2012年12月采伐。试验区林下植物丰富，灌木以大青（*Clerodendrum cyrtophyllum*）、菝葜（*Smilax china*）、极简榕（*Ficussim plicissima*）等桑科榕属的一些树种为主，草本以商陆（*Phytolacca acinosa*）、蔓生莠竹（*Microstegium fasciculatum*）、五节芒（*Miscanthus floridulus*）、海金沙（*Lygodium japonicum*）、牛筋草（*Eleusine indica*）等为主。试验林地土壤基本理化性质见表6-91。

表6-91 供试土壤主要理化性质

土壤层次	厚度（cm）	pH值	有机质（g/kg）	全量N（g/kg）	全量P_2O_5（g/kg）	全量K_2O（g/kg）	碱解N（mg/kg）	有效P（mg/kg）	速效K（mg/kg）	交换性Ca（mg/kg）	交换性Mg（mg/kg）	有效Cu（mg/kg）	有效Zn（mg/kg）	有效B（mg/kg）	有效Fe（mg/kg）	有效Mn（mg/kg）
A层	0～20	4.06	40.62	1.19	0.76	5.59	135.9	3.4	46.4	35.4	8.9	0.33	0.90	0.19	136.87	4.37
B层	20～40	4.20	22.89	0.73	0.70	6.52	84.7	1.3	18.5	10.1	3.2	0.41	0.59	0.07	123.38	1.32

2. 研究设计

本试验采用单因素随机区组试验设计，设4个不同的施肥处理，每个处理3个重复，随机排列，施肥量为0.5 kg/株，详细处理见表6-92。

表6-92 试验处理设计

编号	处理	养分含量								
		N（%）	P_2O_5（%）	K_2O（%）	有机质（桐麸）（%）	有机质（茶麸）（%）	活性肥（%）	Cu（mg/kg）	Zn（mg/kg）	B（mg/kg）
Ⅰ	PF（桉树配方肥）	15	6	9	15			1 000	1 000	2 000
Ⅱ	PF+HSoM（桉树配方肥+茶麸）	15	6	9		15		1 000	1 000	2 000
Ⅲ	PF-Cu-Zn（桉树配方肥未添加铜锌元素）	15	6	9	15					2 000
Ⅳ	PF+活性肥（桉树配方肥+活性肥）	15	6	9	15		5	1 000	1 000	2 000

3. 生长指标的测定

在试验林地每个处理中设置20 m×20 m的小区，采用测杆、测高仪和围尺等工具对桉树树高和胸径进行每木检尺，并依据桉树树高与胸径值计算桉树林分平均单株材积。立木平均单株材积采用广西林业勘测设计院最新研制的速生桉树单株材积计算公式进行计算：$V=C_0D^{[C_1-C_2(D+H)]}H^{[C_3+C_4(D+H)]}$（式中，$V$为单株材积，$m^3$；$D$为胸径，cm；$H$为树高，m；$C_0$、$C_1$、$C_2$、$C_3$、$C_4$均为常数，它们的值如下：$C_0$=1.091 541 50×$10^{-4}$，$C_1$=1.878 923 70，$C_2$=5.691 855 03×$10^{-3}$，$C_3$=0.652 598 05，$C_4$=7.847 535 07×$10^{-3}$）。根据单株材积和种植密度计算桉树生长量。

4. 数据处理与统计分析

所有统计在 SPSS 17.0 软件中完成，试验数据处理和图表在 Excel 2003 中制作完成。

5. 不同施肥处理对桉树萌芽林生长的影响

不同施肥处理对桉树萌芽林生长情况的影响见表 6-93、图 6-26 和图 6-27。从表中可以看出，各处理的胸径、树高和单株材积的变化范围分别为 8.11 ～ 9.16 cm、10.76 ～ 11.82 m 和 0.032 3 ～ 0.040 4m^3。各处理胸径和单株材积的大小顺序为处理Ⅳ＞处理Ⅱ＞处理Ⅲ＞处理Ⅰ，树高的大小顺序为处理Ⅳ＞处理Ⅰ＞处理Ⅲ＞处理Ⅱ。

不同有机质来源相比较，处理Ⅱ的胸径和单株材积均高于处理Ⅰ，树高则相反，说明与桐麸相比，茶麸作为有机质更有利于桉树生长。铜、锌元素的添加与减少相比较，处理Ⅲ的胸径和单株材积均大于处理Ⅰ，树高则相反，说明添加铜、锌元素未能促进桉树生长，这可能是因为桉树林地铜、锌元素能满足生长需求。处理Ⅳ的胸径、树高和单株材积均高于处理Ⅰ，说明桉树活性肥的添加有利于桉树的生长。添加茶麸和活性肥相比较，处理Ⅳ树高、胸径和单株材积均高于处理Ⅱ，说明桉树配方肥中添加活性肥更有利于桉树生长。

不同施肥处理桉树年均生长量的变化范围为 33.67 ～ 43.02m^3/hm^2·年，年均生长量的大小顺序为处理Ⅳ＞处理Ⅱ＞处理Ⅰ＞处理Ⅲ。各处理桉树年均生长量变化范围比较大，且与单株材积变化趋势不同，主要是受萌芽林的保留密度影响很大。

综上所述，桉树萌芽林首先考虑保留适当的种植密度，其次施肥时要考虑茶麸作为有机质来源，可根据林地土壤养分和树木生长的情况，酌情减少铜、锌等微量元素。

表 6-93 不同施肥处理的桉树萌芽林生长情况

处理号	林龄（月）	密度（株/hm^2）	胸径（cm）	树高（m）	单株材积（m^3）	年均生长量（m^3/hm^2）
Ⅰ	22	2 000	8.11	11.78	0.032 3	35.22
Ⅱ	22	2050	8.69	10.76	0.033 8	38.74
Ⅲ	22	1850	8.26	11.75	0.033 4	33.67
Ⅳ	22	1950	9.16	11.82	0.040 4	43.02

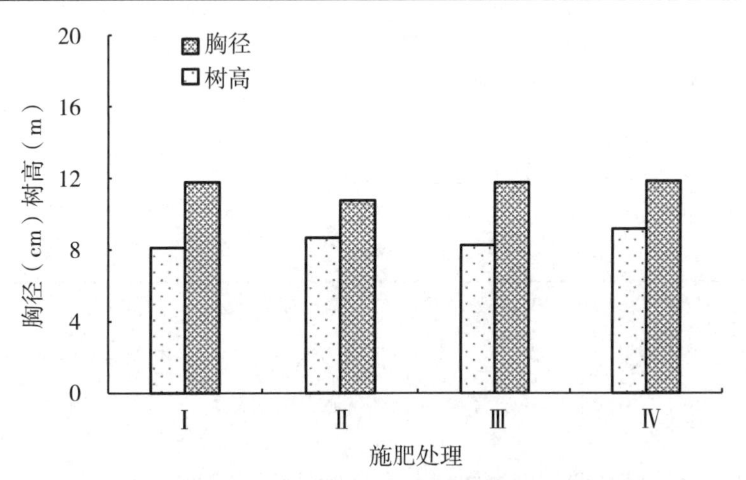

图 6-26 不同施肥处理对桉树萌芽林胸径和树高生长的影响

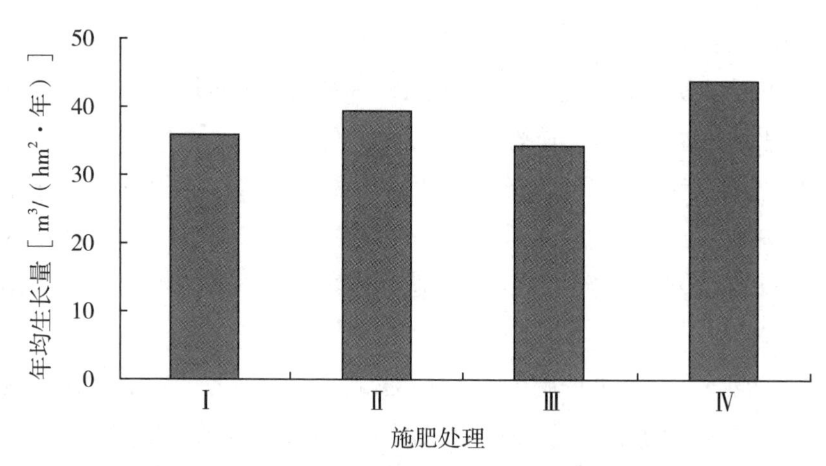

图 6-27　不同施肥处理对桉树萌芽林年均生长量的影响

三、配方施肥对桉树人工林生态环境的影响

（一）材料与方法

在广西国有高峰林场六里分场设置桉树配方施肥技术示范推广林，土壤为强酸性赤红壤，质地为黏壤土，土层比较薄。桉树林地于 2003 年 12 月前完成了清山、炼山、挖坑（规格 80 cm × 60 cm × 60 cm，密度 4 m × 1.8 m）；2004 年 3 月初施放基肥并回坑，3 月 19 日苗木定植（采用的是"广林 9 号"扦插无性系苗），4 月 20 日查苗补植，5 月 11 日第一年追肥，6 月和 10 月除草抚育；2005 年 3 月 19 日第二年追肥，6 月抚育一次。桉树基肥和追肥均为广西林业科学研究院提供的肥料配方，具体施肥方案见表 6-94。

表 6-94　广西国有高峰林场桉树配方施肥方案

处理号	基肥（复混肥）		前二年追肥（复混肥）	
	总养分	施肥量（kg/ 株）	总养分	年施肥量（kg/ 株）
1	25%，配适量微量元素和有机质	0.50	30%（粉状）、适量微量元素	0.50
2		0.50	40%、适量微量元素	0.50
3		0.50	25%、适量微量元素	0.50
4		0.50	40%、适量微量元素	0.25
5		0.50	40%、适量微量元素	1.00
6		0.50	30%（颗粒）、适量微量元素	0.50
7（CK）	0	0	0	0

注：（1）基肥含 N 5%、P_2O_5 15%、K_2O 5%、有机质 10%、硼砂 1%。

（2）处理 1 和处理 6 追肥 N 15%、P_2O_5 8%、K_2O 7%；处理 2、处理 4 和处理 5 追肥 N 16%、P_2O_5 10%、K_2O 14%；处理 3 追肥 N 10%、P_2O_5 5%、K_2O 10%。另外，在处理 1 ~ 6 追肥中分别加入了 2% 左右的铜、锌和硼等微量元素肥料。

在南宁市良庆区南晓镇林业站设置桉树配方施肥技术示范推广林，土壤类型以砖红壤为主。示范推广林于 2005 年 4 月开始营建，苗木均为广西林业科学研究院生产的“广林 9 号”桉树扦插苗。种植密度为 1395 株 /hm^2，面积约为 40hm^2。桉树基肥和追肥均为广西林业科学研究院提供的肥料配方，由南宁市肥料厂生产。其施肥方案见表 6-95。

表 6–95　良庆区南晓桉树配方施肥方案

肥料养分含量		施肥数量　（kg/ 次 · 株）	
基肥	27%	基肥 1 次	2005 年 5 月施 0.60
追肥	33%	追肥 3 次	2005 年施 0.50；2006 年施 0.50；2007 年施 0.75

注：基肥和追肥并含适量微量元素。

水样主要分析测定 pH 值、总氮、总磷和总钾，分析方法参照《森林土壤、水化学分析》（LY/T 1999）的相关分析方法进行。

（二）桉树配方施肥对土壤主要养分的影响

各桉树林地土壤养分变化情况见表 6-96 所示，从表中可以看出，种植后 2 年，土壤 pH 值和有机质变化不大；土壤碱解氮含量略有下降，有效磷和速效钾含量变化不大；微量元素含量均得到提高，有效铜、锌、硼提高的幅度分别为 25%、40% 和 40%。

种植后 4 年，土壤 pH 值略有提高；有机质、碱解氮、有效磷、速效钾含量变化不大；微量元素含量明显提高，其中有效铜提高 50%、有效锌提高 75%、有效硼提高 125%。

经过对桉树科学合理施肥，桉树不是“抽肥机”，不会大幅度降低土壤肥力，反而通过施肥后某些养分含量明显增加，尤其是微量元素养分含量增加明显。

表 6–96　桉树种植前后土壤主要理化性质对比

调查点	时间	pH 值	有机质（g/kg）	碱解氮（mg/kg）	有效磷（mg/kg）	速效钾（mg/kg）	有效铜（mg/kg）	有效锌（mg/kg）	有效硼（mg/kg）
广西国有高峰林场	试验前	4.35	19.71	93.7	0.6	33.6	1.28	0.90	0.12
	2 年后	4.46	16.26	79.3	0.7	36.6	1.58	1.25	0.17
南宁市良庆区南晓镇林业站	试验前	4.15	3.51	18.9	0.2	14.4	0.35	0.70	0.12
	4 年后	4.59	3.53	23.0	0.3	14.3	0.53	1.23	0.27

（三）桉树林区内水体状况

1. 配方施肥对桉树林区内水体营养物质的影响

不同处理林区水体富营养物质平均含量见表 6-97 和图 6-28。根据表 6-97 分析，各处理林区内水体总氮、总磷和总钾含量高低顺序都为处理 5 ＞处理 2 ＞处理 1 ＞处理 6 ＞处理 3 ＞处理 4 ＞处理 7(CK)，说明了速生桉各施肥处理对林区内水体的总氮、总磷和总钾含量都有不同程度的增加；根据图 6-29 也可以看出，不同的施肥量、肥料养分和肥料颗粒形态对林区水体的总氮、总磷和总钾含量的影响程度也不相同。因此，不合理的施肥可能会导致水体富营养化。

表 6-97　不同施肥处理的林区水体富营养物质分析测定平均值

处理号	总氮（mg/L）	总磷（mg/L）	总钾（mg/L）
1	1.90	0.61	2.99
2	2.18	0.75	3.53
3	1.34	0.34	2.30
4	1.27	0.19	1.83
5	3.67	1.45	4.62
6	1.59	0.50	2.75
7（CK）	1.02	0.12	1.47

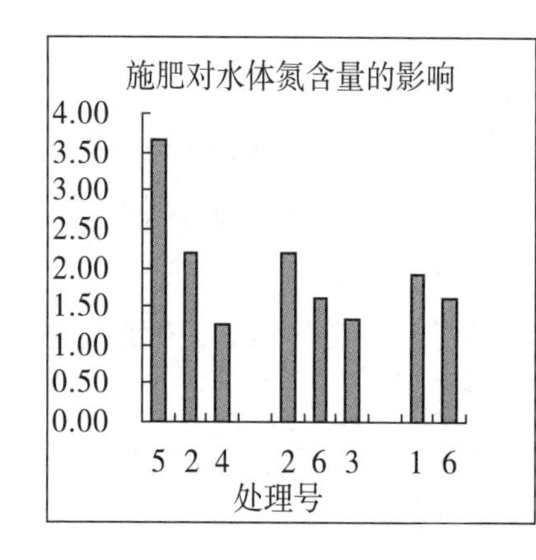

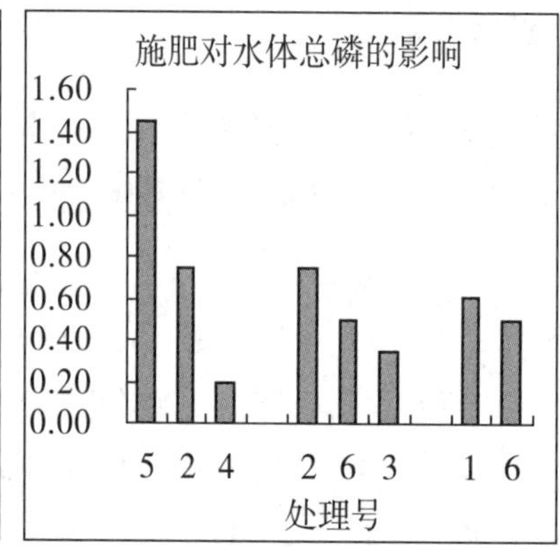

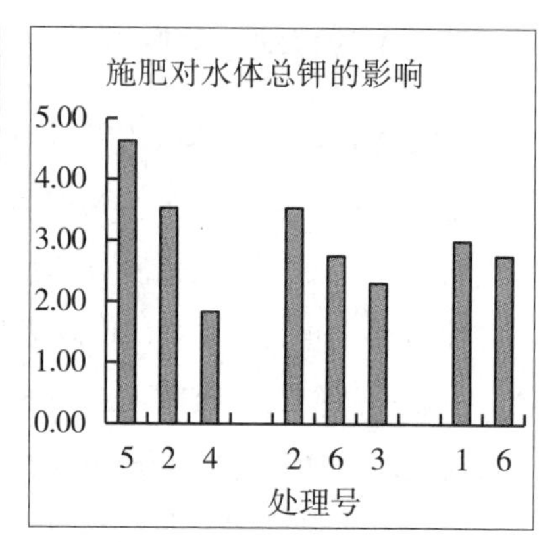

图 6-28　施肥量、养分含量和肥料形态对水体营养物质的影响

注：（1）图中单位均为 mg/L。

（2）图中处理号相近的处理 5、处理 2 和处理 4 为施肥量对比，其中处理 5 为 1.0 kg/ 株、处理 2 为 0.5 kg/ 株、处理 4 为 0.25 kg/ 株；处理 2、处理 6 和处理 3 为肥料养分对比，其中处理 2 肥总养分为 40%、处理 6 肥总养分为 30%、处理 3 号肥总养分为 25%；处理 1 和处理 6 为肥料颗粒形态对比，处理 1 肥为粉状、处理 6 肥为颗粒。

2. 配方施肥对桉树林区内水体总氮含量的影响

各施肥处理林区内水体总氮含量的对比见表 6-98。通过分析表 6-98 和图 6-28 可知：

（1）施肥对林区水体的总氮含量都有不同程度的增加，与对照相比平均增幅为 40% 左右。

（2）从不同施肥量的处理来看，处理 5（施 1.0 kg/ 株）的水体总氮增幅约为 72%，处理 2（施 0.5 kg/ 株）的水体总氮增幅约为 53%，处理 4（施 0.25 kg/ 株）的水体总氮增幅约为 20%。由此可见，施肥量的增加对林区水体总氮含量的影响较大。处理 5 和处理 2 相比，水体总氮增加约 68%，在此范围内增加施肥量 100g/ 株的平均增幅约为 14%；处理 2 与处理 4 相比，水体总氮增加约 72%，在此范围内增加施肥量 100g/ 株的平均增幅约为 29%。由此可见，在肥料养分含量相同的情况下，施肥量越大，林区内水体总氮含量也增加，而且增幅的比例变化比较大，这可能与氮素肥料易被雨水冲刷流失且与降雨强度有很大关系。

（3）从肥料不同养分处理来看，处理 2（养分总量 40%）的水体总氮增幅约为 53%，处理 6（养分总量 30%）的水体总氮增幅约为 36%，处理 3（养分总量 25%）的水体总氮增幅约为 24%。由此可见，随着施用肥料养分含量的增加水体总氮含量也有一定程度的增加，与施肥量相比，肥料养分含量增加对林区内水体总氮含量的影响要小得多。处理 2 和处理 6 相比，水体总氮增加约 37%，在此范围内，平均增加 1% 个养分水体总氮增幅约为 3.7%；处理 6 与处理 3 相比，水体总氮增加约 19%，在此范围内，平均增加 1% 个养分水体总氮增幅约为 3.8%。可以看出，随着肥料养分含量的增加，水体总氮含量的也相应增加，但是增幅比较小。

（4）从肥料形态来看，处理 1（粉状）的水体总氮增幅约为 46%，处理 6（颗粒）的水体总氮增幅约为 36%，两者相比增幅约 20%。由此可见，肥料形态对林区内水体总氮含量有一定程度的影响，但影响比施肥量和肥料养分要小得多。

表 6–98　不同施肥处理对林区水体总氮含量的影响

处理	总氮（mg/L）	各处理减空白处理 7（mg/L）	施肥造成水体总氮含量增加的比例（%）
1	1.90	0.88	46%
2	2.18	1.16	53%
3	1.34	0.32	24%
4	1.27	0.25	20%
5	3.67	2.65	72%
6	1.59	0.57	36%
7（CK）	1.02	—	—

3. 配方施肥对桉树林区内水体总磷含量的影响

各施肥处理林区内水体总磷含量的对比见表 6-99。通过研究表 6-99 和图 6-28，可以得出：

（1）施肥，对林区水体的总磷含量都有不同程度的增加，与对照相比平均增幅约为 70%。

（2）从不同施肥量的处理来看，处理 5（施 1.0 kg/ 株）的水体总磷增幅约为 92%，处理 2（施 0.5 kg/ 株）的水体总磷增幅约为 84%，处理 4（施 0.25 kg/ 株）的水体总磷增幅约为 37%。由此可见，施肥量的增加对林区水体总磷含量的影响很大，这可能与桉树基肥中磷含量比较大有关。处理 5 和处理 2 相比，水体总磷增加约 93%，在此范围内增加施肥量 100 g/ 株的平均增幅约为 18.6%；处理 2 与处理 4 相比，水体总磷增加约 295%，在此范围内增加施肥量 100 g/ 株的平均增幅约为 118%。由此可见，在肥料养分含量相同的情况下，施肥量增加，林区内水体总磷含量也相应增加，但是增幅随施肥量增加呈很明显的下降趋势，这可能与磷素肥料易于被土壤固定有关。

（3）从肥料不同养分处理来看，处理 2（养分总量 40%）的水体总磷增幅约为 84%，处理 6（养分总量 30%）的水体总磷增幅约为 76%，处理 3（养分总量 25%）的水体总磷增幅约为 65%。由此可见，随着施用肥料的养分含量的增加林区水体总磷含量也有一定程度的增加，与施肥量相比，肥料养分含量增加对林区内水体总磷含量的影响要小一些。处理 2 和处理 6 相比，水体总磷增幅约 50%，在此范围内，平均增加 1% 个养分水体总磷增幅约为 5%；处理 6 与处理 3 相比，水体总磷增加约 47%，在此范围内，平均增加 1% 个养分水体总磷增幅约为 9.4%。可以看出，随着肥料养分含量的增加，水体总磷含量的增幅也有明显下降的趋势。

（4）从肥料形态来看，处理 1（粉状）的水体总磷增幅约为 80%，处理 6（颗粒）的水体总磷增幅约为 76%，两者相比增幅约为 22%。由此可以看出，肥料颗粒形态对林区内水体总磷含量有一定程度的影响，但影响比施肥量和肥料养分要小很多。

表 6-99　不同施肥处理对林区水体总磷的影响

处理	总磷（mg/L）	各处理减空白处理 7（mg/L）	施肥造成水体总磷含量增加的比例（%）
1	0.61	0.49	80
2	0.75	0.63	84
3	0.34	0.22	65
4	0.19	0.07	37
5	1.45	1.33	92
6	0.50	0.38	76
7（CK）	0.12	—	—

4. 配方施肥对桉树林区内水体总钾含量的影响

各施肥处理林区内水体总钾含量的对比见表 6-100。通过比较表 6-100 和图 6-28，可以推断：

（1）施肥，对林区水体的总钾含量都有不同程度的增加，与对照相比平均增幅约为 50%。

（2）从不同施肥量的处理来看，处理 5（施 1.0 kg/ 株）的水体总钾增幅约为 68%，处理 2（施 0.5 kg/ 株）的水体总钾增幅约为 58%，处理 4（施 0.25 kg/ 株）的水体总钾增幅约为 20%。由此可见，施肥量的增加对林区水体总钾含量的影响较大。处理 5 和处理 2 相比，水体总钾增加约 31%，在此范围内增加施肥量 100g/ 株的平均增幅约为 6%；处理 2 与处理 4 相比，水体总钾增加约 93%，在此范围内增加施肥量 100g/ 株的平均增幅约为 37%。由此可见，在肥料养分含量相同的情况下，施肥量增加，林区内水体总钾含量也增加，而且增幅的比例变化比较大，这可能与钾素肥料极易于被雨水冲刷流失和在肥料中钾肥较难成粒有关。

（3）从肥料不同养分处理来看，处理 2（养分总量 40%）的水体总钾增幅约为 58%，处理 6（养分总量 30%）的水体总钾增幅约为 47%，处理 3（养分总量 25%）的水体总钾增幅约为 36%，由此可见，随着施用肥料养分含量的增加林区水体总钾含量也有一定程度的增加。处理 2 和处理 6 相比，水体总钾增加约 28%，在此范围内，平均增加 1% 个养分水体总磷增幅约为 3%；处理 6 与处理 3 相比，水体总钾增加约 20%，在此范围内，平均增加 1% 个养分水体总磷增幅约为 4%。可以看出，随着肥料养分含量的增加，水体总钾含量也相应增加，在一定养分范围内，增幅不明显。

（4）从肥料形态来看，处理 1（粉状）的水体总钾增幅约为 51%，处理 6（颗粒）的水体总钾增幅约为 47%，两者相比增幅约为 9%。由此可以看出，肥料形态对林区内水体总钾含量有一定程度的影响，但影响不大，且比施肥量和肥料养分的影响要小得多。

表 6-100　不同施肥处理对林区水体总钾的影响

处理	总钾（mg/L）	各处理减空白处理 7（mg/L）	施肥造成水体总钾含量增加的比例（%）
1	2.99	1.52	51
2	3.53	2.06	58
3	2.30	0.83	36
4	1.83	0.36	20
5	4.62	3.15	68
6	2.75	1.28	47
7（CK）	1.47	—	—

第七节　用材林袋控缓释肥精准施肥研究

一、用材林精准施肥方法

高产高效精准施肥是化肥减量提效、资源节约、环境友好的有效措施。由于林木生长周期较长，林木营养需求规律比较复杂，目前关于用材林营养需求规律方面的研究报道大多未涉及各器官或主要生育期，缺乏系统性和完整性，用材林精准施肥理论基础缺乏，难以实现养分供给与林木生长高产高效相协调。同时，桉树、松树和杉木在肥料方面，不同的树种各生长阶段需肥规律、各地土壤供肥能力不同、养分元素及其肥料利用率、林木施肥的定位、定性、定量以及林木需要的多样性、长期性、复杂性等多方面差异，造成了林木施肥理论和技术的起步较晚，科学性和准确性难以把握，更谈不上精准性了。因此，研究桉树、松树和杉木的科学施肥体系，尤其是在专用肥料配方的科学性、系统性和精准性方面显得更为重要。

为了解决当前林木施肥存在 N、P、K 养分不均衡、没有合理的施肥方法、施肥超量、肥料利用率低、成本高等问题，课题组开展了广西主要用材林树种主要生育期林木营养吸收分配规律分析和主要种植区土壤肥力评价，在此基础上，根据桉树、松树和杉木的生长需求，分区科学合理地分析树木生长所需各养分量。

（一）材料与方法

1. 研究区概况

同土壤肥力调查区域。

2. 目标生物量的确定

（1）开展广西主要用材林种植区域林地胸径和树高调查，按照不同林地分年龄，分成幼龄林和中龄林两个龄组进行分析，计算林分单株材积和生长量。

（2）选择代表性区域进行不同龄组生物量调查，并对单株材积和单株生物量进行线性或多项式回归分析，建立生长量和生物量的关系。

（3）通过回归方程，由生长量计算得到生物量。

（4）以生长量为基础，然后提高 10% 作为目标生物量。

3. 林木营养需求量

（1）林木养分利用率。参见第四章用材林营养特性。

（2）通过目标生物量 W 和营养元素利用率 V 计算营养需求量 P，计算公式为：$P=W\times V$。

4. 土壤供肥量

开展广西主要用材林种植区域林地土壤养分调查，测定土壤样品中碱解氮、有效磷和速效钾含量。土壤供肥量 S_{soil} 的计算公式如下：

$$S_{soil}=S\times C\times D\times H\times A\times T$$

式中，S 为面积，按 1 hm^2 计算；C 为土壤中氮、磷、钾各养分的含量，mg/kg；D 为土壤容重，g/ cm^3；H 为根系深度，cm；A 为林木覆盖度；T 为土壤中氮、磷、钾各养分的利用率，%。

5. 肥料需求量

肥料需求量 Y 的计算公式为 $Y=(P-S_{soil})/F$，其中，F 为肥料中氮、磷、钾的利用率，P 为林木营养需求量。

（二）结果与分析

1. 用材林龄组划分

参考《主要树种龄级与龄组划分》（LY/T 2908—2017）和《杉木速生丰产林栽培技术规范》（DB45/T 470—2015），采用以下广西主要用材林龄组划分，详见表 6-101。

表 6-101 用材林树种龄组划分

单位：a

树种	龄组划分					主伐年龄	林级期限
	幼龄林	中龄林	近熟林	成熟林	过熟林		
桉树	1～2	3～4	5	6～7	≥ 8	6	1
杉木	≤ 5	6～10	11～15	16～25	≥ 26	16	5
马尾松	≤ 5	6～10	11～15	16～25	≥ 26	16	5

2. 用材林目标生物量的确定

（1）用材林生长情况。开展广西主要用材林种植区域林地生长情况调查，不同树种按照调查林地年龄分成幼龄林和中龄林两个龄组进行分析，同时进一步对桉树和杉木按照分布区域进行分区，分别统计年单株材积平均值、最大值和最小值（见表 6-102）。桉树、杉木和松树分别按照种植密度 1 650 株 /hm^2、2 500 株 /hm^2、2 500 株 /hm^2 计算年均生长量，幼龄林其值或其值的变化范围分别为 17.95 ～ 21.53m^3/hm^2、4.05 ～ 4.76 m^3/hm^2、5.93 m^3/hm^2，而中龄林其值或其值的变化范围分别为 30.15 ～ 32.40 m^3/hm^2、10.93 ～ 13.10 m^3/hm^2、14.39 m^3/hm^2。

表 6–102　用材林年均生长量和目标生长量统计结果

树种	分区	龄组（a）	调查样地数量(个)	年单株材积（m^3/ 株）			年均生长量（m^3/hm^2）
				平均值	最大值	最小值	
桉树	中亚热带	幼龄林（1 ～ 2）	9	0.012 40	0.019 85	0.007 91	20.46
		中龄林（3 ～ 4）	14	0.018 53	0.032 31	0.010 44	30.57
	南亚热带	幼龄林（1 ～ 2）	17	0.013 05	0.027 29	0.005 66	21.53
		中龄林（3 ～ 4）	21	0.019 64	0.044 17	0.012 10	32.40
	北热带	幼龄林（1 ～ 2）	32	0.010 88	0.021 39	0.004 78	17.95
		中龄林（3 ～ 4）	17	0.018 27	0.032 15	0.011 39	30.15
杉木	中亚热带	幼龄林（≤ 5）	16	0.001 90	0.004 02	0.000 83	4.76
		中龄林（6 ～ 10）	9	0.005 24	0.008 60	0.002 08	13.10
	南亚热带	幼龄林（≤ 5）	4	0.001 62	0.003 44	0.000 94	4.05
		中龄林（6 ～ 10）	16	0.004 37	0.008 36	0.001 04	10.93
马尾松	广西	幼龄林（≤ 5）	12	0.002 37	0.004 08	0.001 13	5.93
		中龄林（6 ～ 10）	10	0.005 76	0.012 63	0.002 46	14.39

（2）用材林生长量与生物量的关系。由于调查样地数量较多，进行林木生物量调查任务量繁重，为了探究生长量与生物量之间的关系，我们选择代表性区域进行不同龄组生物量调查，并对单株材积和单株生物量进行线性或多项式回归分析（图 6-29），建立生长量和生物量的关系。

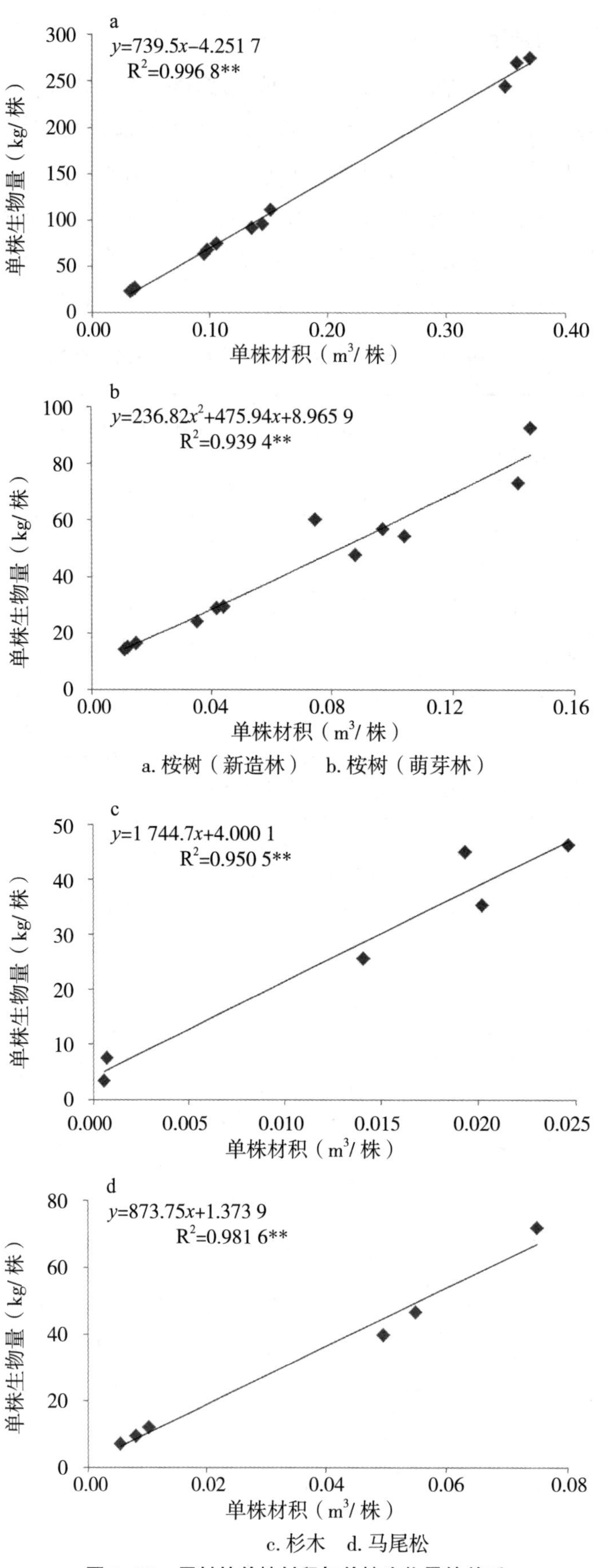

a. 桉树（新造林）　b. 桉树（萌芽林）

c. 杉木　d. 马尾松

图6-29　用材林单株材积与单株生物量的关系

如图 6-29，回归分析结果显示，桉树（新造林）、桉树（萌芽林）、杉木和马尾松单株材积和单株生物量回归分析的相关系数分别为 0.996 8、0.939 4、0.950 5、0.981 6，均达到极显著水平。可见单株材积和单株生物量关系密切，可以通过回归方程（表 6-103），由生长量计算得到生物量。

表 6-103　用材林单株材积与单株生物量的回归方程

树种	回归方程
桉树（新造林）	$y=739.5x-4.2517$
桉树（萌芽林）	$y=236.82x^2+475.94x+8.9659$
杉木	$y=1744.7x+4.0001$
马尾松	$y=873.75x+1.3739$

（3）用材林目标生物量的确定。以年均生长量为基数，然后提高 10% 作为目标生物量（见表 6-102）。从表中可以看出，同一树种不同分区、不同龄组年均生长量存在差异，说明分区统计有助于准确制定不同区域目标生长量。

根据表 6-103 中的回归方程，将表 6-102 中材积、生长量换算成目标生物量，具体结果见表 6-104。桉树（2 年）、杉木和马尾松（5 年）幼龄林目标生物量或其值的变化范围分别为 33.81 ～ 37.65 t/hm^2、48.85 ～ 55.65 t/hm^2、31.93 t/hm^2，而桉树（4 年）、杉木和马尾松（10 年）其值或其值的变化范围分别为 80.45 ～ 85.56 t/hm^2、219.72 ～ 261.35 t/hm^2、141.72 t/hm^2。

表 6-104　用材林不同分区目标生物量

树种	分区	林龄（a）	单株材积（m^3/ 株）	生长量（m^3/hm^2）	目标生物量（t/hm^2）
桉树	中亚热带	2	0.024 80	40.92	36.51
		4	0.074 12	122.29	81.42
	南亚热带	2	0.026 09	43.05	37.65
		4	0.078 54	129.59	85.56
	北热带	2	0.021 76	35.90	33.81
		4	0.073 09	120.59	80.45
杉木	中亚热带	5	0.009 51	23.78	55.65
		10	0.052 39	130.97	261.35
	南亚热带	5	0.008 10	20.24	48.85
		10	0.043 71	109.28	219.72
马尾松	广西	5	0.011 86	29.65	31.93
		10	0.057 55	143.88	141.72

3. 用材林营养需求量

（1）用材林养分利用率。根据第四章用材林营养特性，总结广西主要用材林养分利用率（见表 6-105）。桉树、杉木和马尾松不同树种养分利用率相比，桉树的养分利用率最高，马尾松的养分利用率最低。就幼龄林而言，桉树、杉木和马尾松积累1t生物量分别需要N、P、K三大营养元素5.09 kg、6.72 kg和8.83 kg，而桉树、杉木和马尾松中龄林积累1t生物量分别需要N、P、K三大营养元素3.73 kg、4.30 kg和5.50 kg。可见，不同龄组养分利用率也有差异，随着龄组林龄的增加，养分利用率也提高。

表6–105　用材林养分利用率

树种	龄组	营养元素利用率（kg/t）			
		N	P	K	合计
桉树	幼龄林	2.25	0.29	2.55	5.09
	中龄林	1.45	0.23	2.05	3.73
杉木	幼龄林	3.88	0.49	2.35	6.72
	中龄林	2.71	0.33	1.26	4.30
马尾松	幼龄林	5.40	0.56	2.87	8.83
	中龄林	3.46	0.37	1.67	5.50

（2）用材林营养需求量。按目标生物量和营养元素利用率计算营养需求量，计算结果见表6-106。

表6–106　用材林营养需求量

树种	分区	林龄（a）	目标生物量（t/hm^2）	营养需求量（kg/hm^2）			
				N	P	K	合计
桉树	中亚热带	2	36.51	82.15	10.59	93.10	185.84
		4	81.42	118.05	18.73	166.90	303.68
	南亚热带	2	37.65	84.72	10.92	96.02	191.66
		4	85.56	124.06	19.68	175.39	319.13
	北热带	2	33.81	76.08	9.81	86.23	172.12
		4	80.45	116.66	18.50	164.93	300.09
杉木	中亚热带	5	55.65	215.90	27.27	130.77	373.94
		10	261.35	708.25	86.24	329.30	1 123.79
	南亚热带	5	48.85	189.54	23.94	114.80	328.28
		10	219.72	595.44	72.51	276.85	944.80
马尾松	广西	5	31.93	172.42	17.88	91.64	281.94
		10	141.72	490.36	52.44	236.68	779.48

4. 用材林土壤供肥量

（1）用材林土壤养分含量。开展广西主要用材林种植区域林地土壤养分调查，按照中亚热带、南亚热带和北热带进行分区分析土壤养分含量，结果见表6-107。

表 6-107 用材林土壤养分含量

分区	碱解氮（mg/kg）			有效磷（mg/kg）			速效钾（mg/kg）		
	平均值	最小值	最大值	平均值	最小值	最大值	平均值	最小值	最大值
中亚热带	138.41	95.97	282.99	1.63	0.72	3.88	55.16	28.45	164.79
南亚热带	113.07	54.19	273.05	1.48	0.53	4.15	58.34	23.02	206.14
北热带	97.45	50.75	207.86	1.71	0.67	3.85	54.83	26.17	105.00

（2）广西主要用材林土壤养分供给。按照公式 $S_{soil}=S\times C\times D\times H\times A\times T$ 计算土壤供肥量，其中，S 为面积，这里按每公顷计算；C 为土壤中氮、磷、钾各养分的含量，具体结果见表 6-107；D 为土壤容重，按 1.1g/ cm^3 计算；H 为根系深度，取值 60 cm；A 为林木覆盖度，设为 50%，T 为土壤中氮、磷、钾各养分的利用率，均取值为 15%。广西主要用材林土壤供肥量计算结果见表 6-108。

表 6-108 广西主要用材林土壤供肥量

分区	碱解氮（mg/kg）			有效磷（mg/kg）			速效钾（mg/kg）		
	平均值	最小值	最大值	平均值	最小值	最大值	平均值	最小值	最大值
中亚热带	68.51	47.51	140.08	0.97	0.43	2.30	32.77	16.90	97.89
南亚热带	55.97	26.82	135.16	0.88	0.31	2.47	34.65	13.67	122.45
北热带	48.24	25.12	102.89	1.02	0.40	2.29	32.57	15.54	62.37

5. 肥料需求量

根据林木营养需求和土壤供肥量计算肥料需求量，这里肥料中氮、磷、钾的养分利用率分别采用 35%、24% 和 45%，计算结果见表 6-109。从表中可以看出，对 N 需求量而言，桉树需求量比杉木和马尾松低；除杉木中龄林外，三种树种对 P_2O_5 需求量相近；桉树对 K_2O 需求量比杉木和马尾松高。

表 6-109 广西主要用材林肥料需求量

树种	分区	龄组（a）	目标生物量（t/hm^2）	N 需求量（kg/hm^2·年）		P_2O_5 需求量（kg/hm^2·年）		K_2O 需求量（kg/hm^2·年）	
				平均值	最大值	平均值	最大值	平均值	最大值
桉树	中亚热带	幼龄林（1～2）	36.51	19.4	49.4	45.9	48.4	80.8	102.0
		中龄林（3～4）	81.42	35.4	50.4	42.3	43.6	89.8	100.4
	南亚热带	幼龄林（1～2）	37.65	41.1	82.7	47.9	50.6	82.2	110.3
		中龄林（3～4）	85.56	48.7	69.5	44.8	46.2	94.2	108.3
	北热带	幼龄林（1～2）	33.81	39.8	72.8	41.9	44.9	71.9	94.7
		中龄林（3～4）	80.45	48.9	65.4	41.8	43.2	88.6	100.0

续表

树种	分区	龄组（a）	目标生物量（t/hm²）	N 需求量（kg/hm²·年）		P_2O_5 需求量（kg/hm²·年）		K_2O 需求量（kg/hm²·年）	
				平均值	最大值	平均值	最大值	平均值	最大值
杉木	中亚热带	幼龄林（≤5）	55.65	84.1	96.1	50.2	51.2	52.4	60.9
		中龄林（6～10）	261.35	182.8	188.8	81.4	81.9	79.4	83.7
	南亚热带	幼龄林（≤5）	48.85	76.3	93.0	44.0	45.1	42.9	54.2
		中龄林（6～10）	219.72	154.1	162.5	68.3	68.9	64.8	70.5
马尾松	广西	幼龄林（≤5）	31.93	65.5	84.1	32.2	33.5	31.2	41.7
		中龄林（6～10）	141.72	123.7	133.0	49.2	49.8	54.5	59.7

（三）结论

（1）单株材积和单株生物量关系密切，回归分析的相关系数分别为 0.996 8、0.939 4、0.950 5、0.981 6，均达到极显著水平，可以通过回归方程，由生长量计算得到生物量。

（2）养分利用率在不同树种和不同龄组间均存在差异。桉树、杉木和马尾松养分利用率相比，桉树幼龄林和中龄林积累 1 t 生物量分别需要 N、P、K 三大营养元素 5.09 kg 和 3.73 kg，其养分利用率最高。此外不同龄组养分利用率也有差异，随着龄组林龄的增加，养分利用率也提高。

（3）不同树种肥料需求量存在差异。对 N 需求量而言，桉树需求量比杉木和马尾松低；除杉木中龄林外，三种树种对 P_2O_5 需求量相近；桉树对 K_2O 需求量比杉木和马尾松高。

二、袋控缓释肥料生产工艺和设备

袋控缓释肥料生产设备的主要工艺是将尿素、磷肥、钾肥等各种原料按照配方所规定的重量比例自动计量、配料、混合，再按设定的规格自动计量、充填、包装。根据不同物料特性的差异，产能一般在 0.5 ～ 0.8 m³/h 范围。

配料系统采用减量称计量，该设备具有给料准确、性能可靠、标定简单、结构紧凑等特点。物料混合采用配置飞刀组的犁刀式混合机，物料在犁刀和飞刀的复合作用下，不断更换、扩散，在较短时间内达到均匀混合，混合精度很高。成品包装采用高性能的全自动 5 列计量包装一体化设备，具有完成自动送料、计量、制袋、充填、封口、成品输出等一系列自动功能。该机具有如下方面的技术特点：

（1）包装速度快，1 台 5 列包装机相当于 5 台单列包装机的速度，包装速度可以达到 100 包 / min 以上。

（2）占地面积小，并且能减少跟包装机连接的相关提升设备等。1 台 5 列包装机占地面积要比 5 台单列包装机节约 3 倍以上的厂房空间。5 台单列包装机需要连接的物料提升设备分 5 个下料口，成本高。

（3）采用 PLC 过程控制、先进的触摸式人机界面、PID 数字式恒温控制等设计，操作简单，降低劳动强度，节约用工投入。1 台 5 列包装机只需要 1 个操作人员看管，而 5 台单列包装机需要 2 人以上看管。

（4）与后端智能设备联动方便，未来需要增加后端自动计数装袋或者装箱设备，列机与这些后端设备连接非常方便，如是单列机连接这些设备则会很困难。

袋控缓释肥料生产设备通过使用专门的复合纸膜材料作为外包装材料，实现对肥料养分释放速度的调控，因此，生产环节不必再采用传统工艺的造粒、包膜、干燥等流程，成品由多种原料按设定的配比直接混合所得。这样可简化生产工艺，减少设备和厂房的投入，减少能耗，降低生产成本（或抵销因增加包装材料而增加的成本）。

三、袋控缓释肥料养分释放性能

（一）袋包型缓释肥料中氮素养分静水释放试验

1. 材料和方法

（1）试验材料。试验所用肥料品种为 5 种肥料，分别为 F1 袋包型杉木缓释肥料 1（N ∶ P_2O_5 ∶ K_2O＝16 ∶ 6 ∶ 10，工艺成粒，袋包材料为专利复合材料）、F2 袋包型杉木缓释肥料 2（同 F1，区别在于袋包材料配方不同）、F3 袋包型杉木缓释肥料 3（同 F1、F2，区别在于袋包材料配方不同）、F4 袋包型杉木缓释肥料 4（同 F1、F2、F3，区别在于袋包材料配方不同）、F5 杉木专用肥料（N ∶ P_2O_5 ∶ K_2O＝20 ∶ 8 ∶ 12，工艺成粒）。在以上几种肥料中，氮肥为尿素，磷、钾肥分别为钙、镁、磷肥和氯化钾。F1、F2、F3、F4 与 F5 肥料的区别在于 F5 为普通复混肥料，F1、F2、F3、F4 为将 F5 复混肥料用获得国家专利的复合材料袋包。

（2）试验地点。在广西壮族自治区林业科学研究院中南速生材繁育国家林业和草原局重点实验室、广西优良用材林资源培育重点实验室进行。

（3）试验方法。采用中华人民共和国国家标准《缓释肥料》（GB/T 23348—2009）中的试验方法。设置专利袋包型缓释肥料 F1、专利袋包型缓释肥料 F2、专利袋包型缓释肥料 F3、专利袋包型缓释肥料 F4、120 目尼龙网袋包肥 F5 和去离子水对照 CK 6 个处理，重复 3 次，于 25℃ 恒温培养，研究不同缓释肥料在水中的溶出速率。方法是准确称取 10.00 g 肥料按上述处理后，放入 250 mL 锥形瓶中，加入 200 mL 去离子水，置于 25℃ 恒温箱中培养，重复 3 次。分别在第一天、第三天、第九天、第 21 天、第 30 天、第 35 天、第 45 天，将浸提液全部移入 250 mL 容量瓶中，定容至刻度，以备测定养分用。然后再加入 200 mL 去离子水，密封后继续放入恒温培养箱中培养。

氮素的测定采用浓硫酸消煮—凯氏定氮法：吸取浸提液 2.0 ～ 5.0 mL，放入消化管中，加入 15 mL 浓硫酸，加五水硫酸铜 0.2 ～ 0.3 g，加热至微沸，赶出水后，加大火力至冒白烟，至少保持 20 min，冷却后用蒸馏法定氮。

养分释放率的计算：初期养分释放率，以 ν_1 表示，按式（1）计算：

$$\nu_1 = \frac{\omega_1}{\omega} \cdots\cdots\cdots\cdots\cdots\cdots（1）$$

式中，ω_1 为 25℃下浸提 1 d 测定的氮释放量的质量分数，数值以 % 表示；ω 为总氮的质量分数，数值以 % 表示。

养分释放期的累积养分释放率，以 ν_t 表示，按式（2）计算：

$$\nu_t = \frac{\omega_t}{\omega} \cdots\cdots\cdots\cdots (2)$$

式中，t 为标明的养分释放期，单位为天（d）；ω_t 为 25℃下养分释放期时测得的累积氮的质量分数，数值以 % 表示；ω 为总氮的质量分数，数值以 % 表示。

2. 结果与分析

5 种供试肥料在 25℃时的氮素养分剩余量曲线见图 6-30。其中 F1、F2、F3、F4 四种缓释肥料中的氮素养分剩余量曲线均呈缓坡状，即氮素养分在整个释放过程中均呈缓慢释放的趋势。而 F5 普通复混肥料中的氮素养分剩余量曲线呈“L”形，即分为两个阶段，快速释放阶段和慢速释放阶段。在浸提过程的前 3 d 氮素养分释放很快，为快速释放阶段，在浸提过程的第三天以后氮素释放较少，为慢速释放阶段。四种缓释肥料的氮素养分剩余量曲线，特别是 F1、F2 和 F3 的氮素养分剩余量曲线非常相似，而与 F4 的区别在于，在浸提过程的前 30 d，F1 中氮素养分释放更为均匀平缓，更有利于植物的吸收利用。

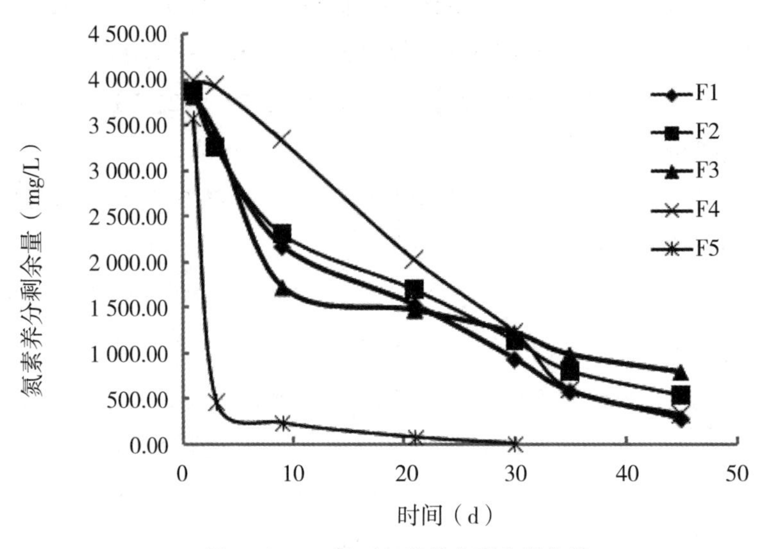

图 6-30　25℃时氮素养分剩余量曲线

从氮素养分累积释放率来看，由图 6-31 可见，在第一天肥料 F1、F2、F3、F4、F5 中，氮素养分累积释放率分别为 3.16%、3.48%、4.53%、0.38%、13.43%；到第三天，F5 的氮素养分累积释放率达到了 88.42%，而 F1、F2、F3、F4 的氮素养分累积释放率分别为 18.32%、18.67%、15.13%、1.9%。到第 30 天，F1、F2、F3、F4 的氮素养分累积释放率分别为 76.71%、71.58%、69.64%、69.20%；到第 45 天，F1、F2、F3、F4 的氮素养分累积释放率才分别达到 93.06%、86.54%、80.41%、91.78%。这表明，袋包型缓释肥料中的养分释放速率明显低于普通复混肥料，其养分的缓慢释放，更有利于植物对养分的吸收利用，在一定程度上提高了肥料的利用率，降低了肥料养分的损失率。

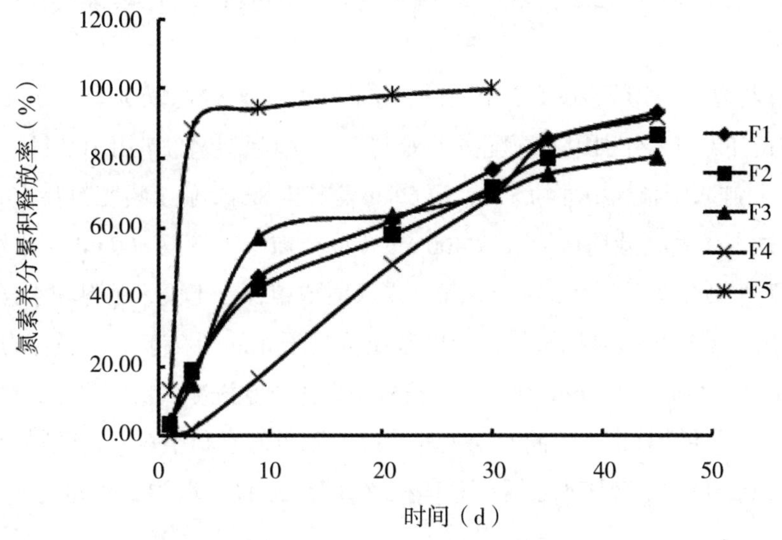

图 6-31　25℃时浸提的氮素养分累积释放率曲线

3. 结论与讨论

（1）在浸提试验第一天，袋包型缓释肥料 F1、F2、F3、F4 中氮素养分初期释放率分别为 3.16%、3.48%、4.53%、0.38%，均低于 15%；到第 30 天，F1、F2、F3、F4 的氮素养分累积释放率分别为 76.71%、71.58%、69.64%、69.20%，均低于 80%。符合缓释肥料标准。

（2）试验表明，普通复混肥的氮素养分累积释放曲线呈“L”形。袋包型缓释肥料中的氮素养分累积释放曲线呈缓坡形，其养分释放速率与普通复混肥相比，养分释放速率更慢、更均匀。这为提高肥料利用率和降低环境污染，特别是水体富营养化起到非常重要的作用。

（3）复混肥释放初期的快速释放是与植物吸收养分规律相违背的，而袋包型缓释肥料的养分释放规律与植物吸收养分的规律相吻合，更有利于植物对养分的吸收利用。

（二）袋包型杉木缓释肥料中氮素养分释放特性研究

1. 材料和方法

（1）试验材料。试验所用肥料品种为 4 种肥料，分别为 F1 袋包型杉木缓释肥料 1（N ：P_2O_5 ：K_2O＝16 ：6 ：10，工艺成粒，袋包材料为专利复合材料）、F2 袋包型杉木缓释肥料 2（同 F1，区别在于袋包材料配方不同）、F3 袋包型杉木缓释肥料 3（同 F1、F2，区别在于袋包材料配方不同）、F4 杉木专用肥料（N ：P_2O_5 ：K_2O＝16 ：6 ：10，工艺成粒）。在以上几种肥料中，氮肥为尿素，磷、钾肥分别为钙、镁、磷肥和氯化钾。F1、F2、F3 与 F4 肥料的区别在于 F4 为普通复混肥料，F1、F2、F3 为将 F4 复混肥料用获得国家专利的复合材料袋包。

试验苗木是广西壮族自治区林业科学研究院培育的杉木苗，各供试植株符合出圃标准要求，生长基本一致，根系发育良好，无病虫害。供试容器为塑料花盆，其高为 35 cm，直径为 28 cm。

（2）试验地点。在广西壮族自治区林业科学研究院试验基地进行盆栽试验，盆栽基质为红壤，pH 值为 4.60，有机质为 12.26 g/kg，碱解氮为 147.0 mg/kg，有效磷为 1.0 mg/kg，速效钾为 32.0 mg/kg。

（3）试验设计与方法。本试验设置 5 个处理，每个处理重复 3 次。分别称取 20.0 g（精确称至 0.1 g）杉木专用肥料，F1、F2、F3 分别用不同配方的专利复合材料袋包，F4 用 100 目尼龙网装好后封口。将封好口的小袋肥料施入距植株根部约 5 cm 深处，每盆装土 8 kg，施 2 袋肥料共 40.0g，定植 1 棵植株。每 3 ～ 6 d 浇水 1 次，每盆盆栽用量筒量取 400 mL（取样前一天量取 600 mL）水浇灌。在第 47 天、第 99 天、第 175 天、第 279 天、第 354 天、第 447 天时取植株、土壤、肥料和水样品。

（4）样品采集。采集样品时把塑料盆中的基质倒到干净的塑料布上，混合均匀，按四分法取约 1 kg 土，将土壤风干、磨细、过 2 mm 筛备用；植株用去离子水洗净，切碎烘干，磨细，过 0.5 mm 筛，用于测定植株全氮含量和计算植株不同时期吸氮量以及肥料氮素利用效率；肥料全部转入预先称重的称量瓶中，60℃ 烘干；量取下部接水容器中总体积的溶液，过滤，取约 200 mL 于塑料瓶中密封保存，备用。

（5）测定方法。采用常规方法测定土壤各项理化性质指标值；养分释放率采用国家标准 GB/T23348—2009 中的公式计算；采用物理称重法，即以肥料质量的损失量计算总质量损失率。

（6）统计分析。试验数据的统计与分析采用 Microsoft Excel 2007 软件进行。

2. 结果与分析

（1）不同施肥处理中的氮素养分释放差异。如图 6-32 所示，根据幼龄期杉木几种不同施肥处理供试肥料中的氮素养分剩余量变化曲线可知，几种不同袋包型杉木缓释肥料中氮素养分剩余量的变化曲线呈缓坡状，前期下降稍快，中后期呈缓慢下降趋势，其氮素养分剩余量的变化较为平缓。由此说明，几种不同材料配比制成的复合材料，在缓释性能方面并无太大差异。在肥料施放前阶段的 47 d 时间里，杉木专用肥中氮素养分已基本释放完毕，而袋包型杉木缓释肥料中氮素养分才刚刚开始释放。

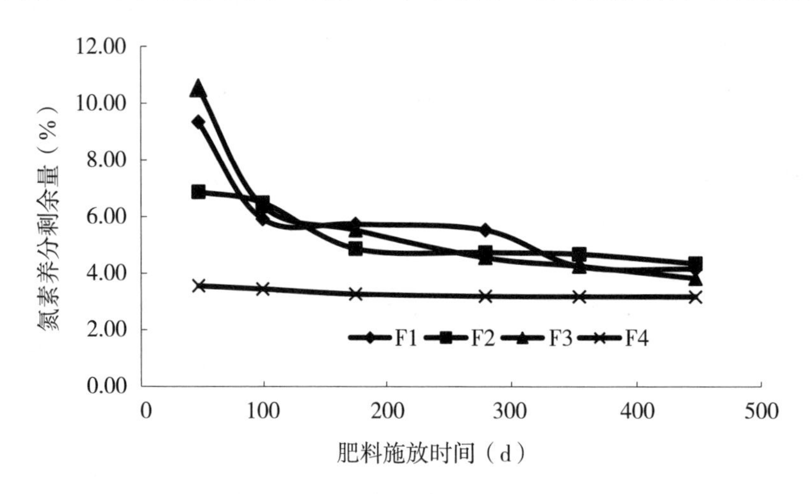

图 6-32　杉木几种不同施肥处理供试肥料中的氮素养分剩余量变化曲线

由图 6-33 杉木几种不同施肥处理供试肥料中氮素的累积释放率变化曲线可知，在肥料施放前期的 47 d 时间里，袋包型杉木缓释肥料 F1、F2、F3 中氮素的累积释放率分别为 33.71%、40.29%

和 26.00%，与杉木专用肥料 F4 对比，3 种袋包型杉木缓释肥料中的氮素累积释放率分别减少了 64.36%、57.78% 和 72.07%；至肥料施放的第 175 天，3 种袋包型杉木缓释肥料中氮素的累积释放率分别为 80.26%、82.02% 和 83.63%，与杉木专用肥对比，3 种袋包型杉木缓释肥料中的氮素累积释放率分别减少了 18.46%、16.70% 和 15.09%；至肥料施放的第 354 天，3 种袋包型杉木缓释肥料中氮素的累积释放率分别为 92.62%、89.25% 与 97.43%。

综上所述，3 种袋包型杉木缓释肥料施放前期的 47 d 时间里，其养分释放速率明显低于杉木专用肥。这可能是由于袋包材料中外层牛皮纸在土壤中开始降解需要至少 30 d 的时间，在此期间肥料与土壤的接触面较小，从而减少了肥料养分的释放，当外层牛皮纸开始降解后，由于土壤中水分的进入，氮素养分通过非织造布上的孔隙向外渗透。而普通复合肥料中的氮素养分在 47 d 时间里已基本释放完毕。因此，袋包型缓释肥料养分的缓慢释放，能大幅度减少肥料养分的流失，使植物对有效养分的吸收利用得以提高。而杉木专用肥并不能起到减缓养分释放速率的作用，肥料养分的快速释放，增加了养分流失的趋势。而且，在肥料施放后的 47 d 时间里，幼龄期杉木对氮素的吸收较少，氮素累积释放率与氮素流失率相近，与杉木专用肥料 F4 对比，F1、F2、F3 3 种袋包型杉木缓释肥料中的氮素流失率分别减少了 64.36%、57.78% 和 72.07%。

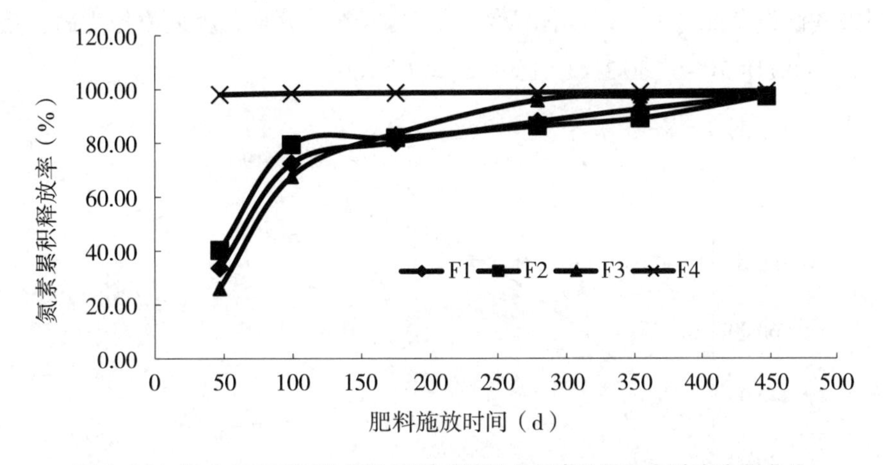

图 6-33　杉木几种不同施肥处理供试肥料中氮素的累积释放率变化曲线

（2）几种肥料中氮素的释放率及释放特征。肥料中的养分释放是各种元素的集中释放，因此，不可能用简单的物理称重法来测算各养分元素的释放率，但肥料的总质量损失率可以用此法来测定，即用化学法测定其氮素养分释放率，然后建立两者的相关性，通过分析其实际的氮素释放率及释放特征，用物理法的测定值来进行预测。

① F1 中氮素释放率及释放特征预测模型的建立。由图 6-34 F1 中氮素养分累积释放率与总质量损失率的变化曲线可知，F1 中氮素养分累积释放率曲线可用一元二次方程来表示，R^2 为 0.878 2；肥料养分总质量损失率曲线也可用一元二次方程来表示，R^2 为 0.964 5。在肥料施放后的 47 d 时间里，幼龄期杉木对氮素的吸收较少，肥料的总质量损失率与总养分流失率相近，与杉木专用肥料 F4 对比，F1 的总养分流失率减少了 37.90%。

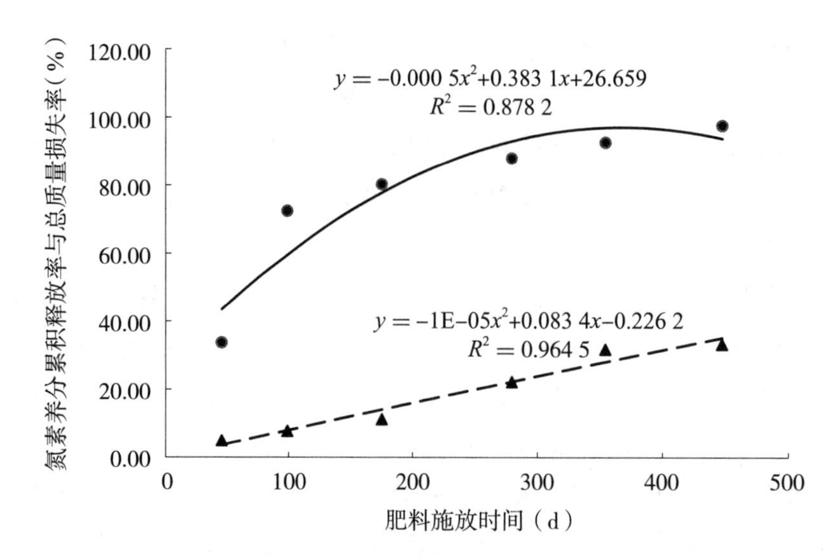

图 6-34　F1 中氮素养分累积释放率与总质量损失率的变化曲线

如图 6-35 所示，根据 F1 中氮素养分累积释放率与总质量损失率的相关性曲线可知，将用物理法测定的总质量损失率作为自变量（x），用化学法测定的氮素养分累积释放率作为因变量（y），则建立的预测模型为 $y=-0.118\ 9x^2+6.160\ 3x+19.169$，$R^2=0.8180$。

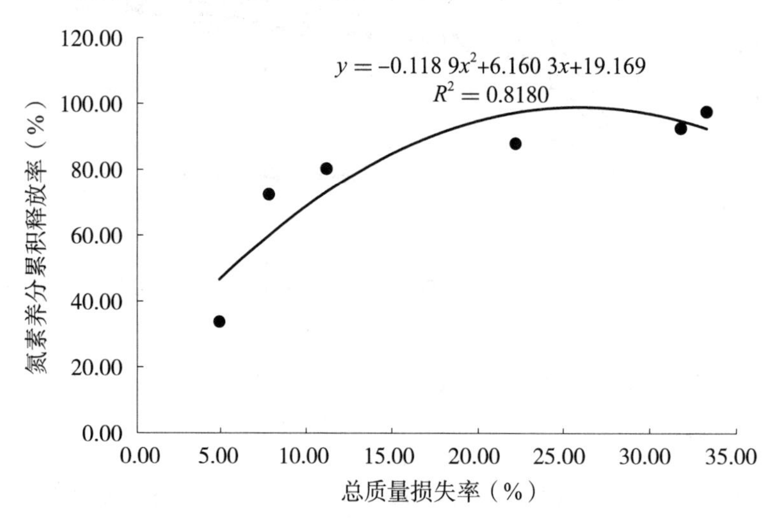

图 6-35　F1 中氮素养分累积释放率与总质量损失率的相关性曲线

② F2 中氮素释放率及释放特征预测模型的建立。由图 6-36 F2 中氮素养分累积释放率与总质量损失率的变化曲线可知，F2 中氮素养分累积释放率曲线可用一元二次方程来表示，R^2 为 0.7787；肥料养分总质量损失率曲线也可用一元二次方程来表示，R^2 为 0.9775。在肥料施放后的 47 d 时间里，幼龄期杉木对氮素的吸收较少，肥料的总质量损失率与总养分流失率相近，与杉木专用肥料 F4 对比，F2 的总养分流失率减少了 38.63%。

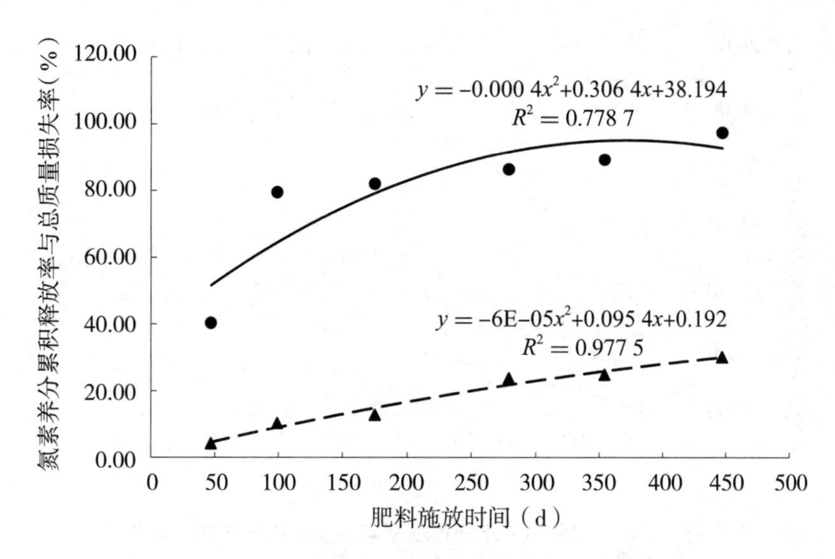

图 6-36 F2 中氮素养分累积释放率与总质量损失率的变化曲线

如图 6-37 所示，根据 F2 中氮素养分累积释放率与总质量损失率的相关性曲线可知，将用物理法测定的总质量损失率作为自变量（x），用化学法测定的氮素养分累积释放率作为因变量（y），则建立的预测模型为 $y = -0.118\ 5x^2+5.780\ 2x+23.912$，$R^2 = 0.872\ 2$。

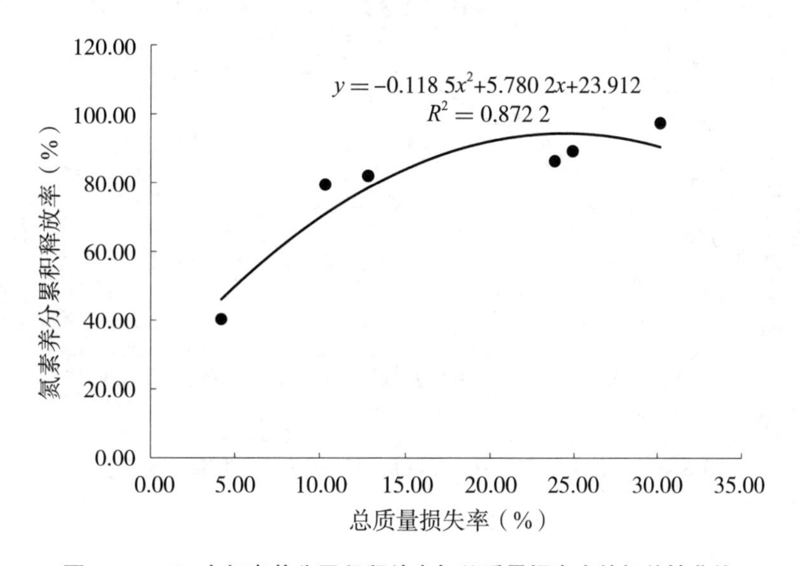

图 6-37 F2 中氮素养分累积释放率与总质量损失率的相关性曲线

③ F3 中氮素释放率及释放特征预测模型的建立。由图 6-38 F3 中氮素养分累积释放率与总质量损失率的变化曲线可知，F3 中氮素养分累积释放率曲线可用一元二次方程来表示，R^2 为 0.9348；肥料养分总质量损失率曲线也可用一元二次方程来表示，R^2 为 0.9817。在肥料施放后的 47 d 时间里，幼龄期杉木对氮素的吸收较少，肥料的总质量损失率与总养分流失率相近，与杉木专用肥 F4 对比，F3 的总养分流失率减少了 40.38%。

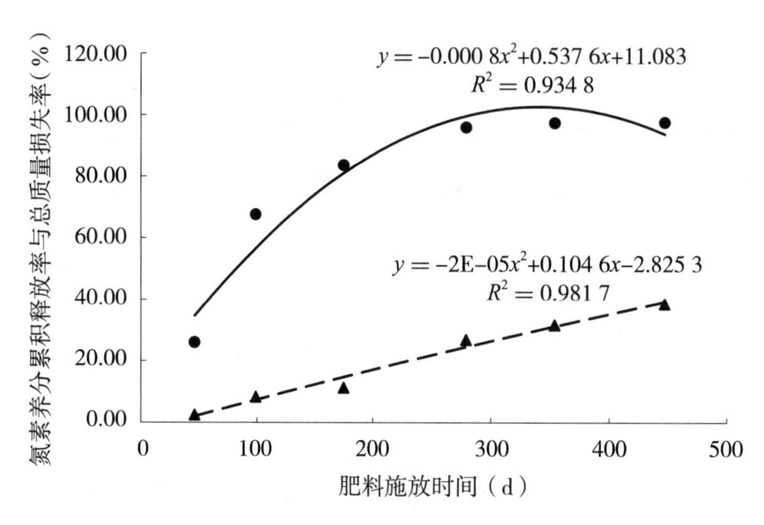

图 6-38　F3 中氮素养分累积释放率与总质量损失率的变化曲线

如图 6-39 所示，根据 F3 中氮素养分累积释放率与总质量损失率的相关性曲线可知，用物理法测定的总质量损失率作为自变量（x），用化学法测定的氮素养分累积释放率作为因变量（y），则建立预测模型为 $y = -0.108\ 1x^2+6.026\ 3x+19.882$，$R^2 = 0.923\ 7$。

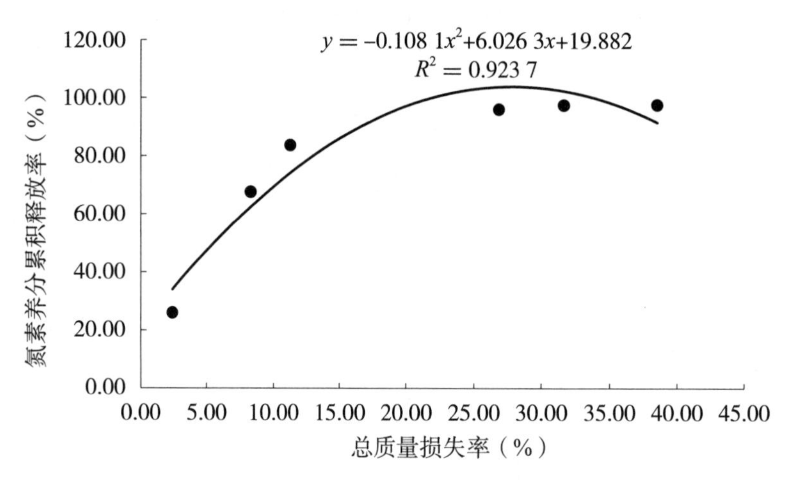

图 6-39　F3 中氮素养分累积释放率与总质量损失率的相关性曲线

④ F4 中氮素释放率及释放特征预测模型的建立。如图 6-40 和图 6-41 所示，根据 F4 在土壤中氮素养分累积释放率与总质量损失率的变化曲线及其相关性曲线可知，F4 中氮素养分累积释放率曲线可用一元二次方程来表示，R^2 为 0.935 2；肥料养分总质量损失率曲线也可用一元二次方程来表示，R^2 为 0.987 1。若将 F4 用物理法测定的总质量损失率作为自变量（x），用化学法测定的氮素累积释放率作为因变量（y），则建立的预测模型为 $y = 0.005\ 5x^2-0.338\ 5x+102.54$，$R^2 = 0.899\ 1$。

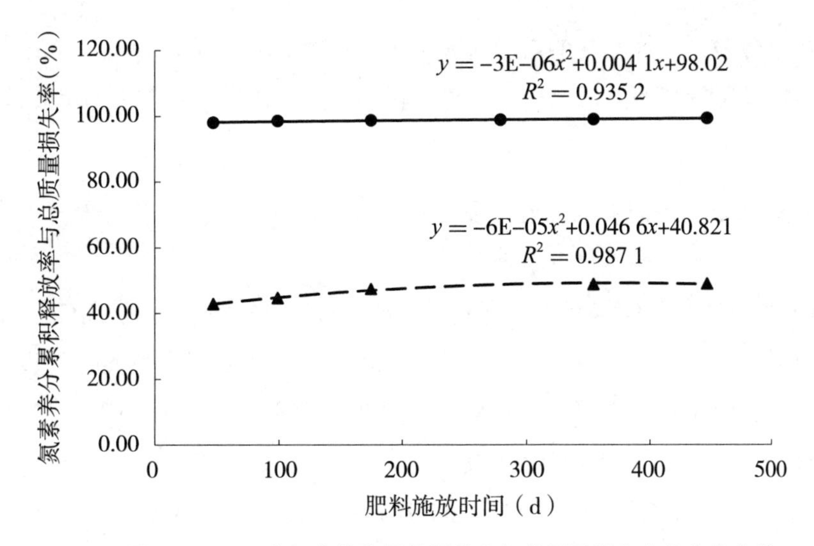

图 6-40　F4 中氮素养分累积释放率与总质量损失率的变化曲线

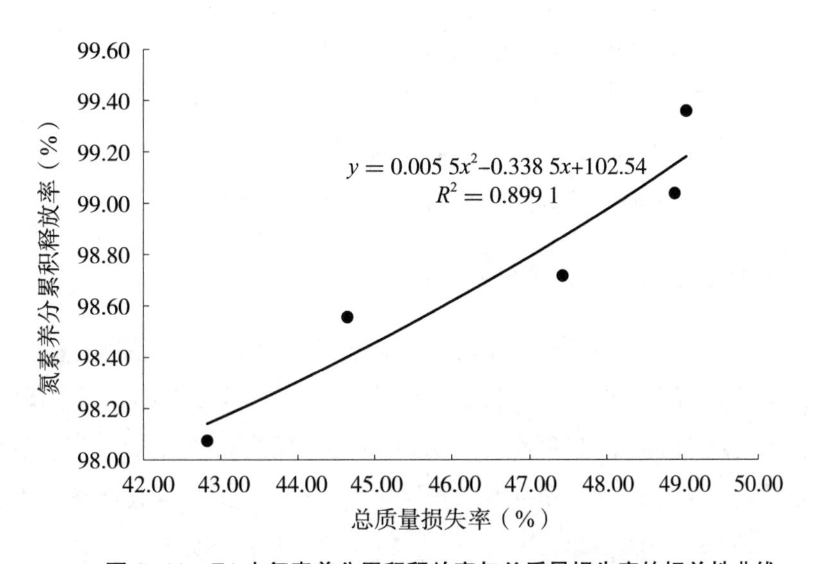

图 6-41　F4 中氮素养分累积释放率与总质量损失率的相关性曲线

综上所述，在评价肥料中氮素养分在土壤中的实际累积释放特征时，可以用物理法测定的肥料总质量损失率来估算实际的氮素养分累积释放率，这一方法的可行性取决于该法测定与计算结果与实测值的误差大小。经实测值拟合方程计算得知，在 47 d 时间里，F1、F2、F3、F4 四种肥料在土壤中养分的总质量损失率分别为 4.93%、4.20%、2.45% 和 42.83%，将其分别代入如下相关方程，得到其氮素养分累积释放率分别为 46.65%、46.10%、34.00% 和 102.30%：

$$y = -0.118\ 9x^2+6.160\ 3x+19.169；$$

$$y = -0.118\ 5x^2+5.780\ 2x+23.912；$$

$$y = -0.108\ 1x^2+6.026\ 3x+19.882；$$

$$y = 0.005\ 5x^2-0.338\ 5x+102.54。$$

而经实测值拟合方程计算得知，在 47 d 时间里，F1、F2、F3、F4 四种肥料的氮素养分累积释放率的实际值分别为 33.71%、40.29%、26.00% 和 98.07%，两者相对误差分别为 12.94%、5.12%、8.00%

和 0.06%。因此，在土壤中，缓释肥料的总质量损失率用物理称重法测定，然后通过相关方程来推算其在大田中氮素养分的实际释放率，用以描述其养分释放的实际特征，此方法测定的数据相对可靠。

3. 结论

通过开展幼龄期杉木盆栽埋袋释放试验，测定计算了氮素养分释放率和总养分损失率，得到以下 2 点结论。

（1）袋包型缓释肥料养分的缓慢释放，有利于实现肥料养分的释放速率与植物生长所需养分相协调，能大幅减少肥料养分的流失，提高肥料利用率，同时提高了植物对有效养分的吸收利用。与普通杉木专用肥对比，3 种袋包型杉木缓释肥料中的氮素流失率分别减少了 64.36%、57.78% 和 72.07%，总养分流失率分别减少了 37.90%、38.63% 和 40.38%。

（2）将袋包型杉木缓释肥料用物理法测定的总质量损失率作为自变量（x），用化学法测定的氮素养分累积释放率作为因变量（y），则袋包型杉木缓释肥料 F1、F2、F3 和普通杉木专用肥料 F4 建立的预测模型分别为

$$y=-0.1189x^2+6.1603x+19.169,\ R^2=0.81796;$$
$$y=-0.1185x^2+5.7802x+23.912,\ R^2=0.87217;$$
$$y=-0.1081x^2+6.0263x+19.882,\ R^2=0.92373;$$
$$y=0.0055x^2-0.3385x+102.54,\ R^2=0.89908。$$

（三）马尾松袋控缓释肥料中氮素养分释放特性研究

目前，林木施肥费时费工等问题较突出；林木肥料以速效性为主，通常情况下，传统施肥 2 个月后，90% 以上的氮和钾通过随水流失、地面挥发和地下渗透等途径被消耗，75% 以上的磷也会在 3 个月内被土壤固定，难以持续供给植物养分。研制高质、高效且生态环保的新型肥料是提高肥料利用率的重点，其中袋控缓释肥料已成为肥料创新研究和技术革新的热点。本研究通过盆栽埋袋释放试验，研究不同马尾松袋控缓释肥料中养分的释放特性和流失情况，可为减少肥料流失率、提高林木产量和品质提供科学依据。

1. 材料与方法

（1）试验材料。试验所用肥料为 3 种马尾松袋控缓释肥料和 1 种马尾松专用肥料。4 种复合肥料的原料氮肥均为尿素（N），磷肥均为钙、镁、磷肥（P_2O_5），钾肥均为氯化钾（K_2O），N ∶ P_2O_5 ∶ K_2O 含量均为 16 ∶ 6 ∶ 10。3 种马尾松袋控缓释肥料采用的是获得国家专利的复层材料袋包，3 者的区别在于袋包材料配方不同；马尾松专用肥料采用的是 100 目尼龙网袋封装，为普通复混肥料。

供试的 1 年生马尾松苗由广西壮族自治区林业科学研究院培育，各植株生长无较大差异，无病虫害，根系发育良好，已达到出圃要求。供试容器为塑料花盆，内径为 28 cm，高为 35 cm。

（2）试验地。试验在广西林业科学研究院试验基地开展，设计为盆栽试验。所用的土壤为红壤基质，有机质含量为 12.56 g/kg，pH 值为 4.50，碱解氮含量为 148.7 mg/kg，有效磷含量为 1.2 mg/kg，速效钾含量为 34.0 mg/kg。

（3）试验设计与方法。试验共设置 4 组，使用的肥料均为 20 g。其中，F1、F2 和 F3 分别为 3 种

不同马尾松袋控缓释肥料，F4 为马尾松专用肥料。将处理好的小袋肥料施入土壤，再覆盖一层约 3 cm 的厚细土，定植 1 棵植株，每盆装土 8 kg，施 2 袋肥料。试验共设置 5 个处理，3 次重复。盆底部设有接水容器，用于接收渗透水。种植后每 3 ～ 6 d 浇水处理 1 次，浇水量为 400 mL，取样前 1 天浇水 600 mL。共采样 6 次，分别为试验开始后的第 47 天、第 99 天、第 175 天、第 279 天、第 354 天和第 447 天，收集每个盆栽的土壤、肥料、植株和水样品，进行检测与分析。

（4）样品采集。事先准备干净的塑料布和塑封袋。采样时，铺平塑料布，将盆栽中的基质全部倒在塑料布上，利用四分法取多于 1 kg 的土壤装入塑封袋中，并做好记录。在实验室内，将土壤风干并研磨，过 1 mm 孔径的筛子，封装备用。

用去离子水将植株样本洗净，切碎烘干 48 h，磨细过筛，备用。

每次采样时，量取接水容器中总体积的水溶液，并做好记录。过滤后，量取约 200 mL 的水溶液装入塑料瓶中，密封保存，备用。

将肥料全部转入预先称重的称量瓶中，60 ℃ 烘干，备用。

（5）测定方法。土壤各项理化性质指标值采用常规方法测定；采用物理称重法计算总质量损失率；采用国家标准 GB/T 23348—2009 中的公式计算养分释放率。

（6）数据处理。采用 Excel 2007 进行统计与分析。

2. 结果与分析

（1）4 种肥料氮素养分的释放差异。F1、F2、F3 和 F4 的氮素养分剩余量均随着肥料施放时间的延长呈“L”形变化，前期下降速率快，中后期较缓慢（图 6-42）。F1、F2 和 F3 的变化曲线差异较小，说明不同配方制成的纸布复合材料在缓释性能方面差异不大。F4 的氮素养分剩余量变化曲线的下降速度较 F1、F2 和 F3 快，在肥料施放的前 47 d 时间里，其氮素养分已基本释放完毕，说明在肥料施放前期马尾松袋控缓释肥料的氮素养分释放量远低于普通复混肥料。

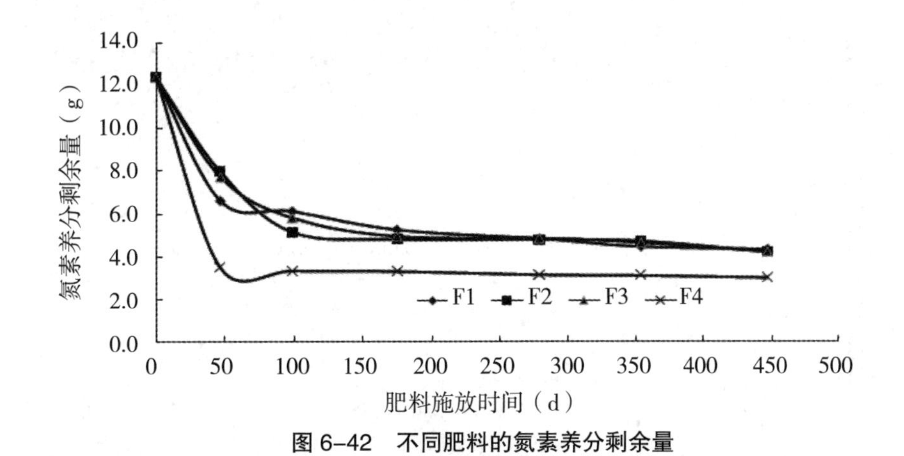

图 6-42　不同肥料的氮素养分剩余量

在肥料施放前期的 47 *d* 时间里，F1、F2 和 F3 的氮素养分累积释放率分别为 17.24%、10.91% 和 16.21%，F4 的氮素养分累积释放率为 83.63%；至肥料施放的第 175 天，F1、F2 和 F3 的氮素养分累积释放率分别为 84.11%、81.06% 和 68.54%，F4 的氮素养分累积释放率为 98.88%（基本释放完毕）；至肥料施放的第 354 天，F1、F2 和 F3 的氮素养分累积释放率分别为 89.57%、92.13% 和 83.63%（图 6-43）。

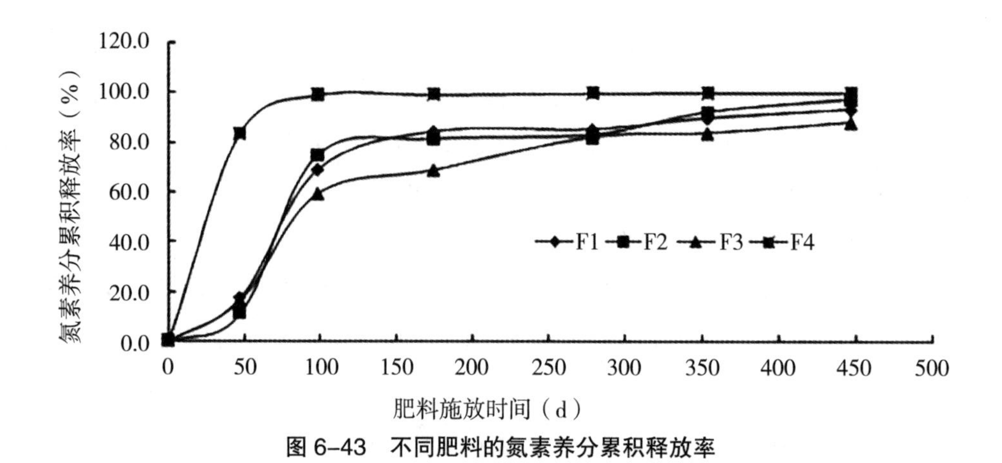

图 6-43　不同肥料的氮素养分累积释放率

（2）4 种肥料的氮释放率及释放特征。肥料中的养分释放是各种元素的集中释放，通常用物理称重法来测定其总质量损失率、用化学法来测定各养分元素的释放率。本研究先用化学法测算实际的氮素养分释放率和用物理称重法测定肥料的总质量损失率，然后建立两者之间的关系模型，并进行预测。

（3）F1 肥料氮素释放率及释放特征预测模型的建立。F1 肥料氮素养分累积释放率与总质量损失率的变化曲线见图 6-44，从图中可以看出，可用一元二次方程建立氮素养分累积释放率与养分总质量损失率的曲线方程。氮素养分累积释放率曲线的 R^2 为 0.833 4，肥料养分总质量损失率曲线的 R^2 为 0.948 5。幼龄期马尾松在施肥后的前 47 天时间里对氮素的吸收较少，可认为肥料养分的总质量损失率与总养分流失率相同。经计算，与 F4 相比，F1 的总养分流失率减少了 37.18%。采用一元二次方程建立 F1 肥料氮素养分累积释放率与总质量损失率的关系模型（图 6-45），模型表达式为

$$y = -0.158\,9x^2+8.935\,5x-34.347$$

式中，x 表示物理法测定的总质量损失率，y 表示化学法测定的氮素养分累积释放率。该模型的预计精度 $R^2 = 0.992\,5$，精度较高，可满足生产需求。

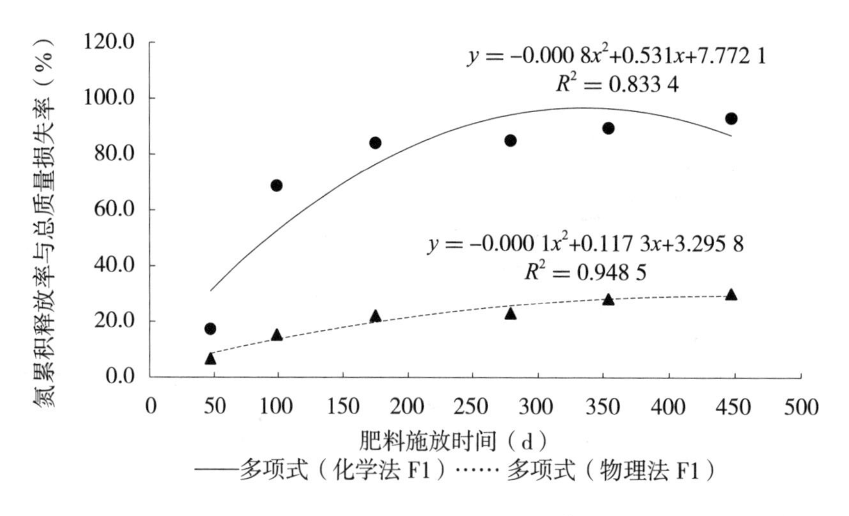

图 6-44　F1 肥料氮素养分累积释放率与总质量损失率的变化曲线

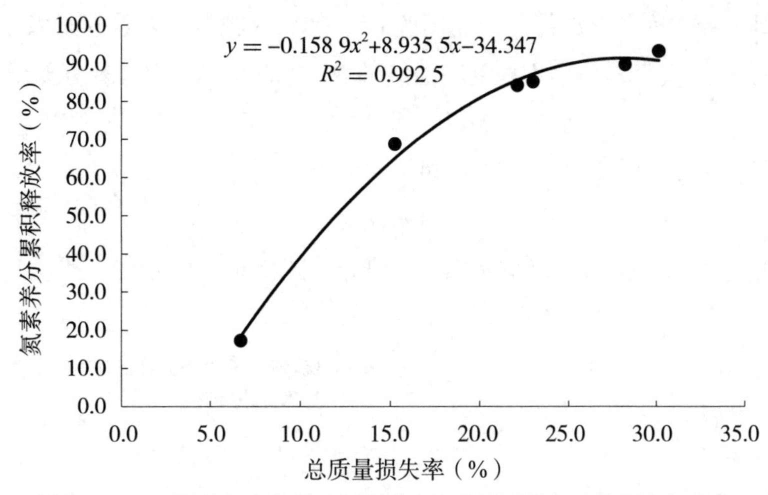

图 6-45　F1 肥料氮素养分累积释放率与总质量损失率的相关性曲线

（4）F2 肥料氮素养分释放率及释放特征预测模型的建立。F2 肥料氮素养分累积释放率与总质量损失率的变化曲线见图 6-46。氮素养分累积释放率曲线的 R^2 为 0.769 6，肥料养分总质量损失率曲线的 R^2 为 0.879 7。与 F4 相比，F2 的总养分流失率减少了 35.63%。与 F1 一样，采用一元二次方程建立 F2 肥料氮素养分累积释放率和总质量损失率的关系模型（图 6-47），则模型表达式为

$$y=-0.1726x^2+10.362x-59.587$$

该模型的预计精度 R^2=0.958 9，精度较高，可满足生产需求。

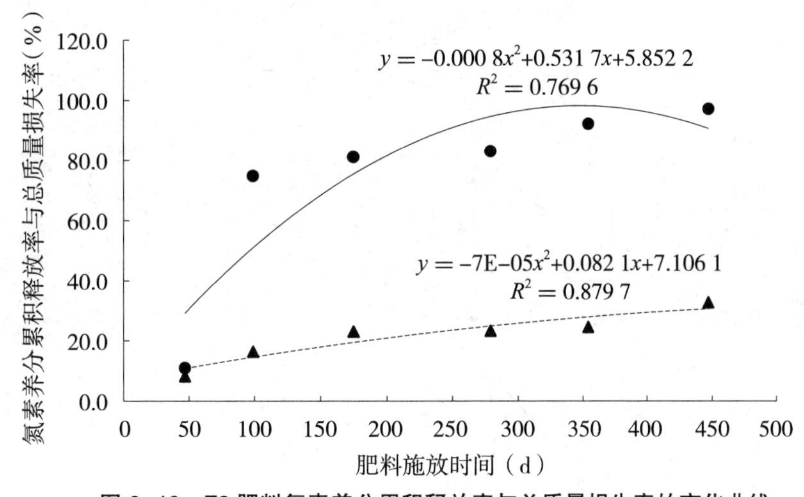

图 6-46　F2 肥料氮素养分累积释放率与总质量损失率的变化曲线

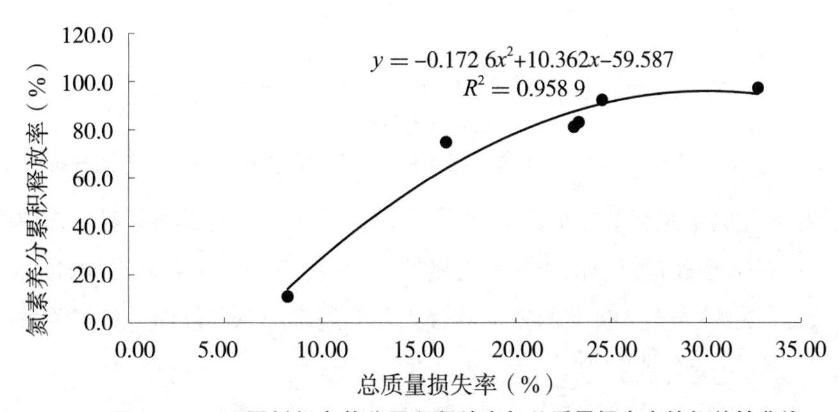

图 6-47　F2 肥料氮素养分累积释放率与总质量损失率的相关性曲线

（5）F3 肥料氮素释放率及释放特征预测模型的建立。F3 肥料氮素养分累积释放率与总质量损失率的变化曲线见图 6-48。氮素养分累积释放率曲线的 R^2 为 0.904 6，肥料养分总质量损失率曲线的 R^2 为 0.952 8。与 F4 相比，F3 的总养分流失率减少了 37.53%。采用一元二次方程建立 F3 肥料氮素养分累积释放率和总质量损失率的关系模型（图 6-49），则模型表达式为

$$y=-0.1221x^2+7.302x-21.954$$

该模型的预计精度 $R^2=0.961\ 4$，精度较高，可满足生产需求。

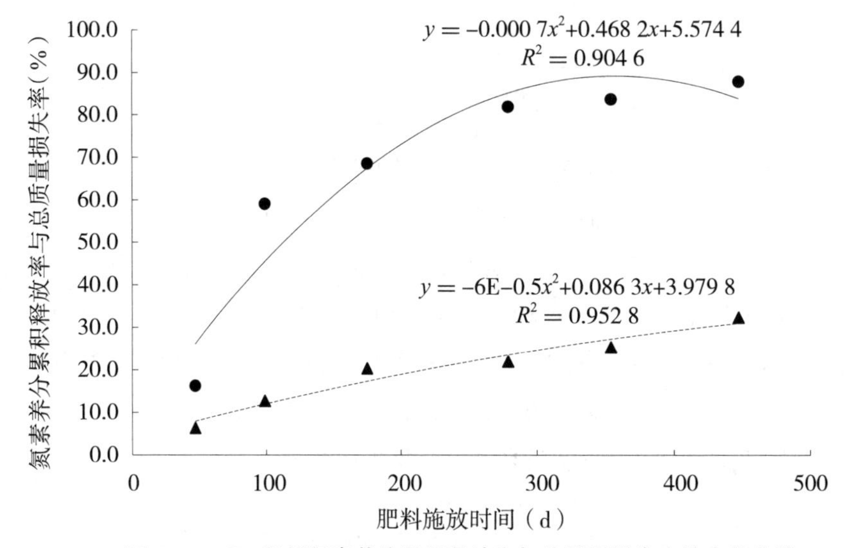

图 6–48　F3 肥料氮素养分累积释放率与总质量损失率的变化曲线

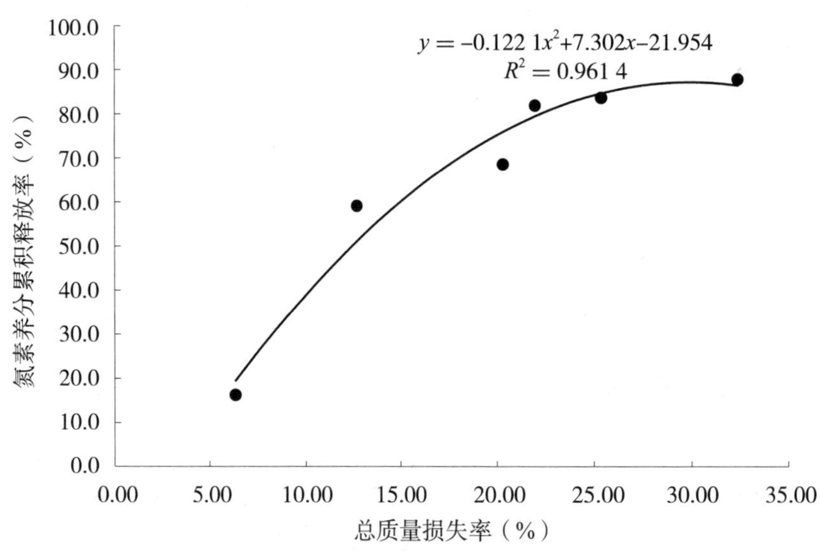

图 6–49　F3 肥料氮素养分累积释放率与总质量损失率的相关性曲线

（6）F4 肥料氮素释放率及释放特征预测模型的建立。F4 肥料氮素养分累积释放率与总质量损失率的变化曲线见图 6-50。氮素养分累积释放率曲线的 R^2 为 0.692 1，肥料养分总质量损失率曲线的 R^2 为 0.979 4。采用一元二次方程建立 F4 肥料氮素养分累积释放率和总质量损失率的关系模型（图 6-51），则模型表达式为

$$y=-0.5107x^2+50.607x-1\ 152.5$$

该模型的预计精度 $R^2 = 0.921\,2$，精度较高，可满足生产需求。

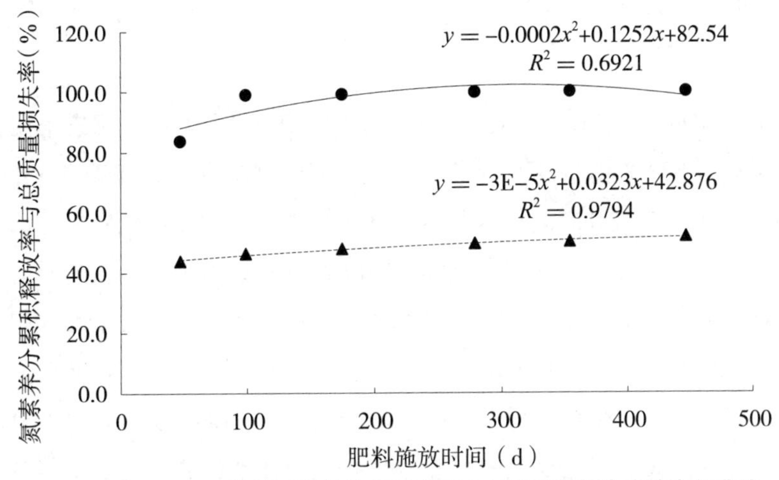

图 6–50　F4 肥料氮素养分累积释放率与总质量损失率的变化曲线

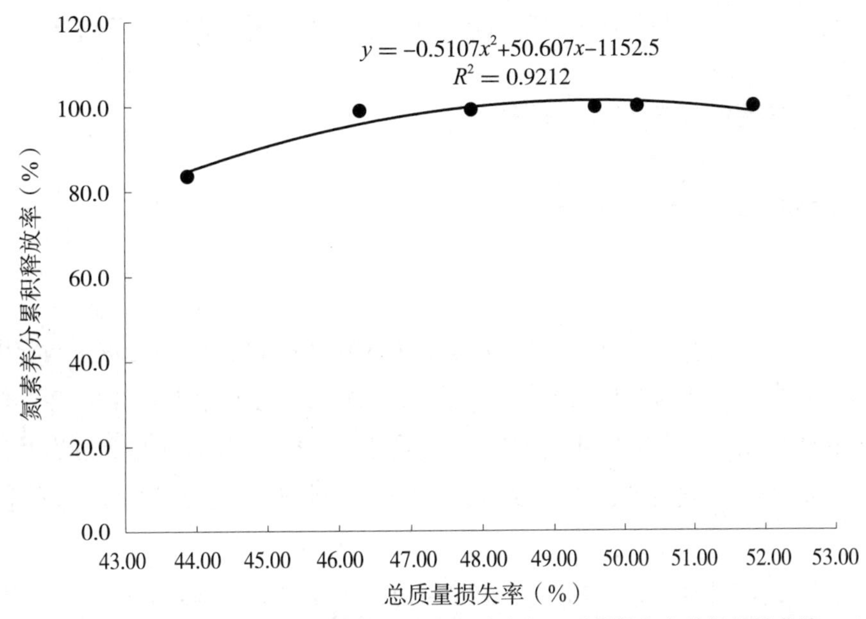

图 6–51　F4 肥料氮素养分累积释放率与总质量损失率的相关性曲线

通过物理法测定的肥料总质量损失率估算氮素养分累积释放率来评价氮素的实际累积释放特征是可行的，该方法的精度取决于计算值和实测值两者的误差。经实测值拟合方程（图 6-44、图 6-46、图 6-48、图 6-50）计算得知，F1、F2、F3 和 F4 在肥料施放的前 47 d 时间里，在土壤中养分的总质量损失率分别为 6.70%、8.25%、6.35% 和 43.88%，分别将其代入相关方程，得到的氮素养分累积释放率分别为 18.39%、14.15%、19.49% 和 84.81%。

经实测值拟合方程计算得知，在肥料施放的前 47 d 时间里，F1、F2、F3 和 F4 四种肥料氮素养分累积释放率的实际值分别为 17.24%、10.91%、16.21% 和 83.63%，两者相对误差分别为 1.15%、3.24%、3.28% 和 1.18%。在袋控缓释肥料施放到土壤中后，用物理称重法测定缓释肥料的总质量损失率，再利用关系模型来预测其在大田中氮的实际释放率，分析其养分释放特性，该方法在实际生产中是可行的，可为氮素释放特性的研究提供思路。根据图 6-45、图 6-47 和图 6-49 得知，F1、F2 和 F3 氮素养分累积释放率分别为 89.57%、92.13% 和 83.63%，将其分别代入相关方程，得到养分的总质量损失率分别为 28.23%、24.50% 和 25.35%。

3. 结论与讨论

在埋袋处理的 47 d 时间里，马尾松袋控缓释肥料 F1、F2、F3 的氮素流失率比普通造粒复混肥料 F4 分别减少了 66.39%、72.72% 和 67.42%，总养分流失率分别减少了 37.18%、35.63% 和 37.53%。马尾松袋控缓释肥料在施放的前 47 d 时间里，其养分释放速率与普通复混肥料相比，明显较慢。这可能与复合材料中的外层牛皮纸有关，牛皮纸在土壤中的降解时间约为 30 d，在这个时间段，肥料与土壤分离，肥料养分不释放；当牛皮纸开始降解后，土壤中的水分透过空隙大量渗入肥料包中，氮素被水分子溶解后，其离子可通过非织造布上的孔隙向外渗透；在肥料施放的前 47 d 时间里，普通复混肥料中的氮素已基本释放完毕。袋控缓释肥料养分的缓慢释放，可提高植物对有效养分的吸收利用，在一定程度上减少肥料养分的流失；普通复混肥料养分集中且快速地释放，增加了养分流失的可能性。幼龄期马尾松在肥料施放的前 47 d 时间里对氮素的吸收很少，肥料中氮素养分累积释放率相当于氮素流失率，3 种马尾松袋控缓释肥料与普通复混肥料建立的预测模型均精度较高，可满足生产需求。

四、用材林袋控缓释肥料精准施肥研究

（一）袋控缓释肥料对桉树生长的影响

1. 材料与方法

（1）试验材料。本试验树种桉树位于广西国有高峰林场六里分场。六里分场是南宁市的中心地区，是我国桉树的主产区之一，海拔为 158 m，年平均气温为 21.6℃，极端高温为 40.4℃，极端低温为 –2.4℃，年平均降水量为 1304.2 mm，平均相对湿度为 79%，气候特点是炎热潮湿。土壤为砂岩发育而成的红壤，土层厚度为 50 ～ 100 cm，土壤疏松，pH 值为 4.5 ～ 6.5。试验点内所安排的试验地均连成一片，立地条件基本相同。

供试桉树品种为“广林 9 号”，2019 年 5 月种植，种植密度为 4 m × 1.8 m，施肥深度为 5 cm 或 25 cm。供试肥料为非袋控肥料和袋控缓释肥料两种。非袋控肥料为桉树专用肥料（N ：P_2O_5 ：K_2O= 15 ：6 ：9）。袋控缓释肥料的肥料袋包装材料为牛皮纸与易自然降解的非织造布组成的复合材料（年降解率大于 70%）。其中，非织造布添加适量的矿质原料。肥料主成分 N 素来源为尿素和磷酸一铵，P 素为磷酸一铵，K 素为氯化钾。所用的肥料由广西林科院土壤肥料与环境研究所研制，广西华沃特生态肥业股份有限公司生产。

（2）试验设计。试验共设置 5 个处理：袋控缓释肥料（G1）、减量 20% 袋控缓释肥料（G2）、非袋控肥（G3）、只施基肥（G4）、完全不施肥（G5）。G1、G2、G3 处理使用同等无机养分含量的相同肥料，具体施肥量及试验区面积见表 6-110。各小区之间、四周设保护行，避免肥料互渗，减少试验误差。

分别于 2019 年 6 月和 2020 年 5 月进行施肥处理，每年进行一次施肥。试验于 2021 年 1 月 7 日在研究区内分别于每个处理的上、中、下坡选取林相整齐、有代表性、无病虫害的植株打样方

10 m × 10 m，每木检尺，测定样方内林木胸径和树高，并计算单株立木蓄积。

表 6-110　试验点施肥情况

处理组编号	G1	G2	G3	G4	G5
施肥处理	袋控缓释肥料 0.5 kg	袋控缓释肥料 0.4 kg	非袋控肥	只施基肥	完全不施肥
基肥施肥量（kg/hm^2）	697.5	697.5	697.5	697.5	0
追肥施肥量（kg/hm^2）	1 395	1 116	1 395	0	0
施肥面积（亩）	20	20	20	15	15

（3）测定方法。采用数表法计算立木蓄积，具体公式如下：

$$V=C_0D^{[C_1-C_2(D+H)]}H^{[C_3+C_4(D+H)]}$$

式中，V 为单株材积，单位为 m^3；D 为胸径，单位为 cm；H 为树高，单位为 m；C_0、C_1、C_2、C_3、C_4 均为常数，它们的值如下：$C_0=1.091\ 541\ 50\times10^{-4}$，$C_1=1.878\ 923\ 70$，$C_2=5.691\ 855\ 03\times10^{-3}$，$C_3=0.652\ 598\ 05$，$C_4=7.847\ 535\ 07\times10^{-3}$。

（4）数据处理。利用 SPSS 26.0 和 Origin 2019b 软件实现不同处理组间差异分析，采用单因素方差分析，LSD 法进行显著性检验（$P<0.05$）。

2. 结果与分析

（1）不同施肥处理对桉树生长的影响。植物株高和胸径是反映生长势的重要指标。由表 6-111 可知，5 个处理 15 个样方内，树高变异系数为 6.32% ～ 11.49%，胸径变异系数为 9.25% ～ 22.97%，单株立木蓄积变异系数为 18.78% ～ 37.30%，林木树高、胸径、单株立木蓄积数据个案数和变异系数均在合理范围内，置信度较高。

表 6-111　不同施肥处理对桉树生长的影响

处理		个案数（株）	平均值	标准偏差	平均值的 95% 置信区间		最小值	最大值	变异系数（%）
					下限	上限			
树高	1	44	10.938 6	0.989 53	10.637 8	11.239 5	8.20	12.30	9.05
	2	50	9.462 0	0.598 26	9.292 0	9.632 0	8.10	10.60	6.32
	3	48	9.237 5	1.061 64	8.929 2	9.545 8	6.50	11.00	11.49
	4	51	7.984 3	0.758 78	7.770 9	8.197 7	6.20	9.70	9.50
	5	43	7.125 6	0.499 09	6.972 0	7.279 2	6.60	7.70	7.00
	总计	236	8.946 6	1.506 90	8.753 4	9.139 9	6.20	12.30	16.84
胸径	1	44	8.637 7	1.097 03	8.304 2	8.971 3	6.20	12.30	12.70
	2	50	8.790 0	0.813 47	8.558 8	9.021 2	6.50	10.50	9.25
	3	48	7.923 1	1.228 59	7.566 4	8.279 9	4.12	9.85	15.51
	4	51	6.656 9	1.069 25	6.356 1	6.957 6	4.10	8.30	16.06
	5	43	6.127 9	1.407 35	5.694 8	6.561 0	2.30	7.90	22.97
	总计	236	7.639 3	1.539 35	7.441 9	7.836 7	2.30	12.30	20.15

处理		个案数（株）	平均值	标准偏差	平均值的 95% 置信区间		最小值	最大值	变异系数（%）
					下限	上限			
单株立木蓄积	1	44	0.034 568	0.009 507 5	0.031 677	0.037 459	0.016 3	0.070 0	27.50
	2	50	0.031 246	0.005 866 7	0.029 578	0.032 913	0.016 0	0.044 8	18.78
	3	48	0.025 883	0.007 826 0	0.023 611	0.028 155	0.005 8	0.038 1	30.24
	4	51	0.016 678	0.005 182 3	0.015 220	0.018 135	0.005 4	0.025 2	31.07
	5	43	0.013 269	0.004 950 0	0.011 746	0.014 793	0.002 0	0.021 5	37.30
	总计	236	0.024 351	0.010 556 7	0.022 997	0.025 705	0.002 0	0.070 0	43.35

①不同施肥处理对桉树胸径生长的影响。由表 6-112 和图 6-52 可知，不同肥料施肥处理间桉树人工林平均胸径存在显著差异，处理 G2 袋控缓释肥料减量 20%，有利于促进桉树横向增长。不同施肥处理对桉树平均胸径增量大小为处理 G2（8.8 cm）＞处理 G1（8.6 cm）＞处理 G3（7.9 cm）＞处理 G4（6.7 cm）＞处理 G5（6.1 cm），施用袋控缓释肥处理优于非袋控肥处理，施基肥处理优于不施基肥处理，其中处理 G2 和处理 G3、处理 G3 和处理 G4、处理 G4 和处理 G5 之间均存在显著性差异。林木每株施用 0.5 kg 袋控缓释肥料、0.4 kg 袋控缓释肥料分别较非袋控肥料处理下桉树平均胸径提高 9.09% 和 10.98%，只施基肥较不施基肥处理下桉树平均胸径提高 8.65%。

表 6–112　胸径齐性子集

处理		个案数（株）	AlPhm^2 的子集= 0.05			
			1	2	3	4
S–N–K[a, b]	5	43	6.127 9			
	4	51		6.656 9		
	3	48			7.923 1	
	1	44				8.637 7
	2	50				8.790 0
	显著性		1.000	1.000	1.000	0.515
邓肯[a, b]	5	43	6.127 9			
	4	51		6.656 9		
	3	48			7.923 1	
	1	44				8.637 7
	2	50				8.790 0
	显著性		1.000	1.000	1.000	0.515

注：将显示齐性子集中各个组的平均值。a，使用调和平均值样本大小为 46.982。b，组大小不相等。使用了组大小的调和平均值。无法保证 I 类误差级别。

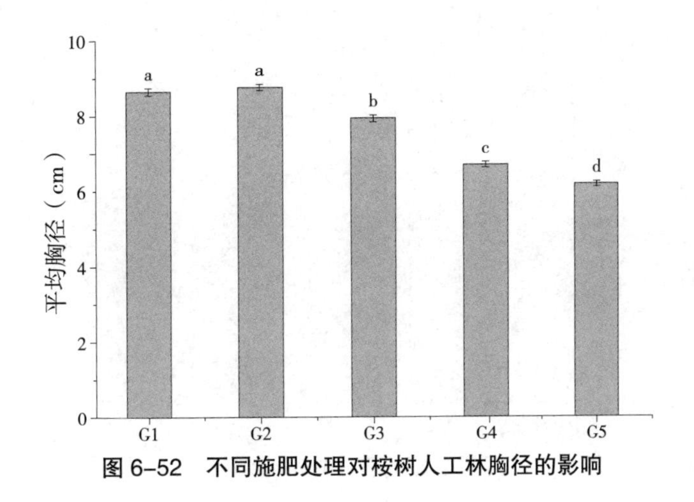

图 6-52　不同施肥处理对桉树人工林胸径的影响

②不同施肥处理对桉树树高生长的影响。不同施肥处理对桉树人工林平均树高的影响不同。由表6-113 和图 6-53 可知，不同施肥处理下树高增量大小为处理 G1（10.94 m）＞处理 G2（9.46 m）＞处理 G3（9.24 m）＞处理 G4（7.98 m）＞处理 G5（7.13 m）。处理 G1 与处理 G2、处理 G3 间存在显著差异，处理 G2、处理 G3 与处理 G4、处理 G4 与处理 G5 间均存在显著差异，林木每株施用 0.5 kg 袋控缓释肥料、0.4 kg 袋控缓释肥料分别较非袋控肥料处理下桉树平均树高提高 18.40% 和 2.38%，只施基肥较不施基肥处理下桉树平均树高提高 11.92%。

表 6-113　树高齐性子集

处理		个案数（株）	AlPhm² 的子集= 0.05			
			1	2	3	4
S-N-K[a, b]	5	43	7.125 6			
	4	51		7.984 3		
	3	48			9.237 5	
	2	50			9.462 0	
	1	44				10.938 6
	显著性		1.000	1.000	0.181	1.000
邓肯[a, b]	5	43	7.125 6			
	4	51		7.984 3		
	3	48			9.237 5	
	2	50			9.462 0	
	1	44				10.938 6
	显著性		1.000	1.000	0.181	1.000

注：将显示齐性子集中各个组的平均值。a，使用调和平均值样本大小为 46.982。b，组大小不相等。使用了组大小的调和平均值。无法保证 I 类误差级别。

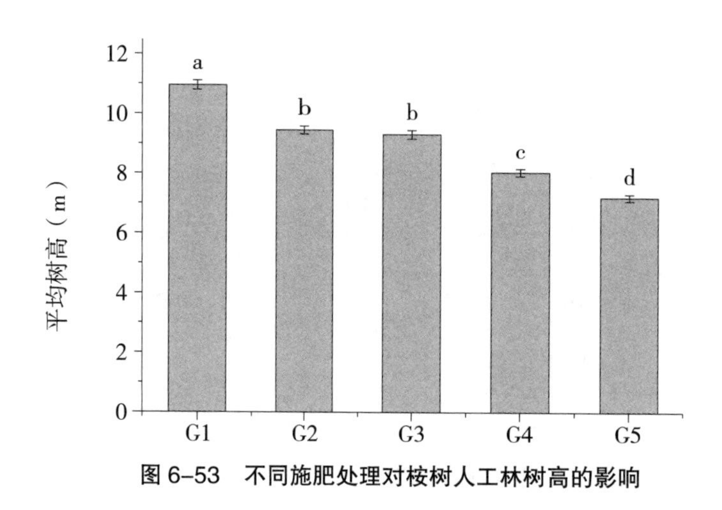

图 6-53　不同施肥处理对桉树人工林树高的影响

③不同施肥处理对桉树单株立木蓄积的影响。不同施肥处理对桉树的单株立木蓄积影响见表 6-114 和图 6-54。平均单株立木蓄积增长量大小为处理 G1 ＞处理 G2 ＞处理 G3 ＞处理 G4 ＞处理 G5，袋控缓释肥料与非袋控肥料处理间存在显著差异，施追肥和不施追肥、施基肥和不施基肥间均存在显著差异，只施基肥的单株立木蓄积比不施基肥处理提高 25.69%，袋控缓释肥料 0.5 kg 与袋控缓释肥料 0.4 kg 处理的单株立木蓄积分别比非袋控肥料提高 33.55% 和 20.72%。

表 6-114　单株立木蓄积齐性子集

处理		个案数（株）	AlPhm² 的子集= 0.05				
			1	2	3	4	5
S-N-K[a, b]	5	43	0.013 269				
	4	51		0.016 678			
	3	48			0.025 883		
	2	50				0.031 246	
	1	44					0.034 568
	显著性		1.000	1.000	1.000	1.000	1.000
邓肯[a, b]	5	43	0.013 269				
	4	51		0.016 678			
	3	48			0.025 883		
	2	50				0.031 246	
	1	44					0.034 568
	显著性		1.000	1.000	1.000	1.000	1.000

注：将显示齐性子集中各个组的平均值。a，使用调和平均值样本大小为 46.982。b，组大小不相等。使用了组大小的调和平均值。无法保证 I 类误差级别。

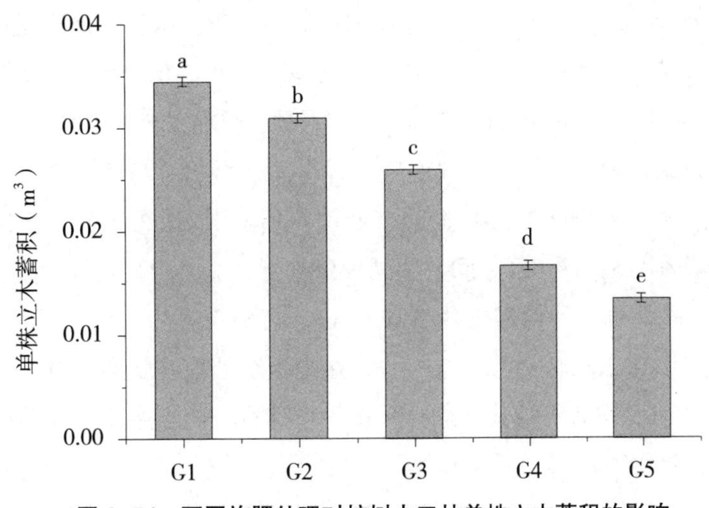

图 6–54　不同施肥处理对桉树人工林单株立木蓄积的影响

3. 讨论

林木的生长状况是评价施肥效果的重要依据。本研究以桉树作为研究对象，设置了袋控缓释肥料、减量 20% 袋控缓释肥料、非袋控肥料、只施基肥和完全不施肥 5 种处理方式，主要探究袋控缓释肥料在桉树上的施肥效果。研究表明，施用袋控缓释肥料较非袋控肥料可显著提高桉树产量，而减量 20% 袋控缓释肥料与非袋控肥料比较，亦可显著提高桉树产量，说明在使用袋控材料的同时，适当减少化肥投入，可达到优于非袋控肥料的效果。在林地可持续经营中，要实现化肥减量增效，本文所研发的袋控缓释肥料提供了一条“新路子”。同时，施基肥和不施基肥的林木间也存在显著差异，说明施用基肥可显著提高桉树产量，可见在桉树种植上，基肥的重要性。由于本试验只有 19 个月，时间较短，袋控缓释肥料袋内剩余的肥料将会继续发挥作用，为林木供给养分，确保林木不缺“养”，不断“粮”，随着树龄的增加，其增产增效的效果也许会更加明显。

4. 结论

袋控缓释肥料对桉树林木的平均树高、平均胸径、平均单株立木蓄积的促进作用明显。袋控缓释肥料施肥处理优于非袋控肥料，与非袋控肥料相比，施用 0.5 kg 袋控缓释肥料和施用减量 20% 袋控缓释肥料对桉树平均单株立木蓄积分别提高了 33.55% 和 20.72%。

（二）袋控缓释肥料对幼龄期马尾松生长的影响

1. 材料与方法

（1）试验材料。本试验树种马尾松位于广西壮族自治区崇左市宁明县广西国有派阳山林场鸿鸪分场 10 林班（北纬 22°1′45″，东经 107°9′57″）。鸿鸪分场是广西马尾松的主产区之一，属于北热带季风气候，温暖多雨，光照充足，雨热同季、夏冬干湿明显。年平均气温为 21.8℃，年均降水量为 1250 ～ 1700 mm，海拔为 250 ～ 300 m，坡度为 25° ～ 32°，土壤为赤红壤，土层厚度为 50 ～ 100 cm，土壤疏松，pH 值为 4.5 ～ 6.5。试验点内所安排的试验地均连成一片，立地条件基本相同。

（2）试验设计。试验共设置 4 个处理：袋控缓释肥料（G1）、生物质炭基肥（G2）、非袋控肥料（G3）、不施肥（G4）。袋控缓释肥料的肥料袋包装材料为牛皮纸与易自然降解的非织造布组成的复合材料（年降解率大于70%），其中，非织造布添加适量的矿质原料。供试肥料为袋控缓释肥料、生物质炭基肥和非袋控肥料，其配方为N ：P_2O_5 ：K_2O=6 ：18 ：10，生物质炭基肥为非袋控肥料的基础上添加20%的生物质炭，以不施肥（CK）作为空白对照。肥料主成分N素来源为尿素和磷酸一铵，P素为磷酸一铵，K素为氯化钾，所用的肥料由广西林科院土壤肥料与环境研究所研制，广西华沃特生态肥业股份有限公司生产。处理G1、处理G2、处理G3使用同等无机养分含量的相同肥料，具体施肥量及试验区面积见表6-115。各小区之间、四周设保护行，避免肥料互渗，减少试验误差。

试验林于2017年4月种植，种植密度为2 m×3 m，施肥深度为5 cm或25 cm。试验于2019～2020年进行，每个处理50亩，施肥量为0.5 kg/株，在滴水线处挖施肥沟，将上述肥料均匀放入施肥沟并及时覆土填埋。施肥前后均需对试验地进行一次除草抚育，防止杂草争夺养分和水分。每个处理内设置3个20 m×20 m的固定样方，施肥前对样方内的马尾松进行每木检尺测定树高和胸径，施肥后19个月再次进行测定，计算单株材积。单株材积计算参照冯源恒等人的公式计算，公式如下：

$$V=0.714\,265\,437\times10^{-4}\times D^{1.867\,007}\times H^{0.901\,463\,2}$$

式中，V为材积，D为胸径，H为树高。

表6-115　试验点施肥情况

处理组编号	G1	G2	G3
施肥处理	袋控缓释肥料	减量20%袋控缓释肥料	常规配方施肥
施肥量（kg/hm^2）	139 5	111 6	139 5
桉树施肥面积（亩）	20	20	20

（3）数据处理。利用SPSS 22.0和Origin 19.0软件实现不同处理组间差异分析，采用单因素方差分析，LSD法进行显著性检验（$P<0.05$）。

2 . 结果与分析

（1）不同施肥处理对马尾松生长的影响。

①不同施肥处理对马尾松胸径生长的影响。不同肥料对马尾松胸径的生长影响不同。由表6-116可知，生物质炭基肥与不施肥对照相比，胸径生长有显著差异（$P<0.05$）。非袋控肥料和袋控缓释肥料处理的胸径平均增量高于不施肥对照，但差异不显著（$P>0.05$）。施肥后，G1、G2、G3、G4各处理马尾松胸径的平均增量分别为2.71 cm、2.89 cm、2.72 cm和2.02 cm，平均相对增量分别为19.77%、18.43%、19.50%和15.66%，除生物质炭基肥外，其余处理之间差异不显著。与非袋控肥料相比，施肥19个月后，施用0.5 kg袋控缓释肥料和0.5 kg生物质炭基肥处理平均胸径增长率分别降低了0.37%和提高了6.25%。由此可见，生物质炭基肥处理更有利于马尾松胸径的增加。

表6-116　不同肥料对幼龄期马尾松胸径的影响

不同处理	胸径（cm）		差值（cm）	相对增量（%）
	施肥前	施肥后		
CK	12.90b	14.92b	2.02b	15.66

续表

不同处理	胸径（cm）		差值（cm）	相对增量（%）
	施肥前	施肥后		
非袋控肥	13.95b	16.67ab	2.72ab	19.50
袋控缓释肥	13.71b	16.42ab	2.71ab	19.77
生物质炭基肥	15.68a	18.57a	2.89a	18.43

注：不同字母表示组间差异分析多重比较结果差异显著（$P < 0.05$）。下同。

②不同施肥处理对马尾松树高生长的影响。与非袋控肥料和生物质炭基肥相比，袋控缓释肥料对幼龄期马尾松树高的增长有显著的促进作用（$P < 0.05$）。由表 6-117 可知，施肥前各处理的马尾松树高存在差异，但施肥后各处理之间差异不显著，表明施肥对马尾松树高增加有明显的促进作用。施肥后，G1、G2、G3、G4 各处理马尾松树高的平均增量分别为 1.68 m、1.42 m、1.41 m 和 1.28 m，平均相对增量分别为 21.10%、16.49%、15.13% 和 14.32%，袋控缓释肥料比非袋控肥料和生物质炭基肥有更显著的促进树高增长的作用（$P < 0.05$）。与非袋控肥料相比，施肥 19 个月后，施用 0.5 kg 袋控缓释肥料和 0.5 kg 生物质炭基肥处理平均树高增长率分别提高了 19.15% 和 0.71%。由此可见，不同肥料对幼龄期马尾松树高的增长均有促进作用，其中袋控缓释肥料更有利于树高的生长。

表 6–117　不同肥料对幼龄期马尾松树高的影响

不同处理	树高（m）		差值（m）	相对增量（%）
	施肥前	施肥后		
CK	8.94a	10.22ab	1.28a	14.32
非袋控肥料	9.32a	10.73a	1.41a	15.13
袋控缓释肥料	7.96b	9.64b	1.68a	21.10
生物质炭基肥	8.61ab	10.03a	1.42a	16.49

③不同施肥处理对马尾松单株立木蓄积的影响。不同肥料对马尾松单株材积的生长影响不同，但差异不显著（$P > 0.05$）。由表 6-118 可知，施肥前后不同处理之间的马尾松单株材积差异不显著。施肥后，G1、G2、G3、G4 各处理对马尾松单株材积的平均增量分别为 0.061 5 m^3、0.069 7 m^3、0.059 9 m^3 和 0.041 2 m^3，平均相对增量分别为 72.95%、60.24%、61.44% 和 51.12%，不同处理之间差异不显著。因此，不同肥料对幼龄期马尾松单株材积的增加均有明显的促进作用，除处理 G2 外，不同处理之间差异不显著。与非袋控肥料相比，施肥 19 个月后，施用 0.5 kg 袋控缓释肥料和 0.5 kg 生物质炭基肥处理平均单株材积增长率分别提高了 2.67% 和 16.36%。由此可见，两种新型肥料对幼龄期马尾松平均单株材积的增加均有促进作用。

表 6–118　不同肥料对幼龄期马尾松单株材积的影响

不同处理	单株材积（m^3）		差值（m^3）	相对增量（%）
	施肥前	施肥后		
CK	0.080 6b	0.121 8b	0.041 2b	51.12

续表

不同处理	单株材积（m^3）		差值（m^3）	相对增量（%）
	施肥前	施肥后		
非袋控肥	0.097 5ab	0.157 4ab	0.059 9ab	61.44
袋控缓释肥	0.084 3ab	0.145 8ab	0.061 5ab	72.95
生物质炭基肥	0.115 7a	0.185 4a	0.069 7a	60.24

3. 讨论

评价施肥效果的最重要依据是林木的生长状况。本研究以幼龄期马尾松作为研究对象，设置了袋控缓释肥料、生物质炭基肥、非袋控肥料和不施肥 4 种处理方式，主要探究两种新型肥料对幼龄期马尾松的影响。研究表明，施用两种新型肥料较非袋控肥料均可提高幼龄期马尾松产量。

4. 结论

对于广西国有派阳山林场鸿鹄分场的幼龄期马尾松人工林而言，施用新型肥料的效果均优于非袋控肥料。与非袋控肥料相比，施肥 19 个月后，施用 0.5 kg 袋控缓释肥料和 0.5 kg 生物质炭基肥处理平均立木蓄积增长率分别提高了 2.67% 和 16.36%。因此，施用新型肥料对幼龄期马尾松人工林的生长有明显的促进作用。

（三）袋控缓释肥对桉树和杉木生长及土壤养分的影响

1. 材料与方法

（1）试验材料。本试验树种桉树位于广西国有七坡林场（东经 109°43′46″ ～ 109°58′18″ 、北纬 24°37′ ～ 34°52′11″ ），该地区属亚热带气候，雨量充沛，年降水量为 120 0 ～ 150 0 mm，相对湿度为 80% ～ 90%。杉木位于天峨县林朵林场（东经 117°13′02″ 、北纬 40°12′01″ ），该地区属于中亚热带半湿润气候，海拔为 600 ～ 900 m，年均降水量为 1 253.6 mm。供试桉树品种为“广林 9 号”，2013 年 4 月种植，2018 年定萌，种植密度为 2 m × 3 m，施肥深度为 15 ～ 25 cm。杉木品种为天峨县林朵林场自培的优良品种，2017 年 2 月种植，种植密度为 2 m × 2 m，施肥深度为 15 ～ 25 cm。试验地土壤的基本情况见结果与分析。供试肥料为非袋控肥料、袋控缓释肥料和生物有机肥。非袋控肥料为桉树专用肥料（N ：P_2O_5 ：K_2O=15 ：6 ：9）和杉木专用肥料（N ：P_2O_5 ：K_2O=12 ：8 ：10）。袋控缓释肥料的肥料袋包装材料为牛皮纸与易自然降解的非织造布组成的复合材料（年降解率大于 70%）。其中，非织造布添加适量的矿质原料。生物有机肥的无机养分含量为 $N+P_2O_5+K_2O$=5%，肥料主成分 N 素来源为尿素和磷酸一铵，P 素为磷酸一铵，K 素为氯化钾。所用的肥料由广西林科院土壤肥料与环境研究所研制，广西华沃特生态肥业股份有限公司生产。

（2）试验设计。试验共设置 4 个处理：未施肥对照组（CK）、非袋控肥料（G1）、袋控缓释肥料（G2）和生物有机肥（G3），每个处理重复 3 次。同一树种处理 G1、处理 G2 使用同等无机养分含量的相同肥料，处理 G3 使用的是与处理 G1、处理 G2 总无机养分含量相同的生物肥用量，具体施肥量及试验区面积见表 6-119。各小区之间、四周设保护行，避免肥料互渗，减少实验误差。

在研究区内选取有代表性、无病虫害的植株 20 株进行编号挂牌。于 2019 年 3 月进行施肥处理，每年进行一次施肥。试验于 2019 年 3 月至 2020 年 7 月进行，分别在 2019 年 3 月（施肥前）、2019 年 12 月（第一次测量）、2020 年 7 月（第二次测量）测定并记录研究区内挂牌植株的树高和胸径。同时，在研究区内按照随机多点取样法，取 0 ～ 20 cm 土层的土壤样品进行混合，按照四分法留取 500 g 土壤混合样品，研磨过筛后用于土壤化学性质的测定。

表 6–119　试验点施肥情况

处理组编号	CK	G1	G2	G3
施肥处理	未施肥	非袋控肥料	袋控缓释肥料	生物有机肥
施肥量（Kg/hm^2）	0	825	825	4950
桉树施肥面积（亩）	5	50	50	50
杉木施肥面积（亩）	5	50	50	50

（3）试验材料。林地土壤养分所测定的指标包括：pH 值、有机质、全氮、全磷、全钾、碱解氮、代换性钙、代换性镁、有效磷、速效钾、有效铜、有效锌、有效锰和有效铁，其测定方法分别参照 LY/T 1239—1999、LY/T 1237—1999、LY/T 1228—2015、LY/T 1232—2015、LY/T 1234—2015、NY/T 296—1995、LY/T 1251/T1999、GB/T17138—1997、NY/T 890—2004 和 LY/T 1258—1999 等标准。

采用数表法计算立木材积，具体公式见表 6-120。

表 6–120　不同树种立木材积计算公式

树种	立木材积公式
杉木	$V_{杉}=0.656\,71\times10^{-4}\times D^{1.769\,412}\times H^{1.069\,769}$
桉树	$V_{桉}=C_0 D^{[C_1-C_2(D+H)]} H^{[C_3+C_4(D+H)]}$

注：V 为单株材积，单位为 m^3；D 为胸径，单位为 cm；H 为树高，单位为 m；C_0、C_1、C_2、C_3、C_4 均为常数，它们的值分别为：$C_0=1.091\,541\,50\times10^{-4}$；$C_1=1.878\,923\,70$；$C_2=5.691\,855\,03\times10^{-3}$；$C_3=0.652\,598\,05$；$C_4=7.847\,535\,07\times10^{-3}$。

采用复利公式求算林分生长率，则表达式如下：

$$P=(X_b-X_a)/X_a\times100\%$$

式中，P 为林木胸径、树高或单株材积生长率（%），X_b、X_a 为生长后期和生长初期的林木胸径、树高或单株材积生长量。

（4）数据处理。利用 SPSS 22.0 软件实现不同处理组间差异分析，采用单因素方差分析，LSD 法进行显著性检验（$P<0.05$）。

2. 结果与分析

（1）不同施肥处理对林木生长的影响。

①不同施肥处理对林木胸径生长的影响。植物株高和胸径是反映生长势的重要指标。由表 6-121 可知，各施肥处理间桉树和杉木人工林胸径增长率不存在显著差异，但与处理 CK 相比，处理 G1、处理 G2、处理 G3 胸径增长率均有所上升。对于桉树而言，施肥 9 个月后，胸径增长率排序为处理

G1 >处理 G2 >处理 G3 >处理 CK；施肥 16 个月后，处理 G3 >处理 G2 >处理 G1 >处理 CK。说明在生长初期，处理 G1 的效果优于处理 G2 和处理 G3，但在生长后期，处理 G2 和处理 G3 的效果优于处理 G1，处理 G2 和处理 G3 之间没有显著性差异。与处理 G1 对比，处理 G2 和处理 G3 胸径增长率比处理 G1 分别提高 2.97% 和 10.17%。

而对于杉木胸径而言，施肥 9 个月后的变化情况为处理 G3 >处理 G1 >处理 G2 >处理 CK；施肥 16 个月后，处理 G3 >处理 G1 >处理 G2 >处理 CK。各施肥处理中，处理 G3 的表现最优，其次为处理 G1，处理 G2 最差。与处理 G1 对比，处理 G2 和处理 G3 胸径增长率比处理 G1 分别提高 –2.33% 和 –2.14%。

表 6–121　不同施肥处理对桉树和杉木人工林胸径的影响

处理组编号		CK	G1	G2	G3
桉树	DBH1（cm）	9.40	9.37	9.29	9.34
	DBH2（cm）	11.40	11.73	11.72	11.94
	p1（%）	17.02a	19.01a	18.86a	18.05a
	p2（%）	21.27a	25.06a	26.07a	27.79a
杉木	DBH1（cm）	2.75	2.64	3.28	2.46
	DBH2（cm）	6.64	7.78	8.30	7.49
	p1（%）	110.14a	141.75a	112.49a	153.91a
	p2（%）	141.72a	194.88a	153.02a	204.54a

注：DBH1，施肥前（2019 年 3 月）的胸径平均值；DBH2，施肥后第二次（2020 年 7 月）测量的胸径平均值；p1，第一次增长率，2019 年 12 月的胸径平均值较施肥前的平均增长率；p2，第二次增长率，2020 年 7 月的胸径平均值较施肥前的平均增长率，下同。以第一、第二次增长率作为试验指标；同行数据后字母为组间的方差分析结果，不同小写字母表示在 0.05 水平差异显著，下同。

②不同施肥处理对林木树高生长的影响。不同施肥处理对桉树和杉木人工林树高的影响见表 6-122。对于桉树而言，各施肥处理间不存在显著差异，施肥 9 个月后树高的变化情况为处理 G2 >处理 G1 >处理 G3 >处理 CK，施肥 16 个月后的变化情况与 9 个月的相似，均表现为袋控缓释肥料最优。与处理 G1 对比，处理 G2 和处理 G3 树高增长率比处理 G1 分别提高 5.13% 和下降 1.35%。

而对于杉木树高而言，施肥 9 个月后的变化情况为处理 G1 >处理 G3 >处理 G2 >处理 CK，但 4 个处理间的差异性不显著；施肥 16 个月后，处理 G1、处理 G2、处理 G3 与处理 CK 之间达到显著性差异（$P < 0.05$），说明生长后期处理 G1、处理 G2、处理 G3 施肥处理能显著促进杉木树高的增长，处理 G1 和处理 G3 的效果优于处理 G2。与处理 G1 对比，处理 G2 和处理 G3 树高增长率比处理 G1 分别提高 0.82% 和下降 2.88%。

表 6–122　不同施肥处理对桉树和杉木人工林树高的影响

处理组编号		CK	G1	G2	G3
桉树	H1（m）	12.50	12.95	12.79	12.82
	H2（m）	16.00	16.65	16.68	16.47
	P1（%）	3.20a	7.14a	12.25a	5.69a
	P2（%）	28.00a	28.57a	30.43a	28.43a
杉木	H1（m）	2.51	2.59	2.87	2.43
	H2（m）	4.41	5.02	5.32	4.79
	P1（%）	64.39a	73.27a	67.46a	72.00a
	P2（%）	76.03b	93.62a	85.33a	96.78a

注：H1，施肥前（2019 年 3 月）的树高平均值；H2，施肥后第二次（2020 年 7 月）测量的树高平均值。

③不同施肥处理对林木材积的影响。不同施肥处理对桉树和杉木的材积影响见表 6-123。对于桉树材积而言，各施肥处理间不存在显著差异，施肥 9 个月后的材积增长变化情况为处理 G2 ＞处理 G1 ＞处理 CK ＞处理 G3；施肥 16 个月后，材积增长变化情况为处理 G2 ＞处理 G3 ＞处理 G1 ＞处理 CK。说明生长初期和后期，袋控缓释肥料对桉树材积的增长效果最优。与处理 G1 对比，处理 G2 和处理 G3 单株材积增长率比处理 G1 分别提高 1.89% 和降低 0.99%。

对于杉木材积而言，处理 G1、处理 G2、处理 G3 在施肥 9 个月后与处理 CK 之间均达到显著性差异（$P < 0.05$），说明生长初期不同施肥处理均可显著提高杉木的材积。施肥 16 个月后，处理 G1 和处理 G2 与处理 CK 之间有显著性差异，再次证明了处理 G1、处理 G2 可以显著提高杉木的材积。处理 G3 和处理 G1 的材积增长率高于处理 G2，且生物有机肥（处理 G3）的表现最优。与处理 G1 对比，处理 G2 和处理 G3 单株材积增长率比处理 G1 分别提高 15.79% 和下降 10.15%。

表 6–123　不同施肥处理对桉树和杉木人工林材积的影响

处理组编号		CK	G1	G2	G3
桉树	V1（m^3）	0.042 67	0.045 89	0.044 73	0.045 15
	V2（m^3）	0.080 13	0.088 18	0.087 82	0.087 02
	P1（%）	43.21a	47.05a	58.31a	42.25a
	P2（%）	87.75a	92.13a	96.32a	92.72a
杉木	V1（m^3）	0.001 05	0.001 01	0.001 66	0.000 84
	V2（m^3）	0.009 19	0.013 93	0.016 62	0.012 39
	P1（%）	533.31b	758.48a	558.76a	829.02a
	P2（%）	772.92b	1 273.98a	900.04a	1 380.12ab

注：V1，施肥前（2019 年 3 月）的单株材积平均值；V2，施肥后第二次（2020 年 7 月）测量的单株材积平均值。

（2）不同施肥处理对土壤 pH 值和有机质的影响。不同施肥处理对桉树、杉木人工林土壤 pH 值的影响见表 6-124。在桉树林中，施肥 9 个月后 pH 值下降幅度较大，施肥 16 个月后 pH 值略有回升，总体呈下降趋势。其中下降幅度最大的是处理 G1，其次为处理 G3，处理 G2 下降的幅度与处理 CK 最为接近。方差分析结果显示，各处理间无显著性差异，说明不同的施肥处理对桉树土壤 pH 值影响差异不明显，但是施肥处理均导致土壤酸化，而袋控缓释肥料导致土壤酸化程度比另外两种施肥处理小。

不同施肥处理对杉木土壤 pH 值的影响与对桉树土壤 pH 值类似，均出现 pH 值下降的趋势，但是杉木土壤 pH 值下降幅度小于桉树土壤，下降率大小排序为处理 G2 ＞处理 G3 ＞处理 G1 ＞处理 CK，这可能与树种本身相关，桉树人工林土壤呈较强酸性，施肥处理使其土壤变化更为敏感。在杉木林中，不同施肥处理的 pH 值第一次变化率与处理 CK 之间均达到显著性差异（$P < 0.05$），说明不同施肥处理对杉木土壤 pH 值影响的差异较大。

不同施肥处理对桉树、杉木人工林土壤有机质含量的影响见表 6-125。由表 6-125 可知，施肥处理能提高林木土壤有机质含量。在桉树林中，施肥 9 个月后的土壤有机质变化率大小排序为处理 G3 ＞处理 G2 ＞处理 G1 ＞处理 CK，施肥 16 个月后与施肥 9 个月时相比，土壤有机质变化率大小排序为处理 G3 ＞处理 G2 ＞处理 G1 ＞处理 CK。施肥 9 个月后的方差分析结果表明，处理 G3 与处理 CK 呈显著差异，说明处理 G3 对于增加土壤有机质含量具有很明显的优势，但是施肥 9 个月后（p1=88.7%）和施肥 16 个月后（p2=36.2%）土壤有机质含量变化的幅度很大。处理 G2 施肥效果仅次于处理 G3，但其变化幅度相对平缓，说明袋控缓释肥料因肥效长、养分释放缓慢，更有利于土壤养分的长期稳定。

在杉木林中，施肥 9 个月后土壤有机质含量的变化情况为处理 G2 ＞处理 G3 ＞处理 G1 ＞处理 CK，施肥 16 个月后变为处理 G2 ＞处理 G3 ＞处理 G1 ＞处理 CK。施肥 9 个月后，处理 G2、处理 G3 与处理 CK 显著差异，说明处理 G2、处理 G3 处理能显著提高杉木林土壤有机质含量；施肥 16 个月后，只有处理 G2 与处理 CK 显著差异，说明处理 G2 施肥可长期增加土壤有机质含量。

表 6–124 不同施肥处理对桉树和杉木人工林土壤 pH 值的影响

处理组编号		CK	G1	G2	G3
桉树	2019.03	4.45±0.07	4.35±0.04	4.34±0.10	4.45±0.04
	2019.12	3.88 ±0.07a	3.89±0.12a	3.71 ±0.06a	3.79±0.13a
	2020.07	4.04±0.06a	3.84±0.06a	3.91 ±0.02a	3.97±0.08a
杉木	2019.03	4.63±0.04	4.82±0.12	5.03±0.07	4.82±0.06
	2019.12	4.44 ±0.01a	4.36±0.09b	4.18±0.07c	4.24±0.06b
	2020.07	4.72±0.22a	4.53±0.25ab	4.46±0.12b	4.43±0.16ab

注：数据表现形式为平均值 ± 标准差，下同。

表 6–125 不同施肥处理对桉树和杉木人工林土壤有机质含量的影响

处理组编号		CK	G1	G2	G3
桉树	2019.03	37.81±1.87	50.23±6.34	50.26±6.65	37.08±2.55
	2019.12	42.63±0.81b	64.27±8.96ab	68.66±2.41ab	69.85±11.81a
	2020.07	47.73±2.21a	62.22±10.07a	58.29±4.65a	49.95±4.88a

续表

处理组编号		CK	G1	G2	G3
杉木	2019.03	17.14±0.59	16.78±0.73	5.96±1.92	6.93±0.78
	2019.12	20.41±3.73b	46.84±11.18b	53.56±19.33a	41.84±2.52c
	2020.07	21.95±2.36c	46.52±27.00ac	29.62±8.68ab	28.73±9.27bc

注：有机质含量的单位为 g/kg。

（3）不同施肥处理对土壤全量养分的影响。表 6-126 和表 6-127 反映了不同施肥处理对桉树、杉木林土壤全氮、全磷、全钾含量的影响。随施肥时间增长，桉树和杉木土壤全氮含量均呈现出先增高后降低的趋势。在桉树林中，不同施肥处理间差异均不显著，但是在杉木林中，处理 G1 和处理 G2 差异显著。对于全磷含量，桉树和杉木土壤均呈现出缓慢增加的趋势，各处理间均无显著性差异。对于全钾含量，第一次监测的结果均呈下降趋势，杉木林下降的幅度高于桉树林。第二次监测结果比第一次监测的结果略有回升，但是相对于未施肥，依然呈下降趋势。在桉树林中，处理 G2 与处理 CK 对照组呈显著差异，说明处理 G2 对桉树土壤全钾含量影响显著。在杉木林中，处理 G1 和处理 G3 与处理 CK 对照组差异显著，同时施肥处理处理 G1、处理 G2、处理 G3 三者之间差异显著。

表 6-126　不同施肥处理对桉树土壤全氮、全磷、全钾含量的影响

处理组编号		CK	G1	G2	G3
全氮（g/kg）	2019.03	1.32±0.07	1.62± 0.32	1.58± 0.13	1.62± 0.41
	2019.12	1.86± 0.08a	2.75 ±0.79a	2.47± 0.26a	2.36± 0.12a
	2020.07	2.35 ±0.05a	2.09± 0.33a	2.06± 0.46a	2.28± 0.52a
全磷（g/kg）	2019.03	0.60± 0.05a	0.58±0.15a	0.73±0.11a	0.99±0.37
	2019.12	0.69± 0.04a	0.90±0.23a	0.93±0.06a	0.94±0.46a
	2020.07	0.80 ±0.05a	1.14±0.58a	0.87±0.09a	0.88±0.20a
全钾（g/kg）	2019.03	5.23± 0.18	8.87±7.65	3.03±0.44	7.05±2.54
	2019.12	2.50± 0.02a	0.69±0.32a	3.45±3.58a	1.96±1.83a
	2020.07	3.71 ± 0.04b	3.10±0.60b	3.79±1.13a	3.57±0.58b

表 6-127　不同施肥处理对杉木土壤全氮、全磷、全钾含量的影响

处理组编号		CK	G1	G2	G3
全氮（g/kg）	2019.03	0.62±0.07	1.65± 0.06	0.38± 0.07	0.56± 0.09
	2019.12	3.11 ± 0.08a	2.11 ±0.38a	2.32± 0.65a	2.05± 0.07a
	2020.07	1.76 ±0.06ab	1.83± 0.63a	1.54± 0.29b	1.59± 0.32ab

续表

处理组编号		CK	G1	G2	G3
全磷（g/kg）	2019.03	0.35 ± 0.01	0.22 ± 0.01	0.18 ± 0.01	0.17 ± 0.01
	2019.12	0.51 ± 0.02a	0.39 ± 0.11a	0.37 ± 0.04a	0.29 ± 0.05a
	2020.07	0.50 ± 0.01a	0.40 ± 0.19a	0.33 ± 0.01a	0.30 ± 0.03a
全钾（g/kg）	2019.03	20.05 ± 0.44	25.60 ± 0.07	18.62 ± 0.11	22.38 ± 0.58
	2019.12	8.18 ± 0.32a	8.62 ± 0.37a	8.12 ± 1.84a	6.62 ± 0.51a
	2020.07	19.98 ± 0.48a	13.18 ± 4.03b	17.14 ± 1.02ac	11.43 ± 3.73b

（4）不同施肥处理对土壤有效态养分的影响。方差分析与统计结果（表 6-128 和表 6-129）表明，桉树土壤的代换性镁、有效磷、有效铜养分，在 4 个处理之间均无明显差异。而对于杉木土壤而言，仅有碱解氮和速效钾在 4 个处理之间无显著性差异。说明不同处理对于不同类型林木的土壤有较大的差异，应“因类制宜”。

施肥处理均能增加碱解氮的含量，随时间推移呈现先快速增加后缓慢回落的趋势。施肥 9 个月后桉树土壤碱解氮增加的结果为处理 G3 >处理 G2 >处理 G1 >处理 CK，处理 G3 与处理 CK 差异显著，说明处理 G3 对桉树土壤碱解氮含量的提高有显著影响；施肥 16 个月后结果为：处理 G2 >处理 G3 >处理 G1 >处理 CK；处理 G2 比处理 G3 优势更明显，说明处理 G2 在生长后期有更明显的优势。在杉木林中，施肥 9 个月后的结果为处理 G3 >处理 G2 >处理 G1 >处理 CK。可见，杉木土壤碱解氮含量的增加率远远大于桉树土壤碱解氮的增加率。

对于代换性钙含量，在桉树林和杉木林中，处理 G3 与其他处理之间均达到显著性差异（$P < 0.05$）。对于代换性镁含量，桉树林施肥后其含量降低，但是杉木林施肥后其含量增加，处理 CK 较其他组均呈显著差异。对于速效钾含量，在桉树林施肥 16 个月后，处理 CK 与其他组之间均呈显著差异。对于有效铁含量，桉树林施肥 9 个月和 16 个月后的结果都表明，处理 CK 与其他 3 个处理均达到显著性差异，说明不同施肥处理对土壤有效铁含量影响较大。在杉木林中，有效锌在施肥之后呈明显下降趋势，施肥 9 个月后，处理 G1 和处理 G2 显著相关；施肥 16 个月后，处理 G2 和处理 G3 显著相关。在桉树林中施肥 9 个月后，有效锌含量处理 G3 与处理 CK 显著相关。

表 6-128 不同施肥处理对桉树人工林土壤有效态养分含量的影响

处理组编号		CK	G1	G2	G3
碱解氮（mg/kg）	2019.03	78.23 ± 1.02	125.87 ± 42.00	101.33 ± 14.99	106.37 ± 22.23
	2019.12	81.84 ± 0.69c	139.63 ± 25.14ac	140.13 ± 16.97abc	143.17 ± 23.77b
	2020.07	119.9 ± 0.68a	99.60 ± 14.27a	103.90 ± 24.60a	186.27 ± 79.14a
代换性钙（mg/kg）	2019.03	45.20 ± 3.21	154.00 ± 92.65	187.17 ± 166.81	46.50 ± 4.67
	2019.12	315.68 ± 11.27a	392.23 ± 45.44b	381.37 ± 26.61ab	327.10 ± 69.99c
	2020.07	96.1 ± 1.28a	69.33 ± 16.02a	100.87 ± 53.52a	51.53 ± 24.29a

续表

处理组编号		CK	G1	G2	G3
代换性镁（mg/kg）	2019.03	3.96±0.49	6.07±2.92	6.06±1.05	4.37±0.57
	2019.12	11.2±0.32a	12.10±0.91a	10.97±0.61a	9.13±4.31a
	2020.07	5.06±0.16a	3.47±0.52a	4.27±1.72a	3.87±1.36a
有效磷（mg/kg）	2019.03	2.7±0.08	3.27±0.77	2.47±0.32	3.57±2.56
	2019.12	5.5±0.54a	8.27±3.61a	9.63±1.60a	6.10±1.49a
	2020.07	8.20±0.29a	10.57±9.75a	3.87±1.21a	4.50±1.72a
速效钾（mg/kg）	2019.03	15.46±0.40	38.13±24.48	29.80±13.61	23.00±15.29
	2019.12	33.9±1.25a	35.93±4.51a	65.67±8.23a	81.53±66.30a
	2020.07	28.4±5.45a	20.60±5.21b	23.73±5.55b	30.20±4.59b
有效铜（mg/kg）	2019.03	0.72±0.03	0.58±0.27	0.35±0.18	0.80±0.64
	2019.12	0.88±0.02a	0.64±0.28a	0.81±0.32a	1.40±1.32a
	2020.07	0.55±0.02a	0.58±0.25a	0.60±0.43a	1.11±0.91a
有效锌（mg/kg）	2019.03	0.60±0.02	0.98±0.21	0.94±0.08	0.65±0.16
	2019.12	0.62±0.06a	1.36±0.40ab	1.78±0.71ab	0.75±0.35b
	2020.07	0.60±0.04a	0.64±0.15a	0.66±0.13a	0.97±0.27a
有效锰（mg/kg）	2019.03	0.17±0.06	0.78±0.89	0.52±0.17	0.19±0.08
	2019.12	0.45±0.01b	0.98±0.38ab	0.72±0.23b	1.34±1.20a
	2020.07	1.54±0.02a	1.54±0.04a	1.14±0.36a	0.87±0.14a
有效铁（mg/kg）	2019.03	35.44±0.60	84.12±7.58	98.37±23.34	67.16±23.46
	2019.12	115.15±3.89b	134.37±25.40a	129.10±26.95a	143.77±30.05a
	2020.07	86.53±2.23b	86.75±17.49a	64.69±13.92a	47.02±2.05a

表 6-129 不同施肥处理对杉木人工林土壤有效态养分含量的影响

指标		CK	G1	G2	G3
碱解氮（mg/kg）	2019.03	42.13±0.56	41.74 ±0.67	41.66± 0.75	41.87± 0.61
	2019.12	223.26±53.36a	225.50 ±52.14a	237.00±73.03a	269.56 ±64.38a
	2020.07	148.38±0.99a	156.16 ±46.92a	137.33 ±73.60a	148.76 ±49.16a
代换性钙（mg/kg）	2019.03	243.43±7.40	236.27±9.33	215.37±25.81	126.00± 2.44
	2019.12	456.83±18.55a	394.9±22.53 a	344.86±79.14a	331.63±38.54b
	2020.07	218.33±5.72ab	249.50± 157.01ab	127.76±77.32 b	219.80± 37.77a

续表

指标		CK	G1	G2	G3
代换性镁（mg/kg）	2019.03	6.20±0.08	6.56±0.28	5.93± 0.12	8.66± 0.16
	2019.12	24.15±0.30a	13.93 ±3.95b	13.36 ±7.95ab	12.20 ±1.48b
	2020.07	33.86±0.94a	32.3 ±35.59a	16.1 ±7.69a	19.2± 2.23a
有效磷（mg/kg）	2019.03	1.29±0.08	1.31 ±0.06	0.80± 0.04	1.10± 0.08
	2019.12	4.30 ±0.08ab	3.90±1.01a	4.00 ±1.15b	2.43 ±0.38a
	2020.07	0.80± 0.08a	3.40±2.64a	1.23± 0.18a	1.26 ±0.41a
速效钾（mg/kg）	2019.03	83.2± 0.66	96.16 ±0.41	27.06 ±0.20	17.40±0.16
	2019.12	141.73± 0.78a	108.53± 61.66a	107.53±74.88a	71.16± 10.63a
	2020.07	106.23± 0.67a	71.50±67.58a	45.06±19.35a	31.93± 8.43a
有效铜（mg/kg）	2019.03	0.19±0.01	0.25 ±0.01	0.17 ±0.01	0.13± 0.01
	2019.12	1.82±0.01a	1.58±0.06a	1.38 ±0.50a	1.40 ±0.55a
	2020.07	0.89±0.02ab	0.86 ±0.20b	1.01 ± 0.25a	0.72 ±0.15ab
有效锌（mg/kg）	2019.03	20.82 ±0.41	68.41 ±1.08	15.92 ±0.36	29.73 ±0.95
	2019.12	2.19 ±0.10a	1.21 ±0.19c	1.35± 0.42ab	1.17 ±0.08c
	2020.07	0.83±0.03a	1.47±1.21a	0.55± 0.11a	0.82± 0.40a
有效锰（mg/kg）	2019.03	1.33 ±0.06	2.14±003	0.91 ± 0.03	1.12 ±0.02
	2019.12	10.49 ±0.19a	2.81 ±1.75a	5.46 ±6.24a	3.23± 1.50a
	2020.07	12.44 ±0.43a	4.12±3.29b	2.52± 0.30b	3.27± 0.45b
有效铁（mg/kg）	2019.03	20.80 ±0.10	69.39 ±0.27	15.54±0.23	30.77± 0.48
	2019.12	52.67±0.87bc	64.32± 35.41b	102.94± 19.80a	143.17±40.72ac
	2020.07	26.84 ±0.45ac	68.25±15.00ac	57.75±13.11b	51.82±11.78c

3. 讨论

林木的生长状况是评价施肥效果的重要依据。本研究以桉树和杉木作为研究对象，设置了非袋控肥料、袋控缓释肥料、生物肥三种施肥方式，并以未施肥作为对照组，主要探究袋控缓释肥料在不同树种中施肥的效果。研究表明，施肥均可促进桉树、杉木的生长，并改善其土壤环境。

在桉树林中，袋控缓释肥料（处理 G2）对材积的增长作用优于非袋控肥料（处理 G1）和生物肥（处理 G3），施肥 9 个月后处理 G2 材积的增长率分别比处理 G1、处理 G3 高出 11.26% 和 16.06%，施肥 16 个月后分别高出 4.19% 和 3.60%。方差分析的结果表明，桉树的树高、胸径、材积各处理之间均无显著差异，说明袋控缓释肥料没有影响植株的正常生长，且在生长后期袋控缓释肥料依旧表现出较强的优势。这是因为袋控缓释肥料是一种缓释（缓效）肥料，施入土壤中能缓慢释放其养分，对作物具有缓效性或长效性。同时，袋控缓释肥料的施用量只是生物肥的 1/6，且在施肥后一年调查发现，原来施用的袋控肥中未完全降解的袋子里面几乎都有 20% 以上剩余量的肥料可继续供给林木养分，但是桉树的各项生长指标（树高、胸径、材积）及多数土壤养分指标并未出现显著差异，说明袋控缓释肥料在林业生产上能够达到减少施肥量，降低成本的目的。

在杉木林中，施肥 9 个月和施肥 16 个月后，生物肥的效果都优于袋控缓释肥料。造成这种现象的原因是多方面的。首先，袋控缓释肥料受土壤温度和水分的影响较大。袋控缓释肥料的养分释放机理是土壤水分从微孔进入袋内，袋内肥料形成饱和溶液，然后养分通过微孔释放。本研究中杉木林地是桂西北的天峨县，当年降水量远不及桂南的广西国有七坡林场，土壤较为干旱，含水量低，且施肥前后天气极为干燥，不利于袋控缓释肥料养分的释放。其次，与杉木根系特点有关。杉木是主根浅而不明显、须根发达的侧根系树种，可能施肥的位置不恰当，本杉木施肥深度为 15 ～ 25 cm，一般的降雨渗透不到，袋控肥也很难得释放出来，导致树体吸收效果差，生长缓慢。另外一个可能的原因是监测时间过短，袋控缓释肥料养分释放慢，未凸显出其优势。在吕红翠探讨施肥对杉木生长影响的研究中也说明了这一点，施肥一年后，传统的沟施肥的效果要好于袋控施肥处理；在施肥两年后，袋控施肥处理的林地树高、胸径、材积开始高于传统的沟施处理，并明显高于未施肥处理。袋控缓释肥料的优势可能在两年之后凸显。由于本研究持续监测的时间较短，未能得出更精确的结果，今后可在不同的林地进行长期监测，进一步探究袋控缓释肥料对林木长期生长及土壤稳定性的影响。

此外，研究结果表明，袋控缓释肥料更有利于土壤养分的稳定。在桉树林土壤 pH 值的监测中，我们发现袋控缓释肥料处理 G2（P=9.9%）下降的幅度与对照组 CK（P=9.2%）更为接近，在生长前期和生长后期土壤养分变化中也发现了类似的情况。说明袋控缓释肥料比生物肥更有利于土壤养分的稳定，这与孙占育在葡萄上和宋海岩在桃树上的研究结果一致。肥料散施，养分供应波动较大，易造成林木营养生长和生殖生长竞争。而袋控缓释肥料养分供应稳定而且持续，更有利于林木的长期生长。

4. 结论

（1）袋控缓释肥料对桉树和杉木的生长有促进作用。在桉树林中，袋控缓释肥料施肥处理优于非袋控肥料和生物肥，与非袋控肥料相比，桉树施肥 16 个月后的单株立木蓄积提高了 1.89%；在杉木林中，袋控缓释肥料施肥处理优于非袋控肥料和生物肥，与非袋控肥料相比，杉木施肥 16 个月后的单株立木蓄积提高了 15.79%。

（2）袋控缓释肥料、生物肥处理对桉树树高、胸径、材积的促进作用均优于非袋控肥料，且各处理之间无显著差异，说明袋控缓释肥料能够保证桉树植株的正常生长。而袋控缓释肥料的用量仅为生物肥的 1/6，且在施肥后一年调查发现，原来施用的袋控肥中未完全降解的袋子里面几乎都有 20% 以上剩余量的肥料，可继续供给林木养分，说明袋控缓释肥料在林业生产上能够达到减少施肥量，降低成本的目的，可在林业生产应用中适量推广。

（3）施肥处理均可促进桉树、杉木的生长，提升大多数土壤养分元素的含量，改善其土壤环境。与非袋控肥料和生物肥相比，袋控缓释肥料更有利于土壤养分的稳定。

第七章　用材林环境监测

森林和水是人类赖以生存和发展的自然资源。森林是陆地上最大、最复杂的生态系统，具有良好的净化水质、水源涵养以及水土保持的功能。水是林木赖以生存的基本要素之一，也是森林生态系统物质循环中最重要的一种物质。大气循环和降水是水分进入森林生态系统的主要途径，也是森林生态系统化学元素的重要输入环节。森林是地球水循环过程中的一个重要环节，同时影响水量分配和水质变化。森林对水中的化学元素具有物理的、化学的、生物的吸附、调节和滤贮的能力，对不同化学组成物质会表现出不同的作用方式和显示不同的净化程度。森林水环境是森林对化学环境变化反映最直接、最敏感的部分，分析森林水环境的化学成分及变化，对探索地表水水质的演化，森林生态系统净化水源的作用机制意义重大。因此，森林水环境备受关注，成为学者研究的重点方向。

目前，国内外的学者在对森林生态系统的结构和功能进行综合研究。森林生态系统对水质的影响和评价方面的报道主要集中在水源涵养林、桉树、松树、杉木、竹子等树种，其中水源涵养林和桉树备受关注。但大多数的研究报道监测时间不长。陈丹辉等人通过监测桉树种植区湖库型饮用水水源水质发现桉树造林过程中 N、P 的流失使林区水体富营养化，不合理的全垦整地方式进一步加剧了 N、P 的流失。宋贤冲等人在广西主要桉树人工林造林区监测桉树新造林地表水水质，发现桉树新造林 1 年后，林区水体各项水质参数均有变坏的趋势，林区的水体污染程度增加，桉树造林 2 年后林区水样大部分水质参数值均有所下降，林区水体受污染程度减少。曹继钊等人通过设置不同的施肥处理，监测速生桉林区内水体富营养物质，试验结果表明，肥料养分含量越高、施肥量越大、颗粒化程度越低的处理区域水体总氮、总磷和总钾含量越高；桉树林区内水体的总氮、总磷和总钾含量中各有约 40%、70% 和 50% 来自桉树施肥，不合理的施肥会导致林区内水库或河流等水体富营养化。

可见，目前的研究报道主要关注森林在地球水循环过程中的水质净化功能，特别是水源涵养林区，而对人工林特别是速生丰产林区水质的影响关注度不够。随着人工林的发展，其带来的生态环境问题已成为森林与环境、林业持续发展中的严重问题，已成为学术界和社会关注的热点，特别是桉树造林对林区水体影响，是社会各界共同关心的焦点之一。

广西具有优越的自然条件、土地资源和森林资源。广西森林面积约为 1.45×10^{7} hm^{2}，森林蓄积量约为 6.62×10^{8} m^{3}，人工林面积约为 5.3×10^{6} hm^{2}，约占全国的 1/10，是全国人工林面积最大的省区，是全国特别是南方的重要木材生产基地，也是全国速生丰产用材林基地建设工程重点省区之一。随着人工林经营水平的提高，从粗放经营到集约经营，施肥和管护措施越来越受到重视，在产生巨大的经济和社会效益的同时，其带来的生态环境问题也已成为学术界和社会关注的热点。松树、杉木和桉树是广西主要人工林树种，特别是桉树人工林发展迅猛，是世界公认的三大用材树种之一，现已成为我国南方速生丰产林的战略性树种。然而，随着广西桉树种植规模和范围的不断扩大，以及连栽代数的增加和栽培措施的集约化，桉树人工林的生态脆弱性进一步凸现，生态问题已成为森林与环境、林业持续发展中社会各界共同关注的焦点之一。目前，关于桉树人工林种植带来水土流失、土壤肥力和生物多样性方面的研究报道较多，而对桉树人工林区水质的研究报道较少。

相关技术标准方面，国家环境保护总局 2002 年发布实施《地表水环境质量标准》（GB 3838—2002），标准依据地表水水域环境功能和保护目标，按功能高低依次划分为Ⅰ、Ⅱ、Ⅲ、Ⅳ、Ⅴ类，并将地表水环境质量标准基本项目标准值分为五类，此外，对水质评价和监测方法给出相关规定和要求。

本文在松树、杉木、桉树人工林种植区内建立 4 个监测区域，通过多次采集林区地表水，参照《地表水环境质量标准》（GB 3838—2002）测定 pH 值、溶解氧（DO）、化学需氧量（COD_{Cr}）和总磷（TP）等 14 个水质项目，分析不同林区地表水化学性质的变化特征，并对不同林区地表水水质进行综合评价，对林区水资源保护和广西人工林可持续经营具有重要意义。

第一节　用材林生态环境的监测技术

一、用材林区水质的监测方法

（一）监测目的

通过对广西主要用材林区水质的野外长期连续观测，了解广西主要用材林生态系统中养分随降水和径流的输入、输出规律以及污染物的迁移分布规律，分析研究广西主要用材林生态系统对化学物质成分的吸附、贮存、过滤及调节的过程，为阐明广西主要用材林生态系统在改善和净化水质过程中的重要作用提供科学依据。

（二）监测内容

pH 值、钙离子、镁离子、钾离子、钠离子、氨离子、碳酸根、碳酸氢根、氯化物、氟化物、硫酸根、硝酸根、总磷、总氮、电导率（TDS、总盐、密度）、溶氧、氧化还原电位、浊度（TSS）、叶绿素、蓝绿藻、悬浮固体浓度、碱度、化学需氧量、生物化学需氧量、可溶性有机碳、总有机碳、可溶性有机氮、可溶性无机氮等，以及微量元素（B、Mn、Mo、Zn、Fe、Cu）和重金属元素（Cd、Pb、Ni、Cr、Se、As、Ti）。

（三）监测与采样方法

1. 监测场设置

（1）大气降水、穿透水、树干径流、枯落物层水、土壤渗漏水样品采集样地的设置：在小流域，以典型用材林林分为基本观测对象，围绕典型用材林林冠层、枯枝落叶层和土壤层，设置降水量观测点、地表径流场、坡面水量平衡场、树干径流和穿透降水观测样地、土壤水分观测样地。

（2）地表径流样品采集的径流场设置：径流场应选择在地形、坡向、土壤、土质、植被、地下水和土地利用情况具有当地代表性的典型地段上；坡面应处于自然状态，不应有土坑、道路、坟墓、土堆及其影响径流的障碍物；坡地的整个地段上应有一致性、无急剧转折的坡度、植被覆盖和土壤特征一致；林地的枯枝落叶层不应被破坏。

2. 监测方法

森林大气降水、穿透水、树干径流、枯落物层水、地表径流的水质观测，采用以下 2 种方法进行。

（1）野外定期采集水样，带回实验室，用离子分析仪测定。

（2）应用便携式水质分析仪，在野外定期定点现场速测。

3. 仪器设备

（1）采样容器。水质采样容器应选用带盖的、化学性质稳定、不吸附待测组成成分、易清洗、可反复使用并且大小和形状适宜的塑料容器（聚四氟乙烯、聚乙烯）或玻璃容器（石英、硼硅）；容器不应引起新的污染；容器壁不应吸收或吸附某些待测组成成分；容器不应与某些待测组成成分发生反应；测定对光敏感的组成成分，其水样应贮存于深色容器中；容器采用直径 20 cm、容积 2 ～ 5 L 大小的为宜。

（2）观测井的井口设备。在观测井口牢固的地方设置观测点，并用水准仪测高程，作为水文观测的高程控制标志。观测台周围用黏土填实，一般要高出地面 0.5 m，以防止地面水流入井内。自流井压力水头不高时，可加套管观测；若水头过高，可装水压表测算水位。泉水观测点装置。在泉水出口处，修建引水渠道并设置水尺和量水建筑物。引水系统应不影响水量、水位与水质的观测精度。引水渠应有防渗与隔地面水的措施。

凡井孔被抽水设备封闭的，应在适当位置凿孔焊接钢管作为观测孔，使观测不影响抽水工作。

（3）便携式水质分析仪。

①结构。由带有数据存储单元的便携式读表、多参数组合探头、离子选择电极和相应指标传感器共同组成。

②工作原理。应用对某种特定离子具有选择性的指示电极作为水质参数的测量电极，然后将这些离子选择电极组合到一个探头上，采集其测量时产生的膜电势，换算成所测参数的浓度值，并存储于数据采集器中。

4. 林外大气降水采样

（1）采样容器的数量和布设。

①布点方法及数量。雨量观测点数应按集水区面积的配置，具体见表 7-1。雨量观测点要均匀铺设，对于要进行水质分析的雨量观测点，应离林缘、公路或居民点有一定距离。

采用自记雨量计（日记、月记等）和标准雨量筒测定森林降水量。仪器放置在径流场或标准地附近的空旷地上，或者用特殊设施（如森林蒸散观测铁塔）架设在林冠上方，或者选一株直径较大且干形较好的最高树木，去其顶梢，将雨量承接器水平固定在树顶上（高于周围林冠层），然后用胶管将雨水引至林地进行测定。

在林中空地和林外 50 ～ 100 m 处空旷地分别设置激光雨滴谱仪 1 台，自动观测降水量、降水强度、降水等级、降水速度、降水粒径大小及其分布谱图。

表 7-1　雨量观测点按集水区面积的配置

集水区面积（km^2）	＜0.2	0.2～0.5	0.5～2	2～5	5～10	10～20	20～50	50～100
雨量观测点数（个）	1	1～3	2～4	3～5	4～6	5～7	6～8	7～8

②观测设备安装。

自动记录雨量计：安装要点按照 QX/T 52 和 QX 4 执行，参照仪器设备安装说明书。

激光雨滴谱仪：选择地势平坦的地方安装支架，必要时安装水泥基座固定。将激光雨滴谱仪固定在支架上，应水平安装。按照接线图连接激光雨滴谱仪的缆线，若选择了气象传感器，将气象传感器按指示图接入数据采集器。将激光雨滴谱仪通过电缆线与供电单元连接，提供交流供电。通过数据线将激光雨滴谱仪与 PC 机相连。电缆线不应架空，应走电缆管（沟）。

③雨量计算。较大流域平均雨量计算采用泰森多边形法，小流域采用加权平均法（控制圈法）。

（2）林外大气降水采样。林外大气降水水样，由安装在集水区高于林冠层的观测铁塔上采样容器采集，或者把采样容器设于林外距林缘 1.5～2 倍树高的空旷地上，采样容器距地面≥ 70 cm，待降水时方便接收水样。

5. 穿透水采样

（1）仪器的数量和布设。为考虑整个林分内穿透降水的空间变化，应布设 10～15 个采样容器。

穿透水采样容器的布设位置应该对整个林分的沉降有代表性的观测值。收集器可以围绕一些树木摆放（围树采样），或在样地内系统摆放（样地采样）。

（2）穿透水采样。待降水时接收水样，并以 1 mm 滤网封口，滤掉果、枝、花瓣等杂物。

6. 树干径流采样

（1）采样器的数量和布设。树干径流的变化比较大，为排除这种变化的影响，布设 5～10 个树干径流采集容器。

采样数量确定后，采用系统原则布设采样设备。如果树体差异很大，要在不同直径和树冠大小等级上进行树干径流采样，每个类型选择 2～3 株标准树安装采样设备。

（2）树干径流采样。树干径流采集容器应固定在样地内的样树上。树干径流采集容器应围绕树干放置，并离地面 0.5～1.5 m。应注意不能干扰样地上的其他监测活动，而且不伤害树木。

7. 枯落物层水采样

（1）采样器的数量和布设。在样地坡面上、中、下 3 处布设采集容器，每处放置 5 个采集容器。

（2）枯落物层水采样。在采集容器上方铺一层不锈钢滤网，贴近枯落物层将收集器放置于下方。雨后，将各采集容器所采集的枯落物层水混合，然后取部分作为实验室检测化验水样。

8. 地表径流采样

水样在测流建筑物上游（回水以外）控制断面上采集。

9. 土壤渗漏水采样

（1）仪器的数量和布设。在地表下 5 cm、20 cm、40 cm、80 cm、100 cm、150 cm、200 cm 以及地下水位上 50 cm 处埋设土壤渗漏水采集器。在距地下水位上 50 cm 处安装土壤渗漏水采集板；其他位置安装压力 / 负压土壤渗漏水采集管。

（2）土壤渗漏水采样。按如下程序进行：采样前，测定各层的土壤水势，根据该水势值设定采样负压。将各位置的土壤渗漏水采样管分别接入采样瓶，施加采样负压后，待采样瓶中土壤渗漏水达到需要的量后停止采样。

10. 地下水采样与监测

（1）地下水采样。在停滞的观测孔及水井中采样，应先抽去停滞水，待新的地下水流入后再行采样。采样后，样品应在现场封闭好，贴好标签，并在 48 h 内送至实验室。

（2）地下水水质测量。将便携式水质分析仪的多参数组合探头通过缆线与便携式读表连接，然后将探头放入观测井中直至没入水面，开启电源，进行地下水水质参数测量。测量的数据会即时保存在便携式读表的存储单元中。测量结束后，下载数据，进行数据处理和分析。

11. 水样采集时间与频率

每次降水都应采集。对每次降水的各项水文要素（降水、穿透水、树干径流水、枯落物层水、土壤渗透水、地表径流水、地下水）都应采样，每一种水样都要均匀混合后提取其平均值。

12. 水样采集数量

分析用水的体积取决于分析项目、要求的精确度及水矿化度等。通常应超过各项测定所需水样体积总和的 20% ～ 30%，一般简单分析需水样 500 ～ 1 000 mL，全分析需要 3 000 mL。

13. 样品登记与管理

水样采集后，应根据测定项目要求分装。为防止在采样过程及运输管理中出现样品丢失、混淆等状况，在采样过程中要将每个样点的调查与采样情况填表记录，填写水样采集记录表。每一份样品都对应一张水样标签。水样标签的格式见表 7-2。

表 7–2　水样采集记录表

样地编号：

样品编号		海拔	
经纬度		距林缘位置	
坡度、坡向		叶面积指数	
树种		测试项目	
水样类型		采样地点 （样地中的位置）	
样品预处理		采样时间	
备注			

观测单位：　　　　　　　　　　　　观测员：

14. 样品处理

采样期间和采样后将瓶子放在阴凉条件下。在样品分析之前，采样瓶应在低温避光条件下贮存。还可采取一些专门的保存措施，如做一般理化分析的水样，可加 3 ～ 5 滴甲醛或氯仿作为防腐剂。下列时间及条件作为水样存放参考（表 7-3、表 7-4）。

表 7-3　各种水样允许存放时间

水的种类	允许存放时间（h）
洁净的水	72
稍受污染的水	48
受污染的水	12

表 7-4　水样保存条件

测定项目	容器	水样数量（mL）	最长保存时间和条件
残渣	塑料瓶、硼硅玻璃瓶	100	7 d，应立即过滤分离
pH 值	塑料瓶、硼硅玻璃瓶	100	立即分析
酸度	塑料瓶、硼硅玻璃瓶	100	24 h，冷藏（4℃）
碱度	塑料瓶、硼硅玻璃瓶	200	24 h，冷藏（4℃）
有机酸	棕色玻璃瓶	100	7 d，尽可能快分析，冷藏（4℃）
有机质	塑料瓶、玻璃瓶	500	7 d，尽可能快分析，冷藏（4℃）
氨态氮	塑料瓶、玻璃瓶	500	7 d，尽可能快分析，冷藏（4℃）
PO_4^{3-}	玻璃瓶	100	7 d，应立即过滤分解的 PO_4^{3-}，冷冻在≤ -10℃或每升加 40 mg 氯化汞
硅	塑料瓶	240	6 个月，用蜡封存
钙	塑料瓶、玻璃瓶	240	7 d，冷藏
金属	塑料瓶	500	6 个月，应立即过滤分解溶解的金属，每升加 5 mL 浓硝酸
SO_4^{2-}	塑料瓶、玻璃瓶	240	7 d，冷藏
Cl^-	塑料瓶、玻璃瓶	240	7 d，冷藏
溶解氧	玻璃瓶	300	立即分析

（四）数据处理

1. 绘制时间变化和空间变化图

在实验室测量大气降水、穿透水、树干径流、枯落物层水、土壤渗漏水、地表径流和地下水样品中的各水质参数含量。绘制每个采样点各水质参数的时间变化曲线，绘制各水质参数在用材林空间的分布图。

2. 相关性分析

研究用材林水质参数的时空变化曲线和用材林健康性状、生物多样性、大气环境等参数的相关性，为森林培育、森林经验管理积累科学数据。

二、用材林区土壤肥力的监测方法

（一）监测目的

通过对用材林生态系统土壤肥力指标长期连续观测，了解并分析土壤与植被和环境因子之间的相互影响过程，为深入研究用材林生态系统各生态学过程与森林土壤之间的相互作用，为充分认识土壤在森林生态系统中的功能提供科学依据。

（二）监测内容

土壤物理性质：土壤层次、厚度、颜色、颗粒组成、容重、含水量、饱和持水量、田间持水量、总孔隙度、毛管孔隙度、非毛管孔隙度、入渗率、导水率、质地、结构和紧实度等。

土壤化学性质：土壤pH值、阳离子交换量、交换性钙和镁（盐碱土）、交换性钾和钠、交换性酸量（酸性土）、交换性盐基总量、碳酸盐量（盐碱土）、有机质、水溶性盐分、全氮、水解氮、铵态氮、硝态氮、全磷、有效磷、全钾、速效钾、缓效钾、全镁、有效态镁、全钙、有效钙、全硫、有效硫、全硼、有效硼、全锌、有效锌、全锰、有效锰、全钼、有效钼、全铜、有效铜等。

（三）监测与采样方法

1. 样地设置

（1）样地选择。选择样地前，了解试验地区的基本概况，包括地形、水文、森林类型、林业生产情况等，并制作采样区位信息表（见表7-5）。同时，样地应符合以下条件：具有完善的保护制度，可以保障长期研究而不被人为干扰或破坏；具有典型优势种组成的区域；具有代表性的森林生态系统，并应包含森林变异性；宽阔的地带，不宜跨越道路、沟谷和山脊等。

表7–5　采样区信息

采样区编码	坡度（°）	坡向	海拔（m）	水系	年降水量（mm）	年平均气温（℃）	土壤类型	植被	地形地貌	公路交通

观测单位：　　　　　　　　　　　　　　观测员：

（2）样地布设。在确定采样区之后，根据森林面积的大小、地形、土壤水分、肥力等特征，在林内坡面上部、中部、下部与等高线平行各设置一条样线，在样线上选择具有代表性的地段，设置0.1～1 hm^2 样地。同时分别设置3～5个10 m×10 m乔木调查样方、2 m×2 m灌木调查样方和1 m×1 m草本调查样方。

①采样点数量的确定。因不同区域森林土壤的空间变异性较大，采样点数量按如下公式确定：

$$n=\frac{t^2S^2}{d^2}$$

式中，n 为采样点数；t 为设定的自由度和概率时的值（查 t 分布表获得）；S 为方差，可以由全距（R）按式 $S^2=(R/4)^2$ 求得；d 为允许的误差。

②采样点的布设。

采样点布设有以下三种方式（见图 7-1）。

A. 对角线采样法：样地平整，肥力较均匀的样地宜用此法采样，采样点不少于 5 个。

B. 棋盘式采样法：样地平整，而肥力不均匀的样地宜用此法采样，采样点不少于 40 个。

C. 蛇形采样法：地势不太平坦，肥力不均匀的样地按此法采样，在样地间曲折前进来分布样点，采样点数根据面积大小确定。

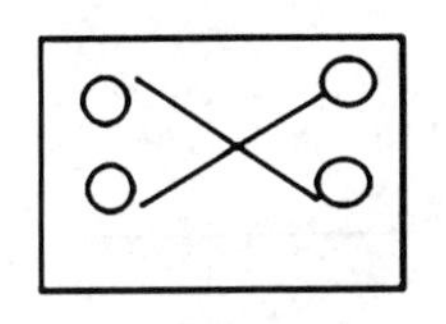

a. 对角线采样法

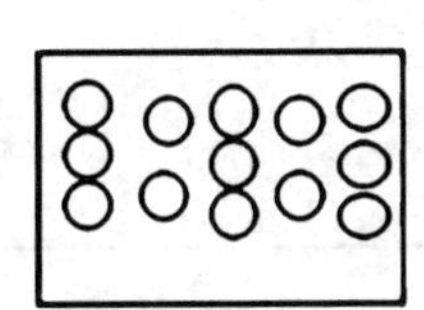

b. 棋盘式采样法

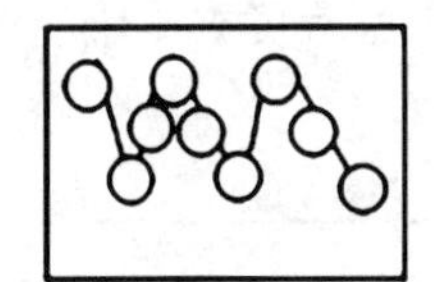

c. 蛇形采样法

图 7–1 采样点布设图

③采样器具准备

工具类：铁锹、铁铲、十字镐、剖面刀、锄头、砍刀、圆状 / 螺旋取土钻或其他取土器、军工刀，取土环刀（测土壤容重用）、铝盒等。

器材类：GPS 定位工具、照相机、钢卷尺、铝盒、胸径尺、测高仪、样品袋、样品箱等。

文具类：样品标签、采样记录表、铅笔、资料夹等。

安全防护用品：工作服、工作鞋、安全帽、药品箱、雨衣、雨鞋等。

采样用车辆。

④样品采集方法。在设置好的采样点，先挖一个 0.8 m × 1.0 m 的长方形土壤剖面。坡地上应顺坡挖掘，坡上面为观测面；平整地将长方形较窄的向阳面作为观测面，观测面植被不应破坏，挖出的土壤应按层次放在剖面两侧，以便按原来的层次回填。剖面的深度根据具体情况确定，一般要求达到母质层，土层较厚的挖掘到 1.0 ～ 1.5 m 处即可。剖面一端垂直削平，另一端挖成梯形，以便于观察记载。

先观察土壤剖面的层次、厚度、颜色、湿度、结构、质地、紧实度、湿度、植物根系分布等，然后自上而下划分土层，并进行剖面特征的观察记载，作为土壤基本性质的资料及分析结果审查时的参考。

A. 土壤层次。以土壤发生层次由上而下划分为 A0、Al、A2、B、C 等。A0 为枯枝落叶层，主要是未分解或半分解的有机物质。A1 为腐殖质层，腐殖质与矿物质结合，颜色深暗，团粒结构，疏松多孔。A2 为灰化层，由于淋溶作用生成的灰白色层次。粉砂质无结构。B 为淀积层，聚积上面淋溶下来的物质。C 为母质层。根据实际情况还可以划分为不同的亚层。

B. 土层厚度。枯枝落叶层，单独测量其厚度。该层以下采取连续记载法，如腐殖质层为 30 cm，记为 0 ～ 30 cm，下部的灰化层为 10 cm，记为 30 ～ 40 cm，直到底层。

C. 土壤颜色。土壤颜色的判断应用潮湿的土壤，在光线一致的情况下进行，采用门赛尔比色卡比色，也可按土壤颜色三角表进行描述。颜色描述以次要颜色在前，主要颜色在后的方式，如棕黑色是以黑色为主色，棕色为次色。颜色深浅还可以冠以暗、淡等形容词，如浅棕、暗灰等，具体见图 7-2。

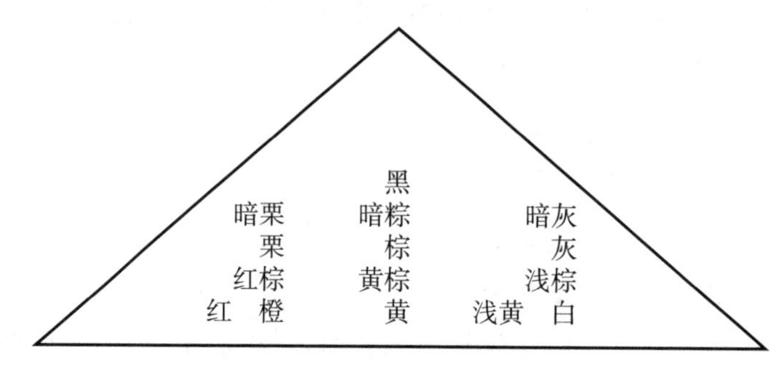

图 7-2　土壤颜色三角图

D. 土壤湿度。土壤湿度野外划分标准见表 7-6。

表 7-6　土壤湿度观测标准

土壤	干	稍润	润	潮	湿
砂性土	无湿的感觉，土壤松散	稍有潮的感觉，土块一触即散	有湿的感觉，可捏成团，放手不散	握后掌纹有湿痕，可以成团，但不能任意变形	捏时出水
壤性土	无湿的感觉，多成块成团，可以捏碎	微有湿的感觉，土块捏时易碎	有明显湿的感觉，用手滚压可成形，但落地就碎	能成团成条，落地不碎	黏手可成形，但易变形
黏性土	无湿的感觉，土块较大，坚硬难碎	微有湿的感觉，土块压时易碎	有明显湿的感觉，用手滚压可成形，但开裂	能搓成粗条，但有裂痕，搓成细条即断	黏而韧，能成团，成条不开裂，表面滑润

E. 土壤结构。应根据土壤结构形态逐层描述。观测时，用土铲将土块挖出，用手轻捏使其散碎，观测碎块的大小和形状。具体分类见表 7-7。

表 7-7　土壤结构分类

结构分类	结构形状	直径（厚度）mm	结构名称
立方体状	形状不规则，表面不平整	＞100	大块状
		50＜直径（厚度）≤ 100	块状
		5＜直径（厚度）≤ 50	碎块状
	形状较规则，表面较平整	＞5	核状
	棱角尖锐	≤ 5	粒状
	形状近圆形，表面光滑，大小均匀	1 ~ 10	团状
柱体	纵轴明显大于横轴	—	—
板状	呈水平层状	＞5	板状
		≤ 5	片状
单粒状	土粒不胶结，呈分散单粒状	—	—

F. 土壤紧实度。土壤紧实度采用便携式土壤紧实度仪测定。

便携式土壤紧实度仪既可直接测量土壤紧实度（kg 和 kPa），又可以随时将测量时每次采样的数据存储到主机上，接口可与计算机连接将数据导出，软件具有存储功能，内置 GPS 定位系统，可实时显示测量点的位置信息（经纬度），并可利用此定位数据在计算机中绘制土壤紧实度分布图。

便携式土壤紧实度仪的结构和原理如下。

结构：由主机、不锈钢测量杆、GPS 接收机、电池、软件、数据线组成。

工作原理：当对系统施加压力后，探头尖端与土壤接触，并感受到压力，系统将这一压力信号采集，并通过内置的标定曲线，将压力转化成土壤紧实度，也就是压强值。同时系统内置的采集器可以将数据存储起来，通过标准接口可以将数据下载到计算机上。

G. 土壤机械组成。采集的土样平铺在遮阴处风干，然后放入土壤筛中按粒径大小分级，并记录每级土样的重量，将粒径≤ 0.25 mm 的土样利用比重法、吸管法或激光粒径粒形分析仪继续按粒径大小分级。土壤机械组成分类标准见表 7-8。

表 7–8　土壤机械组成

<table>
<tr><th rowspan="2">命名组</th><th rowspan="2">名称</th><th colspan="3">颗粒组成</th></tr>
<tr><th>砂粒（0.05 ～ 1 mm）含量（%）</th><th>粗粉粒（0.01 ～ 0.05 mm）含量（%）</th><th>黏粒（＜ 0.01 mm）含量（%）</th></tr>
<tr><td rowspan="3">砂土</td><td>粗砂土</td><td>＞ 70</td><td rowspan="3">—</td><td rowspan="7">≤ 30</td></tr>
<tr><td>细砂土</td><td>60 ＜含量≤ 70</td></tr>
<tr><td>面砂土</td><td>50 ＜含量≤ 60</td></tr>
<tr><td rowspan="5">壤土</td><td>砂粉土</td><td>＞ 20</td><td rowspan="2">＞ 40</td></tr>
<tr><td>粉土</td><td>≤ 20</td></tr>
<tr><td>粉壤土</td><td>＞ 20</td><td rowspan="2">≤ 40</td></tr>
<tr><td>黏壤土</td><td>≤ 20</td></tr>
<tr><td>砂黏土</td><td>＞ 50</td><td>—</td><td>＞ 30</td></tr>
<tr><td rowspan="3">黏土</td><td>粉黏土</td><td rowspan="3" colspan="2">—</td><td>30 ＜含量≤ 35</td></tr>
<tr><td>壤黏土</td><td>35 ＜含量≤ 40</td></tr>
<tr><td>黏土</td><td>＞ 40</td></tr>
</table>

H. 土壤质地。土壤质地野外确定方法见表 7-9。

表 7–9　土壤质地的野外确定方法

土壤机械组成	在放大镜观察下各种成分的分量	用手搓时的特征	湿润状态时的特征	在湿润状态时可以揉成的形状	在湿润状态按压
黏土	—	用手搓时有滑腻感，干时很硬，用小刀在上面可划出细而光滑的条纹	—	湿时可揉成细泥条，弯成小环	压挤时，无裂痕
重壤土	完全看不到砂粒	感觉不到有砂粒存在，土块很难压碎	有黏性与可塑性，发黏，能涂抹	可以揉成长条并可将其弯成环状	搓成球状后，压之可成饼，但边缘部分有小裂痕

续表

土壤机械组成	在放大镜观察下各种成分的分量	用手搓时的特征	湿润状态时的特征	在湿润状态时可以揉成的形状	在湿润状态按压
中壤土	除粉砂外有少量的砂粒（10% ~ 15%）	—	黏性与可塑性均属于中等	可以揉成长条但不能弯曲成环	搓成球后可以压成饼状，但边缘部分有裂痕
轻壤土	小砂粒很多（20% ~ 30%）	明显感觉到有砂粒存在，土块比较容易压碎	黏性与可塑性很小	不能揉成长条	搓成的球，可以压成饼，但裂痕很多
砂壤土	砂粒占 50%	明显感觉到有砂粒存在，土块不难压碎	没有黏性与黏度	揉不成条	搓成的球，按之即碎散
砂土	砂粒是其主要成分	—	—	湿时不能揉成土团，干时呈分散状态	不能搓成球形

I. 石砾含量。根据石砾面积所占剖面面积的百分比，分级如下。

少量：含量≤ 20%。

中量：20% ＜含量≤ 50%。

多量：50% ＜含量≤ 70%。

粗骨层：含量＞ 70%。

J. 根量。根据根系在剖面上的密集程度分为五级。

盘结：根量＞ 50%。

多量：25% ＜根量≤ 50%。

中量：10% ＜根量≤ 25%。

少量：根量≤ 10%。

无根系：土体中无根系出现。

K. 土壤侵入体。砖块、瓦块、塑料、煤渣等土壤中掺杂的其他物质。

L. 新生体。在土壤形成过程中，由于水分的上下运动和其他自然作用，某些矿物盐类或细小颗粒在土壤内某些部分聚集，形成的土壤新生体，一般包括盐结皮、盐霜、锈斑、锈斑铁盘、铁锰结核、假菌丝、石灰结核、眼状石灰斑等。应明确记载新生体的类型、颜色、大小、数量和分布情况等。

M. 碳酸钙。在野外用 1 ∶ 3 盐酸滴入土壤，根据有无泡沫或产生的泡沫强弱予以记录。

N. pH 值。在野外用混合指示剂在瓷盘上进行速测。

按发生层分层采集土样。应按先下后上的原则采集土样，以免混杂土壤。为克服层次间的过渡现象，采样时应在各层的中部采集，采集的土样供土壤化学性质测定。

将同一层次多样点采集的质量大致相当的土样置于塑料布上，剔除石砾、植被残根等杂物，混匀后利用四分法将多余的土壤样品弃除，一般保留 1 kg 左右土样为宜。

将采集到的土样装入袋内。土袋内外附上标签，标签上记载样方号、采样地点、采集深度、采集日期和采集人等。同时，用环刀在各层取原状土样，测定密度、孔隙度等土壤物理性质。观察和采样结束后，按原来层次回填土壤，以免人为干扰。

2. 采样时间和频率

采样时间和频率决定于研究目的和分析项目，如土壤全量养分（全氮、有机质、全磷、全钾、全钙等），一般一年分析 1 次；有效养分（有效磷、钾、氮等），试验初期每季 1 次，以后每年采样 1 次；质地较轻的砂性土应增加采样频率。

（四）数据处理

将采集的土壤样品带回实验室进行分析，获得森林土壤肥力数据。具体的实验分析方法和数据处理方法按照 LY/T 1210 ～ 1275 执行。

三、用材林区土壤侵蚀的监测方法

（一）监测目的

通过对用材林配对集水区和嵌套流域降水量、径流量、产沙量、地下水等野外系统观测，分析研究用材林植被分布格局、造林和采伐、土地利用、水土保持措施等因素对径流过程的影响，确定地下水动态变化因素，为揭示流域尺度内用材林生态系统对集水区和径流的调蓄作用及理解用材林流域的水文过程机理和累积效应提供科学依据。

（二）监测内容

降水量、水位、流量、径流总量、径流模数、径流深度、径流系数、泥沙量、水量、水温等。

（三）监测方法

1. 监测区域设置

（1）集水区的设置。集水区的设置条件及要求：

①设置的集水区植被、土壤、气候、立地因素及环境等自然条件应具有代表性。

②集水区的地形外貌和基岩要能完整地闭合，分水线明显，地表分水线和地下分水线一致。集水区的出水口收容性要尽量狭窄。

③集水区域的基地不透水，不宜选取地质断层带上、岩层破碎或有溶洞的地方。

④集水区面积大小视其集水区内各项因子的可控性而定，面积不宜太小或太大，不失去其代表性，一般为数公顷至数平方公里。

（2）配对集水区的设置。设置配对集水区时，要求选择的两个集水区地理位置相邻，面积、形态、地质地貌、气候、土壤和植被等自然条件相似，并且两个集水区的面积大小要基本接近。 然后严格按照标准配对集水区试验方法，同时观测 3 ～ 5 年（作为校正时期），在校正时段之后，可选择其中一个作为“处理”，另一个作为“对照”保持不变，并继续观测若干年。

（3）嵌套流域的设置。设置嵌套流域时，要充分根据自然界地形地貌的不同层次结构，也就是选择大流域包含小流域，小流域内包含更小的集水区。从而满足研究水文过程尺度转换的需要。

（4）地下水观测点的设置。以能够控制该集水区或流域地下水动态特征为原则，尽量利用已有的井、泉和勘探钻孔作为观测点。

①用井做观测点时，应在地形平坦地段选择人为因素影响较小的井，井深要达到历年最低水位以下 3 ～ 5 m，以保证枯水期能照常观测。井壁和井口必须坚固，最好用石砌，采用水泥加固。井底无严重淤塞，井口要能够设置水位观测固定定点基点，以进行高程观测。

以自流井为观测点时，如压力水头不高，可以接高井管，直接观测静水管的高度；如果压力水头很高，不便接管观测时，可以安装水压表，测定水头高度。

②有实测井深资料，井底沉积物少，水位反应灵敏。

③井孔结构要清楚，滤水管位置能控制主要观测段的含水层。

2. 用材林配对集水区和嵌套流域降水量观测

在集水区与嵌套流域的空旷处布设带有数据采集器的雨量计，自动记录降水量和降水强度。

3. 用材林配对集水区与嵌套流域水位观测

（1）水位计的结构与原理。

①结构。由传感器、内置数据采集器和延长缆线组成。

②工作原理。主要通过压力式或者超声波水位计。压力式水位计是通过测定测点上的水压力推算水位；超声波水位计是根据超声波脉冲的传递时间测定脉冲所经历的距离，并由此测算出水位。

（2）水位计的安装和布设。将水位计放置在与水连通的 PVC 管或测井中。利用水位计观测水位时应在水位计安装处设置水尺，以建立水位参照点及检验水位计是否准确，同时还可以对水位计观测到的水位进行标定。考虑泥沙可能在此处淤积，还要定期清理槽中或堰内的泥沙或其他外来物。

（3）数据采集。通过内置数据采集器设置水位计记录数据的时间间隔为 30 min。定期下载并清空数据。

（4）数据处理。通过 PC 机与数据采集器相连，下载数据，输出保存为 Excel 表格。数据内容应包括记录序号、日期、时间、具体数值和数值单位。

平均水位的计算：不同时段水位的均值；如果一日内水位变化不大，或虽有变化但观测时距相等时，可以用算术平均法求得当日上午 8：00 至次日上午 8：00 的水位平均值，记为日平均水位。

4. 用材林配对集水区与嵌套流域流量观测

（1）观测设施的选择。测流建筑物常见的有溢流堰和测流槽。一般根据当地的降水量情况、流域面积大小、历年最大和最小流量等资料选择量水建筑物。较小流域一般采用溢流堰，较大流域采用测流槽，同时配置自记水位计测定水位，由水位变化测算出径流量的变化。各测流方法的测定范围见表 7-10。

表 7–10 测流方法的测定范围

测流方法		测流量的范围（L/s）		备注
		最小	最大	—
断面测流		15 ~ 30	—	最大无限制
测流槽	小巴歇尔槽	6	500	—
	大巴歇尔槽	60	7 000	专门设计可达 90 000
	三角槽	10	30 000	专门设计可再提高
溢流堰	矩形和梯形（大）	100	10 000	—
	矩形和梯形（小）	5	200	—
	三角形 120°	1	2 000	—
	三角形 90°	0.8	1 400	—
	三角形 45°	0.4	500	—
	抛物线形	0.2	144	—
	放射形	0.06	20	—

（2）观测设施的布设。

①径流观测断面应选择在流域出口，以控制全流域的径流和泥沙。

②径流观测断面应选择在河道顺直、沟床稳定、没有支流汇水影响的地方。

③径流观测断面应选择在交通方便、便于修建量水设施的地方。

④溢流堰和测流槽布设的其他注意事项和细节，按照 SL24 和 SL20 执行。

（3）数据采集。利用测速和水位测量的数据采集器设置数据采集时间间隔为 30 min。

（4）数据处理。通过 PC 机与数据采集器相连，下载数据，输出保存为 Excel 表格。数据内容应包括记录序号、日期、时间、具体数值和数值单位。

流量主要是在流速和水位测定的基础上根据特定关系式计算得出。各测流建筑物流量计算公式如下。

①巴歇尔测流槽。当水流为自由流时（$H_b / H_a \leqslant 0.677$），即：

$$Q = 0.372W\left(\frac{H_a}{0.305}\right)1.569W^{0.026}$$

式中，Q 为流量，m^3/s；H_a 为上游水位，单位为 m；H_b 为下游水位，单位为 m；W 为喉道宽，单位为 m。

当 W=0.5 ～ 1.5 m 时，可用下列简化公式计算：

$$Q=2.4W \cdot H_a^{1.569}$$

当 $H_b / H_a > 0.95$ 时，量水槽已失去测流作用，此时就要用其他方法测流。为此，在决定量水槽高度时，应尽量使用测流范围内处于自由流的状态。

②薄壁溢流堰。

A. 矩形薄壁溢流堰。

$$Q = m_0 \cdot b\sqrt{2g}H^{1.5}$$

式中，Q 为流量，m^3/s；b 为堰顶宽度，单位为 m；g 为重力加速度，取 9.81 m/s；H 为堰上水头，即水深，单位为 m；m_0 为流量系数，由公式算出或试验得出。

当无侧向收缩时，即矩形堰顶宽与引水渠宽相同，且安装平整，则：

$$m_0=\left(0.405+\frac{0.0027}{H}\right)\cdot\left[1+0.55\left(\frac{H}{H+P}\right)^2\right]$$

式中，P 为上游堰高，即矩形堰底比上游床底高出多少，单位为 m。

当有侧向收缩时，则：

$$m_0=\left(0.405+\frac{0.0027}{H}-0.03\frac{B-b}{B}\right)\cdot\left[1+0.05\left(\frac{H}{H+P}\right)^2\left(\frac{b}{B}\right)^2\right]$$

式中，B 为进水渠（两侧墙间）的宽度，单位为 m。

在应用时常根据堰顶宽 b 及侧收缩系数 b/B，分别按上述两公式制成不同水头与过堰流量关系表，以备查用。

淹没出流，即下游水位超过了堰顶并出现淹没水跃，流量计算复杂，应尽量避免。

B. 三角形薄壁溢流堰。

$$Q=\frac{4}{5}m_0 tg\frac{\theta}{2}\sqrt{2g}H^{2.5}$$

式中，θ 为三角形堰顶角，其他符号同前。

若 θ=90°，流量公式简化为：

$$Q=1.4H^{2.5}$$

C. 三角形剖面溢流堰。

$$Q=\left(\frac{2}{3}\right)^{1.5}C_DC_V\sqrt{g}bh^{1.5}=1.705C_DC_Vbh^{1.5}$$

式中，C_D 为流量系数；C_v 为考虑行近流速 $\left(\frac{H}{h}\right)^{1.5}$ 影响的系数；H 为总水头，单位为 m；b 为堰宽，单位为 m；g 为重力加速度，取 9.81 m/s；h 为实测水头，单位为 m。

系数 C_v 由图 7-3 三角形剖面溢流堰行近流速曲线图查得，图中 A 代表堰上游过水断面面积。系数 C_D 一般不随 h 而变，当 $h \geq 0.15$ m 时，C_D=1.150；当 $h < 0.15$ m 时，C_D 由以下公式计算：

$$C_D=1.150\left(1-\frac{0.003}{h}\right)^{1.5}$$

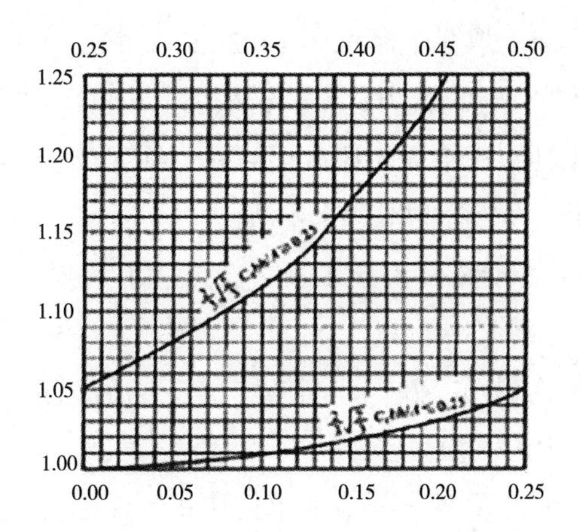

图 7–3　三角形剖面溢流堰行近流速曲线图

5. 用材林配对集水区与嵌套流域泥沙观测

（1）悬移质观测与计算。

①采样设备。采样设备有多种，当前使用的采样设备以横式采样器为主。它由一圆形采样筒（容积 0.5 ～ 5.0 dm^3）装在吊杆上，筒两端有弹簧盖板，控制开放与关闭；此外下部有一铅鱼控制方向。见图 7-4。

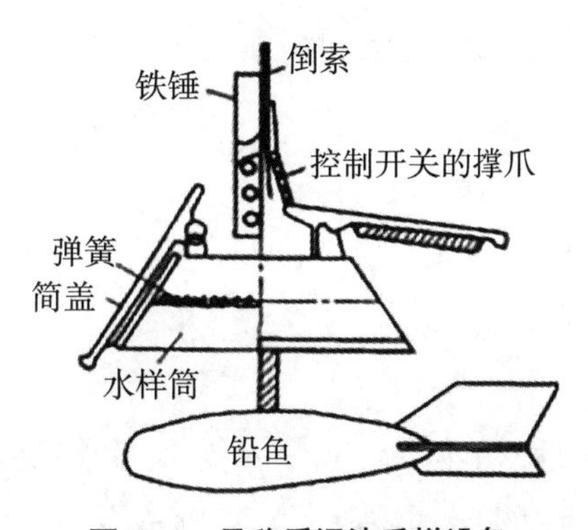

图 7–4　悬移质泥沙采样设备

A. 采样方法。用采样器在预先设定好的采样垂线和测点上取泥水样，采样时应同时观测水位及采样处的水深。每个样点重复取 3 次。取水样可与测流同时进行。采样时由边岸取水垂线开始向河心取水垂线。

泥水样采样垂线的数目在河宽大于 50 m 时不少于 5 条，小于 50 m 时不少于 3 条。在采样垂线上取泥水样的方法有积点法、定比混合法、积深法。

积点法是在采样垂线上的不同部位采样，采样点的分布见表 7-11。

表 7–11　积点法采样点的分布

方法	采样部位（水深）
5 点法	水面、0.2 m、0.6 m、0.8 m、河底
3 点法	0.2 m、0.6 m、0.8 m
2 点法	0.2 m、0.8 m
1 点法	0.5 m 或 0.6 m

定比混合法是在每根采样垂线上取 3 个泥水样（0.2 m、0.6 m、0.8 m），然后以 2 ∶ 1 ∶ 1 的比例混合；黄土区多按两点取泥水样（0.2 m、0.8 m），然后按照 1 ∶ 1 的比例混合。

积深法有两种，一种是把采样器由水面匀速放至河底，称为单程采样法；另一种是把采样器由水面匀速放至河底，再由河底提至水面，称为双程采样法。

B. 采样频率。悬移质观测平水期每月观测 1 ～ 2 次，清水不测；洪水时期应增加观测次数，与推移质、水位、流量观测同步。

C. 样品处理。取得水样后倒入量筒，并立即测量体积，然后静置足够时间，吸去上部清水，放入烘箱烘干，取出称重，得到水样中干泥沙量。

D. 数据处理。泥水样经处理后计算各采样点的单位体积含泥沙量、采样垂线平均含沙量、断面平均含沙量以及断面输沙率。

②单位体积含沙量。将采样点 3 次重复泥水样的浑水体积和烘干后的泥沙干重分别求算术平均值，则单位体积泥沙量为：

$$\rho = W_s / V$$

式中，ρ 为单位体积含沙量，单位为 g/m^3；W_s 为平均水样泥沙干重，单位为 g；V 为平均浑水水样体积，单位为 m^3。

③采样垂线平均含沙量。对于定比混合法和积深法采集的泥水混合样，经过样品处理后按公式 $\rho = W_s / V$ 计算得到的结果就是垂线平均含沙量。而对于积点法必须用流速加权进行计算。

5 点法：$\rho = (\rho_0 v_{0.0} + 3\rho_{0.2} v_{0.2} + 3\rho_{0.6} v_{0.6} + 3\rho_{0.8} v_{0.8} + 3\rho_{1.0} v_{1.0}) / 10v$

3 点法：$\rho = (\rho_{0.2} v_{0.2} + \rho_{0.6} v_{0.6} + \rho_{0.8} v_{0.8}) / (v_{0.2} + v_{0.6} + v_{0.8})$

2 点法：$\rho = (\rho_{0.2} v_{0.2} + \rho_{0.8} v_{0.8}) / (v_{0.2} + v_{0.8})$

1 点法：$\rho = k_1 \rho_{0.5}$ 或 $\rho_m = k_2 \rho_{0.6}$

式中，ρ 为采样垂线平均含沙量，单位为 g/m^3；ρ_n 为相对水深处的含沙量，单位为 g/m^3；v_n 为相对水深处的流速，单位为 m/s；v 为垂线平均流速，单位为 m/s；k_1 、k_2 为试验测得的系数。

④ 断面输沙率。求得垂线平均含沙量后，可由下式计算断面输沙率：

$$\rho_s = [\rho_{m1} Q_0 + (\rho_{m1} + \rho_{m2}) Q_1 / 2 + (\rho_{m2} + \rho_{m3}) Q_2 / 2 + \cdots + (\rho_{mn-1} + \rho_{mn}) Q_{n-1} / 2 + (\rho_{mn}) Q_n] / 1\,000$$

式中，ρ_s 为断面输沙率，单位为 kg/s；$\rho_{m1} \cdots \rho_{mn}$ 为各垂线平均含沙量，单位为 g/m^3；$Q_0 \cdots Q_n$ 为各垂线间的部分流量，单位为 m^3/s；若两采样垂线间有数条测速垂线，Q 应为该两采样垂线各部分流量之和。

（2）推移质观测与计算。

①采样设备。沙质推移质采样器多用匣式。采样器的器身是一个向后扩散的方匣，水流进入器内流速减小，泥沙落于匣中，当提升时进口和出口封闭防止样品滑落。

卵石推移质采样器，主要用于测粒径 1.0 ～ 30.0 cm 推移质，为一网式采样器，材质为一金属丝网袋，口门和网底由硬性材料制成硬底网，若用金属链编成柔度大的网底称软底网，采样器放入河水中贴近床底，可采集小砾卵石。

利用采样器测定推移质输沙率，需要率定采样器的效率系数。效率系数的率定，常用标准集沙坑测出实际输沙率。它是在断面上埋设测坑，可用混凝土做成方形坑或长方形槽，其上沿与床面（堰底）

高度齐平。宽度为最大粒径的 100 ～ 200 倍，容积能容纳一次观测期（洪水期）的全部推移质。上面加盖板，留有一定器口，使推移质能进入又不影响河底水流。一次洪水过后，挖掘取出沙样，烘干称重。

②采样方法。推移质采样的垂直线布设应与悬移质采样垂线重合。将采样器放入，使其入口紧贴床底，并开始计时。采样数不少于 50 ～ 100 g，采样历时不超过 10 min，以装满集沙匣为宜。每个采样垂线上重复 3 次，取其平均值。若 3 次重复数据相差 2 ～ 3 倍以上，应重测。

测时可从边岸垂线起，若 10 min 后未取出沙样，即该处无推移质，再向河心移动，直到测完。记下推移质出现的边界，其间的断面称推移质有效河宽。

③采样频率。推移质观测同悬移质观测一样，平水期每日测 1 ～ 2 次，清水不测；洪水时期应增加观测次数，与悬移质、水位、流量观测同步。

A. 数据处理。采样器采集沙样后，经烘干得泥沙干重，就可用图解法或分析法计算推移质输沙率。无论何法均需先计算各垂线上单位宽度推移质基本输沙率。计算方式如下：

$$Q_b = 100W_b / (t \times B_k)$$

式中，Q_b 为垂线基本输沙率，单位为 g/（s·m）；W_b 为采样器取得的干沙重，单位为 g；t 为采样历时，单位为 s；B_k 为采样器进口宽度，单位为 cm。

用图解法计算推移质输沙率时，先以水道宽（或堰宽）为横坐标，以基本输沙率为纵坐标，绘制基本输沙率断面分布曲线，其边界二点输沙率为零。若未测出，可按分布曲线趋势绘出。为分析方便，可将底部流速及河床断面绘于下方。用求积仪或数方格法量出基本输沙率分布曲线和水面线所包之面积，经比例尺换算，即得未经修正的推移质输沙率。实际推移质输沙率为：

$$Q_b = K \times Q'_b$$

式中，Q_b 为推移质输沙率，单位为 kg/s；Q'_b 为修正前的推移质输沙率，单位为 kg/s；K 为修正系数，为采样器采样效率倒数。通过率定求得。若 K 未知，可暂不修正，需在资料整理中说明。

用分析法计算推移质输沙率和图解法原理相同，先按下式计算修正前的推移质输沙率：

$$Q_b^{'} = 0.001\left(\frac{q_{b1}}{2}b_0 + \frac{q_{b1}+q_{b2}}{2}b_1 + \cdots + \frac{q_{bn-1}+q_{bn}}{2}b_{n-1} + \frac{q_{bn}}{2}b_n\right)$$

式中，Q'_b 为修正前的推移质输沙率，单位为 kg/s；q_{b1}、$q_{b2} \cdots q_{bn}$ 为各垂线基本输沙率，单位为 g/（s·m^{-1}）；b_1、$b_2 \cdots b_n$ 为各垂线间的距离，单位为 m；b_0、b_n 为两端采样垂线至推移质边界的距离，单位为 m。

然后再按 $Q_b = K \times Q'_b$ 求出实际推移质输沙率。

注意事项：对于河底不平的小河、沟或推移质为较大的卵石，采用上述两种方法较为困难，可采用以下两种方法进行观测。

在量水槽（堰）上游或下游河谷内选择一段，埋入铁管或铁棒，每次洪水过后，观测其淤积面与管项标高之差，计算推移质淤积量，必要时可在地面筑低栅栏以促推移质的淤积，铁管埋设位置，纵向以达到推移质的延伸长度为度，横向为沟谷的宽度。每隔一定时期清洗 1 次。

石洪及泥团随水滚动，能量较大，亦可用上法进行观测，但以在沟口为宜，使断面逐渐放宽，呈扇形淤积。必要时亦进行适当清除，使不致妨碍下一次的观测。

6. 用材林配对集水区与嵌套流域地下水位观测

（1）水位观测。

①水位观测要从孔（井）口的固定基点量起，每次观测需要重复进行，允许误差不超过 2 cm，取其平均值作为观测结果。

②将自记水位计放入测井，直至没入地下水面，设置数据记录时间间隔，定期采集数据。应经常校核仪器，及时消除误差。

（2）数据处理。

①日常整理工作。日常整理工作，主要是及时认真地检查、校对地下水水位观测记录，为保证观测资料的质量，应由观测记录绘制地下水文动态变化及主要影响因素项目的综合曲线，随时进行对照分析。

②年度资料整理。编制观测点位置说明图。说明观测点位置、高程；建立观测目的、任务和时间；井孔的结构、深度、规格等，并绘制大比例尺位置图。

③计算各动态项目的月平均值、最大值、最小值及其变化幅度。

④绘制地下水动态曲线图。

（四）数据分析

1. 径流总量

$$W = Q \times T_t$$

式中，W 为径流总量，单位为 m^3；Q 为时段内的平均流量，单位为 m^3/s；T 为时段长，单位为 s。

2. 径流模数

$$M = 10^3 Q / F$$

式中，M 为径流模数，单位为 $L/(s \cdot km^2)$；Q 为时段内的平均流量，单位为 m^3/s；F 为流域面积，单位为 km^2。

3. 径流模数

$$R = W/10^3 F \text{ 或 } R = M \times T/10^6$$

式中，R 为径流深度，单位为 mm；F 为流域面积，单位为 km^2；W 为径流总量，单位为 m^3；M 为径流模数，单位为 $L/(s \cdot km^2)$；T 为时段长，单位为 s。

4. 径流系数

$$a = R / P$$

式中，a 为径流系数；R 为同时段内的径流深度，单位为 mm；P 为同时段内的降水深度，单位为 mm。

可将上述各径流特征值相互换算，其关系式见表 7-12。可以在一定已知条件下，利用这些公式计算径流的特征值。

表 7-12　各径流特征值的换算关系式

	Q（m³/s）	W（m³）	R（mm）	M［L/（s·km²）］
W	$Q \cdot T$		$10^3\ Q/F$	$10^3\ M \cdot T \cdot F$
M	$10^3\ Q/F$	$10^3\ W/T \cdot F$	$10^6\ R/T$	
R	$Q \cdot F/\ 10^3/F$	$W/10^3\ F$		$M \cdot T/10^6$
Q		W/T	$10^3\ R \cdot F/T$	$M \cdot T/10^3$

第二节　用材林林区地表水质监测与评价

一、用材林林区地表水质的变化特征

（一）调查区域概况

1. 桂北地区（资源）

研究区位于桂林市资源县资源林场，地理位置为 110° 31′ 30″～ 110° 38′ 31″ E, 25° 46′ 10″ ～ 26° 23′ 30″ N，地处越城岭主峰猫儿山的东南坡，属中低山地貌；属中亚热带季风气候区，年平均气温为 16.4℃，全场气温随海拔的增高而降低，最冷月为 1 月，平均气温为 5.3℃，最热月为 7 月，平均气温为 26.3℃，极端最高温为 36.9℃，极端最低温为 –8.5℃；≥ 10 ℃的年积温为 4 750℃；平均霜期为 80 d；年降水量为 1 900 ～ 2 507 mm，年蒸发量为 1 200 mm，平均相对湿度 80% 以上；年平均光照强度为 89.45kCal/cm²，年日照时数平均 1 308 h。研究区土壤是由花岗岩发育而成的黄壤，表土层有机质含量较丰富，土壤较疏松，透气、透水性良好，较肥沃。2015 年 1 月，在研究区选择具有代表性的松树、杉木和桉树林地，林区内有多条支沟，不同林分类型具体情况如下。

①松树：调查面积为 25 hm²，飞播种植，种植年份不详，种植品种为马尾松，平均胸径为 15.5 cm，平均树高为 16.0 m，林下植被主要有山鸡椒（*Litsea cubeba*）、柃木（*Eurya japonica*）、五节芒（*Miscanthus floridulus*）、蔓生莠竹（*Microstegium fasciculatum*）、芒萁（*Dicranopteris Pedata*）等。

②杉木：调查面积为 25.2 hm²，1968 年种植，2013 年采伐，种植密度为 1 500 株 /hm²，平均胸径为 3.2 cm，平均树高为 2.8 m，林下植被主要有山鸡椒（*Litsea cubeba*）、柃木（*Eurya japonica*）、五节芒（*Miscanthus floridulus*）等。

2. 桂中地区（柳州、象州）

桉树研究区位于柳州市广西国有三门江林场十二湾分场。广西国有三门江林场十二湾分场地理位置为 109° 26′～ 109° 48′ E, 24° 11′～ 24° 27′ N，属南亚热带与中亚热带交替过度季风气候带，年均气温为 20.5 ℃，≥ 10 ℃的年有效积温为 6 720 ℃；年降水量为 1 300 ～ 1 700 mm，年蒸发量为 1 471 ～ 1 750 mm，年日照时数 1 200 ～ 1 635 h；属丘陵地貌类型，海拔 100 ～ 250 m。研究区土壤是由硅质岩发育而成的红壤。松树和杉木研究区位于象州县，地处亚热带季风气候区，光热充足，雨量丰沛，年均气温为 20.8℃，最热 7 月平均气温为 28.6 ℃，最冷 1 月平均气温为 12.8℃，极端最高气温为40.7℃，极端最低气温为−0.8℃，≥10 ℃的年积温为6 600～7 000 ℃，年均降水量为1 300 mm，年均蒸发量为1 400 mm，蒸发量大于降水量，季节性干旱较严重，相对湿度为75%，平均日照时数为1 700 h。研究区土壤是由硅质砂岩发育而来的红壤。2015年1月，在柳州市和象州县研究区分别选择具有代表性的松树、杉木和桉树林地，林区内有多条支沟，不同林分类型具体情况如下：

①松树：调查面积为14 hm^2，1995～1996年飞播种植，种植品种为马尾松，平均胸径为13.0 cm，平均树高为14.5 m，林下植被主要有野古草（*Arundinella hirta*）和芒萁（*Dicranopteris Pedata*）等。

②杉木：调查面积为40 hm^2，1986～1987年种植，种植密度为2 500株/hm^2，平均胸径为15.0 cm，平均树高为16.5 m，林下植被主要有五节芒（*Miscanthus floridulus*）和芒萁（*Dicranopteris Pedata*）等。

③桉树：调查面积为57 hm^2，2011年种植，种植品种为尾巨桉，种植密度为1 500株/hm^2，平均胸径为11.3 cm，平均树高为17.0 m，林下植被主要有五节芒（*Miscanthus floridulus*）、桃金娘（*Rhodomyrtus tomentosa*）、乌毛蕨（*Blechnum orientale*）等。

3. 桂南地区（宁明）

研究区位于宁明县广西国有派阳山林场公武分场。宁明县地理位置为106° 38′～107° 36′ E，21° 51′～22° 58′ N，属亚热带季风气候区，气候温和，光热充足，雨量丰沛，年平均气温为22.1℃，极端最低温为−1 ℃，极端最高气温为39.7 ℃，≥10℃的年平均活动积温为7 730 ℃，年平均降水量为1 200～1 700 mm，年均蒸发量为1 423～1 690 mm，年平均日照时数1 557～1 700 h，一般无霜期为360 d。研究区土壤是砂页岩发育而成的赤红壤。2015年1月，在研究区选择具有代表性的桉树林地，林区内有多条支沟，不同林分类型具体情况如下：

①松树：调查面积为62 hm^2，2007年种植，种植品种为马尾松，种植密度为1 665株/hm^2，平均胸径为14.6 cm，平均树高为12.1 m，林下植被主要有五节芒（*Miscanthus floridulus*）、乌毛蕨（*Blechnumorientale*）和芒萁（*Dicranopteris Pedata*）等。

②桉树：调查面积为23 hm^2，2010年种植，2014年砍伐，种植品种为巨尾桉，种植密度为1 665株/hm^2，平均胸径为5.9 cm，平均树高为7.8 m，林下植被主要有五节芒（*Miscanthus floridulus*）、粽叶芦（*Thysanolaena latifolia*）、乌毛蕨（*Blechnum orientale*）、莠竹（*Microstegium vimineum*）等。

4. 桂东地区（梧州）

研究区位于梧州市藤县西南部的藤县国有小娘山林场，地理位置为110° 53′ 23″～110° 56′ 15″ E，23° 12′ 15″～23° 15′ 46″ N，属亚热带季风气候区，光热丰富，雨量丰沛，年平均气温为20 ℃，最热月为7月，平均气温为28.4 ℃，最冷月为1月，平均气温为11.5 ℃；≥10 ℃的年有效积温为6 500℃；年平均降水量为1 500 mm，年日照时数约为1 994.4 h，水热同季，干湿季节明显；属丘陵地貌类型，是大容山余脉的延伸，海拔100～250 m。研究区土壤是由砂页岩发育而来的红壤。2015年1月，在研究区选择具有代表性的松树、杉木和桉树林地，林区内有多条支沟，不同林分类型具体情况如下：

①松树：调查面积为16 hm^2，2003年种植，种植品种为马尾松，种植密度为1 665株/hm^2，平均胸径为12.1 cm，平均树高为12.5 m，林下植被主要有五节芒（*Miscanthus floridulus*）、粽叶芦（*Thysanolaena latifolia*）、芒萁（*Dicranopteris Pedata*）等。

②杉木：调查面积为 40 hm^2，1983 ～ 1984 年种植，种植密度为 1 500 株 /hm^2，平均胸径为 16.4 cm，平均树高为 17.6 m，林下植被主要有芒萁（*Dicranopteris Pedata*）、乌毛蕨（*Blechnum orientale*）、铁线蕨（*Adiantum capillus-veneris*）等。

③桉树：调查面积为 35 hm^2，2005 年种植，2010 ～ 2011 年砍伐，种植品种为巨尾桉，种植密度为 1 250 株 /hm^2，平均胸径为 12.2 cm，平均树高为 16.3 m，林下植被主要有五节芒（*Miscanthus floridulus*）、粽叶芦（*Thysanolaena latifolia*）、芒萁（*Dicranopteris Pedata*）等。

（二）水样采集与分析

2015 年 1 月至 2016 年 12 月，根据降水情况，在降水比较集中的 4 ～ 9 月，每月采集 1 次水样，在降水比较少的 1 ～ 3 月和 10 ～ 12 月分别采集 1 次水样。水样采集方法：在松树、杉木和桉树调查林地多条支沟处采集水样 500 mL，相同调查区域多点取混合水样 1 500 mL，采集林区水样的同时，在试验区域附近，用塑料桶收集大气降水。参照《地表水环境质量标准》（GB 3838—2002），水质测定项目及测定方法：pH 值、电导率（COND）和溶解氧（DO）由哈希多参数水质分析仪测定、高锰酸盐指数（COD_{Mn}）采用容量法测定、化学需氧量（COD_{Cr}）采用重铬酸盐法测定、五日生化需氧量（BOD_5）采用稀释与接种法测定、总磷（TP）采用钼酸铵分光光度法测定、总氮（TN）采用碱性过硫酸钾消解紫外分光光度法测定、铵态氮（NH_3-N）采用水杨酸分光光度法测定、钾（K）、铜（Cu）、锌（Zn）、铁（Fe）和锰（Mn）采用原子吸收分光光度法测定等。

（三）数据处理与分析

数据处理和图表绘制在 Excel 2007 中完成，不同林分林区地表水水质项目显著性分析在 SPSS 19.0 中完成。

（四）桂北地区地表水质变化特征

1.pH 值、COND 和 DO 的变化特征

2015 ～ 2016 年桂北地区大气降水的 pH 值、COND 和 DO 的平均值分别为 6.05、12.12 mS/m 和 7.58 mg/L。与大气降水相比，桂北地区不同林分林区地表水其平均值分别提高了 11.27%、42.77% 和 20.65%。桂北地区松树和杉木林区地表水 pH 值均高于大气降水，且差异显著（$P < 0.05$）；不同林区地表水 DO 和 COND 均高于大气降水，但除 2015 年杉木林区地表水 DO 和 2016 年杉木林区地表水 COND 与大气降水间差异达显著水平（$P < 0.05$）外，其他无显著差异。

不同林分相比，桂北地区地表水 pH 值、COND 和 DO 的变化规律均为杉木＞松树，但方差分析结果显示，各指标间差异均不显著（$P > 0.05$）。从图 7-5 中可以看出，不同年份相比，2016 年大气降水 pH 值、COND 的平均值均高于 2015 年，而 DO 的变化趋势则相反；2016 年不同林区地表水的 pH 值的平均值均高于 2015 年，COND 和 DO 的变化趋势则相反。

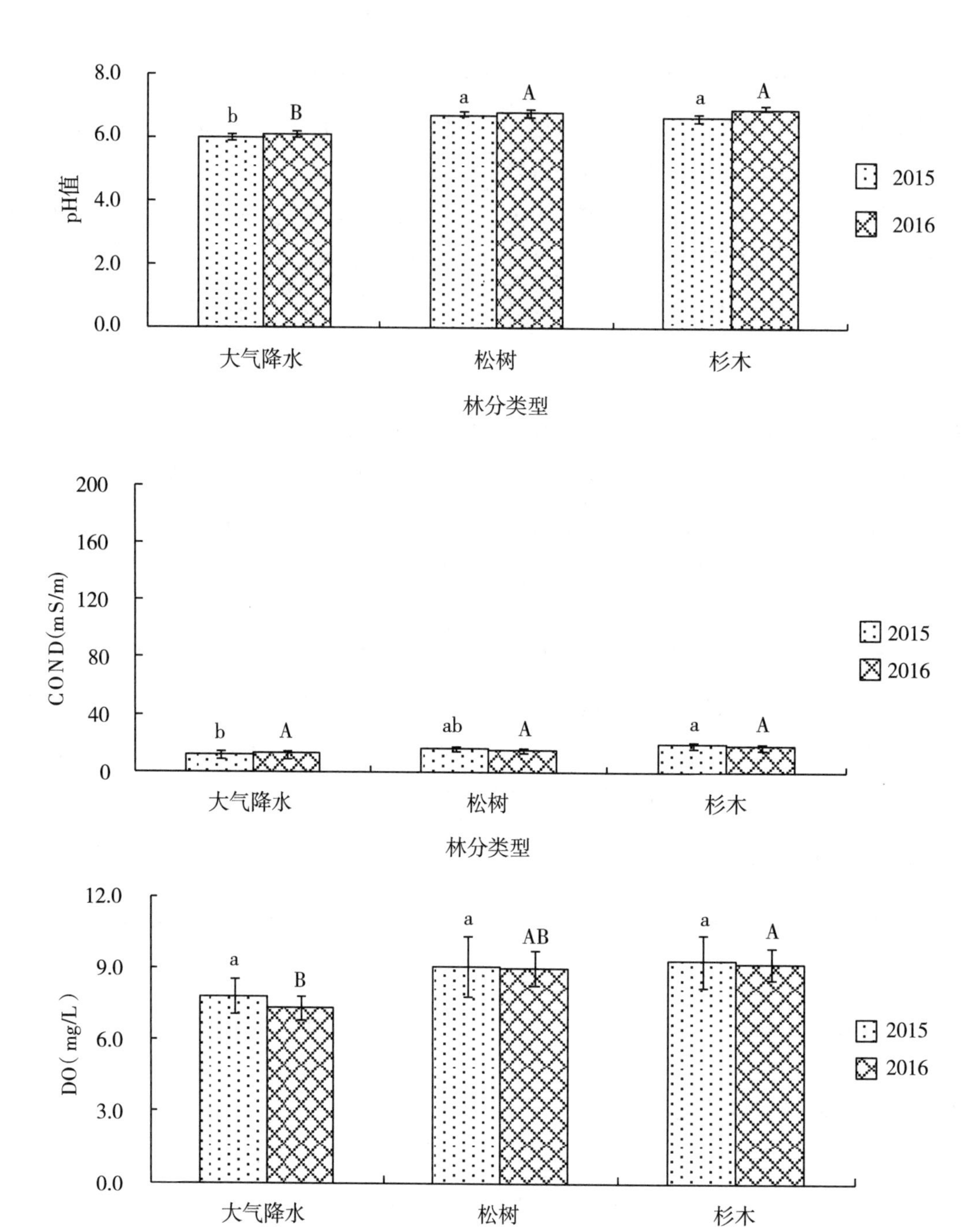

注：同一系列数据，小写字母和大写字母不同分别表示 2015 年和 2016 年桂北地区不同林分林区地表水水质项目差异显著（$P < 0.05$），反之则差异不显著（$P > 0.05$）。

图 7-5 桂北地区地表水 pH 值、COND 和 DO 的变化特征

2.COD_{Mn}、COD_{Cr} 和 BOD_5 的变化特征

2015 ～ 2016 年桂北地区大气降水的 COD_{Mn}、COD_{Cr} 和 BOD_5 分别为 4.85 mg/L、11.45 mg/L 和 2.70 mg/L。与大气降水相比，桂北地区不同林分林区地表水其平均值分别降低了 68.73%、25.76% 和 46.11%。松树和杉木林区地表水 COD_{Mn}、COD_{Cr} 和 BOD_5 均显著低于大气降水（$P < 0.05$），除 2015 年杉木林区地表水 COD_{Cr} 和 2016 年松树林区地表水 BOD_5 外。

不同林分相比，桂北地区地表水 COD_{Mn} 和 COD_{Cr} 的变化规律均为杉木＞桉树，而 BOD_5 的变化规律则相反。方差分析结果表明，不同林区地表水 COD_{Mn}、COD_{Cr} 和 BOD_5 差异不显著（$P > 0.05$），除 2015 年地表水 COD_{Cr} 和 2016 年地表水 BOD_5 外。从图 7-6 中可以看出，不同年份相比，2016 年大气降水和不同林区地表水 COD_{Mn}、COD_{Cr} 和 BOD_5 的平均值均低于 2015 年，除松树林区地表水 BOD_5 外。

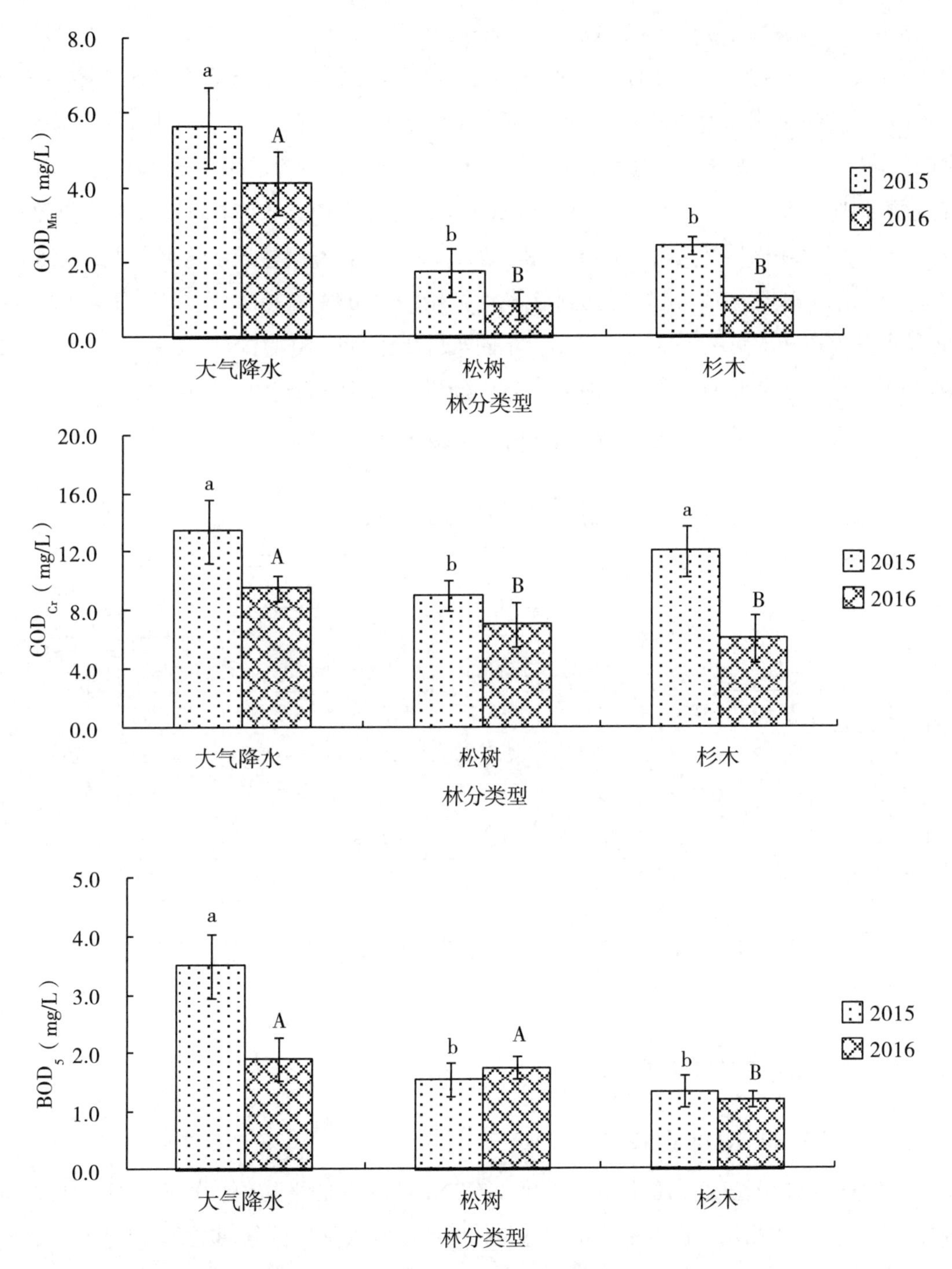

注：同一系列数据，小写字母和大写字母不同分别表示 2015 年和 2016 年桂北地区不同林分林区地表水水质项目差异显著（$P < 0.05$），反之则差异不显著（$P > 0.05$）。

图 7-6　桂北地区地表水 COD_{Mn}、COD_{Cr} 和 BOD_5 的变化特征

3. 化学元素含量

桂北地区不同林分林区地表水化学元素含量见表 7-13。不同林分林区地表水 TP、TN、NH_3-N、K、Cu 、Zn、Fe、Mn 元素含量平均值和总含量分别为 0.033 mg/L、0.567 mg/L、0.053 mg/L、0.585 mg/L、0.002 mg/L、0.008 mg/L、0.063 mg/L、0.015 mg/L 和 0.672 mg/L。与大气降水相比，桂北地区不同林分林区地表水 TP、TN、NH_3-N、K、Cu、Zn 和 Mn 元素含量平均值分别降低了 96.32%、61.39%、69.71%、15.14%、14.29% 、70.00% 和 28.10%，而 Fe 则提高了 5.43 倍。方差分析结果显示，桂北地区不同林分林区地表水 TP、TN、NH_3-N、Zn、2015 年 K 和 2015 年 Mn 元素含量均显著低于大气降水（$P < 0.05$），而 Fe 元素含量均显著高于大气降水（$P < 0.05$），Cu 元素含量则差异不显著。

不同林分相比，桂北地区林区地表水 TP、NH_3-N 和金属元素总含量的变化规律均为杉木＞松树，TN 的变化规律则相反。除 Cu 元素外，不同金属元素的变化规律亦均为杉木＞松树。方差分析结果表明，桂北地区杉木和松树林区地表水 TP、K、Cu、Fe 元素含量间差异不显著（$P > 0.05$）；TN、NH_3-N 和 Zn 元素含量间在 2015 年差异达到显著水平（$P < 0.05$），2016 年差异不显著（$P > 0.05$），而 Mn 元素含量则相反。从表 7-13 可以看出，不同年份相比，除不同林区地表水 TP 含量外，2016 年大气降水和不同林区地表水 TP、TN、NH_3-N 和金属元素总含量均低于 2015 年。

表 7-13　桂北地区地表水化学元素含量

单位：mg/L

林分类型	年份	TP	TN	NH_3-N	金属元素					
					K	Cu	Zn	Fe	Mn	总含量
大气降水	2015	1.030a	1.880a	0.190a	0.894a	0.002a	0.030a	0.012b	0.025a	0.963
	2016	0.744a	1.055a	0.160a	0.485a	0.002a	0.023a	0.008B	0.018B	0.534
松树	2015	0.027b	1.013b	0.053c	0.611b	0.002a	0.007c	0.078a	0.007b	0.704
	2016	0.035B	0.475B	0.021B	0.524a	0.001a	0.003B	0.040a	0.017B	0.583
杉木	2015	0.029b	0.393c	0.091c	0.653b	0.001a	0.015b	0.090a	0.009b	0.768
	2016	0.040B	0.385B	0.048B	0.552a	0.002a	0.007B	0.044a	0.030a	0.635
平均	2015	0.028	0.703	0.072	0.632	0.002	0.011	0.084	0.008	0.736
	2016	0.038	0.430	0.034	0.538	0.002	0.005	0.042	0.023	0.609

注：同一列数据，小写字母和大写字母不同分别表示 2015 年和 2016 年桂北地区不同林分林区地表水化学元素含量差异显著（$P < 0.05$），反之则差异不显著（$P > 0.05$）。

（五）桂中地区地表水质变化特征

1.pH 值、COND 和 DO 的变化特征

2015 ～ 2016 年桂中地区大气降水的 pH 值、COND 和 DO 的平均值分别为 6.41、18.82 mS/m 和 8.32 mg/L。与大气降水相比，桂中地区不同林分林区地表水其平均值分别提高了 7.21%、289.23% 和 11.37%。桂中地区桉树林区地表水 pH 值高于大气降水，且差异显著（$P < 0.05$），而松树和杉木 pH 值虽高于大气降水，但无显著差异；不同林分林区地表水 COND 显著高于大气降水，除 2015 年松树外；不同林区地表水 DO 均高于大气降水，但差异不显著（$P > 0.05$）。

不同林分相比，桂中地区林区地表水pH值和COND的变化规律均为桉树＞杉木＞松树，而DO的变化规律则相反。方差分析结果显示，桉树林区地表水pH值和COND均显著高于松树（$P < 0.05$），DO之间差异不显著（$P > 0.05$）。从图7-7中可以看出，不同年份相比，除大气降水pH值和DO外，大气降水COND以及不同林区地表水的pH值、COND和DO的平均值2016年均低于2015年。

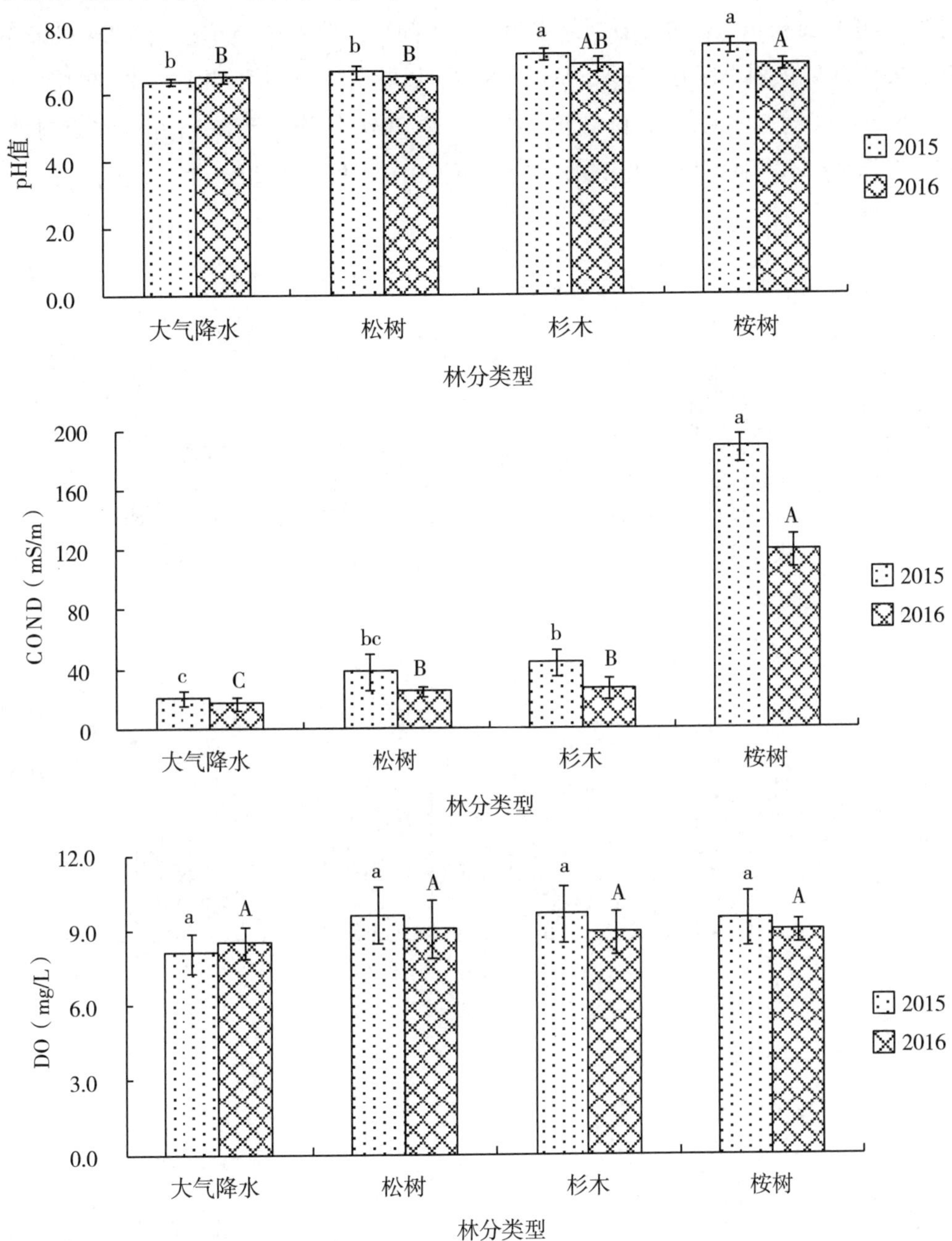

注：同一系列数据，小写字母和大写字母不同分别表示2015年和2016年不同林分林区地表水水质项目差异显著（$P < 0.05$），反之则差异不显著（$P > 0.05$）。

图7-7　桂中地区地表水pH值、COND和DO的变化特征

2.COD_{Mn}、COD_{Cr}和BOD_5的变化特征

2015～2016年桂中地区大气降水的COD_{Mn}、COD_{Cr}和BOD_5的平均值分别为3.00 mg/L、9.75 mg/L和2.20 mg/L。与大气降水相比，桂中地区不同林分林区地表水其平均值分别降低了58.89%、24.79%

和 39.39%。2016 年，松树、杉木和桉树林区地表水 COD_{Mn} 和 COD_{Cr} 显著低于大气降水（$P < 0.05$），而 2015 年差异不显著；松树林区地表水 BOD_5 显著低于大气降水（$P < 0.05$），而杉木和桉树林区地表水其值虽然低于大气降水，但差异不显著（$P > 0.05$）。

不同林分相比，林区地表水 COD_{Cr} 和 BOD_5 的变化规律均为桉树≥杉木＞松树，而 COD_{Mn} 的变化规律则为杉木＞桉树＞松树，但方差分析结果表明，不同林区地表水 COD_{Mn}、COD_{Cr} 和 BOD_5 差异均不显著（$P > 0.05$），除松树林区 BOD_5 外。从图 7-8 中可以看出，不同年份相比，除大气降水 COD_{Mn} 外，大气降水和不同林区地表水 COD_{Mn} 和 COD_{Cr} 的平均值 2016 年均低于 2015 年；除松树林区地表水 BOD_5 外，大气降水和不同林区地表水 BOD_5 的平均值 2016 年均高于 2015 年。

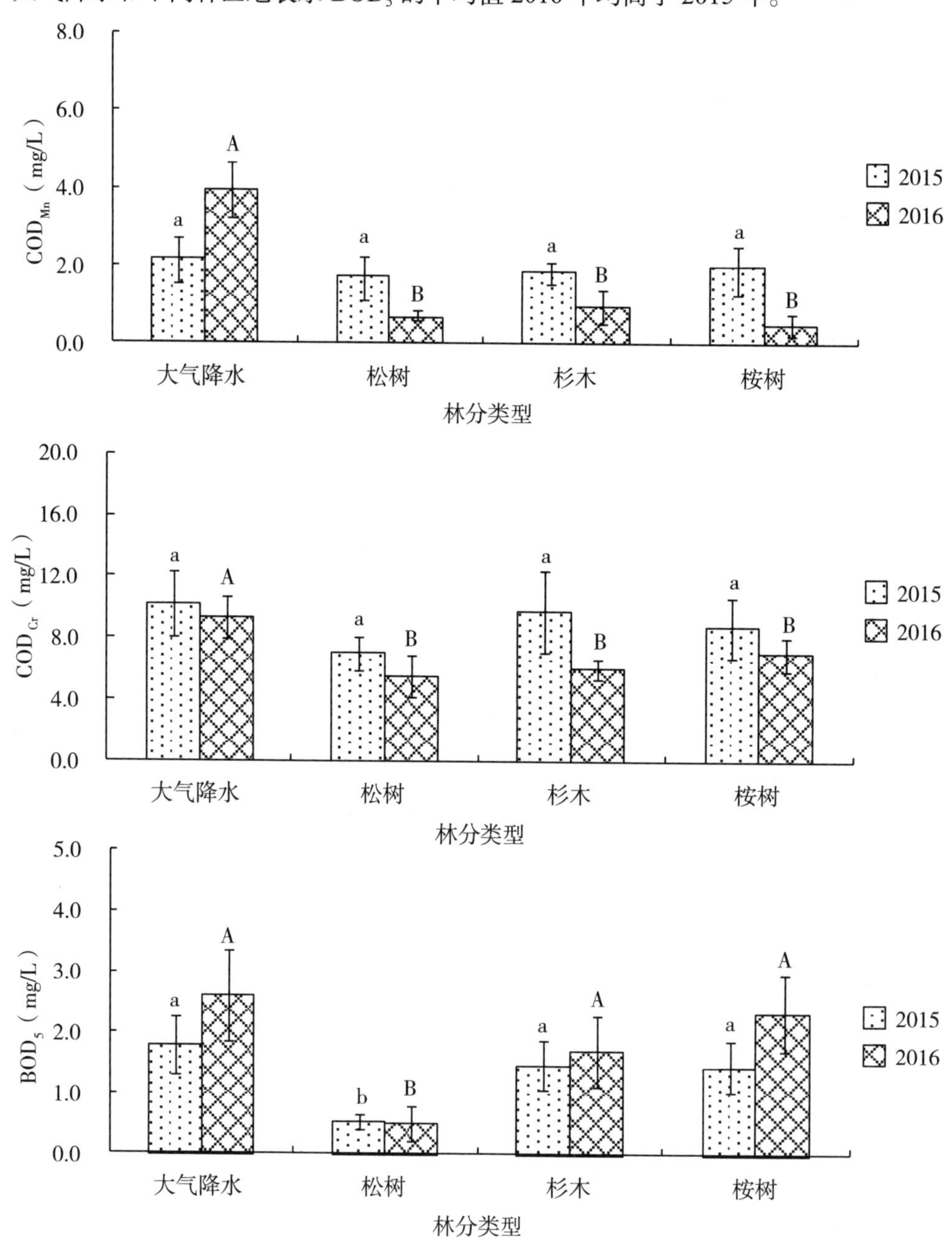

注：同一系列数据，小写字母和大写字母不同分别表示 2015 年和 2016 年桂中地区不同林分林区地表水水质项目差异显著（$P < 0.05$），反之则差异不显著（$P > 0.05$）。

图 7-8　桂中地区地表水 COD_{Mn}、COD_{Cr} 和 BOD_5 的变化特征

3. 化学元素含量

桂中地区不同林分林区地表水化学元素含量见表 7-14。不同林分林区地表水 TP、TN、NH_3-N、K、Cu、Zn、Fe、Mn 元素含量平均值和总含量分别为 0.048 mg/L、0.615 mg/L、0.046 mg/L、0.338 mg/L、0.002 mg/L、0.007 mg/L、0.094 mg/L、0.009 mg/L 和 0.449 mg/L。与大气降水相比，桂中地区不同林分林区地表水 TN、NH_3-N、K、Cu 和 Zn 元素含量平均值分别降低了 15.98%、74.33%、45.97%、57.41% 和 67.26%，TP、Fe 和 Mn 则提高了 90.67%、6.64 倍和 11.11%。方差分析结果显示，桂中地区松树、杉木和桉树林区地表水 TN、NH_3-N 和 K 元素含量均显著低于大气降水（$P < 0.05$），Cu 元素含量亦低于大气降水，但差异不显著，而 Fe 元素含量均明显高于大气降水（$P < 0.05$）；2015 年不同林区地表水 TP 和 Mn 元素含量与大气降水间差异显著，2016 年其差异未达到显著水平；而 Zn 元素含量与大气降水间 2016 年差异显著，2015 年差异未达到显著水平。

不同林分相比，桂中地区林区地表水 TP、TN、NH_3-N 的变化规律均不同，其中桉树 TN 含量较高。桂中地区不同林分林区地表水金属元素总含量的变化规律均为松树＞杉木＞桉树，但不同金属元素的变化规律不一致。桂中地区林区地表水 K、Cu 和 Fe 元素的变化规律均为松树＞杉木≥桉树，杉木林区地表水 Mn 元素的含量高于桉树和松树，而不同林分林区地表水 Zn 元素的含量接近。方差分析结果表明，松树林区地表水 TP 和 NH_3-N 含量与杉木和桉树间差异显著；桉树林区地表水 TN 含量显著高于松树和杉木，而 K 含量显著低于松树和杉木；不同林分林区地表水 Zn 和 Cu 元素含量差异不显著（$P > 0.05$），Fe 元素含量差异达到显著水平（$P < 0.05$）；松树和杉木林区地表水 Mn 含量差异显著，但均与桉树无显著差异（$P > 0.05$）。从表 7-14 可以看出，不同年份相比，除大气降水 TP 含量、桉树和杉木林区 TN、松树林区 NH_3-N 外，2016 年大气降水和不同林区地表水 TP、TN、NH_3-N 和金属元素总含量均低于 2015 年。

表 7-14　桂中地区地表水化学元素含量

单位：mg/L

林分类型	年份	TP	TN	NH_3-N	金属元素					
					K	Cu	Zn	Fe	Mn	总含量
大气降水	2015	0.020c	0.740b	0.184a	0.713a	0.005a	0.020a	0.008d	0.010b	0.756
	2016	0.030a	0.725B	0.176a	0.538a	0.004a	0.022a	0.017C	0.007aB	0.587
松树	2015	0.113a	0.233c	0.039c	0.371b	0.004a	0.010ab	0.174a	0.003c	0.561
	2016	0.005B	0.125C	0.050B	0.363B	0.002aB	0.004B	0.035B	0.013a	0.415
杉木	2015	0.045b	0.233c	0.063b	0.421b	0.002a	0.011ab	0.099c	0.018a	0.550
	2016	0.030a	0.255C	0.026C	0.307BC	0.001B	0.004B	0.081a	0.005B	0.397
桉树	2015	0.053b	1.118a	0.077b	0.294c	0.002a	0.008b	0.138b	0.008bc	0.451
	2016	0.041a	1.730a	0.023C	0.273B	0.002aB	0.006B	0.036B	0.008aB	0.324
平均	2015	0.070	0.528	0.059	0.362	0.003	0.010	0.137	0.010	0.520
	2016	0.025	0.703	0.033	0.314	0.001	0.004	0.050	0.009	0.379

注：同一列数据，小写字母和大写字母不同分别表示 2015 年和 2016 年桂中地区不同林分林区地表水化学元素含量差异显著（$P < 0.05$），反之则差异不显著（$P > 0.05$）。

（六）桂南地区地表水质变化特征

1.pH 值、COND 和 DO 的变化特征

2015 ～ 2016 年桂南地区大气降水的 pH 值、COND 和 DO 的平均值分别为 6.48、21.33 mS/m 和 9.10 mg/L。与大气降水相比，桂南地区不同林分林区地表水 pH 值和 COND 的平均值分别提高了 4.47%、84.6%，DO 的平均值降低了 1.77%。松树和桉树林区地表水 pH 值和 COND 均高于大气降水，且差异显著（$P < 0.05$），不同林区地表水 DO 与大气降水间差异不显著（$P > 0.05$）。

不同林分相比，桂南地区林区地表水 pH 值、COND 和 DO 的平均值变化规律为桉树＞松树。方差分析结果显示，除不同林区地表水 COND 之间差异显著外（$P < 0.05$），pH 值和 DO 差异均不显著（$P > 0.05$）。从图 7-9 中可以看出，不同年份相比，除松树林区地表水 pH 值外，2016 年大气降水和不同林区地表水的 pH 值平均值均低于 2015 年，而 DO 的变化趋势相反。2016 年大气降水和不同林区地表水 COND 的平均值均高于 2015 年。

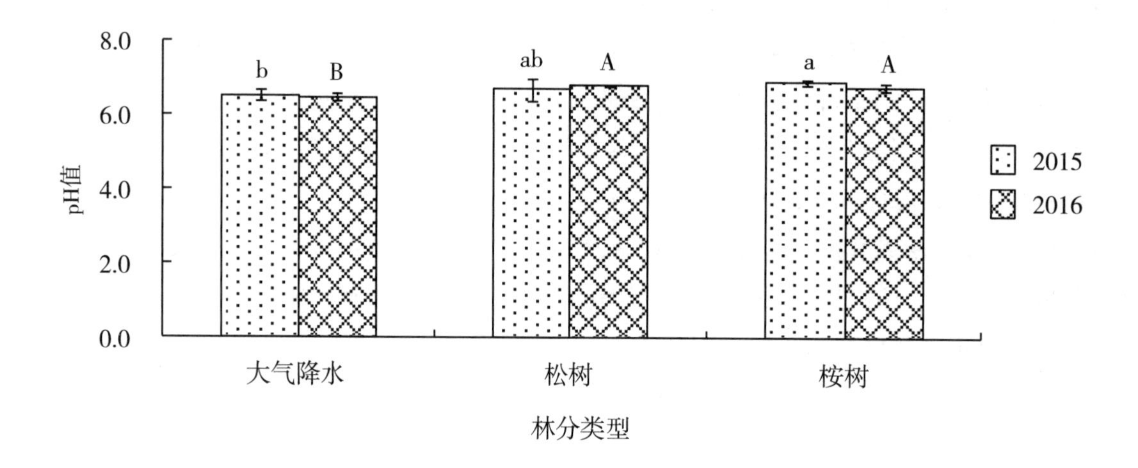

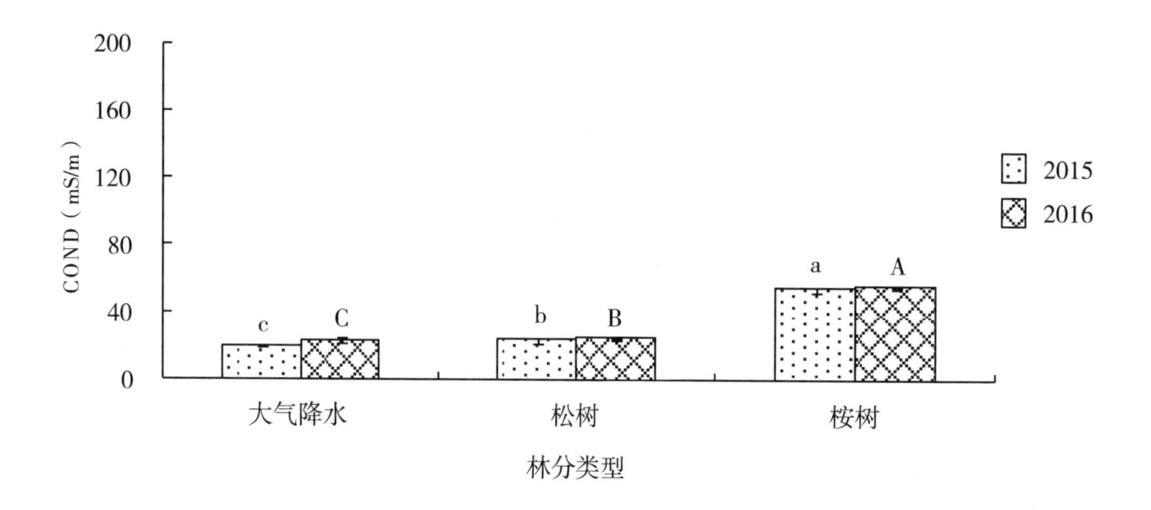

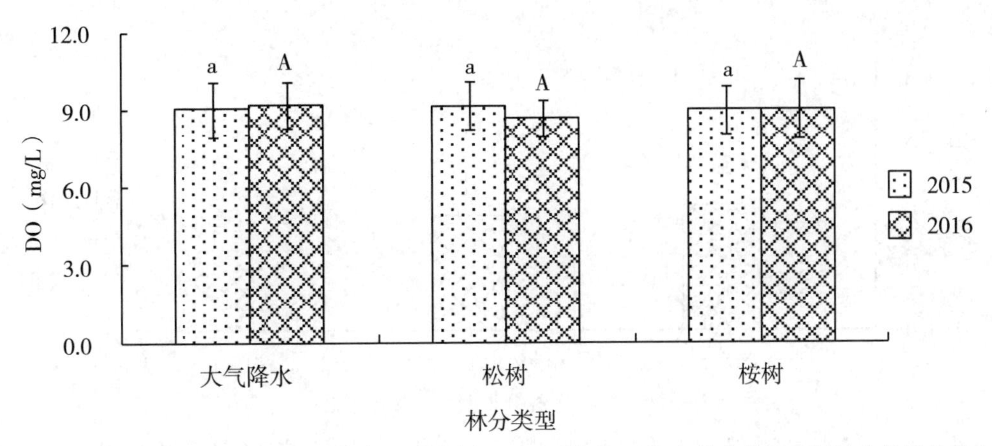

注：同一系列数据，小写字母和大写字母不同分别表示 2015 年和 2016 年桂南地区不同林分林区地表水水质项目差异显著（$P < 0.05$），反之则差异不显著（$P > 0.05$）。

图 7–9　桂南地区地表水 pH 值、COND 和 DO 的变化特征

2.COD_{Mn}、COD_{Cr} 和 BOD_5 的变化特征

2015 ～ 2016 年桂南地区大气降水的 COD_{Mn}、COD_{Cr} 和 BOD_5 的平均值分别为 5.32 mg/L、11.10 mg/L 和 1.85 mg/L。与大气降水相比，桂南地区不同林分林区地表水其平均值分别降低了 54.32%、12.73% 和 23.99%。方差分析结果显示，除松树和 2015 年桉树林区地表水 COD_{Mn} 外，桂南地区不同林区地表水 COD_{Mn}、COD_{Cr} 和 BOD_5 虽然低于大气降水，但差异不显著（$P > 0.05$）。

不同林分相比，桂南地区林区地表水 COD_{Cr} 和 BOD_5 的变化规律为松树>桉树，而 COD_{Mn} 的变化规律则相反，但方差分析结果表明，不同林区地表水 COD_{Mn}、COD_{Cr} 和 BOD_5 差异均不显著（$P > 0.05$）。从图 7-10 中可以看出，不同年份相比，除桉树林区地表水 COD_{Mn}、大气降水和松树林区地表水 BOD_5 外，2016 年大气降水和不同林区地表水 COD_{Mn}、COD_{Cr} 和 BOD_5 的平均值均低于 2015 年。

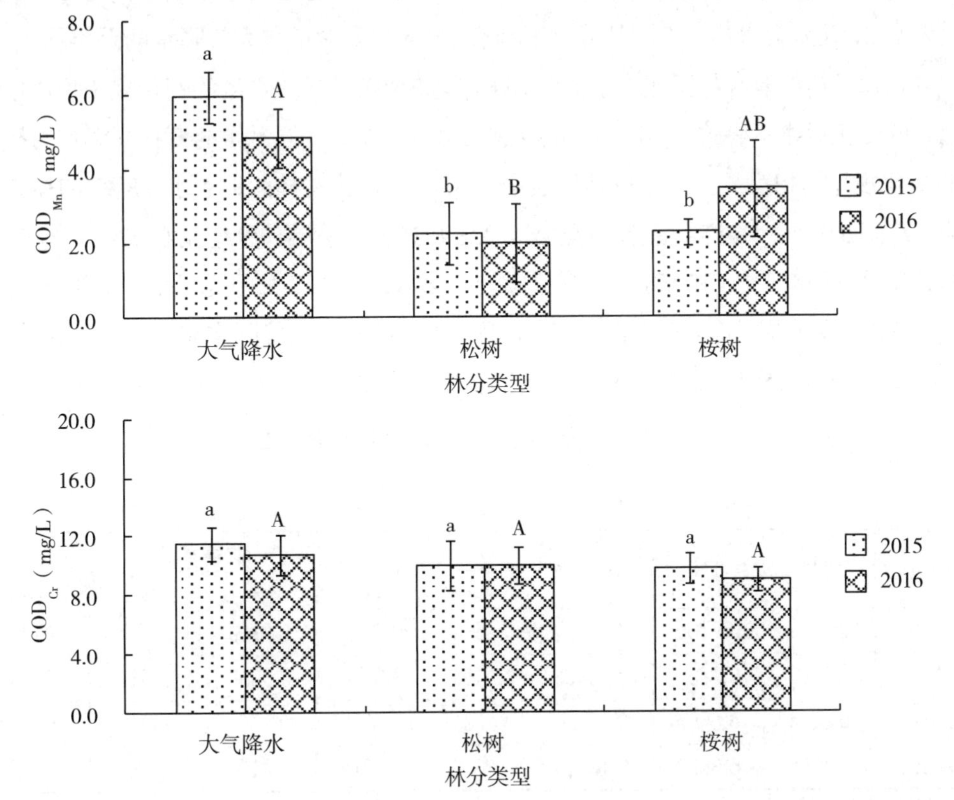

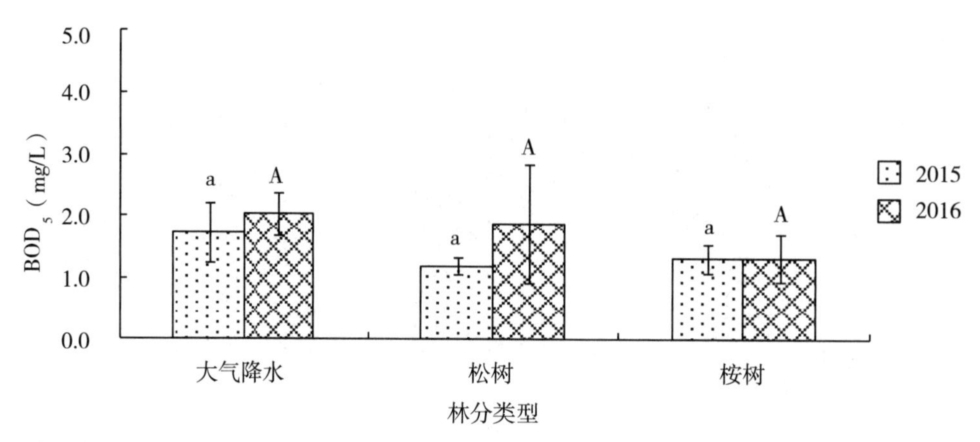

注：同一系列数据，小写字母和大写字母不同分别表示 2015 年和 2016 年桂南地区不同林分林区地表水水质项目差异显著（$P < 0.05$），反之则差异不显著（$P > 0.05$）。

图 7–10　桂南地区地表水 COD_{Mn}、COD_{Cr} 和 BOD_5 的变化特征

3. 化学元素含量

桂南地区不同林分林区地表水化学元素含量见表 7-15。桂南地区不同林分林区地表水 TP、TN、NH_3-N、K、Cu 、Zn、Fe、Mn 元素含量平均值和总含量分别为 0.075 mg/L、0.852 mg/L、0.170 mg/L、0.457 mg/L、0.001 mg/L、0.010 mg/L、0.676 mg/L、0.017 mg/L 和 1.161 mg/L。与大气降水相比，桂南地区不同林分林区地表水 TP、TN、NH_3-N 和金属元素总含量平均值提高了 1.15 倍、95.83%、34.77% 和 30.89%。方差分析结果表明，2016 年松树和桉树林区地表水 TP、NH_3-N 和 K 元素含量显著高于或低于大气降水（$P < 0.05$），而 2015 年无显著差异（$P > 0.05$）。桉树林区地表水 TN 含量显著高于大气降水，松树林区则无显著差异，林区 Mn 元素含量变化趋势和显著性与 TN 相反。不同林区地表水 Cu 元素含量低于大气降水，但差异不显著，林区 Fe 元素含量变化趋势和显著性与 Cu 相反。除 2016 桉树林区地表水 Zn 元素含量外，不同林分林区地表水 Zn 元素含量与大气降水间差异均达到显著水平。

不同林分相比，桂南地区林区地表水 TN、NH_3-N 和金属元素总含量的变化规律均为桉树＞松树。不同金属元素的变化规律不一致，桂南地区林区地表水 K、Cu 、Zn 元素的变化规律均为桉树＞松树，Fe 和 Mn 的变化规律则相反。方差分析结果表明，2016 年，松树林区地表水 TP 和 NH_3-N 含量与桉树间差异显著（$P < 0.05$），2015 年差异不显著（$P > 0.05$）。松树林区地表水 TN、Fe 和 Zn 元素含量与桉树间差异显著，而 K、Cu 和 Mn 元素含量差异不显著。从表 7-15 可以看出，不同年份相比，除松树林区地表水 TP、桉树林区地表水 TP、TN 和 NH_3-N 含量外，大气降水和不同林区地表水 TP 和 TN 的含量 2016 年均低于 2015 年；而大气降水和不同林区地表水金属元素总含量 2016 年均高于 2015 年。

表 7–15　桂南地区地表水化学元素含量

单位：mg/L

林分类型	年份	TP	TN	NH_3–N	金属元素					
					K	Cu	Zn	Fe	Mn	总含量
大气降水	2015	0.040a	0.710b	0.168a	0.538a	0.003a	0.019a	0.025c	0.003b	0.588
	2016	0.030C	0.160B	0.084C	1.140a	0.003a	0.008B	0.018C	0.017B	1.186
松树	2015	0.050a	0.665b	0.130a	0.300a	0.001a	0.006c	0.713a	0.011a	1.031
	2016	0.115a	0.305B	0.121B	0.482B	0.001a	0.012a	1.193a	0.027a	1.714

续表

林分类型	年份	TP	TN	NH_3-N	金属元素					
					K	Cu	Zn	Fe	Mn	总含量
桉树	2015	0.065a	1.173a	0.143a	0.457a	0.002a	0.013b	0.350b	0.008ab	0.830
	2016	0.072B	1.265a	0.285a	0.590B	0.002a	0.008B	0.448B	0.023aB	1.070
平均	2015	0.058	0.919	0.137	0.379	0.001	0.009	0.532	0.009	0.930
	2016	0.093	0.785	0.203	0.536	0.001	0.010	0.820	0.025	1.392

注：同一列数据，小写字母和大写字母不同分别表示 2015 年和 2016 年桂南地区不同林分林区地表水化学元素含量差异显著（$P < 0.05$），反之则差异不显著（$P > 0.05$）。

（七）桂东地区地表水质变化特征

1. pH 值、COND 和 DO 的变化特征

2015 ～ 2016 年桂东地区大气降水的 pH 值、COND 和 DO 的平均值分别为 6.43、23.39 mS/m 和 8.32 mg/L。与大气降水相比，桂东地区不同林分林区地表水其平均值分别提高了 10.82%、272.57% 和 3.18%。方差分析结果显示，除松树林区地表水 pH 值外，不同林区地表水 pH 值和 COND 均显著高于大气降水（$P < 0.05$）；不同林区地表水 DO 均高于大气降水，但差异不显著（$P > 0.05$）。

不同林分相比，桂东地区林区地表水 pH 值和 COND 的变化规律为杉木＞桉树＞松树，桂东地区不同林分林区地表水的变化规律为桉树＞杉木＞松树，而 DO 的变化规律则相反。方差分析结果显示，松树与杉木林区地表水 pH 值之间差异显著（$P < 0.05$）；杉木与松树、桉树之间 COND 差异显著；不同林分林区地表水 DO 差异不显著。从图 7-11 中可以看出，不同年份相比，除大气降水和桉树林区地表水 pH 值外，大气降水和不同林区地表水的 pH 值、COND 和 DO 的平均值 2016 年均低于 2015 年。

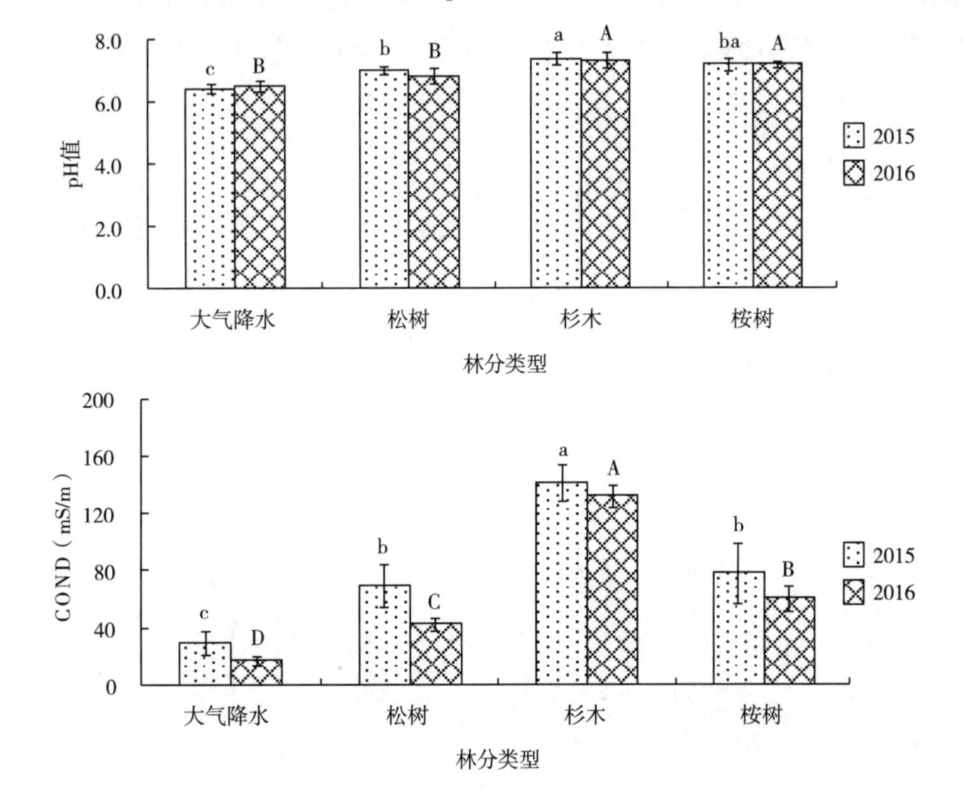

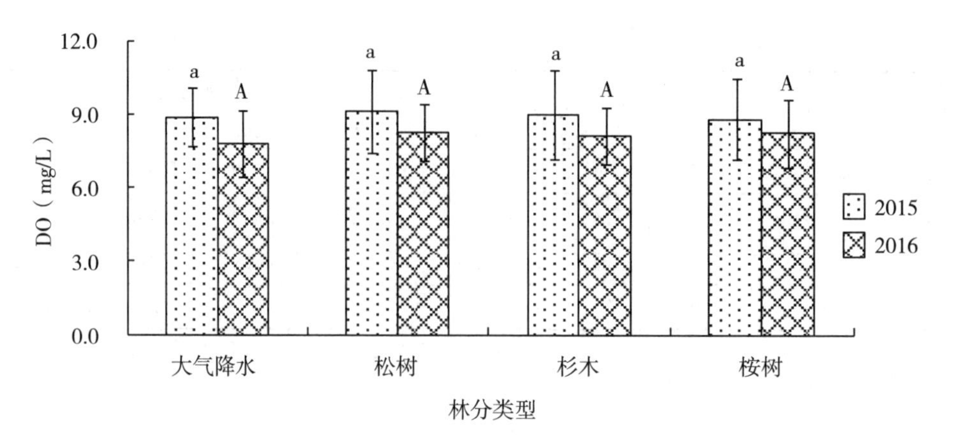

注：同一系列数据，小写字母和大写字母不同分别表示 2015 年和 2016 年桂东地区不同林分林区地表水水质项目差异显著（$P < 0.05$），反之则差异不显著（$P > 0.05$）。

图 7-11　桂东地区地表水 pH 值、COND 和 DO 的变化特征

2.COD_{Mn}、COD_{Cr} 和 BOD_5 的变化特征

2015 ～ 2016 年桂东地区大气降水的 COD_{Mn}、COD_{Cr} 和 BOD_5 的平均值分别为 3.11 mg/L、10.04 mg/L 和 2.81 mg/L。与大气降水相比，桂东地区不同林分林区地表水其平均值分别降低了 36.39%、8.65% 和 60.56%。除 2016 年松树和桉树林区地表水 COD_{Mn} 外，不同林分林区地表水 COD_{Mn}、BOD_5 均显著低于大气降水（$P < 0.05$）。除杉木林区地表水 COD_{Cr} 外，不同林区地表水 COD_{Cr} 与大气降水间无显著差异（$P > 0.05$）。

不同林分相比，桂东地区林区地表水 COD_{Mn} 和 BOD_5 的变化规律均为松树＞桉树＞杉木，而 COD_{Cr} 的变化规律则为桉树＞松树＞杉木。方差分析结果表明，杉木林区地表水 COD_{Mn} 和 2015 年杉木 COD_{Cr} 和 BOD_5 显著低于松树和桉树。从图 7-12 中可以看出，不同年份相比，除杉木 BOD_5 外，大气降水和不同林区地表水 COD_{Mn}、COD_{Cr} 和 BOD_5 的平均值 2016 年均低于 2015 年。

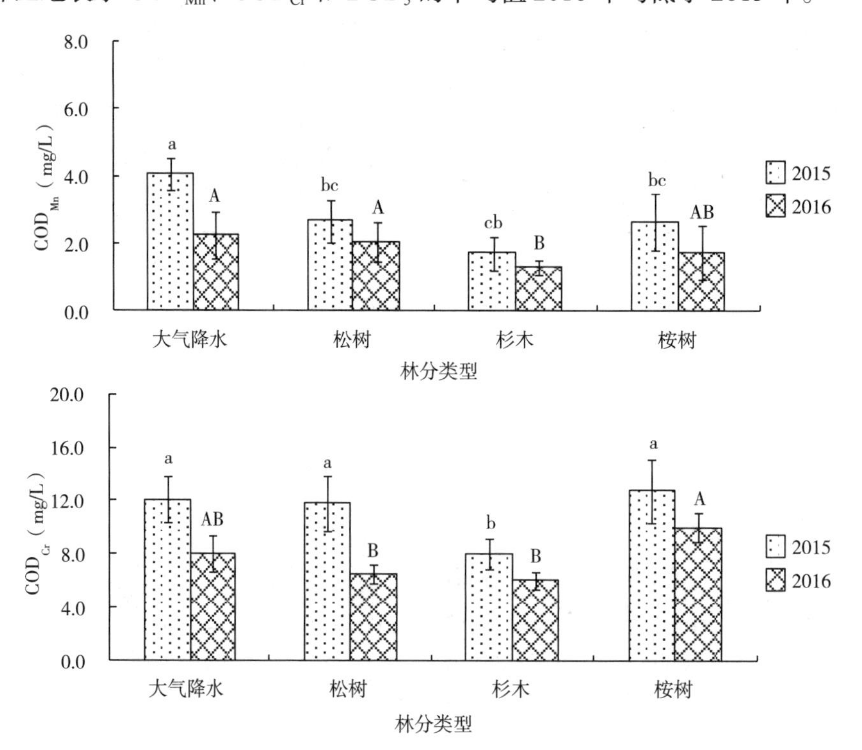

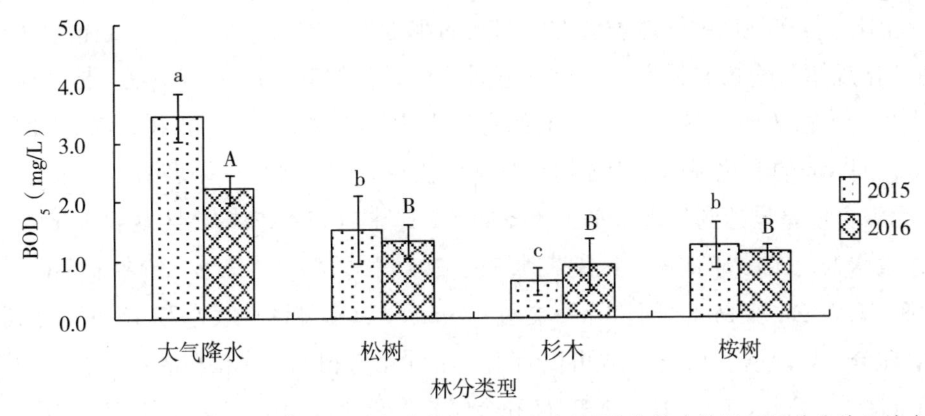

注：同一系列数据，小写字母和大写字母不同分别表示 2015 年和 2016 年桂东地区不同林分林区地表水水质项目差异显著（$P < 0.05$），反之则差异不显著（$P > 0.05$）。

图 7-12　桂东地区地表水 COD_{Mn}、COD_{Cr} 和 BOD_5 的变化特征

3. 化学元素含量

桂东地区不同林分林区地表水化学元素含量见表 7-16。桂东地区不同林分林区地表水 TP、TN、NH_3-N、K、Cu 、Zn、Fe、Mn 元素含量平均值和金属元素总含量平均值分别为 0.045 mg/L、0.365 mg/L、0.083 mg/L、1.371 mg/L、0.003 mg/L、0.012 mg/L、0.300 mg/L、0.018 mg/L 和 1.704 mg/L。与大气降水相比，桂东地区不同林分林区地表水 TP、TN、NH_3-N 平均值分别降低了 94.8%、75.45% 和 20.41%，金属元素总含量平均值则提高了 2.69 倍。方差分析结果显示，桂东地区不同林分林区地表水 TP 和 TN 含量均显著低于大气降水（$P < 0.05$），Zn 元素含量虽然低于大气降水，但差异不显著；2015 年杉木和 2016 年桉树林区地表水 NH_3-N 与大气降水间差异显著；不同林区地表水 K、Cu 和 Fe 元素含量均高于大气降水，但 K 元素之间差异显著，而 Cu 和 Fe 元素之间差异不显著；2015 年杉木和 2016 年松树林区地表水 Mn 元素含量均显著低于大气降水。

表 7-16　桂东地区地表水化学元素含量

单位：mg/L

林分类型	年份	TP	TN	NH_3-N	金属元素					
					K	Cu	Zn	Fe	Mn	总含量
大气降水	2015	1.140a	2.204a	0.142a	0.482c	0.002a	0.037a	0.020d	0.036a	0.577
	2016	0.576a	0.770a	0.067B	0.262C	0.002a	0.024a	0.020C	0.040a	0.346
松树	2015	0.043b	0.500b	0.110a	1.969a	0.005a	0.007b	0.119c	0.016ab	2.116
	2016	0.045B	0.330B	0.059B	1.309a	0.003a	0.009B	0.120B	0.005B	1.444
杉木	2015	0.037b	0.393c	0.044b	1.202b	0.004a	0.010b	0.209b	0.012b	1.437
	2016	0.030B	0.310B	0.021B	0.969aB	0.001a	0.006B	0.008C	0.028a	1.011
桉树	2015	0.043b	0.363c	0.145a	1.669ab	0.003a	0.034a	0.629a	0.024ab	2.359
	2016	0.070B	0.295B	0.120a	1.110aB	0.003a	0.004B	0.715a	0.025a	1.856
平均	2015	0.041	0.418	0.100	1.613	0.004	0.017	0.319	0.017	1.970
	2016	0.048	0.312	0.067	1.129	0.002	0.006	0.281	0.019	1.437

注：同一列数据，小写字母和大写字母不同分别表示 2015 年和 2016 年桂东地区不同林分林区地表水化学元素含量差异显著（$P < 0.05$），反之则差异不显著（$P > 0.05$）。

不同林分相比，桂东地区林区地表水 TP、NH_3-N 和金属元素总含量的变化规律均为桉树＞松树＞杉木，TN 的变化规律为松树＞杉木＞桉树。不同金属元素的变化规律不一致，林区地表水 K 和 Cu 元素的变化规律均为松树＞桉树＞杉木，Zn 的变化规律为桉树＞杉木、松树，Fe 的变化规律为桉树＞松树＞杉木，而 Mn 的变化规律则为松树＞杉木＞桉树。方差分析结果表明，桂东地区不同林分林区地表水 Fe 元素含量差异达到显著水平（$P < 0.05$）；除 2015 年松树林区地表水 TN、2015 年松树和杉木林区地表水 K、2015 年桉树林区地表水 Zn、2016 松树林区地表水 Mn 外，不同林分林区地表水 TP、TN、K、Cu、Zn 和 Mn 之间差异不显著；2015 年杉木林区地表水和 2016 年桉树林区地表水 NH_3-N 与其他林分差异显著。从表 7-16 可以看出，不同年份相比，除松树和桉树林区地表水 TP 外，大气降水和不同林区地表水 TP 、TN、NH_3-N 和金属元素总含量 2016 年均低于 2015 年。

（八）不同林分林区地表水质变化特征

1.pH 值、COND 和 DO 的变化特征

2015 ～ 2016 年大气降水的 pH 值、COND 和 DO 的平均值分别为 6.39、25.79 mS/m 和 8.13 mg/L。与大气降水相比，不同林分林区地表水其平均值分别提高了 8.39%、150.05% 和 10.84%。松树、杉木和桉树林区地表水 pH 值均高于大气降水，且差异显著（$P < 0.05$），不同林区地表水 DO 均高于大气降水，但差异不显著（$P > 0.05$），而杉木和桉树林区地表水 COND 显著高于大气降水，松树林区地表水 COND 高于大气降水，但无显著差异。

不同林分相比，林区地表水 pH 值的变化规律为杉木＞桉树＞松树，COND 的变化规律为桉树＞杉木＞松树，而 DO 的变化规律与 COND 相反。方差分析结果显示，除不同林区地表水 COND 之间差异显著外（$P < 0.05$），pH 值和 DO 差异均不显著（$P > 0.05$）。从图 7-13 中可以看出，不同年份相比，除大气降水 pH 值和 COND 外，大气降水和不同林区地表水的 pH 值、COND 和 DO 的平均值 2016 年均低于 2015 年。

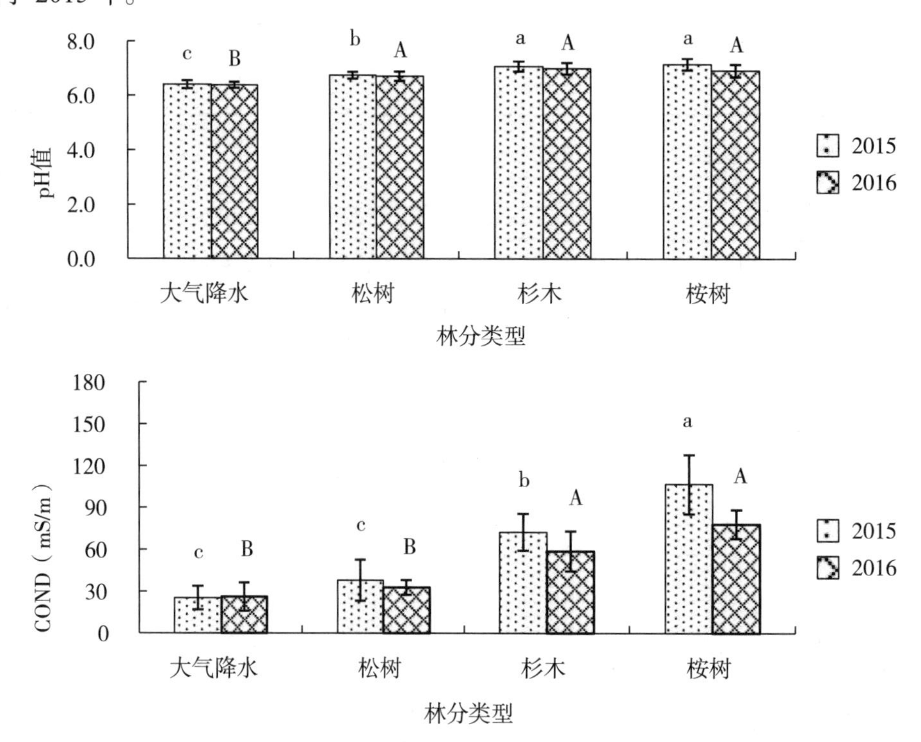

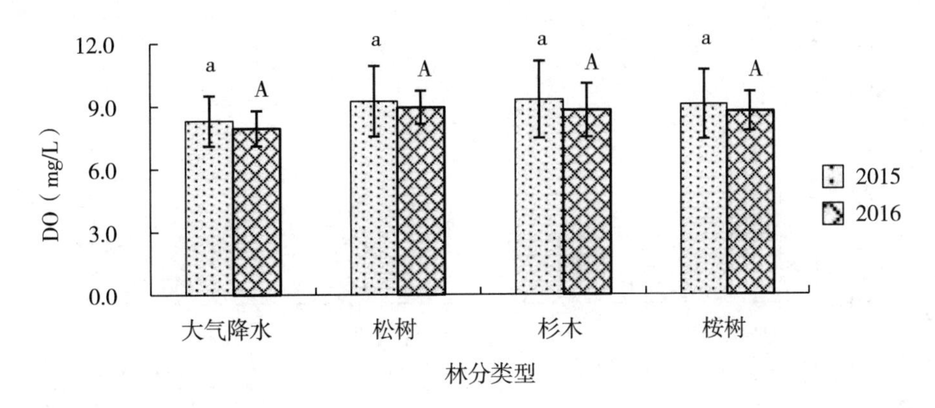

注：同一系列数据，小写字母和大写字母不同分别表示 2015 年和 2016 年不同林分林区地表水水质项目差异显著（$P < 0.05$），反之则差异不显著（$P > 0.05$）。

图 7–13　不同林分林区地表水 pH 值、COND 和 DO 的变化特征

2.COD_{Mn}、COD_{Cr} 和 BOD_5 的变化特征

2015 ～ 2016 年大气降水的 COD_{Mn}、COD_{Cr} 和 BOD_5 的平均值分别为 3.41 mg/L、10.49 mg/L 和 2.44 mg/L。与大气降水相比，不同林分林区地表水其平均值分别降低了 48.41%、19.50% 和 45.69%。松树、杉木和桉树林区地表水 COD_{Mn}、COD_{Cr} 和 BOD_5 均显著低于大气降水（$P < 0.05$），对 COD_{Cr} 而言，不同林区地表水其值虽然低于大气降水，但差异不显著（$P > 0.05$）。

不同林分相比，林区地表水 COD_{Mn} 和 COD_{Cr} 的变化规律均为桉树＞松树＞杉木，而 BOD_5 的变化规律则为桉树＞杉木＞松树，但方差分析结果表明，不同林区地表水 COD_{Mn}、COD_{Cr} 和 BOD_5 差异均不显著（$P > 0.05$）。从图 7-14 中可以看出，不同年份相比，大气降水和不同林区地表水 COD_{Mn} 和 COD_{Cr} 的平均值 2016 年均低于 2015 年，而除大气降水 BOD_5 外，不同林分地表水 BOD_5 的平均值的变化趋势则相反。

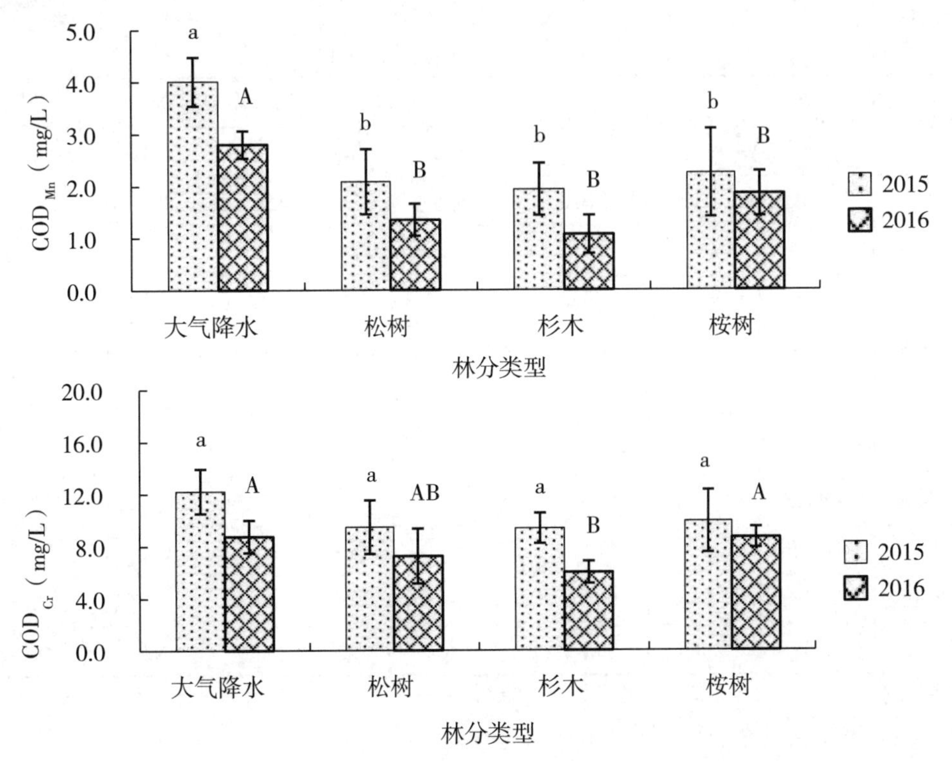

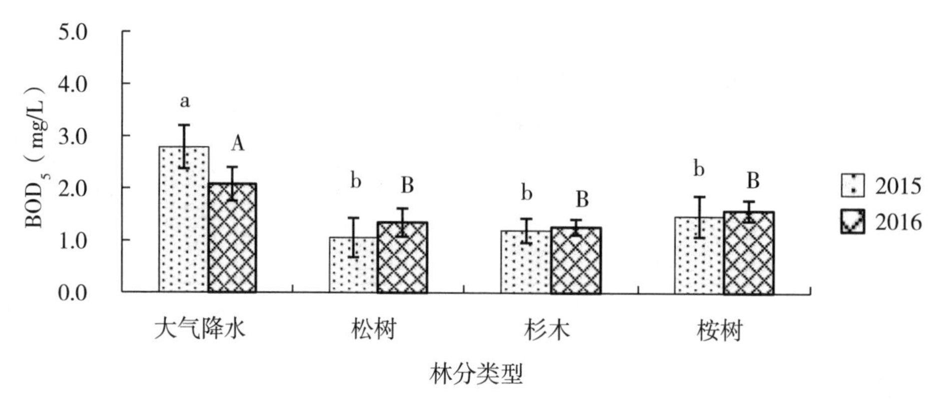

注：同一系列数据，小写字母和大写字母不同分别表示 2015 年和 2016 年不同林分林区地表水水质项目差异显著（$P < 0.05$），反之则差异不显著（$P > 0.05$）。

图 7–14　不同林分林区地表水 COD_{Mn}、COD_{Cr} 和 BOD_5 的变化特征

3. 化学元素含量的变化特征

不同林分林区地表水化学元素含量见表 7-17。不同林分林区地表水 TP、TN、NH_3-N、K、Cu 、Zn、Fe、Mn 元素含量平均值和总含量分别为 0.048 mg/L、0.586 mg/L、0.084 mg/L、0.723 mg/L、0.002 mg/L、0.009 mg/L、0.264 mg/L、0.015 mg/L 和 1.013 mg/L。与大气降水相比，不同林分林区地表水 TP、TN、NH_3-N、Cu、Zn 和 Mn 元素含量平均值分别降低了 92.73%、44.93%、60.64%、8.95%、66.38% 和 39.52%，K 和 Fe 则提高了 64.85% 和 14.99 倍。松树、杉木和桉树林区地表水 TP、NH_3-N 和 Zn 元素含量均显著低于大气降水（$P < 0.05$）。不同林区地表水 Cu 和 Mn 元素含量均低于大气降水，但差异不显著。大气降水中 TN 元素含量明显高于松树和杉木林区地表水（$P < 0.05$），但与桉树间差异不显著（$P > 0.05$）。不同林区地表水 K 和 Fe 元素含量均明显高于大气降水（$P < 0.05$）。

表 7–17　不同林分林区地表水化学元素含量

单位：mg/L

林分类型	年份	TP	TN	NH_3–N	金属元素					
					K	Cu	Zn	Fe	Mn	总含量
大气降水	2015	0.843a	1.034a	0.187a	0.465b	0.002a	0.034a	0.018d	0.029a	1.032
	2016	0.475a	1.094a	0.242a	0.412B	0.002a	0.021a	0.015B	0.021a	0.471
松树	2015	0.060b	0.575c	0.085c	0.826a	0.003a	0.008b	0.284b	0.009b	1.129
	2016	0.050B	0.309B	0.063C	0.669a	0.002a	0.007B	0.347a	0.015a	1.039
杉木	2015	0.035c	0.335d	0.063c	0.768a	0.002a	0.012b	0.136c	0.013ab	0.932
	2016	0.031C	0.317B	0.032C	0.609a	0.001a	0.005B	0.044B	0.021a	0.681
桉树	2015	0.051b	0.884b	0.122b	0.807a	0.002a	0.018b	0.373a	0.013ab	1.213
	2016	0.061B	1.097a	0.143B	0.658a	0.002a	0.006B	0.400a	0.018a	1.083
平均	2015	0.048	0.598	0.090	0.800	0.002	0.012	0.264	0.012	1.091
	2016	0.047	0.574	0.079	0.645	0.002	0.006	0.263	0.018	0.934

注：同一列数据，小写字母和大写字母不同分别表示 2015 年和 2016 年不同林分林区地表水化学元素含量差异显著（$P < 0.05$），反之则差异不显著（$P > 0.05$）。

不同林分相比，林区地表水 TP 、TN、NH_3-N 和金属元素总含量的变化规律均为桉树＞松树＞杉木。不同金属元素的变化规律不一致，林区地表水 K 和 Cu 元素的变化规律均为松树＞桉树＞杉木，Zn 的变化规律为桉树＞杉木＞松树，Fe 的变化规律为桉树＞松树＞杉木，TN 和 Cu 的变化规律为松树＞杉木＞桉树，而 Mn 的变化规律则为杉木＞桉树＞松树。方差分析结果表明，桉树林区地表水 TN 和 NH_3-N 含量明显高于松树和杉木，但松树和杉木林区地表水 TN 和 NH_3-N 含量无显著差异（$P > 0.05$）；杉木林区地表水 TP 含量明显低于桉树和松树，但松树和杉木林区地表水 TP 含量无显著差异（$P > 0.05$）；不同林分林区地表水 K、Cu 、Zn 和 Mn 元素含量差异不显著（$P > 0.05$），Fe 元素含量差异达到显著水平（$P < 0.05$）。从表 7-17 可以看出，不同年份相比，除大气降水 TN 和 NH_3-N 含量及桉树林区 TP、TN、NH_3-N 外，大气降水和不同林区地表水 TP 、TN、NH_3-N 和金属元素总含量 2016 年均低于 2015 年。

（九）不同区域地表水质变化特征

1. 松树林区地表水水质变化特征

（1）pH 值、COND 和 DO 的变化特征。不同种植区域松树林区地表水 pH 值、COND 和 DO 的平均值分别为 6.73、33.39 mS/m 和 9.06 mg/L。从图 7-15 中可以看出，不同种植区域相比，松树林区地表水 pH 值的变化规律为桂东＞桂北＞桂南＞桂中，COND 的变化规律为桂东＞桂中＞桂南＞桂北，而 DO 的变化规律则为桂中＞桂北＞桂南＞桂东。方差分析结果显示，除了松树林区地表水 COND 及桂东和桂中 pH 值差异显著外（$P < 0.05$），不同种植区松树林区地表水 pH 值和 DO 差异均不显著（$P > 0.05$）。

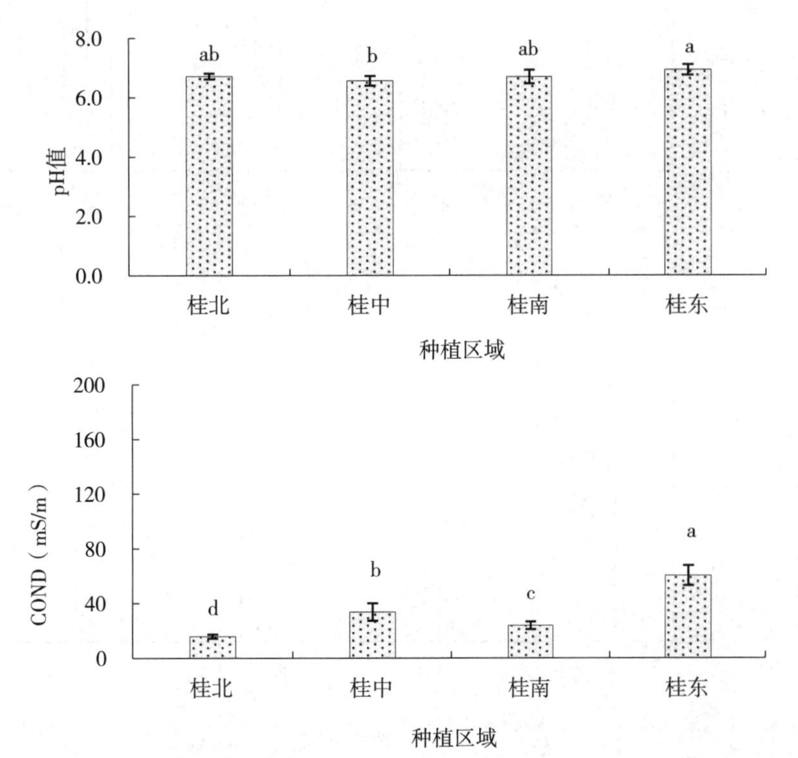

注：字母不同表示不同种植区域松树林区地表水水质项目差异显著（$P < 0.05$），反之则差异不显著（$P > 0.05$）。

图 7–15　不同种植区域松树林区地表水 pH 值、COND 和 DO 的变化特征

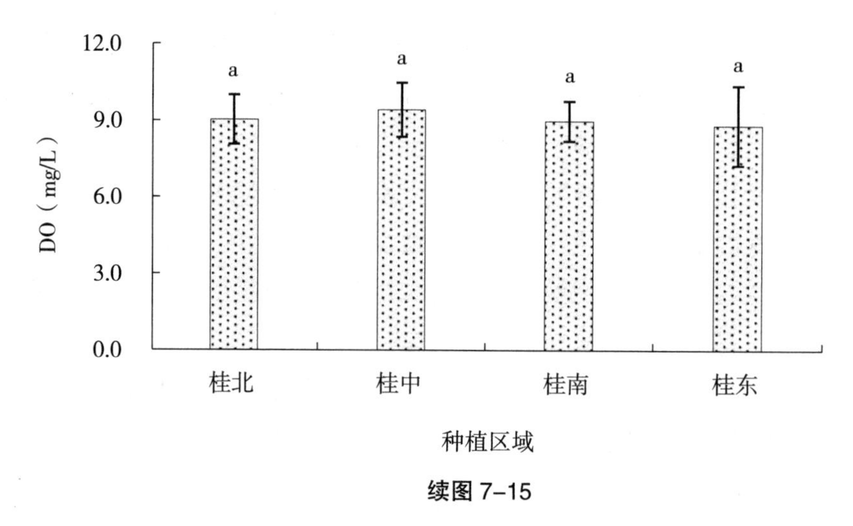

续图 7–15

（2）COD_{Mn}、COD_{Cr} 和 BOD_5 的变化特征。不同种植区域松树林区地表水 COD_{Mn}、COD_{Cr} 和 BOD_5 的平均值分别为 1.81 mg/L、8.68 mg/L 和 1.18 mg/L。从图 7-16 中可以看出，不同种植区域相比，松树林区地表水 COD_{Mn} 和 COD_{Cr} 的变化规律均为桂东≥桂南＞桂北＞桂中，而 BOD_5 的变化规律则为桂北＞桂南＞桂东＞桂中。方差分析结果显示，除桂中松树林区地表水 BOD_5 明显低于其他种植区域外（$P < 0.05$），不同种植区域松树林区地表水 COD_{Mn}、COD_{Cr} 和 BOD_5 差异均不显著（$P > 0.05$）。

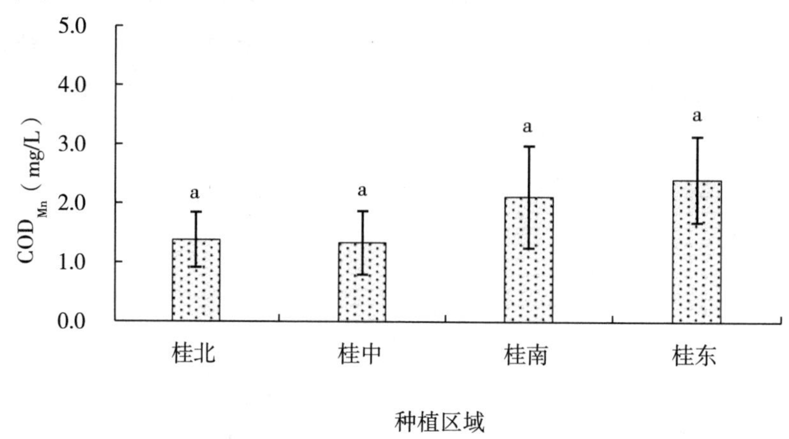

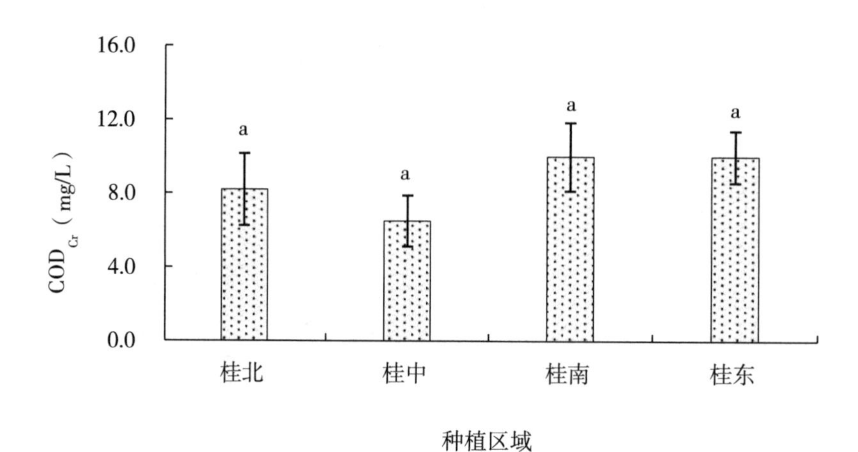

注：字母不同表示不同种植区域松树林区地表水水质项目差异显著（$P < 0.05$），反之则差异不显著（$P > 0.05$）。

图 7–16　不同种植区域松树林区地表水 COD_{Mn}、COD_{Cr} 和 BOD_5 的变化特征

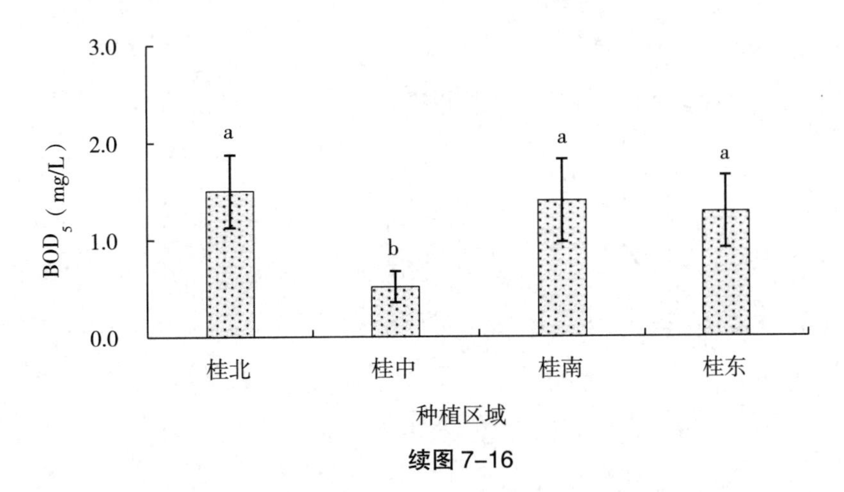

续图 7–16

（3）化学元素含量。不同种植区域松树林区地表水化学元素含量见表 7-18。不同种植区域松树林区地表水 TP、TN 和 NH_3-N 含量的平均值分别 0.055 mg/L、0.496 mg/L 和 0.076 mg/L。从表 7-18 可以看出，不同种植区域相比，桂中和桂南松树林区地表水 TP 含量明显高于桂东和桂北种植区域（$P < 0.05$）；TN 含量的变化规律为桂北>桂南>桂东>桂中，但桂南和桂东种植区域间差异不显著（$P > 0.05$）；NH_3-N 含量的变化规律为桂南>桂东>桂中>桂北，但桂中和桂北种植区域间差异不显著（$P > 0.05$）。不同种植区域松树林区地表水 K、Cu、Zn、Fe 和 Mn 等金属元素含量的平均值分别为 0.763 mg/L、0.002 mg/L、0.007mg/L、0.295 mg/L 和 0.011 mg/L。各种金属元素相比，不同种植区域松树林区地表水其含量大致表现为 K > Fe > Mn > Zn > Cu。不同种植区域松树林区地表水各金属元素含量表现出不同的变化规律，其中 Cu、Zn 和 Mn 含量差异不显著（$P > 0.05$），金属元素总含量的变化规律为桂东>桂南>桂北>桂中。

表 7–18　不同种植区域松树林区地表水化学元素含量

单位：mg/L

种植区域	TP	TN	NH_3–N	金属元素					
				K	Cu	Zn	Fe	Mn	总含量
桂北	0.029b	0.798a	0.040c	0.576b	0.002a	0.005a	0.062c	0.011a	0.656
桂中	0.077a	0.197c	0.043c	0.368c	0.003a	0.008a	0.127b	0.006a	0.512
桂南	0.072a	0.545b	0.127a	0.360c	0.001a	0.008a	0.873a	0.016a	1.259
桂东	0.044b	0.443b	0.093b	1.749a	0.004a	0.008a	0.119b	0.012a	1.892
平均	0.055	0.496	0.076	0.763	0.002	0.007	0.295	0.011	1.080

注：同一列数据，字母不同表示不同种植区域松树林区地表水水质项目差异显著（$P < 0.05$），反之则差异不显著（$P > 0.05$）。

2. 杉木林区地表水水质变化特征

（1）pH 值、COND 和 DO 的变化特征。不同种植区域杉木林区地表水 pH 值、COND 和 DO 的平均值分别为 7.02、64.90 mS/m 和 9.11 mg/L。从图 7-17 中可以看出，不同种植区域相比，杉木林区地表水 pH 值和 COND 的变化规律均为桂东>桂中>桂北，而 DO 的变化规律则为桂中>桂北>桂东。方差分析结果显示，不同种植区域杉木林区地表水 COND 之间差异均达到显著水平（$P < 0.05$），DO 则相反，而桂东和桂北种植区域 pH 值之间差异较为显著（$P < 0.05$）。

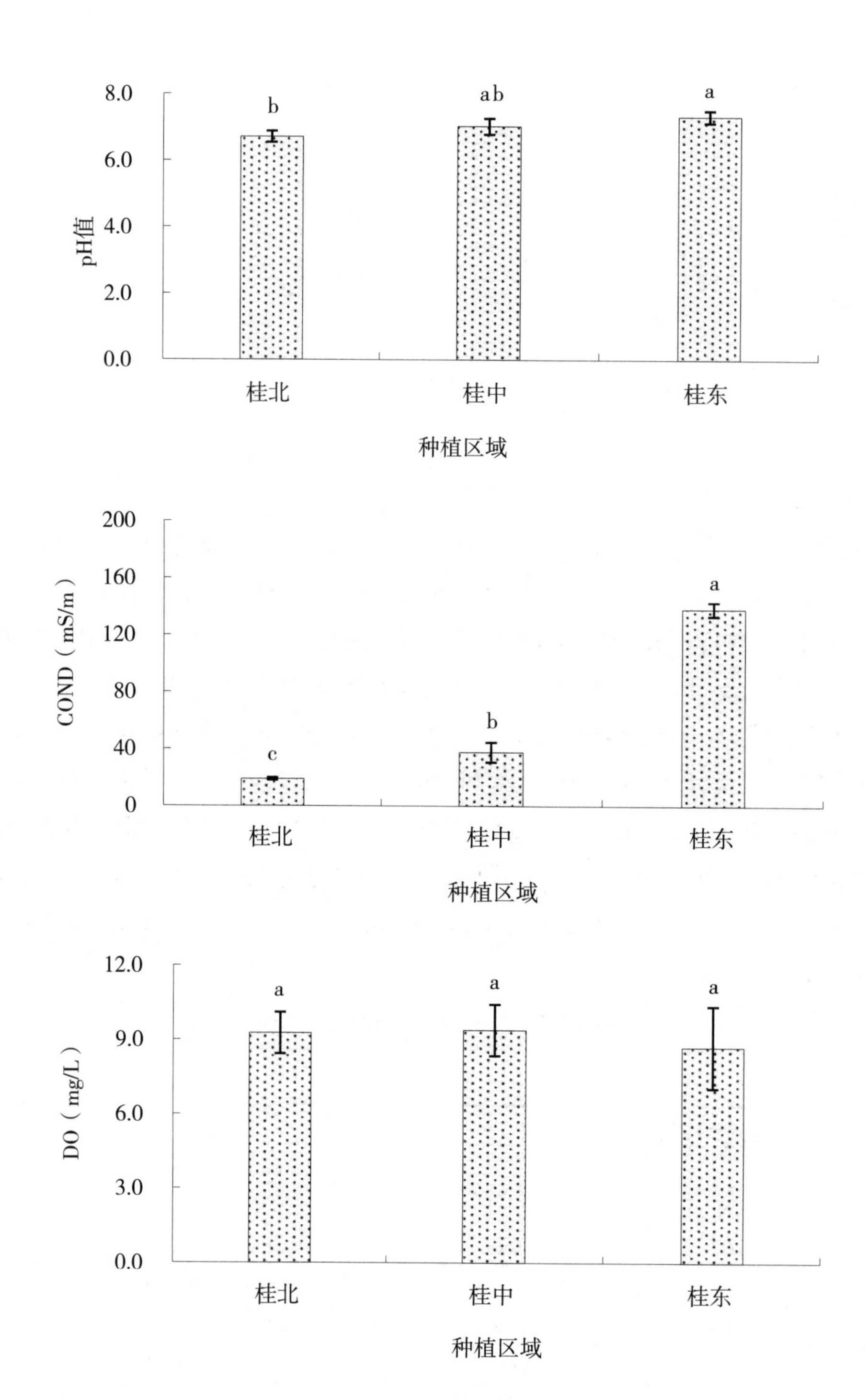

注：字母不同表示不同种植区域杉木林区地表水水质项目差异显著（$P < 0.05$），反之则差异不显著（$P > 0.05$）。

图 7-17　不同种植区域杉木林区地表水 pH 值、COND 和 DO 的变化特征

（2）COD_{Mn}、COD_{Cr} 和 BOD_5 的变化特征。不同种植区域杉木林区地表水 COD_{Mn}、COD_{Cr} 和 BOD_5 的平均值分别为 1.64 mg/L、8.26 mg/L 和 1.23 mg/L。从图 7-18 中可以看出，不同种植区域相比，杉木林区地表水 COD_{Mn} 的变化规律为桂北＞桂东＞桂中，COD_{Cr} 的变化规律为桂北＞桂中＞桂东，而 BOD_5 的变化规律则为桂中＞桂北＞桂东，但方差分析结果显示差异均不显著（$P > 0.05$）。

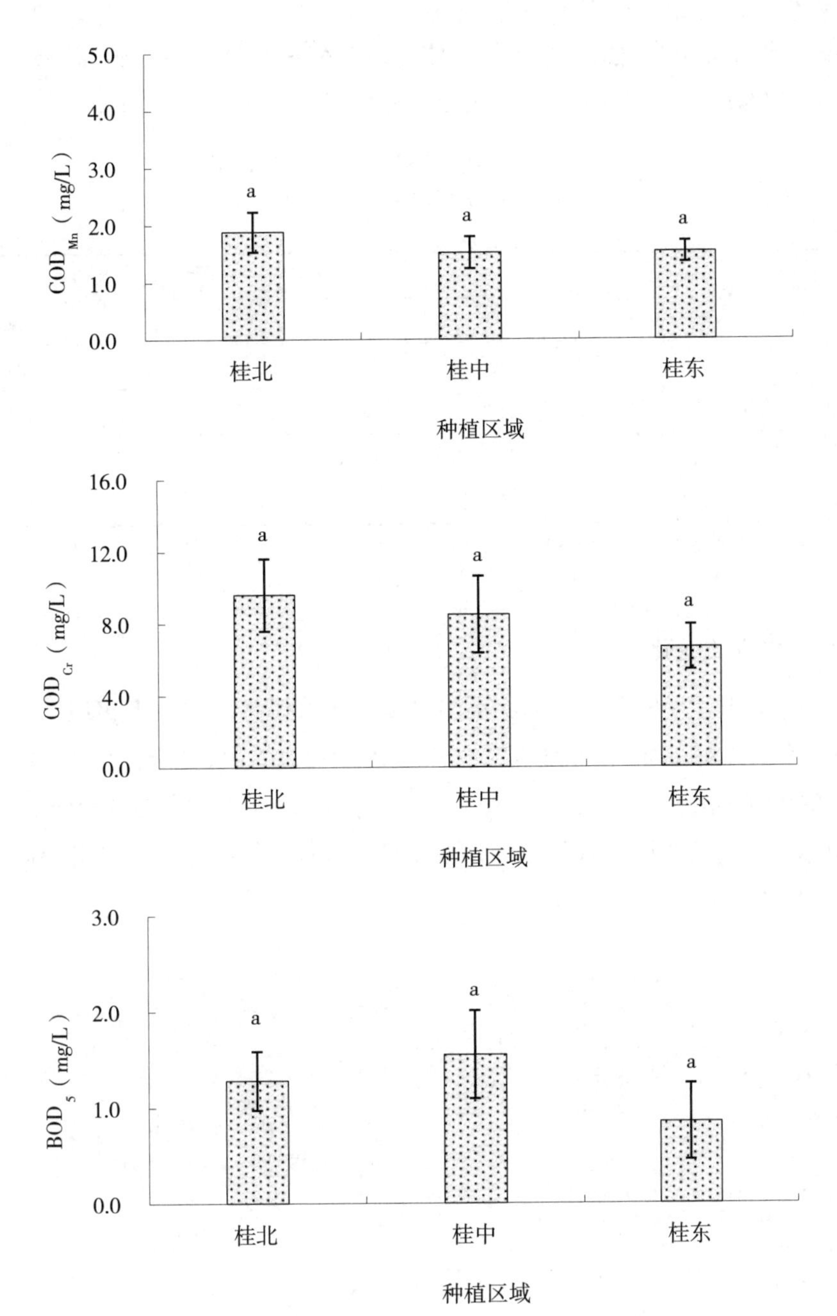

注：字母不同表示不同种植区域杉木林区地表水水质项目差异显著（$P < 0.05$），反之则差异不显著（$P > 0.05$）。

图 7-18　不同种植区域杉木林区地表水 COD_{Mn}、COD_{Cr} 和 BOD_5 的变化特征

（3）化学元素含量。不同种植区域杉木林区地表水化学元素含量见表 7-19。不同种植区域杉木林区地表水 TP、TN 和 NH_3-N 含量的平均值分别 0.033 mg/L、0.332 mg/L 和 0.053 mg/L。从表 7-19 可以看出，不同种植区域相比，桂北杉木林区地表水 TN 和 NH_3-N 含量分别高于桂中和桂东种植区域，且差异显著（$P < 0.05$），其他种植区域间差异均不显著（$P > 0.05$）；杉木林区地表水 TP 含量的变化规律为桂中>桂东=桂北，但差异均未达到显著水平（$P > 0.05$）。不同种植区域杉木林区地表水 K、Cu、Zn、Fe 和 Mn 等金属元素含量的平均值分别为 0.706 mg/L、0.002 mg/L、0.010mg/L、0.102 mg/L 和 0.016 mg/L。各种金属元素相比，不同种植区域杉木林区地表水其含量大致表现为 K > Fe > Mn > Zn > Cu。不同种植区域相比，K、Mn 含量的变化规律均为桂东≥桂北>桂中，Cu 和 Fe 含量的变化规律为桂东>桂中>桂北，Zn 含量的变化规律为桂北>桂东>桂中。方差分析结果显示，K 和 Fe 差异达显著水平（$P < 0.05$），Cu、Zn 和 Mn 则表现为差异不显著（$P > 0.05$）。

表 7-19 不同种植区域杉木林区地表水化学元素含量

单位：mg/L

种植区域	TP	TN	NH_3-N	金属元素					
				K	Cu	Zn	Fe	Mn	总含量
桂北	0.030a	0.390a	0.073a	0.613b	0.001a	0.012a	0.071b	0.017a	0.715
桂中	0.040a	0.240b	0.050ab	0.383c	0.002a	0.008a	0.093b	0.014a	0.499
桂东	0.030a	0.365ab	0.036b	1.124a	0.003a	0.009a	0.142a	0.017a	1.295
平均	0.033	0.332	0.053	0.706	0.002	0.010	0.102	0.016	0.836

注：同一列数据，字母不同表示不同种植区域杉木林区地表水水质项目差异显著（$P < 0.05$），反之则差异不显著（$P > 0.05$）。

3. 桉树林区地表水水质变化特征

（1）pH 值、COND 和 DO 的变化特征。不同种植区域桉树林区地表水 pH 值、COND 和 DO 的平均值分别为 7.07、97.16 mS/m 和 8.95 mg/L。从图 7-19 中可以看出，不同种植区域相比，桉树林区地表水 pH 值和 COND 的变化规律均为桂中>桂东>桂南，而 DO 的变化规律则为桂中>桂南>桂东，但方差分析结果显示，除了桉树林区地表水 COND 差异显著外（$P < 0.05$），不同种植区桉树林区地表水 pH 值和 DO 差异均不显著（$P > 0.05$）。

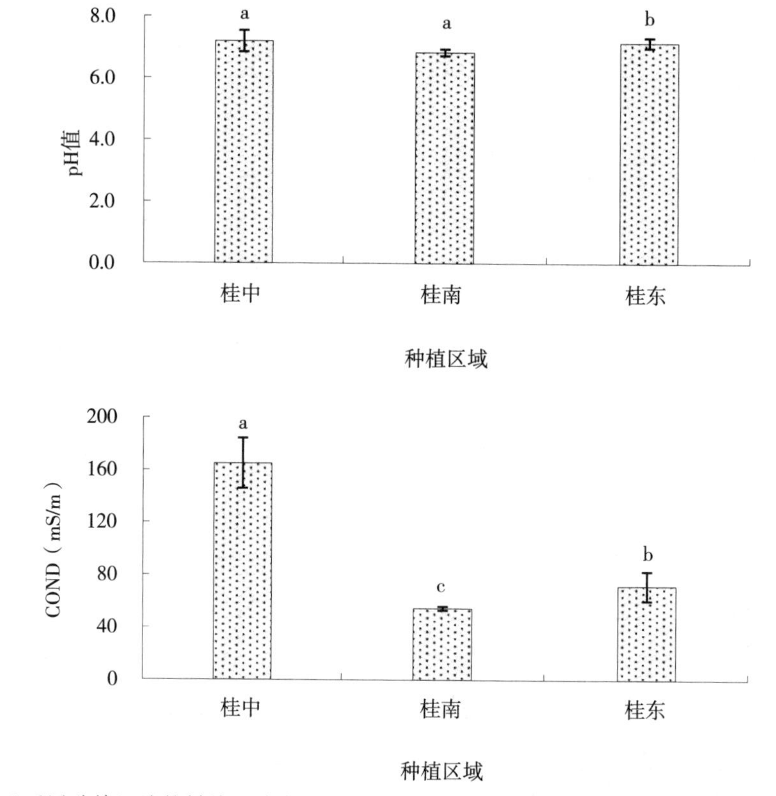

注：字母不同表示不同种植区域桉树林区地表水水质项目差异显著（$P < 0.05$），反之则差异不显著（$P > 0.05$）。

图 7-19 不同种植区域桉树林区地表水 pH 值、COND 和 DO 的变化特征

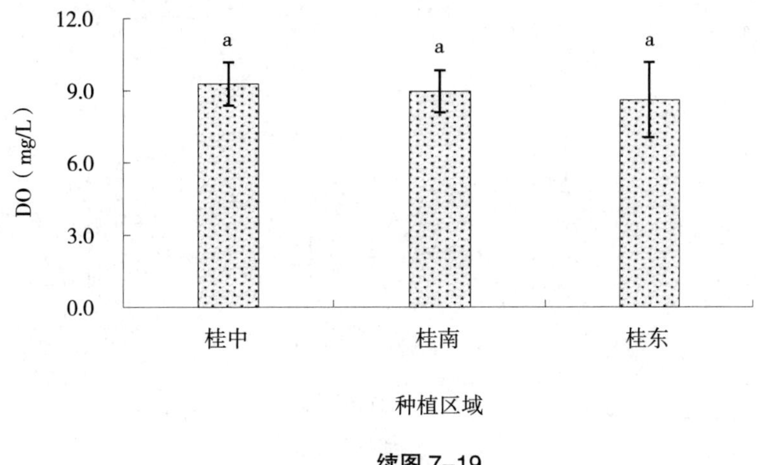

续图 7-19

（2）COD_{Mn}、COD_{Cr} 和 BOD_5 的变化特征。不同种植区域桉树林区地表水 COD_{Mn}、COD_{Cr} 和 BOD_5 的平均值分别为 2.71 mg/L、9.50 mg/L 和 1.51 mg/L。从图 7-20 中可以看出，不同种植区域相比，桉树林区地表水 COD_{Mn} 和 COD_{Cr} 的变化规律均为桂东>桂南>桂中，而 BOD_5 的变化规律则为桂中>桂东>桂南，但方差分析结果显示差异均不显著（$P > 0.05$）。

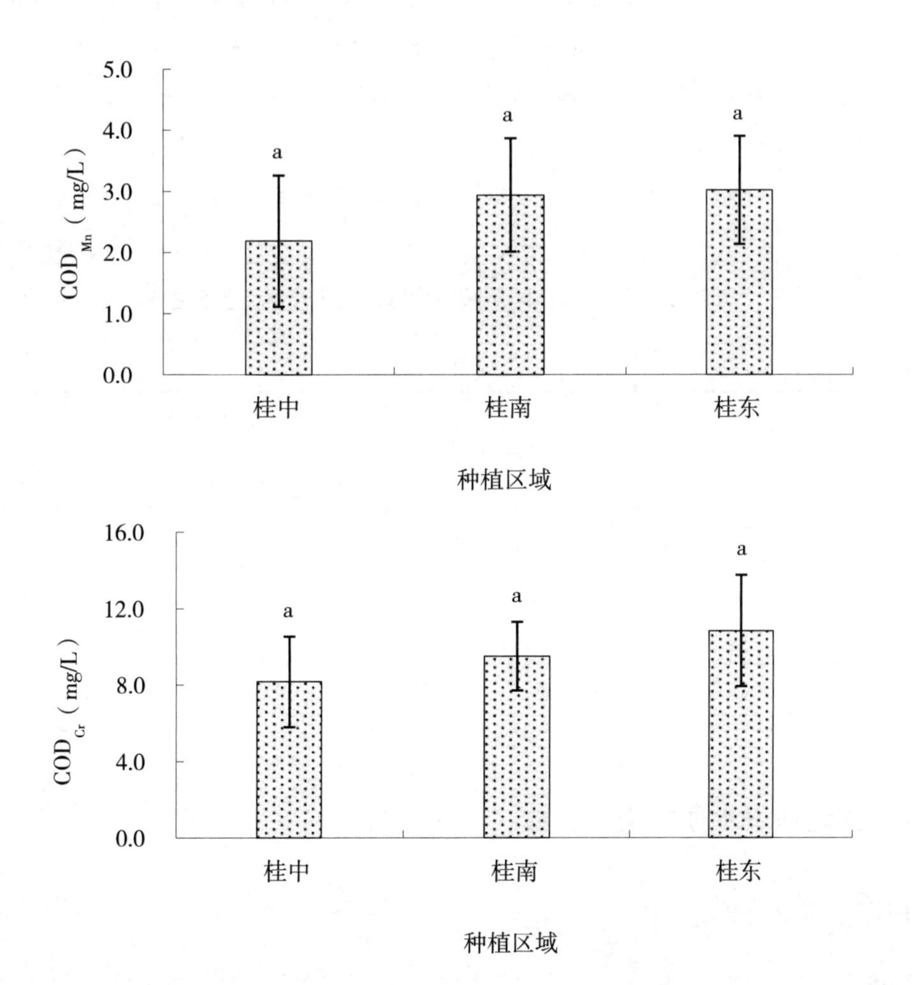

注：字母不同表示不同种植区域桉树林区地表水水质项目差异显著（$P < 0.05$），反之则差异不显著（$P > 0.05$）。

图 7-20　不同种植区域桉树林区地表水 COD_{Mn}、COD_{Cr} 和 BOD_5 的变化特征

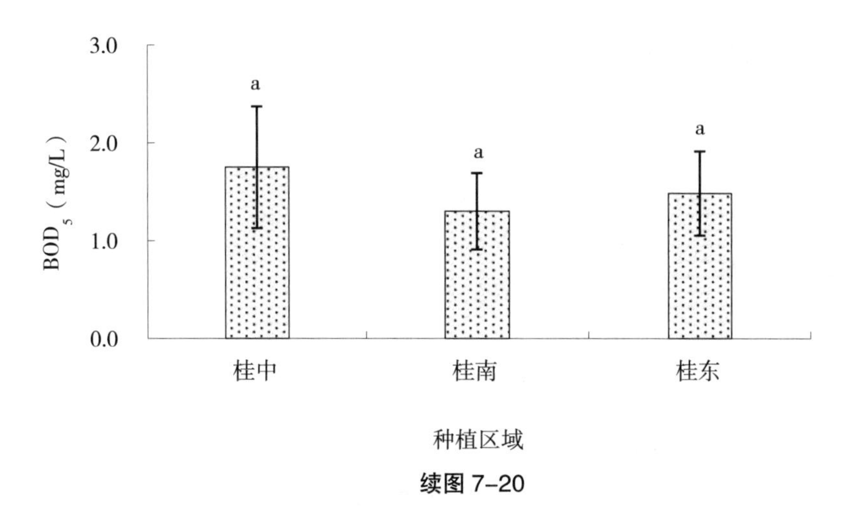

续图 7-20

（3）化学元素含量。不同种植区域桉树林区地表水化学元素含量见表 7-20。不同种植区域桉树林区地表水 TP、TN 和 NH_3-N 含量的平均值分别 0.054 mg/L、0.955 mg/L 和 0.129 mg/L。从表 7-20 可以看出，不同种植区域相比，桂东桉树林区地表水 TN 含量显著低于桂中和桂南种植区域（$P < 0.05$），桉树林区地表水 TP 含量的变化规律为桂南>桂中>桂东，但差异不显著（$P > 0.05$），而桉树林区地表水 NH_3-N 含量的变化规律则为桂南>桂东>桂中，且差异均达到显著水平（$P < 0.05$）。不同种植区域桉树林区地表水 K、Cu、Zn、Fe 和 Mn 等金属元素含量的平均值分别为 0.707 mg/L、0.002 mg/L、0.014 mg/L、0.382 mg/L 和 0.015 mg/L。各种金属元素相比，不同种植区域桉树林区地表水其含量均表现为 K > Fe > Mn > Zn > Cu。不同种植区域相比，K、Cu、Zn、Fe 和 Mn 等金属元素含量和总含量的变化规律均为桂东>桂南>桂中，方差分析结果显示，K 和 Fe 差异达显著水平（$P < 0.05$），而 Cu、Zn 和 Mn 则表现为差异不显著（$P > 0.05$）。

表 7-20　不同种植区域桉树林区地表水化学元素含量

单位：mg/L

种植区域	TP	TN	NH_3–N	金属元素					
				K	Cu	Zn	Fe	Mn	总含量
桂中	0.049a	1.322a	0.060c	0.287c	0.002a	0.007a	0.104c	0.008a	0.408
桂南	0.067a	1.203a	0.191a	0.502b	0.002a	0.011a	0.383b	0.013a	0.910
桂东	0.047a	0.340b	0.137b	1.333a	0.003a	0.024a	0.658a	0.024a	2.041
平均	0.054	0.955	0.129	0.707	0.002	0.014	0.382	0.015	1.120

注：同一列数据，字母不同表示不同种植区域桉树林区地表水水质项目差异显著（$P < 0.05$），反之则差异不显著（$P > 0.05$）。

二、用材林区地表水质的影响因素

（一）研究区概况及研究方法

同第七章第二节的部分。

降水资料由广西壮族自治区气象服务中心提供。

（二）年际降水特征及其对林区地表水质的影响

1. 年际降水量及分布特征

研究区域各月平均降水量如图 7-21 所示。2015 年和 2016 年研究区域降水量分别为 1 606.2 mm 和 1 574.5 mm，月降水量变化范围分别为 39.5 ～ 331.9 mm 和 24.8 ～ 237.4 mm，可见研究区域各月平均降水量分布不均，降水主要集中分布在 4 ～ 11 月。

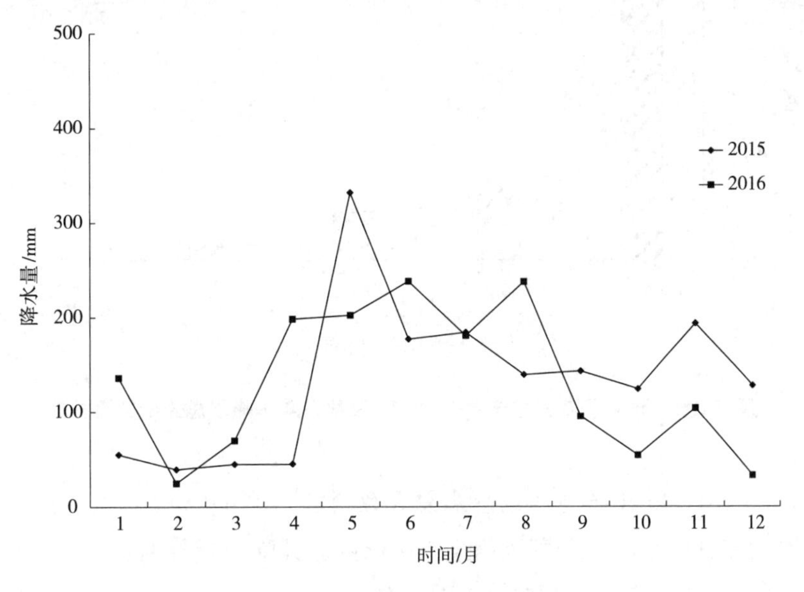

图 7-21　研究区域月降水量

中国气象局规定 24 h 内降水量 0.1 ～ 9.9 mm 为小雨、10.0 ～ 24.9 mm 为中雨、25.0 ～ 49.9 mm 为大雨、50 ～ 99.9 mm 为暴雨、100 ～ 249.9 mm 为大暴雨。对照降水强度划分标准，统计研究区域各级降水强度、累计降水量和降水天数，其占全年降水总量和降水总天数的百分比见图 7-22 和图 7-23。2015 年和 2016 年降水强度为小雨的累计降水量分别为 324.0 mm 和 303.9 mm，分别占全年降水总量

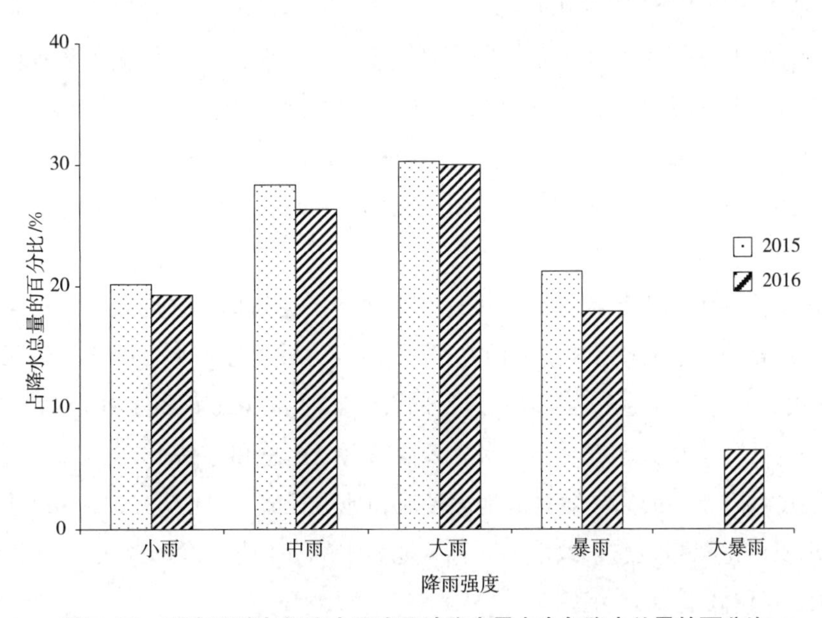

图 7-22　研究区域各级降水强度累计降水量占全年降水总量的百分比

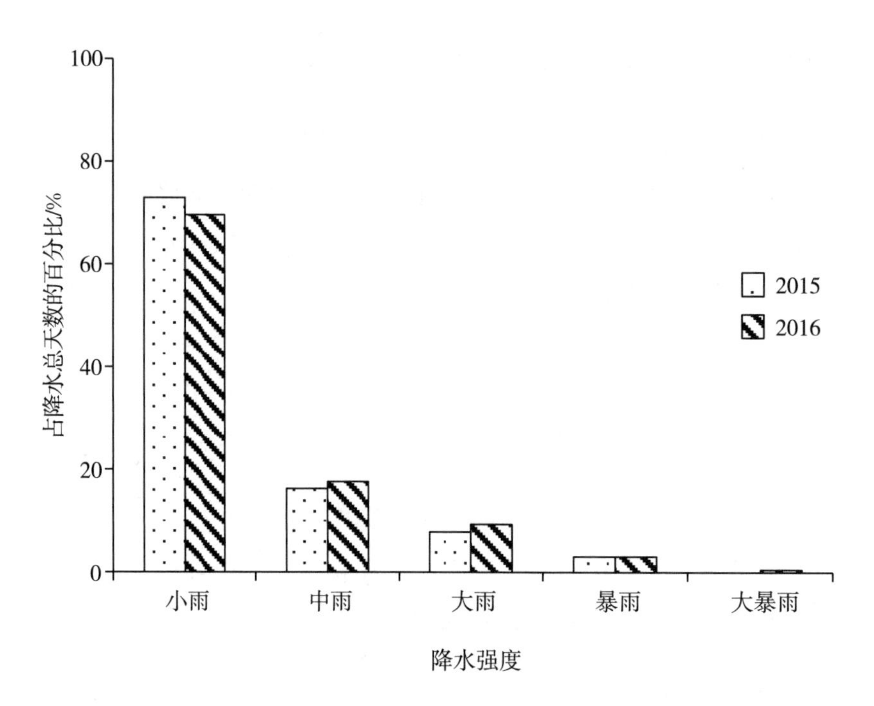

图 7-23 研究区域各级降水强度降水天数占全年降水总天数的百分比

的 20.17% 和 19.30%；2015 和 2016 年小雨降水总天数分别为 126 d 和 103 d，分别占全年降水总天数的 72.90% 和 69.54%。2015 和 2016 年降水强度为中雨的累计降水量分别占全年降水总量的 28.36% 和 26.34%，中雨的降水总天数分别占全年降水总天数的 16.23% 和 17.60%；大雨的累计降水量分别占全年降水总量的 30.27% 和 29.99%，大雨的降水总天数分别占全年降水总天数的 7.83% 和 9.31%；暴雨的累计降水量分别占全年降水总量的 21.19% 和 17.89%，暴雨的降水总天数分别占全年降水总天数的 3.04% 和 3.05%；2015 年研究区域未发生大暴雨降水事件，2016 年大暴雨的累计降水量占全年降水总量的 6.48%，大暴雨的降水总天数占全年降水总天数的 0.51%。

2. 年际降水对林区地表水质的影响

针对不同林分林区地表水的变化特征部分，项目在松树、杉木、桉树人工林种植区建立 4 个监测区域，通过多次采集林区地表水，测定 pH 值、溶解氧（DO）、化学需氧量（COD_{Cr}）和总磷（TP）等 14 个水质项目，分析林区地表水水质年际变化特征，发现除桉树林区 TP、TN、NH_3-N 和不同林分地表水 BOD_5 外，2016 年不同林区地表水的 pH、COND、DO、COD_{Mn} 和 COD_{Cr} 等项目的平均值均低于 2015 年。

杨智等人通过研究典型喀斯特坡面产流过程发现地表径流与降水强度及降水历时呈正相关，地下径流与降水强度呈正相关，与降水历时呈负相关。通过研究区域年际降水量及分布特征分析发现，中雨、大雨、暴雨和大暴雨的累计降水量占全年降水总量的百分比总和 2016 年高于 2015 年，同时 2016 年中雨、大雨、暴雨和大暴雨的降水总天数占全年降水总天数的百分比总和亦高于 2015 年。研究区域降水情况比较复杂，降水强度和降水历时影响着林区地表径流和地下径流，可能是 2016 年产生较多的地表径流量，从而对林区水质产生稀释效应，致使不同林区地表水的 pH 值、COND、DO、COD_{Mn} 和 COD_{Cr} 等项目的平均值 2016 年均低于 2015 年。

（三）区域降水特征及其对林区地表水质的影响

1. 区域降水量及分布特征

不同区域各月平均降水量如图 7-24 所示。2015 年和 2016 年不同区域降水量变化范围分别为 1 085.1 ～ 1 997.5 mm 和 1 071.7 ～ 1 888.9 mm，两年累计降水量按从大到小的顺序排列为桂北（3 689.7 mm）＞桂中（3 602.5 mm）＞桂东（3 273.8 mm）＞桂南（2 156.8 mm）。桂北、桂中、桂南和桂东区域月降水量变化范围分别为 53.4 ～ 286.6 mm、35.0 ～ 382.1 mm、20.1 ～ 263.2 mm 和 20.2 ～ 335.4 mm，可见降水量在不同区域分布不平衡，在不同月分布亦不均，降水主要集中分布在 4 ～ 11 月。

不同区域各级降水强度累计降水量和降水天数，其占降水总量和降水总天数的百分比见图 7-25 和图 7-26。2015 年和 2016 年桂北区域小雨、中雨、大雨、暴雨和大暴雨的累计降水量分别为 771.0 mm、1 142.1 mm、1 135.2 mm、491.6 mm 和 149.8 mm，分别占降水总量的 20.90%、30.95%、30.77%、13.32% 和 4.06%；其降水总天数分别为 278 d、71 d、31 d、8 d 和 1 d，分别占降水总天数的 71.47%、18.25%、7.97%、2.06% 和 0.26%。2015 年和 2016 年桂中区域小雨、中雨、大雨、暴雨和大暴雨的累计降水量分别为 641.4 mm、786.9 mm、1 123.0 mm、897.1 mm 和 154.1 mm，分别占降水总量的 17.80%、21.84%、31.17%、24.90% 和 4.28%；其降水总天数分别为 224 d、50 d、33 d、14 d 和 1 d，分别占降水总天数的 69.57%、15.53%、10.25%、4.35% 和 0.31%。2015 年和 2016 年桂南区域小雨、中雨、大雨、暴雨和大暴雨的累计降水量分别为 520.0 mm、591.7 mm、503.1 mm、438.0 mm 和 104.0 mm，分别占降水总量的 24.11%、27.43%、23.33%、20.31% 和 4.82%；其降水总天数分别为 196 d、37 d、14 d、7 d 和 1 d，分别占降水总天数的 76.86%、14.51%、5.49%、2.75% 和 0.39%。2015 年和 2016 年桂东区域小雨、中雨、大雨和暴雨的累计降水量分别为 578.9 mm、960.4 mm、1 072.5 mm 和 662 mm，分别占降水总量的 17.68%、29.34%、32.76% 和 20.22%；其降水总天数分别为 216 d、58 d、31 d 和 10 d，分别占降水总天数的 69.46%、18.12%、9.40% 和 3.02%。

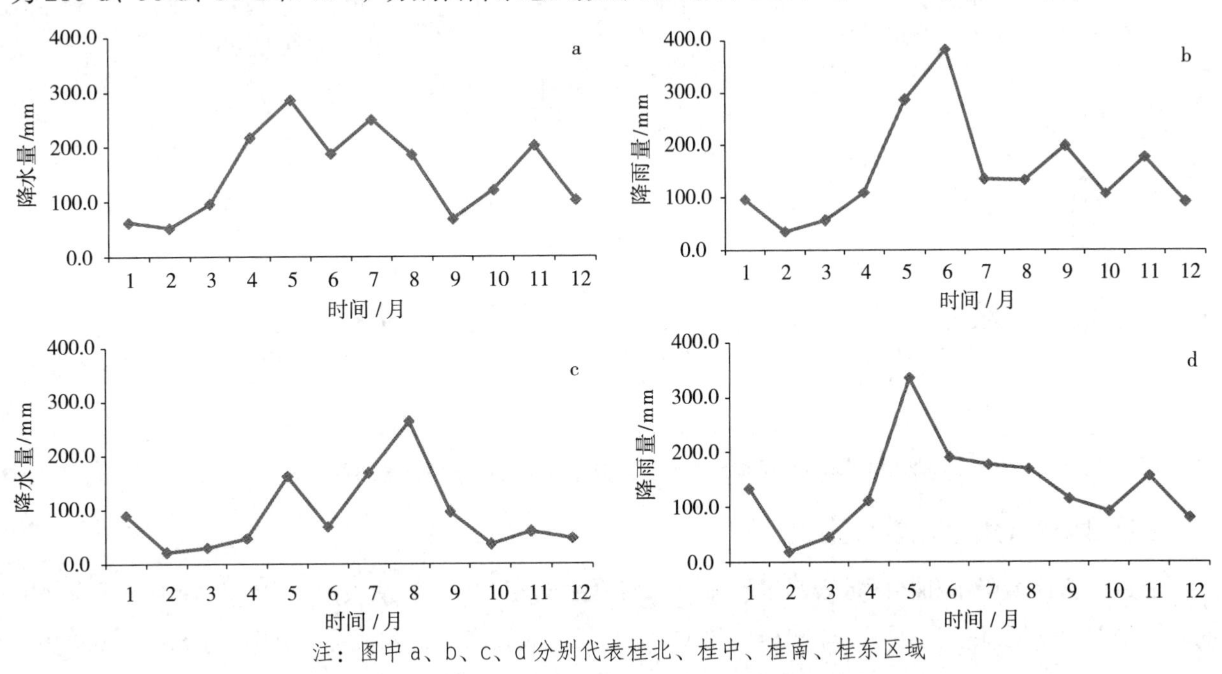

注：图中 a、b、c、d 分别代表桂北、桂中、桂南、桂东区域

图 7-24 不同区域各月平均降水量

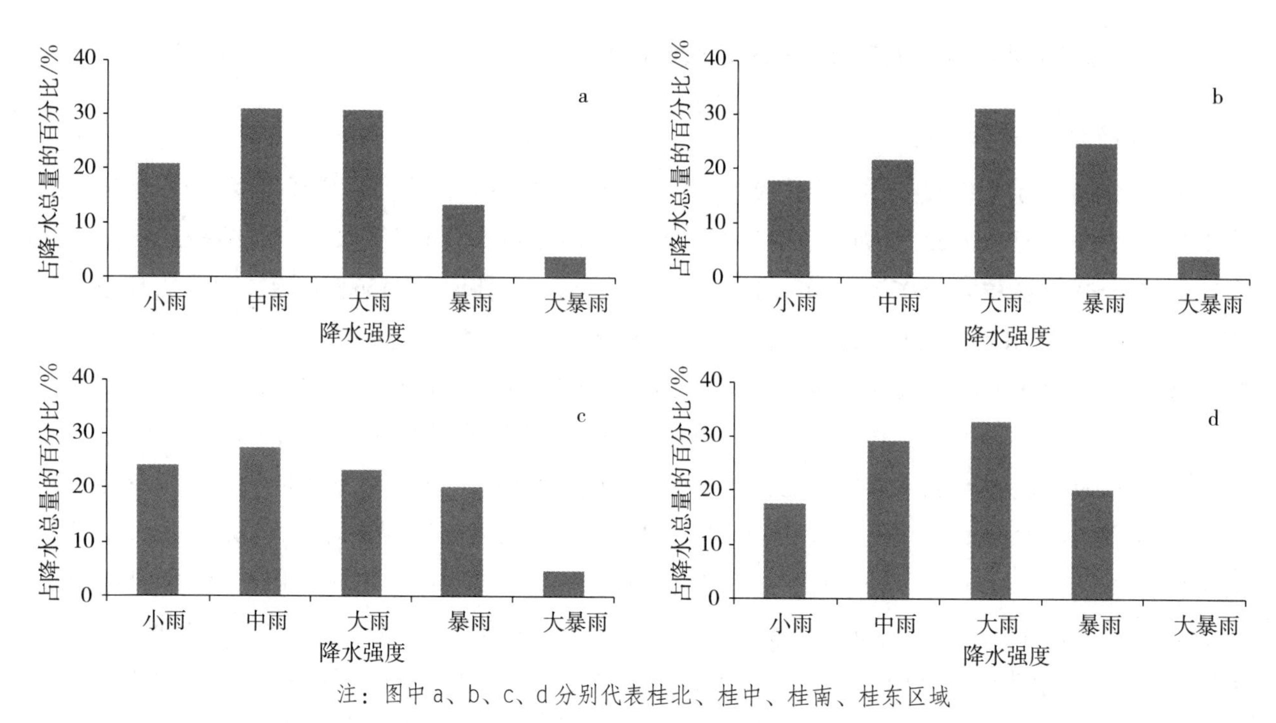

注：图中 a、b、c、d 分别代表桂北、桂中、桂南、桂东区域

图 7-25　不同区域各级降水强度累计降水量占降水总量的百分比

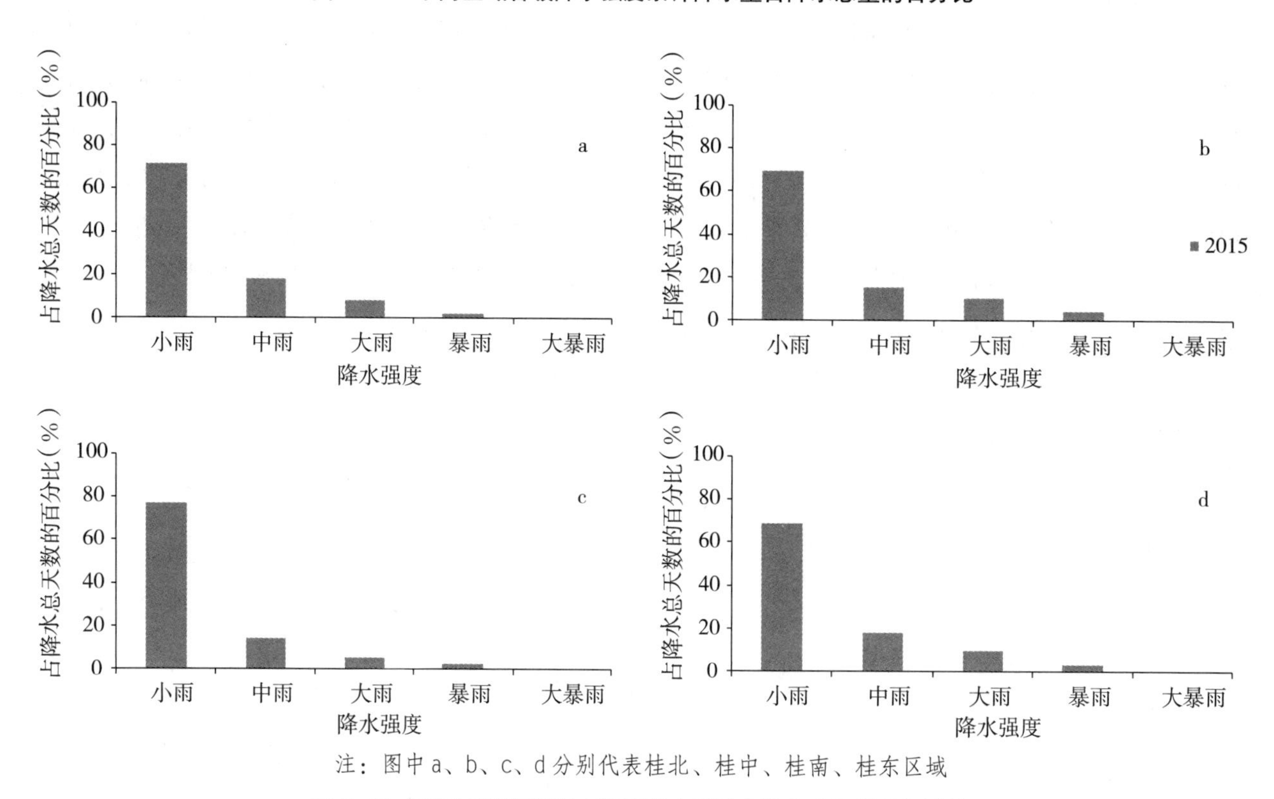

注：图中 a、b、c、d 分别代表桂北、桂中、桂南、桂东区域

图 7-26　不同区域各级降水强度降水天数占降水总天数的百分比

2. 区域降水对林区地表水质的影响

通过分析区域降水和林区地表水水质项目的相关性（表 7-21），从表中可以看出降水等级为暴雨的降水量与 DO 呈显著正相关，与 NH_3-N 和 Mn 含量呈显著负相关，相关系数分别为 0.505、−0.469 和 −0.489；降水等级为大暴雨的降水量与 COD_{Mn} 和 COD_{Cr} 呈极显著和显著负相关，相关系数分别为

−0.574 和 −0.527; 降水等级为小雨、中雨和大雨的降水量与林区地表水水质项目相关性未达到显著水平。降水等级为大暴雨的降水天数与 DO 和 COD_{Cr} 呈极显著和显著正相关，相关系数分别为 0.467 和 0.450; 降水等级为暴雨的降水天数与 DO 呈显著正相关，相关系数为 0.479，与 COD_{Mn}、NH_3–N、Fe、Mn 和离子总浓度均呈显著负相关，相关系数分别为 −0.461、−0.511、−0.479、−0.555 和 −0.481；降水等级为大暴雨的降水天数与 COD_{Mn} 和 COD_{Cr} 呈显著负相关，相关系数分别为 −0.446 和 −0.454。可见，林区地表水水质受暴雨和大暴雨的降水量影响较大，受小雨、暴雨和大暴雨的降水天数影响较大。

表 7-21 降水与林区地表水水质相关分析

水质项目	降水等级					降水天数				
	小雨	中雨	大雨	暴雨	大暴雨	小雨	中雨	大雨	暴雨	大暴雨
pH 值	−0.180	0.224	0.332	0.227	−0.408	−0.074	0.181	0.340	0.092	−0.416
COND	−0.152	0.021	0.239	0.346	−0.282	−0.091	−0.015	0.244	0.265	−0.291
DO	0.352	0.151	0.346	0.505*	0.020	0.467*	0.167	0.330	0.479*	−0.003
COD_{Mn}	0.116	0.067	−0.103	−0.341	−0.574*	0.222	0.019	−0.163	−0.461*	−0.446*
COD_{Cr}	0.356	0.200	−0.079	−0.212	−0.527*	0.450*	0.153	−0.156	−0.270	−0.454*
BOD_5	−0.046	−0.210	−0.180	−0.144	0.336	−0.089	−0.210	−0.169	−0.077	0.352
TP	−0.338	−0.304	−0.013	−0.111	−0.179	−0.287	−0.282	0.004	−0.251	−0.051
TN	0.038	−0.243	−0.279	−0.061	0.104	0.032	−0.228	−0.288	0.002	0.127
NH_3–N	−0.206	−0.364	−0.418	−0.469*	−0.142	−0.157	−0.388	−0.434	−0.511*	−0.002
K	0.040	0.329	0.058	−0.219	−0.438	0.104	0.227	0.020	−0.279	−0.431
Cu	0.004	0.229	0.283	0.267	−0.398	0.121	0.150	0.264	0.177	−0.411
Zn	0.196	0.164	0.032	−0.029	−0.364	0.297	0.098	−0.017	−0.078	−0.329
Fe	−0.333	−0.410	−0.431	−0.436	−0.123	−0.288	−0.429	−0.431	−0.479*	0.005
Mn	−0.383	−0.090	−0.080	−0.489*	0.163	−0.381	−0.106	−0.042	−0.555*	0.237
离子总浓度	−0.144	0.052	−0.178	−0.409	−0.419	−0.067	−0.041	−0.208	−0.481*	−0.344

三、用材林区地表水质的综合评价

（一）调查区域概况

同第七章第二节的调查区域概况部分。

（二）水样采集与分析

同第七章第二节的水样采集与分析部分。

（三）水质评价方法

1. 灰色关联度分析法

（1）无量纲化。各级水质标准无量纲化。根据《地表水环境质量标准》（GB 3838—2002），评

价参数为 x_1={$x_{1(1)}$，$x_{1(2)}$，…$x_{1(n)}$}，x_2={$x_{2(1)}$，$x_{2(2)}$，…$x_{2(n)}$}，…x_5={$x_{5(1)}$，$x_{5(2)}$，…$x_{5(n)}$}，其中 n 为参评水质指标个数，对于数值越大污染越严重的指标（如高锰酸盐指数），x_1=I 类水质标准 / V 类水质标准，以此类推。对于数值越小污染越严重的指标（如 DO），x_1=V 类水质标准 /I 类水质标准。

待评价水体水质指标无量纲化。i 个评价对象关于第 j 个水质指标的实测值为 x_{ij}，所有的评价对象所有的评价指标的实测结果构成样本矩阵。设 S_{jk} 是第 j 个指标属于第 k 类水质的上限（或下限），并得到 k 类水质的质量标准矩阵 $S_{k\times n}$。

对于数值越大，污染越严重的指标，x_{ij} 变换为：

$$a_{ij}=\begin{cases}1 & x_{ij}\leqslant S_{1j}\\ \dfrac{S_{Lj}-x_{ij}}{S_{Lj}-S_{1j}} & S_{ij}<x_{ij}\leqslant S_{Lj}\\ 0 & x_{ij}>S_{Lj}\end{cases}$$

$$b_{kj}=\frac{S_{Lj}-S_{kj}}{S_{Lj}-S_{1j}}$$

对数值越小，污染越严重的指标：

$$a_{ij}=\begin{cases}1 & x_{ij}\geqslant S_{1j}\\ \dfrac{x_{ij}-S_{Lj}}{S_{1j}-S_{Lj}} & S_{ij}>x_{ij}\geqslant S_{Lj}\\ 0 & x_{ij}<S_{Lj}\end{cases}$$

$$b_{kj}=\frac{S_{kj}-S_{k}}{S_{1j}-S_{Lj}}$$

（2）灰色关联系数的计算。第 i 个评价对象的第 j 项水质指标与 k 级水质指标的关联系数 $\xi_i(k)$ 的计算公式如下：

$\xi_i(k)=1-|b_{kj}-a_{ij}|$

（3）权重系数的确定。为体现水质指标对水质的影响程度不同，应在水质评价过程中考虑权重。一般的灰色关联度评价方法是以所有参评水质指标的影响权重相等为前提。

采用污染物浓度超标法，令：

$$w_{kj}=\frac{|S_{Lj}-S_{ij}|}{|S_{Lj}-S_{1i}|+|S_{kj}-X_{ij}|}$$

w_{kj} 为第 j 个水质指标属于第 k 类水质的程度。

（4）关联度的计算。第 i 个评价对象关于第 k 级水质的关联度的计算公式如下：

$$r_{ik}=\frac{\sum_{j=1}^{m}w_{kj}\xi_{kj}}{\sum_{j=1}^{m}w_{kj}}$$

2. 灰色聚类法

（1）白化函数的确定。 记 i=1，2，…n 为聚类对象；j=1，2，…m 为聚类指标；k= Ⅰ，Ⅱ，…p 为灰类。所有聚类对象 i=1，2，…n 对于所有聚类指标 j=1，2，…m 的样本矩阵，若将水质分为 p 级，则有 p 个灰类。然后按聚类指标所属类别，确定出不同的白化函数。

①第 j 个指标规定的第 1 灰类（第 1 级水）白化函数为：

$$f_{j1}(x)=\begin{cases}1 & 0\leqslant x<S_{1j}\\ \dfrac{S_{2j}-x}{S_{2j}-S_{1j}} & S_{ij}\leqslant x<S_{2j}\\ 0 & x\geqslant S_{2j}\end{cases}$$

②第 j 个指标规定的第 k 灰类（第 k 级水，k= Ⅱ，Ⅲ，…p–1）白化函数为：

$$f_{jk}(x)=\begin{cases}0 & x<S_{k-1,\ j}\\ \dfrac{x-S_{k-1,\ j}}{S_{kj}-S_{k-1,\ j}} & S_{k-1,\ j}\leqslant x<S_{kj}\\ \dfrac{S_{k+1,\ j}-x}{S_{k+1,\ j}-S_{kj}} & S_{kj}\leqslant x<S_{k+1,\ j}\\ 0 & x\geqslant S_{k+1,\ j}\end{cases}$$

③第 j 个指标规定的第 p 灰类（第 p 级水）白化函数为：

$$f_{j1}(x)=\begin{cases}0 & x<S_{k-1,\ j}\\ \dfrac{x-S_{k-1,\ j}}{S_{kj}-S_{k-1,\ j}} & S_{k-1,\ j}\leqslant x<S_{kj}\\ 0 & x\geqslant S_{ki}\end{cases}$$

（2）聚类权 w_{kj} 的确定。聚类权是衡量各个指标对同一灰类的权重，记为 w_{kj}，它表示第 j 个污染指标第 k 个灰类的权重。由于水质评价中各聚类指标的地位不同，以及绝对值相差很大，因而不能直接进行计算，必须事先对灰类进行无量纲化处理，对应于不同的水质指标，其计算式分别为：

$$\gamma_{kj}=S_{kj}/\frac{1}{p}\sum_{k=1}^{p}S_{kj}$$

（对于数值愈大污染愈重的指标，如 BOD_5 等）

$$\gamma_{kj}=\frac{1}{S_{kj}}/\frac{1}{p}\sum_{k=1}^{p}\frac{1}{S_{kj}}$$

（对于数值愈大污染愈轻的指标，如溶解氧等）

式中，S_{kj} 为第 j 个指标第 k 个灰类（级别）的灰数（标准值）；γ_{kj} 为其无量纲数。

聚类权 w_{kj} 可按下式计算：

$$w_{kj}=\gamma_{kj}/\sum_{k=1}^{p}\gamma_{kj}$$

（3）聚类系数 σ_{ki} 的确定。

$$\sigma_{ki}=\sum_{j=1}^{p}f_{jk}(x)\times w_{kj}$$

式中，σ_{ki} 为灰色聚类系数，它反映了第 i 个聚类对象隶属于第 k 个灰类的程度；f_{jk}（x）为由样本值 x_{ij} 求得的白化函数值；w_{kj} 为灰色聚类权值。

（4）聚类。按最大隶属度原则，找出最大聚类系数 σ_{ki}，该最大聚类系数所对应的灰类 k，即该聚类对象 i 所属灰类。由此，各监测点所属水质级别就可以判别出来。

3. 模糊综合评价法

（1）隶属函数。隶属度 r_{ij} 可根据隶属函数的计算来确定。一般水质指标都是数值小者为优的成本型指标，即水质等级越高，其标准值越低。这种越小越优型指标采用"降半梯形"的函数表示，表达式如下：

$$r_{1j}=\begin{cases}1 & 0\leqslant x<S_{1j}\\ \dfrac{S_{2j}-x}{S_{2j}-S_{1j}} & S_{ij}\leqslant x<S_{2j}\\ 0 & x\geqslant S_{2j}\end{cases}$$

$$r_{ij}=\begin{cases}0 & x<S_{k-1,\,j}\\ \dfrac{x-S_{k-1,\,j}}{S_{kj}-S_{k-1,\,j}} & S_{k-1,\,j}\leqslant x<S_{kj}\\ \dfrac{S_{k+1,\,j}-x}{S_{k+1,\,j}-S_{kj}} & S_{kj}\leqslant x<S_{k+1,\,j}\\ 0 & x\geqslant S_{k+1,\,j}\end{cases}$$

$$r_{ik}=\begin{cases}0 & x<S_{k-1,\,j}\\ \dfrac{x-S_{k-1,\,j}}{S_{kj}-S_{k-1,\,j}} & S_{k-1,\,j}\leqslant x<S_{kj}\\ 0 & x\geqslant S_{kj}\end{cases}$$

式中，x 为 i 个评价对象的第 j 项水质指标的实际监测值；S_{kj} 为第 j 个评价因子第 k 类水质的标准值。

（2）熵值赋权。信息熵表示系统的混乱程度，可以度量数据所提供的有效信息。水质由优变劣，实际上是水体中物质混乱程度增加的过程，即熵值增加的过程。

熵值赋权包括以下 3 个步骤。

第一步：原始数据矩阵的标准化。

对数值大者为优的收益型指标而言，计算公式为：

$$r_{ij}=\frac{x_{ij}-\min_i\{x_{ij}\}}{\max_i\{x_{ij}\}-\min_i\{x_{ij}\}}$$

对数值小者为优的成本型指标而言，计算公式为：

$$r_{ij}=\frac{\max_i\{x_{ij}\}-x_{ij}}{\max_i\{x_{ij}\}-\min_i\{x_{ij}\}}$$

第二步：定义熵。数据标准化后，定义第 j 个评价因子的熵 H_i，计算公式如下：

$$H_i=-k\sum_{i=1}^{n}f_{ij}\inf_{ij}$$

其中：$$f_{ij}=\frac{r_{ij}}{\sum_{i=1}^{n}r_{ij}}\quad k=\frac{1}{\mathrm{lnn}}$$

第三步：定义熵权 w_j，计算公式如下：

$$w_j=\frac{1-H_j}{m-\sum_{j=1}^{m}H_j}$$

（3）水质类别判定。根据最大隶属度原则来判断水质类别。

（四）数据处理与分析

数据处理和表格制作在 Excel 2007 中完成，相关分析和主成分分析等在 SPSS 19.0 中完成。

（五）地表水质综合评价

1. 灰色关联度分析法

参照国家标准《地表水环境质量标准》（GB 3838—2002）进行广西主要用材林区地表水质的综合评价。地表水环境质量标准基本项目标准限值见表 7-22。

表 7–22 地表水环境质量标准基本项目标准限值

项目	分类				
	Ⅰ	Ⅱ	Ⅲ	Ⅳ	Ⅴ
pH 值（无量纲）	6 ~ 9				

续表

项目	分类				
	I	II	III	IV	V
DO ≥	7.5	6	5	3	2
COD_{Mn} ≤	2	4	6	10	15
COD_{Cr} ≤	15	15	20	30	40
BOD_5 ≤	3	3	4	6	10
TP ≤	0.02	0.1	0.2	0.3	0.4
TN ≤	0.2	0.5	1.0	1.5	2.0
NH_3-N ≤	0.15	0.5	1.0	1.5	2.0
Cu ≤	0.01	1.0	1.0	1.0	1.0
Zn ≤	0.05	1.0	1.0	2.0	2.0

对不同林区地表水 14 个水质指标进行监测。选定 DO、COD_{Mn}、COD_{Cr}、BOD_5、TP、TN、NH_3-N、Cu 和 Zn 等 9 项作为参评水质指标。因 GB 3838—2002 中对 pH 值仅规定了标准范围（I ～ V 类水的 pH 值范围均为 6 ～ 9 以内），对关联度计算没有影响，故不列入参评指标。将实测数据和地表水质分级标准限值无量纲化，转变为 [0，1] 的数值（表 7-23、表 7-24）。

表 7-23　地表水质指标实测数据无量纲化

区域	林分类型	年份	DO	COD_{Mn}	COD_{Cr}	BOD_5	TP	TN	NH_3-N	Cu	Zn
桂北	松树	2015	1.000	1.000	1.000	1.000	0.982	0.659	1.000	1.000	1.000
		2016	1.000	1.000	1.000	1.000	0.961	0.792	1.000	1.000	1.000
	杉木	2015	1.000	0.967	1.000	1.000	0.982	0.893	1.000	1.000	1.000
		2016	1.000	1.000	1.000	1.000	0.961	0.897	1.000	1.000	1.000
桂中	松树	2015	1.000	1.000	1.000	1.000	0.757	0.982	1.000	1.000	1.000
		2016	1.000	1.000	1.000	1.000	1.000	1.000	1.000	1.000	1.000
	杉木	2015	1.000	1.000	1.000	1.000	0.934	0.982	1.000	1.000	1.000
		2016	1.000	1.000	1.000	1.000	0.974	0.969	1.000	1.000	1.000
	桉树	2015	1.000	1.000	1.000	1.000	0.914	0.546	1.000	1.000	1.000
		2016	1.000	1.000	1.000	1.000	0.945	0.317	1.000	1.000	1.000
桂南	松树	2015	1.000	0.985	1.000	1.000	0.921	0.742	1.000	1.000	1.000
		2016	1.000	1.000	1.000	1.000	0.750	0.942	1.000	1.000	1.000
	桉树	2015	1.000	0.983	1.000	1.000	0.882	0.460	1.000	1.000	1.000
		2016	1.000	0.892	1.000	1.000	0.864	0.408	0.927	1.000	1.000
桂东	松树	2015	1.000	0.952	1.000	1.000	0.941	0.833	1.000	1.000	1.000
		2016	1.000	1.000	1.000	1.000	0.934	0.928	1.000	1.000	1.000
	杉木	2015	1.000	1.000	1.000	1.000	0.955	0.893	1.000	1.000	1.000
		2016	1.000	1.000	1.000	1.000	0.974	0.939	1.000	1.000	1.000
	桉树	2015	1.000	0.954	1.000	1.000	0.939	0.910	1.000	1.000	1.000
		2016	1.000	1.000	1.000	1.000	0.868	0.947	1.000	1.000	1.000

表 7-24　地表水质分级标准限值无量纲化

项目	分类				
	Ⅰ	Ⅱ	Ⅲ	Ⅳ	Ⅴ
DO ≥	1.000	0.727	0.545	0.182	0.000
COD_{Mn} ≤	1.000	0.846	0.692	0.385	0.000
COD_{Cr} ≤	1.000	1.000	0.800	0.400	0.000
BOD_5 ≤	1.000	1.000	0.857	0.571	0.000
TP ≤	1.000	0.789	0.526	0.263	0.000
TN ≤	1.000	0.833	0.556	0.278	0.000
NH_3-N ≤	1.000	0.811	0.541	0.270	0.000
Cu ≤	1.000	0.000	0.000	0.000	0.000
Zn ≤	1.000	0.513	0.513	0.000	0.000

根据灰色关联系数、权重系数和关联度的计算公式，分别计算关联系数 $\xi_i(k)$ 和权重系数 w_{kj}，再根据关联系数和权重系数计算关联度，结果见表 7-25。根据最大隶属度原则，从不同监测区域和年份与各级地表水类别的关联度可以看出，2015 年和 2016 年桂北、桂中、桂南和桂东不同林分林区地表水质均属于Ⅰ类水质。

表 7-25　地表水关联度

区域	林分类型	年份	Ⅰ	Ⅱ	Ⅲ	Ⅳ	Ⅴ	水质评价结果
桂北	松树	2015	0.966	0.765	0.632	0.323	0.049	Ⅰ
		2016	0.974	0.787	0.612	0.305	0.031	Ⅰ
	杉木	2015	0.982	0.789	0.603	0.293	0.019	Ⅰ
		2016	0.984	0.781	0.595	0.289	0.017	Ⅰ
桂中	松树	2015	0.973	0.788	0.611	0.305	0.034	Ⅰ
		2016	1.000	0.757	0.575	0.268	0.000	Ⅰ
	杉木	2015	0.990	0.776	0.592	0.284	0.010	Ⅰ
		2016	0.993	0.770	0.586	0.279	0.007	Ⅰ
	桉树	2015	0.950	0.761	0.658	0.353	0.076	Ⅰ
		2016	0.941	0.735	0.616	0.404	0.120	Ⅰ
桂南	松树	2015	0.964	0.788	0.627	0.319	0.045	Ⅰ
		2016	0.969	0.798	0.622	0.314	0.039	Ⅰ
	桉树	2015	0.940	0.760	0.647	0.375	0.097	Ⅰ
		2016	0.915	0.781	0.660	0.408	0.127	Ⅰ
桂东	松树	2015	0.970	0.805	0.617	0.308	0.033	Ⅰ
		2016	0.984	0.780	0.595	0.288	0.016	Ⅰ
	杉木	2015	0.983	0.782	0.596	0.289	0.018	Ⅰ
		2016	0.990	0.771	0.587	0.280	0.010	Ⅰ
	桉树	2015	0.978	0.793	0.607	0.298	0.023	Ⅰ
		2016	0.980	0.789	0.602	0.294	0.022	Ⅰ

2. 灰色聚类法

对不同林分林区地表水 14 个水质指标进行监测。选定 DO、COD_{Mn}、COD_{Cr}、BOD_5、TP、TN、NH_3-N、Cu 和 Zn 等 9 项作为参评水质指标，2015 年和 2016 年不同林分林区作为聚类样本（i=1，2，…20），9 项水质指标作为聚类指标（j=1，2，…9），聚类白化数 x_{ij} 为各个采样点上各项水质指标的实测值。参照国家标准《地表水环境质量标准》（GB 3838—2002），将地表水质分为 5 级，即 5 个灰类（k= Ⅰ，Ⅱ，…Ⅴ）（表 7-22）。

确定白化函数。由表 7-22 可知各指标各类白化函数的阈值，取白化函数峰值为 1，参考白化函数式，把各污染指标的实测值 x_{ij} 代入各自的白化函数 f_{jk}（x）中，得出其白化函数值。

计算聚类权。对各灰类进行无量纲化处理，然后由聚类权公式求出各水质指标不同灰类的权值 w_{kj}，见表 7-26。

表 7-26 灰色聚类权值

项目	分类				
	Ⅰ	Ⅱ	Ⅲ	Ⅳ	Ⅴ
DO ≥	0.100	0.125	0.150	0.250	0.375
COD_{Mn} ≤	0.054	0.108	0.162	0.270	0.405
COD_{Cr} ≤	0.125	0.125	0.167	0.250	0.333
BOD_5 ≤	0.115	0.115	0.154	0.231	0.385
TP ≤	0.020	0.098	0.196	0.294	0.392
TN ≤	0.038	0.096	0.192	0.288	0.385
NH_3-N ≤	0.029	0.097	0.194	0.291	0.388
Cu ≤	0.002	0.249	0.249	0.249	0.249
Zn ≤	0.008	0.165	0.165	0.331	0.331

得出各水质指标的白化函数值后，由聚类系数公式求出 σ_{ki}，列于表 7-27。从表 7-27 的结果可以看出，按最大隶属度原则，2015 年和 2016 年桂北、桂中、桂南和桂东不同林分林区地表最大聚类系数所对应的灰类均为Ⅰ，因此判别不同林分林区地表水质均属于Ⅰ类水质。

表 7-27 灰色聚类系数

区域	林分类型	年份	Ⅰ	Ⅱ	Ⅲ	Ⅳ	Ⅴ	水质评价结果
桂北	松树	2015	0.452	0.008	0.120	0.000	0.000	Ⅰ
		2016	0.450	0.100	0.029	0.000	0.000	Ⅰ
	杉木	2015	0.454	0.094	0.000	0.000	0.000	Ⅰ
		2016	0.465	0.078	0.000	0.000	0.000	Ⅰ

续表

区域	林分类型	年份	Ⅰ	Ⅱ	Ⅲ	Ⅳ	Ⅴ	水质评价结果
桂中	松树	2015	0.469	0.096	0.025	0.000	0.000	Ⅰ
		2016	0.492	0.000	0.000	0.000	0.000	Ⅰ
	杉木	2015	0.482	0.041	0.000	0.000	0.000	Ⅰ
		2016	0.483	0.030	0.000	0.000	0.000	Ⅰ
	桉树	2015	0.446	0.040	0.185	0.010	0.000	Ⅰ
		2016	0.449	0.026	0.027	0.248	0.000	Ⅰ
桂南	松树	2015	0.441	0.112	0.063	0.000	0.000	Ⅰ
		2016	0.459	0.117	0.029	0.000	0.000	Ⅰ
	桉树	2015	0.437	0.067	0.126	0.100	0.000	Ⅰ
		2016	0.392	0.176	0.090	0.153	0.000	Ⅰ
桂东	松树	2015	0.432	0.158	0.000	0.000	0.000	Ⅰ
		2016	0.470	0.072	0.000	0.000	0.000	Ⅰ
	杉木	2015	0.465	0.074	0.000	0.000	0.000	Ⅰ
		2016	0.476	0.048	0.000	0.000	0.000	Ⅰ
	桉树	2015	0.452	0.103	0.000	0.000	0.000	Ⅰ
		2016	0.468	0.092	0.000	0.000	0.000	Ⅰ

3. 模糊综合评价法

建立评价因子和评价集。对不同林分林区地表水 14 个水质指标进行监测。最终选定 DO、COD_{Mn}、COD_{Cr}、BOD_5、TP、TN、NH_3-N、Cu 和 Zn 等 9 项作为评价因子，组成评价因子集。参照国家标准《地表水环境质量标准》（GB 3838—2002），将地表水质分为 5 级，故确定评价集为：V = { Ⅰ，Ⅱ，Ⅲ，Ⅳ，Ⅴ }。

计算隶属度。根据隶属函数的定义，计算每一个指标相对于Ⅰ～Ⅴ类水质的隶属度，以得到不同林分林区的模糊关系矩阵。

熵权的计算。根据熵值赋权的计算公式，计算各因子的熵以及熵权，结果见表 7-28。

判定水质类别。利用各监测区域水质的模糊关系矩阵与各评价因子的权重集的乘积，可得出水质模糊综合评价矩阵，根据各水质类别综合隶属度，计算结果见表 7-29。按最大隶属度原则，2015 年和 2016 年桂北、桂中、桂南和桂东不同林分林区地表Ⅰ类水质的综合隶属度最大，因此判别不同林分林区地表水质均属于Ⅰ类水质。

表 7–28　各因子熵及熵权

评价因子	信息熵	熵权
DO	0.9 490	0.1 424
COD_{Mn}	0.9 603	0.1 107
COD_{Cr}	0.9 327	0.1 878

续表

评价因子	信息熵	熵权
BOD_5	0.9 644	0.0 994
TP	0.9 592	0.1 138
TN	0.9 572	0.1 195
NH_3–N	0.9 761	0.0 668
Cu	0.9 628	0.1 038
Zn	0.9 801	0.0 556

表 7–29　综合隶属度

区域	林分类型	年份	Ⅰ	Ⅱ	Ⅲ	Ⅳ	Ⅴ	水质评价结果
桂北	松树	2015	0.871	0.009	0.075	0.000	0.000	Ⅰ
		2016	0.859	0.123	0.018	0.000	0.000	Ⅰ
	杉木	2015	0.889	0.111	0.000	0.000	0.000	Ⅰ
		2016	0.905	0.095	0.000	0.000	0.000	Ⅰ
桂中	松树	2015	0.873	0.113	0.014	0.000	0.000	Ⅰ
		2016	1.000	0.000	0.000	0.000	0.000	Ⅰ
	杉木	2015	0.951	0.049	0.000	0.000	0.000	Ⅰ
		2016	0.964	0.036	0.000	0.000	0.000	Ⅰ
	桉树	2015	0.834	0.046	0.115	0.004	0.000	Ⅰ
		2016	0.851	0.030	0.017	0.103	0.000	Ⅰ
桂南	松树	2015	0.827	0.134	0.039	0.000	0.000	Ⅰ
		2016	0.844	0.139	0.017	0.000	0.000	Ⅰ
	桉树	2015	0.804	0.076	0.078	0.041	0.000	Ⅰ
		2016	0.704	0.177	0.056	0.063	0.000	Ⅰ
桂东	松树	2015	0.814	0.186	0.000	0.000	0.000	Ⅰ
		2016	0.913	0.087	0.000	0.000	0.000	Ⅰ
	杉木	2015	0.909	0.091	0.000	0.000	0.000	Ⅰ
		2016	0.942	0.058	0.000	0.000	0.000	Ⅰ
	桉树	2015	0.881	0.119	0.000	0.000	0.000	Ⅰ
		2016	0.891	0.109	0.000	0.000	0.000	Ⅰ

4. 水质评价结果比较

不同水质评价方法的评价结果在表 7-30 中列出。从表中可以看出，采用灰色关联度分析法、灰色聚类法和模糊综合评价法的评价结果均显示，2015 年和 2016 年桂北、桂中、桂南和桂东不同林分林区地表水质均属于Ⅰ类水质。

表 7-30 不同水质评价方法评价结果比较

区域	林分类型	年份	灰色关联度分析法	灰色聚类法	模糊综合评价法
桂北	松树	2015	I	I	I
		2016	I	I	I
	杉木	2015	I	I	I
		2016	I	I	I
桂中	松树	2015	I	I	I
		2016	I	I	I
	杉木	2015	I	I	I
		2016	I	I	I
	桉树	2015	I	I	I
		2016	I	I	I
桂南	松树	2015	I	I	I
		2016	I	I	I
	桉树	2015	I	I	I
		2016	I	I	I
桂东	松树	2015	I	I	I
		2016	I	I	I
	杉木	2015	I	I	I
		2016	I	I	I
	桉树	2015	I	I	I
		2016	I	I	I

（六）地表水质评价指标风险预测

1. 相关性分析

对不同林区地表水水质分析测试项目进行相关分析，分析结果见表 7-31。从表中可以看出，林区地表水 pH 值与 COND、K 呈极显著正相关，与 Zn 呈显著正相关，相关系数分别为 0.723、0.340 和 0.251。林区地表水 DO 与 COD_{Mn}、TP 呈极显著相关，与 Mn 呈显著负相关，相关系数分别为 –0.336、0.497 和 –0.262。林区地表水 COD_{Mn} 与 COD_{Cr}、TP、NH_3-N、K 和 Fe 均呈极显著相关，相关系数分别为 0.463、–0.326、0.801、0.342 和 0.340。林区地表水 COD_{Cr} 与 BOD_5、NH_3-N 呈极显著正相关，与 K 呈显著正相关，相关系数分别为 0.464、0.312 和 0.237。林区地表水 BOD_5 与 TN 之间呈显著正相关，相关系数为 0.259，TP 与 NH_3-N 之间呈显著负相关，相关系数为 –0.235，而 NH_3-N 与 Fe、 K 与 Cu 之间的相关性达到极显著水平，相关系数分别为 0.490 和 0.352。

表 7–31　不同林分林区地表水水质相关分析

水质项目	pH 值	COND	DO	COD_{Mn}	COD_{Cr}	BOD_5	TP	TN	NH_3–N	K	Cu	Zn	Fe	Mn
pH 值	1.000													
COND	0.723**	1.000												
DO	−0.055	−0.092	1.000											
COD_{Mn}	−0.036	0.067	−0.336**	1.000										
COD_{Cr}	−0.118	−0.025	−0.023	0.463**	1.000									
BOD_5	0.038	0.060	−0.040	0.050	0.464**	1.000								
TP	−0.147	−0.114	0.497**	−0.326**	0.014	0.055	1.000							
TN	−0.022	0.200	0.182	0.006	0.098	0.259*	0.070	1.000						
NH_3–N	−0.099	−0.023	−0.209	0.801**	0.312**	0.042	−0.235*	0.108	1.000					
K	0.340**	0.186	−0.213	0.342**	0.237*	0.056	−0.183	−0.186	0.167	1.000				
Cu	0.161	0.179	0.069	0.191	0.209	−0.146	0.046	−0.037	0.079	0.352**	1.000			
Zn	0.251*	−0.004	0.121	0.026	0.045	0.032	−0.111	−0.037	−0.017	0.149	0.073	1.000		
Fe	−0.068	−0.133	−0.083	0.340**	0.157	0.096	0.212	−0.066	0.490**	0.084	−0.089	0.045	1.000	
Mn	0.058	−0.040	−0.262*	0.109	−0.094	−0.091	−0.118	−0.112	0.163	0.025	0.147	−0.079	0.208	1.000

2. 主成分分析

地表水环境质量标准基本项目标准限值见表 7-22。不同林分林区地表水质项目变化范围见表 7-32。从表 7-22、7-23 中可以看出，地表水Ⅰ～Ⅴ级 pH 值标准限值均为 6 ～ 9，而不同林分林区地表水其值在 6.56 ～ 7.33 之间变动。不同林分林区地表水 DO、COD_{Cr} 和 BOD_5 的变化范围分别为 8.61 ～ 9.42 mg/L、6.50 ～ 10.83 mg/L 和 0.52 ～ 1.75 mg/L，均达到Ⅰ类水质要求。Cu 和 Zn 元素含量的变化范围分别为 0.001 ～ 0.004 mg/L 和 0.005 ～ 0.024 mg/L，均达到Ⅰ类水质要求。不同林分林区地表水 TP 含量的变化范围为 0.029 ～ 0.077 mg/L，达到Ⅱ类水质要求。不同林区地表水 COD_{Mn} 的变化范围为 1.33 ～ 3.02 mg/L，为Ⅰ类水质标准限值（2 mg/L）的 0.67 ～ 1.51 倍。不同林区地表水 TP、TN、NH_3-N 含量的变化范围为分别为 0.029 ～ 0.077 mg/L、0.197 ～ 1.322 mg/L 和 0.036 ～ 0.191 mg/L，分别为Ⅰ类水质标准阈值（0.02 mg/L、0.2 mg/L、0.15 mg/L）的 1.45 ～ 3.85 倍、0.99 ～ 6.61 倍和 0.24 ～ 1.27 倍。

可见，虽然广西主要用材林区地表水综合评价结果均属于Ⅰ类水质，但通过单项水质指标与标准限值相比，林区地表水 TP、TN 和 NH_3-N 含量偏高，应引起重视。

表 7–32　不同林分林区地表水质项目变化范围

项目	树种		
	松树	杉木	桉树
pH 值	6.56 ～ 6.93	6.71 ～ 7.33	6.84 ～ 7.20
COND	15.84 ～ 60.42	18.92 ～ 138.17	54.63 ～ 165.00
DO	8.82 ～ 9.42	8.70 ～ 9.38	8.61 ～ 9.28
COD_{Mn}	1.33 ～ 2.42	1.52 ～ 1.88	2.18 ～ 3.02
COD_{Cr}	6.50 ～ 10.00	6.67 ～ 9.60	8.17 ～ 10.83
BOD_5	0.52 ～ 1.50	0.85 ～ 1.55	1.30 ～ 1.75

续表

项目	树种		
	松树	杉木	桉树
TP	0.029 ~ 0.077	0.030 ~ 0.040	0.047 ~ 0.067
TN	0.197 ~ 0.798	0.240 ~ 0.390	0.340 ~ 1.322
NH_3-N	0.040 ~ 0.127	0.036 ~ 0.073	0.060 ~ 0.191
K	0.360 ~ 1.749	0.383 ~ 1.124	0.287 ~ 1.333
Cu	0.001 ~ 0.004	0.001 ~ 0.003	0.002 ~ 0.003
Zn	0.005 ~ 0.008	0.008 ~ 0.012	0.007 ~ 0.024
Fe	0.062 ~ 0.873	0.071 ~ 0.142	0.104 ~ 0.658
Mn	0.006 ~ 0.016	0.014 ~ 0.017	0.008 ~ 0.024

为了进一步预测林区地表水可能存在的风险水质评价指标，对水质评价指标进行主成分分析。不同林分林区地表水质主成分分析结果见表 7-33。通过对水质项目进行主成分分析，提取出前 4 个成分特征值分别为 3.068、2.003、1.704 和 1.103，均符合特征值大于 1 的成分作为主成分的判定标准，因此选定前 4 个成分为主成分。从表中可以看出，前 4 个成分累计贡献率为 78.788%。第一主成分贡献率为 30.684%，其中 COD_{Mn} 和 NH_3-N 具有较高的负荷量；第二主成分贡献率为 20.033%，pH 值和 COND 的负荷量较高；第三和第四主成分贡献率分别为 17.039% 和 11.031%，其中负荷量较高的因子分别为 TN、DO 和 BOD_5。

表 7-33　不同林分林区地表水水质主成分分析

项目	成分 1	成分 2	成分 3	成分 4
pH 值	0.160	0.899*	-0.070	0.229
COND	0.030	0.876*	0.241	0.314
DO	-0.089	-0.430	0.481	0.639*
COD_{Mn}	0.917*	-0.102	-0.003	0.240
COD_{Cr}	0.825	-0.101	0.115	0.045
BOD_5	0.126	0.156	0.599	-0.650*
TP	0.496	-0.242	-0.003	-0.042
TN	0.154	0.161	0.875*	-0.110
NH_3-N	0.845*	-0.187	0.127	0.034
金属元素总浓度	0.716	0.282	-0.505	-0.217
特征值	3.068	2.003	1.704	1.103
贡献率 /%	30.684	20.033	17.039	11.031
累计贡献率 /%	30.684	50.718	67.757	78.788

注：* 为因子负荷量较高。

第三节　用材林林区土壤肥力监测

一、监测点概况

项目监测点设在桂南崇左市宁明县、桂西河池市环江毛南族自治县、桂东梧州市苍梧县，在人工商品用材林、小流域综合治理人工造林建设区内分别选择有代表性的固定标准地 0.1 hm²。调查样地包括松树、珍贵树种、桉树等林地。其中广西国有派阳山林场分别建立桉树和荒地（对照）标准样地，环江毛南族自治县华山林场分别建立松树和荒地（对照）标准样地，苍梧县共青林场建立红椎、荷木和荒地（对照）标准样地，各监测点土壤肥力基本情况见表 7-34。

表 7–34　各土壤肥力监测点基本情况

土壤编号	采样地点	地理坐标	土层厚度（A层）	土壤松紧度		坡度（°）	坡向	坡位	土壤石砾含量	地形地貌	海拔（m）	成土母质	地上植被
				A	B								
宁明县	广西国有派阳山林场公武分场	107° 03′ E 21° 56′ N	18	松	紧	30	东南	中坡位	少	丘陵	141	砂岩	松树采伐迹地
环江县	环江毛南族自治县华山林场华山分场	108° 15′ E 25° 06′ N	28	松	松	15	东南	中坡位	无	丘陵	246	砂岩	桉树采伐迹地
苍梧县	苍梧县共青林场	111° 25′ E 23° 44′ N	16	紧	紧	25	东	中坡位	无	低丘	180	砂岩	松树采伐迹地

二、监测的内容与方法

（一）监测点的选择

土壤肥力监测点分别设在桂南崇左市宁明县的广西国有派阳山林场（东经 107° 03′，北纬 21° 56′）、桂西河池市的环江毛南族自治县华山林场（东经 108° 15′，北纬 25° 06′）、桂东梧州市的苍梧县共青林场（东经 111° 25′，北纬 23° 44′）。调查样地包括松树、珍贵树种、桉树等林地。

（二）监测内容

采集各监测点商品人工林地土壤样品，对土壤有机质、全氮、碱解氮、全磷、有效磷、全钾、速效钾、交换性钙、镁和 pH 值等养分指标进行调查分析和监测。

（三）监测方法

选取各监测点内的商品人工林，布置上、中、下 3 个点，去除枯枝落叶后，挖掘土壤采样坑，坑的规格定为长 60 cm、宽 40 cm、深 60 cm，分层采集，取 0 ～ 20 cm、20 ～ 40 cm 各层土壤，同层土壤混合后用四分法缩至 1 kg，装入采土袋带回实验室，风干、研磨、过筛、混合分样、贮存后进行土壤养分分析，所有土壤养分指标测定均参照林业行业标准进行检测分析，分析土壤肥力变化规律。

（四）数据分析

应用 Excel 2003 进行统计计算分析。

三、监测结果与分析

通过对各土壤肥力监测点 5 年的监测，取得了较完整的土壤肥力监测数据。

（一）土壤肥力因子的年变化情况

对各土壤肥力监测点的 13 项监测指标进行了全面分析，得出各监测点土壤肥力因子的年变化趋势如下。

1. 土壤 pH 值

大多数监测点的土壤 pH 值年度间无明显上升和下降趋势。由表 7-35 可以看出，5 年来，各监测点 20 ～ 40 cm 层土壤 pH 值的平均值总体高于 0 ～ 20 cm，除环江毛南族自治县华山林场 0 ～ 20 cm 层松树和荒地的土壤 pH 值变幅分别为 20.40%、26.57% 外，其余各监测点的变幅均较小，在 14.38% 以内，其中最小的是苍梧县共青林场 0 ～ 20 cm 层红椎林，为 2.95%。与处理前相比，2012 年各监测点土壤 pH 值大多有下降趋势。5 年间，松树林和 0 ～ 20 cm 层红椎林的土壤 pH 值属先升后降型，桉树、20 ～ 40 cm 层荷木林和 20 ～ 40 cm 层红椎林属先降后升再降型，0 ～ 20 cm 层荷木林属先升后降再升型。

表 7–35 各土壤肥力监测点不同年度 pH 值监测结果

监测点	树种	土层深度（cm）	土壤 pH 值							变幅（%）
			处理前	2008 年	2009 年	2010 年	2011 年	2012 年	平均值	
广西国有派阳山林场	桉树	0 ～ 20	4.48	4.12	4.41	4.45	4.23	4.17	4.31	8.35
		20 ～ 40	4.57	4.11	4.36	4.55	4.36	4.21	4.36	10.55
	荒地	0 ～ 20	4.48	4.35	4.24	4.44	4.33	4.39	4.37	5.49
		20 ～ 40	4.57	4.32	4.28	4.46	4.37	4.29	4.38	6.62
环江毛南族自治县华山林场	松树	0 ～ 20	4.12	4.21	4.46	5.04	4.86	4.36	4.51	20.40
		20 ～ 40	4.33	4.35	4.40	4.83	4.92	4.27	4.52	14.38
	荒地	0 ～ 20	4.12	4.42	4.64	5.35	4.62	4.63	4.63	26.57
		20 ～ 40	4.33	4.54	4.50	4.70	4.56	4.33	4.49	8.24
苍梧县共青林场	红椎	0 ～ 20	4.34	4.39	4.41	4.47	4.41	4.38	4.40	2.95
		20 ～ 40	4.74	4.32	4.53	4.54	4.45	4.41	4.50	9.33
	荷木	0 ～ 20	4.34	4.50	4.62	4.65	4.31	4.41	4.47	7.61
		20 ～ 40	4.74	4.29	4.48	4.73	4.39	4.36	4.50	10.00
	荒地	0 ～ 20	4.34	4.37	4.54	4.42	4.31	4.59	4.43	6.32
		20 ～ 40	4.74	4.29	4.61	4.49	4.34	4.50	4.49	10.02

2. 土壤有机质含量

各土壤肥力监测点 5 年来的有机质含量监测结果见表 7-36。由表 7-36 可看到，不同年度各监测点 0 ～ 20 cm 层的有机质含量高于 20 ～ 40 cm 层，且有机质含量变幅普遍较大，除广西国有派阳山林场桉树和荒地、苍梧县共青林场荒地的土壤有机质含量变幅是 20 ～ 40 cm 层高于 0 ～ 20 cm 层外，其余均是 20 ～ 40 cm 层低于 0 ～ 20 cm 层。其中广西国有派阳山林场、环江毛南族自治县华山林场 20 ～ 40 cm 层荒地和苍梧县共青林场 20 ～ 40 cm 层荒地的土壤有机质变幅较大，均达 100% 以上；而环江毛南族自治县华山林场 0 ～ 20 cm 层松树的有机质变幅最小，仅为 14.51%。与处理前相比，2012 年广西国有派阳山林场监测点的土壤有机质有所减少，环江毛南族自治县华山林场 20 ～ 40 cm 层土壤有机质有所提高，苍梧县共青林场除 0 ～ 20 cm 层的红椎林土壤有机质减少外，其他树种的土壤有机质均有所增加。5 年来，桉树林的土壤有机质含量变化属先降后升再降型，20 ～ 40 cm 层荷木林属先升后降再升型，松树林、红椎林和 0 ～ 20 cm 层荷木林属波动型。

表 7-36 各土壤肥力监测点不同年度有机质含量监测结果

监测点	树种	土层深度（cm）	土壤有机质含量（g/kg）							变幅（%）
			处理前	2008 年	2009 年	2010 年	2011 年	2012 年	平均值	
广西国有派阳山林场	桉树	0 ～ 20	39.48	22.55	26.79	30.11	26.10	21.89	27.82	63.23
		20 ～ 40	16.26	10.66	13.26	14.62	14.15	13.60	13.76	40.71
	荒地	0 ～ 20	39.48	31.82	21.38	25.38	28.37	5.42	25.31	134.58
		20 ～ 40	16.26	12.98	15.83	20.30	22.77	2.64	15.13	133.05
环江毛南族自治县华山林场	松树	0 ～ 20	31.01	31.45	28.22	29.64	27.76	27.21	29.22	14.51
		20 ～ 40	10.72	23.76	10.38	16.63	13.23	14.72	14.91	89.76
	荒地	0 ～ 20	31.01	37.53	27.84	20.72	38.83	27.56	30.58	59.22
		20 ～ 40	10.72	28.97	7.89	13.55	21.86	14.13	16.19	130.23
苍梧县共青林场	红椎	0 ～ 20	33.04	36.29	31.84	35.15	24.91	28.90	31.69	35.91
		20 ～ 40	9.87	20.73	14.24	15.33	12.59	17.68	15.07	72.05
	荷木	0 ～ 20	33.04	33.19	28.46	34.11	26.13	40.03	32.49	42.78
		20 ～ 40	9.87	11.39	13.53	14.07	12.56	16.17	12.93	48.72
	荒地	0 ～ 20	33.04	30.11	19.13	20.75	24.68	53.93	30.27	114.96
		20 ～ 40	9.87	13.53	18.19	15.34	14.69	14.29	14.32	58.11

3. 土壤全 N 含量

各土壤肥力监测点 5 年来的全 N 含量监测结果见表 7-37。由表 7-37 可看到，不同年度各监测点 0 ～ 20 cm 层的全 N 含量绝大部分高于 20 ～ 40 cm 层，各监测点全 N 含量变化幅度较大，广西国有派阳山林场和环江毛南族自治县华山林场 20 ～ 40 cm 层全 N 含量的变幅大于 0 ～ 20 cm 层，而苍梧县共青林场正好相反。各监测点以苍梧县共青林场 0 ～ 20 cm 层荒地的全 N 含量变幅最大，为 87.35%，广西国有派阳山林场 20 ～ 40 cm 层荒地的全 N 含量变幅最小，为 28.89%。5 年来，桉树林、0 ～ 20 cm

层红椎林、0 ～ 20 cm 层松树林和 0 ～ 20 cm 层荷木林的土壤全 N 含量变化属波动型，20 ～ 40 cm 层松树林、20 ～ 40 cm 层红椎林和 20 ～ 40 cm 层荷木林属先升后降再升型。

表 7-37 各土壤肥力监测点不同年度全 N 含量监测结果

监测点	树种	土层深度（cm）	土壤全 N 含量（g/kg）							变幅（%）
			处理前	2008 年	2009 年	2010 年	2011 年	2012 年	平均值	
广西国有派阳山林场	桉树	0 ～ 20	1.40	1.07	1.30	1.67	1.00	1.30	1.29	51.97
		20 ～ 40	0.88	0.57	1.03	1.09	0.89	0.95	0.90	57.72
	荒地	0 ～ 20	1.40	1.17	1.08	1.23	1.02	0.96	1.14	38.51
		20 ～ 40	0.88	0.83	1.04	1.11	1.02	0.94	0.97	28.89
环江毛南族自治县华山林场	松树	0 ～ 20	1.27	1.25	1.55	1.62	1.13	1.31	1.35	36.18
		20 ～ 40	0.89	1.15	1.28	1.19	0.85	0.89	1.04	37.47
	荒地	0 ～ 20	1.27	1.45	1.58	1.25	1.24	1.18	1.33	30.11
		20 ～ 40	0.89	1.27	1.43	1.12	0.80	0.79	1.05	61.00
苍梧县共青林场	红椎	0 ～ 20	1.33	1.28	1.05	1.17	0.72	1.19	1.12	54.34
		20 ～ 40	0.68	0.90	0.84	0.82	0.63	0.81	0.78	34.65
	荷木	0 ～ 20	1.33	1.39	1.13	1.32	0.75	1.40	1.22	53.32
		20 ～ 40	0.68	0.77	0.72	0.71	0.51	0.80	0.70	41.58
	荒地	0 ～ 20	1.33	1.13	0.95	0.78	0.84	1.77	1.13	87.35
		20 ～ 40	0.68	0.74	0.98	0.61	0.56	0.76	0.72	58.27

4. 土壤碱解 N 含量

各土壤肥力监测点 5 年来的碱解 N 含量监测结果见表 7-38。通过表 7-38 可以看出，不同年度各监测点 0 ～ 20 cm 层的碱解 N 含量绝大部分高于 20 ～ 40 cm 层，且各监测点碱解 N 含量变化幅度普遍较大。其中环江毛南族自治县华山林场的监测点碱解 N 含量整体变幅较大，都达到 100% 以上；各监测点以环江毛南族自治县华山林场 20 ～ 40 cm 层松树的碱解 N 含量变幅最大，为 125.36%；广西国有派阳山林场 20 ～ 40 cm 层桉树的碱解 N 含量变幅最小，为 39.61%。5 年来，桉树林和 20 ～ 40 cm 层红椎林的土壤碱解 N 含量变化属先降后升再降型，0 ～ 20 cm 层松树林和 0 ～ 20 cm 层红椎林属先升后降再升型，20 ～ 40 cm 层松树林和荷木林属波动型。

表 7-38 各土壤肥力监测点不同年度碱解 N 含量监测结果

监测点	树种	土层深度（cm）	土壤碱解 N 含量（mg/kg）							变幅（%）
			处理前	2008 年	2009 年	2010 年	2011 年	2012 年	平均值	
广西国有派阳山林场	桉树	0 ～ 20	138.0	79.7	107.3	123.4	106.1	99.0	108.91	53.53
		20 ～ 40	66.8	60.5	69.6	89.2	76.2	72.5	72.46	39.61
	荒地	0 ～ 20	138.0	119.8	98.6	102.5	108.0	218.1	130.83	91.34
		20 ～ 40	66.8	58.5	76.6	76.8	88.5	86.3	75.58	39.70

续表

监测点	树种	土层深度（cm）	土壤碱解 N 含量（mg/kg）							变幅（%）
			处理前	2008 年	2009 年	2010 年	2011 年	2012 年	平均值	
环江毛南族自治县华山林场	松树	0 ~ 20	50.4	71.6	119.0	138.1	91.1	157.2	104.56	102.14
		20 ~ 40	149.5	85.4	74.0	86.5	44.3	63.8	83.92	125.36
	荒地	0 ~ 20	50.4	118.6	103.3	98.8	103.0	157.2	105.22	101.50
		20 ~ 40	149.5	100.3	71.8	75.7	52.6	123.2	95.51	101.46
苍梧县共青林场	红椎	0 ~ 20	61.7	124.1	128.3	125.6	100.8	94.0	105.74	62.98
		20 ~ 40	117.7	86.9	70.1	80.3	63.3	57.4	79.27	76.07
	荷木	0 ~ 20	61.7	126.4	110.1	114.3	89.3	173.4	112.53	99.27
		20 ~ 40	117.7	50.1	60.3	55.7	56.3	61.1	66.86	101.11
	荒地	0 ~ 20	61.7	110.1	91.7	100.2	96.9	170.6	105.20	103.52
		20 ~ 40	117.7	60.3	81.2	67.8	63.8	57.0	74.64	81.32

5. 土壤全 P 含量

各土壤肥力监测点 5 年来的全 P 含量监测结果见表 7-39。通过表 7-39 可以看出，不同年度各监测点 0 ~ 20 cm 层的全 P 含量普遍高于 20 ~ 40 cm 层，同时各监测点全 P 含量变化幅度普遍较大，但大多数监测点间的全 P 含量变幅相差不是很大。其中全 P 含量变幅最大的监测点是环江毛南族自治县华山林场 0 ~ 20 cm 层荒地，变幅为 92.13%；全 P 含量变幅最小的是苍梧县共青林场 20 ~ 40 cm 层红椎林，变幅为 35.59%。5 年来，松树林、20 ~ 40 cm 层桉树林和 20 ~ 40 cm 层红椎林的土壤全 P 含量变化属先升后降再升型，荷木林、0 ~ 20 cm 层桉树林和 0 ~ 20 cm 层红椎林属波动型。

表 7-39　各土壤肥力监测点不同年度全 P 含量监测结果

监测点	树种	土层深度（cm）	土壤全 P 含量（g/kg）							变幅（%）
			处理前	2008 年	2009 年	2010 年	2011 年	2012 年	平均值	
广西国有派阳山林场	桉树	0 ~ 20	0.68	0.69	0.39	0.44	0.32	0.50	0.50	73.63
		20 ~ 40	0.62	0.73	0.42	0.35	0.30	0.49	0.49	88.66
	荒地	0 ~ 20	0.68	0.77	0.53	0.38	0.34	0.62	0.55	77.83
		20 ~ 40	0.62	0.77	0.55	0.36	0.30	0.55	0.52	89.67
环江毛南族自治县华山林场	松树	0 ~ 20	0.43	0.51	0.49	0.42	0.22	0.31	0.40	73.11
		20 ~ 40	0.36	0.44	0.37	0.33	0.17	0.25	0.32	84.38
	荒地	0 ~ 20	0.43	0.67	0.44	0.35	0.28	0.37	0.42	92.13
		20 ~ 40	0.36	0.45	0.40	0.31	0.16	0.23	0.32	91.10
苍梧县共青林场	红椎	0 ~ 20	0.65	0.97	0.57	0.76	0.53	0.60	0.68	64.71
		20 ~ 40	0.57	0.73	0.57	0.54	0.52	0.61	0.59	35.59
	荷木	0 ~ 20	0.65	1.04	0.50	0.78	0.51	0.65	0.69	78.55
		20 ~ 40	0.57	0.96	0.48	0.63	0.76	0.60	0.67	72.09
	荒地	0 ~ 20	0.65	0.95	0.54	0.52	0.51	0.59	0.63	70.21
		20 ~ 40	0.57	0.90	0.55	0.55	0.50	0.58	0.61	65.75

6. 土壤有效 P 含量

各土壤肥力监测点 5 年来的有效 P 含量监测结果见表 7-40。从表 7-40 可以看到，不同年度各监测点 0 ～ 20 cm 层的有效 P 含量大体上均高于 20 ～ 40 cm 层，同时各监测点有效 P 含量变化幅度普遍很大，大多数监测点的变幅高于 135%，且除广西国有派阳山林场荒地和苍梧县共青林场荒地外，其余各监测点同树种 0 ～ 20 cm 层有效 P 含量的变幅都小于 20 ～ 40 cm 层。其中，有效 P 含量变幅最大的监测点是广西国有派阳山林场 20 ～ 40 cm 层桉树林，变幅为 181.51%；有效 P 含量变幅最小的是环江毛南族自治县华山林场 0 ～ 20 cm 层松树林，变幅为 44.72%。可见各监测点间有效 P 含量的变幅相差很大。5 年来，20 ～ 40 cm 层桉树林的土壤有效 P 含量变化属先降后升再降型，0 ～ 20 cm 层松树林属先升后降再升型，红椎林、荷木林、0 ～ 20 cm 层桉树林和 20 ～ 40 cm 层松树林属波动型。

表 7–40　各土壤肥力监测点不同年度有效 P 含量监测结果

监测点	树种	土层深度（cm）	土壤有效 P 含量（mg/kg）							变幅（%）
			处理前	2008 年	2009 年	2010 年	2011 年	2012 年	平均值	
广西国有派阳山林场	桉树	0 ～ 20	2.6	0.8	0.9	1.3	0.5	1.5	1.26	166.89
		20 ～ 40	0.7	0.5	0.5	0.6	2.3	1.4	0.99	181.51
	荒地	0 ～ 20	2.6	1.0	0.9	0.7	0.6	1.0	1.13	176.47
		20 ～ 40	0.7	0.6	0.5	0.2	0.2	0.9	0.51	137.70
环江毛南族自治县华山林场	松树	0 ～ 20	1.2	1.3	1.6	1.0	1.5	1.5	1.34	44.72
		20 ～ 40	0.5	0.7	0.6	0.7	0.9	0.6	0.67	60.00
	荒地	0 ～ 20	1.2	2.8	2.2	5.3	2.7	3.1	2.88	142.61
		20 ～ 40	0.5	2.2	1.6	1.2	0.8	0.7	1.16	146.76
苍梧县共青林场	红椎	0 ～ 20	1.0	1.0	1.3	1.3	0.5	1.3	1.07	75.00
		20 ～ 40	0.5	0.8	0.7	0.7	0.3	0.8	0.63	80.00
	荷木	0 ～ 20	1.0	1.0	1.2	1.1	0.5	1.6	1.06	103.94
		20 ～ 40	0.5	0.6	0.5	0.5	0.3	1.1	0.58	139.13
	荒地	0 ～ 20	1.0	0.8	1.1	0.5	0.4	2.2	1.00	180.00
		20 ～ 40	0.5	0.5	0.4	0.4	0.3	1.0	0.51	137.70

7. 土壤全 K 含量

各土壤肥力监测点 5 年来的全 K 含量监测结果见表 7-41。从表 7-41 可以看到，不同年度各监测点 0 ～ 20 cm 层的全 K 含量大体上均低于 20 ～ 40 cm 层，同时各监测点全 K 含量变化幅度普遍较大，但各变幅值间的相差不算很大。除环江毛南族自治县华山林场荒地和苍梧县共青林场荷木林 0 ～ 20 cm 层土壤全 K 含量的变幅大于 20 ～ 40 cm 层外，其他监测的土壤全 K 含量的变幅都是 20 ～ 40 cm 层大于 0 ～ 20 cm 层。其中全 K 含量变幅最大的监测点是苍梧县共青林场 0 ～ 20 cm 层荷木，变幅为 61.89%；全 K 含量变幅最小的是广西国有派阳山林场 0 ～ 20 cm 层荒地，变幅为 27.03%。5 年来，松树林的土壤全 K 含量变化属先降后升型，红椎林属先降后升再降型，桉树林和荷木林属波动型。

表 7-41 各土壤肥力监测点不同年度全 K 含量监测结果

监测点	树种	土层深度（cm）	土壤全 K 含量（g/kg）							变幅（%）
			处理前	2008 年	2009 年	2010 年	2011 年	2012 年	平均值	
广西国有派阳山林场	桉树	0 ～ 20	11.22	9.32	8.21	10.22	8.71	10.76	9.74	30.91
		20 ～ 40	16.00	12.46	11.23	13.76	10.26	11.72	12.57	45.66
	荒地	0 ～ 20	11.22	9.58	8.61	10.23	9.25	9.05	9.66	27.03
		20 ～ 40	16.00	12.26	11.57	9.88	10.67	10.93	11.89	51.49
环江毛南族自治县华山林场	松树	0 ～ 20	9.80	9.26	8.64	8.50	7.08	8.77	8.67	31.36
		20 ～ 40	12.93	10.38	10.36	9.88	8.71	10.40	10.44	40.41
	荒地	0 ～ 20	9.80	7.23	8.50	8.13	5.23	6.92	7.63	59.86
		20 ～ 40	12.93	9.85	9.94	9.75	7.56	9.68	9.95	53.96
苍梧县共青林场	红椎	0 ～ 20	21.08	20.88	18.92	20.10	28.24	19.17	21.40	43.55
		20 ～ 40	23.16	22.17	20.68	22.83	34.64	21.76	24.21	57.67
	荷木	0 ～ 20	21.08	27.16	14.96	18.42	20.65	16.00	19.71	61.89
		20 ～ 40	23.16	29.24	17.08	20.05	25.51	17.71	22.13	54.96
	荒地	0 ～ 20	21.08	21.60	17.72	23.78	25.97	18.09	21.37	38.60
		20 ～ 40	23.16	25.31	17.44	26.25	29.02	22.51	23.95	48.35

8. 土壤速效 K 含量

各土壤肥力监测点 5 年来的速效 K 含量监测结果见表 7-42。从表 7-42 可以看出，5 年间，各监测点 0 ～ 20 cm 层的速效 K 平均含量均高于 20 ～ 40 cm 层。同时各监测点速效 K 含量变化幅度都较大，但各监测点彼此间变幅的差异不大。除环江毛南族自治县华山林场和苍梧县共青林场荒地 0 ～ 20 cm 层土壤速效K含量的变幅低于20～40 cm层外，其余监测点的变幅均是0～20 cm层高于20～40 cm层。其中，苍梧县共青林场荷木林 20 ～ 40 cm 层土壤速效 K 含量的变幅最小，为 55.97%；变幅最大的是环江毛南族自治县华山林场荒地的 20 ～ 40 cm 层土壤，为 130.87%。5 年来，荷木林和 0 ～ 20 cm 层松树林的土壤速效 K 含量变化属先升后降再升型，桉树林、红椎林和 20 ～ 40 cm 层松树林属波动型。

表 7-42 各土壤肥力监测点不同年度速效 K 含量监测结果

监测点	树种	土层深度（cm）	土壤速效 K 含量（mg/kg）							变幅（%）
			处理前	2008 年	2009 年	2010 年	2011 年	2012 年	平均值	
广西国有派阳山林场	桉树	0 ～ 20	60.5	25.3	45.1	42.1	25.3	39.6	39.65	88.78
		20 ～ 40	31.9	20.9	39.6	37.5	25.3	27.5	30.45	61.41
	荒地	0 ～ 20	60.5	29.7	37.4	32.3	27.5	29.7	36.18	91.20
		20 ～ 40	31.9	18.7	39.1	29.7	26.4	29.7	29.24	69.76
环江毛南族自治县华山林场	松树	0 ～ 20	41.8	43.0	63.3	56.1	25.3	40.7	45.02	84.41
		20 ～ 40	25.3	35.4	28.6	29.7	13.2	25.3	26.24	84.60
	荒地	0 ～ 20	41.8	70.6	53.4	72.6	25.3	53.9	52.93	89.37
		20 ～ 40	25.3	63.5	35.2	35.2	18.7	27.5	34.23	130.87

续表

监测点	树种	土层深度（cm）	土壤速效 K 含量（mg/kg）							变幅（%）
			处理前	2008 年	2009 年	2010 年	2011 年	2012 年	平均值	
苍梧县共青林场	红椎	0 ～ 20	33.0	56.1	53.9	54.9	25.3	25.3	41.42	74.37
		20 ～ 40	22.0	37.4	33.0	38.2	22.0	20.9	28.92	59.83
	荷木	0 ～ 20	33.0	57.2	58.3	55.0	24.2	44.0	45.28	75.30
		20 ～ 40	22.0	36.3	31.9	32.0	20.9	22.0	27.52	55.97
	荒地	0 ～ 20	33.0	55.0	41.8	27.3	25.3	37.4	36.63	81.07
		20 ～ 40	22.0	28.6	39.6	25.8	23.1	17.6	26.12	84.24

9. 土壤交换性 Ca 和交换性 Mg 含量

各土壤肥力监测点 5 年来的交换性 Ca 和交换性 Mg 含量监测结果见表 7-43 和表 7-44。由表 7-43 和表 7-44 可以看出，监测 5 年来，各监测点 0 ～ 20 cm 层交换性 Ca 和交换性 Mg 的平均含量均高于 20 ～ 40 cm 层。各监测点交换性 Ca 含量变化幅度均很大，大多数达 100% 以上，而交换性 Mg 含量的变幅相对较小，大多数低于 100%。除苍梧县共青林场荷木林土壤交换性 Ca 含量、环江毛南族自治县华山林场荒地和苍梧县共青林场红椎林交换性 Mg 含量的 0 ～ 20 cm 层变幅小于 20 ～ 40 cm 层外，其余监测点 0 ～ 20 cm 层土壤交换性 Ca 和交换性 Mg 含量的变幅均大于 20 ～ 40 cm 层。其中，变幅最小的土壤交换性 Ca 和交换性 Mg 分别是苍梧县共青林场荷木林 0 ～ 20 cm 层、环江毛南族自治县华山林场松树 20 ～ 40 cm 层，其平均值分别为 88.61%、48.23%；交换性 Ca 和交换性 Mg 变幅最大的分别是环江毛南族自治县华山林场 0 ～ 20 cm 层的荒地和广西国有派阳山林场 0 ～ 20 cm 层的荒地，数值为 186.75% 和 159.61%。5 年来，桉树林、20 ～ 40 cm 层红椎林和 20 ～ 40 cm 层荷木林的交换性 Ca 含量变化属先降后升再降型，0 ～ 20 cm 层松树林、0 ～ 20 cm 层红椎林和 0 ～ 20 cm 层荷木林的交换性 Ca 含量变化属先升后降型，其他林分属波动型。而 20 ～ 40 cm 层桉树林和 0 ～ 20 cm 层松树林的交换性 Mg 含量变化属先降后升再降型，其他林分的交换性 Mg 含量变化属波动型。

表 7-43　各土壤肥力监测点不同年度交换性 Ca 含量监测结果

监测点	树种	土层深度（cm）	土壤交换性 Ca 含量（mg/kg）							变幅（%）
			处理前	2008 年	2009 年	2010 年	2011 年	2012 年	平均值	
广西国有派阳山林场	桉树	0 ～ 20	404.8	104.5	258.5	245.5	234.0	166.1	235.57	127.48
		20 ～ 40	204.6	84.7	133.7	158.8	137.2	74.8	132.29	98.12
	荒地	0 ～ 20	404.8	134.2	150.2	198.5	216.8	114.4	203.14	142.95
		20 ～ 40	204.6	71.5	145.2	157.6	167.3	78.1	137.38	96.88
环江毛南族自治县华山林场	松树	0 ～ 20	188.1	232.3	344.9	691.9	576.3	202.4	372.64	135.20
		20 ～ 40	141.9	205.6	174.9	387.2	305.3	104.5	219.90	128.56
	荒地	0 ～ 20	188.1	357.5	438.4	1 167.1	478.5	515.9	524.24	186.75
		20 ～ 40	141.9	253.9	235.4	348.7	235.6	176.0	231.92	89.17

续表

监测点	树种	土层深度（cm）	土壤交换性 Ca 含量（mg/kg）							变幅（%）
			处理前	2008 年	2009 年	2010 年	2011 年	2012 年	平均值	
苍梧县共青林场	红椎	0 ～ 20	78.1	79.2	159.0	156.3	120.6	27.5	103.44	127.12
		20 ～ 40	111.1	59.4	99.0	110.7	104.8	18.7	83.95	110.07
	荷木	0 ～ 20	78.1	144.1	133.1	132.6	128.8	46.2	110.48	88.61
		20 ～ 40	111.1	61.6	97.9	110.5	108.2	27.5	86.13	97.06
	荒地	0 ～ 20	78.1	107.8	165.0	125.6	110.5	50.6	106.27	107.65
		20 ～ 40	111.1	72.6	127.6	100.3	95.7	31.9	89.87	106.49

表 7-44 各土壤肥力监测点各年度交换性 Mg 含量监测结果

监测点	树种	土层深度（cm）	土壤交换性 Mg 含量（mg/kg）							变幅（%）
			处理前	2008 年	2009 年	2010 年	2011 年	2012 年	平均值	
广西国有派阳山林场	桉树	0 ～ 20	48.4	17.6	22.6	25.2	13.2	15.4	23.73	148.37
		20 ～ 40	28.6	16.5	19.3	17.3	13.9	9.9	17.58	83.64
	荒地	0 ～ 20	48.4	22.0	16.5	16.2	16.0	13.2	22.05	159.61
		20 ～ 40	28.6	16.5	18.2	18.6	18.2	11.0	18.50	95.13
环江毛南族自治县华山林场	松树	0 ～ 20	18.7	17.7	20.4	29.7	24.5	12.1	20.50	85.85
		20 ～ 40	14.3	15.3	11.6	16.5	14.6	9.9	13.69	48.23
	荒地	0 ～ 20	18.7	30.3	22.0	33.0	32.6	16.5	25.52	64.66
		20 ～ 40	14.3	22.7	15.4	17.6	15.7	11.0	16.12	72.60
苍梧县共青林场	红椎	0 ～ 20	12.1	14.3	12.7	14.2	6.6	7.7	11.26	68.39
		20 ～ 40	11.0	11.0	8.8	9.5	4.3	6.6	8.54	78.48
	荷木	0 ～ 20	12.1	19.8	11.6	15.7	5.4	11.0	12.59	114.36
		20 ～ 40	11.0	11.0	8.8	9.5	3.8	7.7	8.64	83.33
	荒地	0 ～ 20	12.1	15.4	12.1	8.3	5.5	8.8	10.37	95.47
		20 ～ 40	11.0	11.0	11.0	6.5	4.7	7.7	8.65	72.86

10. 土壤有效 Cu 含量

各土壤肥力监测点 5 年来的有效 Cu 含量监测结果见表 7-45。从表 7-45 可以看出，2012 年土壤有效 Cu 含量比处理前有明显的降低，但下降程度不一，同时不同年度各监测点 0 ～ 20 cm 层的有效 Cu 含量大体比 20 ～ 40 cm 层高，而各年度土壤有效 Cu 含量的平均值也是 0 ～ 20 cm 层高于 20 ～ 40 cm 层。各监测点土壤有效 Cu 含量的变幅较大，大多数高于 100%，彼此间的变幅相差也很大。由表 7-45 还可以得出，各监测点 0 ～ 20 cm 层土壤有效 Cu 含量的变幅均低于 20 ～ 40 cm 层。其中，变幅最小的是苍梧县共青林场 0 ～ 20 cm 层的红椎林，变幅值为 81.97%；变幅最大的是环江毛南族自治县华山林场 20 ～ 40 cm 层的荒地，变幅值为 187.76%。5 年间，0 ～ 20 cm 层桉树林和 0 ～ 20 cm 层荷木林的土壤有效 Cu 含量变化属先降后升再降型，松树林属逐年下降型，红椎林属先降后升型，其他林分属波动型。

表 7-45 各土壤肥力监测点不同年度有效 Cu 含量监测结果

监测点	树种	土层深度（cm）	土壤有效 Cu 含量（mg/kg）							变幅（%）
			处理前	2008 年	2009 年	2010 年	2011 年	2012 年	平均值	
广西国有派阳山林场	桉树	0 ～ 20	2.15	2.15	1.25	2.35	0.80	0.65	1.56	109.09
		20 ～ 40	2.15	2.40	1.10	1.45	0.70	0.60	1.40	128.57
	荒地	0 ～ 20	2.15	2.10	1.38	1.05	1.00	0.85	1.42	91.50
		20 ～ 40	2.15	1.80	1.25	1.25	1.10	0.75	1.38	101.20
环江毛南族自治县华山林场	松树	0 ～ 20	1.45	1.22	0.63	0.45	0.45	0.30	0.75	153.50
		20 ～ 40	1.40	0.73	0.55	0.45	0.30	0.25	0.61	187.50
	荒地	0 ～ 20	1.45	1.00	0.53	0.55	0.45	0.25	0.70	170.41
		20 ～ 40	1.40	0.70	0.53	0.45	0.35	0.25	0.61	187.76
苍梧县共青林场	红椎	0 ～ 20	1.90	1.20	1.15	1.12	0.90	1.05	1.22	81.97
		20 ～ 40	1.45	1.15	0.88	0.85	0.60	0.70	0.94	90.67
	荷木	0 ～ 20	1.90	1.25	0.80	0.88	0.95	0.85	1.11	99.55
		20 ～ 40	1.45	1.10	0.58	0.63	0.50	0.55	0.80	118.63
	荒地	0 ～ 20	1.90	0.90	0.70	0.98	0.90	0.75	1.02	117.46
		20 ～ 40	1.45	0.65	0.65	0.70	0.50	0.40	0.73	144.83

11. 土壤有效 Zn 含量

各土壤肥力监测点 5 年来的有效 Zn 含量监测结果见表 7-46。从表 7-46 可以看出，与处理前相比，2012 年各监测点的土壤有效 Zn 含量表现出增加、减少和不变三种情况，但不同年度各监测点的土壤有效 Zn 含量始终是 0 ～ 20 cm 层高于 20 ～ 40 cm 层，其平均值含量也是如此。相比其他监测点，不同年度环江毛南族自治县华山林场土壤有效 Zn 含量相对较高，其 0 ～ 20 cm 层松树和荒地的有效 Zn 平均含量最高，达 3.17 mg/kg。各监测点土壤有效 Zn 含量在不同年度的变幅较大，且彼此间相差也很大。除广西国有派阳山林场荒地的有效 Zn 含量变幅是 0 ～ 20 cm 层高于 20 ～ 40 cm 层外，其余均是 0 ～ 20 cm 层低于 20 ～ 40 cm 层。其中，变幅最小的是苍梧县共青林场 0 ～ 20 cm 层的红椎林，变幅值为 61.18%；变幅最大的是环江毛南族自治县华山林场 20 ～ 40 cm 层的荒地，变幅值为 205.71%。5 年来，0 ～ 20 cm 层松树林的土壤有效 Zn 含量变化属先升后降再升型，桉树林、红椎林和荷木林属波动型。

表 7-46 各土壤肥力监测点不同年度有效 Zn 含量监测结果

监测点	树种	土层深度（cm）	土壤有效 Zn 含量（mg/kg）							变幅（%）
			处理前	2008 年	2009 年	2010 年	2011 年	2012 年	平均值	
广西国有派阳山林场	桉树	0 ～ 20	1.55	1.95	1.30	1.63	0.90	0.80	1.36	84.87
		20 ～ 40	0.60	1.95	0.68	0.76	0.70	0.50	0.86	167.79
	荒地	0 ～ 20	1.55	2.20	0.70	0.89	0.65	0.70	1.12	139.01
		20 ～ 40	0.60	1.10	0.58	0.76	0.50	0.65	0.70	86.02
环江毛南族自治县华山林场	松树	0 ～ 20	2.30	3.50	3.92	4.95	1.90	2.45	3.17	96.24
		20 ～ 40	0.65	2.85	1.40	2.45	0.95	1.30	1.60	137.50
	荒地	0 ～ 20	2.30	5.32	2.98	1.95	3.30	3.15	3.17	106.45
		20 ～ 40	0.65	4.55	1.88	1.70	1.10	1.50	1.90	205.71

续表

监测点	树种	土层深度（cm）	土壤有效 Zn 含量（mg/kg）							变幅（%）
			处理前	2008 年	2009 年	2010 年	2011 年	2012 年	平均值	
苍梧县共青林场	红椎	0 ~ 20	1.15	1.55	1.18	1.24	0.90	0.85	1.14	61.18
		20 ~ 40	0.50	1.35	0.50	0.57	0.65	0.50	0.68	125.31
	荷木	0 ~ 20	1.15	2.10	1.05	1.40	1.05	1.45	1.37	76.83
		20 ~ 40	0.50	1.20	0.58	0.77	0.45	0.65	0.69	108.56
	荒地	0 ~ 20	1.15	1.40	0.98	1.05	0.70	1.10	1.06	65.88
		20 ~ 40	0.50	0.70	1.05	0.78	0.35	0.50	0.65	108.25

12. 土壤有效 B 含量

各土壤肥力监测点 5 年来的有效 B 含量监测结果见表 7-47。由表 7-47 可以看到，与处理前相比，2012 年各监测点的土壤有效 B 含量表现出增加、减少和不变三种情况，但不同年度各监测点的土壤有效 B 含量始终是 0 ~ 20 cm 层高于 20 ~ 40 cm 层。不同年度各监测点的土壤有效 B 平均含量最大的是环江毛南族自治县华山林场 0 ~ 20 cm 层的松树林地，其值为 0.28 mg/kg；平均含量最小的是苍梧县共青林场 20 ~ 40 cm 层的荒地，其值为 0.10 mg/kg。各监测点土壤有效 B 含量的变幅普遍不大，绝大多数低于 75%，除环江毛南族自治县华山林场松树林、苍梧县共青林场荷木林和荒地的土壤有效 B 含量变幅是 0 ~ 20 cm 层低于 20 ~ 40 cm 层外，其余均是 0 ~ 20 cm 层高于 20 ~ 40 cm 层。其中，有效 B 含量变幅最大的监测点是苍梧县共青林场 20 ~ 40 cm 层荒地，变幅为 118.03%；有效 B 含量变幅最小的是广西国有派阳山林场 20 ~ 40 cm 层桉树林，变幅为 31.09%。5 年来，20 ~ 40 cm 层桉树林的土壤有效 B 含量变化属先升后降再升型，20 ~ 40 cm 层荷木林属先降后升再降型，20 ~ 40 cm 层红椎林属先升后降型，0 ~ 20 cm 层荷木林属先降后升型，其余林分属波动型。

表 7–47　各土壤肥力监测点不同年度有效 B 含量监测结果

监测点	树种	土层深度（cm）	土壤有效 B 含量（mg/kg）							变幅（%）
			处理前	2008 年	2009 年	2010 年	2011 年	2012 年	平均值	
广西国有派阳山林场	桉树	0 ~ 20	0.27	0.19	0.26	0.23	0.18	0.20	0.22	40.75
		20 ~ 40	0.16	0.19	0.17	0.15	0.14	0.16	0.16	31.09
	荒地	0 ~ 20	0.27	0.36	0.23	0.22	0.23	0.27	0.26	53.33
		20 ~ 40	0.16	0.22	0.18	0.19	0.20	0.21	0.19	31.17
环江毛南族自治县华山林场	松树	0 ~ 20	0.35	0.23	0.19	0.39	0.20	0.35	0.28	70.38
		20 ~ 40	0.19	0.17	0.13	0.29	0.24	0.27	0.21	74.71
	荒地	0 ~ 20	0.35	0.30	0.21	0.11	0.37	0.30	0.27	95.41
		20 ~ 40	0.19	0.18	0.15	0.28	0.17	0.27	0.21	63.16
苍梧县共青林场	红椎	0 ~ 20	0.34	0.16	0.23	0.21	0.27	0.13	0.22	94.03
		20 ~ 40	0.09	0.10	0.19	0.17	0.16	0.12	0.14	72.73
	荷木	0 ~ 20	0.34	0.28	0.25	0.25	0.21	0.26	0.27	49.06
		20 ~ 40	0.09	0.08	0.17	0.17	0.13	0.13	0.13	70.13
	荒地	0 ~ 20	0.34	0.10	0.17	0.21	0.20	0.27	0.21	112.06
		20 ~ 40	0.09	0.04	0.14	0.16	0.10	0.08	0.10	118.03

第四节　用材林林区土壤侵蚀监测

一、监测点概况

土壤侵蚀监测点分别位于广西南部宁明县的广西国有派阳山林场、广西北部的环江毛南族自治县华山林场、广西东部的苍梧县共青林场分别选择有代表性的固定标准地建立径流场 2 个、2 个、3 个，每个径流小区为 20 m × 5 m 的长方形，面积为 100 m^2，其长边顺坡垂直于等高线。每个径流小区的结构按统一标准设计和建造，包括边界墙、集水槽、引水槽、集水池以及在径流小区上缘外修建的排水沟和在径流小区两侧设置的保护带。各监测点基本情况见表 7-48。

表 7-48　各监测点径流小区基本情况表

调查地点	植被类型	坡度（°）	坡位	起源	林龄（a）
广西国有派阳山林场	桉树	28.5	中坡	人工	4
环江毛南族自治县华山林场	松树	14.0	中坡	人工	4
苍梧县共青林场	红椎、荷木	30.0	中坡	人工	4

二、监测的内容与方法

1. 监测点的选择

为了使监测结果具有更强的代表性，我们选择广西不同地理位置作为监测区域。土壤侵蚀监测点分别位于广西南部宁明县的广西国有派阳山林场（东经 107° 03′、北纬 21° 56′）、广西北部的环江毛南族自治县华山林场（东经 108° 15′、北纬 25° 06′）、广西东部的苍梧县共青林场（东经 111° 25′、北纬 23° 44′）。

2. 监测内容

各监测点降水量、土壤流失量和沉淀物养分流失量。

3. 监测方法

设置雨量筒观测降水量，径流量则通过在集水池中的水用体积法求得；观测径流的同时，将集水池中的水搅拌均匀后取样，经过滤、烘干、称重，求算径流含沙量和侵蚀量，同时分析泥沙沉淀物养分。

泥沙沉淀物养分含量的测定方法参照国家林业行业标准：速效 N 测定采用碱解扩散法；速效 P 采用双酸浸提 – 钼锑抗比色法；速效 K 采用乙酸铵浸提 – 原子吸收分光光度法测定；有效 Cu、Zn 采用盐酸浸提 – 原子吸收分光光度法测定；有效 B 采用沸水浸提 – 姜黄素比色法测定。

泥沙沉淀物养分含量和土壤侵蚀量的乘积为养分流失量。

4. 数据分析

文中图表在 Origin8.0 和 Excel 2003 中制作完成，数据库在 Access 2003 中建立。

三、监测结果与分析

（一）降水量及其分布特征

1. 降水量

2008 年各监测点降水量监测的开始时间不同，2008 ～ 2012 年各监测点降水量情况如图 7-27 所示。各监测点年降水差异很大，其中环江毛南族自治县华山林场降水量较小，具体情况如下。

（1）广西国有派阳山林场 2008 年 7 月至 12 月，降水量为 512.7 mm，2009 年、2010 年和 2011 年降水量分别为 1 639.7 mm、1 094.6 mm 和 1 223.2 mm；2012 年 1 月至 5 月，降水量为 374.2 mm。

（2）环江毛南族自治县华山林场 2008 年 7 月至 12 月，降水量为 736.5 mm；2009 年、2010 年和 2011 年降水量分别为 869.3 mm、902.2 mm 和 467.7 mm；2012 年 1 月至 4 月，降水量为 271.4 mm。

（3）苍梧县共青林场 2008 年 10 月至 12 月，降水量为 99.9 mm；2009 年、2010 年和 2011 年降水量分别为 1 430.9 mm、1 334.5 mm 和 1 180.7 mm；2012 年 1 月至 7 月，降水量为 1 141.8 mm。

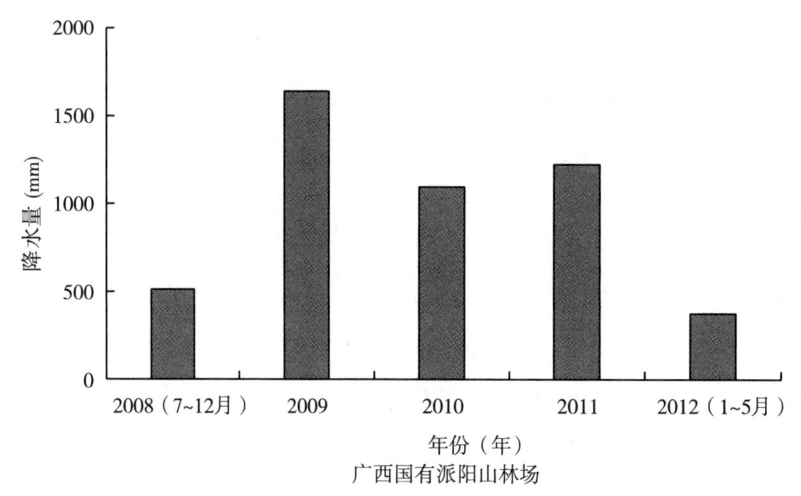

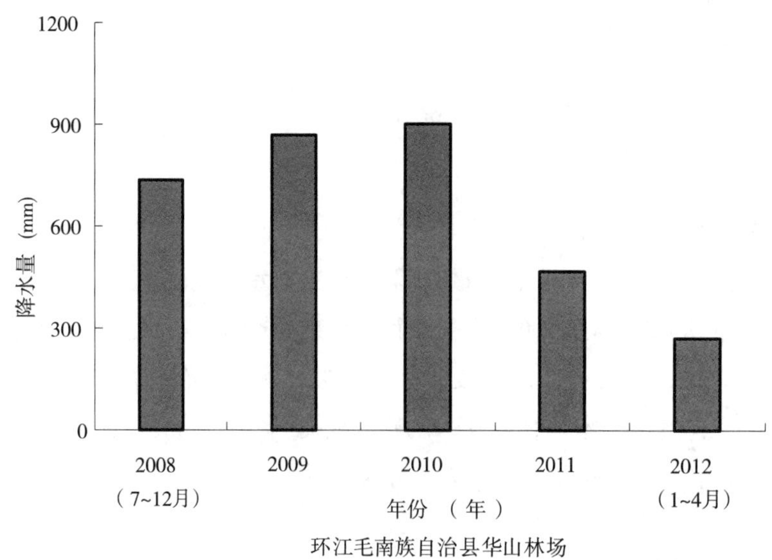

图 7-27　2008 ～ 2012 年各监测点降水量

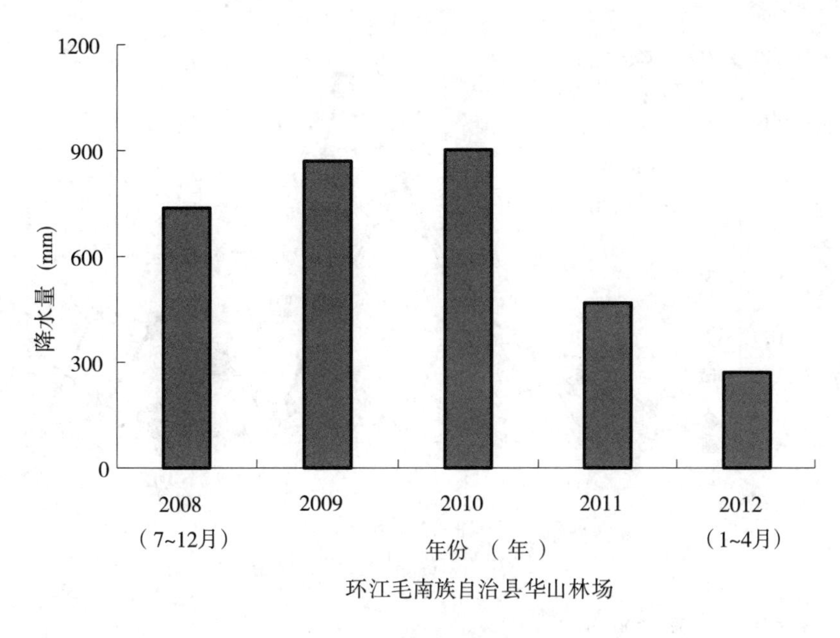

续图 7-27

2. 降水量分布特征

2008～2012年各监测点各月降水量见图7-28，各监测点降水量分配不均，夏季降水比较集中。此外，各监测点降水量分布特征也存在明显的差异，具体情况如下。

（1）广西国有派阳山林场。降水量分布大致呈“双峰型”，但每年降水集中出现的时间不同，总体来看2009～2011年降水主要集中在4～10月，分别占年总降水量的85.28%、94.29%和86.82%。

（2）环江毛南族自治县华山林场。降水量分布大致呈“单峰型”，2009～2011年降水主要集中在4～7月，分别占年总降水量的71.86%、66.07%和46.53%。

（3）苍梧县共青林场。降水量分布大致呈“单峰型”，2009～2011年降水主要集中在4～9月，分别占年总降水量的79.85%、93.99%和81.93%。

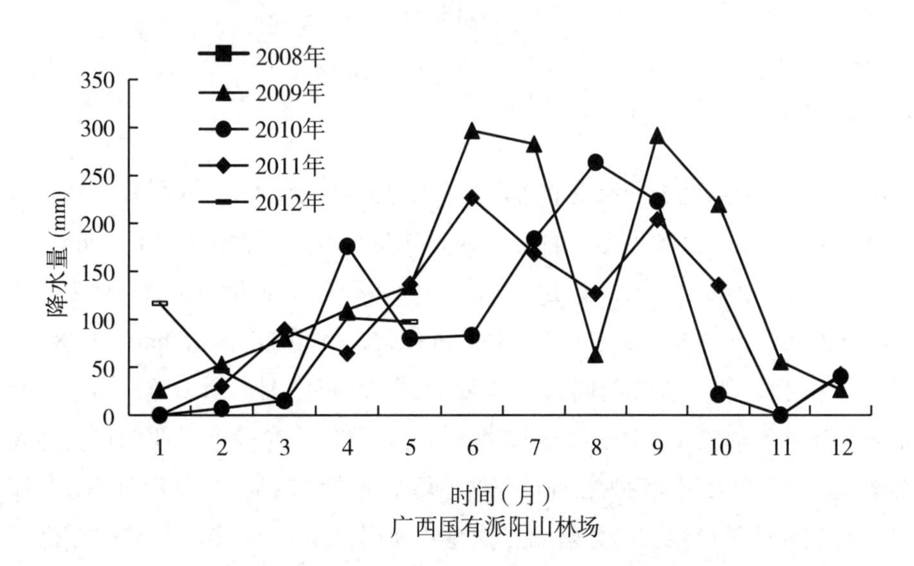

图 7-28　2008～2012 年各监测点各月降水量

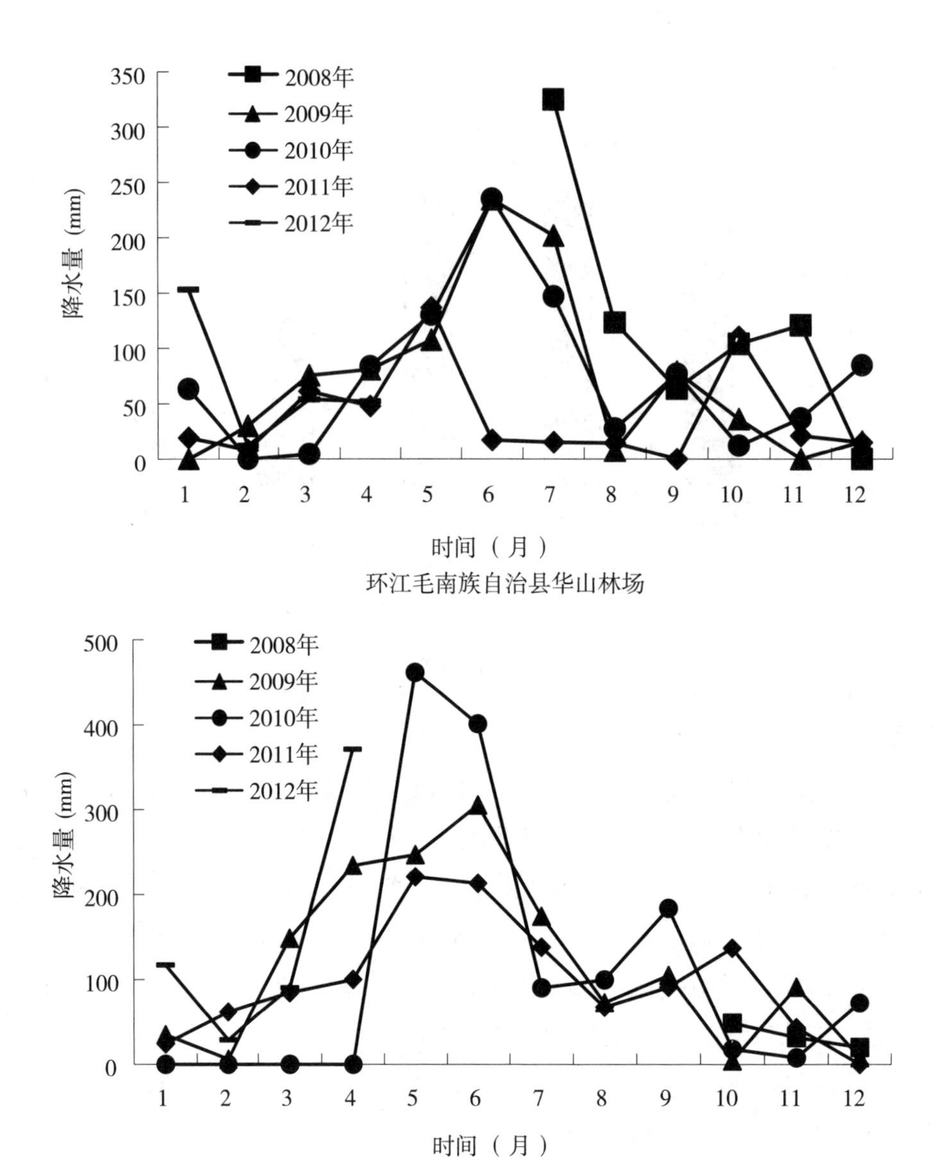

续图 7-28

（二）地表径流量

2008 ～ 2012 年各监测点地表径流量的测定结果见表 7-49 所示。广西国有派阳山林场、环江毛南族自治县华山林场和苍梧县共青林场连续四年地表径流量总量分别为 3 649.1 m^3/hm^2、1 966.3 m^3/hm^2 和 1 334.7 m^3/hm^2，差异很明显。从表中还可以看出，2008 ～ 2012 年各监测点地表径流量变化范围分别为 110.6 ～ 1 662.7 m^3/hm^2、977.8 ～ 1 750.8 m^3/hm^2、133.4 ～ 261.4 m^3/hm^2、12.8 ～ 23.2 m^3/hm^2 和 0.0 ～ 1.2m^3/hm^2，由于 2008 年监测时间为 7 ～ 12 月或 10 ～ 12 月，所以监测结果较低。可见不同年度各监测点地表径流量差别较大，且随种植时间其值迅速降低，2012 年几乎未产生地表径流。人工林的营造影响林地地表径流，大致表现为在种植前两年增加地表径流量，但其后对地表径流的影响较小，且能有效地减少地表径流的产生。与各监测点荒地处理比，2008 ～ 2012 年桉树、松树、红椎和荷木林地地表径流总量分别增加了 25.88%、13.69%、10.20% 和 20.47%。

表 7-49　2008 ～ 2012 年各监测点地表径流量

单位：m^3/hm^2

监测点	处理（树种）	2008 年（7 ～ 12 月、10 ～ 12 月）	2009 年	2010 年	2011 年	2012 年（1 ～ 4 月、1 ～ 5 月、1 ～ 7 月）	合计
广西国有派阳山林场	桉树	1 950.1	1 843.8	246.3	25.5	1.6	4 067.3
	荒地	1 375.2	1 657.7	176.3	20.9	0.9	3 231.0
环江毛南族自治县华山林场	松树	706.0	1 084.5	285.1	16.7	0.0	2 092.3
	荒地	718.8	871.0	237.6	12.9	0.0	1 840.3
苍梧县共青林场	红椎	116.0	1 080.7	136.2	1.5	0.0	1 334.4
	荷木	88.6	1 197.8	158.0	13.3	1.1	1 458.8
	荒地	127.3	954.2	105.9	23.5	0.0	1 210.9
广西国有派阳山林场	平均	1 662.7	1 750.8	211.3	23.2	1.2	3 649.1
环江毛南族自治县华山林场		712.4	977.8	261.4	14.8	0.0	1 966.3
苍梧县共青林场		110.6	1 077.6	133.4	12.8	0.4	1 334.7

（三）土壤侵蚀量

2008 ～ 2012 年各监测点四年土壤侵蚀量总量的测定结果如图 7-29 所示。广西国有派阳山林场、环江毛南族自治县华山林场和苍梧县共青林场连续四年土壤侵蚀量总量分别为 330.7 t/hm^2、168.9 t/hm^2 和 6.8 t/hm^2，差异很明显。

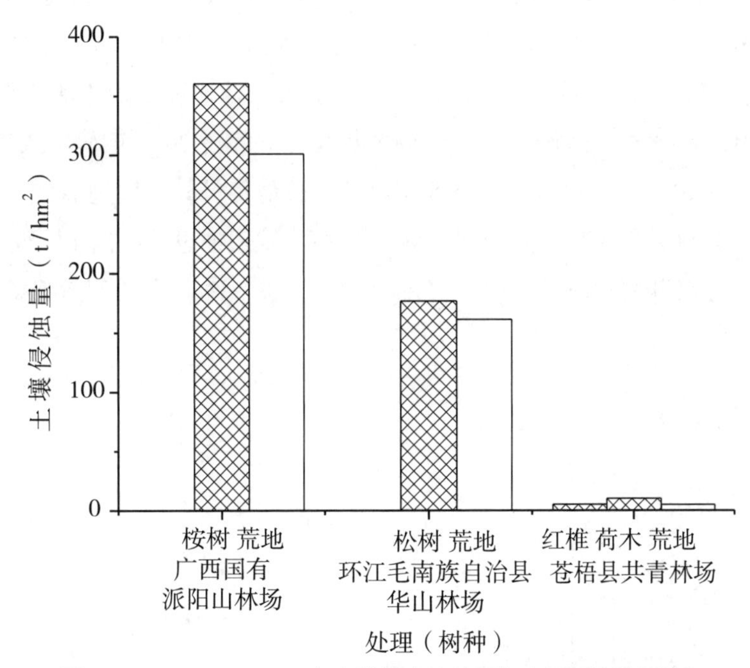

图 7-29　2008 ～ 2012 年各监测点连续四年土壤侵蚀量总量

2008 ～ 2012 年监测点土壤侵蚀量如图 7-30 所示。各监测点土壤侵蚀量具体情况如下。

1. 广西国有派阳山林场

2008（7 ～ 12 月）年、2009 年、2010 年、2011 年和 2012（1 ～ 5 月）年荒地土壤侵蚀量分别为 297.00 t/（hm^2·年）、3.80 t/（hm^2·年）、0.13 t/（hm^2·年）、0.03 t/（hm^2·年）和 0.00 t/（hm^2·年）。与

荒地处理相比，桉树人工林地土壤侵蚀量增加了 18.86% ～ 146.15%。随着种植时间的延长，桉树人工林地和荒地土壤侵蚀量均呈逐年降低的变化趋势，其中 2012 年未发生土壤侵蚀，与 2008 年相比，其值分别降低了 98.02% ～ 99.98%、98.72% ～ 99.99%。可见，造林第一年土壤侵蚀量比较大，主要与林地管护措施有关，马尾松林地采伐后进行炼山、桉树人工林挖沟种植施肥等，致使林下植被保持很少，土壤抗侵蚀能力差，但种植一年后，桉树人工林和林下植被快速生长，能有效地防止土壤侵蚀的产生。

2. 环江毛南族自治县华山林场

2008 年（7 ～ 12 月）、2009 年、2010 年、2011 年和 2012 年（1 ～ 4 月）荒地土壤侵蚀量分别为 158.00 t/（hm^2·年）、2.90 t/（hm^2·年）、0.20 t/（hm^2·年）、0.00 t/（hm^2·年）和 0.00 t/（hm^2·年）。与荒地处理相比，桉树人工林地土壤侵蚀量增加了 8.23% ～ 82.76%。随着种植时间的延长，松树人工林地和荒地土壤侵蚀量均呈逐年降低的变化趋势，2011 年荒地、2012 年松树林地开始未发生土壤侵蚀，与 2008 年相比，其值分别降低了 96.90% ～ 99.99%、98.16% ～ 99.87%。可见，造林第一年土壤侵蚀量比较大，主要还是与林地管护措施有关，2008 年 5 月种植松树前对表层土进行翻耕，致使 2008 年下半年土壤侵蚀量较大，但种植一年后，松树人工林和林下植被生长比较茂盛，有效减少了土壤的流失。

3. 苍梧县共青林场

2008 年（10 ～ 12 月）、2009 年、2010 年、2011 年和 2012（1 ～ 7 月）年荒地土壤侵蚀量分别为 3.00 t/（hm^2· 年）、1.80 t/（hm^2· 年）、0.18 t/（hm^2· 年）、0.07 t/（hm^2· 年）和 0.00 t/（hm^2· 年）。与荒地处理相比，红椎人工林地 2009 年土壤侵蚀量增加了 11.11%，2010 年和 2011 年则分别降低了 22.22% 和 28.57%；荷木人工林 2008 年土壤侵蚀量降低了 33.33%，2009 ～ 2011 年降低的幅度为 42.86% ～ 333.33%。随着种植时间的延长，红椎、荷木人工林地和荒地土壤侵蚀量均呈逐年降低的变化趋势，其中 2012 年未发生土壤侵蚀，与 2008 年相比，除了 2009 年荷木人工林土壤侵蚀量提高了 290.00%，以及仅在 10 ～ 12 月监测的 2008 年以外，其他年份其值分别降低了 33.33% ～ 98.33%、87.00% ～ 95.00% 和 40.00% ～ 97.67%。可见，不同年度土壤侵蚀量较小且年际变化幅度不大，造林前两年土壤侵蚀量较大些，但随着红椎和荷木人工林和林下植被快速生长，能有效地防止土壤侵蚀的产生。

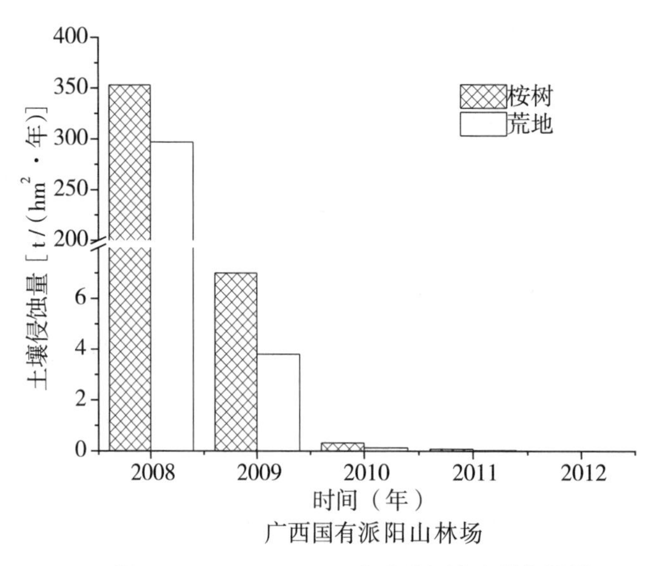

图 7-30　2008 ～ 2012 年各监测点土壤侵蚀量

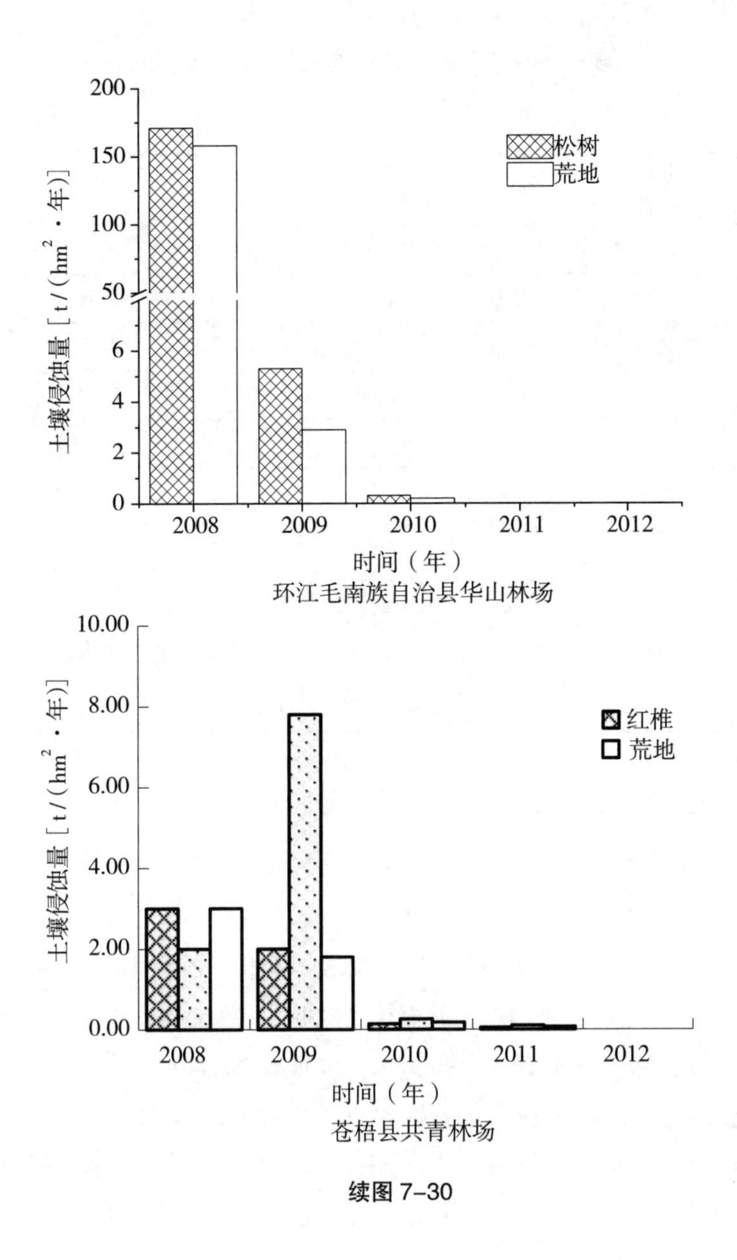

续图 7–30

（四）养分流失量

土壤侵蚀带来的土壤养分流失是养分流失量的主要组成部分，因此本项目仅考虑土壤侵蚀带来的土壤养分流失量。根据土壤侵蚀量与其养分含量得出监测点养分流失量。

2008 ～ 2012 年各监测点养分流失量见表 7–50 所示。广西国有派阳山林场、环江毛南族自治县华山林场和苍梧县共青林场连续四年养分流失总量分别为 137.886 kg/hm^2、52.727 kg/hm^2 和 3.072 kg/hm^2，差异很明显。从表中还可以看出，2008 ～ 2011 年各监测点养分流失量变化范围分别为 0.669 ～ 139.234 kg/hm^2、0.964 ～ 2.950 kg/hm^2、0.058 ～ 0.174 kg/hm^2 和 0.000 ～ 0.071 kg/hm^2，由于 2008 年监测时间为 7 ～ 12 月或 10 ～ 12 月，所以养分流失量较低。可见不同年度各监测点养分流失量差别较大，且随种植时间其值迅速降低，2012 年未产生养分流失。

表 7-50　2008 ～ 2012 年各监测点养分流失量

单位：kg/hm²

监测点	处理（树种）	2008 年	2009 年	2010 年	2011 年	2012 年	合计
广西国有派阳山林场	桉树	139.234	2.944	0.143	0.027	0.000	142.348
	荒地	131.666	1.688	0.058	0.012	0.000	133.424
环江毛南族自治县华山林场	松树	58.978	2.430	0.105	0.003	0.000	61.516
	荒地	42.902	0.964	0.072	0.000	0.000	43.938
苍梧县共青林场	红椎	1.048	1.308	0.086	0.046	0.000	2.488
	荷木	0.669	2.950	0.111	0.053	0.000	3.783
	荒地	1.431	1.270	0.174	0.071	0.000	2.946
广西国有派阳山林场	平均	135.450	2.316	0.101	0.020	0.000	137.886
环江毛南族自治县华山林场		50.940	1.697	0.089	0.002	0.000	52.727
苍梧县共青林场		1.049	1.843	0.124	0.057	0.000	3.072

各监测点养分流失量具体情况如下（表 7-51 ～表 7-53）。

1. 广西国有派阳山林场

荒地养分流失量 2008 年（7 ～ 12 月）为 131.666 kg/hm²、2009 年为 1.688 kg/hm²、2010 年为 0.058 kg/ hm²、2011 年为 0.012 kg/hm²。与荒地处理相比，桉树人工林养分流失量增加了 5.75% ～ 147.12%。与 2008 年（7 ～ 12 月）相比，2009 ～ 2011 年桉树人工林养分流失总量降低了 97.89% ～ 99.98%，荒地降低了 98.72% ～ 99.99%。2008 ～ 2011 年，各养分流失总量相比较，桉树人工林和荒地 K 的流失量最大，K 的流失量分别为 90.614 kg/hm² 和 81.205 kg/hm²，占监测点养分流失总量的 63.66% 和 60.86%；而微量元素有效 B 的流失量较小，桉树人工林和荒地有效 B 的流失量分别为 0.065 kg/hm² 和 0.066 kg/hm²，占监测点养分流失总量的 0.046% 和 0.050%。各养分流失总量的大小顺序排列为 K > N > Zn > P > Cu > B。

表 7-51　2008 ～ 2012 年广西国有派阳山林场监测点养分流失量

营养元素（kg/hm²）

年份	径流小区	N	P	K	Cu（×10⁻³）	Zn（×10⁻³）	B（×10⁻³）	合计（kg/hm²）
2008	桉树	48.820	0.388	88.532	211.800	1 217.850	63.540	139.234
	荒地	49.094	0.386	80.071	326.700	1 722.600	65.340	131.666
2009	桉树	0.958	0.006	1.964	2.275	12.950	1.365	2.944
	荒地	0.584	0.003	1.085	2.185	12.065	0.741	1.688
2010	桉树	0.043	0.000	0.099	0.016	0.080	0.067	0.143
	荒地	0.018	0.000	0.039	0.007	0.072	0.022	0.058

续表

年份	径流小区	N	P	K	Cu（×10⁻³）	Zn（×10⁻³）	B（×10⁻³）	合计（kg/hm²）
2011	桉树	0.008	0.000	0.018	0.060	0.308	0.026	0.027
	荒地	0.003	0.000	0.010	0.011	0.074	0.006	0.012
2012	桉树	0.000	0.000	0.000	0.000	0.000	0.000	0.000
	荒地	0.000	0.000	0.000	0.000	0.000	0.000	0.000
合计	桉树	49.830	0.394	90.614	214.151	1 231.188	64.998	142.348
	荒地	49.699	0.390	81.205	328.902	1 734.810	66.109	133.424

2. 环江毛南族自治县华山林场

荒地养分流失量2008年（7～12月）为42.902 kg/hm^2、2009年和2010年分别为0.964 kg/hm^{2}和0.072 kg/hm^2，2011年和2012年未产生养分流失。与荒地处理相比，松树人工林养分流失量增加了37.47%～151.94%。与2008年（7～12月）相比，2009～2011年松树人工林养分流失总量降低了95.88%～99.99%，2009～2010年荒地养分流失总量降低了97.75%～99.83%。2008～2011年，各养分流失总量相比较，松树人工林和荒地K的流失量最大，K的流失量分别为40.964 kg/hm^{2}和28.270 kg/hm^2，占监测点养分流失总量的66.59%和63.34%。而微量元素有效B的流失量较小，松树人工林和荒地有效B的流失量分别为0.053 kg/hm^{2}和0.021 kg/hm^2，占监测点养分流失总量的0.086%和0.048%。各养分流失总量的大小顺序排列为K＞N＞Zn＞Cu＞P＞B。

表7-52　2008～2012年环江毛南族自治县华山林场监测点养分流失量

营养元素（kg/hm²）

年份	径流小区	N	P	K	Cu（×10⁻³）	Zn（×10⁻³）	B（×10⁻³）	合计（kg/hm²）
2008	松树	18.776	0.154	39.313	196.650	487.350	51.300	58.978
	荒地	14.726	0.142	27.618	126.400	268.600	20.540	42.902
2009	松树	0.832	0.006	1.574	6.625	9.540	1.325	2.430
	荒地	0.347	0.003	0.606	1.305	6.090	0.493	0.964
2010	松树	0.029	0.000	0.075	0.233	0.465	0.112	0.105
	荒地	0.026	0.000	0.046	0.110	0.360	0.044	0.072
2011	松树	0.001	0.000	0.002	0.011	0.020	0.003	0.003
	荒地	0.000	0.000	0.000	0.000	0.000	0.000	0.000
2012	松树	0.000	0.000	0.000	0.000	0.000	0.000	0.000
	荒地	0.000	0.000	0.000	0.000	0.000	0.000	0.000
合计	松树	19.638	0.160	40.964	203.518	497.375	52.740	61.515
	荒地	15.099	0.145	28.270	127.815	275.050	21.077	43.938

3. 苍梧县共青林场

荒地养分流失量2008年（7～12月）为1.431 kg/hm^2、2009年为1.270 kg/hm^2、2010年为0.174 kg/ hm^2、2011年为0.071 kg/hm^2。与荒地处理相比，2009年红椎、荷木人工林养分流失量分别增加了3.00%和132.35%，2008年、2010年和2011年红椎、荷木人工林养分流失量则分别降低了26.81%～50.73%、24.68%～53.27%。这可能是因为该监测点未采取抚育措施，荒地杂草丛生，荒地养分归还较高。与2008年（10～12月）相比，2009～2011年红椎人工林养分流失总量降低了24.81%～95.59%，荷木人工林降低了87.21%～341.02%，荒地降低了11.30%～95.06%。这主要是由于2008年该点监测时间太短，致使红椎和荷木人工林2009年养分流失总量与2008年相比有所提高。2008～2011年，各养分流失总量相比较，红椎、荷木人工林和荒地K的流失量最大，K的流失量分别为1.886 kg/hm^2、2.529 kg/hm^{2}和2.302 kg/hm^2，占监测点养分流失总量的75.83%、66.85%和78.16%；而微量元素有效B的流失量较小，桉树人工林和荒地有效B的流失量分别为0.999 kg/hm^2、3.590 kg/hm^{2}和0.862 kg/hm^2，占监测点养分流失总量的0.040%、0.095%和0.029%。各养分流失总量的大小顺序排列为K > N > P > Zn > Cu > B。

表7-53 2008～2012年苍梧县共青林场监测点养分流失量

营养元素（kg/hm^2）

年份	处理（树种）	N	P	K	Cu（$\times10^{-3}$）	Zn（$\times10^{-3}$）	B（$\times10^{-3}$）	合计（kg/hm^2）
2008	红椎	0.130	0.004	0.911	0.750	1.950	0.060	1.048
	荷木	0.092	0.002	0.572	1.000	0.900	0.160	0.669
	荒地	0.174	0.005	1.247	1.950	3.300	0.180	1.431
2009	红椎	0.390	0.020	0.884	3.300	9.400	0.900	1.308
	荷木	1.065	0.014	1.845	9.750	13.260	3.354	2.950
	荒地	0.348	0.029	0.879	2.070	10.800	0.648	1.270
2010	红椎	0.023	0.000	0.061	0.280	0.854	0.038	0.086
	荷木	0.033	0.000	0.076	0.468	0.611	0.055	0.111
	荒地	0.040	0.001	0.131	0.324	1.503	0.022	0.174
2011	红椎	0.016	0.000	0.030	0.008	0.743	0.001	0.046
	荷木	0.016	0.000	0.036	0.095	0.395	0.021	0.053
	荒地	0.025	0.000	0.045	0.088	0.651	0.013	0.071
2012	红椎	0.000	0.000	0.000	0.000	0.000	0.000	0.000
	荷木	0.000	0.000	0.000	0.000	0.000	0.000	0.000
	荒地	0.000	0.000	0.000	0.000	0.000	0.000	0.000
合计	红椎	0.558	0.024	1.886	4.338	12.947	0.999	2.487
	荷木	1.207	0.017	2.529	11.313	15.166	3.590	3.782
	荒地	0.587	0.035	2.302	4.432	16.254	0.862	2.945

第五节　用材林地力维持监测

一、地力维持长期固定监测点建设

（一）前言

在典型林地土壤区域建立地力维持长期固定监测点，长期关注典型林地区域土壤肥力、水土流失等情况。

1. 固定监测点选择

松、杉、桉三大主要用材树种，各建设地力维持长期固定监测点 3 个。选址情况如下：松树为广西国有派阳山林场、苍梧县国有天洪岭林场和环江毛南族自治县华山林场；杉木为融安县西山林场、全州县咸水林场和天峨县林朵林场；桉树为广西国有七坡林场、广西国有钦廉林场和广西国有黄冕林场。

2. 建设内容及规模

（1）基础设施建设。桉树固定监测点在广西国有七坡林场、广西国有钦廉林场和广西国有黄冕林场各建设 1 个坡面径流场和 1 个水量平衡场；松树固定监测点在广西国有派阳山林场建设 1 个坡面径流场和 1 个水量平衡场；杉木固定监测点在全州县咸水林场和天峨县林朵林场各建设 1 个坡面径流场和 1 个水量平衡场，共计 6 个坡面径流场和 6 个水量平衡场。各树种监测点分别建设固定样地 1 处，共 9 处。

（2）设备购置。小型气象站 6 套；水量平衡场配套水文监测设备 6 套；坡面径流场配套水文监测设备 6 套。

3. 建设依据

（1）《森林生态系统定位观测指标体系》（LY/T 1606—2003）。

（2）《森林生态系统定位研究站建设技术要求》（LY/T 1626—2005）。

（3）《森林生态系统服务功能评估规范》（LY/T 1721—2008）。

（4）《森林生态系统长期定位观测方法》（GB/T 33027—2016）。

（5）《地面气象观测规范》（QX/T 45—2007）。

（6）《水土保持监测技术规程》（SL 277—2002）。

（二）长期固定监测点布局

松、杉、桉三大主要用材树种，各建设地力维持长期固定监测点 3 个。选址情况如下：松树，广西国有派阳山林场、苍梧县国有天洪岭林场和环江毛南族自治县国有华山林场；杉木，融安县西山林场、全州县咸水林场和天峨县林朵林场；桉树，广西国有七坡林场、广西国有钦廉林场和广西国有黄冕林场。各监测点具体布设情况见表 7-54。

表 7–54　固定监测点布设情况

树种	具体位置	建设内容
桉树	广西国有七坡林场那琴分场	坡面径流场、水量平衡场及配套水文、气象观测设施、固定样地
桉树	广西国有黄冕林场波寨分场	坡面径流场、水量平衡场及配套水文、气象观测设施、固定样地
桉树	广西国有钦廉林场平银分场	坡面径流场、水量平衡场及配套水文、气象观测设施、固定样地
杉木	全州县咸水林场留栏冲分场	坡面径流场、水量平衡场及配套水文、气象观测设施、固定样地
杉木	天峨县林朵林场顶皇分场	坡面径流场、水量平衡场及配套水文、气象观测设施、固定样地
杉木	融安县西山林场西隅林站	固定样地
松树	广西国有派阳山林场鸿鸪分场	坡面径流场、水量平衡场及配套水文、气象观测设施、固定样地
松树	苍梧县国有天洪岭林场 13 林班	固定样地
松树	环江毛南族自治县华山林场华山分场	固定样地

（三）固定监测点所在位置基本情况

1. 广西国有七坡林场桉树固定监测点基本情况

固定监测点位于广西南宁市吴圩镇广西国有七坡林场那琴分场内。该地区地貌以丘陵为主，属湿润的亚热带季风气候，夏长冬短，阳光充足，雨量充沛。年平均气温 22.0℃，年均降水量达 1 304.2 mm，平均相对湿度为 79%。降水量的季节分配不均匀，秋、冬季干燥少雨。

2. 广西国有黄冕林场桉树固定监测点基本情况

固定监测点位于广西柳州市鹿寨县广西国有黄冕林场波寨分场内，106° 45′ E、21° 54′ N。该地区属于中亚热带季风气候，温暖多雨，光照充足，雨热同季，夏冬干湿明显，年平均气温 19℃，极端最低气温 –2.8℃，年均降水量 1 750 mm，年均蒸发量 1 426 mm，雨量系数 92.1，为水分充足区，降水量一般集中在 4 ～ 8 月。土壤为山地红壤。

3. 广西国有钦廉林场桉树固定监测点基本情况

固定监测点位于广西钦州市广西国有钦廉林场平银分场内，108° 38′ ～ 109° 30′ E、21° 41′ ～ 22° 10′ N，濒临北部湾，系低丘地貌。该地区属于北热带海洋性气候，年平均气温 22.4℃，最热月（7 月）平均气温 28.2℃，最冷月（1 月）平均气温 13.9℃，极端最高气温 37.4℃，极端最低气温 –0.8℃，无霜期 358 d，≥ 10℃年积温为 7 886.3 ～ 7 982.7℃。年均降水量 1 771.4 ～ 2 103.3 mm，年均蒸发量 1 693.9 ～ 1 671.2 mm，相对湿度 81% ～ 82%。土壤主要有砖红壤和赤红壤两个种类。土层中厚、表土层薄，石砾含量较多，有机质含量低，肥力低。

4. 全州县咸水林场杉木固定监测点基本情况

全州县咸水林场位于桂林市全州县（110° 75′ E、25° 52′ N），地属中亚热带季风气候，年均气温 17.9 ℃，极端最高气温 40.4℃，极端最低气温－6.6℃，年均降水量 1 561.1 mm，平均相对湿度达 78%。属低山丘陵类型地貌；林地土壤以砂岩、页岩、花岗岩发育而成的红壤为主，疏松肥沃，有机质含量高，表土层厚 20 ～ 25 cm。

5. 天峨县林朵林场杉木固定监测点基本情况

天峨县林朵林场位于河池市天峨县东部（107° 09′ ～ 107° 11′ E、24° 56′ ～ 25° 12′ N），海拔 600 ～ 900 m，属亚热带季风气候。最高气温 37.9℃，最低气温 2.9℃，年均气温 20.9℃，年均积温 7 475.2℃，平均日照时数为 1 232. 2 h，年均降水量 1 253.6 mm，年均无霜期 336 d。土壤为砂页岩发育而成的黄壤、黄红壤和红壤，大部分林地土层深厚，顶皇分场土层厚度 100 cm 左右，表土层 10 ～ 30 cm。土壤质地多为壤土或轻壤土，结构疏松。

6. 融安县西山林场杉木固定监测点基本情况

融安县西山林场位于广西柳州市融安县，林场森林覆盖率 90.0%，固定监测点位于 25° 39′ N、109° 36′ E，海拔高度为 150 ～ 240 m，林区处于中亚热带季风气候带，全年雨量充沛，年均温度 20℃，年均降水量 1 899.6 mm，温差不大，冬天少冰寒。林区土壤肥沃，土层厚 80 cm 以上，土层透气性好，pH 值 4.6 ～ 6.6，是杉木适生区。

7. 广西国有派阳山林场松树固定监测点基本情况

固定监测点位于广西崇左市宁明县广西国有派阳山林场鸿鸪分场内，106° 30′ ～ 107° 15′ E、21° 15′ ～ 22° 30′ N，系丘陵、低山地貌，属北热带季风气候。温暖多雨，光照充足，雨热同季、夏冬干湿明显，年均气温 21.8℃，年均降水量 1 250 ～ 1 700 mm，土壤有赤红壤、黄红壤和紫色土等，以赤红壤为主。

8. 苍梧县国有天洪岭林场松树固定监测点基本情况

固定监测点位于广西梧州市苍梧县国有天洪岭林场内，111° 16′ E、23° 39′ ～ 23° 41′ N，系丘陵、低山地貌，属热带季风气候区。温暖多雨，光照充足，雨热同季、夏冬干湿明显，年均气温 21.1℃，年均降水量约 1 500 mm，土壤多为红壤，土层深厚，肥力较好，较适宜林木生长。

9. 环江毛南族自治县华山林场松树固定监测点基本情况

固定监测点位于广西河池市环江毛南族自治县华山林场内，108° 15′ E 25° 6′ N，系丘陵、低山地貌，海拔为 300 ～ 600 m，属中亚热带季风气候，年平均气温为 19.8℃，最高气温 38.9℃，最低气温 5.1℃，年降水量 1 402.1 mm，常年日照充足，热量充沛，干湿季节明显，林地土壤多为红、黄土壤，土层较厚，原生植被属中亚热带常绿阔叶林和针阔混交林。

二、用材林养分流失监测

在我国经济持续高速发展的今天，我国需要的工业商品木材原材料逐年增加。近年来世界各国又纷纷加大对木材出口的限制力度，国际市场上木材价格持续攀升，依靠进口木材已不是行之有效的办法。供求矛盾突出，林业资源已不堪重负。为解决此问题，广西已被国家列为重要短轮伐期的工业原料林基地之一。近 20 年来，广西充分利用国家给予的西部大开发优惠政策，鼓励外资公司、林业集团、林场和个体户等大面积营造速生丰产林。到目前为止，广西已营造桉树、松树、杉树等速生丰产人工林面积超过 6×10^6 hm^2。这使广西林业在经济、社会和生态建设中占有重要地位，也为有效地控制或缓解对天然林的采伐，保护和改善广西的生态环境起到了巨大的作用，同时也对林业持续发展和建设具有重要的意义。

然而，随着速生丰产人工林的加速发展，商品人工林地土壤肥力和生态环境问题也越来越引起全社会广泛的关注和激烈的争论：一些学者认为人工林过度消耗养分，破坏了养分平衡，造成地力严重衰退；也有部分学者认为，桉树人工林数代连作以后，林地生产力会大大下降，林木生长一代不如一代。有持肯定态度的学者认为，从树种特征看，桉树可以消耗较少的养分而生产较大的生物量，它与很多农作物和树木相比，养分消耗量有 1/2 ～ 1/10，所以在贫瘠土壤上桉树可以不施肥而生长良好，它具有很强的土壤养分利用能力。据报道，人工造林前进行炼山造成水土养分流失，使土壤结构变坏，速效 N、P、K 的流失量分别是不炼山的 15 倍、24 倍和 5 倍。也有人认为，人工林通过大规模施肥后易引起肥料养分流失，造成水体富营养化，从而破坏生态环境。因此，对人工用材林地的土壤肥力、水土流失和肥料养分流失的监测研究至关重要，从而为提高林木肥料利用率和科学合理施肥提供科学依据，进而以维持林地土壤肥力和保护林地生态环境，对促进林业可持续发展具有很重要的意义和必要性。

（一）主要研究内容

通过在广西境内不同区域建立松树、杉木、桉树 3 个树种监测点，研究不同肥料品种对不同区域的松树、杉木、桉树人工林施肥后的水土流失和肥料养分流失情况，从而为新型肥料研究和林木科学施肥提供科学依据。

（二）监测点的基本情况

人工用材林养分流失监测点共 6 个，分别是：①广西国有七坡林场、广西国有黄冕林场、广西国有钦廉林场 3 个桉树人工林固定观测点；②全州县咸水林场、天峨县林朵林场 2 个杉木人工林固定观测点；③广西国有派阳山林场（宁明县）1 个马尾松人工林固定观测点。以上每个监测点分别建有 1 个径流场和 1 个水量平衡场，径流场分别建有 1 个沉沙池和 1 个集水池，水量平衡场建有 1 个沉沙池和 1 个渗透池。每个径流场和水量平衡场的径流小区为纵向坡 20 m、横向坡 10 m 的长方形，面积为 200 m^2，其长边顺坡垂直于等高线。每个径流小区的结构按统一标准设计和建造，包括边界墙、集水槽、引水槽、集水池、渗透池以及在径流小区上缘外修建的排水沟和在径流小区两侧设置的保护带。具体情况见表 7-55。

表 7–55　各监测点径流小区基本情况表

调查地点	树种	坡度（°）	坡位	起源	林龄（年）
广西国有七坡林场	桉树	26	中坡	人工	2
广西国有钦廉林场	桉树	23	中坡	人工	3
广西国有黄冕林场	桉树	27	中上坡	人工	2
天峨县林朵林场	杉木	31	中坡	人工	2
全州县咸水林场	杉木	30	中下坡	人工	3
广西国有派阳山林场	松树	25	中坡	人工	6

（三）监测点施肥试验设计

根据项目研究需求，分别在径流小区施用不同肥料品种，具体试验设计见表 7-56。

表 7–56　径流小区施肥试验设计

调查地点	树种	径流场	水量平衡场	施肥及抚育情况
广西国有七坡林场	桉树	桉树配方肥	袋控肥	每年施肥 1 次，施肥量 0.5 kg，抚育 1 次
广西国有钦廉林场	桉树	桉树配方肥	生物质炭基肥	每年施肥 1 次，配方肥施肥量 0.5 kg，炭基肥按同等养分施用，抚育 1 次
广西国有黄冕林场	桉树	桉树配方肥	袋控肥	每年施肥 1 次，施肥量 0.5 kg，抚育 1 次
天峨县林朵林场	杉木	杉木专用肥	袋控肥	每年施肥 1 次，施肥量 0.5 kg，抚育 1 次
全州县咸水林场	杉木	杉木专用肥	生物质炭基肥	每年施肥 1 次，专用肥施肥量 0.5 kg，炭基肥按同等养分施用，抚育 1 次
广西国有派阳山林场	松树	松树专用肥	袋控肥	每年施肥 1 次，施肥量 0.5 kg，抚育 1 次

（四）监测的内容与方法

（1）监测内容。

①各监测点气象指标：降水量、风向、风速、光照、光合有效、PM 2.5、空气温度、空气湿度、大气压力。

②土壤流失量、水体径流量和渗透水流失量。

③水体及沉淀物的养分流失量。

④土壤温度、土壤湿度、土壤盐分、叶片温度、叶片湿度。

（2）监测方法。林地内建立小型气象站观测降水量和其他气象指标，水体径流量在量集水池中的水用体积法求得；观测径流的同时，取一瓶清水带回实验分析养分含量，并将集水池中的水搅拌均匀后取样，经过滤、烘干、称重，求算径流含沙量和侵蚀量，同时分析泥沙沉淀物养分。

泥沙沉淀物养分含量的测定方法参照国家林业行业标准：速效 N 测定采用碱解扩散法；速效 P 采用双酸浸提—钼锑抗比色法；速效 K 采用乙酸铵浸提—原子吸收分光光度法测定；有效 Cu、Zn 采用盐酸浸提—原子吸收分光光度法测定；有效 B 采用沸水浸提—姜黄素比色法测定。

泥沙沉淀物养分含量和土壤侵蚀量的乘积 + 水体的养分含量为养分总流失量。

（五）数据分析

应用 Excel 2003 进行统计计算分析。

（六）结果与分析

1. 杉木人工林水体养分流失

从表 7-57 可以看出，随着时间的推移，天峨县林朵林场 2 年生杉木人工林常规施肥和袋控肥处理的径流水体的 pH 值均呈下降趋势。不同时期常规施肥处理水体流失的 K、Mg、Zn、Cu、Mn 元素含量普遍大于袋控肥处理，以K元素的流失含量最高，其次是N和Ca元素，最少是Zn元素。常规施肥处理水体流失的P、Ca元素含量在前期小于袋控肥处理，但后期反而大于袋控肥处理。

从图7-31中可知，不同时期，常规施肥处理的水体径流养分流失量均大于袋控肥处理。不同处理施肥后前3个月的水体径流养分流失量明显高于其他时期，常规施肥处理和袋控肥处理在施肥后前3个月的水体径流养分流失量分别占年度水体径流养分流失总量的74.53%、78.15%。但在同等养分含量和同等施肥量条件下，施肥后前3个月袋控肥处理的水体径流养分流失总量比常规施肥处理减少49.12%，可见袋控肥处理能有效减少肥料养分流失。8月后常规施肥处理的水体径流养分流失量明显下降，可能是因为大部分肥料养分已经在前期被植物吸收、大气挥发和水体流失，因此，常规施肥处理的肥料有效性比袋控肥处理短。

表7–57 2019年天峨县林朵林场杉木人工林水体养分流失情况

营养元素（mg/L）

日期	处理	pH值	N	P	K	Ca	Mg	Cu	Zn	Fe	Mn	B	养分流失量（mg/L）	水体积（m^3）	养分总流失量（g）
4.25	常规施肥	9.09	10.34	0.95	422.96	5.62	0.08	0.045	0.019	19.965	0.045	0.06	460.08	0.26	120.45
	袋控肥	9.17	10.22	1.03	358.28	8.64	0.07	0.046	0.018	17.600	0.025	0.06	395.99	0.25	97.02
7.5	常规施肥	8.05	6.06	0.31	349.15	5.14	0.47	0.015	0.004	1.526	0.015	0.01	362.70	0.32	115.67
	袋控肥	8.59	8.45	0.49	58.34	7.45	0.11	0.009	0.003	2.020	0.007	0.01	76.89	0.30	23.10
8.14	常规施肥	7.86	4.59	0.11	87.08	6.76	0.29	0.012	0.023	0.016	0.017	0.04	98.94	0.29	28.26
	袋控肥	8.60	4.78	0.35	51.62	7.01	0.06	0.005	0.009	0.624	0.020	0.02	64.50	0.27	17.44
9.22	常规施肥	8.31	5.69	0.21	287.03	6.41	0.37	0.011	0.005	2.286	0.015	0.01	302.04	0.14	43.13
	袋控肥	7.72	10.22	0.17	65.44	3.65	0.05	0.005	0.001	1.970	0.015	0.01	81.53	0.14	11.12
10.26	常规施肥	7.24	8.33	0.23	126.68	8.12	0.46	0.010	0.003	0.937	0.024	0.02	144.81	0.06	9.31
	袋控肥	7.56	6.54	0.91	71.09	4.29	0.20	0.014	0.002	0.570	0.017	0.05	83.68	0.06	5.03

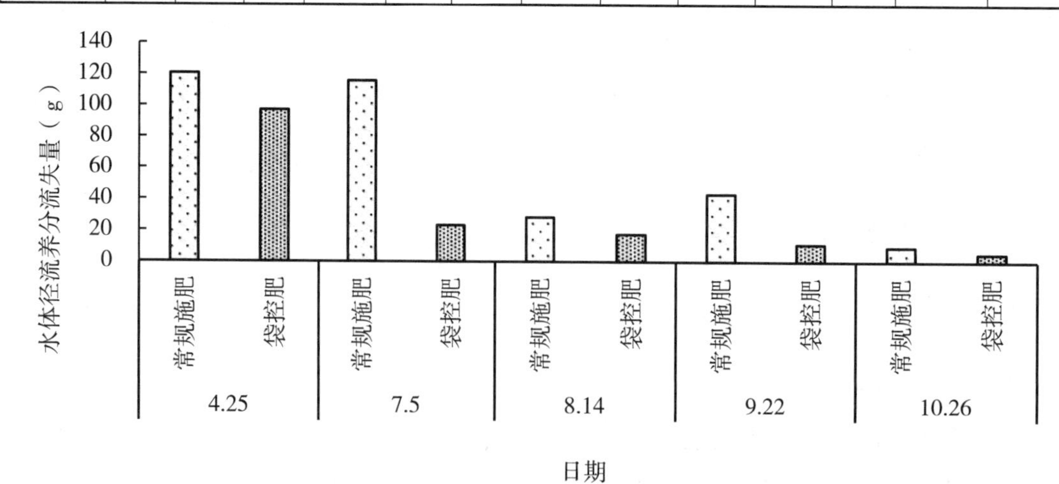

图7–31 杉木人工林不同施肥处理水体径流养分流失情况

从图 7-32 可知，天峨县林朵林场杉木人工林袋控肥处理的水体径流年度养分流失总量为 512.66g/亩，比常规施肥处理减少 51.48%。可见，杉木人工林经袋控缓释肥施用后能有效减少肥料养分流失，能显著提高肥料利用率。

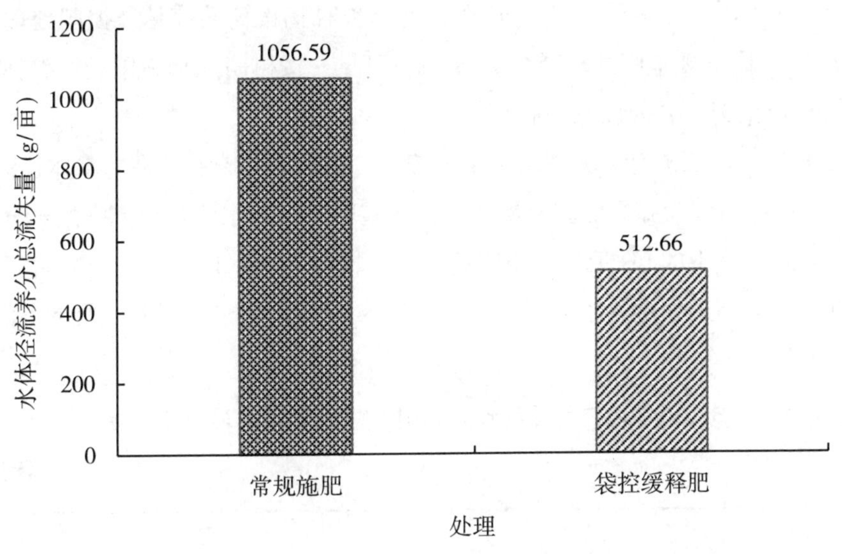

图 7-32　杉木人工林不同施肥处理水体径流养分流失总量

2. 桉树萌芽林水体养分流失

从表 7-58 可以看出，广西国有七坡林场 1 年生桉树萌芽林不同施肥处理的水体径流 pH 值随时间推移呈下降趋势，这可能是因为施用的肥料属酸性，在施肥前期随水体径流流失的养分浓度较大，随后浓度逐渐下降，因此水体中的 pH 值也呈下降趋势。不同时期，水体流失的不同营养元素浓度大多数是袋控肥处理低于常规施肥处理，水体流失养分中以 K 元素浓度最高，其次是 N 元素，最少是 Zn 和 Mn 元素。

从图 7-33 可以看出，不同时期，桉树萌芽林袋控缓释肥处理的养分流失量均小于常规施肥处理，养分流失量随时间推移均呈先增加后下降趋势，两种施肥处理的水体养分流失量均于 7 月达到最高值。

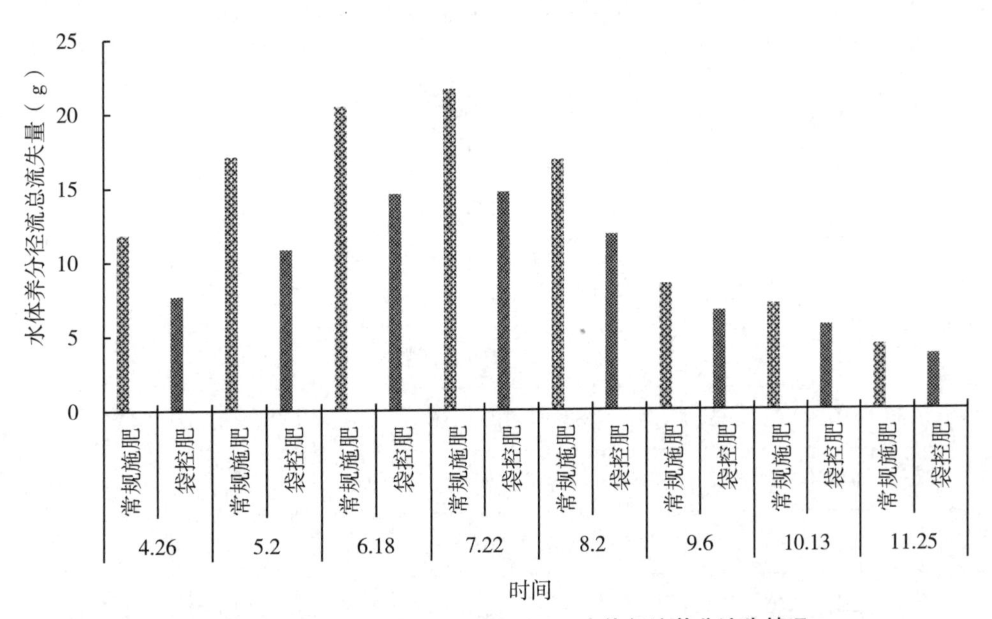

图 7-33　桉树萌芽林不同施肥处理水体径流养分流失情况

进入 10 月后因降水大幅减少，水体养分流失量降到最低。不同处理施肥后前 4 个月的水体径流养分流失量明显高于其他时期，常规施肥处理和袋控肥处理在施肥后前 4 个月的水体径流养分流失量分别占其年度水体径流养分流失总量的 65.89%、63.21%。

从图 7-34 可知，施肥后，4 月至 12 月，广西国有七坡林场桉树萌芽林袋控肥处理的水体径流养分流失总量为 252.29g，比常规施肥处理减少 29.84%。可见，桉树萌芽林施用袋控缓释肥后能有效减少肥料养分流失，从而能够显著提高肥料利用率。

从表 7-58 可以看出，广西国有七坡林场 1 年生桉树萌芽林不同施肥处理的水体径流 pH 值随时间推移呈下降趋势，这可能是因为施用的肥料属酸性，在施肥前期随水体径流流失的养分浓度较大，随后浓度逐渐下降，因此水体中的 pH 值也呈下降趋势。不同时期，水体流失的不同营养元素浓度大多数是袋控肥处理低于常规施肥处理，水体流失养分中以 K 元素浓度最高，其次是 N 元素，最少是 Zn 和 Mn 元素。

表 7-58　2019 年广西国有七坡林场桉树萌芽林水体养分流失情况

营养元素（mg/L）

日期	处理	pH 值	N	P	K	Ca	Mg	Cu	Zn	Fe	Mn	B	养分流失量（mg/L）	水体积（m^3）	养分总流失量（g）
4.26	常规施肥	8.65	6.68	0.44	56.36	0.56	0.08	0.017	0.001	0.061	0.003	0.12	64.32	0.18	11.84
	袋控肥	9.99	8.45	0.10	20.79	0.31	0.05	0.026	0.005	3.032	0.009	0.03	32.80	0.23	7.70
5.20	常规施肥	8.23	6.13	0.52	62.46	5.28	0.45	0.035	0.023	1.215	0.013	0.15	76.28	0.22	17.12
	袋控肥	8.38	5.87	0.29	35.25	4.77	0.27	0.028	0.010	1.517	0.008	0.09	48.10	0.23	10.83
6.18	常规施肥	7.23	4.09	0.38	85.24	4.57	0.34	0.016	0.001	0.227	0.007	0.02	94.89	0.22	20.47
	袋控肥	7.55	9.07	0.30	51.98	0.41	0.17	0.013	0.008	2.750	0.016	0.07	64.79	0.23	14.59
7.22	常规施肥	7.48	8.62	0.41	53.76	5.67	0.37	0.028	0.016	0.857	0.018	0.09	69.84	0.31	21.62
	袋控肥	7.32	7.81	0.33	38.27	4.26	0.23	0.015	0.009	1.216	0.013	0.07	52.22	0.28	14.70
8.20	常规施肥	7.65	8.10	0.36	46.22	6.23	0.29	0.020	0.018	0.625	0.009	0.10	61.97	0.27	16.86
	袋控肥	7.47	6.58	0.31	31.59	5.71	0.31	0.011	0.005	1.136	0.012	0.06	45.72	0.26	11.80
9.6	常规施肥	7.89	6.25	0.41	43.54	8.97	0.27	0.008	0.024	0.581	0.021	0.05	60.12	0.14	8.46
	袋控肥	7.60	5.14	0.29	20.50	4.18	0.44	0.003	0.052	3.579	0.012	0.07	34.27	0.15	6.66
10.13	常规施肥	7.36	6.12	0.22	38.96	7.26	0.33	0.010	0.019	1.135	0.018	0.007	54.08	0.13	7.10
	袋控肥	7.59	6.64	0.56	32.57	5.36	0.28	0.015	0.020	0.957	0.014	0.006	46.42	0.12	5.66
11.25	常规施肥	7.45	6.27	0.25	37.23	6.55	0.29	0.008	0.018	1.026	0.016	0.008	51.67	0.08	4.36
	袋控肥	7.55	6.15	0.43	33.48	5.17	0.16	0.013	0.012	1.005	0.013	0.005	46.44	0.08	3.70

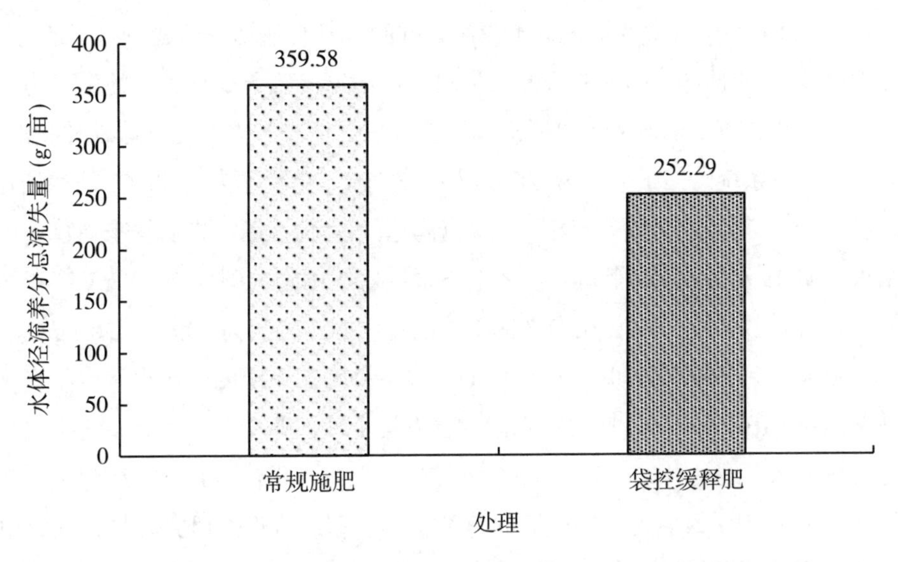

图 7-34　桉树萌芽林不同施肥处理水体径流养分流失总量

（七）结论与讨论

（1）相同时期内，杉木人工林两种施肥处理的水体养分流失量均明显高于桉树萌芽林，且两种林水体养分流失均以 K 元素含量最多，Zn 元素最少。

（2）桉树萌芽林和杉木人工林的袋控缓释肥处理的水体径流养分流失总量均显著低于常规施肥处理，但杉木人工林袋控缓释肥处理和常规施肥处理的水体养分流失总量均显著高于桉树萌芽林。

（3）影响林地水体径流养分流失量有多方面因素，比如树种、林分郁闭度、降水、坡度、土壤松紧度、施肥坑深度等。本试验中天峨县林朵林场的杉木人工林树龄小，林分郁闭度低，降水截留量较少，且该林地土层深厚、土质疏松、坡度大，易造成水土流失。因此，常规施肥处理的肥料随降水径流的养分流失量较大。而袋控缓释肥处理里的肥料原料有 Ca、Mg、P 肥，施肥坑挖掘较深，袋控肥料施入后覆盖土层较厚，水分难以进入包装袋内，造成肥料溶解差，释放困难，导致袋控肥的养分流失较少。下一步将针对这些问题改进，既能促进袋控缓释肥养分释放供给植物吸收，又能减少养分流失，提高肥料利用率。

第六节　用材林群落生物量、碳储量监测

一、森林生物量、碳储量研究进展

（一）森林生物量、碳储量国外研究进展

19 世纪 70 年代，世界各国学者开始对森林生物量、碳储量进行研究。其中在 1876 年，著名的德国林学家 Ebermeryer 通过测定巴伐利亚（Freistaat Bayern）地区几种不同森林类型的树干、树叶、枝条和凋落物的重量，研究了森林干物质生产力。而且在后来的 50 多年里其研究结果一直被人们引用。

20 世纪初，Boysen 对森林的初级生产量进行了探讨，并对森林自然稀疏问题进行了研究。自 20 世纪 50 年代开始，英国、苏联和日本等国家的研究人员对自己国家的主要森林类型的生产力和生物量开展了实际调查与研究。20 世纪初，Christine 等通过利用森林资源清查数据对北半球森林碳汇进行了研究，结果表明北半球森林生态系统碳储量分别为：植被层为 83 Pg C，枯死木为 14 Pg C，腐殖质层为 28 Pg C，土壤层为 260 Pg C。Peter 等利用野外定点观测、数据模型和森林资源清查数据来估算美国森林的碳储量和固碳率，结果表明 1990 ～ 2005 年间，森林生态系统每年固定的碳为 162 Tg C，森林生态系统净固碳量抵消了美国 CO_2 排放量的 10%，在未来估测美国每年固定的碳为 149 ～ 330 Tg C。

到了 20 世纪 60 年代，国际科学联合会（ICSU）以各种生态系统的生产力和生物量为研究中心，建立了国际生物学计划（IBP）。该计划的建立标志着人类全球性开展森林生态系统生物量、碳储量观测和大规模研究自然生态系统的开始。到了 20 世纪 70 年代初，联合国教科文组织（UNESCO）组织发起人与生物圈计划（MAB），它是一项政府间跨学科的大型综合性的研究计划，同时也是国际生物学计划的发展和延续。20 世纪 70 年代末，联合国气候变化框架公约第三次缔约国大会（COP3）在东京召开，会议最终制定了具有一定约束力的《京都议定书》，其目标是将大气中的温室气体浓度稳定在一个适当的水平，进而防止全球气候的剧烈改变对人类造成伤害。该次会议还进一步确定了森林在对减缓全球气候变化的重要作用和正面功能。

各国研究学者经过长时间研究普遍认为，利用样地的测树数据或森林资源连续清查数据对大区域尺度森林碳储量进行长期估测是最好的方法之一。森林资源清查数据是以各个树种的异速生长方程（如以胸径、树高、胸高断面积、冠幅等作为自变量）对样地生物量进行估算，而转换因子方法则广泛应用于更大趋于尺度的森林生物量估测。Michael Köhl 等根据全球森林资源评估数据对 1990 ～ 2015 年东亚地区、加勒比、西亚和中亚、南美、欧洲等地区的总蓄积量及碳储量进行了估算与分析，结果表明自这期间的森林碳储量下降了 13.6 g C，森林的固碳速率从 1990 ～ 2000 年的每年 0.84 Pg C 下降到 2010 ～ 2015 年的每年 0.34 Pg C。主要以南美的森林生物量最大，为每公顷 122.4 Mg C，以欧洲森林土壤碳密度最大，为每公顷 94.6 Mg C。根据森林资源清查数据获得的森林生物量或碳储量虽然准确，但是将其估测的结果直接用于空间分析还缺乏一定的连续性。遥感为大尺度碳储量空间连续分布提供了可能。1995 年 Baulies 等通过将样地清查数据与机载 CASI 多光谱数据进行比对，对树干和树叶的生物量图进行了绘制。Suman Sinha 等利用 Landsat TM 的光学数据和 ALOS PALSAR 数据 L 波段的微波数据建立热带森林生物量的最佳回归模型，通过检验发现，该研究建议结合使用光学和 SAR 传感器，以更好地评估森林生物量，其精度最高。Yasumasa Hirata 等通过利用研究区域获取高分辨率卫星 QuickBird 全色和多光谱数据，与实测生物量数据相结合绘制样地中的红树林地上生物量分布图。

Muukkonen 等通过将 MODIS 和 ASTER 卫星数据与森林清查资料相结合，对芬兰南部北方森林地上部分生物量和蓄积量进行了估算，尤其近年来，以样地实测数据为基础，通过将模型、遥感（RS）、地理信息系统（GIS）三者结合起来，充分发挥利用 GIS、RS 在大区域尺度空间信息分布和动态获取优势，如过程机理作用或模范的统计优势，可以对森林碳储量时间和空间尺度分布进行快速估测。

Dirk Pflugmacher 等基于 Landsat 的干扰和恢复（DR）指标来预测东俄勒冈州（俄亥俄州）混合针叶树的森林地上生物量（AGB），此外，根据已经有的 40 年 Landsat 数据，绘制了历史生物量分布图。Shoemaker 等应用模拟过程模型以及人工神经网络和遥感相结合的叶面积模型对研究区域湿地松人工林碳储量进行了估算，结果显示湿地松人工林生态系统总碳储量为 33 920 t。Olga Brovkina 等提出了不同类型的机载激光雷达数据估算森林地上生物量（AGB）的 3 种方法，扩展了以前的研究，评估了 HS、LiDAR 和融合数据集对 AGB 评估的适用性，证明使用融合 HS 和 LiDAR 数据的可行性，并建议在激光雷达数据不可用时使用基于 HS 的方法进行生物量评估。

（二）森林生物量、碳储量国内研究进展

20 世纪 70 年代末，我国才开始对碳循环进行研究，相比国外起步较晚。1979 年，潘维俦等首先对两类不同地类的杉木林的生物量进行了估测，其中会同林区 11 年生杉木林的林分生物量为 91.8 t/hm^2，11 年生杉木林生物量仅为 59.3 t/hm^2，我国自此开始了对森林生物量的研究。20 世纪 80 年代初，冯宗伟等、李文华等分别对湖南地区的马尾松林人工林、长白山地区的温带天然林的林分生物量进行了观测，其中湖南会同采伐后 20 年杉木林林分总生物量为 103.93 t/hm^2，平均净生产量为每年 5.45 t/hm^2。陈灵芝等采用异速生长模型法对北京西山人工油松生物量进行了测定，得出南坡和北坡乔木层生物量分别为 29.13 t/hm^2、42.46 t/hm^2。

到 20 世纪 90 年代，刘世荣、党承林和吴兆录先后对兴安落叶松人工林和季风常绿阔叶林短刺拷群落生物量进行估测，并建立了主要树种生物量相对生长方程。到了 21 世纪初，方精云等通过对全国 50 年的森林资源清查数据进行整理与分析，建立了“生物量换算因子法”，将森林生物量估测尺度由样地尺度扩展到区域尺度，对我国半个世纪以来森林碳汇和碳源功能的动态变化进行了研究。焦燕等通过对全国六次森林清查数据进行统计与分析，对黑龙江省森林碳储量的 30 年的动态变化进行了分析与估测，其中在黑龙江省 6 次森林资源清查中森林的总碳储量分别为：7.92×10^8 t、5.41×10^8 t、5.66×10^8 t、5.88×10^8 t、6.22×10^8 t、6.01×10^8 t，总体呈先下降后又逐渐升高的变化趋势，起到了碳汇的功能。叶金盛等通过分析全国 5 次森林资源清查数据，对广东省 20 年森林碳储量的动态变化进行了估测，其中森林植被碳储量由最初的 $15\ 297.51 \times 10^4$ t 增加到 $21\ 555.19 \times 10^4$ t，年均增加 329.35×10^4 t，增长率为 1.79%，表明广东省植被在碳循环中一直发挥着碳汇作用。黄晓琼等基于内蒙古森林资源野外样方调查和室内分析实测数据，对内蒙古森林生态系统不同林型和不同碳库（乔木、灌木、草本、凋落物和土壤碳库）的碳储量进行了估算与分析，其中森林植被层碳储量为 787.8 Tg C，乔木层、凋落物层、草本层和灌木层分别占植被层总碳储量的 93.5%、3.0%、2.7% 和 0.8%；内蒙古森林土壤层（0 ～ 100 cm）碳储量为 2 449.6 Tg C，其中 0 ～ 30 cm 的土壤碳储量最高，占总碳储量的 79.8%。

我国利用遥感方法对森林碳汇的研究起步也较晚，多是将地面实测数据与遥感技术相结合建立遥感与过程模型，对研究区域的碳储量及空间分布特征进行估测。徐天蜀及王雪军等均是通过把野外观测的实测值与地学因子等信息相结合，构建统计模型对研究区森林碳储量进行估算。毛学刚利用将过程模型（日步长模型）与遥感技术相结合，对研究区森林生态系统碳收支空间格局和时间格局进行了研究，并对其对气候变化的响应机制进行了探讨，通过分析表明过程模型对森林生产力的模拟较为合理。同时，毛学刚在另一项研究中利用全国森林清查资料数据与遥感结合，对研究区长白山森林生物量的时空变化进行了估算，并对生物量随地学因子的变化规律进行了探讨。李明泽将森林资源清查数据与遥感数据结合，通过对传统回归模型、偏最小二乘、联立方程组模型、神经网络各模型进行对比分析，分别对研究区森林碳储量的时空分布进行了估算，最终通过检验发现采用联立方程组郁闭度模型精度

达 83.1%，估测效果较好。

王长委等通过光学遥感数据（Landsat 5 TM 数据、ALOS AVNI 数据），估算了广东省东莞市桉树的生物量，将三种传感器结合在一起估算东莞市桉树生物量，充分发挥不同光学传感器在空间分辨率和时间分辨率、辐射分辨率、光谱分辨率等方面的优点，避开各自的缺点，模型决定系数达到 0.65，提高了桉树生物量的估算精度。王清梅等通过将 DEM 等资料与 SPOT 同期 TM 影像相结合，在 ENVI 软件中计算归一化植被指数、比值植被指数，同时引入坡度、海拔、坡向与阔叶林生物量估测相关的因子，依据地面森林样地生物量实测数据，运用多元回归分析方法。通过对模型进行检验，各统计量均在合理范围之内，模型预测结果合理且精度较高，生物量实测值与建立的多元回归遥感模型的预测值的模拟精度达 82.86% 以上。宋茜等通过采用野外实测数据，并对大兴安岭地区森林各成分参数与多极化 PALSAR 数据的关系进行了系统的分析，并采用简单指数模型、线性模型、地理因子模型，对森林地上生物量的估算模型进行建立以及模拟的最优检验。杨伟志等基于野外调查样地数据，与 Landsat ～ 8 遥感同期影像相结合，建立青海省西宁市南北山森林生物量估测模型，通过检验模型的模型拟合精度较高，平均相对误差为 13.51%。

目前已有众多研究学者对我国各个研究区域的碳储量进行了估算，由于研究区域的森林植被类型、地理状况及各位研究人员采用的估测方法有所不同，导致估测结果存在较大的差异性。因此，如何精确地估算我国森林生态系统生物量及碳储量是现阶段研究的热点和难点。

二、用材林生物量监测

（一）群落生物量研究进展

森林生物量由乔、灌、草三层的地上和地下部分的干重量组成，一般分为地上的枝、叶、干、皮和地下的树根等两部分进行生物量的测定。在森林生态系统研究中群落生物量是一个重要指标，可分析森林生态系统的演替阶段，也可以判断森林生态系统的健康状况，因此，对森林生物量的准确测算，是目前全球气候变化下节能减排的研究热点。

森林生物量研究开始于 19 世纪 70 年代。1873 年，Kunze 首次测量了 Shrub 生物量。Ebermeryer（1876 年）研究了不同林分类型的蓄积量和树体生物量组成。Boysne（1910 年）在解决林分郁闭度时，提出了森林的生物量计量研究。Kitterg（1944 年）根据胸径、叶片重量的数据，采用对数回归方法，建立了它们之间的关系方程。因研究的树种单一、林分简单、研究区域小，森林生态量研究还没引起研究人员的注意。1950 年之后，基于样地数据调查的生物量研究在世界各国科学家中陆续开展。1974 年，国际林联（IUFRO）开展的国际生物学计划成为全球研究森林生物量和碳储量的起点，生物量被 IUFRO 视为全球尺度和国家尺度的监测指标，增加了人类对全球生态系统的结构、功能理解和认识，也基本阐明了人类赖以生存的生物生产力资源在全球的分布。

到了 19 世纪 80 年代后期，随着全球气候变化的影响，全球碳循环研究被认为更重要，运用样地生物量和面积统计资料数据，在研究土地利用变化而引起的一个区域向大气中释放的碳量变化中，森林生物量被作为一个重点研究对象。21 世纪以来，森林生物量的计量模型研究开始流行，各国学者开始针对不同树种、不同群落类型的生物量进行调查，构建相关计量模型，取得了很好的效果。先后有学者将先进的遥感技术应用到林业，这些成果为研究全球森林生态系统的生物量和生产力分布格局奠定了基础。

森林生物量研究在我国始于20世纪70年代后期，最早是潘维俦等（1979年）首次估算了我国两个不同地域的杉木人工林的生物量与生产力，其后也有学者对杉木、马尾松和天然林开展生物量研究，进一步拓展了研究领域。相关人员研究了几十个树种的生物量，最多的是杉木、桉树和松树、其他阔叶树种及竹类。冯宗炜等在1999年通过相对生长方程并研究了全国不同森林类型的生物量及其分布格局。杜虎（2014年）研究了杉木、马尾松、桉树等3种主要人工林的生物量和生产力的动态变化。胡砚秋等（2015年）选取3个天然林群落作为研究对象，利用3种包含不同计量参数的生物量碳计量模型，分别计算林分碳储量并比较分析。目前，森林生物量计量主要分样地调查法、生理生态模型法和遥感信息模型法三种研究方法。

（1）样地调查建模方法主要包括收获法和生物量—蓄积量转换法两种，收获法分为皆伐法、平均木法和异速生长方程法。

①皆伐法是通过采伐标准地内所有乔木树种，分别测定各器官生物量后计算全株生物量，再通过小样方内的生物量来计算林分的下木层生物量，该方法样地实测准确，在小面积内适合使用，在大区域内不适合使用。

②标准木法是通过选取样地内平均木，通过测算平均木的生物量来推算整个林分的生物量，此类方法简便、快捷，但有时也因平均木选择有偏差而导致生物量准确性低。

③异速生长方程法是目前应用较广的方法，通过测定林内树种的生物量与胸径、树高因子的相互关系，再与林分实测数据结合对整个林分生物量进行模型推导。生物量—蓄积量转换法分为转换因子法和转换因子连续函数法。转换因子法是通过建立林分的蓄积量与生物量间的转换系数关系式，从而计算出林分生物量的方法。转换因子连续函数法是考虑森林群落的复杂性，通过建立转换因子的连续函数方程，替换以常数为转换因子的方法，提高了生物量测算的精度。

（2）生理生态模型模拟法是基于植物的生理特性指标和所处的环境因子，建立相关的函数模型，通过模型计算林分的生物量。目前相关的生理生态模型已被广泛用于大区域尺度生物量反演，均取得较好的模型模拟效果。

（3）遥感信息模型法主要利用遥感数据来对森林植被生物量进行估算，结合影响植被生产力的生态因子，在卫星接收到的信息与实测生物量之间建立函数关系或模型，进而利用这些函数或模型来估算森林生物量。目前多以光学遥感数据为信息源，采用多元回归、人工神经网络等方法对生物量进行估测。Brown（1999年）利用GIS技术将高时相分辨率的卫星遥感数据和各种实测数据结合在一起，对大尺度范围内的生物量动态变化进行了研究。徐新良（2006年）采用实测样地数据与遥感信息参数建立了拟合方程，相关性也因植被类型、不同龄级、立地条件而表现出差异。

（二）群落生物量影响因子研究

群落生物量的大小是多种因素相互作用的结果，但在一个具体的区域来说，一个或几个因素可能是影响群落生物量的主导因子，因此，对生物量影响因子的研究十分重要，尤其是对主导因子的研究。相关研究表明，影响生物量的因素主要有：不同植被类型、地理位置（经纬度、海拔等）、气候、土壤、干扰、坡向、坡度等。

（1）地理位置对生物量的影响。从宏观尺度上看，森林生物量分布格局呈现一定的地带性规律，随纬度的增加有减小的趋势。研究表明，我国森林生物量从北向南有逐渐增加的趋势，森林群落生物量地带分布规律依次为热带、亚热带、温带、寒温带、暖温带，而生产力分布规律依次为亚热带、热带、暖温带、温带、寒温带；森林生产力的分布格局为东南部亚热带、热带湿润地区、中热带、南亚热带西部地区、北亚热带湿润地区和云贵高原地区等6个区域。在南亚热带森林群落演替过程中，生物量变化的动态特征依次为演替早期的马尾松群落、中期的混交林群落、厚壳桂顶极群落。

也有研究表明，群落生物量随经度变化规律不显著，随海拔的升高表现出先增后降。罗天祥等（2002年）实测了青藏高原2个地区不同植被类型的地上生物量并进行了格局分析，表明对于以常绿阔叶林为基带的人类活动不频繁的亚高山天然植被，呈现出随海拔增加，地上生物量先增后迅速下降的趋势，这与全球地带性森林植被最大生物量分布的纬向垂直分异性规律相一致；但孟亚麟等（1995年）通过落叶松生物量研究表明，35年生的落叶松地上生物量在同一坡向（阴坡或阳坡）随海拔的增加而减小，阳坡的生物量从下坡180 t/hm^2 递减为上坡50.2 t/hm^2；阴坡的生物量从下坡260.5 t/hm^2 减少到上坡的167.1 t/hm^2，山顶的生物量处于阳坡上部与阴坡上部之间，为116.8 t/hm^2。

（2）坡向、坡度对生物量的影响。坡度通过影响植被水分和养分的获取从而影响整个群落生物量，坡度越陡水分也越少，并且养分更易于流失，植被生长表现就相对较差，但对于立地条件较好的地段，坡度越小并不是越好，而是需要有一定的坡度水分才不会淤积、引起烂根，植被生长才能更茂盛；坡向因影响植被的接收光热条件从而反映到群落生物量的不同，光照充足的地方，植被的光合作用越强，植被生长自然会更好。

目前关于坡向、坡度对生物量影响的研究相对较少，而且大多数研究只将坡向分为阴坡和阳坡进行比较，或者是相同坡向上研究其他因素的影响，研究坡度、坡向变化对生物量影响的文章目前较少。由于光线和水分条件的影响较明显，植被高度一般阴坡比阳坡高，但胸径阳坡大于阴坡，这与生态学的竞争理论相符。宿以明等（2001年）研究粗枝云杉与立地条件的关系时，发现林龄、海拔、坡位和密度是影响林分生长的主要因子，而坡向、坡度影响不显著。

（3）土壤、气候等对生物量的影响。方精云等（2000年）开展了中国森林生产力与全球气候变化的关系研究，中国为4.0～7.1 Pg C，为我国在今后的全球变化研究中森林生物量提供了总量参数，同时由于气候变暖和 CO_2 浓度的增加，植被生产力均可能提高。Meng等（2008年）选择3个西班牙南部不同地点，研究气候变化对地中海白松的异速生长的影响。林地土壤是通过限制植被的养分而影响植被的生长，程云环等（2005年）研究了土壤养分的季节变化而引起根生物量的季节变化。

（三）林业遥感技术应用

目前，遥感技术在世界范围内各领域的应用如火如荼。在20世纪30年代，国外就开始利用航空摄影测量进行土地资源调查，1973年美国和加拿大利用Landsat-1号卫星数据，对安大略湖等流域进行了土地利用现状调查。加拿大从1970年开始，运用卫星和航空数据，定期开展土地资源调查。Tucker和Townshed应用气象卫星（NOAA/AVHRR）数据在全球和洲际尺度上的研究，首先采用多时相AVHRR数据，分别对北美等地的土地利用变化进行了研究。Hame等在欧洲北方运用实测样点和遥感数据对森林生物量估测结果显示，多数据结合能显著提升大区域的森林生物量估测的准确性。Foody

等在美国婆罗洲东北部采用 Landsat TM 数据，采用人工神经网络模型估测森林生物量，与实测值相关系数高达 0.8。

伴随着对地观测全球体系的建立，对地类信息获取技术研究已由可见光转变至红外、微波，从单波段转变至多波段、多极化、多角度研究，从空间单维转变至时空双维，从多维光谱扩展到超微光谱，建立了低、中、高轨道相互补，微型、小、大卫星相结合，分辨率精、细、粗相协同，层次多、周期长的全球对地观测系统。在利用 Landsat TM 卫星数据开展森林资源监测时，以多时相复合遥感影像为主，改进了相关的数据分析处理方法，应用较多的分类方法如专家系统、人工神经网络、分类树等，显著提高了评价精度。Curran 等（1992 年）采用 TM 红和近红外波段数据与叶生物量间建立函数关系，具有较强的相关性。Suganuma 等（2006 年）在澳大利亚西部干旱地区利用林分断面积、冠层郁闭度以及叶面积指数进行森林生物量的估算，结果表明林分断面积估算的相关性最好，但遥感数据不容易获得，而叶面积指数、冠层郁闭度对森林生物量的反演同样取得较好的结果。Soenen 等（2010 年）基于 SPOT-5 数据利用物理冠层反射率模型来获取森林结构参数，在此基础上对森林生物量进行了反演，反演效果较好。

进入中国 40 多年来，遥感技术农林业估产、土地调查、防灾等诸多方面应用十分广泛，如各树种光谱测定（张玉贵，1981 年）；城市绿地最适量与分布以及对环境的影响（王雪，2006 年）；李明诗（2006 年）开展了结合光谱和地形特征的森林生物量模型研究；信息源星源通掌上森林资源调查仪在一类、二类调查中面积测量精度研究（李崇贵等，2005 年；董利虎等，2016 年）；遥感技术与新的建模方法、地统计学和 Fission 算法。新信息源 NOAA、TM、ETM+、SAR、SPOT、MODIS、ALOS、Quickbird、无人机等的研究是近几年的热点，也有开展森林生物量景观格局变化及时空变化分析等（毛学刚等，2016 年）。

鉴于 GIS 的空间分析和 RS 的动态监测能力，其在森林生物量研究中的结合应用也越来越多。加强森林中植被特性及机理性研究，深入了解森林生物量形成过程，可促进地理信息系统、遥感技术和森林生物量估测有效的结合。目前通过 GPS 进行定点，获取样方实测生物量值，通过 RS 和 GIS 技术，把森林生物量研究从群落尺度发展到大区域尺度。郭志华等（2002 年）建立了 TM 波段信息与生物量的光谱模型，并准确地对粤西生物量进行了估算。杨远盛等（2015 年）利用遥感技术估测了中国陆地森林生物系统植被生物量；国庆喜等（2003 年）基于一类样地实测数据，运用人工神经网络和多元回归的方法，建立了与 TM 数据生物量模型，成功地对该区域生物量进行了估测。遥感技术具有覆盖广、周期短、精度高、现势性强、工作量小等优势，对森林资源总量估测、质量动态监测、空间分布格局、预测发展趋势起到了巨大的作用，对推动林业进入数字化、实时化、自动化、动态化、集成化、智能化的新时代，促进林地“一张图”的现代林业信息管理具有重要的意义。

三、用材林碳储量监测

（一）森林碳储量估算

森林生物量碳储量的研究最早始于德国对几种森林树种的树枝落叶量和木材重量的测定，20 世纪 50 年代，日本、英国、苏联等对本国生态系统生物量进行资料收集与实地调查，之后欧洲、美国、俄罗斯、巴西等国家和地区加入生物量与碳储量的测定行列。世界气候研究计划（WCRP）、国际地球生物圈计划（IGBP）、全球环境变化的人类因素计划（IHDP）这三大国际组织也加快了对生物量与碳储量的研究进程。

从 20 世纪 70 年代末开始，我国就开始在区域或者全国尺度上对森林生态系统碳储量进行相关的研究。王效科等根据全国 3 次森林资源的普查资料，计算出中国森林生态系统的植被碳储量占全球的 0.6% ～ 0.7%，发现人类活动对森林碳密度存在极大干扰，且针对我国 30 多种主要森林生态系统类型的幼龄林、中龄林、近熟林、成熟林以及过熟林的植物碳密度和碳储量进行了详细的研究。刘国华等利用森林资源清查数据研究了我国 1977 ～ 1993 年森林碳储量动态变化，表明我国森林含碳量呈递增趋势。周国模等对浙江省毛竹林生物量与碳储量进行估算，并提出了毛竹林由单株生物量碳估算方法转换到各种区域尺度的生物量碳估算。杜华强等针对竹林的生物量、碳储量进行遥感定量估算，介绍了竹林资源碳汇遥感监测原理、技术、方法。张骏等对中国中亚热带区的森林碳储量进行研究，得出杭州的城市化占用土地后，对区域植被 NPP 有补偿作用，浙江省生态公益林在碳积累上还有很大的潜力；未来 50 年，中幼龄林成熟期将是浙江省增强碳汇的重要阶段。孙少波等基于 Landsat 8 OLI 数据，结合样地调查的碳储量，建立了亚热带典型森林碳储量遥感估算模型。孙清芳等基于土地利用变化对森林生态系统的碳储量影响做了研究与分析。

当然，由于估算方法不同，森林碳储量的估算结果还存在很大的不确定性。Pan 等基于 1989 ～ 1993 年全国森林资源清查资料，利用我国不同森林类型分龄组的森林生物量估算模型估算得到中国森林乔木碳储量为 4 020.00 Tg，而方精云等利用未考虑林龄的蓄积量—生物量方程，估算结果为 4 630.00 Tg，后者比前者高估了 610.00 Tg。基于全国第七次资源清查资料，李海奎等利用不同树种的生物量经验模型估算了中国森林植被碳储量，其中吉林省乔木碳储量为 513.26 Tg；而王新闯等利用 Pan 等建立的模型估算的结果为 439.15 Tg，李海奎和雷渊才利用方精云等建立的模型估计得到吉林省乔木碳储量为 494.47 Tg。2013 年，赵旭等结合森林资源清查数据和文献参考数据、采用储量变化法和生长—损失方法估算杭州市临安区森林管理碳储量，得出森林管理碳储量高，碳汇潜力大等结论，但基于计算过程中数据来源与转化方法的不确定性，对碳储量的估算存在不确定性。2016 年，李银等通过野外实测结合清查数据得出浙江省森林生态系统碳储量与密度较低，主要是森林多处于中幼龄林状态，因此其碳汇潜力巨大。2016 年，高国龙等基于面向对象的高分辨率遥感影像对竹林多尺度碳储量估算方法进行研究，根据多尺度分割的对象将不同尺度的对象特征汇总到一个尺度上并构建基于多尺度特征的毛竹林碳储量遥感定量估算模型，取得较好的结果，但面向对象的尺度分割与特征选择有待进一步提高。2016 年，袁振花等基于 MODIS 影像对浙江省森林碳储量进行估测，估测精度较高，但影像处理中不同投影带的处理方式有所不同，对结果的影响程度未进行分析。从以上分析可以看出，不同的森林生物量估算方法给森林植被碳储量的估算带来了很大的不确定性。未来在进行国家及区域尺度碳循环研究时，应加强对各种估算方法的评价筛选，采用统一合理的方法进行碳储量的估算，以减少估算方法带来的不确定性。

（二）森林碳储量模型模拟

森林碳储量的估算方法有多种，根据森林生态系统的时空尺度和研究手段，当前国内外主要应用的是样地清查法、遥感估算法和模型模拟法这三种方法。

样地清查法是通过设立典型样地，准确测定森林生态系统中的植被、枯落物或土壤等碳库的碳储量，并可通过连续时间的观测来获取指定时期内的碳储量变化情况的推算方法。通过森林资源清查数据估算碳储量被认为是最基本、最准确可靠的方法，但该方法存在的人力物力耗费巨大、受时空限制、短时间观测数据可能偏高、清查样地的代表性以及估算过程中由计算方法等产生的误差传递等问题使得该方法的使用也受到一定限制。

遥感估算法是以碳通量 / 储量与碳循环过程的综合网络观测、生物过程的适应性实验研究以及河流碳运输过程研究为支撑系统的自下而上途径，与以土地利用 / 土地覆被变化（LUCC）和对地观测数据生态参数反演为基础的自上而下途径，经过相互验证并与尺度转换模型实现有机结合，开展综合观测、调查、比对、模拟和评价分析研究，把握生态系统碳循环的规律与格局，辨析自然和人为因素对碳循环过程的影响，进而探讨全球气候变化条件下生态系统碳循环过程的时空演变趋势。近年来，3S 技术的发展和广泛应用为解决这一问题提供了有效方法，利用遥感手段可获取各种植被状态参数，结合地面调查数据，完成植被的时空特征分析，随后可分析森林生态系统碳的时空分布和动态，并估算大面积森林生态系统的碳储量以及土地利用变化对碳储量的影响。

模型模拟法是指以数学模型估算森林生态系统的生产力和碳储量的方法。森林生态系统碳循环模型可用数学模型定量描述森林碳循环过程及其与全球变化之间的相互关系以及分析影响森林生态系统碳循环过程的主要因素及作用机理，估测土壤和植被的碳储量现状及潜力，适合大尺度研究。国外发展了大量的碳储量估算模型，通常可分为以下 3 种：参数模型、统计模型和过程模型。其中，统计模型是利用气候环境因子（辐射、温度、降水、土壤湿度等）与植被净初级生产力建立关系，然后外推计算其他时间尺度和区域尺度的 NPP。参数模型理论核心是植物对光能利用效率的计算。过程模型是建立在对生态系统生理过程深入理解的基础上，充分考虑大气—植被—土壤之间的交互作用，从机理上描述植被的光合、呼吸、蒸散以及土壤的水循环过程，能模拟生态系统碳循环及其对气候变化和人为干扰的响应。

与前两种模型相比，过程模型可以从机理上解释大气—植被—土壤之间的能量物质交换过程，预测全球气候变化对碳循环的影响，主要应用于：（1）模拟在当前或历史条件气候下的生态系统过程；（2）加深对生态系统功能的基本理论的理解；（3）预测生态系统对全球变化尤其是 CO_2 浓度增高导致全球变暖的响应。

（三）环境因子及 LUCC 对森林碳储量的影响

环境因素影响着森林的生长，也就影响着森林碳储量。气候变化对森林生态系统碳储量的影响是较为广泛的，影响森林碳储量的环境因子的相关研究中，M.Ueyama 等研究发现在北亚和东亚的落叶松林中，春季变暖加强碳汇，但夏季和秋季变暖趋于减少碳汇；夏季辐射和气温是模拟年度碳收支最重要的控制因素。石洪华等在北长山岛研究发现森林土壤对乔木层的碳储量影响较大；土壤质地、pH 值、含水量及含盐量是影响海岛乔木碳储量重要的影响因子。马旺等研究发现对华北落叶松、山杨、白桦、油松有机碳储量影响最大的气象因子分别为年平均地表温度、年蒸发量、年蒸发量、年降水量。范叶青等以浙江省安吉县和龙泉市为例讨论了地形条件对竹林碳储量的影响，对植被碳储量的影响程度大小排序为坡度＞坡向＞坡位＞海拔。张华等对福建省的毛竹研究发现不同坡位、坡向对毛竹碳密度影响小，但对碳储量影响显著。董金相等分析了影响戴云山黄山松林生物量、碳储量及碳密度的主要自然因素和人为因素。吴丹等研究发现森林植被碳密度总体呈现随海拔高度的增加而增加，随坡度的增大而增大的分布。王晓丽等研究发现坡向是影响海岛乔木碳储量的重要环境因子，林分密度是影响海岛乔木层碳储量的重要生物因子，黑松人工林乔木层生物量平均累积速率与树龄没有明显的相关性。吴胜男等基于 VAR 模型分析得出森林病虫害对植被碳储量有较大影响。王为民、陈平平等认为大气中 CO_2 升高对植物生长有促进作用 . 邢瑶等研究了氮素对植物生理生化方面的影响。范志强也研究了氮素对水曲柳生长的影响，得出供应氮素的水平明显影响着水曲柳幼苗的生长、生物量积累和光合作用。

早在几十年前，人们就意识到 LUCC 会通过改变地球表面的反射率及近地大气能量交换而影响区域气候，到 20 世纪 80 年代早期，LUCC 通过碳循环来影响全球气候得到认同，进入 21 世纪，LUCC 的速率及强度正以有史以来最快的速度增加，随之而来的是区域甚至全球尺度的生态系统和环境过程发生着巨大的变化，LUCC 对碳储量的影响受到国内外学者的广泛关注。如 Houchton 等研究了美国土地利用变化对碳储量的影响，发现 1945 年以前土地利用变化导致碳释放，1945 年以后则导致碳吸收；Defries 等则研究了未来 LUCC 对生态系统碳循环和气候变化的影响；我国学者李凌浩、杨景成等在 LUCC 对土壤和植被碳储量变化的影响及作用机制等方面也进行了深入的研究；周绪等利用 RS 和 GIS 技术，在研究区土地覆被分类的基础上，分析了干旱区 LUCC 对陆地植被碳储量的影响；汤洁等以遥感手段为主，采用生态系统类型法分析了吉林省通榆县 1989 ～ 2004 年 LUCC 对土地生态系统有机碳库的影响。

因 LUCC 及碳循环都包含极其复杂的过程，近年来，国内关于 LUCC 的研究主要集中于 LUCC 空间格局研究、动态信息提取、驱动机制研究、预测研究等几个方面，而土地利用变化的环境影响机制尚处于理论和实践研究的“萌芽期”，LUCC 影响植被碳储量的机制也不十分清楚。准确估计 LUCC 对陆地生态系统碳收支的影响已成为当前全球变化和全球碳循环研究的重点内容。赵敏和周广胜根据第三次和第四次中国森林清查资料建立了中国森林植被碳储量变化与林业用地变化的多元线性回归模式，定量评估了林业用地变化对森林植被碳储量的影响。结果发现，在我国森林面积增加、且林龄有下降趋势的条件下，森林植被碳储量具有增加趋势，林业用地变化对森林植被碳储量的影响是自然和人为活动的综合作用。付超等对中国区域 LUCC 对陆地碳收支的影响及中国区域 LUCC 主要特征进行了探讨，利用卫星遥感方法和 IPCC 清单法对中国区域陆地碳源 / 碳汇影响进行评估，得出农林活动正对陆地生态系统碳收支产生了比较显著的积极作用，但两种方法的研究结论之间差异很大，反映出中国 LUCC 导致陆地碳收支变化的评估结果仍存在着较大的不确定性。陈耀亮等研究了 1975 ～ 2005 年中亚 LUCC 对森林生态系统碳储量的影响，结果发现土地利用变化对森林碳汇影响很大。谷家川等分析了皖江城市带 LUCC 对植被碳储量的影响，近 10 年间皖江城市带土地利用变化比较明显，使得植被生态系统碳储量大幅减少。荣月静等针对近些年南京市的土地利用变化，比较了按不同的土地优化情景对 2025 年的碳储量进行预测。蒋林等对 2000 ～ 2010 年中原经济区陆地生态系统逐年土地利用与碳储量变化研究，但土地利用数据与碳密度数据可能会使预测结果的不确定性增大。

（四）森林碳储量估算方法国内外研究进展

森林乔木生物量估测方法主要有样地实测法、模型法、遥感模型法等。

1. 样地实测法

传统的生物量研究方法有直接收获法、微气象场法等。

（1）直接收获法。主要可以分为平均木法、相对生长法和皆伐法。其中皆伐法是将标准样地内所有的乔木伐倒，分别测定各器官的干物质量，然后将各器官累加获得单株生物量，再将标准样地内所有单株生物量求和获得样地总生物量，即：

$$W = \sum_{i=1}^{n} W_i$$

式中，n 为样地内株数；W 为样地生物量；W_i 为第 i 单株生物量。

平均木法是对标准样地内所有乔木进行每木检尺，再通过将各观测因子平均后选择与之对应的单株林木进行生物量测定，以此推算标准样地的生物量。

$$W = w \times n$$

$$W = \sum_{j=1}^{k} w_i \times n_j$$

式中，W 为平均木生物量；w_i 为第 j 径阶平均生物量；k 为径阶数；n_j 为第 j 径阶株数；w 为林分生物量。

胥辉通过研究发现，平均木法虽然工作量较小，对于树龄一致且呈正态分布的人工纯林比较适用，但对于树形分散度变异较大的天然林或异龄林，应用本方法会产生较大误差，具有较大的不确定性。平均木法在每个样地选取的样木株数为单株或多株，估算的精度难以控制，并且会出现估算结果偏低的现象。

相对生长法是在标准样地内对所有乔木进行每木检尺后，根据林木的不同径级结构选取标准木，通过测定获取林木生物量的数据，以一个或多个测树指标因子作为自变量，与生物量之间建立生物量方程，最后根据每木检尺数据对样地乔木生物量进行估算。目前林木生物量模型较多，应用较为普遍的有线性模型、指数模型、对数模型、多项式模型、幂指数模型、相对生长模型等。

生物量异速生长方程模型法是以林分简单、易测的调查因子为自变量，与林木的实测生物量数据拟合建立模型，通过所建立的模型对林分生物量进行估算的一种方法。

$$Y = aX^{b}E$$

$$\ln Y = \ln a + b\ln X + \ln E$$

式中，b 为相对生长系数，当 $b < 1$ 时，表示存在负的相对生长关系，Y 生长慢于 X；当 $b > 1$ 时，表示存在正相关生长关系，Y 生长快于 X；当 b=1 时，为等速生长关系；E 为随机误差。

冯宗伟等通过采用相对生长测定法对湖南会同杉木林乔木层各器官生物量进行估算，研究发现胸径－树高（D^2H）与各器官生物量存在幂函数关系，其公式为：

$$W = a\ (D^2H)^{b}$$

两边取对数线性方程式：

$$\log W = \log a + b\log\ (D^2H)$$

左舒翟等以亚热带常绿阔叶林 9 个常见树种为研究对象，以胸径（D）和 D^2H 自变量构建了混合物种生物量模型，其中树枝、树叶、树根、地上和整株生物量是以 D 为自变量的模型为优，但树干生物量是以 D^2H 为自变量的模型为优。

李巍等通过采用林木相对直径法将研究区兴安落叶松样木在林分中的分化等级划分为被压木、中等木、优势木三级，并分析量化林木分化对林木异速生长方程和生物量分配的影响；研究结果表明多以 D 为自变量建立生物量异速生长方程较好。最后可得出结论，由于竞争对林木分化的改变，直接影响兴安落叶松地上生物量各组成成分的异速生长和分配，但其相对分配格局较为保守。

巨文珍等根据 VAR 生长方程对生物量非线性模型进行联立，结合相对得到模型推算长白落叶松乔木层的生物量：

$$W = a \times (D^2H)^{b} \times \exp(c \times A)$$

式中，a、b、c 为待估参数；D 为胸径；H 为树高；a 为年龄；W 为各器官的生物量。

汪金松等以野外实测数据为基础，以易测因子树高、胸径、林龄等为自变量建立臭冷杉各器官生物量异速生长方程：

$$Y = a_0 X_1^{P_1} X_2^{P_2} X_3^{P_3} \cdots X_n^{P_n} \theta$$

式中，$a_0 \sim P_n$ 为方程的参数；n 为倍增误差项；X 为独立变量；Y 为生物量。

汪珍川等通过对广西 11 类主要树种五个龄组的生物量进行了实测调查，拟合了各树种的优化生物量异速生长模型，结果表明广西 11 类树种各器官、胸径—树高、地上—地下均以幂函数为最优回归模型，经 T 检验均达到显著水平（$P < 0.05$），其中 11 类树种均以全株生物量幂指数模型模拟效果最好。Peece 等通过研究改进了热带雨林建立的幼龄林异速方程，结果表明根茎比与成熟雨林的一致，生物量扩展因子与已发表研究结果相比偏高，通过估算的生物量值也比其他研究人员的研究结果高。

（2）微气象场法。是测定从地表到林冠上层 CO_2 浓度的垂直梯度变化与风向、温度、风速等因子相结合，以此对生态系统 CO_2 的输入和输出量进行估算的方法。又包括涡动积聚法、空气动力学法、涡动相关法。

涡动积聚法主要以垂直方向风速 W 的速率变化对空气进行成比例采样，并依据不同的风向分别储存在不同的容器中，根据气体的含量差值对物质通量进行换算。Businger 等在其研究中引入了弛豫思想，将空气采样由不定时条件改为定时采样，之后 Clark 等将此研究结果应用到了测定森林 CO_2 通量上。

空气动力学法主要以湍流扩散原理为理论基础，单位面积的通量（F_C）是其含量梯度与涡动扩散系数 K_C 的函数：

$$F_C = -K_C \frac{\alpha_a}{\alpha_z}$$

式中，K_C 为涡动扩散系数，这里假定 CO_2 动量与通量涡动扩散系数相等，即 K_C 处于中性状态。吴家兵等在其研究中指出空气动力法易操作而且比较经济，但在下垫面粗糙、CO_2 垂直含量梯度较小或风速很低的情况下，误差比较大。

涡动相关法是通过对大气中湍流运动所产生的物质量脉动和风速脉动对 CO_2 通量进行求算，是目前测定通量最直接的方法之一。Verma 等首次将涡动相关法应用到森林生态系统 CO_2 通量研究中，此方法不存在任何假想过程而且环境的干扰较小，作为目前国际上森林生态系统 CO_2 通量的主流方法，具有直接、高响应、高灵敏等优点。

2. 模型法

（1）生物量转换因子法。生物量转换因子法是采用森林类型总蓄积量与木材材积与林分生物量比值的平均值的乘积获得该类型森林的总生物量估算方法。

由于受到立地条件、林分类型等因素的影响，导致树干占乔木层生物量的比例存在显著差异，因此乔木皮、枝、叶、根器官的生物量也必须知道。Brown S 等研究指出可以通过树干与其他器官和总生物量的相关关系对相应的生物量进行推算。

人们通常认为这一比值为一个恒定的常数，但随着材积的变化这一比值也会相应地发生变化，只有当材积的值足够大时，这一比值才会是一个恒定的常数。其公式为：

$$B = V \cdot BCEF \cdot (1 + R/S)$$

$$B = V \cdot WD \cdot BCEF \cdot (1 + R/S)$$

式中，*BEF* 为地上生物量与树干生物量之比，无量纲；*BCEF* 为地上生物量与蓄积量之比（t/m^3）；*R/S* 为根茎比，即地下与地上生物量的比值，无量纲；*WD* 为木材密度（t/m^3）；*V* 为蓄积量（m^3/hm^2）。

方精云等通过研究全国各地 758 组蓄积量与生物量的关系，对我国森林植被的生物量及生产力进行了估测，结果表明虽然我国森林的生物量的平均值与世界的平均水平相比较小，但我国森林净生产量却高于世界平均水平。通过对材积法推算生物量与平均木法估算的生物量计算结果对比，材积法更符合实际。李海奎等研究表明，方精云采用的方法虽然可以反映不同林龄生物量的变化，但是如果在较小的范围（例如省级）内使用，单位面积蓄积对生物量估算精度影响较大，可能这种方法并不适宜。卢妮妮等以中华人民共和国成立以来森林资源一类清查数据作为基础资料数据，我国森林碳储量、森林蓄积量和森林面积的变化进行了详细的分析，并估算了未来 2020 年时的森林状况。结果表明自中华人民共和国成立以来，我国森林蓄积量共增加 6.621×10^9 m^3，森林面积共增加 8.821×10^7 hm^2，但各区域增量差异较大，其中华东地区森林蓄积量增量最小，西南地区森林面积和蓄积量增量最大，东北地区森林面积增量最小。

（2）生物量转换因子连续函数法。为了国家或区域尺度的森林生物量得到更加准确的估算，将单一不变的生物量平均转换因子改为分龄组的生物量转换因子，即为生物量转换因子连续函数法。张茂震等利用 1994 年、1999 年 和 2004 年的森林资源连续清查数据，采用生物量转换因子连续函数法，估算了浙江省森林生物量动态变化，其生物量方程采用以下公式：

$$B = aV + b$$

式中，*a*、*b* 为参数；*V* 为单位面积的蓄积量，m^3/hm^2；B 为单位面积的生物量，m^3/hm^2。

续珊珊等利用我国第一次至第六次森林资源清查资料，根据生物量转换因子法，推算了我国 31 个省（区、市）近 30 年来的森林碳储量变化规律，得出我国森林碳储量在波动中呈现上升趋势的结论，并且我国七个区域森林碳储量大小排列依次为：西南＞东北＞华北＞华南＞华中＞西北＞华东。张茂震等通过研究发现,用大尺度采用生物量转换因子连续函数法对森林生物量估算结果总体与实际相符，可信度较高，但在估算结果的可靠性和精度上不能保证。

（3）相容性生物量模型。林木生物量模型是通过测树因子与实测获取的树干、树皮、树枝、树叶、树根等器官干物质重量之间建立的一个（一组）数学表达式，采用树木的易测因子对较难观测的因子进行间接估算，由于树木各器官干物质重量彼此之间存在相互独立关系，导致各器官彼此独立建立的模型的估算结果与树木总生物量建立的模型估算存在不相容的问题，有的估算结果甚至相差较大。为了解决这个问题，邢艳秋等以森林调查数据为基础，基于各器官分量与森林生物量之间存在的代数关系，采用联合估算法建立针叶林、阔叶林和针阔混交林群落各器官相容性生物量模型，通过检验发现各林型生物量模型的预估精度达到95%以上。唐守正等以长白落叶松为研究对象，采用非线性联合估计的方法最终将树干生物量作为控制变量，采用两级联合估计的方法建立长白落叶松各器官相容性立木生物量模型，此方法可以在一定程度上解决各维量之间不相容的问题。随后，付尧、王宏全等研究学者分别以小兴安岭的长白落叶松和北亚热带高山的日本落叶松为研究对象，分别建立了相容性生物量方程模型，模型检验的精度较高，可以较客观、全面地反映各器官与总生物量之间的分配关系，实现各器官模型与总生物量模型估算值之间的相容性。

黄兴召等通过采用度量误差方法建立辽东山区日本落叶松立木相容性生物量模型，通过独立样本检验模型的相容性和预测精度，各器官的模型预测值所占总生物量的比例之和刚好为1，经检验模型预估精度较高，模型完全相容。贾炜玮等以不同林龄樟子松人工林为研究对象，采用生物量调查数据建立了樟子松林各器官生物量相容性模型，并采用加权回归和对数模型的方法对模型的异方差进行了有效的消除，由各项检验统计指标可以看出，所建立的模型的各样本点与曲线之间切合程度较高，模型不存在系统误差，模型能够科学合理地估算樟子松林各分量生物量，且模型的预测精度高达80%以上。通过建立相容性模型，解决了各器官与总量之间以及各器官单独个体之间的不相容性问题，为以后的碳储量精准估算方面奠定了基础。

3. 遥感模型法

近年来，遥感技术手段在光谱分辨率、空间和时间尺度上都逐步得以改善，在森林生态系统碳平衡研究中的作用越来越重要，能够满足不同时间尺度和空间尺度的需求。应用遥感技术对生物量进行估算的研究大致分为4个阶段：第一阶段是提取遥感影像的单波段数据对生物量进行估算；第二阶段是进入20世纪70年代，主要以提取遥感影像的植被指数为主对生物量进行估算；第三阶段是20世纪90年代以后，逐渐形成了利用激光雷达数据和微波技术对生物量进行估算的方法；第四阶段是进入21世纪后，主要采用多源遥感数据相结合的方法对生物量进行估算。

遥感模型中变量主要包括：遥感因子、气象因子、样地实测因子等。

遥感因子主要包括单一波段值、波段组合、纹理信息、植被指数、植被覆盖度叶面积指数LAI等。其中常用的植被指数有：

$NDVI$（归一化植被指数）=（TW_4-TM_3）/（TW_4+TM_3）

RVI（比值植被指数）=TW_4 / TM_3

VI_3（中红外植被指数）=（TW_4-TM_5）/（TW_4+TM_5）

DVI（差值植被指数）= TW_4-TM_3

PVI（垂直植被指数）=（$TW_4-A\times TM_3-B$）/ $SQRT$（1+A2）

$SAVI$（土壤调整比植被指数）=（TW_4-TM_3）×（1+L）/（TW_4+TM_3+L）

$MSAVI$（修正的土壤调整比植被指数）

={2TW_4+1 − SQR［（2TW_4+1）2 − 8×（TW_4-TM_3）］}/ 2

$SLAVI$（有效叶面积植被指数）= TW_4 / TM_3

气象因子包括降水量、太阳总辐射量、气温等。

样地实测因子包括：样地海拔高度、林分平均年龄、坡向、坡度、经纬度、郁闭度等。

李虎等以新疆西天山的云杉为研究对象，通过将植被指数中的 RVI、NDVI 作为遥感生物量反演的参数，建立模型对其生物量进行了动态监测，发现全林区云杉生物量在 1986 ～ 1996 年呈现逐渐递减的变化趋势，在 1996 ～ 2007 年则呈现递增的变化趋势，但总体略有下降。张志东等分别选取 NDVI、MVI 5、MVI 7 和 RVI 与总物种生物量、顶极种生物量和先锋种生物量做相关分析，并利用逐步线性回归分析构建了基于植被指数的生物量回归模型。结果表明，MVI 7 和 MVI 5 与总物种和顶极种生物量关系显著，而 NDVI 和 RVI 对先锋种生物量具有较好的指示作用，而且 3 个生物量模型均具有较好的拟合精度。由于利用经验模型使用 Landsat 图像对地上生物量进行反演的估测精度较低，Zhu 等为了提供其预估精度，采用经验模型并结合 NDVI 季节性指标估测美国俄亥俄州的地上生物量，研究结果表明地上生物量与秋季 NDVI 指标相关性大于地上生物量与生长茂盛季节 NDVI 的相关性，并且采用一个 NDVI 指标估测地上生物量的精度要低于采用 NDVI 季节系列性指标的精度。刘博利用 SPOT 6 遥感数据，通过提取并筛选出与生物量相关性较好的 Band 3、NDVI、RVI、Variance 3、Entropy 3 五个变量因子，相关性均在 0.5 以上，运用不同的方法构建生物量估算模型，结果表明，逐步回归模型比多元线性模型具有更好的拟合精度，且检验精度也较好。

刘诗琦等利用 Landsat TM5 影像提取的包括 6 个原始波段的 15 个参数，及单波段反射率线性或非线性变换后产生的 11 个新参数，通过多元回归分析建立生物量遥感回归模型，检验结果表明模拟值与实测值平均相对误差为 7. 65%，预测精度较高。

人工神经网络（ANN）是模拟人脑生物过程的智能系统，是理论化的人脑神经网络的数学模型，可以实现多元遥感回归分析功能，具有非变量独立、非定常性、非线性、非局域性等特点，可用来对生物量进行估算。国庆喜等以小兴安岭南坡为研究区域，通过将 232 块森林资源清查样地数据与 Landsat TM 图像数据相结合构建神经网络模型和多元回归遥感模型，结果表明以包括遥感信息、环境因子和生物因子在内的 13 个因子作为自变量建立的回归方程的决定系数为 0.71，通过以独立样地数据对模型进行检验，人工神经网络模型的预估精度较高，达到 90.61% 以上，因此使得应用神经网络技术对生物量估测达到高精度成为可能。

王立海等基于 Landsat TM 遥感图像，以地形因子（立地类型、坡度、坡向、海拔等）作为建立模型的自变量，通过增强网络训练学习算法和压缩输入数据等措施，增强了标准 B ～ P 神经网络，建立了森林生物量非线性遥感模型系统。模型仿真结果表明：增强型 B ～ P 神经网络具有自适应功能强和自学习的特点，并且收敛速度快，能够最大限度地利用样本集的先验知识，自动处理识别最合理的模型，其预测结果可以科学合理地反映样地实际情况。

徐丽华等通过以实测法获得的样地碳储量数据为因变量，基于高分辨率 Quickbird 遥感影像，采用逐步线性回归的分析方法，对遥感影像中提取出的植被指数、波段灰度值、纹理信息等 50 个因子作为自变量，最终建立了四种森林类型遥感碳储量回归模型，通过模型检验其模型拟合效果较好，预估精度均在 70% 左右。

从 20 世纪 80 年代开始，激光雷达技术开始应用于林业科学各方面的研究，通过传感器发出的激光脉冲来测定目标物与传感器之间的距离，获得较高精度的三维测量遥感影像数据。穆喜云等以内蒙古大兴安岭国家野外生态站为研究区域，通过对机载激光雷达（LiDAR）点云数据的预处理，利用计算机编程提取 LiDAR 点云数据的结构参数，以植被分位数高度变量与密度变量为自变量，结合地面调查数据，建立生物量与 LiDAR 结构参数的回归模型（决定系数为 0.69，均方根误差为 0.34）。庞勇以小兴安岭温带森林为研究对象，基于机载激光雷达技术对其各组成成分生物量进行了反演，结果表明树木的蓄积、高度和胸径在一定区域内具有一定的相关性，这种生物的约束机制就为激光雷达反演树木高度信息进而对模型反演生物量提供了理论基础。Li 等在研究中将 MODIS 数据与激光雷达数据相结合，可以弥补星载数据分辨率较低的缺点，提高了应用此技术估算地上生物量的精度。

第七节　用材林地下生物量、碳储量监测

一、用材林地下生物量监测

（一）用材林地下生物量

1. 森林生态系统在全球碳循环中的作用

森林生态系统是陆地生态系统的主体，在改善和维护区域生态环境、调节全球碳平衡、减缓大气中 CO_2 等温室气体浓度上升等方面具有不可替代的作用。自工业革命以来，随着人类活动的增强以及化石燃料的燃烧，全球 CO_2 排放量急剧增加，影响着全球碳循环。一方面，大气中 CO_2 浓度的持续增加引发温室效应，导致全球气温升高；另一方面增温影响了生态系统的净碳吸收或释放，对气候变暖产生或负或正的反馈调节。有研究表明，随着温度的升高，植物呼吸速率增强以及分解速率加快，导致森林生态系统净的碳输入小于碳释放，使其成为碳源。此外，温度升高同时也会促进植物生长，促使森林固定更多的碳，当森林净的碳输入大于碳释放，就成为碳汇。

20 世纪 60 ～ 70 年代，人与生物圈计划（简称 MAB）和国家生物学计划（简称 IBP）强调自然生态系统的结构、功能和生产力是生态学的研究热点。为了响应此次号召，世界各国提倡对全球森林碳平衡评估以及森林碳储量进行系统估测。有研究表明，森林作为全球陆地生态系统中最大的有机碳库，占总陆地碳库的 56%，约 1146 Pg C，年固碳量约为陆地生态系统总固碳量的三分之二，这些森林中的碳一旦释放到大气中，将导致全球碳失衡。其次，森林对与人类的活动和自然的干扰非常敏感，当森林被破坏和干扰时，储存在森林生态系统中的碳会逐渐成为一个碳源，释放 CO_2 。而当森林受到保护并恢复时，森林生态系统又成为一个碳汇，吸收大气中的 CO_2 并以生物量的形式固定于植物体内。在过去的 50 年里，全球人为排放的 CO_2 约 30% 能被生态系统所吸收，其中大部分的 CO_2 被吸收后累积在森林生物量和土壤中。森林生物量作为研究森林生态系统结构功能的基础，是深入研究森林生态系统的物质循环和能量流动以及评估其生产力的重要科学依据。

2. 森林地下生物量在森林碳循环中的重要性

森林生物量作为量化森林生态系统固碳速率变化的重要指标，对区域碳收支的估算及减缓全球气候变化具有重要意义。森林地下生物量包括乔木层地下生物量和林下植被地下生物量（如灌木、草本、苔藓等）。森林生态系统地下根系净初级生产力占总生产力的 30% ～ 50%，在森林碳循环以及全球碳

循环中都起着至关重要的作用。森林生态系统地下部分的碳储量（包括地下生物量、枯枝落叶、根系碎屑以及土壤）为 927 Gt，是地上部分碳储量（483 Gt）的 2 倍多。森林地下生物量（主要为根系）不仅为植物地上部分提供养分和水分，还对森林生态系统多样性和稳定性的维持具有重要作用，是森林生态系统碳分配的核心环节。目前森林生物量的估算主要集中在地上生物量上，森林地下生物量的估算研究相对较少，是公认的全球变化研究中的知识空白区域之一。因此，了解森林地下生物量在碳循环中的作用对于研究全球碳循环具有非常重要的意义。

3. 森林地下生物量估算的研究现状

（1）森林土壤碳储量国外研究进展。自 20 世纪 50 年代以来，国际上相关研究人员就已经对全球土壤有机碳储量开始进行估算。土壤有机碳主要分布在土壤上层 1 m 深度以内，因此当时得到的估算结果大都是根据 1 m 深度以内有机碳含量进行估算。

20 世纪 70 ～ 80 年代，根据少数几个剖面资料对土壤碳库的估计进行推算，其结果也由于考虑的时间尺度、采用的方法不同，陆地碳汇的估算产生很大的差异性。1982 年 Bohn 根据相对较完整的联合国粮食及农业组织（FAO）提供的 187 个土壤剖面的碳密度数据，对全球土层碳库进行了重新估算，其结果为 2 200 Gt。

到了 20 世纪 90 年代，各研究人员得到的全球土壤有机碳储量为 1 500 ～ 1 600 Pg C 之间，结果相对较为接近。Dixon 等在总结前人研究的大量文献的基础上，通过估算得到全球森林土壤碳储量为 787 Pg C，大约为森林生态系统有机碳库的 2/3，其所占比例达到全球土壤碳库的 39% 以上。

国外学者对土壤碳储量的影响因素也进行了大量的研究。Erika Marín-Spiotta 等对人工林土壤碳储量的影响因素进行了分析，其中主要包括气候因素、林龄、土地利用方式等，结果表明年平均温度对土壤碳库的影响最直接，而对森林地上碳储量影响最为直接的林龄则不明显，而且土壤类型、土层深度对土壤碳储量也有显著的影响，因此土壤碳储量对未来气候变化会非常敏感。Nicholas Clarke 等对北温带森林生态系统不同的采伐强度对森林土壤碳储量的影响进行了综述，通过分析发现，目前掌握的资料尚不支持关于加强森林采伐对北方和北温带森林生态系统土壤碳储量的长期影响的预测。如果将植被层根系碳储量计算在森林土壤生态系统中，森林土壤有机碳库储量占全球土壤碳库的比例将达到 50% 左右。这意味着，森林生态系统中的土壤碳汇、碳源、碳库等功能在陆地生态系统碳循环中起着至关重要的作用。

近年来，国外学者运用多种方法对不同区域尺度的森林地下生物量进行了估算。据 Zianis 等（2005 年）对欧洲 39 个树种生物量方程（共 607 个）的收集结果表明，有 70 个方程（涉及 17 个树种）属于地下生物量方程，仅占 11.5%，其模型变量为胸径和树高。Peichl 等（2007 年）在研究加拿大森林地下生物量时，构建了不同林分以及林龄序列的森林地下生物量异速生长方程，并表明随着林龄的增加地下生物量逐渐减少。2011 年，Ribeiro 等（2011 年）对科罗拉多州的森林生物量进行了研究，并利用异速生长方程估算森林地下生物量，其估算精度可达 0.9 以上。Adame 等（2017 年）构建了不同森林密度和盐度下的森林地下生物量异速生长方程，并指出目前已有的红树林地下生物量估算模型仍存在较大的不确定性，这是由于验证数据为估测值（利用异速生长方程估算得到）而非野外实测数据。Djomo 等（2017 年）利用异速生长方程估算热带森林地下生物量，并指出将异速生长方程应用于遥感也是一项非常有意义的研究。虽然使用异速生长方程可以估算得到不同树种的地下生物量，但大部分模型应用范围较小，仅适合某个树种或小范围的森林。随后，部分学者基于遥感和雷达数据对区域尺度的森林地下生物量进行了估算。例如，Luo 等（2017 年）利用激光雷达和高光谱数据对中国甘肃黑河流域中部的森林地下生物量进行了估算，结果表明利用激光雷达和高光谱相结合来估算森林地下生物量与仅基于激光雷达数据进行估算相比精度稍有提高，其最终模型估算精度在 0.5 以上。

部分学者对森林地下生物量的研究集中在植被类型、土壤理化条件、水分和温度等因素对根系生物量估算的影响上。根系生物量在土壤中呈"T"字形分布，土壤越深，根系生物量逐渐减少。2003 年，Giese 等人对卡罗来纳州的阔叶林根系生物量进行了研究，主要研究内容是不同林龄对根系生物量的影响，结果显示林龄与根系生物量有显著的正相关关系。Tateno 等人（2004 年）对日本中部落叶阔叶林地下生物量的研究中表明地下生物量随着坡度的增大呈增加趋势。Jones 等人（2019 年）对巴拿马中部的次生林地上地下碳储量进行研究，明确指出根生物量随地上生物量的变化而变化，随林龄的增加而增大。

（2）森林土壤碳储量国内研究进展。国内学者虽然对森林土壤碳库研究起步相对较晚，但也取得了较大的科研成果。方精云等首先通过采用中国 1 ∶ 1000 万土壤类型图对各类土地面积进行了测定，同时根据《中国森林土壤》和《中国土壤》及前人研究的各类土壤平均有机碳含量数据，对我国土壤有机碳储量进行估算，其值为 185.7 Pg C。周玉荣等在广泛收集文献资料数据的基础上，对我国主要森林生态系统土壤碳库进行估算，结果表明土壤碳库（21.023 Pg C）占我国森林生态系统碳总量的 74.6%，约为全球森林生态系统土壤碳库的（789 Pg C）2.7%。王绍强等根据土壤种类分布面积，并结合中国第二次土壤普查典型土壤剖面的实测数据，估算结果表明我国土壤碳储量约为 924.18×10^8 t，而且森林土壤碳密度显著大于其他各土壤类型。李克让等以实测数据为基础，通过 CEVSA 模型对中国森林生态系统（植被、枯落物、土壤）碳储量和碳密度进行估算，得到中国土壤平均土壤碳密度为 91.71 t/hm^2，土壤有机碳储量（82.65 Pg C）约占全球土壤碳储量的 4%。根据以上研究结果还可知，中国森林和林地总面积（121.63×10^4 km^2）约占全国土壤面积的 13.5%，森林土壤有机碳储量约为 232.07×10^8 Mg C，占中国土壤总碳储量的比例约为 28.1%，森林和林地的总碳储量约占全国碳储量总量的 65.6%，为 8.72 Pg C。

1998 年，杜晓军等人对长白山的红松林、云冷杉林以及岳桦林的根系生物量进行了研究，研究结果表明，根系生物量主要集中在地下 0 ～ 60 cm 的土壤中，且不同森林类型的地下生物量存在较大差异，地下生物量由高到低依次是阔叶红松林、云杉冷杉林和岳桦林。

齐光等通过样地调查，研究了大兴安岭林区 10 年、15 年、26 年和 61 年生兴安落叶松人工林 0 ～ 40 cm 土壤有机碳（SOC）储量，以及原始兴安落叶松林皆伐后营造人工林过程中 SOC 碳源和碳汇的变化，结果表明兴安落叶松人工林土壤碳库初期（10 ～ 26 a）表现为碳源，之后逐渐转变为碳汇，林龄 61 a 时 SOC 储量达 158.91 t/hm^2，并得出大兴安岭林区兴安落叶松人工林的主伐年龄以＞ 60 a 为宜。郭晓伟等选择海南岛尖峰岭热带山地雨林 60 hm^2 大样地为研究对象，采用野外实测调查与样品采集、室内实验测定和地统计学分析相结合的方法，定量研究了土壤各层有机碳密度在局域范围内的分布特征及空间异质性，结果表明热带雨林中土壤有机碳密度表层与下层受到不同生态过程的控制，且土壤各层碳密度存在一定空间异质性。王晓荣等基于 2009 年湖北省林业资源连续调查第六次复查数据和标准地实测数据，采用政府间气候变化委员会（IPCC）推荐的森林碳储量估算方法，研究湖北省森林生态系统的碳储量、碳密度和组成成分特征。结果表明土壤层碳密度介于 73.25 ～ 136.87 t/hm^2，主要集中在 30 cm 的土层厚度，呈现明显的表聚特征。蔡会德等通过土壤剖面实测数据与森林资源连续清查样地数据，估算广西森林土壤有机碳储量，分析了土壤有机碳密度随不同海拔高度、经纬度的分布特征。洪雪姣对大兴安岭、小兴安岭区域最常见的十余种典型的天然次生林和原始林森林群落类型的土壤碳密度及影响因素进行了研究，大兴安岭、小兴安岭主要天然森林群落类型平均碳密度为 170.3 t/m^2，通过分析可知土壤碳密度与年均降水、全氮含量呈现显著正相关，而与年均气温、容重呈现显著负相关。

杨万勤通过研究发现，全球尺度和区域尺度森林土壤碳储量研究还存在较多的不确定性因素。主要包括以下原因：①由于土壤水平和垂直尺度分布不均匀，且其结构复杂，空间异质性较大，而目前采用的估算方法较单一，以至于森林土壤每年向大气排放碳量的估计误差相对较大；②采用的数据多来源于土壤普查数据和森林资源清查数据，在对土壤碳储量的计算过程中常常忽略了地表凋落物层的碳储量，导致估算精度有误差；③各研究区域土壤面积数据和土层厚度数据来源的不同，也是导致土壤碳储量估算不确定性的因素之一。因此，对森林土壤有机碳密度和碳储量的精准测定与估算，对国际履约的重大生态与环境问题至关重要。

虽然目前已取得了较大的进展，但是由于不同学者采用的估算方法不同，以及立地条件（气候、土壤和地形）和森林结构（森林类型、物种组成、林龄和林分密度）存在空间异质性，使得森林地下生物量模型的建立方法尚不完全统一，存在很大的不确定性。

（二）森林地下生物量的估算方法

目前，森林地下生物量的估算方法主要包括基于样地调查数据的转换估算、模型估算法以及空间尺度的遥感反演。

1. 样地调查法

通常样地调查要先选择适当面积的林分作为样地，样地面积大于 0.06 hm^2。森林地下生物量常见的测量方法主要包括以下四种：挖掘收获法、钻土芯法、内生长土芯法、微根窗法。

（1）挖掘收获法（Excavation method）。挖掘收获法根据研究对象的不同可分为两种：传统挖掘法和挖土块法。传统挖掘法是在研究植株的周围挖坑，将根部全部挖出后去土，分别观测其形态并进行生物量测量。传统挖掘法的优点是可获得准确的直接观测数据，且不需要专门的仪器；缺点是挖根过程中需要大量的劳动力，对环境造成严重的破坏。挖土块法（Monolith Methods）简化了传统挖掘法，只挖取一定体积的土块，将挖掘得到的土块全部收集到容器内，用水冲洗并利用孔筛或尼龙网袋将根保留下来，然后对根进行烘干称重，从而得到该体积内的根系生物量。由于森林的根系体积较大，土块大小必须根据不同植被类型及植被根的大小做适当调整，并且选择合适的重复次数。不管是传统挖掘法还是挖土块法都需要大量的人力，由于工作量大，很难多次重复，而且挖掘会对土壤和植被造成严重的破坏，不适合做区域尺度上的研究。

（2）钻土芯法（Auger Methods）。由于挖掘收获法费时费力且重复次数有限，研究者们开始使用工具来代替劳动力，于是 20 世纪 60 年代人们利用土钻开始展开森林地下生物量的研究工作，即钻土芯法。利用土钻挖掘土样，采用与挖土块法相同的处理过程获得植被地下生物量。一般采用的土钻有两种，一种是荷兰性根系手钻，另一种是 Albercht 手钻。根据不同的研究对象、根分布特点、实验要求等按照实际情况来选择合适的手钻直径及重复采样次数。关于钻径大小和重复采样次数目前还没有统一标准，根据大量的参考文献发现钻的大小普遍在 7 ～ 10 cm，且重复次数不小于 4 次（Sun et al.，1994）。

与挖掘收获法相比，钻土芯法更为简便易操作，耗时较少，覆盖面积更大，因而减少了土壤异质性带来的误差，测定结果比挖掘收获法更为准确。普遍适用于草地、农田地下生物量以及森林细根生物量。然而，该方法对于整个森林地下生物量并不适用，主要原因是钻土芯法获得仅是森林根系的一部分，也就是森林的细根，这与钻的直径大小有关。因此，钻土芯法并不适合区域尺度的森林地下生物量。

（3）内生长土芯法（Ingrowth Cores Methods）。内生长土芯法与挖掘收获法和钻土芯法不同，它是事先将土样筛选至无根状态，装入准备好的尼龙网袋中，再把土芯放入挖好的土坑里，最后再利用无根土填满土坑。也可以先做出土壤模子，然后放入挖好的土坑里，一起放入网袋中，将无根土填满整个网袋作为土芯，网袋周围的缝隙也用无根土填充至无缝隙后将模子全部抽出。一般采用第一种方法的比较多，即将土芯埋入土壤中，定期从土壤中取出，取出前应该切断土芯与外部根的连接，然后将土芯过筛分离，最后测量出根生物量。这种方法要处理的土量远小于挖掘收获法或钻土芯法，并比这两种方法测出来的更准确，还可以区分出活根和死根。但这种方法对根系原来的生存环境有很大的破坏，并且会影响其正常生长，导致结果准确性降低。另外，由于土壤中微生物对于死根的分解速率很高，导致年净地下生物量可能会被低估。在异质性较高的生态系统中，我们通常将内生长土芯法和钻土芯法配合起来使用。

内生长土芯法的优点是：精度高、可重复性高、简便、需要测量的土量较少。然而，该方法也有很多缺点，例如：土芯刚插入根时会刺激甚至会抑制其生长，如果取样时间没有设定好就不能反映出根的生长和死亡的准确情况；此外，无根土壤也会给原始根环境带来一些异质；还有土芯的形状大小、个体数量、挖掘频次、时间间隔及埋藏深度都会影响地下生物量的估算。

（4）微根窗法（Minirhizotron Methods）。微根窗法是将摄像头通过几根透明管包裹埋于地下观测根系生长状况，再传输到计算机的图像检测器中。最早的计算机处理软件叫“ROOT”，是 Hendrick 和 Pregitzer 等人于 1992 年开发的软件。而 Fitter 和 Graves 等人在 1998 年时已经可以将根的生长速率精确到“根 / 帧 · 天”，这是样地调查法、模型估算法以及遥感估算法所不能及的地方。该方法的优点是可以实时监测根的动态，比如根分枝、生长速率、死根数量、根长度等一些非常重要的参数，与样地调查法、模型估算法以及遥感估算法相比，该方法可以详细到根的每个分根。虽然该方法能够精确到根的瞬时生长速率，但仅适于样点尺度的研究，对于大区域尺度森林地下生物量研究并不适合。

虽然以上方法都可以得到相对准确的森林地下生物量，但是样地调查法只适合样点或者小范围区域的研究，而且根据不同标准所获得的地下生物量也存在一定的差异。直接测定树木生物量是目前相对较准确的方法，但该方法需要消耗大量的人力、物力和财力，还具有很大的破坏性。

2. 模型估算法

模型估算法通常是利用一些容易测得的林木因子来推算立木生物量，然后再通过根冠比等方法来估算森林地下部分的生物量，可以有效地减少野外实验操作。据统计可知，在过去的几十年内全世界已经构建了近 2 300 个（近 100 种树种）生物量模型。大部分模型是针对地上部分的生物量，而对地下部分的研究比较少，主要原因是树根比较难获取。常用的模型方法有：根冠比法、异速生长方程、同位素法、元素平衡法等。其中同位素法和元素平衡法的工作原理是根据叶片的光合作用和呼吸作用等一系列主要生理过程，经过分析几何理论模型而得到地下生物量的估算值。该过程更像是探索植被生物量的生长规律。该模型需要大量的气候以及环境数据，且构造十分复杂，不同区域、不同植被、不同气候的森林地下生物量可能存在很大差异，因此误差较大。

（1）根冠比法。根冠比法是利用地上生物量与地下生物量之间的比值关系来构建模型。这种方法简单便捷、估算迅速、可适用于大尺度的研究。目前已经有大量的根冠比研究，也累积了丰富的地上地下生物量数据。例如，Yuen 等人（2017 年）在研究亚洲东南部地区不同植被类型的根冠比时提出：不同植被类型根冠比不同，其中根冠比最高的是灌木和草地，达到 0.78；其次是红树林的根冠比，为 0.4；然后是农田的根冠比，为 0.3；最后是森林的根冠比，为 0.18。大量研究表明，根冠比与树种、林龄、胸径、经度以及林分密度有关，并随胸径、树高、林龄以及地上生物量的增加而减少。曾伟生对东北落叶松和南方马尾松的根冠比与胸径和树高建立回归方程，发现二元模型比一元模型更准确。然而，不同的植被类型、植被年龄、生长环境下的根冠比存在很大的异质性，所以如何将根冠比广泛地适用也有待于深入的研究。

（2）异速生长方程。异速生长方程是在根冠比法的基础上根据地上生物量的指数关系来间接估算地下生物量。这种方法比根冠比法更具有适用性，异速生长方程修改了之前假设变量之间的线性关系，转为分析地上地下生物量的非线性关系。如 Saatchi 等人（2011 年）在估算热带森林地上生物量时，构建树高、胸径与地上生物量的非线性关系（$R^2 > 0.8$）。然而在估算地下生物量时，直接利用地上生物量与地下生物量构建的非线性关系得到的结果准确度比较低。此外，还有一部分学者通过构建地下生物量与胸径之间的非线性关系来估算地下生物量，例如常见的胸径、树高、D^2H 等。随着对生物量的深入研究，许多研究者将林龄、冠幅、材积、密度等其他因子引入生物量的估算中。虽然考虑的环境变量越多所估算的地下生物量越接近真实值，然而，环境变量增加的同时也加重了林分调查的难度，从而降低了模型的实用性。因此，在构建异速生长方程时应该同时考虑到实际操作和统计标准。目前，区域尺度上的森林地下生物量估算已经成为人们的关注热点，建立林分尺度地下生物量模型已经变成一种趋势。无论是单株地下生物量模型还是林分地下生物量模型，都可以采用异速生长方程来估算地下生物量。

（3）同位素法（Isotopes Methods）。^{14}C 通常被用来估算植被地下生物量，常用的有两种方法，即 ^{14}C 稀释法和 ^{14}C 周转法。^{14}C 稀释法即用 ^{14}C 标记植被，然后得到一个 $^{14}C/^{12}C$ 比值，一段时间后测量植被 $^{14}C/^{12}C$ 的变化率来估算植被地下生物量。该方法的前提是 ^{14}C 完全进入植被组织内才可以测量变化率，否则实验结果不准确。目前，关于 ^{14}C 什么时候完全进入植被组织还没有统一的定论。Caldwell 和 Camp 在使用 ^{14}C 稀释法时，认为 ^{14}C 完全进入植被组织中大约需要 5 d，但 Milchunas 等（1985 年）以幼苗盆栽为研究对象，专门研究 ^{14}C 完全进去植被组织内的时间，结果显示 ^{14}C 完全进入所需要的时间远大于 5 d。Dahlman 和 Kucera 于 1967 年首次提出 ^{14}C 周转法，与同 ^{14}C 稀释法的处理过程非常相似，首先通过原初标记，即可得到根的周转系数，最后利用地上生物量估算出地下生物量。在根系组织中 ^{14}C 的下降需要 4 年甚至更长的时间，1967 年，Dahlman 和 Kucera 得出的实验结论是根系周转 1 次大约需要 4 年的时间；而 1992 年，Milchunas 和 Lauenroth 的研究认为，根系需要 5 ～ 7 年周转 1 次。

同位素法并不需要将根系和土壤分离，并且还原了根的生存环境，比根冠比法要精准得多，还能获得根系结构和功能等有用信息。但同位素分析法非常昂贵，目前无法实现大规模区域尺度的研究。

（4）元素平衡法（Element Balance Methods）。元素平衡法主要是利用对植物生长有限制作用的矿质元素在植物系统各个部分中输入、输出的平衡比例，确定其分配到根中的量，再通过根中该元素的含量来计算出根的生物量。该方法中 C 和 N 通常被认为是比较合适的元素，因为 C、N 在许多生态系统中是一个起限制作用的营养元素，因此用土壤 C、N 平衡来计算根的生物量是比较理想的选择。

3. 遥感估算法

遥感技术的不断成熟和遥感数据的广泛使用，使得大范围高精度地估算森林生物量成为可能，与传统的基于样地调查的方法和模型模拟法相比，基于遥感数据所估算的森林地上生物量具有范围广、速度快且无破坏性等特点。越来越多的研究基于多源遥感和地面数据来估算区域尺度的森林生物量及其空间分布 。

早期的研究主要集中在单波段阶段。Curran 等（1992 年）利用 Landsat TM 的第一、四波段来估算叶生物量时发现它们之间存在显著的线性关系。Baccini 等（2008 年）利用 MODIS 数据的七个波段结合实测数据来估算非洲地区的森林总生物量，其模型的估算精度为 0.82，均方根误差为 50.5 mg/hm^2，并得到非洲地区的森林生物量分布图。Guo 等（2002 年）利用 TM 数据（1 ～ 7 个光谱值）分别构建了针叶林和阔叶林的地下生物量回归模型。虽然该方法简单易行，但是模型极易受到土壤、水汽、太阳角等环境因素的影响，从而导致该方法存在很大的不确定性。虽然单波段估算森林地下生物量简单、易行，部分学者通过提取各种植被指数来估算森林地下生物量，该方法相比前面的单波段估算精度有所提高。Marin 等（1996 年）对森林地下生物量与叶面积指数（LAI）、归一化植被指数（NDVI）进行关系构建，结果发现 NDVI 与地下生物量有显著的相关性。Hame 等（1997 年）利用 TM 数据结合地面数据估算欧洲北方针叶林地下生物量，其估算精度为 0.2。20 世纪 90 年代以后部分学者利用激光雷达和微波遥感来提高模型的估算精度。黄玫等（2006 年）利用大气—植被相互作用模型（AVIM2）对中国区域的植被地上、地下生物量进行估算，其模型的主要原理是对光合产物进行地上地下分配来得到地下生物量，其研究结果表明地下生物量受水热条件的影响显著。申鑫等人于 2016 年利用激光雷达和高分辨率遥感数据来估算亚热带次生林森林生物量。研究表明，地上生物量的模型精度（R^2 为 0.57 ～ 0.62）高于地下生物量（R^2 为 0.48 ～ 0.54）。Cao 等（2016 年）利用机载激光雷达对中国西南部混交林生物量进行了估算，其估算精度达 0.63。而 Qi 等（2019 年）利用 GEDI 激光雷达数据估算加利福尼亚的不同森林类型的地下生物量，其估算精度在 0.37 ～ 0.59。

这种方法在某些小区域或特定的森林类型中达到了较高的精度。然而，在大区域上，尤其是包含复杂森林类型的区域，生物量的估算依旧存在很大的误差。区域尺度森林生物量的估算是根据有限的地面调查数据和植被指数及其他预测变量 （气候、土壤和地形），建立单一模型或算法，进而在空间上进行尺度推绎的。然而，单一模型假设从不同森林类型中收集的样本是重复的，但其实不同森林类型的样本并不真正重复，这会导致单一模型高估或者低估某些森林类型的生物量。利用遥感估算森林生物量常见的统计分析法包括神经网络、地学统计、遗传算法、小波分析等，虽然这些方法在森林地上生物量的估算已被深入研究，但是如何利用这些方法合理地构建森林地下生物量也将成为未来生态学研究的热点和难点。

除了以上三大类方法外，目前比较精确的观测、测量森林地下生物量的方法还包括地面雷达穿透法以及核磁共振法，均是利用计算机、摄像机等现代化数字图像设备对植物根系的生长动态、呼吸速率和生物量变化情况实施观测的方法。部分学者利用雷达数据来提高森林生物量的估算精确度。1996年，Daniels 等人首次提出利用地面雷达传统法来测定森林地下生物量，随后该方法被广泛应用。2000年后，Butnor（2001 年）和 Doolittle 等（2003 年）对人工火炬松林（*Pinus taeda* L.）地下生物量测定的研究中同样采用地面雷达穿透法与钻土芯法相结合来测定火炬松林地下生物量。这可以有效获得细根生物量及其分布情况，两者的结合能够减少大量的土芯数，同时也减轻了对土壤环境的破坏力。地面雷达穿透法可以大大地提高地下生物量的数据质量，缺点是雷达设备价格昂贵且较适合研究地处土壤含沙较多的植被地下生物量。以上全部的方法均对根系和土壤造成一定程度的破坏，而核磁共振法可以在不破坏根系和土壤的条件下得到根系的三维影像，从而可以获得根系结构、数量以及长度等信息。Omas（1985 年）与 Bottomley 等（1986 年）首次用该方法来测量植被地下生物量。但由于设备太昂贵，该方法只适合研究样点尺度的森林地下生物量。

第八节　用材林生态服务功能及健康评价

一、用材林健康空间变异性研究

森林生态系统作为陆地生态系统的重要组成部分，在人类的生产生活中起着极为重要的作用，尤其是在大兴安岭林区，森林资源为当地经济的发展和社会的稳定提供着基本保障，其提供的生态服务功能是维持我国整个北方地区乃至全国生态平衡的重要支撑。中华人民共和国成立以来，由于国家发展的需要，大兴安岭林区有过一段盲目过度采伐的时期，这给当地的生态系统造成了极为严重的负面影响，使得林区生态系统的稳定性以及生态服务功能等开始下降，森林生态环境遭到破坏，严重威胁到了人们的正常生活和社会的发展。在 20 世纪末，我国出现了几次严重的生态环境问题，自此森林生态系统的健康问题越来越受到重视，同时也逐渐地被生态学家、林业资源工作者及学者们所研究。

（一）森林健康评价指标研究现状

（1）国外研究现状。在 20 世纪 70 年代末期，由于人类不合理的利用和破坏，全球的森林面积迅速减少，各地区的森林生态系统均出现了不同程度的退化，森林健康问题逐渐受到了重视。1983 年，有着 1/3 森林国土面积的德国发现在森林严重出现衰退状况后，最先提出“森林健康”的概念并开始进行森林生长状况的监测工作，并迅速扩大至整个欧洲。近年来，国外对于森林健康评价指标的相关研究有很多。Rodolfo Maritinez Moraks 等利用遥感与地理信息系统技术两种方法结合在景观尺度上对夏威夷地区的相思木树的健康状况进行了评价。Soren Wulff 等人针对瑞典地区提出了森林健康评价系统改进方案，分为基础战略制定的大尺度调查和基于操作性决策制定的区域尺度调查两大部分，这种改进克服了在以往森林健康评价体系中不能提供足够的信息用于应对森林健康的缺陷。澳大利亚的森林健康评价指标研究也比较深入，并且在森林健康病虫害监测时采用了多种方法，包括全面观察、固定捕虫器、沿路边巡查、对某一地点全部树木进行快速的观察、样带观测等。调查方法具体依据森林面积、问题类型、调查对象和森林资源物理性质等因素来选择。Rapport 等学者又增加了几个森林健康评价的指标，变为从生态系统服务功能的维持力、系统的活力、恢复力、组织结构、外部输入减少、管理选择、对人类健康的影响和对邻近系统的影响等 8 个方面来确定。Costanza 等进一步提出系统健康评价公式，由系统活力、系统组织指数、系统恢复力指数 3 个方面确定，并首次提出使用权重因素法去比较系统中的不同组成成分。

（2）国内研究现状。我国森林健康评价指标的相关研究相比国外起步较晚，但近些年也取得了丰硕的研究成果。国内大部分的学者对森林健康评价的研究方向主要在两个方面：评价尺度的多元化和评价指标方法多样化。 谷建材等人用北京八达岭林场森林活力、组织结构、适应性和社会价值 4 个指标构建了一套评价森林健康的指标体系，并取得了较好的效果。2010 年，刘恩天等运用模糊数学综合评价法，在生物多样性、林分结构复杂程度、有害因子发生程度、树木活力 4 个方面对森林健康进行评价。施明辉等从森林健康的概念出发，明确了森林健康的内涵，并指出森林健康评价主要以林分、森林类型及小班作为评价单元，评价指标主要由森林资源特征指标、灾害指标及社会经济指标构成。汪有奎在对祁连山的森林健康状况和恢复策略进行评价时，指出病虫害、风灾、雪灾、火灾、旱灾、立地条件差、森林结构不合理是损害祁连山森林健康的主要自然因素，同时也对人为因素进行了分析，主要涉及过度放牧、荒地、切块、木材、挖药，以及采矿和狩猎，并针对不同的损害因素，提出了相应的对策。谢春华等运用层次分析法，通过边界平均长度、景观多样性、分形维数、景观连接度、斑块平均面积、郁闭度、林龄组、立地类型、地被物厚度、土壤渗透系数、林木生长状况、土壤养分、土壤贮水量、截留率、径流系数、减少模数、水质、自然度等指标对森林健康进行评价。陈高等采用健康距离法，通过林分垂直层次、林窗、种类、分解级等 9 方面共 64 个指标对森林健康进行了评价。2007 年，甘敬等通过层次分析法，从林分结构的复杂性（覆盖度、群落结构、近自然）、生产力（单位面积、叶面积指数）、土壤状况（土壤侵蚀、土壤厚度）3 大方面对森林健康水平进行客观评价。姬文元等运用主成分分析 + 聚类分析法在林分结构复杂度、林分更新能力和林分生产力 3 个方面对森林健康进行了评价。李冰等运用综合评价法对有害因素（森林害虫、啮齿动物、火灾）、林分结构复杂程度（下木盖度、植被高度和植被盖度）等指标进行分析，并最终对森林健康进行评价。张文海等运用粗糙集理论法，从单位面积蓄积量、枯落物有效持水量、物种多样性、林分郁闭度、群落层次结构 5 个方面对森林健康进行评价。综上所述，国内外分别从不同角度对森林健康进行研究。总体来说，目前有 8 种健康评价方法，分别是指标型法、组合结构功能指标法、综合指标评价法、模糊综合评价法、主成分分析法、层次分析法、Delphi-AHP 和神经网络模型法。评价指标主要包括生物多样性、林分结构复杂性、植被生产力、有害因子产生程度、森林树木活力、更新能力、土壤质量、产品和服务、社会因素、立地条件 10 个大类。

（二）森林健康评价模型研究现状

（1）国外研究现状。应用动态模型评价森林健康状况，预测树木和林分的生长和收获，一直是森林健康评价及管理的核心问题，对于森林健康评价模型的研究具有重大的意义。欧洲和美国的相关研究起步较早，他们很大程度代表了目前森林生态系统健康研究领域的先进研究水平。1979 年加拿大学者 Rapport 和 Friend 提出了 PSR 模型框架（Pressure–State–Response），随着 PSR 模型理论不断发展，其在生态系统健康评价研究中的应用也越来越广泛。当前在美国主流的森林健康动态评价模型有两个，分别是 SIMPPLLE 和 MAGIS，主要用来评价当前林分状况、模拟林分发展以及预测不同经营管理方式下林分未来的动态变化状况。

（2）国内研究现状。目前国内同样有许多林业方面的专家学者对森林健康评价模型进行了深入研究。曹立颜等针对现阶段中国森林健康实际情况，建立了相应的评价指标体系并进行了相关的验证工作，成功开发了针对中国实际情况的以促进森林健康经营为目的的动态预测模型和决策模型，提高了森林健康的监测和管控能力。胡阳等人以北京八达岭林场为研究对象，基于遥感技术，利用 2007 年森林资源调查数据和 VOR 模型对北京八达岭林场的森林健康状况进行监测评价。方舟以黑龙江省孟家岗林场水源涵养林为研究对象，深入研究了水源涵养林健康评价体系，并尝试建立了相关模型。王亚玲通过 AHP 层次分析法和模糊综合评估法对潭江流域森林生态系统健康状况进行了全面综合的评估。该方法是模糊评价法与森林经典指数法的结合，通过该方法总体综合相关隶属度这一指标，提高了森林健康评价的准确性。

（三）森林健康评价中模型的应用现状

（1）国外研究现状。随着人们对森林健康评价研究工作的逐步深入，越来越多人开始应用遥感技术来研究森林资源与森林环境的动态变化。Maribeth 在森林生境模拟和森林资源调查中采用了遥感技术对其进行研究，Olga Rigina 通过利用高精度的遥感数据对森林的衰退情况进行了监测，Kuntz 等利用 SAR 遥感数据对热带林的砍伐情况进行了监测与研究。McDonald 等通过 TM 数据根据光谱植被指数 NDVI、PVI、SAVI 进行森林分类研究，取得了较好的效果。Verstraete 等将 SAR 直接应用到林业项目当中，使森林遥感研究在不同目的、尺度、研究区域等方面得到了具体的发展。

（2）国内研究现状。近年来，随着遥感技术在国内的快速发展，国内很多学者也开始利用遥感技术对森林健康进行评价。高娜以遥感影像数据、GPS 数据、实地林相图等数据作为研究资料，分析了落叶松林早落病的空间分布特征，利用落叶松早落病信息提取的数据初步构建了相关的数据库。浦埔民和宫鹏利用高光谱数据，对美国巨杉的营养状况进行了具体的分析。研究表明，在特定的波段，其波普反射率与巨杉的营养状况具有显著的相关性。2008 年，王明玉等结合遥感与地面调查植被分布图等数据，对南方冰雪灾害的响应进行了分析与研究。田晓瑞等以 Landsat TM 影像数据为基础结合北京市的土地利用情况分布图，采用监督分类方法将森林的可燃物分为针叶林、草地等共计 6 类，并获得了具有遥感技术的北京市土地可燃物等级分类统计数据。杨丹等利用监督分类方法对北京地区的森林覆盖类型、面积信息、位置等信息进行提取，并基于 Landsat ETM+ 遥感影像数据对北京地区的森林覆盖进行了量化统计。王立海等在 Landsat TM 数据的基础上，通过将与森林植被分布密切相关的地学知识信息和光谱信息进行拟合，建立专家分类识别模型用于森林的类型分类与辨别。森林健康理论的属性与内涵在近 30 年得到了极大的丰富，森林健康理论与遥感技术的结合大大提高了复杂时空尺度上森林健康研究的分析能力，遥感技术已经成为森林健康研究的重要技术手段之一。

二、用材林生态系统服务功能监测

（一）森林生态服务功能

森林，具有维系生态系统健康发展的作用，其保护开发与城市的快速发展并不矛盾。作为生态环境改善的主体，森林给城市创造了重要的生态效益及经济利益，但随着城市建设的突进，森林发展受到影响，随之而来的生态问题也会制约城市的建设发展。森林生态系统服务价值作为一个复杂、多元、动态的价值体系，在城市发展过程下其价值的发挥受到社会经济、城镇扩张等众多因素的相互作用、相互影响，人们在估算时为了提升研究的可行性及方便性，人为从森林面积、规模等角度对生态服务功能进行独立计算，从社会经济因素方面探讨森林发展的研究尚少，而对森林生态系统服务价值的研究又集中于静态评估，从动态分析结合发展方向的研究相对较少，尚未能够指导以城市为代表的空间区域森林生态系统的健康发展的建设实践活动。

（二）国内外研究综述

（1）森林生态系统服务价值研究进展。生态系统服务的研究最早见于 1864 年 Marsh 的著作 *Man and Nature* 一书，在书中他对“资源无限”的错误认知进行了质疑与批判，可惜受限于工业阶段未能引起人们的重视。人们过于追求森林提供的物质产品，忽视了森林所具有的净化空气、防风固沙、降低噪声等多项生态服务功能，这些生态服务功能不仅具有缓解生态环境污染的价值，也是维护人类生存环境和改善陆地气候条件的重要依托。

早在 20 世纪中叶，国外就开始对森林的作用进行研究。1978 年和 1989 年，日本林业厅运用数量化理论多变量解析法，分别对全国的森林生态效益和受损森林生态系统服务价值进行了经济价值的评估。1995 年，Adger W. N. 等人评估了墨西哥森林的综合生态系统服务功能，结果显示其生态服务功能价值高达 40 亿美元。1997 年，Costanza 等人在 *Nature* 上发表了 *The value of the world's ecosystem service and natural capital*（全球生态系统服务价值和自然资本）一文，正式明确了生态系统产品和服务的含义，还且将产品和服务两者合称为生态系统服务，还对全球 17 种生态系统服务功能的价值进行了评估，结果表明全球生态服务功能价值平均每年约为 33 万亿美元，其中森林生态系统服务功能的估算价值为每年 4.7 万亿美元，自此，森林生态系统服务价值的定量评估成为研究热点。21 世纪以来，随着联合国于 2001 年启动了千禧年生态系统评估项目“Millennium Ecosystem Assessment（MA）”，人类首次从全球范围内系统全面地对生态系统及其服务的演变趋势展开了研究，并探讨了这些变化的影响因素和对人类居住环境的影响，及应采取的相关对策。2010 年，联合国生态系统服务价值与生物多样性基金组织再一次提出评估生态系统服务和生物多样性的价值。随后，众多学者开展了森林生态系统服务功能价值的评估研究。

我国真正意义上开始森林生态系统服务功能价值的研究是 20 世纪末的森林资源价值评估 21 世纪以来，学者的研究目光聚焦于估算森林资源价值与探讨森林生态服务价值的内涵。国内学者对森林生态系统服务价值的评估基本是依据《森林生态系统服务价值评估规范》（LY/T 1721—2008），评估的方法、尺度各有不同。在评估方法上可分为价值量评估法和实物量评估法。价值量评估法包括机会成本法、影子价格法和替代工程法等。这类评估结果直观且说服力强，能够加强人们对森林生态系统服务价值的重视。实物量评估法则是通过评估生物的物质积累量核算森林各类生态服务价值，评价结果相对客观恒定，但是由于各项生态系统的实物量单位不同，无法在数量上叠加，局限性较高。因此近年来的森林生态系统服务价值评价都是用实物量兼价值量体现的。王希义等将实物量与价值量评估方法相结合，对塔里木盆地天然胡杨林保护区的生态服务价值进行评估。孙颖对宁夏回族自治区森林生态系统服务功能的价值进行了实物量与价值量的评估。徐成立等人在北京市第六次森林资源清查数据的基础上，对北京市山地森林的生态服务功能进行了实物量和价值量的评估。在研究尺度上，可划分为全国尺度、中小型尺度和特定区域、林型尺度的森林生态系统服务价值的研究，不同尺度的研究通过针对森林植被群落进行生态系统服务价值评估，更为具体地量化了植被群落物质量和价值量，不仅证明森林生态系统服务价值已经成为衡量森林发展水平的重要指标，也明确了森林的发展对不同尺度区域生态经济的促进作用。

（2）森林生态系统服务价值变化影响机制研究进展。森林生态系统存在复杂性，影响因子多样，不仅有森林内部气候变化、地貌变迁等自然因素，还有政府政策、土地利用变化等外部社会经济因素，因此对森林生态系统服务价值影响机制的分析也尤为重要。国内外已有学者从森林与人为活动关系的角度，对其影响机制展开了分析。孙伟分析了 1996～2005 年中国土地利用变化对森林资源的影响机制，探讨了生态系统的保护方法。闫水玉从人与自然相互影响、相互作用的角度论述了生态系统服务价值与人类生存、生态系统发展之间的关系。顾凯平在生态学视角下，从自然环境因素、生物多样性、生态系统完整性等多角度分析了人为干扰与生态系统服务价值的关系。对森林生态系统影响机制的研究已经成为当前的热点，国内学者的研究更多关注于森林资源与社会经济等外部因素之间的关系，揭示了森林面积、群落结构和森林生态服务功能发生变化的原因。Siddiqui、张煜星、石春娜以及林媚珍等分别对不同尺度下的森林资源动态变化进行研究并从森林资源质量变化的角度分析其影响机制，此外，徐广才等人采用典范对应分析锡林郭勒盟土地利用的影响机制；肖思思等人在土地利用变化数据的基础上运用 Logistic 逐步回归分析法分析其影响因素，得出社会经济发展是森林生态系统服务变化的重要影响因子。

目前，针对森林生态系统服务价值的影响机制分析多以定性研究为主，定量化分析森林生态系统服务动态变化影响机制是日后的研究思路。

（3）森林发展仿真模拟研究进展。关于森林发展的预测研究正在兴起，其中预测方法主要包括神经网络法、马尔科夫预测法和系统动力学仿真法，各方法适用情况不同，各有优劣。相较而言，系统动力学仿真法是基于系统动力学理论的模拟预测方法，对于高层次、非线性、多变量的研究对象具有更好的适用性，并能够在短期完成多种策略的模拟，有效地提高预测结果，这对于研究具有高阶次、多回路、长周期等特征的森林生态系统发展预测具有较强的可行性。因此，通过运用系统动力学仿真法对森林生态系统服务价值的发展结果进行预测，能够在林业规划中起到理论指导的作用。

系统动力学（System Dynamics，缩写为 SD）是由 Jay W. Forrester 教授于 1956 年始创的一门新兴学科。它是以反馈控制理论为基础，结合计算机仿真技术，主要用于分析复杂系统的结构、功能与演变过程之间的关系。系统动力学方法除适用于研究长期性和周期性的对象外，还适用于对数据不足和处理精度要求不高的复杂问题进行研究，分析问题中常常遇到数据不足或某些数据难以精确量化的问题，该方法借由各要素间的关系对作用机制进行推算分析。同时，该方法强调有条件预测，即强调产生结果的策略，对预测未来发展提供了新的手段，已经广泛应用于林业发展的模拟预测研究。

1972 年，美国的 Christie 教授利用 SD，编制了美国西部云杉收获表。1973 年，丹麦的科学家 Helles 和 Lonnstedt 等人应用 SD 模拟了红松林分的动态变化过程，并发表了红松林资源动态发展的模型。1978 年，芬兰学者在 SD 的基础上建立了林业部门包括 6 个子模块的模型。芬兰的 Kjell Kalgraf 将森林看作一个反馈循环系统，利用 SD 方法建立了一个单一林分的动态模型，以此来认识森林资源变化的动力学机制。

我国对于系统动力学在林业上的应用始于 1980 年。北京林业大学运用 SD 建立了我国第一个全国森林资源动态预测模型，之后学者也开展了广泛的研究。白顺江构建 SD 模型模拟了雾灵山森林生态服务功能价值 20 年发展结果。王祖华利用 SD 模型仿真预测了浙江省杭州市淳安县森林生态系统服务功能价值 2006 ～ 2026 年的结果。吴金友设计 3 种不同方案策略，应用 SD 分别对辽宁全省和 14 市的森林植被碳储量的未来变化趋势进行了动态分析，模拟测算了森林植被碳储量对碳密度的敏感程度。钱永先利用 SD 对 1990 ～ 2010 年间老山林场森林生态效益的发展变化情况进行了仿真模拟分析，并将结果与实际情况进行对比，同时预测了未来 6 年内森林生态效益的变化情况。

现有的研究多聚焦于运用系统动力学对森林发展进行仿真预测，为森林生态系统服务价值预测提供了重要的参考资料，但对森林影响机制的研究还相对较少；同时，仿真预测模型中的反馈机制多从森林面积、森林结构变化角度进行构建，针对社会经济因素影响下的森林发展反馈机制的相关研究比较少且缺乏系统整合性。

（4）森林发展优化研究进展。随着森林仿真预测的深入研究，森林发展优化策略研究日益成为新的研究领域。森林优化研究涉及多项交叉学科，包含生态学、林地科学、计算机科学及信息技术等多学科的综合理论知识。目前，国内外学者从不同学科专业背景、不同角度运用多种研究方法和技术，围绕森林发展的优化策略开展了大量研究工作。如于波涛从经济价值层面研究森林资源的经营策略，基于森林资源的最佳利用理论、最佳轮伐期理论提出的优化建议，以期实现林地的立地价值的最大化；傅强等人构建了基于智能体优化的生态格局评价模型对青岛地区的森林保护进行优化研究，模拟了在不同空间格局及森林生态网络保护框架下物种演变结果，为森林生态格局优化提出建议；刘杰等构建了最小耗费距离模型，通过识别生态源地、廊道和节点对滇池流域森林景观格局进行优化，对生态规划和土地利用优化研究具有参考价值；陆禹基于系统动力学和粒度反推法构建系统模型并探讨了海口市景观生态安全格局优化策略；周荣伍等从生态风景林营造的角度对森林美景度建设、生物多样性保护及经营策略提出了建议。

附　录

附录一　马尾松人工幼林配方施肥技术规程（DB45/T 1373—2016）

前言

本标准按照 GB/T 1.1—2009 给出的规则起草。

本标准由广西壮族自治区林业厅提出。

本标准起草单位：广西壮族自治区林业科学研究院。

本标准主要起草人：唐健、覃其云、宋贤冲、覃祚玉、曹继钊、潘波、石媛媛、邓小军、王会利、农必昌、陆海平、夏金亮。

马尾松人工幼林配方施肥技术规程

1. 范围

本标准规定了马尾松人工幼林配方施肥技术规程的术语和定义、土壤样品采集与制备、土壤样品监测与分级评价及配方肥料施用。

本标准适用于广西境内马尾松人工幼林栽培的施肥管理。

2 . 规范性引用文件

下列文件对于本文件的应用是必不可少的。凡是注日期的引用文件，仅所注日期的版本适用于本文件。凡是不注日期的引用文件，其最新版本（包括所有的修改单）适用于本文件。

GB 15063　复混肥料（复合肥料）

GB 18877　有机—无机复混肥料

LY/T 1210　森林土壤样品的采集与制备

LY/T 1228　森林土壤全氮的测定

LY/T 1229　森林土壤水解性氮的测定

LY/T 1232　森林土壤全磷的测定

LY/T 1233　森林土壤有效磷的测定

LY/T 1234　森林土壤全钾的测定

LY/T 1236　森林土壤速效钾的测定

LY/T 1237　森林土壤有机质的测定及碳氮比的计算

LY/T 1239　森林土壤 pH 值的测定

LY/T 1245　森林土壤交换性钙和镁的测定

LY/T 1258　森林土壤有效硼的测定

LY/T 1260　森林土壤有效铜的测定

LY/T 1261　森林土壤有效锌的测定

LY/T 1262　森林土壤有效铁的测定

3 . 术语和定义

下列术语和定义适用于本文件。

3.1 配方施肥 formulated fertilization

以土壤测试和林地试验为基础，根据林木需肥规律、土壤供肥性能和肥料效应，科学提出各种单质肥料和（或）复混肥料等肥料的施用数量、养分比例、施用时期和施用方法，促进林木高产、优质和高效的一种科学施肥方法。

3.2 马尾松幼林 young Pinus massoniana

指≤ 5 年生的马尾松人工林。

4 . 土壤样品采集与制备

4.1 林地基本情况调查

调查土壤基本概况和施肥情况，其编号要与土壤样品标签相同，按表 1 规定的内容进行调查。

表 1　马尾松人工幼林采样林地基本情况调查表

采样点名称（编号）：　　　　　　　　　　　　　　调查时间：

<table>
<tr><td rowspan="3">地理位置</td><td>林场名称</td><td></td><td>分场名称</td><td></td><td>村（工区）号</td><td></td></tr>
<tr><td>林班号</td><td></td><td>经营班号</td><td></td><td>小班号</td><td></td></tr>
<tr><td>经度</td><td colspan="2"></td><td>纬度</td><td colspan="2"></td></tr>
<tr><td rowspan="5">自然条件</td><td>常年降水量（mm）</td><td></td><td>常年有效积温（℃）</td><td></td><td>常年无霜期（天）</td><td></td></tr>
<tr><td>地貌类型（勾选）</td><td colspan="5">1. 山地（＞ 500m） 2. 丘陵（＞ 200m，＜ 500m） 3. 平原（＜ 200m） 4. 洼地</td></tr>
<tr><td>海拔高度（m）</td><td colspan="2"></td><td>坡度（度）</td><td colspan="2"></td></tr>
<tr><td>坡向（勾选）</td><td colspan="5">1. 东 2. 南 3. 西 4. 北 5. 东北 6. 东南 7. 西北 8. 西南 9. 无坡向</td></tr>
<tr><td>坡位（勾选）</td><td colspan="5">1. 脊 2. 上坡 3. 中坡 4. 下坡 5. 谷地 6. 平地 7. 全坡</td></tr>
<tr><td rowspan="5">生产条件</td><td>品种</td><td></td><td>林龄</td><td></td><td>种植密度（株 /hm^2）</td><td></td></tr>
<tr><td>代表面积（hm^2）</td><td></td><td>前茬树种</td><td></td><td></td><td></td></tr>
<tr><td>前茬基肥品种（勾选）</td><td colspan="5">1. 无机肥料 2. 有机肥料 3. 生物肥料</td></tr>
<tr><td colspan="2">前茬基肥施肥量（千克 / 公顷·年）</td><td></td><td>前茬基肥养分含量</td><td colspan="2"></td></tr>
<tr><td>前茬基肥施用方法(勾选)</td><td colspan="5">1. 撒施 2. 沟施 3. 穴施 4. 浇灌 5. 洞施 6. 浸种、拌种、沾根</td></tr>
</table>

续表

<table>
<tr><td rowspan="4">生产条件</td><td>前茬追肥品种</td><td colspan="5">1. 无机肥料 2. 有机肥料 3. 生物肥料</td></tr>
<tr><td colspan="2">前茬基追肥量（千克 / 公顷 · 年）</td><td></td><td>前茬追肥养分含量</td><td colspan="2"></td></tr>
<tr><td>前茬追肥施用方法</td><td colspan="5">1. 撒施 2. 沟施 3. 穴施 4. 浇灌 5. 洞施 6. 浸种、拌种、沾根</td></tr>
<tr><td>林下植被</td><td colspan="5"></td></tr>
<tr><td rowspan="5">土壤情况</td><td>成土母岩（勾选）</td><td colspan="5">1. 岩浆岩 2. 硅质岩 3. 砂岩 4. 第四纪红土 5. 泥岩 6. 石灰岩 7. 紫色砂岩</td></tr>
<tr><td>土壤种类（勾选）</td><td colspan="5">1. 砖红壤 2. 赤红壤 3. 红壤 4. 黄壤 5. 黄红壤 6. 硅质白粉土 7. 冲积土 8. 黄棕壤 9.（山地）沼泽土 10. 紫色土 11. 石灰土</td></tr>
<tr><td>石砾含量（勾选）</td><td colspan="5">1. ≤ 10% 2. 10% ~ 30% 3. 30% ~ 60% 4. ≥ 60%</td></tr>
<tr><td>土层厚度（cm）</td><td>A 层</td><td></td><td>B 层</td><td></td><td>/</td></tr>
<tr><td>土壤松紧度</td><td>A 层</td><td></td><td>B 层</td><td></td><td>/</td></tr>
<tr><td rowspan="3">采样调查单位</td><td>单位名称</td><td colspan="3"></td><td>联系人</td><td></td></tr>
<tr><td>单位地址</td><td colspan="3"></td><td>邮政编码</td><td></td></tr>
<tr><td>采样调查人</td><td colspan="3"></td><td>联系电话</td><td></td></tr>
<tr><td>备注</td><td colspan="6"></td></tr>
</table>

4.2 土壤样品采集制备

在造林和施肥前采集，选择天气稳定、晴朗的气候条件，制订采集土壤样本计划，同一批样本要求在一个月内采集完毕。林地土壤样品的采集与制备方法按照 LY/T 1210 的要求。两年或三年采集一次土壤。

5 . 土壤样品检测与分级评价

5.1 检测项目

以有效养分含量为主。检测项目有土壤全氮、水解性氮、全磷、有效磷、全钾、速效钾、有机质、pH 值、阳离子交换量、交换性钙、交换性镁、有效硼、有效铜、有效锌和有效铁等。根据土壤肥力和马尾松幼林生长情况选择检测部分项目。

5.2 检测方法

5.2.1 土壤全氮

按照 LY/T 1228 的要求执行。

5.2.2 土壤水解性氮

按照 LY/T 1229 的要求执行。

5.2.3 土壤全磷

按照 LY/T 1232 的要求执行。

5.2.4 土壤有效磷

按照 LY/T 1233 的要求执行。

5.2.5 土壤全钾

按照 LY/T 1234 的要求执行。

5.2.6 土壤速效钾

按照 LY/T 1236 的要求执行。

5.2.7 土壤有机质

按照 LY/T 1237 的要求执行。

5.2.8 土壤 pH 值

按照 LY/T 1239 的要求执行。

5.2.9 土壤交换性钙和镁

按照 LY/T 1245 的要求执行。

5.2.10 土壤有效硼

按照 LY/T 1258 的要求执行。

5.2.11 土壤有效铜

按照 LY/T 1260 的要求执行。

5.2.12 土壤有效锌

按照 LY/T 1261 的要求执行。

5.2.13 土壤有效铁

按照 LY/T 1262 的要求执行。

5.3 土壤养分分级与综合评价

根据全国第二次土壤普查的土壤养分分级标准，制定了马尾松人工幼林的土壤养分分级参考指标，其养分丰缺评价指标见表 2。

表 2　土壤养分分级参考指标

项目	单位	Ⅰ级（高）	Ⅱ级（中）	Ⅲ级（低）
全氮	g/kg	＞ 1.5	0.8 ～ 1.5	＜ 0.8
水解性氮	mg/kg	＞ 120	60 ～ 120	＜ 60
全磷	g/kg	＞ 0.8	0.5 ～ 0.8	＜ 0.5
有效磷	mg/kg	＞ 20	5 ～ 20	＜ 5
全钾	g/kg	＞ 20	10 ～ 20	＜ 10
速效钾	mg/kg	＞ 150	50 ～ 150	＜ 50
有机质	g/kg	＞ 30	10 ～ 30	＜ 10
交换性钙	mg/kg	＞ 150	50 ～ 150	＜ 50
交换性镁	mg/kg	＞ 80	20 ～ 80	＜ 20
有效硼	mg/kg	＞ 1.0	0.2 ～ 1.0	＜ 0.2
有效铜	mg/kg	＞ 1.0	0.2 ～ 1.0	＜ 0.2
有效锌	mg/kg	＞ 1.0	0.5 ～ 1.0	＜ 0.5
有效铁	mg/kg	＞ 10	4.5 ～ 10	＜ 4.5

6. 配方肥料施用

6.1 施肥原则

肥料的施用应遵循“按需、平衡和环保”原则。在养分需求和供应平衡的基础上，坚持有机肥和无机肥、微量元素与中微量元素相结合。

6.2 配方肥料的基本要求

6.2.1 有机—无机复混肥料

应符合 GB 18877 的规定。

6.2.2 复混肥

应符合 GB 15063 的规定。

6.3 基肥

马尾松新造林基肥采用总养分 20% ～ 25% 的有机—无机复混肥料，其中要求养分 $P_2O_5 > K_2O > N$，有机质含量≥ 20%。

6.3.1 基肥种类及配方

根据土壤特性、肥料特性、植物营养特性、肥料资源等综合因素确定肥料种类。马尾松人工幼林基肥施用肥料种类及配方见表 3。

表 3 基肥的种类和配方

肥料种类	有机质（%）	$N+P_2O_5+K_2O$（%）	N（%）	P_2O_5（%）	K_2O（%）	Zn（mg/kg）	B（mg/kg）
有机—无机复混肥料	≥ 20	20 ～ 25	5 ～ 6	8 ～ 10	7 ～ 9	200 ～ 1 000	200 ～ 2 000
注：微量元素需要在测土确认缺乏后添加							

6.3.2 基肥用量

马尾松幼林基肥施用量见表 4。

表 4 马尾松幼林基肥施用量

单位：kg/ 株

施肥种类	土壤养分等级		
	Ⅰ级	Ⅱ级	Ⅲ级
基肥	0.4 ± 0.05	0.5 ± 0.05	0.6 ± 0.05

6.3.3 施肥方法

将挖定植坑的土壤回填于定植坑中至 1/2 的位置，按表 3 的基肥施用量要求施入基肥肥料，充分将肥料与穴中的土壤混合均匀，回填，直至填满定植坑。施入基肥的时间应选择在造林前 15 ～ 30 d。

6.3.4 施肥时间

施入基肥的时间应选择在造林前 15 ～ 30 d。

6.4 追肥

马尾松幼林追肥采用总养分 25% ～ 40% 的复混肥，其中要求养分 $P_2O_5 > K_2O > N$，并适当添加铁、硼等微量元素（添加总量 ≤ 0.20%）。

6.4.1 追肥种类及配方

根据土壤特性、肥料特性、植物营养特性、肥料资源等综合因素确定肥料种类。马尾松人工幼林追肥施用肥料种类及配方见表 5。

表 5 追肥的种类及配方

肥料种类	有机质（%）	$N+P_2O_5+K_2O$（%）	N（%）	P_2O_5（%）	K_2O（%）	Fe（mg/kg）	B（mg/kg）
复混肥料	—	25 ～ 40	7 ～ 11	10 ～ 16	8 ～ 13	0 ～ 1 000	0 ～ 1 000
注：微量元素需要在测土确认缺乏后添加							

6.4.2 追肥用量

马尾松幼林基肥施用量按照表 6 要求执行。同时根据马尾松幼林的生长情况，逐年增加 5% ～ 10% 的施肥量。

表 6 马尾松幼林追肥施用量

单位：kg/ 株

施肥种类	土壤养分等级		
	Ⅰ级	Ⅱ级	Ⅲ级
追肥	0.4±0.05	0.5±0.05	0.6±0.05

6.4.3 追肥方法

每年施肥前对林地进行松土、除草。采用环形沟施肥方法，沿树冠外缘滴水线处环状开沟，施肥沟长随树苗生长逐年增加，规格为长 40 cm、宽 20 cm、深 20 cm，施配方肥料后及时盖土压实。

6.4.4 追肥时间

植苗造林后，于 7 ～ 8 月追肥 1 次。造林第二至第五年每年追肥 2 次，第一次追肥在 3 ～ 5 月进行，第二次追肥在 7 ～ 8 月进行。

附录二 杉木配方施肥技术规程
（DB45/T 1375—2016）

前言

本标准按照 GB/T 1.1—2009 给出的规则起草。

本标准由广西壮族自治区林业厅提出。

本标准起草单位：广西壮族自治区林业科学研究院。

本标准主要起草人：王会利、邓小军、潘波、覃祚玉、曹继钊、唐健、覃其云、宋贤冲、石媛媛、农必昌、陆文璇、王瑾。

杉木配方施肥技术规程

1. 范围

本标准规定了杉木林地土壤养分调查及综合评价、专用配方肥料的制定、肥料加工生产以及施用技术。

本标准适用于广西杉木种植地区。

2. 规范性引用文件

下列文件对于本文件的应用是必不可少的。凡是注日期的引用文件，仅所注日期的版本适用于本文件。凡是不注日期的引用文件，其最新版本（包括所有的修改单）适用于本文件。

GB 15063 复混肥料（复合肥料）

GB 18877 有机—无机复混肥料

LY/T 1210 森林土壤样品的采集与制备

LY/T 1228 森林土壤全氮的测定

LY/T 1229 森林土壤水解性氮的测定

LY/T 1232 森林土壤全磷的测定

LY/T 1233 森林土壤有效磷的测定

LY/T 1234 森林土壤全钾的测定

LY/T 1236 森林土壤速效钾的测定

LY/T 1237 森林土壤有机质的测定及碳氮比的计算

LY/T 1239 森林土壤 pH 值的测定

LY/T 1243 森林土壤阳离子交换量的测定

LY/T 1245 森林土壤交换性钙和镁的测定

LY/T 1258 森林土壤有效硼的测定

LY/T 1260 森林土壤有效铜的测定

LY/T 1261 森林土壤有效锌的测定

LY/T 1262　森林土壤有效铁的测定

DB45/T 470　杉木速生丰产林栽培技术规范

3. 术语和定义

下列术语和定义适用于本文件。

3.1 配方肥料 formulated fertilizer

根据植物需肥规律、土壤供肥性能和肥料效应，以各种单质肥料和（或）复混肥料为原料，采用掺混或造粒工艺制成的适合于特定区域、特定植物的肥料。

3.2 复混肥料 compound fertilizer

氮、磷、钾三种养分中，至少有两种养分标明量的由化学方法和（或）掺混方法制成的肥料。

3.3 有机—无机复混肥料 organic-inorganic compound fertilizer

含有一定量有机肥料的复混肥料。

4. 杉木专用肥料配方制定

4.1 林地基本情况调查

收集调查区域林班图、地形图、土壤类型图等资料。主要调查土壤、生长、施肥等基本情况，调查内容参照表 7。

表 7　杉木林地基本情况调查表

调查人员：　　　　　　调查时间：　年　月　日

调查林地地理位置	市县村 / 林场分场林班小班	生长情况		
		序号	树高（m）	胸径（cm）
年均降水量（mm）		1		
温湿度	年平均气温：℃ ≥ 10℃的年积温：℃ 相对湿度：%	2		
		3		
		4		
地形地貌		5		
海拔（m）		6		
土壤类型		7		
成土母质		8		
土壤深度（cm）		9		
种植密度（株 /hm^2）		10		
间伐情况		11		
		12		
		13		
林下植被		14		
		15		
		16		
病虫害情况		17		
		18		
		19		

续表

经营管理措施		20		
		21		
		22		
施肥情况	施肥种类:	23		
	施肥量:	24		
	施肥时间:	25		
	施肥次数:	26		
	施肥效果:	27		
备注		28		
		29		
		30		
		平均		

4.2 样地设置

选择具有代表性的地带设置样地。根据种植区域、树龄、种植代数、生长状况、土壤类型、地形及种植面积等因素来设置样地。

面积 10 hm^2 以下的设置 1 个样地；面积 10 hm^2 以上的每 10 ～ 20 hm^2 设置 1 个样地。

4.3 土壤样品采集与制备

4.3.1 采样时间

在造林和施肥前采集，选择天气稳定、晴朗的气候条件下，制定采集土壤样本计划，同一批样本要求在一个月内采集完毕。

4.3.2 采样周期

一般情况下，两年或三年采集一次土壤。

4.3.3 确定采样点

每个样地采样点的多少取决于样地面积、地形、坡度、坡向等，一般以 10 ～ 20 个采样点为宜，可采用随机布点法和“之”字形布点法等采样，但要充分考虑采样点的干扰因素，如避免在路边以及施肥带、沟、穴或距树干 50 cm 以内区域采样。

4.3.4 采集土样

清除地表的杂草，采样深度一般以 0 ～ 80 cm 为宜。根据土壤剖面的颜色、根系分布等划分土壤 A 层和 B 层。先用剖面刀自上而下修平剖面，再从下往上均匀地进行采样，先采集 B 层，然后采集 A 层，分别装入样品袋中。从不同采样点采集的同一土壤样品的 A 层和 B 层土壤分别混合均匀。混合土样过多时，采取四分法取舍，使最终的混合样重 0.5 ～ 1.0 kg。在标签上记录土壤样本编号、采样日期、地点、品种、土层及其厚度、采集人等。

将挖出的土壤，按土壤自然分层回填。若是长期采样监测点，可设永久样地标桩。

4.3.5 样品的制备

按 LY/T 1210 的规定进行。

4.4 样品的分析测定

4.4.1 土壤测定项目

全氮、水解性氮、全磷、有效磷、全钾、速效钾、有机质、pH 值、阳离子交换量、交换性钙、交换性镁、有效硼、有效铜、有效锌和有效铁等。

4.4.2 分析测定方法

4.4.2.1 土壤全氮的测定

按 LY/T 1228 的规定进行。

4.4.2.2 土壤水解性氮的测定

按 LY/T 1229 的规定进行。

4.2.2.3 土壤全磷的测定

按 LY/T 1232 的规定进行。

4.2.2.4 土壤有效磷的测定

按 LY/T 1233 的规定进行。

4.2.2.5 土壤全钾的测定

按 LY/T 1234 的规定进行。

4.2.2.6 土壤速效钾的测定

按 LY/T 1236 的规定进行。

4.2.2.7 土壤有机质的测定

按 LY/T 1237 的规定进行。

4.2.2.8 土壤 pH 值的测定

按 LY/T 1239 的规定进行。

4.2.2.9 阳离子交换量的测定

按 LY/T 1243 的规定进行。

4.2.2.10 土壤交换性钙和镁的测定

按 LY/T 1245 的规定进行。

4.2.2.11 土壤有效硼的测定

按 LY/T 1258 的规定进行。

4.2.2.12 土壤有效铜的测定

按 LY/T 1260 的规定进行。

4.2.2.13 土壤有效锌的测定

按 LY/T 1261 的规定进行。

4.2.2.14 土壤有效铁的测定

按 LY/T 1262 的规定进行。

4.3 综合评价土壤养分状况

参照全国第二次土壤普查土壤养分分级标准，结合林地土壤的养分变化状况，将土壤养分分为 3 个等级，根据测试分析结果，评价林地土壤养分等级和供肥能力。

4.4 杉木专用肥料配方制定

4.4.1 总则

依据杉木各生长阶段的需肥规律、土壤养分状况、肥料养分利用率等方面所取得的科研成果，制订肥料配方。

4.4.2 基肥

杉木新造林基肥采用总养分 15% ～ 25% 的有机无机复混肥，要求其中的养分 $P_2O_5 > K_2O > N$，有机质含量 ≥ 20%。

4.4.3 追肥

4.4.3.1 幼龄林追肥

杉木龄组划分情况参照 DB45/T 470 执行。

杉木幼龄林追肥总养分 20% ～ 35%，并适当添加铁、锌和硼等微量元素（添加总量 0.06% ～ 0.35%）。

杉木幼龄林追肥的种类和配方见表 8。

表 8　杉木幼龄林追肥的种类和配方

肥料种类	有机质（%）	$N+P_2O_5+K_2O$（%）	N（%）	P_2O_5（%）	K_2O（%）	Fe（mg/kg）	Zn（mg/kg）	B（mg/kg）
有机—无机复混肥料	≥ 15	20 ～ 25	5 ～ 6	8 ～ 10	7 ～ 9	200 ～ 1 500	200 ～ 1 000	200 ～ 1 000
复混肥料	—	25 ～ 35	5 ～ 7	12 ～ 16	8 ～ 12	200 ～ 1 500	200 ～ 1 000	200 ～ 1 000

4.4.3.2 中龄林追肥

杉木中龄林追肥总养分 20% ～ 40%，并适当添加铁、锌或硼等微量元素，根据实际情况添加总量≤ 0.2%。

杉木中龄林追肥的种类和配方见表 9。

表 9　杉木中龄林追肥的种类和配方

肥料种类	有机质（%）	$N+P_2O_5+K_2O$（%）	N（%）	P_2O_5（%）	K_2O（%）	Fe（mg/kg）	Zn（mg/kg）	B（mg/kg）
有机—无机复混肥料	≥ 15	20 ～ 25	8 ～ 10	7 ～ 9	5 ～ 6	0 ～ 1 000	0 ～ 500	0 ～ 500
复混肥料	—	30 ～ 40	15 ～ 20	8 ～ 11	7 ～ 9	0 ～ 1 000	0 ～ 500	0 ～ 500

注：微量元素需要在测土确认缺乏后添加。

4.4.3.3 近熟林追肥

杉木近熟林追肥总养分 20% ～ 40%，并适当添加铁、锌或硼等微量元素，根据实际情况添加总量≤ 0.15%。

杉木近熟林追肥的种类和配方见表 10。

表 10 杉木近熟林追肥的种类和配方

肥料种类	有机质（%）	$N+P_2O_5+K_2O$（%）	N（%）	P_2O_5（%）	K_2O（%）	Fe（mg/kg）	Zn（mg/kg）	B（mg/kg）
有机—无机复混肥料	≥ 15	20 ~ 25	8 ~ 10	5 ~ 6	7 ~ 9	0 ~ 500	0 ~ 500	0 ~ 500
复混肥料	—	30 ~ 40	15 ~ 20	6 ~ 8	9 ~ 12	0 ~ 500	0 ~ 500	0 ~ 500

注：微量元素需要在测土确认缺乏后添加。

5. 杉木专用肥料生产加工

5.1 总则

选择具有肥料生产资质、具备一定生产规模和市场信誉度较高的肥料厂家严格按照配方进行肥料生产。肥料成品应符合相关标准要求。

5.2 复混肥料

应符合 GB 15063 的要求。

5.3 有机—无机复混肥料

应符合 GB 18877 的要求。

6. 杉木专用肥料施用技术

6.1 施肥原则

所施用的肥料应满足杉木各生长阶段对各种营养元素的需求，尽量减少对生态环境的不利影响。

6.2 施肥次数

杉木新造林在造林前施基肥 1 次，幼龄林每年追肥 1 次，中龄林每两年追肥 1 次，近熟林一般在主伐前 5 ~ 10 年，根据长势情况酌情施肥。根据种植代数、间伐时间、土壤养分和生长情况等适当调整施肥次数。

6.3 施肥时间

杉木基肥在定植前 20 ~ 40 d 施入；追肥在春夏雨季结合松土、除草抚育进行（一般为 4 ~ 7 月）。

6.4 施肥数量

杉木基肥和追肥的施用量见表 11。具体施肥数量根据土壤养分和生长情况等适当调整。

表 11 杉木基肥和追肥的施用量

单位：kg/ 株

施肥种类	土壤养分等级		
	Ⅰ	Ⅱ	Ⅲ
基肥	0.3 ± 0.1	0.4 ± 0.1	0.5 ± 0.1
追肥（幼龄林）	0.2 ± 0.1	0.3 ± 0.1	0.4 ± 0.1
追肥（中龄林、近熟林）	0.2 ± 0.1	0.4 ± 0.1	0.6 ± 0.1

6.5 施肥方法

基肥采用穴施，在表土回穴时，肥料与表土拌匀后放至坎底，再用碎土覆盖；追肥采用沟施，在杉木树冠投影靠坡顶的方向挖一条长 50 ~ 60 cm 弧形沟或在两侧各挖一条长 30 ~ 40 cm 的“1”字沟，宽 10 ~ 20 cm，深 15 ~ 20 cm，肥料均匀施入沟中并立即覆土。

附录三 桉树速丰林配方施肥技术规程
（LY/T 2749—2016）

前言

本标准附录 A、B、C、D 为规范性附录。

本标准由中华人民共和国国家林业局提出并归口。

本标准起草单位：广西壮族自治区林业科学研究院。

本标准主要起草人：曹继钊、王会利、唐健、项东云、覃其云、潘波、农必昌、宋贤冲、邓小军、覃祚玉、石媛媛、杨开太。

本标准属首次发布稿。

引言

桉树（*Eucalyptus*）是桃金娘科桉属树种的总称，是联合国粮农组织推荐的三大造林树种（桉、松、杨）之一。桉树具有生长迅速、成材周期短、适应性广、树干通直、用途广泛、综合效益高等特点，已被世界各国广泛引种栽培。中国是引种栽培桉树最成功的国家之一，桉树已成为我国南方速生丰产林的战略性树种和木材战略储备基地重要的核心树种。研究实践证明，施肥是桉树速生丰产最有效的营林措施之一。但目前缺乏科学完善的施肥技术方面的国家和行业标准，部分省区桉树施肥还存在一定的盲目性。为规范和指导桉树速生林科学施肥，促进桉树人工林速生丰产、稳产高效、健康持续发展，制订本标准。

桉树速丰林配方施肥技术规程

1. 范围

本标准规定了桉树速丰林配方施肥技术的术语和定义、专用肥料配方制定、专用肥料生产加工以及施用技术。

本标准适用于桉树速丰林的种植地区，尤其适用于短轮伐期的桉树人工林的施肥管理。

2. 规范性引用文件

下列文件对于本文件的应用是必不可少的。凡是注日期的引用文件，仅所注日期的版本适用于本文件。凡是不注日期的引用文件，其最新版本（包括所有的修改单）适用于本文件。

LY/T 1775 桉树速生丰产林生产技术规程

LY/T 1210 森林土壤样品的采集与制备

LY/T 1211 森林植物（包括森林枯枝落叶层）样品的采集与制备

LY/T 1228 森林土壤全氮的测定

LY/T 1229　森林土壤水解性氮的测定

LY/T 1232　森林土壤全磷的测定

LY/T 1233　森林土壤有效磷的测定

LY/T 1234　森林土壤全钾的测定

LY/T 1236　森林土壤速效钾的测定

LY/T 1237　森林土壤有机质的测定及碳氮比的计算

LY/T 1239　森林土壤 pH 值的测定

LY/T 1243　森林土壤阳离子交换量的测定

LY/T 1245　森林土壤交换性钙和镁的测定

LY/T 1258　森林土壤有效硼的测定

LY/T 1260　森林土壤有效铜的测定

LY/T 1261　森林土壤有效锌的测定

LY/T 1262　森林土壤有效铁的测定

LY/T 1269　森林植物与森林枯枝落叶层全氮的测定

LY/T 1270　森林植物与森林枯枝落叶层全硅、铁、铝、钼、镁、钾、钠、磷、硫、锰、铜、锌的测定

LY/T 1271　森林植物与森林枯枝落叶层全氮、磷、钾、钠、钙、镁的测定

LY/T 1273　森林植物与森林枯枝落叶层全硼的测定

GB 15063　复混肥料（复合肥料）

GB 18877　有机—无机复混肥料

GB/T 23348　缓释肥料

DB 51/T 1599　桉树施肥技术规程

3. 术语和定义

下列术语和定义适用于本文件。

3.1 桉树专用肥料　special fertilizers for Eucalyptus plantation

能够提供和满足桉树人工林在特定立地条件、特定生长阶段及林木特定抗性特点对养分需求的肥料。

3.2 复混肥料　compound fertilizer

氮、磷、钾三种养分中，至少有两种养分标明量的由化学方法和（或）掺混方法制成的肥料。

3.3 有机—无机复混肥料　organic—inorganic compound fertilizer

含有一定量有机肥料的复混肥料。

3.4 缓释肥料　slow release fertilizer

通过养分的化学复合或物理作用，使其对作物的有效态养分随着时间而缓慢释放的化学肥料。

4. 桉树速丰林专用肥料配方制定

4.1 林地调查

主要调查地理、自然和气候条件，重点调查样地的立地条件，收集调查区域地形图、土壤类型图

等资料。

4.2 样地设置

选择具有代表性的地带设置样地。根据种植区域、品种、树龄、种植代数或萌芽林代数、生长状况、土壤类型、地形及种植面积等因素来设置样地，采用 GPS 定位，并在地形图上标注。面积 10 hm^2 以下的设置 1 个样地；面积 10 hm^2 以上的每 10 ～ 20 hm^2 设置 1 个样地。

4.3 样品采集

4.3.1 土壤样品采集

4.3.1.1 确定采样时间

在桉树施肥前采集土样。

4.3.1.2 确定采样点

根据样地的面积、地形等确定采样点的多少，可采用随机布点法和“之”字形布点法等采样，但避免在施肥带、沟、穴或距树干 50 cm 以内区域采样。

4.3.1.3 挖掘土壤剖面

清除地表的杂草，挖掘土壤剖面，剖面深度 60 cm 以上。

4.3.1.4 划分层次，做好记录

根据土壤剖面的颜色、根系分布等划分土壤 A 层和 B 层。采集土壤 A 层和 B 层的样品。在采样记录表上做好相关内容的记录。土壤采样记录见表 12。

表 12　土壤采样记录

土壤编号		土壤厚度	A 层 cm
采样时间			B 层 cm
采样地点		土壤颜色	A 层
采样人员			B 层
代表面积	亩	土壤松紧度	A 层
植被类型			B 层
地形地貌		石砾含量	
海拔	m	成土母质	
坡度		土壤类型	
坡向		备注	
坡位			

4.3.1.5 采集土样

先用剖面刀自上而下修平剖面，再从下往上（即先采 B 层，再采 A 层）均匀地采样，采完 B 层后再按此方法采 A 层，分别装入样品袋中。每个样品重量 0.5 ～ 1.0 kg。认真做好采样记录、放好标签，避免混淆。标签记录采样日期、地点、品种、土层等。

4.3.1.6 回坑

将挖出的土壤，按土壤自然分层回填。若是长期采样监测点，可设永久样地标桩。

4.3.2 叶片样品采集

4.3.2.1 采集时间

采集时间应选在元素含量水平相对稳定的休眠期。

4.3.2.2 植株选择

在采集土壤样点的周围选择平均木5～10株，做好必要的采样记录。桉树叶片采样记录参见附录B。

4.3.2.3 采集部位

选择树冠中上部4个方位的枝条，采集每个枝条中上部（离枝条尾稍50 cm）的叶片，各部位叶片采集数量相同。

4.3.2.4 采集叶片

选择无病斑、无霉点、无损伤的当年生的成熟叶片。若植株本身生长不良，可单独采集发病的叶片，但要做好相关的记录。每个样品重量0.1～0.25 kg。

4.4 样品的制备

4.4.1 土壤样品的制备

按照LY/T 1210的要求执行。

4.4.2 植物样品的制备

按照LY/T 1211的要求执行。

4.5 样品的分析测定

4.5.1 土壤测定项目

以土壤有效养分含量为主。检测项目有土壤全氮、水解性氮、全磷、有效磷、全钾、速效钾、有机质、pH值、阳离子交换量、交换性钙、交换性镁、有效硼、有效铜、有效锌和有效铁等。根据土壤肥力选择部分检测项目。

4.5.2 植物测定项目

全氮、全磷、全钾、全钙、全镁、全铜、全锌、全铁和全硼等。根据桉树生长情况选择部分检测项目。

4.5.3 分析测定方法

4.5.3.1 土壤全氮的测定

按照LY/T 1228的要求执行。

4.5.3.2 土壤水解性氮的测定

按照LY/T 1229的要求执行。

4.5.3.3 土壤全磷的测定

按照LY/T 1232的要求执行。

4.5.3.4 土壤有效磷的测定

按照LY/T 1233的要求执行。

4.5.3.5 土壤全钾的测定

按LY/T 1234的要求执行。

4.5.3.6 土壤速效钾的测定

按照 LY/T 1236 的要求执行。

4.5.3.7 土壤有机质的测定

按照 LY/T 1237 的要求执行。

4.5.3.8 土壤 pH 值的测定

按照 LY/T 1239 的要求执行。

4.5.3.9 土壤阳离子交换量的测定

按照 LY/T 1243 的要求执行。

4.5.3.10 土壤交换性钙和镁的测定

按照 LY/T 1245 的要求执行。

4.5.3.11 土壤有效硼的测定

按照 LY/T 1258 的要求执行。

4.5.3.12 土壤有效铜的测定

按照 LY/T 1260 的规定进行。

4.5.3.13 土壤有效锌的测定

按照 LY/T 1261 的要求执行。

4.5.3.14 土壤有效铁的测定

按照 LY/T 1262 的要求执行。

4.5.3.15 植物全氮的测定

按照 LY/T 1269 的要求执行。

4.5.3.16 植物全磷、全钾、全钙、全镁、全铜、全锌、全铁的测定

按照 LY/T 1270 和 LY/T 1271 的要求执行。

4.5.3.17 植物全硼的测定

按照 LY/T 1273 的要求执行。

4.6 综合评价养分状况

参见附录 C 和附录 D，根据测试分析结果，评价桉树林地土壤养分状况和供肥能力，以及桉树叶片养分的适宜程度。

4.7 桉树速丰林专用肥料配方制定

4.7.1 基肥

桉树新造林基肥采用总养分 25% ～ 30% 的有机—无机复混肥，其中要求养分 $P_2O_5 > N > K_2O$，有机质含量 ≥ 15%。中性和碱性土壤 pH 调节方法参照 DB51/T 1599 的有关规定。

4.7.2 追肥

4.7.2.1 新造林追肥

桉树新造林追肥总养分 25% ～ 40%，其中要求养分 $N > K_2O > P_2O_5$，并适当添加硼、锌等微量元素（添加总量 0.04% ～ 0.30%）。中性和碱性土壤 pH 值调节方法按照 DB51/T 1599 的要求执行。桉树新造林追肥的种类和配方见表 13。

表 13 桉树新造林追肥的种类和配方

肥料种类	有机质（%）	$N+P_2O_5+K_2O$（%）	N（%）	P_2O_5（%）	K_2O（%）	Zn（mg/kg）	B（mg/kg）
有机—无机复混肥料	≥ 15	25 ～ 30	12 ～ 14	6 ～ 7	7 ～ 9	200 ～ 1 000	200 ～ 2 000
复混肥料	—	30 ～ 40	15 ～ 18	6 ～ 9	9 ～ 13	200 ～ 1 000	200 ～ 2 000
缓释肥料	—	≥ 35	≥ 20	7 ～ 10	8 ～ 15	200 ～ 1 000	200 ～ 2 000

4.7.2.2 萌芽林追肥

桉树萌芽林追肥总养分25%～40%，其中要求养分$N>K_2O>P_2O_5$，并适当添加硼或铁等微量元素，根据实际情况添加总量为 0 ～ 0.15%。中性和碱性土壤 pH 值调节方法按照 DB51/T 1599 的要求执行。桉树萌芽林追肥的种类和配方见表 14。

表 14 桉树萌芽林追肥的种类和配方

肥料种类	有机质（%）	$N+P_2O_5+K_2O$（%）	N（%）	P_2O_5（%）	K_2O（%）	Zn（mg/kg）	B（mg/kg）
有机—无机复混肥料	≥ 15	25 ～ 30	13 ～ 15	5 ～ 6	7 ～ 9	0 ～ 500	0 ～ 1 000
复混肥料	—	30 ～ 40	15 ～ 20	6 ～ 7	9 ～ 13	0 ～ 500	0 ～ 1 000
缓释肥料	—	≥ 40	≥ 25	7 ～ 8	8 ～ 15	0 ～ 500	0 ～ 1 000

5. 桉树速丰林专用肥料生产加工

选择具有肥料生产资格、具备一定生产规模和市场信誉度较高的肥料厂家严格按照配方进行肥料生产。充分利用肥料生产新工艺和新技术，如造粒工艺、包膜材料等，控制肥料的释放速率，提高肥料利用率。肥料成品应符合相关标准的规定。

5.1 复混肥料

应符合 GB 15063 的规定。

5.2 有机—无机复混肥料

应符合 GB 18877 的规定。

5.3 缓释肥料

应符合 GB/T 23348 的规定。

6. 桉树速丰林专用肥料施用技术

6.1 施肥原则

所施用的肥料应满足桉树各生长阶段对各种营养元素的需求，尽量减少对生态环境的不利影响。

6.2 施肥次数

新植桉树前三年连续施肥，第一年基肥 1 次，追肥 1 次，第二、第三年每年追肥 1 ～ 2 次。桉树萌芽林前 3 年连续追肥，每年 1 ～ 2 次。具体施肥次数根据土壤养分等级、桉树叶片养分适宜程度和树龄等情况确定。

6.3 施肥时间

基肥造林前 30 d 施入；第一年追肥在造林后 60 ～ 90 d 施用；萌芽林定萌后 7 ～ 15 d 追肥；第二

年和第三年追肥在 3 ～ 6 月春夏雨季进行。

6.4 施肥数量

桉树基肥和追肥的施用量见表 15。具体施肥数量依据桉树叶片养分适宜程度和树龄等情况确定。

表 15　桉树基肥和追肥的施用量

（单位：kg/ 株）

施肥种类	土壤养分等级		
	Ⅰ	Ⅱ	Ⅲ
基肥	0.4±0.1	0.5±0.1	0.6±0.1
追肥	0.3±0.1	0.5±0.1	0.7±0.1

6.5 施肥方法

按照 LY/T 1775 的要求执行。

参考文献

[1] 刘建，项东云，陈健波，等. 低温胁迫对桉树光合和叶绿素荧光参数的影响［J］. 桉树科技，2009，26（1）：1-6.

[2] 周光良，罗杰，胡红玲，等. 干旱胁迫对巨桉幼树生长及光合特性的影响［J］. 生态与农村环境学报，2015，31（6）：888-894

[3] 杨章旗. 广西桉树人工林引种发展历程与可持续发展研究［J］. 广西科学，2019，26（4）：355-361.

[4] 李志辉，杨民胜，陈少雄，等. 桉树引种栽培区区划研究［J］. 中南林学院学报，2000，20（3）：1-10.

[5] 郭佳欢，孙杰杰，冯会丽，等. 杉木人工林土壤肥力质量的演变趋势及维持措施的研究进展［J］. 浙江农林大学学报，2020，37（4）：801-809.

[6] 陈道东，李贻铨. 林木叶片最适养分状态的模拟诊断［J］. 林业科学，1991，27（1）：1-7.

[7] 陈日升，康文星，周玉泉，等. 杉木人工林养分循环随林龄变化的特征［J］. 植物生态学报，2018，42（2）：173-184.

[8] 谌红辉，温恒辉. 马尾松人工幼林施肥肥效与增益持续性研究［J］. 林业科学研究，2000，13（6）：652- 658.

[9] 丁阔，王雪梅，陈波浪，等. 库尔勒香梨树体氮素吸收和积累特征［J］. 西南农业学报，2016，29（4）：847-851.

[10] 杜虎，宋同清，曾馥平，等. 桂东不同林龄马尾松人工林的生物量及其分配特征［J］. 西北植物学报，2013，33（2）：394-400.

[11] 段爱国，张建国，何彩云，等. 杉木人工林生物量变化规律的研究［J］. 林业科学研究，2005，18（2）：125-132.

[12] 范少辉，俞心妥，钟安良. 杉木苗期栽培营养的研究［J］. 福建林学院学报，1995，（4）：293-300.

[13] 冯茂松，张健. 巨桉叶片营养 DRIS 诊断研究［J］. 四川农业大学学报，2003，21（4）：303-307.

[14] 高甲荣，肖斌. 桥山林区油松人工林营养元素分配与积累的研究［J］. 应用生态学报，2001，12（5）：667-671.

[15] 郭素娟，李广会，熊欢，等. “燕山早丰”板栗叶片 DRIS 营养诊断研究［J］. 植物营养与肥料学报，2014，20（3）：709-717.

[16] 何斌，黄恒川，黄承标，等. 秃杉人工林营养元素含量、积累与分配特征的研究［J］. 自然资源学报，2008，23（5）：903-910.
[17] 洪顺山，庄珍珍，胡柄堂，等. 湿地松幼林营养的 DRIS 诊断［J］. 林业科学研究，1995，8（4）：360-365.
[18] 胡炳堂，王学良，蔡宏明，等. 马尾松幼林施肥持续 8 年的生长效应［J］. 林业科学研究，2000，13（3）：286-289.
[19] 黄其城. 不同林龄马尾松施肥后 3 年生长量对比分析［J］. 安徽农学通报，2017，23（12）：123-125.
[20] 黄鑫，戴冬，黄春波，等. 马尾松生物量和生产力研究进展［J］. 世界林业研究，2019，32（1）：53-58.
[21] 黄益宗，冯宗炜，李志先，等. 尾叶桉叶片氮磷钾钙镁硼元素营养诊断指标［J］. 生态学报，2002，21（8）：1254-1259.
[22] 卢立华，蔡道雄，何日明. 马尾松幼林施肥效应综合分析［J］. 林业科学，2004，40（4）：99-105.
[23] 莫江明. 鼎湖山马尾松林营养元素的分布和生物循环特征［J］. 生态学报，1999，19（5）：635-640.
[24] 唐健，覃祚玉，王会利，等. 广西杉木主产区连栽杉木林地土壤肥力综合评价［J］. 森林与环境学报，2016，36（1）：30-35.
[25] 唐健，赵隽宇，石媛媛，等. 1990—2015 年广西人工用材林土壤肥力演变特征［J］. 广西林业科学，2020，49（3）：354-360.
[26] 田大伦，沈燕，康文星，等. 连栽第 1 和第 2 代杉木人工林养分循环的比较［J］. 生态学报，2011，31（17）：5025-5032.
[27] 夏丽丹，于姣妲，邓玲玲，等. 杉木人工林地力衰退研究进展［J］. 世界林业研究，2018，31（2）：37-42.
[28] 项文化，田大伦. 不同年龄阶段马尾松人工林营养元素生物循环的研究［J］. 植物生态学报，2002，26（1）：89-95.
[29] 肖祥希，蓝日强，吴吉福，等. 马尾松幼林施肥效应的研究［J］. 福建林业科技，1998，25（1）：40-44.
[30] 颜培栋，李鹏，零天旺，等. 马尾松不同家系施磷肥效应对比研究［J］. 广西林业科学，2020，49（2）：168-174.
[31] 杨玉盛，邱仁辉，何宗明，等. 不同栽杉代数 29 年生杉木林净生产力及营养元素生物循环的研究［J］. 林业科学，1998，34（6）：3-11.
[32] 俞月凤，宋同清，曾馥平，等. 杉木人工林生物量及其分配的动态变化［J］. 生态学杂志，2013，32（7）：1660-1666.
[33] 臧国长，吴鹏飞，马祥庆，等. 闽南尾巨桉人工林叶片营养的 DRIS 诊断［J］. 福建农林大学学报（自然科学版），2013，42（4）：381-384.

[34] 周玮，周运超．马尾松幼苗生理特性对施肥的响应[J]．中南林业科技大学学报，2011，31(4)：10-15.
[35] 朱宇林，何斌，杨钙仁，等．尾巨桉人工林营养元素积累及其生物循环特征[J]．东北林业大学学报，2012，40(6)：8-11，66.
[36] 秦晓佳，丁贵杰．不同林龄马尾松人工林土壤有机碳特征及其与养分的关系[J]．浙江林业科技，2012，32(2)：12-17.
[37] 宋贤冲，覃其云，王会利，等．广西马尾松林地土壤微生物数量与理化性质的季节动态变化[J]．广西林业科学，2016，45(4)：377-380.
[38] 颜雄，张杨珠，刘晶．土壤肥力质量的研究进展[J]．湖南农业科学，2008，(5)：82-85.
[39] 黄新荣，黄承标，覃其云，等．不同密度马尾松人工林土壤肥力的差异[J]．贵州农业科学，2012，43(1)：135-139.
[40] 林培松，尚志海．韩江流域典型区主要森林类型土壤肥力的灰色关联度分析[J]．生态与农村环境学报，2009，25(3)：55-58.
[41] 李跃林，李志辉，李志安，等．桉树人工林地土壤肥力灰色关联分析[J]．土壤与环境，2001，10(3)：198-200.
[42] 李孔生，周保彪，陈马兴，等．雷州半岛桉树林地土壤肥力综合评价[J]．桉树科技，2014，31(4)：27-31.
[43] 覃祚玉，唐健，曹继钊，等．基于主成分和聚类分析相结合的连栽杉木土壤肥力评价[J].林业资源管理，2015(5)：81-87.
[44] 张甜，朱玉杰，董希斌．小兴安岭用材林土壤肥力综合评价及评价方法比较[J]．东北林业大学学报，2016，44(12)：10-14，98.
[45] 全国土壤普查办公室．中国土壤普查技术[M]．北京，农业出版社，1992.
[46] 黄承标，黄新荣，唐健，等．施肥对马尾松人工幼林新鲜针叶及其林地枯枝落叶养分含量的影响[J].中国农学通报，2012，28(22)：81-85.
[47] 舒文波，杨章旗，兰富．施肥对马尾松中龄林生长量和产脂的影响[J]．福建林学院学报．2009，29(2)：97-102.
[48] 肖静芳．测土配方施肥的影响因素分析[J]．中国农业信息，2009(4)：20-21.
[49] 王立平．测土配方施肥技术基本原理、方法、原则及主要过程[J]．北京农业，2007(4)：43-44.
[50] 刘刚，万连步，张民，等．缓释肥料：GB/T 23348—2009[S]．北京：中国标准出版社，2009：4-6.
[51] 张求真，房朋．尿素的测定方法 第一部分：总氮含量：GB/T 2441.1—2008[S]．北京：中国标准出版社，2008：2-3.
[52] 颜晓．缓控释肥料养分释放率快速测定及在田间土壤中释放率的相关性研究[D]．泰安：山东农业大学，2010：10，13-14，34.
[53] 鲁如坤．土壤农业化学分析方法[M]．北京：中国农业科技出版社，2000：9，146-227，299，346.

[54]董燕，王正银. 缓/控释复合肥料不同形态氮素释放特性研究[J]. 中国农业科学，2006，39(5)：961，962.

[55]潘波，曹继钊，蔡榕树，等. 袋包型杉木缓释肥料中氮素养分释放特性研究[J]. 林业调查规划，2018，43（6）：15-20.

[56]陈健波，郭东强，朱建武，等. 尾巨桉等桉树无性系生长特性分析及选择[J]. 林业科技通讯，2020，（08）：27-31.

[57]冯源恒，李火根，杨章旗，等. 广西马尾松3个优良种源的遗传多样性及生长性状变异分析[J]. 南京林业大学学报（自然科学版），2019，43（6）：69.

[58]国家林业局. 森林土壤分析方法[M]. 北京：中国标准出版社，2000.

[59]陈代喜，李魁鹏，黄开勇，等. 广西20年生杉木无性系测定与早期选择研究[J]. 中南林业科技大学学报，2017，37（11）：9-13.

[60]吕红翠. 袋控施肥对杉木幼林生长效应及土壤性质的影响研究[D]. 福建农林大学，2016.

[61]孙占育，郭春会，刘小菊. 袋控缓释肥对克瑞森葡萄产量和品质的影响[J]. 西北林学院学报，2011，26（06）：85-87，148

[62]宋海岩，陈栋，涂美艳，等. 多年施用袋控缓释肥对桃生长发育及产量品质的影响[J]. 西南农业学报，2020，33（01）：104-108.

[63]任青山，王景升，张博，等. 藏东南冷杉原始林不同形态水的水质分析[J]. 东北林业大学学报，2002，30（2）：52-54.

[64]田大伦. 森林水文学过程中的水质分析[J]. 林业科技通讯，1987（6）：15-17.

[65]刘煊章，田大伦，周志华. 杉木林生态系统净化水质功能的研究[J]. 林业科学，1995，31(3)：193-199.

[66]刘世海，余新晓，于志民. 北京密云水库集水区板栗林水化学元素性质研究[J]. 北京林业大学学报，2001，23（2）：12-15.

[67]杨钙仁，雷世满，黄承标，等. 桉树人工林冠层淋溶水质特征初步研究[J]. 水土保持学报，2009，23（6）：203-206.

[68]欧阳学军，周国逸，黄忠良，等. 鼎湖山森林地表水水质状况分析[J]. 生态学报，2002，22（9）：1373-1379.

[69]国家环境保护总局，国家质量监督检验检疫总局. 地表水环境质量标准：GB 3838—2002[S]. 北京：中国环境科学出版社，2002.

[70]黄宝榴 .9a 桉树人工林生长规律及经济效益分析[D]. 南宁：广西大学 .2016.

图片专辑

桉树

广西国有高峰林场 3.5 年生桉树林

南宁桉树森林生态系统广西野外科学观测研究站7 年生桉树林

广西国有东门林场 20 年生桉树林

南丹县山口林场 21 年生桉树林

广西国有东门林场 26 年生桉树林

桉树林

桉树林

桉树林

广西国有高峰林场 9 年生桉树林

环江毛南族自治县华山林场 4 年生桉树林

杉木

融水苗族自治县国营贝江河林场 2 年生杉木速丰林

广西国有高峰林场 3 年生杉木速丰林

天峨县林朵林场 5 年生杉木林

融安县西山林场 12 年生杉木林

融安县西山林场 13 年生杉木林

融安县西山林场 16 年生杉木林

南丹县山口林场 21 年生杉木林

融安县西山林场 26 年生杉木林

融水苗族自治县国营贝江河林场 8 年生杉木速丰林

天峨县林朵林场 5.5 年生杉木林

松树

贵港市平天山林场 40 年生松树林

广西国有派阳山林场 58 年生松树林

广西国有派阳山林场 58 年生松树林

广西国有派阳山林场 2 年生松树林（平均树高 3.5 米）

广西国有派阳山林场 2 年生松树林（平均树高 3 米）

广西国有派阳山林场 3 年生松树林（平均树高 4.5 米）

广西国有派阳山林场 3 年生松树林（平均树高 4.5 米）

广西国有派阳山林场 4 年生松树林

忻城县国有欧洞林场松树林